为中国建设更好的医院

总编辑黄锡璆

中国中元国际工程有限公司医疗建筑设计院首席总建筑师

国家一级注册建筑师

教授级高级工程师

东南大学建筑系毕业

比利时卢汶大学工学部人居研究中心医院建筑规划与设计博士

卫生经济学会医疗卫生建筑专业委员会委员

中国建筑师学会医院建筑专业委员会副主任委员

国际建筑师协会公共卫生建筑学组（UIA PHG）中国成员

世界医疗保健设施建筑教育大学项目（GUPHA）成员

2012年荣获"第六届梁思成建筑奖"

2000年全国工程设计大师

1995年全国先进工作者

机械工业优秀工程设计奖7项

机电部优秀工程勘察设计奖1项

建设部部级城乡建设优秀勘察设计奖2项

国家优秀工程设计奖2项

北京市优秀工程设计奖7项

先后主持完成百余项各类医院工程规划设计，获多项国家级、省部级奖项

编写委员会主任

刘殿奎

国务院原医改办公立医院改革组负责人、原国家卫计委体制改革司副司长、中国医学装备协会副理事长、中国医学装备协会医院建筑与装备分会会长，《中国医学装备》杂志社社长。

审稿委员会主任

孟建民

中国工程院院士、深圳市建筑设计研究总院有限公司董事长、总建筑师。2014 年获第七届梁思成建筑奖，2006 年获建设部"全国工程勘察设计大师"称号。

《中国医院建设指南》编撰委员会

总编辑

黄锡璆　中国中元国际工程有限公司医疗建筑设计院首席总建筑师

编辑委员会

主 任	刘殿奎	中国医学装备协会医院建筑与装备分会会长
副主任	张 伟	四川大学华西医院党委书记
	沈崇德	南京医科大学附属无锡人民医院副院长
	刘学勇	中国医科大学附属盛京医院副院长
	李立荣	北京大学国际医院副院长
	谷 建	北京睿谷联衡建筑设计有限公司主持建筑师
	赵奇侠	北京大学第三医院基建处处长
	庞玉成	滨州医学院卫生工程管理研究所所长
	罗文斌	中国建筑标准设计研究院有限公司产品应用研究所所长

审稿委员会

主 任	孟建民	深圳市建筑设计研究总院总建筑师 / 中国工程院院士
副主任	孙 虹	中南大学医院管理研究所所长
	鲁 超	安徽医科大学第二附属医院院长
	柴建军	北京协和医院副院长
	张建忠	上海市卫生基建管理中心主任
	朱 希	深圳市柏鹏建筑设计有限公司总建筑师
	谭西平	四川大学华西医院基建运行部总工程师
	王 韬	首都医科大学附属北京天坛医院信息中心主任
	栗文彬	中国医学装备协会医用气体装备及工程分会会长

总策划

	李宝山	中国医学装备协会医院建筑与装备分会副会长兼秘书长
	梁 菊	筑医台图书总编辑

策划单位　北京筑医台文化有限公司

编审委员会成员（排名不分先后）：

胡建中	张 强	苏向前	徐 民	李树强	秦锡虎	韦铁民	辛衍涛
陈昌贵	刘建平	路 阳	任 宁	姚 蓁	刘玉龙	王 漪	邢立华
黄锡璆	刘殿奎	张 伟	沈崇德	刘学勇	李立荣	谷 建	赵奇侠
庞玉成	罗文斌	孟建民	孙 虹	鲁 超	柴建军	张建忠	朱 希
谭西平	王 韬	栗文彬	梁 晶	刘 华	杜 栩	陈海勇	郭 良
孙亚明	陈 亮	王灏霖	陈 阳	王 兵	张栋良	谢 磊	邰仁记
付祥钊	李国生	龙 灏	刘晓丹	潘柏申	卢 杰	包海峰	尹朝晖
肖伟智	邢尚民	申刚磊	龚 海	黄玉成	袁闪闪	李 峰	汪卓赟
王永红	黄如春	王志康	漆家学	申广浩	郭 勇	李 劲	冯靖祎
吕晋栋	宁占国	苏黎明	叶 青	周 晴	仲恒平	周连平	路建新
张永安	金伟忠	白浩强	王 庆	肖 晶	蔡文卫	朱文华	柳海洲
朴建宇	曹 悦	赵 宁	汪思满	兰 娥	李雪梅	陈 震	林 诚
罗鸿宇	杜鹏飞	刘 旭	陈 锐	郝思佳	陈木子	汪 剑	叶东矗
刘鹏飞	王东伟	刘嘉茵	张向宏	刘东超	汤德芸	张英雷	周绿漪
余海燕	田 莉	王 彦	徐小田	俞 劼	苏元颖	郭建华	蒋 维
巴志强	郝洛西	谢 辉	张立民	李 荔	王文丰	胡 亮	吕 品
王传顺	孙帮聪	孙炜一	李 波	杜 欣	白春雷	李 杰	张亮亮
芦小山	涂 路	奚传栋	陈众励	俞 俊	丁艳蕊	朴 军	祝根原
阚 强	田 野	孙熙涛	张玛璐	丁 玎	唐泽远	喻 波	王宇虹
刘光荣	彭 健	黄世清	张宏伟	刘洪兵	雍思东	田贵全	杨稀策
杨志国	姚 勇	汤光中	陈涤新	郝建魁	余 斌	王 谦	董苏华
周卫兵	林 华	魏 云	余秋英	黄 波	刘 鹏	杨新苗	康泽泉
柏 森	刘 余	王 博	李 源	徐连明	张 泓	冯灶文	马 蕊
许 威	李吉海	黄 松	潘家林	方 玉	葛昊天	崔 跃	张力攀
高学勇	赖金林	詹复生	王震腾	董 政	檀德亮	冯 嵩	熊 芳
李 云	陈廷寅	陈 智	胡 强	艾 金	欧海蕉	黄子晶	李 潋
宁静静	王 攀	朱会胜	王雪峰	朱 虹	刘 毅	刘 晶	王 斌
刘军航	陈旭良	赵宇亮	陈小尧	张玉灵	徐利民	刘永胜	王维和
江建新	康 瑞	周 军	陈秉焕	刘旭东	梁德利	张 庭	林 立
孙 超	胡暄玉	周文忠	工海欧	龚浪平	夏 晴	苗泽阳	张 楠
王 林							

编委会秘书处：

郑永亮	何芙蓉	田 娟	曹 烁	杨 雪	温海兵	杨 迎	杜 佳
李 然	崔 洋	王 静	刘士峰	屈耀东	武文斌		

参与单位（排名不分先后）：

中国医学装备协会医院建筑与装备分会	立邦涂料 (中国) 有限公司
中国医学装备协会医用气体装备及工程分会	浙江锦水园环保科技有限公司
中国医院协会医院文化专业委员会	南京布尔特医疗技术发展有限公司
中国卫生信息学会卫生信息标准委员会	蓓安科仪（北京）技术有限公司
中国重型机械工业协会停车设备工作委员会	本德尔（扬州）电子电力工程有限公司
中国城市交通规划学会	西安四腾环境科技有限公司
中天联盟	中建一局集团第五建筑有限公司
深圳市暖通净化行业协会	来邦科技股份公司
安徽医科大学第二附属医院	深圳赳达工程科技有限公司
安徽医科大学第一附属医院	广州铭铉净化设备科技有限公司
北京大学第三医院	上海直玖机场设备有限公司
北京大学国际医院	深圳市威大医疗系统工程有限公司
北京大学肿瘤医院	长春铸诚集团有限责任公司
北京回龙观医院	《中外洗衣》杂志社
北京协和医院	艾信智慧医疗科技发展（苏州）有限公司
滨州医学院烟台附属医院	北京白象新技术有限公司
常州市第二人民医院	北京华源亿泊停车管理有限公司
复旦大学附属中山医院	北京三维海容科技有限公司
杭州市妇产科医院	北京亚太医院管理咨询股份有限公司
华中科技大学同济医学院附属协和医院	北京易识科技有限公司
江阴市人民医院	北京智慧图科技有限责任公司
丽水市中心医院	成都联帮医疗科技股份有限公司
山东省千佛山医院	佛山市雅洁源科技股份有限公司
山西省人民医院	广东华展家具制造有限公司
上海市卫生基建管理中心	广州泛美实验室系统科技股份有限公司
首都医科大学附属北京天坛医院	广州广日智能停车设备有限公司
四川大学华西医院	广州基太思自动化设备有限公司
南京医科大学附属无锡人民医院	国药控股美太医疗设备（上海）有限公司
无锡市中医医院	海南铭泰医学工程有限公司
西安交通大学第一附属医院	航天圣诺 (北京) 环保科技有限公司
浙江大学医学院附属第二医院	湖州永汇水处理工程有限公司
浙江大学医学院附属第一医院	江苏瑞孚特物联网科技有限公司
江苏省人民医院	科夫可环保科技（上海）有限公司

中国人民解放军总医院

中国医科大学附属盛京医院

中南大学湘雅医院

中日友好医院

中山大学中山眼科中心

北京起重运输机械设计研究院有限公司

北京五合国际工程设计顾问有限公司

江苏亚明室内建筑设计有限公司

清华大学建筑设计研究院有限公司

上海建筑设计研究院有限公司

上海浚源建筑设计有限公司

华东都市设计研究总院

深圳市柏鹏建筑设计事务所有限公司

深圳市建筑设计研究总院有限公司

中国城市规划设计研究院

中国建筑科学研究院环境与节能研究院

中国建筑标准设计研究院有限公司产品应用研究所

中国建筑上海设计研究院有限公司

中国建筑设计研究院有限公司

中国中元国际工程有限公司

中建国际设计顾问有限公司

滨州医学院卫生工程管理研究所

滨州医学院公共卫生与管理学院

烟台大学土木工程学院

沈阳大学建筑工程学院

公安部天津消防研究所

重庆大学

四川省卫生和计划生育监督执法总队

同济大学建筑与城市规划学院

重庆大学城市与环境工程学院

重庆大学建筑城规学院

苏州金螳螂建筑装饰股份有限公司

北京睿谷联衡建筑设计有限公司

南京北方赛尔环境工程有限公司

宁波欧尼克科技有限公司

青岛乔威电子科技有限公司

三胞医疗健康建设管理有限公司

山东同圆数字科技有限公司

山东亚华电子股份有限公司

陕西莫格医用设备有限公司

上海建工二建集团有限公司

上海名沪装饰工程有限公司

上海延华智能科技（集团）股份有限公司

深圳捷工智能电气股份有限公司

深圳市鑫德亮电子有限公司

视联动力信息技术股份有限公司

四川港通医疗设备集团股份有限公司

苏州沃伦韦尔高新技术股份有限公司

无锡锐泰节能系统科学有限公司

西安汇智医疗集团有限公司

香港华艺设计顾问（深圳）有限公司

珠海安诺医疗科技有限公司

北京汉迪厨房工程设计有限公司

北京轩涵睿勤管理顾问有限公司

东莞市鹏驰净化科技有限公司

佛山晴杨医疗设备科技有限公司

江苏德普尔门控科技有限公司

江西浩金欧博空调制造有限公司

江西铭铉医疗净化科技有限公司

宁波德科自动门科技有限公司

天津市津航净化空调工程公司

北京医路阳光管理咨询有限公司

四季沐歌科技集团有限公司

北京紫光百会科技公司

上海晋强实业有限公司

上海远洲管业科技股份有限公司

编者寄语

期望《中国医院建设指南》能为推动建设中国绿色、智慧、人文医院发挥应有的作用。

——刘殿奎

《中国医院建设指南》是目前国内医院建筑设计的集大成之作，定位精准，内容翔实，视角前瞻，对未来十年的国内医院建设有着重要的指导和借鉴意义。

——孟建民

《中国医院建设指南》：一本专为医院管理者和建设者撰写的与时俱进的工作指南。

——孙　虹

为中国建设最好的医院，是你、是我、是他共同的心愿。良好的疗愈环境构建更需要你、我、他的共同贡献，愿这本指南能在筑梦的路上给您助力，给您支持！

——鲁　超

集成共享，推动行业发展。

——张建忠

《中国医院建设指南》的出版倾注了业内专家的心力和经验，推动了行业进步。它的传播将让中国医院建设项目少留遗憾，多出精彩！

——沈崇德

以人文关怀为根本，赋予建筑以生命，担起医院发展、百姓健康的历史责任，不负梦想，不负时代；不忘初心，砥砺前行！

——刘学勇

《中国医院建设指南》随着新时代，开启第四版，医建知识紧跟新理念、新技术、新方法、新知识，为新一代医建助力！

——李立荣

你我的健康，用心护航；天使的家园，一起开创。携手共努力，建设生命的七彩殿堂。道路还漫长，我们不停丈量。

——庞玉成

为中国建设更好的医院，《中国医院建设指南》是我们进步的阶梯。

——赵奇侠

编者寄语

不断修编《中国医院建设指南》，助力打造明日医院。

——谭西平

理论与实践相结合，与时俱进只争朝夕；推陈出新广纳善言，汇集精粹不吝赐教；普惠杏林增效提速，节资省心建好医院。

——朱 希

希望本书能够成为医院智能化建设的好帮手，实用指南。

——王 韬

开放边界，共生成长，为中国建设更好的医院。

——李宝山

《中国医院建设指南》，助力中国医院建设产业升级！

——刘建平

面临全面深化改革和转型升级发展的攻坚阶段，希望中国医院的建设要从规模扩张走向内涵集约发展，从传统管理走向创新智慧发展。

——姚 蓁

《中国医院建设指南》，为中国百姓建绿色智慧医院。

——胡建中

本书涵盖了医院建设的各个领域，权威、专业、全面，是一部凝聚业内专家集体智慧的鸿篇巨制。

——徐 民

合抱之木生于毫末，九层之台起于垒土。愿《中国医院建设指南》为筑就医院建设之台，为呵护生命之树贡献智慧。

——辛衍涛

新时代，新要求，新作为，新担当，建设世界一流医院，乃吾辈之己任！

——王 漪

希望《中国医院建设指南》成为医院建设者的得力助手。

——刘玉龙

编者寄语

医院是一个特殊的公共场所，希望《中国医院建设指南》的出版能让我国医院的消防水平迈上一个新台阶。

——李国生

医院建设的复杂性对相关事务参与者提出了较高要求，客观、务实是基础。衷心希望新版指南能助力我国医建事业更稳、更好地向更高水平推进。

——龙 灏

医院建设是一个以终为始的过程，要尊重规律，尊重价值，尊重方法，尊重现实。不断地在质量、成本和时间之中寻找平衡。

——路 阳

建设好中国的医院，守护 14 亿人的健康。

——付祥钊

《中国医院建设指南》凝聚了全体医疗建设者的智慧，让我们携手托起祖国医院建设的美好明天。

——白浩强

《中国医院建设指南》是建设高水平、高质量、现代化医院的精品之作，对新时代医院创新发展建设必将起到极大的推进作用和指导作用。

——漆家学

在中国大健康背景下，相信《中国医院建设指南》能在健康中国的建设之路中起到导引及指向作用。

——邰仁记

中国医院建设正面临着巨大挑战和机遇。《中国医院建设指南》作为业内标杆书籍，对我国现代化医院建设与发展发挥着重要的作用。

——姚 勇

《中国医院建设指南》是规范化、现代化、智能化医院建设宝典，建设优质医院、促进百姓健康。

——潘柏申

我们孜孜不倦，努力做到最好！让我们为中国医院建设事业竭尽所学！

——苏黎明

编者寄语

　　《中国医院建设指南》给医院建设提供了系统的规范依据和指导意见，凝聚了所有医院建设者的智慧，希望医院管理者通过此交流平台不断探索，建设越来越先进规范的新医院。

——黄如春

　　项目建设全过程数字化集成管理是医院建设和运维中提质增效，实现精细化管理的有力手段。

——刘鹏飞

　　第四版《中国医院建设指南》经各位编委和专家的全新修订，将在新时代指引建设高质量、高效率的绿色医院。

——陈海勇

　　《中国医院建设指南》集行业精英智慧，必将助力中国医院建设与运营更高效，疗愈环境更合理、更舒适。

——蔡文卫

　　《中国医院建设指南》是医院建设领域的大百科全书，是具前瞻性、科学性、实用性的医院建设工具书，对中国医院建设具有指导意义。

——孙亚明

　　新版《中国医院建设指南》在世人注目和期待下顺利发行，站在新的起点，肩负使命，服务大众！

——叶　青

　　紧随健康中国发展目标，探寻未来医院建设发展之路。立邦愿以创新的力量，为未来，建设更好的医院。

——周　晴

　　《中国医院建设指南》，让我们的医用家具及医疗空间环境变得更加井然有序、高效安全。

——仲恒平

　　《中国医院建设指南》是目前国内医院建设领域极具前瞻性、权威性、科学性、实用性的大型医院建设工具书，你可以在这里看到中国医院建设的发展趋势与实用案例，一起期待更加美好的中国医院建设的未来。

——周连平

编者寄语

第四版涵盖的内容更丰富、深度更深特别是在智慧化医院建设方面对设计、施工、监理和医院建设管理方都有很好的指导作用。

——张栋良

《中国医院建设指南》融入了先进的建设理念，并结合了医院的发展现状，使医院建设更加合理完善，使患者享受更好的服务。

——金伟忠

《中国医院建设指南》的再版，充分体现了我国在医院建设领域升级换代、技术革新、节能减排等方面所取得的巨大进步。《中国医院建设指南》成就绿色医院梦想！

——孙帮聪

用物联网和系统工程思维解决医院净水问题，实现智能信息化下的中央分质供水，综合利用、环保节能，提高我国医院用水的整体水平。

——李 杰

新版《中国医院建设指南》更好地结合了医院建设的实践并适应了不断发展与变化的中国医院建设的需求。

——朴 军

《中国医院建设指南》立意高远，阐述简明，是一部很好的工具书。

——陈众励

舟车劳顿一心铺设健康路，功名淡薄只为谱写幸福歌！

——朱文华

搭建起医院建设者交流学习的桥梁，为中国医院建设行业发展不断贡献智慧和力量。

——包海峰

编撰《中国医院建设指南》，建设更好的明日医院。

——任 宁

《中国医院建设指南》编纂过程中，体现着对科学发展的追求，立足前沿，致力创新，以坦诚开放的胸怀面对当今多元化的医院建筑领域，为国内医院建设提供了不可取代的指导性意义。

——路建新

编者寄语

《中国医院建设指南》有方向，出彩需细品！

——汤光中

新版的酝酿是一场共生的碰撞，在这个进程中，未来的样貌和图景已经更加明晰。

——唐泽远

望能借助 BIM 工具融合医建人的智慧，以目的为导向，让 BIM 应用落地。

——肖　晶

医院物流随着物流技术的日新月异而蓬勃发展，作为物流技术人员，今后将继续深入研究，助力我国医院建设新发展。

——陈涤新　郝建魁

利用物联网系统优化医院的服务和管理流程，把实践经验提升为对智慧医院建设的专家指导。

——孙炜一

愿航空医疗救援为每一次安全起降保驾护航。

——柳海洲

齐备的功能用房配置、合理的区域划分、明晰的洁污分流、按不同的系统组织流线是做好内镜中心规划的前提，也是提高工作效率，减少交叉感染，保证医患安全的重要基础和有效途径。

——卢　杰

《中国医院建设指南》集医院管理行业专家之所长，全方位阐述了医院建设所需知识，为正在筹划医院建设的管理者提供参考。

——冯靖祎

《中国医院建设指南》紧扣医院建设理念和技术革新的脉搏，汇集了诸多医院建设者的良好实践，将为现代医院建设精准导航。

——吕　品

绿色医院建筑，标准先行，夯实实际，未来可期。

——袁闪闪

编者寄语

为《中国医院建设指南》的编写出一份力，与广大读者分享我的工作经验。

——刘东超

愿《中国医院建设指南》成为读者了解中国新医院发展趋势、指导建设的服务平台。

——刘嘉茵

推动中国医院发展，着力打造与国际接轨的中国医院。

——汤德芸

建设一流医院，弘扬中华医德，传承医学精华，服务千万民众。

——芦小山

希望未来医院建设得越来越完美。

——郑雅清

随着医院的建设步入高度智能化阶段，物流系统已经成为支撑医院后勤物资配送的刚性需求设备。

——梁德利

《中国医院建设指南》不仅是医院建设工作者的匠心之作，更是本实用工具书、指路明灯！

——胡暄玉

为老百姓建设更好医院，追求人类照顾之真、善、美！

——赵 宁

希望《中国医院建设指南》能为中国医院建设提供智能、无障碍、人性化设计指明方向。

——王文丰

以明心为根本，用生命唤醒生命。不忘初心，砥砺前行，为中国建设更好的医院而一起努力！

——张亮亮

秉承绿色理念，解决环保难题。

——林 立

中国医院建设指南

（第四版）

中　册

《中国医院建设指南》编撰委员会　编著

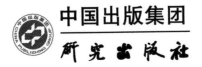

中国出版集团

研究出版社

图书在版编目（CIP）数据

中国医院建设指南 /《中国医院建设指南》编撰委

员会编著． -- 4版． -- 北京 ：研究出版社，2019.4

ISBN 978-7-5199-0387-9

Ⅰ．①中... Ⅱ．①中... Ⅲ．①医院－建筑设计－中国

－指南 Ⅳ．①TU246.1-62

中国版本图书馆CIP数据核字(2019)第047198号

出 品 人：赵卜慧

责任编辑：陈侠仁

中国医院建设指南

ZHONGGUO YIYUAN JIANSHE ZHINAN

作　　者：《中国医院建设指南》编撰委员会　编著

出版发行：研究出版社

地　　址：北京市朝阳区安定门外安华里504号A座(100011)

电　　话：010-64217619　64217612（发行中心）

网　　址：www.yanjiuchubanshe.com

经　　销：新华书店

印　　刷：北京华邦印刷有限公司

版　　次：2019 年4月第1版　2019年4月第1次印刷

开　　本：889毫米×1194毫米 1/16

印　　张：99

字　　数：2840千

书　　号：ISBN 978－7－5199－0387－9

定　　价：860.00 元

前　言

《中国医院建设指南》自2008年第一版出版以来，迄今已11年，在这期间，我国的医院建设发生了巨大变化。党的十九大报告将"实施健康中国战略"作为国家发展基本方略中的重要内容，现代医院建设也开始从追求规模向注重内涵转变，不断发挥科技创新和信息化的引领支撑作用。

医院工程建设涉及自然科学、技术科学、人文科学等诸多领域，随着医疗技术的进步，建筑科技的发展及互联网医院的兴起等，为了适应医疗建设领域新需求，我们编撰了第四版。

《中国医院建设指南》的编撰是一项巨大的系统工作，作为我国医院建设领域的行业巨著与重要学术文献，本书一直以其专业性、实用性、指导性与前瞻性服务于广大医建人。如何才能在前三版的基础上进一步完善知识内容，更好地服务医院建设行业读者，是一个巨大的挑战。200多家单位的300多位专家作者，经过20个月的努力，最终完成了这部行业经典的第四版。参编人员中有来自于医院卫生行政管理的人员，有长期从事医院基建工作的院长、卫生技术人员，也有从事咨询、规划设计的规划师、设计师，来自院校研究机构的专家教授以及从事设备产品研发的科技工作者等。

本次编撰细化了知识体系，从项目管理、设计、专项工程到后期的运维管理，实现了对医院建筑"全生命周期"建设的指导。同时，我们在编撰的过程中尽量使内容更广，信息更全，也努力吸纳近期医院建设发展中出现的新装备、新概念、新趋势，努力使其内容贴近实际，并具有适度前瞻性。

由于医院建设涉及专业广泛，内容取舍难免有多寡不均、深浅失衡之处，加上参编人员来自不同专业、不同背景，在文例表述上也不尽统一，欢迎读者在使用查阅过程中提出宝贵意见，以便将来作进一步修正完善。

本书参考引用的相关行业标准和规范，均为2019年1月前颁布，如有更新或修订，请以新版为准。

《中国医院建设指南》编撰委员会
2019年4月

第四版出版说明

2006 年由原卫生部医院管理研究所组织编写《中国医院建设指南》一书，历时两年，于 2008 年正式出版。作为我国医院建设领域的行业巨著与重要学术文献，本书一直以其专业性、实用性、指导性与前瞻性服务于广大医建人。

10 年间，为了不断适应我国医院建设的发展，本书已进行过两次修编。为了更好地服务于我国的医院建设，本书于 2017 年 1 月启动第四版编撰工作。本次编撰相对于第三版主要有三个变化。

第一，在整体结构上，医院建设领域专业更加细分，从管理、设计、专项等方面进行论述。

第二，结合当前医院建设实际，特别增加了医院评审与评价、运维管理等方面的内容，使建设者能够从医院未来发展的角度认识医院建设。

第三，在专项建设方面，增加了"停机坪""医学实验室"等医院建设发展新趋势。同时更新医院建筑装备、产品等新的技术及变化。

第四版全书分为 8 篇，共 47 章。希望在我们的努力下，为中国建设更好的医院提供知识指导。

《中国医院建设指南》编撰委员会
2019 年 4 月

总目录

第八篇　医院运维管理与建设创新

中册目录

第五篇　医院建设专项工程

第六篇　医院特殊用房

第五篇
医院建设专项工程

第一章

医院水系统

张栋良　金伟忠　谢磊　李波　杜欣

白春雷　孙帮聪　李杰　张亮亮

张栋良　四川大学华西医院工程师

金伟忠　浙江锦水园环保科技有限公司总经理

谢　磊　泰康西南医学中心（筹）执行组长

李　波　中国建筑设计研究院有限公司院副总工程师

杜　欣　中国建筑设计研究院有限公司－设计九院，主任工程师

白春雷　四川大学华西医院工程师

孙帮聪　南京北方赛尔环境工程有限公司总经理

李　杰　佛山市雅洁源科技股份有限公司总经理

张亮亮　四季沐歌科技集团有限公司总经理

技术支持单位

浙江锦水园环保科技有限公司

浙江锦水园环保科技有限公司成立于2013年，专业从事医疗污水处理业务，公司可根据客户需求，提供从方案设计、生产研制、安装调试、技术指导到售后的整套服务。设计施工的环保工程工艺流程简洁，占地少，投资省，自动化程度高，运行成本低。已成功开发出十几项拥有自主知识产权的系列技术产品，产品应用涉及国内11个省。

第一节　医院给、排水系统建设

一、医院给、排水系统概述

医院给水系统是将城镇给水管网（或自备水源）中的水引入医院供医疗活动和生活需要之用，并满足各类用水对水质、水量和水压要求的冷水供应系统。

医院排水系统通过管道及辅助设备（潜污泵）把医疗活动和生活产生的污水、废水及时排放出去的网络。

医院的污水除一般生活污水外，还有含有化学物质、放射性物质和病原体的废水。因此必须经过处理后才能排放。

医院给、排水系统建设与医院整体建设密不可分，是医院总体规划中重要的组成部分，更是保障医院正常运行的关键环节。医院给、排水系统建设应立足于整个院区的建设规划中，并与医院建筑统筹考虑统一规划建设，工程招标、监理招标、施工许可证等相关手续办理，工期均应与医院建设同步。

医院建筑地下室不只是作为停车场，通常还会设置保障医疗活动必需的重要设备和系统，或者会设置直接参与医疗活动的大型设备。如配电、二次供水、空调、电梯、锅炉、钴 60、放疗机房、CT 等，这样对医院排水系统都有着较高要求，所以，医院的排水系统建设更应注重选择功能完善可靠的设备系统。

（一）医院给、排水系统设置的一般要求

1. 一般要求

（1）医院新建、扩建和改建时，应对院区范围内的给水、排水和污水处理工程进行统一规划设计。

（2）医院的给水、排水和污水处理等工程设计，应执行国家现行的有关标准和规范。

（3）给水、排水管道不应从洁净室（手术室）、强电和弱电机房、CT 和磁共振等无菌、重要设备用房、物资库房的室内架空通过，且楼上不能设置厕所和用水房间。

2. 给水

（1）医院生活给水水质应符合《生活饮用水卫生标准》（GB 5749—2006）的规定。

（2）有两路以上的市政供水进水，供水能力宜为用水量的两倍，在医院内形成供水环网；分段设置控制阀门。市政一路停水和市政水表组检修不影响医疗活动。市政水表组后应设置 Y 型过滤器。

（3）因很多医疗设备对水压有一定的要求，一般 4 层和 4 层以下由市政自来水直接供应，各地水压不同，所供楼层略有差别。

（4）供应室、锅炉房、血液透析、医学检验、洗浆房、厨房等用水量大而且保障要求高的用房，应设置在 4 层和 4 层以下。

（5）制氧机房、锅炉房、血液透析、医学检验还应设置中间传输水箱，保证停水时的应急用水。

（6）5 层以上宜采用变频加压，也可设置楼顶高位水箱重力流供水，水箱均应设置两个，水泵机组应有备用。水箱以及水箱间独立而且可以锁闭。水箱间楼上及附近不宜设置厕所。

（7）病房卫生间内宜设置冲洗便盆的水龙头，距地面高度 300 ~ 500mm，便于冲洗。

（8）室内悬空给水管道均应采取防结露措施。

（9）给水系统等电位接地应满足国家标准、规范。

（10）锅炉用水、空调用水、血液透析、医学检验等应根据设备工艺要求确定。

（11）病房、中心供应等部位的用水点或冲洗水龙头应根据设备工艺要求设置给水管道或者冲洗水龙头。

（12）医疗场所的用水点应采用非接触性或非手动开关，并应防止污水外溅，主要包括：

①公共卫生间的洗手盆、小便斗、大便器；

②护士站、治疗室、中心供应室、ICU、示教室等房间的洗手盆；

③产房、手术刷手池、无菌室、血液病房和烧伤病房等房间的洗手盆；

④诊室、检验科和配方室等房间的洗手盆；

⑤其他有无菌要求或需要防止交叉感染场所的卫生器具。

（13）采用非接触性或非手动开关的用水点宜符合下列要求：

①公共卫生间的洗手盆应采用感应自动水龙头，小便斗应采用自动冲洗阀，蹲式大便器宜采用脚踏式自闭冲洗阀或感应冲洗阀；

②产房、手术刷手池、护士站、治疗室、洁净室和消毒供应中心、ICU 和烧伤病房等房间的洗手盆应采用感应自动、膝动或肘动开关水龙头；

③产房、手术刷手池、洁净无菌室、血液病房和烧伤病房等房间的洗手盆应采用感应自动水龙头；

④其他有无菌要求或防止交叉感染场所的卫生器具，宜按照上述要求选择水龙头或冲洗阀。

（14）放射科洗片池的漂洗池，应持续从池底进水，池面溢水。

3. 排水

（1）医疗区与非医疗区的污废水宜分流排放，非医疗区污废水可直接排入城市污水排水管道。

（2）医疗区内下列场所应采用独立的排水系统或间接排放：

①传染病门急诊和病房的污水应单独收集处理，处理工艺应符合《传染病医院建筑设计规范》的要求；

②放射性废水、牙科废水应单独收集处理；

③医院专用锅炉排放的污水、中心供应室的消毒凝结水等应单独收集并设置降温池或降温井；

④手术室设置单独的血污池，而且排水管独立排水，如洗胃室、血液透析、医学检验、科研等排水应采用耐酸、碱性管材独立排水；

⑤开水房、厨房（高温水）采用耐高温的金属管道排水；

⑥厨房排水应设置隔油池；

⑦ICU、洗胃室应设置倒便池；

⑧排水系统建议 1 层单独排水，2 层以上共用排水系统；

⑨其他医疗设备或设施的排水管道为防止污染而采用间接排水；

⑩太平间应在室内采用独立的排水系统，且主通气管应伸到屋顶无不良影响处。

（3）当建筑高度超过 2 层且为暗卫生间或建筑高度超过 10 层时，卫生间的排水系统宜采用专用通气立管系统；公共卫生间排水横管超过 10m 或大便器超过 3 个时，宜采用环形通气管；当对卫生间空气质量要求较高时，卫生间排水系统宜采用器具通气系统。

（4）中心供应室、中药加工室、外科、口腔科等有可能发生堵塞排水管道的场所，排水管径应根据排水量的大小确定，且适当放大管径。

（5）排放含有放射性污水的管道应采用机制铸铁（含铅）管道，立管应安装在壁厚不小于 150mm 的混凝土管道井内。

（6）存水弯的水封不得小于 50mm，且不得大于 100mm。

（7）医院地面排水地漏的设置宜符合下列要求：

①浴室和空调机房等经常有水流的房间应设置地漏；

②卫生间等有可能形成水流的房间宜设置地漏；

③护士站室、诊室和医生办公室等地面不宜产生水流的场所不宜设置地漏；

④对于空调机房等季节性地面排水，以及需要排放冲洗地面、冲洗废水的场所，如急诊抢救室等房间应采用可开启式密封地漏；

⑤地漏应采用带过滤网的无水封直通型地漏加存水弯，地漏的通水能力应满足地面排水的要求；

⑥地漏附近有洗手盆时，宜采用洗手盆的排水给地漏水封补水。

4. 污水

（1）医院医疗区污水的水质应满足《医疗机构水污染物排放标准》（GB 18466—2005）中的有关规定，医院污水必须进行消毒处理。并符合下列要求：

①医院污水处理流程应根据污水性质、排放条件等因素确定，当排入终端已建有正常运行的二级污水处理厂的城市下水道时，宜采用一级处理；直接或间接排入地表水体或海域时，应采用二级处理；

②医院污水处理构筑物与病房、医疗室、住宅等之间应设置卫生防护隔离带；

③传染病门诊、病房的污水收集和处理应符合《传染病医院建筑设计规范》（GB 50849—2014）的有关规定。医院建筑内含放射性物质、重金属及其他有毒、有害物质的污水，当不符合排放标准时，需进行单独处理达标后，方可排入医院污水处理站或城市排水管道。

（2）放射性污水的排放应符合《电离辐射放射卫生防护与辐射源安全基本标准》（GB 18871—2002）的要求。

5. 管材与器材

（1）给水系统的管材应根据医院的需要和可能确定，可选用紫铜管、304号以上的不锈钢管、衬塑钢管、塑料管（铝塑复合管、PPR、PEX等）。

（2）排水系统的管材可依次选用机制排水铸铁管和塑料管；雨水排水管道应根据建筑高度确定其排水压力，并选择合适的承压管道排水。穿越病房的污、雨水排水管道宜采用静音管道。

（3）在有屏蔽的场所应采用紫铜管和塑料管等。

（4）座式大便器采用两档冲洗水箱，每次冲洗周期的用水量不大于6L。

（5）使用节水型便器冲洗阀。

（二）医院给排水系统设计规范、标准

《生活饮用水卫生标准》（GB 5749—2006）

《建筑给水排水设计规范》（GB 50015—2003）2009年版

《医疗机构水污染排放标准》（GB 18466—2005）

《医院污水处理设计规范》（CECS 07—2004）

《室外给水设计规范》（GB 50013—2006）

《室外排水设计规范》（GB 50014—2006）2016年版

《综合医院建筑设计规范》（GB 51039—2014）

《给水排水工程构筑物结构设计规范》（GB 50069—2002）

《地下工程防水技术规范》（GB 50108—2008）

《混凝土结构设计规范》（GB 50010—2010）

《建筑给水排水及采暖工程施工质量验收规范》（GB 50242—2002）

《给排水用玻璃纤维加强塑料（GRP）管、接头及配件规范》（BS 5480—1990）

《给水排水管道工程施工及验收规范》（GB 50268—2008）

《医院洁净手术部建筑技术规范》（GB 50333—2013）

（三）医院给排水系统规划原则

1. 给水管道设计

（1）主给水管在医院内形成供水环网；

（2）室外主干管宜沿用水量较大的地段布置，以最短距离向大用水户供水；

（3）室外主干管宜于道路中心线或主要建筑物平行敷设，并尽量减少交叉；

（4）室外主干管埋设深度，根据冰冻深度、外部荷载、管材强度与其他管线交叉等因素确定；

（5）室外主干管一般敷设在未经扰动的原状土层上。对于淤泥和其他承受力达不到要求的地基，应进行基础处理。

2. 排水管道设计

（1）根据医院总体规划、道路和建筑的布置、地形高程、污雨水去向等因素，按照管线最短、埋深最小、尽量自流排出的原则。

（2）排水管道宜沿道路和建筑物的周边呈平行敷设，尽量减少相互间交叉和与其他管线的交叉；

（3）管道应尽量布置在道路外侧的人行道或草地的下边。

（4）排水管道敷设时，相互间以及与其他管线的水平距离和垂直净距，应根据两种管道的类型、埋深、施工检修的相互影响、官道上附属构筑物的大小和当地有关规定等因素确定。

（5）排水管道转弯处和交接处，水流转角应不小于 90°。当管径小于 300mm 且跌水水头大于 300mm 时角度可不受限制。

3. 管材选择

（1）应选择管材卫生、性能优越、便于安装维修的管材。

（2）排水主干管宜用双壁波纹管，建议检查井和化粪池宜采用一体化的 PP-PE 塑料井、池，取代传统的水泥管和钢筋水泥井、池。

二、医院给水设计要点

（一）给水水源与水质标准

1. 水源

水源的选择符合医院发展规划以及医院总体布局的要求。更需要根据不同的医疗仪器以及不同科室对水质、水压、水温的不同要求，分门别类设置水处理系统和对系统进行增压或减压措施，从而确保各医疗设备和医疗科室正常运行。

2. 水质标准

（1）水质要求应符合现行的《生活饮用水卫生标准》（GB 5749—2006）的规定，见表 5-1-1。

表 5-1-1 生活饮用水卫生标准

指　标	限　值
1. 微生物指标[①]	
总大肠菌群（MPN/100mL 或 CFU/100mL）	不得检出
耐热大肠菌群（MPN/100mL 或 CFU/100mL）	不得检出
大肠埃希氏菌（MPN/100mL 或 CFU/100mL）	不得检出
菌落总数（CFU/mL）	100

表 5-1-1 生活饮用水卫生标准（续）

指　　标	限　值
2. 毒理指标	
砷（mg/L）	0.01
镉（mg/L）	0.005
铬（六价，mg/L）	0.05
铅（mg/L）	0.01
汞（mg/L）	0.001
硒（mg/L）	0.01
氰化物（mg/L）	0.05
氟化物（mg/L）	1.0
硝酸盐（以 N 计，mg/L）	10（地下水源限制时为 20）
三氯甲烷（mg/L）	0.06
四氯化碳（mg/L）	0.002
溴酸盐（使用臭氧时，mg/L）	0.01
甲醛（使用臭氧时，mg/L）	0.9
亚氯酸盐（使用二氧化氯消毒时，mg/L）	0.7
氯酸盐（使用复合二氧化氯消毒时，mg/L）	0.7
3. 感官性状和一般化学指标	
色度（铂钴色度单位）	15
浑浊度（NTU- 散射浊度单位）	1（水源与净水技术条件限制时为 3）
臭和味	无异臭、异味
肉眼可见物	无
pH	不小于 6.5 且不大于 8.5
铝（mg/L）	0.2
铁（mg/L）	0.3
锰（mg/L）	0.1
铜（mg/L）	1.0
锌（mg/L）	1.0
氯化物（mg/L）	250
硫酸盐（mg/L）	250
溶解性总固体（mg/L）	1000
总硬度（以 $CaCO_3$ 计，mg/L）	450
耗氧量（CODMn 法，以 O_2 计，mg/L）	3（水源限制，原水耗氧量 > 6mg/L 时为 5）
挥发酚类（以苯酚计，mg/L）	0.002

表 5-1-1 生活饮用水卫生标准（续）

指　标	限　值
阴离子合成洗涤剂（mg/L）	0.3
4. 放射性指标[②]	指导值
总 α 放射性（Bq/L）	0.5
总 β 放射性（Bq/L）	1

① MPN 表示最可能数；CFU 表示菌落形成单位。当水样检出总大肠菌群时，应进一步检验大肠埃希氏菌或耐热大肠菌群；水样未检出总大肠菌群，不必检验大肠埃希氏菌或耐热大肠菌群。

②放射性指标超过指导值，应进行核素分析和评价，判定能否饮用。

（2）水质安全特别重要，需注意下列措施：

根据建筑给水排水设计规范的要求，生活水池池壁不能利用建筑主体，设计采用在水池底板及水池侧壁内衬一层钢筋混凝土衬层，再在衬层内壁刷食品级玻璃钢树脂和内衬 304 号以上的不锈钢板。或者采用成品的不锈钢水箱。以保证水质不受外来污染。

设计中尽可能保证水流的均匀性，采取较好的导流措施，导流墙与池壁或池底之间倒成圆角或 45° 角，避免存在死角或涡流区。

为保证生活用水的安全，设计中在生活给水泵的吸水干管上应设两套紫外线消毒器，以确保所供给的生活水经消毒后可安全使用。

医院的手术室、产房的手术洗手水、卫生通过淋浴水、牙科的牙科椅的口水宜采用净化消毒水。

医院制剂室的制剂用水采用蒸馏水。具体制蒸馏水工艺应根据不同医院制剂工艺而定，给排水专业应密切配合制剂工艺预留给、排水管和配置相应的冷却水循环系统，满足其工艺对水质、水量、水压的要求。

（二）医院用水量定额计算方法

医院生活用水量定额应符合表 5-1-2 的规定。

表 5-1-2 医院生活用水量定额

项目	设施标准	单位	最高用水量	小时变化系数
每病床	公共厕所、盥洗	L/ 床·d	100 ~ 200	2.5 ~ 2.0
	公共浴室、厕所、盥洗	L/ 床·d	150 ~ 250	2.5 ~ 2.0
	公共浴室、病房设厕所、盥洗	L/ 床·d	200 ~ 250	2.5 ~ 2.0
	病房设浴室、厕所、盥洗	L/ 床·d	250 ~ 400	2.0
	贵宾病房	L/ 床·d	400 ~ 600	2.0
门急诊患者		L/ 人·次	10 ~ 15	2.5
医务人员		L/ 人·班	150 ~ 250	2.5 ~ 2.0
医院后勤职工		L/ 人·班	80 ~ 100	2.5 ~ 2.0
食堂		L/ 人·次	10 ~ 20	2.5 ~ 1.5
洗衣		L/kg	60 ~ 80	1.5 ~ 1.0

注：（1）医务人员的用水量包括手术室、中心供应等医院常规医疗用水；

（2）道路和绿化用水应根据当地气候条件确定。

（三）医院给水系统布置的具体要求

1. 系统形式

一般建筑项目常规的给水方式均采用竖向管道布置形式设计，同一根立管供应竖直位置不同楼层的用水点，但是，因为医院建筑功能复杂，各楼层功能差别较大、建筑格局变化较大，而且用水点较多、分布不均匀，如果采用常规的竖向管道系统，将导致管道转弯较多，设计施工难度增大，漏水概率增大，竖向管道井增加，减少了医疗活动的空间，管道检修困难。建议可由一根主立管和各楼层横向供水主管层层供水，管道设于本层或下层吊顶内，此系统相对于竖向系统，有三个方面的优点：首先，解决了不同楼层功能不同导致的管道转弯问题；其次，大大方便了医院的后期管理维护；最后，方便了给水计量统计。

2. 计量问题

实行三级计量，所有用水都宜安装按科室或者系统计量的水表。采用横向系统设计后，只需在横干管上，近护理单元前，进科室前设置水表即可（水表减少使维护费用低、计量统计准确和工作量减少）。当然，此系统形式会适当增加管道造价，但实行二级核算后，会促使使用部门养成节约用水的习惯，更有利于维护管理和建筑节能。

3. 手术部两路供水

根据《医院洁净手术部建筑技术规范》第8.2.1条的规定，洁净手术部内的给水系统应有两路进口。解决方法一般是从与手术部相邻的另外给水分区再引一路给水管做备用，减压阀一用一备。

4. 水龙头设置

医院内大部分水龙头为避免交叉传染必须采用非接触式或非手动开关，开关种类包括感应式、膝动、肘动、脚踏等。采用此类水龙头的部位包括：

（1）公共卫生间的洗手盆应采用感应自动水龙头、小便斗应采用自动冲洗阀，蹲式大便器宜采用脚踏式或感应式冲洗阀。

（2）产房、手术刷手池、护士站、治疗室、洁净室和消毒供应中心、ICU、血液病房和烧伤病房等的洗手盆、洗涤池。

（3）传染病房、肝炎、发热、犬伤、肠道等传染病诊室的洗手盆水龙头应采用感应式自动水龙头。

（4）其他有无菌要求或防止交叉感染场所的卫生器具应按照院方要求选择水龙头或冲洗阀。

5. 产房和产科洗婴池

根据《医院洁净手术部建筑技术规范》第5.2.6条的规定，产房和产科的洗婴池热水供应应有控温、稳压装置。在最新的国标图集《医疗卫生设备安装》（09S303）中有具体做法。

（四）给水安全要求

1. 控制二次污染

过去和现在设计的医院建筑工程里，很多都有二次供水系统，而二次供水系统中一个很容易受到污染的环节就是贮水箱或贮水池，设计中应切实采取有效措施，确保贮水的卫生安全，这需要引起有关工程设计人员的重视。

2. 要严防串水和回流污染

串水污染主要指由于不同供水管道之间串水而引起的水质污染；回流污染指医院和其他建筑中，由于室外管道停水或其他原因造成负压，导致室内管道回流，从而造成水质污染。医疗建筑在给水设计中，要特别注意回流污染，蹲便器必须安装空气隔断器。

三、医院排水设计要点

（一）医院排水设计的一般原则

（1）根据医院总体规划、道路和建筑的布置、地形高程、污雨水去向等因素，按照管线最短、埋深最小、尽量自流排出的原则。

（2）在高层病房楼的设计中，将不同分区的给水、饮用水、消防等水平干管，分别设置于不同楼层的吊顶中，可以避免顶层或某些楼层吊顶内的给、排水管道过多，影响走廊吊顶高度。

（3）医院同位素诊疗区域，含有放射性污水的管道应单独排放，选用铸铁排水管柔性接口，并设置混凝土专用防护管井，经贮存衰变达标后排入院区污水管。

（4）排水管道宜沿道路和建筑物的周边呈平行敷设，尽量减少相互间和其他管线的交叉。

（5）排水管道敷设时，相互间以及与其他管线的水平距离和垂直净距，应根据两种管道的类型、埋深、施工检修的相互影响、管道上附属构筑物的大小和当地有关规定等因素确定。

（6）当医院污水直接排入水体时其水质必须进行处理，当各项水质指标均达到国家排放标准时才能排放。

（二）排水量的计算方法

1. 根据《医院污水处理设计规范》（CECS 07—2004）医院分项用水定额和小时变化系数应按现行国家标准《建筑给水排水设计规范》（GB 50015）确定，排水量为给水量的100%。

2. 医院综合耗水量、小时变化系数与医院性质、规模设备完善程度有关，应根据实测数据确定，无实测数据时可参考下列数据计算：

（1）设备齐全的大型医院或500床以上医院：平均日污水量为400～600L/床·d，污水日变化系数 K_d = 2.0～2.2。

（2）一般设备的中型医院或100～499床医院：平均污水量为300～400L/床·d，污水日变化系数 K_d = 2.2～2.5。

（3）小型医院（100床以下）：平均污水量为250～300L/床·d，污水日变化系数 K_d = 2.5。

（三）医院排水系统具体要求（适应医院特殊设计以及后期管理）

1. 要保证地漏的水封深度

在医院设计中应有效杜绝地漏水封干涸而污染室内空气环境，传播疾病。国家规范规定，地漏水封必须是5cm，为保证地漏的水封深度得到有效保护，在医院设计中，可采用直通地漏，在下面设置P型存水弯，通过其他的用水点排水来补水。作用主要是避免了地漏水封达不到要求而带来隐患和保证水封经常有水，不会干涸。

2. 保证排水系统的通气

（1）排水管道应作伸顶通气管；医用倒便器应设专用通气管；室内各种集水坑应密闭并做好透气。国家有关规范规定，吸气阀不能代替通气管。在医疗建筑中，应单独设置通气管，不能用吸气阀代替通气管，因为室内的有害气体和被污染的气体，有可能经吸气阀排到室内，容易出现传染的危险。

（2）为保证医院运行时的污水管道检修的可能性，设备层以上病房区域的污水立管宜分设多路汇合管道引至一层排出，一旦一路管道堵塞清通或检修时，其余区域的医疗、生活排水设施仍可安全使用。

（3）高层建筑病房卫生间内的排水管道应设置专用通气管，宜每层设置H管连通，维持好排水管内的压力平衡，防止卫生器具的水封破坏；地下室设置吸引机房、太平间或其他医疗或辅助设施时，应各自独立设置集污池采用密闭井盖，并设置透气管引至室外；医用倒便器应设通气管。

（4）对于清洗间、污洗间和设有清洗设备、拖布池等的场所，宜采用无水封磁性翻斗式地漏并配置 P 型或 S 型存水弯。对急诊抢救室、职工餐厅等处可设置开启式密封地漏，满足其地面冲洗的需要；对于各层空调机房和设置在设备层净化空调机组的冷凝水，采用独立排水管道，引至室外间接排放。

四、医院给排水系统建设质量要求

（一）医院给排水系统管道材质选择（适应医院特殊要求）

医疗建筑给水管，既要保证输水的可靠性，又要保证水质在运输过程中免受二次污染。由于塑料管材具有无毒、质轻、韧性、耐用、耐腐蚀、内壁光滑、不易堵塞、易加工处理、易安装、保养费用低、能耗低并且可以回用等优点，建议首选塑料管，特别是在冷水管材中。目前水管常用的主要有：硬聚氯乙烯（UPVC）管、聚乙烯（PE）管、聚丙烯（PPR）管、聚丁烯（PB）管、交联聚乙烯（PEX）管、衬塑钢管、304 号以上的标准不锈钢管、薄壁不锈钢管等。

（二）医院给排水系统设备选择

为了保证医疗质量和医护工作需要，在医院中必须设有多种建筑设备装置，其中有采暖、通风、空气调节、洁净室、给水、排水、生活热水、高压蒸汽、医用气体（供氧、压缩空气、氮气等）以及高压氧舱、液氯等装置。

医院中还有一种最普通的现象是将一些饮用水设备、厨房设备、医疗研究设备的排水做成直接排水，而将煮沸消毒器的给水做成直接给水，这都会使给水系统或卫生设备受到严重污染。

（三）医院洁具选择（适应医院特殊要求）

（1）所有洁具应满足设计规范和中华人民共和国城镇建设行业标准《节水型生活用水器具》的要求。

（2）坐便器冲水开关选择水箱顶盖下压式，因医院使用人频繁更换，建议不选择侧面旋钮和侧压式冲水开关。

（3）小便斗宜选择后排水挂式，落地式和下排水小便斗不方便清洁卫生。

（4）残疾人卫生间洗手盆宜采用挂式且龙头为感应式。

（5）精神科病房淋浴管道应采用暗装。

（6）治疗室、诊断室、示教室、护士站、检查室等医务人员使用的宜采用柱盆。

（7）公共卫生间宜采用台下盆。

（8）洗涤盆、手术室刷手槽宜采用成品不锈钢制品。

（9）所有病房卫生间蹲便器应设低位拉手。

（10）所有洁具采用大小适中、釉面光洁、质优价廉的产品。

（11）蹲便器选择冲洗槽较深，无外溅挡板的产品，防止患者绊倒和污水外溅。

（12）所有洗手盆落水栓塞宜采用拉杆式。

（13）病房卫生间淋浴喷头宜只有固定淋浴头。

（14）感应的龙头宜为经变压 220VAC 器降压变为 12VAC 的电磁阀控制的龙头，建议不使用干电池的感应龙头。

（四）医院给排水系统建设质量管理

1. 决策阶段的质量管理

此阶段质量管理的主要内容是在广泛搜集资料、调查研究的基础上研究、分析、比较，决定项目的可行性和最佳方案。

2. 施工前的质量管理

施工前的质量管理主要包括：

（1）对施工队伍的资质进行审查，包括各个分包商资质的审查。

（2）对所有的合同和技术文件、报告进行详细的审阅。

（3）审核施工方案、施工组织设计和技术措施。

（4）审阅进度计划和施工方案。

（5）对施工中将要采取的新技术、新材料、新工艺进行审核，核查鉴定书和实验报告。

3. 施工过程中的质量管理

（1）工序质量控制。包括施工操作质量和施工技术管理质量。

（2）设置质量控制点。

（3）工程质量的预控。

（4）质量检查。

（5）成品保护。

（6）交工技术资料。

（7）质量事故处理。一般质量事故由总监理工程师组织进行事故分析，并责成有关单位提出解决办法。重大质量事故，须报告业主、监理主管部门和有关单位，由各方共同解决。

4. 工程完成后的质量管理

按合同的要求进行竣工检验，检查未完成的工作和缺陷，及时解决质量问题。审查竣工图和竣工资料。维修期内负责相应的维修责任。

五、医院给排水系统调试要点

（1）开启进水主阀。给水进入给水环网，冲洗检查 Y 型过滤器中的滤网。

（2）水箱外观检查和自动控制液位系统调试。

（3）水泵调试试运转。

（4）减压阀调试。

（5）潜污泵的调试。

（6）观察排水管路排水情况，排水流畅，检查井盖严密稳固。

六、医院给排水系统验收的条件和程序

（一）医院给排水系统验收应具备的条件

（1）完成合同约定的工作量。

（2）所有材料、设备满足设计要求，并且具有合格证，监理、甲方验收记录。

（3）隐蔽管道有监理、甲方验收签字记录。

（4）给水管道水压试验符合设计要求而且有监理、甲方验收签字记录。

（5）排水管道进行闭水、通球试验符合设计要求而且有监理、甲方验收签字记录。

（6）给水箱以及给水管道消毒清洗完毕。

（7）所有管道标示满足设计要求的色标或者色环以及标示水流方向。

（8）政府相关部门许可的单位给、排水系统电气检测合格。

（9）所有给排水管道和设备外观无污染，管道井、积水坑和地漏水封无建渣。

（10）所有给、排水控制箱内张贴线路图，每个线路均有编号。

（11）有完整的技术档案和施工管理资料。

（二）医院给排水系统验收程序

（1）甲方、设计和监理对给、排水系统初步验收。

（2）报建筑质检部门正式验收，一般都和建筑工程一起验收。

（3）污水处理站由环保部门先验收后报建筑质检部门验收。

（三）接用市政自来水的程序与施工

按照当地自来水公司要求进行申报，一般接用市政自来水程序如下：

（1）医院向自来水公司提交书面接用市政自来水的申请且加盖医院公章。

（2）提供规划部门审批的项目红线图（复印件）；建设部门批准的项目建设书（复印件）。

（3）提供缴纳综合配套费依据（复印件）。

（4）填写用水申请审批表；需要提交全套水施电子文档和给水技术参数。

（5）接水申报宜提前六个月办理。

（6）现场勘查；由自来水公司设计接用水方案。

（7）医院审计施工预算；与自来水公司签订施工合同。

（8）缴纳工程预付款；由自来水公司施工和监理。

（9）正式施工及竣工验收。

（10）结算工程款，签订供用水合同，建档立户，正式通水使用。

（四）二次供水卫生许可证办理

应按各地卫生职能部门的要求，一般办理二次供水卫生许可证流程如下：

（1）到卫生职能部门提出申请领取申请表。

（2）申请办理《二次供水卫生许可证》应具备下列条件。

①凡新建扩建二次供水贮水箱（池），加压设施不能建在居民楼或者与居民楼连体的建筑物内；应提供材质检测报告及相关卫生检测报告；二次供水贮水箱（池）投入使用前应清洗消毒、水质检测。

②二次供水贮水箱（池）的检查孔、溢流管、排污管应配有防护装置；贮水箱（池）应设在独立房间内，并设防护铁门或防护隔断。

③二次供水贮水箱（池）的溢流管和排污管不得与排水设施直接连接；贮水箱的溢流管出水口距地面高度不得低于30cm；贮水箱（池）不得与锅炉的膨胀水箱、补给水箱相连接。

④新建、扩建、改建的二次供水贮水箱（池）必须采取防腐措施并严格清洗消毒，注水后应当由技术监督部门认证的水质检测机构进行全项水质化验。

（3）提交如下资料：

①水质检测报告；

②清洗消毒作业流程及清洗人员名单；

③二次供水系统平面图（说明图）；

④二次供水卫生管理制度；

⑤签订二次供水保证书；

⑥提交二次供水设施运行调试合格报告单；

⑦提交二次供水设备的涉水生产许可证和材质证明；

⑧提交疾病控制中心的水质检测机构出具的符合《城市供水水质标准》的全项水质化验报告；

⑨提交二次供水管网竣工图纸。

（4）建设部门到现场审查，合格的颁发《二次供水设施使用许可证》。

（5）存档备案。

第二节　医院热水及饮水供应

一、医院热水供应

（一）医院热水供应的一般要求

（1）医院生活热水用水量定额及其计算温度应符合下列要求：

① 医院生活热水用水量定额用水量应根据工艺确定。

② 医疗用热水温度应根据工艺确定，其他用途的热水水温按 60℃ 计。

（2）医院生活热水系统的能源，宜采用太阳能和地热，也可采用市政蒸汽、高温热水、自备锅炉或电能，当采用太阳能热水系统时，宜采用可自动控制的其他补助能源。

（3）采用太阳能热水系统宜符合下列要求：

① 太阳能热水系统所产热水宜通过电直接加热或二次换热后供应到用水点。

② 太阳能系统的传热介质的闪点不应大于 28℃。

③ 太阳能热水系统的储热量宜是系统最大日用水量的 70% ～ 90%。

（4）热水系统的水加热器热源为蒸汽时，宜选用弹性管束、浮动盘管半容积式水加热器。

（5）医院热水系统的热水制备设备不应少于 2 台，当一台检修时，其余设备应能供应 60% 以上的设计用水量。

（6）自备的水加热器生活热水的温度不应低于 60℃。

（7）医院病房冷、热水供水压力应平衡，当不平衡时应设置平衡阀。

（8）当医院热水系统有为防止烫伤要求时，淋浴或浴缸用水点、洗手用水点设置冷、热混合水温控装置，使用水点最高出水温度在任何时间都不大于 49℃。原则是随用随配。

（9）医院热水系统任何用水点在打开用水开关后宜在 5 秒内出热水。

（10）手术部集中盥洗室的水龙头应采用恒温供水，末端设置温度控制阀且温度可调节，供水温度宜为 30 ～ 35℃。

（11）洗婴池的供水应防止烫伤或冻伤且为恒温，末端设置温度控制阀且温度可调节，供水温度宜为 35 ～ 40℃。

（12）医院手术室、产房、婴儿室、供应室、皮肤科的医疗病房，门急诊、医技各科室和职工后勤部门对热水供应的要求差异较大，需要分别设置热水供应系统。

（二）医院热水用水定额、水温和水质

1. 医院热水用水定额

医院热水用水定额根据卫生器具完善程度和地区条件，按表 5-1-3 确认，医疗用水水量应根据工艺确定。

表 5-1-3 医院生活热水用水量定额

项目	单位	最高用水量	小时变化系数	使用时间	备注
集中浴室、厕所、盥洗	L/床·d	45~100	2.5~2.0	24h	
集中浴室、病房设厕所、盥洗	L/床·d	60~100	2.5~2.0	24h	
病房设浴室、厕所、盥洗	L/床·d	110~200	2.0	24h	
贵宾病房	L/床·d	150~300	2.0	24h	
门急诊患者	L/人·次	5~8	2.0	8h	
医务人员	L/人·班	60~100	2.5~2.0	8h	
医院后勤职工	L/人·班	30~45	2.5~2.0	24h	
食堂	L/人·次	7~10	2.5~1.5	24h	
洗衣	L/kg	15~30	1.5~1.0	24h	

2. 医院热水用水水温

食堂、洗衣等洗涤用水水温按65℃计，医疗用热水温度应根据工艺确定，其他用途的热水水温按60℃计。卫生器具的一次用水量、小时用水量和水温按表5-1-4确定。

表 5-1-4 医院生活热水用水量定额

卫生器具名称	一次用水量（L）	小时用水量（L）	使用水温（℃）
洗手盆	—	15~25	35
洗涤盆（池）	—	300	50
淋浴器	—	200~300	37~40
浴盆	125~150	250~300	40

3. 医院热水水源和水质

（1）生活热水的水质指标，应符合现行国家标准《生活饮用水卫生标准》（GB 5749）的要求。

（2）集中热水供应系统的原水的水处理，应根据水质、水量、水温、水加热设备的构造、使用要求等因素经技术经济比较按下列规定确定：

①当洗衣房日用热水量（按60℃计）大于或等于10m³且原水总硬度（以碳酸钙计）大于300mg/L时，应进行水质软化处理；原水总硬度（以碳酸钙计）为150~300mg/L时，宜进行水质软化处理；

②其他生活日用热水量（按60℃计）大于或等于10m³且原水总硬度（以碳酸钙计）大于300mg/L时，应进行水质软化或阻垢缓蚀处理；

③经软化处理后的水质总硬度应为：洗衣房用水：50~100 mg/L；其他用水：75~150 mg/L。

④水质阻垢缓蚀处理应根据水的硬度、适用流速、温度、作用时间或有效长度及工作电压等选择合适的物理处理或化学稳定剂处理方法；

⑤当系统对溶解氧控制要求较高时，宜采取除氧措施。

4. 冷水计算温度

冷水的计算温度，应以当地最冷月平均水温资料确定。当无水温资料时，可按表5-1-5采用。

表 5-1-5 冷水计算温度（℃）

区域	省、市、自治区、行政区		地面水	地下水	区域	省、市、自治区、行政区		地面水	地下水
东北	黑龙江		4	6～10	东南	江苏	偏北	4	10～15
	吉林		4	6～10			大部	5	15～20
	辽宁	大部	4	6～10		江西 大部		5	15～20
		南部	4	10～15		安徽 大部		5	15～20
华北	北京		4	10～15		福建	北部	5	15～20
	天津		4	10～15			南部	10～15	20
	河北	北部	4	6～10		台湾		10～15	20
		大部	4	10～15	中南	河南	北部	4	10～15
	山西	北部	4	6～10			南部	5	15～20
		大部	4	10～15		湖北	东部	5	15～20
	内蒙古		4	6～10			西部	7	15～20
西北	陕西	偏北	4	6～10		湖南	东部	5	15～20
		大部	4	10～15			西部	7	15～20
		秦岭以南	7	15～20		广东、港澳		10～15	20
	甘肃	南部	4	10～15		海南		15～20	17～22
		秦岭以南	7	15～20	西南	重庆		7	15～20
	青海	偏东	4	10～15		贵州		7	15～20
	宁夏	偏东	4	6～10		四川 大部		7	15～20
		南部	4	10～15		云南	大部	7	15～20
	新疆	北疆	5	10～11			南部	10～15	20
		南疆	—	12					
		乌鲁木齐	8	12					
东南	山东		4	10～15		广西	大部	10～15	20
	上海		5	15～20			偏北	7	15～20
	浙江		5	15～20		西藏		—	5

5. 医院配水点温度

直接供应热水的热水锅炉、热水机组或水加热器出口的最高水温和配水点的最低水温可按表 5-1-6 采用。

表 5-1-6 直接供应热水的热水锅炉、热水机组或水加热器出口的最高水温和配水点的最低水温（℃）

水质处理情况	热水锅炉、热水机组或水加热器出口的最高水温	配水点的最低水温
原水水质无须软化处理，原水水质需水质处理且有水质处理	75	50
原水水质需水质处理但未进行水质处理	60	50

6. 医院冷热水比例计算

在冷热水混合时，应以配水点要求的热水水温、当地冷水计算水温和冷热水混合后的使用水温求出所需热水量和冷水的比例。

若以混合水量为 100%，则所需热水量占混合水的百分数，按式 5-1-1 计算：

$$K_r = \frac{t_h - t_i}{t_r - t_i} \bullet 100\%$$

（式 5-1-1）

式中：K_r——热水在混合水中所占白分数；

T_h——混合水水温，℃；

T_r——热水水温，℃；

T_i——冷水计算温度，℃。

（三）医院热水供应系统设计要点

注意对军团菌的控制。军团菌存在于自然界水及土壤中，20℃左右开始繁殖，它的最佳繁殖温度就是人的体温 35 ~ 36℃，到 45 ~ 50℃时开始死亡，到 70℃时迅速死亡。

（1）控制水温。设计中供水温度控制在 60℃为宜，并在低于 51℃时进行循环。这样，军团菌就很难在热水系统中存活。

（2）在设计和选择换热设备时，最好采用即热式或半即热式热交换器，而不要采用容积式热交换器。因为容积式热交换器往往加热温度不均匀，容易有滞水区，水温 60℃时，而有些地方达不到 60℃。而即热式热交换器，水通过后温度比较均匀，一般没有滞水的死角，避免了军团菌的繁殖。

（3）采用铜质管材。有研究资料表明，细菌进入铜管 5 小时后可被杀灭，并且是杀灭军团菌的有效管材。

（4）选用不产生水雾的淋浴喷头。

（四）医院热水供应常用加热设备

医院热水供应系统常用的加热设备有快速式水加热器、半即热式水加热器、燃油（燃气）热水锅炉、空气源热泵热水机组、太阳能集中热水系统等。不宜采用存在滞水区的容积式换热器。

1. 快速式水加热器

快速式水加热器是热媒与被加热水通过较大速度的流动进行快速换热的间接加热设备。

快速式水加热器体积小、安装方便、热效高，但不能贮存热水、水头损失大、出水温度波动大，适用于用水量大且比较均匀的热水供应系统。

2. 半即热式水加热器

半即热式水加热器是带有超前控制，具有少量贮水容积的快速式水加热器。

3. 燃气（燃油）热水锅炉

燃气（燃油）锅炉，通过燃烧器向正在燃烧的炉膛内喷射雾状油或燃气，燃烧迅速、完全，且具有构造简单、体积小、热效高、排污总量少、管理方便等优点。目前燃气（燃油）锅炉的使用越来越广泛，经常采用直接加热或与水加热器结合使用，作为太阳能系统的辅助热源。

4. 空气源热泵机组

空气源热泵就是利用空气中的能量来产生热能，能全天24小时大水量、高水压、恒温提供不同热水需求，同时又能够消耗最少的能源完成供热。

（1）空气源热泵机组特点。

①空气源热泵系统冷热源合一，不需要设专门的冷冻机房、锅炉房，机组可任意放置屋顶或地面，不占用建筑的有效使用面积，施工安装十分简便。

②空气源热泵系统无冷却水系统，无冷却水消耗，也无冷却水系统动力消耗。另外，冷却水污染形成的军团菌感染的病例已有不少报道，从安全卫生的角度，考虑空气源热泵也具有明显的优势。

③空气源热泵系统由于无须锅炉、无须相应的锅炉燃料供应系统、除尘系统和烟气排放系统，系统安全可靠、对环境无污染。

④空气源热泵冷（热）水机组采用模块化设计，不必设置备用机组，运行过程中电脑自动控制，调节机组的运行状态，使输出功率与工作环境相适应。

⑤空气源热泵的性能会随室外气候变化而变化。

⑥在我国北方室外空气温度低的地方，由于热泵冬季供热量不足，需设辅助加热器。

（2）空气源热泵机组在医院热水供应系统的应用情况。

随着空气源热泵机组的技术的成熟，经常作为医院太阳能热水系统的辅助热源得到大规模应用。

5. 太阳能集中热水系统

太阳能热水系统的形式多种多样，系统组成也千差万别。从技术设计角度看，系统构成主要包括：太阳能集热系统、贮热系统、辅助加热系统、末端用热系统、管路泵阀系统、电气与自动控制系统、安全防护系统等，见图5-1-1。

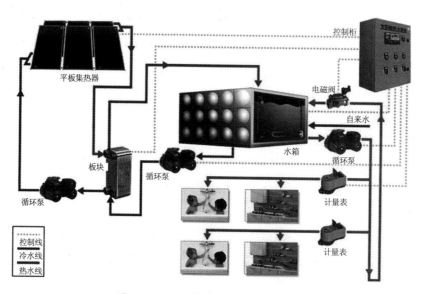

图 5-1-1 太阳能热水系统组成示意图

（1）太阳能集中热水系统的类型。

太阳能热水系统设计的第一步就是先确定采用何种类型的系统。下面对医院常用的太阳能系统类别做简要概述。

①按照采用太阳能集热器类别的不同，一般把太阳能热水系统分为：全玻璃真空管系统、平板集热器系统（俗称平板系统）、热管集热器系统、U 型管集热器系统（俗称 U 形管系统）。

全玻璃真空管集热器具有热效率高、成本低等优点，在结冰地区也可以直接采用水作为传热工质而不会结冰。它是目前我国应用量最大的太阳能集热器。普通全玻璃真空管集热器一般只能承受 0.05MPa 的压力，且存在炸管漏水问题，这些在系统设计安装时应特别注意，采用特殊技术加以规避。

平板集热器具有可靠、耐压、低温区热效率高、易于与建筑一体化、寿命可达 25 年以上等优点。平板集热器防冻性能较差，适用于不结冰低区。

热管集热器是在热管集热器的每根真空管内放置了一个热管，通过热管把全玻璃真空管吸收太阳光后转变的热能传到上部热管冷凝端，再通过冷凝端传给集热器联集箱内流道的传热工质，通过工质循环流动，再把热能传送到需要的地方。这种方式也解决了全玻璃真空管存在的炸管漏水问题。全玻璃真空管内插热管的集热器也可以承受较大的压力，一般工作压力在 0.6MPa 以下。

U 形管集热器是在全玻璃真空管集热器的每根真空管内放置了一个 U 型铜管流道，传热介质在 U 型铜管内流动，从而彻底解决了全玻璃真空管存在的炸管漏水问题。U 型管集热器甚至可以承受 20MPa 以上的压力试验。一般工作压力在 0.6MPa 以下。U 型管集热器成本较高，集热器阻力大，容易出现局部过热问题，系统设计时应特别注意。

不同类型的集热器具有不同的特点，系统设计必须考虑所选用集热器的特点，做到扬长避短。

②按集热系统承压情况分类。

根据集热系统承压情况，把系统分为常压系统（俗称开式系统）和承压系统（俗称闭式系统）。开式系统是指集热系统中集热器的流道与大气连通，且集热器所承受的压力不超过 1kg/cm^2 的系统。闭式系统是指集热系统中集热器的流道密闭的系统，见图 5-1-2。

图 5-1-2 常压（左）和承压（右）太阳能热水系统示意图

所有类型的集热器均可用于开式系统，但不承压的集热器只能用于开式系统而不能用于闭式系统。

医院作为大规模集中热水系统，单个系统集热器数量较多，接口多，采用闭式系统工作压力大，容易出现渗漏，因此，选用开式系统。

③根据贮水箱内水被集热器加热的方式，通常把系统分为直接系统和间接系统。

直接系统是指贮水箱内的水流过集热器流道，被集热器直接加热的系统。间接系统是指贮水箱内的水通过换热器被流过集热器流道的传热工质加热的系统。间接加热系统的传热工质可以是水，也可以是防冻液等，见图 5-1-3。

图 5-1-3 直接（左）和间接（右2）换热系统示意图

④根据集热器内工质或水的流动方式，通常把系统分为自然循环系统、强制循环系统、直流系统。自然循环系统是指仅仅依靠集热器内传热工质的密度变化来实现传热工质循环的系统。强制循环系统是指依靠泵或其他外部动力迫使传热工质实现循环的系统。直流系统是指需要加热的传热工质一次流过集热器后进入贮热装置贮存备用或进入使用点直接使用的系统。上述传热工质可以是水，也可以是防冻液等，见图 5-1-4。

图 5-1-4 自然循环系统（左）、强制循环系统（中）、直流系统（右）

（2）太阳能集中热水系统特点。

①环保效益：相对于使用化石燃料制造热水，能减少对环境的污染及温室气体——二氧化碳的产生。

②节省能源：太阳能是属于每个人的能源，只要有场地与设备，任何人都可免费使用它。

③安全：不像使用瓦斯有爆炸或中毒的危险，或使用燃料油锅炉有爆炸的顾虑，或使用电力会有漏电的可能。

④不占空间：不需专人操作，自动运转。另外，太阳能集热器装在屋顶上，不会占用任何室内空间。

⑤具经济效益：正常的太阳能热水器不易损坏，寿命至少在十年以上，甚至有到二十年的，因为基本热源为免费的太阳能，所以使用它十分符合经济成本效益。

（3）应用情况。

目前，具备利用太阳能的地区，新建医院均安装有太阳能热水系统，并在医院整体设计时，就在屋顶机房层或地下室设计有太阳能设备间，便于太阳能热水系统的安装，并与其他类型的热水供应系统结合，满足医院的热水供应需求。

（五）医院加热设备的选择与布置

1. 加热设备选择

水加热设备应根据使用特点、耗热量、热源、维护管理及卫生防菌等因素选择，并应符合下列要求：

（1）热效率高，换热效果好、节能、节省设备用房；

（2）生活热水侧阻力损失小，有利于整个系统冷、热水压力的平衡；

（3）安全可靠、构造简单、操作维修方便。

2. 加热设备的布置

选用太阳能集中热水系统和空气源热泵机组时，需在机房层或地下室设计太阳能设备间。用于安装太阳能系统和热泵机组的储热储水设备及配辅件。太阳能集热器一般安装在屋顶,空气源热泵一般安装在室外空气流通较好的地方,如,屋顶、地面草坪等。

锅炉应设置在单独的建筑物中,并符合消防规范的相关规定。水加热设备和贮热设备可设在锅炉房或单独房间内,房间尺寸应满足设备进出、检修、人行通道、设备之间净距的要求,并符合通风、采光、照明、防水等要求。热媒管道、凝结水管道、凝结水箱、水泵、热水贮水箱、冷水箱及膨胀管、水处理装置的位置和标高,热水进、出口的位置、标高应符合安装和使用要求,并与热水管网相配合。

(六)医院热水供应系统计算

1. 耗热量计算

医院建筑的集中热水供应一般为 24h 供应热水,系统的设计小时耗热量应按式 5-1-2 计算:

$$Q_h = K_h \frac{mq_r C(t_r - t_l)\rho_r}{T} \qquad (式 5-1-2)$$

式中:Q_h——设计小时耗热量(kJ/h);

　　　m——用水计算单位数(人数或床位数);

　　　q_r——热水用水定额(L/ 人·d 或 L/ 床·d),按本书表 5-1-1 采用;

　　　C——水的比热,C=4.187(kJ/kg·℃);

　　　t_r——热水温度,tr=60(℃);

　　　t_l——冷水温度,按本书表 5-1-5 选用;

　　　ρ_r——热水密度(kg/L);

　　　T——每日使用时间(h),按本书表 5-1-3 采用;

　　　K_h——小时变化系数,可按本书表 5-1-7 采用。

表 5-1-7 医院的热水小时变化系数 K_h

床位数 m	50	75	100	200	300	500
K_h	4.55	3.78	3.54	2.93	2.60	2.23

注:K_h 应根据热水用水定额高低、使用人(床)数多少取值,当热水用水定额高、使用人(床)数多时取低值,反之取高值,使用人(床)数小于等于下限值及大于等于上限值的,K_h 就取下限值及上限值,中间值可用内插法求得;

具有多个不同使用热水部门的单一建筑或具有多种使用功能的综合性建筑,当其热水由同一热水供应系统供应时,设计小时耗热量,可按同一时间内出现用水高峰的主要用水部门的设计小时耗热量加其他用水部门的平均小时耗热量计算。

2. 设计小时热水量计算

设计小时热水量可按式 5-1-3 计算:

$$q_{rh} = \frac{Q_h}{(t_r - t_l)C\rho_r} \qquad (式 5-1-3)$$

式中:q_{rh}——设计小时热水量(L/h);

　　　q_h——设计小时耗热量(kJ/h);

　　　t_r——设计热水温度(℃);

　　　t_l——设计冷水温度(℃);

3. 热媒耗量的计算

医院热水系统热媒一般包括饱和蒸汽和高温热水，采用间接加热的方式加热。

（1）蒸汽间接加热的热媒耗量按式 5-1-4 计算。

$$G_{mh} = (1.1 \sim 1.2) \frac{W}{\gamma_h}$$

（式 5-1-4）

式中：G_{mh}——蒸汽间接加热热水时的蒸汽耗量，kg/h；

y_h——蒸汽的汽化热，可查表决定；

W——设计小时耗热量，kJ/h。

（2）高温热水间接加热的热媒耗量按式 5-1-5 计算。

$$G_{ms} = (1.1 \sim 1.2) \frac{Q}{C(t_{mc} - t_{mz})}$$

（式 5-1-5）

式中：G_{ms}——高温热水间接加热热水时的蒸汽耗量，kJ/h；

t_{mc}——热媒热水供应温度（℃）；

t_{mz}——热媒热水回水温度（℃）；

Q、C 同上。

4. 集中热水供应加热及贮热设备的选用与计算

（1）太阳能加热系统计算。

集热器总面积应根据日用水量、当地年平均日太阳辐照量和集热器集热效率等因素按下列公式计算：

①直接加热供水系统的集热器总面积可按式 5-1-6 计算：

$$A_{jz} = \frac{q_{rd} C \rho_r (t_r - t_l) f}{J_t \eta_j (1 - \eta_l)}$$

（式 5-1-6）

式中：A_{jz}——直接加热集热器总面积（m²）；

q_{rd}——设计日用热水量（L/d），按不高于用水定额中下限取值；

t_r——热水温度（℃），$t_r = 60$℃；

t_l——冷水温度（℃），按本书表 5-1-3 采用；

J_t——集热器采光面上年平均日太阳辐照量（kJ/m²·d）；

f——太阳能保证率，根据系统使用期内的太阳辐照量、系统经济性和用户要求等因素综合
考虑后确定，取 30% ~ 80%；

η_j——集热器年平均集热效率，按集热器产品实测数据确定，经验值为 45% ~ 60%；

η_l——贮水箱和管路的热损失率，取 15% ~ 30%。

②间接加热供水系统的集热器总面积可按式 5-1-7 计算：

$$A_{jj} = A_{jz}\left(1 + \frac{F_R U_L \times A_{jz}}{K \times F_{jr}}\right)$$

（式 5-1-7）

式中：A_{jj}——间接加热集热器集热总面积（m²）；

$F_R U_L$——集热器热损失系数 [kJ/（m²·℃·h）]；

平板型可取（14.4 ~ 21.6）[kJ/（m²·℃·h）]；

真空管型可取（3.6 ~ 7.2）[kJ/（m²·℃·h）]，具体数值根据集热器产品的实测结果确定；

K——水加热器传热系数 [kJ/（m²·℃·h）]；

F_{jr}——水加热器加热面积（m^2）。

③太阳能集热系统贮热水箱容积可按下式 5-1-8 计算：

$$V_r = q_{rjd} \cdot A_j \qquad （式5-1-8）$$

式中：V_r——贮水箱有效容积（L）；

A_j——集热器总面积（m^2）；

q_{rjd}——集热器单位采光面积平均每日产热水量［L/（$m^2 \cdot d$）］，根据集热器产品的实测结果确定。无条件时，根据当地太阳辐照量、集热器集热性能、集热面积的大小等因素按下列原则确定：直接供水系统 q_{rjd}=（40～100）［L/（$m^2 \cdot d$）］；间接供水系统 q_{rjd}=（30～70）［L/（$m^2 \cdot d$）］。

（2）容积式水加热器或贮热容积与其相当的水加热器、燃油（气）热水机组应按下式计算：

$$Q_g = Q_h - \frac{\eta V_r}{T}(t_r - t_l)C\rho_r \qquad （式5-1-9）$$

式中：Q_g——容积式水加热器的设计小时供热量（kJ/h）；

Q_h——设计小时耗热量（kJ/h）；

η——有效贮热容积系数；容积式水加热器 η=0.7～0.8，

导流型容积式水加热器 η=0.8～0.9；

第一循环系统为自然循环时，卧式贮热水罐 η=0.80～0.85；立式贮热水罐 η=0.85～0.90；

第一循环系统为机械循环时，卧、立式贮热水罐 η=1.0；

V_r——总贮热容积（L）；

T——设计小时耗热量持续时间（h），T=2～4；

t_r——热水温度（℃），按设计水加热器出水温度或贮水温度计算；

t_l——冷水温度（℃），按本书表 5-1-3 采用；

注：当 Q_g 计算值小于平均小时耗热量时，Q_g 应取平均小时耗热量。

（3）半容积式水加热器或贮热容积与其相当的水加热器、燃油（气）热水机组的设计小时供热量应按设计小时耗热量计算。

（4）半即热式、快速式水加热器及其他无贮热容积的水加热设备的设计小时供热量应按设计秒流量所需耗热量计算。

二、医院饮水供应

（一）医院饮水设计要点

1. 供给方式

①管道直饮水系统，就近设置饮水器或水龙头；

②采用蒸汽间接加热时蒸汽开水炉宜集中设置；管道输送到护理单元和科室；

③采用电开水器时，可每层或每个护理单元、每个科室设置电开水器；

④医院开水系统也可采用桶装水饮水机，就近设置饮水机。

2. 设置机械过滤器

当医院采用蒸汽开水炉和电开水器时，自来水进开水器前应设置机械过滤器。

3. 管道直饮水要求

当医院采用管道直饮水系统时，宜满足下列要求：

管道直饮水的水源应符合《生活饮用水卫生标准》（GB 5749—2006）、《生活饮用水水质卫生规范》和《饮用净水水质标准》（CJ 94—2015）的要求。

管道直饮水水处理工艺为：一级砂滤 + 二～三级膜过滤（最后一级 0.20 ～ 0.45 的膜）+ 紫外线和 O_3 联合消毒 + 蓄水箱 + 变频供水泵；

管道直饮水的供应应设置循环供水系统，管道流速不应小于 0.6m/s，回水经膜滤和消毒后再用；管网末端盲管的最大长度不宜超过 0.5m；

管道直饮水蓄水箱的有效容积不宜小于最大日用水量的 1.2 倍；

应设水质分析室，直饮水水质分析每班应不少于 2 次；

饮用水设备和龙头应设置在卫生条件良好通风的房间或场所，不应设置在卫生间或盥洗间内。

（二）医院饮水定额

饮水定额及小时变化系数，根据建筑物的性质和地区的条件，应按表 5-1-8 确定。

表 5-1-8 饮水定额及小时变化系数

建筑物名称	单位	饮水定额（L）	K_h
病房	每病床每日	2 ～ 3	1.5
门急诊患者	每人每日	1 ～ 2	1.5
医务人员	每人每日	1 ～ 2	1.5
医院后勤职工	每人每日	1 ～ 2	1.5

（三）饮水量的计算

设计最大时饮用水量按式 5-1-10 计算：

$$q_{E\max}=K_K\frac{mq_E}{T}$$

（式 5-1-10）

式中：q_{Emax} ——设计最大时饮用水量（L/h）；

K_K ——小时变化系数，按表 5-1-6 选用；

Q_E ——饮用水定额（L/ 人 · d 或 L/ 床 · d），按表 5-1-6 选用；

m ——用水计算单位数（人数或床位数）；

T ——供应饮用水时间（h）。

第三节　制剂及医疗用水

一、概述

《中国药典（2015 年版）》根据使用范围及功能的不同，将医疗用水分为：饮用水、纯化水、注射用水和灭菌注射用水四类，这也是我国目前最为直接和权威的实施依据。即将颁布的我国第一部《医疗机构医疗用水卫生要求》标准，将医疗用水细分为：血液透析治疗用水、口腔科治疗用水、各种湿化水、内镜器械冲（清）洗用水、消毒供应中心（室）的器械（具）冲洗及灭菌用水、外科洗手（卫生洗手）用水和各类消毒剂配制用水，并对各类用水进行较为详细的阐述及水质规范，这将是继《中国药典（2015 年版）》之后较为详细和全面的行业性规范。

为满足不同领域及用途的医疗用水生产和制备，早期，由于不同科室用水的要求和标准不同，通常采用单科室专用供水系统，近年来，随着科技的发展和装备制造业的提升，医院临床用水设备的趋势正在向一机多用途的集中式分质供水方向发展，这既是生产、生活和医疗工艺的需要，也是现代化医院的一个重要组成部分，尤其是新建和改扩建医院更是如此。

二、相关标准与规范

（1）《血液透析和相关治疗用水处理设备技术要求 第1部分：用于多床透析》（YY 0793.1—2010）

（2）《医疗器械质量管理体系》（YY/T 0287—2003 / ISO 13485—2003）

（3）《医用电气设备第一部分：安全通用标准》（GB 9706.1）

（4）《医院洁净手术部建筑技术规范》（GB 50333）

（5）《医院消毒供应中心 第1部分：管理规范》（WS 310.1）和《医院消毒供应中心 第2部分：清洗消毒及灭菌技术操作规范》（WS 310.2）

（6）《绿色医院建筑评价标准》（CSUS / GBC 2）

（7）《血液透析和相关治疗用水标准》（YY 0572）

（8）《口腔器械消毒灭菌技术操作规范》（WS 506）

（9）《软式内镜清洗消毒技术规范》（WS 507）

（10）《血液透析和相关治疗用水》（YY 0572）

（11）《医院消毒卫生标准》（GB 15982）

（12）《血液净化标准操作规程（2010版）》

（13）《医疗机构制剂配制质量管理规范》（局令第27号）

（14）国家卫生部《医疗机构医疗用水卫生要求》

（15）《生活饮用水卫生标准》（GB 5749）

（16）《饮用净水水质标准》（CJ 94）

（17）《建筑与小区管道直饮水系统技术规程》（CJJ/T 110）

（18）《管道直饮水系统技术要求（2018年版）》

（19）《美国药典》（USP40–NF35）

三、用水卫生要求

（一）医疗用水

医院供水系统的原水一般为自来水，经处理加工后满足不同医疗需要。

1.清洗用水

（1）普通清洗用水。

一般情况下，普通清洗用水以市政自来水作为水源，常用作口腔、外科手冲洗用水，医疗器械、器具及物品冲洗用水。

《医疗机构医疗用水卫生要求》对该水要求：外科洗手和卫生洗手用水应符合 GB 5749 的要求，水中细菌菌落总数 ≤ 100CFU/mL，不得检出铜绿假单胞菌、沙门氏菌和大肠菌群。

（2）精洗用水。

精洗用水往往需要通过特殊处理，如经过离子交换处理后的去离子软化水，硬度 ≤ 0.03mmol/L。主要用于医疗器械、器具及物品的洗涤、漂洗以及灭菌用水；还有纯化水，通常是由自来水进行蒸馏、离子交换法、反渗透法或其他方法制备的高纯水，不含任何添加剂。主要用作普通药物制剂的溶剂或稀释剂，消毒供应室终末的漂洗用水或灭菌蒸汽用水等。

2. 注射用水

纯化水经蒸馏得到的水，需符合细菌内毒素试验要求，可作为配制注射剂、滴眼剂等的溶剂或稀释剂，以及血液透析用水。经过灭菌处理即可直接用于溶解注射药物的溶解和配制，多用作注射用灭菌粉末的溶剂或注射剂的稀释剂，也可作为手术用水以及氧气湿化瓶、雾化器、呼吸机、婴儿暖箱的湿化装置用水。

3. 临床科室用水

（1）口腔科用水。

口腔科水原水主要为医院自来水或储水罐水。主要包括手机用水、三用枪用水、漱口用水以及口腔种植牙手术用水。根据美国牙科协会提出的牙科治疗用水理想标准为：水中异养菌总量 ≤ 200CFU/mL；欧洲提出的口腔医疗用水参照饮用水标准为：细菌总量 ≤ 100CFU/mL。

《医疗机构医疗用水卫生要求》对该水要求：水源应符合《生活饮用水卫生标准》要求，应使用软化水，用水细菌菌落总数 ≤ 100CFU/mL，不得检出铜绿假单胞菌、沙门氏菌和大肠菌群。

（2）血液透析室用水。

透析用水是由市政自来水经过机械过滤、活性炭吸附、软化以及反渗透处理得到的纯净水，透析用水与透析浓缩液按一定比例混合即成透析液。《血液透析和相关治疗用水》中要求透析用水所含细菌总数 ≤ 100CFU/mL，在水处理装置的输出端细菌内毒素 ≤ 1EU/mL，在血液透析装置入口的输送点上细菌内毒素 ≤ 5EU/mL。

《医疗机构医疗用水卫生要求》对该水要求：电导率 ≤ 10μS/cm（25℃），细菌菌落总数 ≤ 100CFU/mL，细菌菌落总数 ≥ 50CFU/mL 为预警水平；内毒素 < 0.25EU/mL，内毒素 ≥ 0.125EU/mL 为预警水平；不得检出铜绿假单胞菌、沙门氏菌和大肠菌群，化学污染物指标应符合《血液透析及相关治疗用水》的规定；消毒剂残留指标应符合《血液净化标准操作规程》中的规定。

（3）消毒供应室用水。

用于医疗器械、器具及物品的清洗用水及灭菌用水。清洗用水分冲洗、洗涤、漂洗和终末漂洗四步，《医院消毒供应中心 第2部分：清洗消毒及灭菌技术操作规范》中规定了冲洗用水采用自来水，洗涤和漂洗用水采用软化水，终末漂洗用水采用纯化水，清洗用自来水水质应符合《生活饮用水卫生标准》，纯化水应符合电导率 ≤ 15μS/cm（25℃），但对于纯化水和软化水微生物指标未做要求。

《医疗机构医疗用水卫生要求》对该水要求：消毒供应中心的器械（具）冲洗、洗涤、漂洗应使用软化水，湿热消毒及终末漂洗用水应使用电导率 ≤ 15μS/cm（25℃）的纯化水；压力蒸汽灭菌器蒸汽用水应选用软化水、纯化水或蒸馏水。

（4）内镜室用水。

为内镜清洗用水，包括清洗、洗涤和终末漂洗，其中终末漂洗用水要求为无菌蒸馏水。目前，我国尚未制定针对内镜室清洗用水的卫生标准。

（5）手术室用水。

外科手术冲洗用自来水执行《生活饮用水卫生标准》。手术冲洗用水主要为瓶装无菌生理盐水及无菌蒸馏水，婴儿暖箱用水要求为瓶装无菌蒸馏水。还应包括重症监护病房氧气湿化瓶、雾化器及呼吸机用水。

《医疗机构医疗用水卫生要求》对该水要求：湿化水应为无菌水或凉开水；在使用期间细菌菌落总数应 ≤ 100CFU/mL；不得检出铜绿假单胞菌、沙门氏菌和大肠菌群；使用中的湿化水及湿化瓶（储水罐）应每日更换，湿化水应无味、无色、无浑浊。储水瓶（槽）使用后应浸泡消毒，冲洗干燥后封闭保存。

（6）配药中心用水。

应达到制药用水级别，包括纯化水、注射用水和灭菌注射用水。《中国药典（2015年版）》中明确规定，纯化水细菌含量≤100CFU/mL，电导率≤5.1μS/cm（25℃）；注射用水细菌含量≤10CFU/100mL，内毒素含量≤0.25EU/mL，电导率≤1.3μS/cm（25℃）。

《医疗机构医疗用水卫生要求》对该水要求：消毒剂配制用水应符合GB 15982中配制用水的要求，不得检出铜绿假单胞菌、沙门氏菌和大肠菌群。如配制灭菌剂时应使用无菌水配制，盛装容器应灭菌后使用；需达到高水平消毒或灭菌的医疗器械，消毒灭菌后应用无菌水冲洗，去除残留消毒剂。

（二）野外应急供水

野外应急供水情况特殊，除了满足野外医疗用水外，还需要满足日常生活及饮水需求。生活用水应满足《生活饮用水卫生标准》，生活饮用水应满足《饮用净水水质标准》；医疗用水执行《中国药典（2015年版）》中对不同类别用水的规定。

根据当下我国医院的实际需求和供应商的装备制造技术情况，临床用水设备按处理方式不同大致分为膜处理法、离子交换法、蒸馏法、机械过滤法，以及其中的两种或多种的组合处理法；按处理水质纯度不同大致分为去除有机物设备、除菌设备、除细菌内毒素设备、水质软化设备和去离子设备。根据不同的临床用水要求，上述系统结合设备可以两种或多种组合使用。

（三）临床水处理工艺

根据《中国药典（2015年版）》，结合《医疗机构制剂配制质量管理规范》，将药物制剂及医疗用水分为饮用水、纯化水、注射用水和灭菌注射用水。饮用水通常为自来水，是制备纯化水的原水，目前普遍采用管道直饮水作为日常饮用水，尤其是新建项目。纯化水可以单独使用蒸馏法、离子交换法、反渗透法、电渗析法或以上多个方法组合制备。现行的《中国药典（2015年版）》对纯化水和注射用水都规定了制备方法。规定纯化水可以选择用蒸馏法、离子交换法、反渗透法或其他适宜的方法制备；注射用水只能用蒸馏法制备。而《美国药典》中则规定可以用反渗透方式制备注射用水。

1. 纯化水

目前，医院纯化水的制备常采用以下几种组合方式：

（1）自来水→预处理→反渗透→离子交换法→纯化水；

（2）自来水→预处理→二级反渗透法→纯化水；

（3）自来水→预处理→二级反渗透法→EDI→纯化水。

其中，预处理主要含多介质过滤、活性炭过滤、保安过滤等；离子交换法则是采用离子交换树脂交换进水中的离子，纯化进水水质。当离子交换树脂交换饱和后，需用酸碱再生树脂才能恢复其离子交换性能。反渗透法在制取纯水过程中是以压力作为动力，使纯水透过反渗透膜后将其收集而制得。

表5-1-9 三种工艺制备纯化水的水质比较

被测样品工艺	电导率（μS/cm）（25℃）	相对标准偏差（RSD）
一级反渗透+离子交换	0.0725±0.025	0.35
二级反渗透	1.55±0.162	0.105
二级反渗透+EDI	0.20±0.558	0.109

由表5-1-9可见，由于电导率越小，水的纯度越高，水质越好。因此，一级反渗透与离子交换组合系统制备的纯化水水质最高，其次是二级反渗透与EDI组合系统，再次是二级反渗透系统。

表 5-1-10 三种制水设备的经济性与适用性综合比较

设备功能	产水水质	投资成本	运行成本	操作维护	环境保护
一级反渗透＋离子交换	合格	低	较低	复杂	较差
二级反渗透	合格	适中	较低	简单	好
二级反渗透＋电解盐	合格	高	较低	复杂	好

　　对于制备消除热原的纯化水时,多数处理方法是在纯化水后加入超滤膜进行超滤。其中,用水量较大时,采用反渗透＋离子交换和二级反渗透方式制备纯化水,这种方法使得水质稳定,生产成本低而备受欢迎,见表 5-1-10。

2. 注射用水

　　目前,常用的注射用水生产工艺为:自来水→纯化水工艺单元→纯化水箱→多效蒸馏设备。

　　《中国药典(2015 年版)》规定,注射用水是以纯化水为原水经蒸馏所得的水。该水无热原、供配制注射剂用水。这也是目前国际公认的注射用水生产方式。而《美国药典》中则规定可以用反渗透方式制备注射用水,目前国内也在做该方面的积极探索和研究。蒸馏是一种利用气液相变和分离的方法对原水进行化学和微生物净化的过程。在这个过程中,原料水蒸发产生的蒸汽分离,分离后冷凝成注射用水,未蒸发的原料水溶解了固体、不挥发性物质和高分子杂质排放。在蒸馏过程中,低分子杂质可能被水蒸气携带,因此,需要通过分离装置去除细小的水雾、杂质和内毒素。通过蒸馏的方法至少能减少 99.99% 的内毒素含量。

　　邵卫樑通过对反渗透和重蒸馏法制备注射用水进行研究发现:反渗透制备的水其有关元素含量与重蒸馏水相近,而能耗方面不及重蒸馏的十分之一,因此,反渗透在注射用水生产领域节能优势明显,水质接近蒸馏水,有待进一步的设备试运行和数据积累以便推广。详见表 5-1-11。

表 5-1-11 两种注射用水工艺水质测试比较

元 素	重蒸馏水（nμg/g）	反渗透水（nμg/g）
铜	< 1.0	< 1.0
锰	< 1.0	< 100
镍	< 1.0	< 1.0
铁	< 1.0	< 1.0
铬	< 1.0	< 1.0
锌	< 1.0	< 1.0
钴	< 1.0	25.5
铅	< 1.0	1.0
电导（μυ）	1.0	1.2

3. 灭菌注射用水

　　《中国药典(2015 年版)》所指灭菌注射用水为注射用水按照注射剂生产工艺制备所得。不含任何添加剂。可直接用于临床,作注射用灭菌粉末的洛剂或注射液的稀释剂。一般灭菌注射用水是注射用水经 121℃ 15 分钟或 115℃ 30 分钟蒸汽湿热灭菌的。

（四）集中式分质供水

　　目前,我国医院内部供水系统主要以市政供水为主,配套单科室处理系统满足单一供水需求,尤其是对于水质要求较高的专业科室用水,则由各部门自行解决,或用容器接取制剂室生产的纯化水或注射用水，贮备使用。由于是分散处置，费时费力，不便管理，水质往往得不到保证，而且水的利用率较低。随着科技的发展，出现了集中式分质供水的模式，即建立集中式供水站，采用多种先进的膜技术集成的制水工艺统一制水，并且采取分段取水的办法，通过独立的管道，将不同水质的专业用水分别输送到相应的科室，随用随取，方便卫生，这就是医院集中式分质供水系统，见图5-1-5。

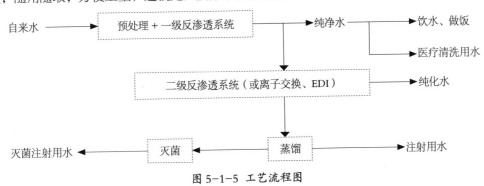

图 5-1-5 工艺流程图

按照各专业科室用水的水质要求，可将医院分质供水设备分为3个相互连接的部分。

（1）第一部分，包括预处理和反渗透（RO），用于制取初级纯水，供血透机进水、手术室或急诊室术前洗手用水和口腔科患者漱口用水及牙椅进水，如果需要，还可以向各科室提供可以直饮的优质饮用水。

（2）第二部分为电去离子（即EDI）。第一、二部分联合使用，用于制取纯化水，供普通制剂（口服、外用）生产用水、分析检验用水和手术器械、敷料灭菌前的清洗用水等。

（3）第三部分为蒸馏（即多效蒸馏）。上述3个部分联合使用，用于制取注射用水，供灭菌制剂生产用水。设计时，应按各类用水需求量确定各部分的产水规模。使用时，可按实际用水量来确定各部分的分、合运行模式。

（五）医院智能信息化净水

净水产品联网能够让净水企业更深入地了解消费者的需求，搭配"大数据"，能够帮助企业针对消费者诉求进行产品研发和宣传推广，在需求明确的前提下，研发和销售也将更精确，减少企业不必要的资源浪费，有效降低产品的研发成本，同时能够更好实现产品的价值；对消费者而言，智能产品可以让消费者清晰地掌控净水产品的状态和饮用水的情况，使用会更安全更放心，进而做到"消费者放心、投资方放心、服务方放心"，见图5-1-6。

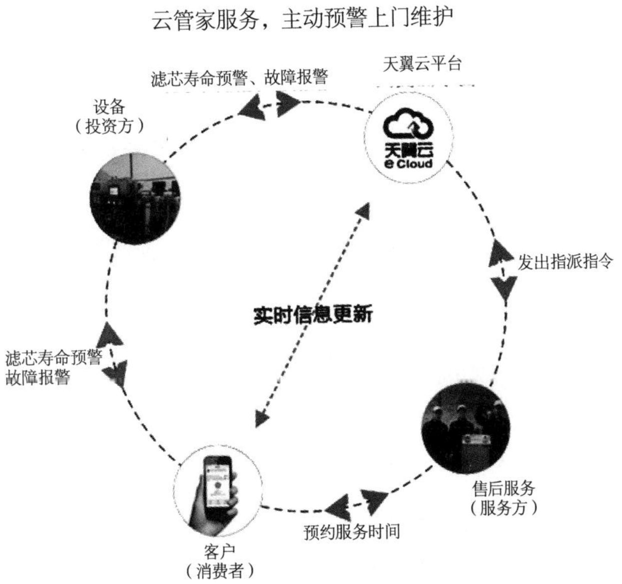

图 5-1-6 智能信息化系统

第四节　雨水系统与雨水收集利用

一、概述

医院雨水利用系统是指在医院内利用各种工程手段有目的和有针对性地对医院内的雨水加以控制和利用,将降雨转化为地下水或者地表径流加以收集、调配和利用,改善雨水水文循环以满足医院内的需求。由于对医院内的雨水进行了合理的规划和充分利用,使得医院内土壤中的含水率增大。雨水涵养地表水和地下水,调节小区气候,降低了雨水管系容量负荷,即减少雨水管道系统的投资和运行费用,总而言之,雨水利用的益处是很多的。

二、雨水排水系统

(一)雨水排水系统的设计要点

1. 设计原则

(1)选择的雨水排水系统能迅速、及时地将屋面雨水排至室外地面或市政排水管网内。屋面雨水指以小于建筑物设计使用年限为重现期的降雨。

(2)选择既安全又经济的雨水排水系统。即:室内地面不冒水、屋面溢水频率低、管道不漏水冒水;在满足安全的前提下,系统造价低、寿命长。

(3)选择雨水系统时不宜轻易增加溢水频率。

2. 设计选择次序

(1)根据安全性大小,各雨水系统的先后排列次序为:

密闭式系统→敞开式系统;外排水系统→内排水系统;重力流系统→压力系统。

(2)根据经济性优劣,各雨水系统的先后排列次序为:压力流系统→重力流系统。

(二)雨水排水系统材质选用

1. 雨水斗

屋面排水系统应设置雨水斗。不同设计排水流态、排水特征的屋面雨水排水系统应选用相应的雨水斗。雨水斗设有整流格栅装置,格栅进水孔的有效面积是雨水斗下连接管面积的 2 ~ 2.5 倍,能迅速排除屋面雨水。格栅还具有整流作用,避免形成过大的漩涡,稳定斗前水位,减少掺气,并拦隔树叶等杂物。整流格栅可以拆卸,以便清理格栅上的杂物。

2. 连接管

连接管是连接雨水斗和悬吊管的一段竖向短管。连接管一般与雨水斗同径,但不宜小于100mm,连接管应牢固固定在建筑物的承重结构上,下端用斜三通与悬吊管连接。

3. 悬吊管

悬吊管连接雨水斗和排水立管,是雨水内排水系统中架空布置的横向管道。其管径不小于连接管管径,也不应大于300mm。

4. 立管

雨水立管承接悬吊管或雨水斗流来的雨水,重力流屋面雨水排水系统立管管径不得小于悬吊管管径,压力流雨水排水系统立管管径应经计算确定,可小于上游横管管径。

5. 排出管

排出管是立管和检查井间的一段有较大坡度的横向管道,其管径不得小于立管管径。排出管与下游埋地管在检查井中宜采用管顶平接,水流转角不得小于135°。

6. 埋地管

埋地管敷设于室内地下，承接立管的雨水，并将其排至室外雨水管道。埋地管最小管径为200mm，最大不超过600mm。埋地管一般采用混凝土管、钢筋混凝土管或陶土管。

7. 附属构筑物

常见的附属构筑物有检查井、检查口井和排气井，用于雨水管道的清扫、检修、排气。检查井适用于敞开式内排水系统，设置在排出管与埋地管连接处，埋地管转弯、变径及超过30m的直线管路上。检查井井深不小于0.7m，井内采用管顶平接，井底设流槽，流槽应高出管顶200mm。埋地管起端几个检查井与排出管间应设排气井。水流从排出管流入排气井，与溢流墙碰撞消能，流速减小，气水分离，水流经格栅稳压后平稳流入检查井，气体由放气管排出。密闭内排水系统的埋地管上设检查口，将检查口放在检查井内，便于清通检修，称检查口井。

（三）雨水排水系统建设质量要点

（1）雨水管道的设计应符合现行国家标准《室外排水设计规范》的要求。

（2）雨水口宜设在道路两边的绿地内，其顶面标高宜低于路面20～30mm。

（3）雨水口应采用平箅式，且不与路面连通，设置间距宜为40m。

（4）渗透排水一体设施除符合渗透设施的要求外，还需满足排除溢流雨水的要求。

（5）雨水斗的过滤装置需完善齐全，因为雨水立管常有出口堵塞情况，一旦堵塞，雨水连满入室内，将致严重后果直接危及医院患者的健康。

（6）在内天沟的屋面雨水排水系统中，一个雨水斗的汇水面积，应根据当地暴雨量进行计算，对处于树木茂盛区域的建筑应考虑雨水口常被树叶、垃圾等堵塞的情况，应适当增加落水管，减少汇水面积。同时应注意天沟内是否有被结构梁阻隔，虽然结构反梁有留孔，但应流水孔断面较小，减少了天沟过水断面，也更易堵塞。这些不利因素都不能不估计到。在天沟的两个沉降缝分段内，宜不少于2个以上雨水落水斗与雨水立管，即使一根雨水立管（或雨水口）被堵塞时另一根雨水立管还足以排泄最大雨水量。外檐沟比内檐沟泄排流畅，应尽量说服建筑专业不要设计内天沟。

（四）雨水排水系统的验收要点

1. 验收内容

（1）工程布置；

（2）雨水入渗工程；

（3）相关附属设施。

2. 验收检查

验收时应逐段检查雨水供水系统上的水池（箱）、水表、阀门、给水栓、取水口等，落实防治误接、误用、误饮的措施。

3. 施工文件

（1）施工图、竣工图和设计变更文件；

（2）隐蔽工程验收记录和中间实验记录；

（3）管道冲洗记录；

（4）管道、容器的压力实验记录；

（5）工程质量事故处理记录；

（6）工程质量验收评定记录；

（7）设备调试运行记录。

4. 其他

（1）雨水利用工程的验收，应符合设计要求和国家现行标准的有关规定。

（2）验收合格后应将有关设计、施工及验收的文件立卷归档。

三、雨水收集利用的系统

（一）雨水收集系统的决策支持

1. 雨水处理工艺简单

雨水水质较之中水要好得多，处理工艺简单，其杂质主要由降水中的基本物质和流经汇水面而携带的外加杂质组成。

2. 雨水利用的费用低

雨水利用投资少，运行费用低。如北京市某雨水利用工程，雨水收集基本建设投资不足 20 元 $/m^3$，运行费用不足 0.1 元 $/m^3$，而污水深度处理工程投资较高。一般为 0.14 万～ 0.25 万元 $/m^3$，运行费用为 0.4 ～ 0.8 元 $/m^3$。

3. 经济、环境和社会效益的比较

雨水利用与污水深度处理回用均可起到减少自来水用水量，降低城市引水、净水的边际费用的作用和环境保护的效果。而雨水利用还能更有效地减少向排水系统的排放量，节省了城市排水设施的运行费用；在城市暴雨时，能起到防洪减灾的积极作用。

（二）雨水直接利用、间接利用与综合利用

1. 雨水直接利用

雨水直接利用是指将雨水收集经过沉淀、过滤后直接回用，可用于环境景观用水，医疗区只能收集医院屋面雨水。由于我国大多数地区降雨量全年分布不均，直接利用往往不能作为唯一水源满足要求，一般需与其他水源一起互为备用。

2. 雨水间接利用

雨水间接利用是指将雨水简单处理后下渗或回灌地下，补充地下水。或者按《城市污水再生利用城市杂用水水质标准》工艺处理作为医院杂用水使用（处理详见中水处理工艺），医疗区也只可收集屋面雨水。在降雨量少而且不均匀的一些地区，如果雨水直接利用的经济效益不高，可以考虑选择雨水间接利用方案。

3. 雨水综合利用

雨水综合利用是指根据具体条件，将雨水直接利用和间接利用结合，在技术经济分析基础上最大限度地利用雨水。

目前我国城市雨水利用有以下几种方式：

（1）屋面雨水集蓄利用，利用屋顶做集雨面用于家庭、公共和工业等方面的非饮用水，如浇灌、冲厕、洗衣、冷却循环等中水系统。

（2）屋顶绿化雨水利用，屋顶绿化是一种削减径流量、减轻污染和城市热岛效应、调节建筑温度和美化城市。

（3）园区雨水集蓄利用，绿地入渗，维护绿地面积，同时回步地下水。

（4）雨水回灌地下水，在一些地质条件比较好的地方，进行雨洪回灌，人工补给地下水。对于雨水的回收利用工程可分为三个部分：雨水的收集、雨水的处理和雨水的供应。一般模式是将屋顶雨水通过雨漏管收集，通过分散或集中过滤除去径流中颗粒物质，然后将水引入蓄水池储蓄，再通过水泵输送至用水单元。一般用于冲洗厕所或灌溉绿地等。

四、雨水收集系统的建设

（一）雨水收集系统的工艺设计

（1）雨水收集系统由雨水收集、贮存和处理、供水管网等组成。

（2）雨水利用系统不应对土壤环境、植物的生长、地下含水层的水质、室内环境卫生等造成负面影响。

（3）屋面雨水收集系统的雨水流量按表5-1-12计算。

表5-1-12 径流系数

地面种类	暴雨量径流系数 ψ_c	暴雨流量径流系数 ψ_m	
		雨水利用前	雨水利用后
硬屋面、没铺石子的平屋面、沥青屋面	0.8～0.9	1	0.3
铺石子的平屋面	0.6～0.7	0.8	0.3
绿化屋面（精细型）	0.4	0.5	
绿化屋面（粗放型）	0.6	0.7	
混凝土和沥青路面	0.8～0.9	0.9	0.3
块石等铺砌路面	0.5～0.6	0.7	0.3
干砌砖、石及碎石路面	0.4	0.5	
非铺砌的土路面	0.3	0.4	
绿地	0.15	0.25	0.25
水面	1	1	0.3
地下室覆土绿地(≥50cm)	0.15	0.25	0.25
地下室覆土绿地			

注：ψ_c 的下限值为年均系数，上限值为次降雨系数（雨量30mm左右）。

（4）屋面暴雨设计重现期不宜小于表5-1-13中规定的数值。

表5-1-13 各类用地设计重现期

汇水区域名称	设计重现期（a）
车站、码头、机场等	3～5
居住区和工业区	2～3

（5）降雨历时按5min计算。当屋面坡度大于2.5%时，或者屋面材质为玻璃、金属时，采用天沟集水且沟沿溢水会流入室内，应按实际降雨历时计算暴雨强度。无资料时，可按5min历时降雨强度乘以1.5的系数。

（6）汇水面积按下列要求计算：

①集水面有效汇水面积按集水面水平投影面积计算。

②高出汇水面积一面有侧墙时，其汇水面积应增加高出侧墙面积的50%。多于一面时，应增加有效受水侧墙面积的50%。

③球形、抛物线形或斜坡较大的集水面，其汇水面积等于集水面水平投影面积与竖向投影面一半之和。

（二）雨水收集系统材料与设备选型

1. 雨水斗

雨水斗设在屋面雨水由天沟进入雨水管道的入口处。雨水斗有整流格栅装置，能迅速排除屋面雨水，格栅具有整流作用，避免形成过大的旋涡，稳定斗前水位，减少掺气 迅速排除屋面雨水、雪水，并能有效阻挡较大杂物。雨水斗分为87型、79型、65型，虹吸式雨水斗，堰流式雨水斗三大类。一般用87型（79型、65型进化版）和虹吸式雨水斗。详见《民用建筑工程设计技术措施：给水排水》。

2. 立管

接纳雨水斗或悬吊管的雨水，与排出管连接。立管连接一根悬吊管时，立管管径与悬吊管管径相同。若一根立管连接两根悬吊管时，应计算立管的汇水面积，再根据5min时降雨厚度h_5、"$k_1=1$时立管最大允许汇水面积表"确定管径。

（三）雨水收集系统建设质量管理要点

（1）屋面是雨水的集水面，其做法对雨水的水质有很大的影响。雨水水质恶化，会增加雨水入渗和净化处理的难度或造价。因此，屋面的雨水污染需要控制。

（2）系统设有弃流装置时，雨水斗至弃流装置的管长宜相近。

（3）雨水斗应有格栅。格栅的进水孔有效面积，应等于连接管横断面积的2~2.5倍。

屋面雨水收集系统应独立设置，不得与室内污废水系统连接，不得在室内设置敞开式检查口或检查井。

（4）一个立管所承接的多个雨水斗，其安装高度宜在同一标高层。当立管的设计流量小于其排水能力时，可将不同高度的雨水斗接入该立管，但最低雨水斗应在立管底端与最高斗高差的2/3以上。多个立管汇集到一个横管时，所有雨水斗中最低斗的高度应大于横管与最高斗高差的2/3以上。

（5）寒冷地区，雨水斗宜布置在受室内温度影响的屋面及雪水易融化范围的天沟内。雨水立管应布置在室内。

（6）雨水斗应采用65型、87型雨水斗系列，其通水能力见表5-1-14。

表5-1-14 65型和87型雨水斗的排水能力（L/s）

口径（mm）	50	75	100	150	200
排水能力	4	8	12 ~ 17	26 ~ 36	40 ~ 56

（7）在不能以伸缩缝或沉降缝为屋面雨水分水线时，应在缝的两侧设雨水斗。

（8）同一悬吊管连接的雨水斗应在同一高度上，且不宜超过4个。

（9）多斗雨水系统的雨水斗，宜对立管做对称布置，不得在立管顶端设置雨水斗。

（10）布置雨水斗时，应以伸缩缝或沉降缝作为天沟排水分水线，否则应在该缝两侧各设一个雨水斗。当两个雨水斗连接在同一悬吊管上时，悬吊管应装伸缩接头，并保证封。

（11）多斗悬吊管和横干管的敷设坡度宜不小于0.005。排水能力见表5-1-15。

表 5-1-15 多斗悬吊管（铸铁管、钢管）的最大排水能力（L/s）

管径（mm） 水力坡度 i	75	100	150	200	250
0.02	3.1	6.6	19.6	42.1	76.3
0.03	3.8	8.1	23.9	51.6	93.5
0.04	4.4	9.4	27.7	59.5	108.0
0.05	4.9	10.5	30.9	66.6	120.2
0.06	5.3	11.5	33.9	72.9	132.2
0.07	5.7	12.4	36.6	78.8	142.8
0.08	6.1	13.3	39.1	84.2	142.8
0.09	6.5	14.1	41.5	84.2	142.8
≥ 0.10	6.9	14.8	41.5	84.2	142.8

注：表中水力坡度指悬吊管末端至屋面的距离（m）加 0.5 后与悬吊管长度之比。

（12）雨水斗至管道计算节点之间的连接管管径宜与雨水斗规格一致。管道应牢固地固定在建筑物承重结构上。

（13）立管的排水能力见表 5-1-16。

表 5-1-16 立管的最大排水流量

管径（mm）	75	100	150	200	250	300
排水流量（L/s）	10 ～ 12	9 ～ 25	42 ～ 55	75 ～ 90	35 ～ 155	220 ～ 240

注：12m 高内的建筑不应超过表中低限值，高层建筑不应超过表中上限值。

（14）雨水立管的底部应设检查口，检查口中心至地面的距离宜为 1.0m。

（15）屋面雨水收集系统的室外输水管道可按雨水蓄存利用设施的降雨重限期计算。输水管上应设检查井，间距 25 ～ 40m。

（16）室内雨水管道宜采用钢管或给水铸铁管。当采用非金属管材时，管道和接口应能承受灌水试验水压和 0.5MPa 负压。

（17）屋面雨水收集系统的溢流排水能力可根据重力供水管道水力计算原理进行复核。

（四）雨水收集系统的验收要点

1. 验收内容

（1）工程布置；

（2）雨水收集传输工程；

（3）雨水储存与处理工程；

（4）相关附属设施。

2. 验收检查

验收时应逐段检查雨水供水系统上的水池（箱）、水表、阀门、给水栓、取水口等，落实防治误接、误用、误饮的措施。

3. 施工文件

（1）施工图、竣工图和设计变更文件；

（2）隐蔽工程验收记录和中间实验记录；

（3）管道冲洗记录；

（4）管道、容器的压力实验记录；

（5）工程质量事故处理记录；

（6）工程质量验收评定记录；

（7）设备调试运行记录。

4. 其他

（1）雨水利用工程的验收，应符合设计要求和国家现行标准的有关规定。

（2）验收合格后应将有关设计、施工及验收的文件立卷归档。

第五节　医院污水系统建设

一、概述

医院污水是指医院（综合医院、专业病院及其他类型医院）向自然环境或城市管道排放的污水。其水质随不同的医院性质、规模和其所在地区而异。每张病床每天排放的污水量约为 200 ～ 1000L。医院污水中所含的主要污染物为：病原体（寄生虫卵、病原菌、病毒等）、有机物、漂浮及悬浮物、放射性污染物等，未经处理的原污水中含菌总量达 1×108 个 /mL 以上。

二、医院污水系统

（一）医院污水特点及危害

医院污水常含有病原体、重金属、消毒剂、有机溶剂、酸、碱以及放射性等的污水。医院产生污水的主要部门和设施有：诊疗室、化验室、病房、洗衣房、X 光照相洗印、动物房、同位素治疗诊断、手术室等排水；医院行政管理和医务人员排放的生活污水，食堂、单身宿舍、家属宿舍排水。

医院污水来源及成分复杂，含有病原性微生物、有毒、有害的物理化学污染物和放射性污染等，具有空间污染、急性传染和潜伏性传染等特征，不经有效处理会成为一条疫病扩散的重要途径和严重污染环境：

（1）医院污水受到粪便、传染性细菌和病毒等病原性微生物污染，具有传染性，可以诱发疾病或造成伤害。

（2）医院污水中含有酸、碱、悬浮固体、BOD、COD 和动植物油等有毒、有害物质。

（3）牙科治疗、洗印和化验等过程产生污水含有重金属、消毒剂、有机溶剂等，部分具有致癌、致畸或致突变性，危害人体健康并对环境有长远影响。

（4）同位素治疗和诊断产生放射性污水。放射性同位素在衰变过程中产生 a、β 和 γ 放射性，在人体内积累而危害人体健康。

（二）医院污水的收集

（1）医院病区与非病区污水宜分流，严格医院内部卫生安全管理体系，严格控制和分离医院污水和污物，不得将医院产生污物随意弃置排入污水系统。新建、改建和扩建的医院，在设计时应将可能受传染病病原体污染的污水与其他污水分开，现有医院应尽可能将受传染病病原体污染的污水与其他污水分别收集。

（2）传染病医院（含带传染病房综合医院）应设专用化粪池。被传染病病原体污染的传染性污染物，如含粪便等排泄物，必须按我国卫生防疫的有关规定进行严格消毒。消毒后的粪便等排泄物应单独处置或排入专用化粪池，其上清液进入医院污水处理系统。

不设化粪池的医院应将经过消毒的排泄物按医疗废物处理。

（3）医院的各种特殊排水，如含重金属废水、含油废水、洗印废水等应单独收集，分别采取不同的预处理措施后排入医院污水处理系统。

（4）同位素治疗和诊断产生的放射性废水，必须单独收集处理。

（三）医院污水排放量

1. 医院污水排放量

（1）污水排放量根据实测数据确定。

（2）无实测数据时可参考下列数据计算。设备齐全的大型医院或500床以上医院：平均日污水量为400～600L/床·d；污水日变化系数 K = 2.0～2.2。一般设备的中型医院或100～499床医院：平均污水量为300～400L/床·d；污水日变化系数 K = 2.2～2.5。小型医院（100床以下）：平均污水量为250～300L/床·d；污水日变化系数 K = 2.5。

2. 医院污水处理设施规模分类

医院污水处理设施的规模以床位数分为100、150、200、300、400、500、600、700、800、900、1000及1000以上等。

（四）医院污水水质

1. 新建医院

每张病床污染物的排污量可按下列数值选用：

（1）生化需氧量（BOD5）：40～60g/床·d；

（2）重铬酸盐指数（CODcr）：100～150g/床·d；

（3）悬浮物（SS）：50～100g/床·d。

2. 现有医院

（1）污水水质应以实测数据为准；

（2）在无实测资料时可参考表5-1-17。

表 5-1-17 医院水质参考表

	COD_{cr}（mg/L）	BOD_5（mg/L）	SS（mg/L）	氨氮（mg/L）	粪大肠杆菌（个/L）
污水浓度范围	150～300	80～150	40～120	10～50	$1.0×10^6$～$3.0×10^8$
平均值	250	100	80	30	$1.6×10^8$

（五）医院污水排放标准

见表5-1-18、表2-1-19、表2-1-20。

表 5-1-18 传染病、结核病医疗机构水污染物排放限值（日均值）

序号	控制项目	标准值
1	粪大肠菌群数（MPN/L）	100
2	肠道致病菌	不得检出
3	肠道病毒	不得检出
4	结核杆菌	不得检出

表 5-1-18 传染病、结核病医疗机构水污染物排放限值（日均值）（续）

序号	控制项目	标准值
5	pH	6 ~ 9
6	化学需氧量（COD） 浓度（mg/L） 最高允许排放负荷（g/ 床位）	60 60
7	生化需氧量（BOD$_5$） 浓度（mg/L） 最高允许排放负荷（g/ 床位）	20 20
8	悬浮物（SS） 浓度（mg/L） 最高允许排放负荷（g/ 床位）	20 20
9	氨氮（mg/L）	15
10	动植物油（mg/L）	5
11	石油类（mg/L）	5
12	阴离子表面活性剂（mg/L）	5
13	色度（稀释倍数）	30
14	挥发酚（mg/L）	0.5
15	总氰化物（mg/L）	0.5
16	总汞（mg/L）	0.05
17	总镉（mg/L）	0.1
18	总铬（mg/L）	1.5
19	六价铬（mg/L）	0.5
20	总砷（mg/L）	0.5
21	总铅（mg/L）	1.0
22	总银（mg/L）	0.5
23	总 A（Bq/L）	1
24	总 B（Bq/L）	10
25	总余氯[1][2]（mg/L） （直接排入水体的要求）	0.5

注：①采用含氯消毒剂消毒的工艺控制要求为：消毒接触池的接触时间≥ 1.5h，接触池出口总余氯 6.5 ~ 10mg/L。

②采用其他消毒剂对总余氯不作要求。

表 5-1-19 综合医疗机构和其他医疗机构水污染物排放限值（日均值）

序号	控制项目	排放标准	预处理标准
1	粪大肠菌群数（MPN/L）	500	5000
2	肠道致病菌	不得检出	—
3	肠道病毒	不得检出	—
4	PH	6～9	6～9
5	化学需氧量（COD） 浓度（mg/L） 最高允许排放负荷（g/床位）	 60 60	 250 250
6	生化需氧量（BOD5） 浓度（mg/L） 最高允许排放负荷（g/床位）	 20 20	 100 100
7	悬浮物（SS） 浓度（mg/L） 最高允许排放负荷（g/床位）	 20 20	 60 60
8	氨氮（mg/L）	15	—
9	动植物油（mg/L）	5	20
10	石油类（mg/L）	5	20
11	阴离子表面活性剂（mg/L）	5	10
12	色度（稀释倍数）	30	—
13	挥发酚（mg/L）	0.5	1.0
14	总氰化物（mg/L）	0.5	0.5
15	总汞（mg/L）	0.05	0.05
16	总镉（mg/L）	0.1	0.1
17	总铬（mg/L）	1.5	1.5
18	六价铬（mg/L）	0.5	0.5
19	总砷（mg/L）	0.5	0.5
20	总铅（mg/L）	1.0	1.0
21	总银（mg/L）	0.5	0.5
22	总 A（Bq/L）	1	1
23	总 B（Bq/L）	10	10
24	总余氯1)2)（mg/L）	0.5	—

注：1. 采用含氯消毒剂消毒的工艺控制要求为：一级标准：消毒接触池的接触时间≥1h，接触池出口总余氯3mg/L～10mg/L。二级标准：消毒接触池的接触时间≥1h，接触池出口总余氯2mg/L～8mg/L。

2. 采用其他消毒剂对总余氯不作要求。

3. 处理水排至市政污水管网。

a 括号内数值为污水处理厂新建或改、扩建，且 $BOD_5/COD > 0.4$ 时控制指标的最高允许值。

表 5-1-20 污水排入城镇下水道水质等级标准（最高允许值，pH 值除外）

序号	控制项目名称	单位	A 等级	B 等级	C 等级
1	水温	℃	35	35	35
2	色度	倍	50	70	60
3	易沉固体	mL/（L·15min）	10	10	10
4	悬浮物	mg/L	400	400	300
5	溶解性总固体	mg/L	1600	2000	2000
6	动植物油	mg/L	100	100	100
7	石油类	mg/L	20	20	15
8	pH 值	—	6.5 ~ 9.5	6.5 ~ 9.5	6.5 ~ 9.5
9	生化需氧量（BOD_5）	mg/L	350	350	150
10	化学需氧量（COD）a	mg/L	500（800）	500（800）	300
11	氨氮（以 N 计）	mg/L	45	45	25
12	总氮（以 N 计）	mg/L	70	70	45
13	总磷（以 P 计）	mg/L	8	8	5
14	阴离子表面活性剂（LAS）	mg/L	20	20	10
15	总氰化物	mg/L	0.5	0.5	0.5
16	总余氯（以 Cl_2 计）	mg/L	8	8	8
17	硫化物	mg/L	1	1	1
18	氟化物	mg/L	20	20	20
19	氯化物	mg/L	500	600	800
20	硫酸盐	mg/L	400	600	600
21	总汞	mg/L	0.02	0.02	0.02
22	总镉	mg/L	0.1	0.1	0.1
23	总铬	mg/L	1.5	1.5	1.5
24	六价铬	mg/L	0.5	0.5	0.5
25	总砷	mg/L	0.5	0.5	0.5
26	总铅	mg/L	1	1	1
27	总镍	mg/L	1	1	1
28	总铍	mg/L	0.005	0.005	0.005
29	总银	mg/L	0.5	0.5	0.5
30	总硒	mg/L	0.5	0.5	0.5
31	总铜	mg/L	2	2	2

表 5-1-20 污水排入城镇下水道水质等级标准（最高允许值，pH值除外）（续）

序号	控制项目名称	单位	A 等级	B 等级	C 等级
32	总锌	mg/L	5	5	5
33	总锰	mg/L	2	5	5
34	总铁	mg/L	5	10	10
35	挥发酚	mg/L	1	1	0.5
36	苯系物	mg/L	2.5	2.5	1
37	苯胺类	mg/L	5	5	2
38	硝基苯类	mg/L	5	5	3
39	甲醛	mg/L	5	5	2
40	三氯甲烷	mg/L	1	1	0.6
41	四氯化碳	mg/L	0.5	0.5	0.06
42	三氯乙烯	mg/L	1	1	0.6
43	四氯乙烯	mg/L	0.5	0.5	0.2
44	可吸附有机卤化物（AOX，以 Cl 计）	mg/L	8	8	5
45	有机磷农药（以 P 计）	mg/L	0.5	0.5	0.5
46	五氯酚	mg/L	5	5	5

注：a 括号内数值为污水处理厂新建或改、扩建，且 $BOD_5/COD > 0.4$ 时控制指标的最高允许值。

（六）医院污水系统工艺选择

1. 处理工艺选择

（1）工艺选择原则。根据医院的规模、性质和处理污水排放去向，进行工艺选择。医院分为传染病医院和综合医院。医院污水处理后排放去向分为排入自然水体（达标排放）和通过市政下水道排入污水处理站（预处理排放）两类。

医院污水处理所用工艺必须确保处理出水达标，主要采用的三种工艺有：应为一级处理工艺；一级强化处理工艺；二级处理工艺。

工艺选择原则为：

①传染病医院必须进行消毒处理。

②处理出水排入自然水体的县及县以上医院必须采用二级处理。

③处理出水排入城市下水道（下游设有二级污水处理站）的综合医院推荐采用二级处理，对采用一级处理工艺的必须加强处理效果。

④对于经济不发达地区的小型综合医院，条件不具备时可采用简易生化处理作为过渡处理措施，之后逐步实现二级处理或加强处理效果的一级处理。

（2）加强处理效果的一级处理工艺（图 5-1-7）。对于处理出水最终进入二级处理污水处理站的综合医院，应加强其处理效果，提高 SS 的去除率，减少消毒剂用量。加强一级处理效果宜通过两种途径实现：对现有一级处理工艺进行改造以加强去除效果和采用一级强化处理技术。

①工艺流程。对现有一级处理工艺进行加强处理效果的改造，改造应根据实际情况，充分利用现有处理设施，对现有医院中应用较多的化粪池、接触池在结构或运行方式上进行改造，必要时增设部

分设施，尽可能地提高处理效果，以达到医院污水处理的排放标准。一级强化处理，对于综合医院（不带传染病房）污水处理可采用"预处理→一级强化处理→消毒"的工艺。通过混凝沉淀（过滤）去除携带病毒、病菌的颗粒物，提高消毒效果并降低消毒剂的用量，从而避免消毒剂用量过大对环境产生的不良影响。医院污水经化粪池进入调节池，调节池前部设置自动格栅，池内设提升水泵。污水经提升后进入混凝沉淀池进行混凝沉淀，沉淀池出水进入接触池进行消毒，接触池出水达标排放。调节池、混凝沉淀池、接触池的污泥及栅渣等污水处理站内产生的垃圾集中消毒外运。消毒可采用巴氏蒸汽消毒或投加石灰等方式。

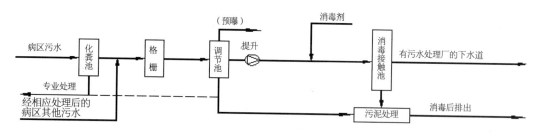

（a）

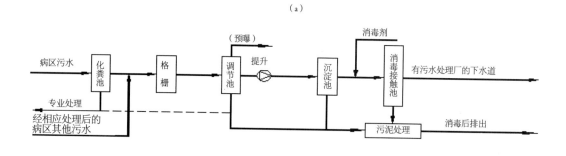

（b）

图 5-1-7 一级强化处理工艺流程

②工艺特点。加强处理效果的一级强化处理可以提高处理效果，可将携带病毒、病菌的颗粒物去除，提高后续深化消毒的效果并降低消毒剂的用量。其中对现有一级处理工艺进行改造可充分利用现有设施，减少投资费用。

③适用范围。加强处理效果的一级强化处理适用于处理出水最终进入二级处理污水处理站的综合医院。

（3）二级处理工艺（图5-1-8）。

①工艺流程说明。二级处理工艺流程为"调节池→生物氧化→沉淀池→接触消毒"。医院污水通过化粪池进入调节池。调节池前部设置自动格栅，池内设提升水泵，污水经提升后进入好氧池进行生物处理，好氧池出水进入接触池消毒，出水达标排放。调节池、生化处理池、接触池的污泥及栅渣等污水处理站内产生的垃圾集中消毒外运焚烧。消毒可采用巴氏蒸汽消毒或投加石灰等方式。传染病医院的污水和粪便宜分别收集。生活污水直接进入预消毒池进行消毒处理后进入调节池，患者的粪便应先独立消毒后，通过下水道进入化粪池或单独处理（如虚线所示）。各构筑物须在密闭的环境中运行，通过统一的通风系统进行换气，废气通过消毒后排放，消毒可采用紫外线消毒系统。

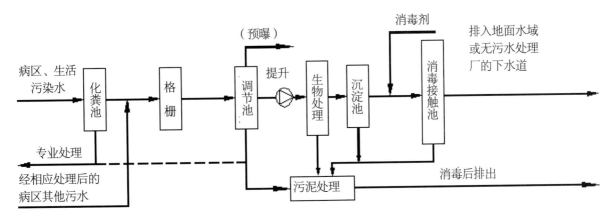

图 5-1-8 二级处理工艺流程

②工艺特点。好氧生化处理单元去除 CODcr、BOD5 等有机污染物，好氧生化处理可选择接触氧化、活性污泥和高效好氧处理工艺，如膜生物反应器、曝气生物滤池等工艺。采用具有过滤功能的高效好氧处理工艺，可以降低悬浮物浓度，有利于后续消毒。

③适用范围。适用于传染病医院(包括带传染病房的综合医院)和排入自然水体的综合医院污水处理。

（4）简易生化处理工艺（表 5-1-21）。

①工艺流程。简易生化处理工艺的流程为"沼气净化池→消毒"。沼气净化池分为固液分离区、厌氧滤池和沉淀过滤区。"三区"的主要功能分别为去除悬浮固体，吸附胶体和溶解性物质，进一步去除和降解有机污染物，最后通过沉淀和过滤单元去除剩余悬浮物和降解有机污染物，保证出水质量。所产生沼气根据气量大小作不同的处理，当 1m³ 污泥制取沼气达 15m³ 以上时，收集利用；当 1m³ 污泥制取沼气不足 15m³ 时，收集燃烧处理。

②工艺特点。沼气净化池利用厌氧消化原理进行固体有机物降解。沼气净化池的处理效率优于腐化池和沼气池，造价低、动力消耗低，管理简单。

③适用范围。作为对于边远山区、经济欠发达地区医院污水处理的过渡措施，逐步实现二级处理或加强处理效果的一级处理。

表 5-1-21 常用工艺比较表

工艺类型	优点	缺点	适用范围	基建投资
活性污泥法	对不同性质的污水适应性强	运行稳定性差，易发生污泥膨胀和污水流失，分离效果不够理想	800 床以上的水量较大的医院污水处理工程；800 床以下医院采用 SBR 法	较低
生物接触氧化工艺	抗冲击负荷能力高，运行稳定；容积负荷高，占地面积小；污泥产量较低；无须污泥回流，运行管理简单	部分脱落生物膜造成出水中的悬浮固体浓度稍高	500 床以下的中小规模医院污水处理工程。适用于场地小、水量小、水质波动较大和微生物不易培养等情况	中

表 5-1-21 常用工艺比较表（续）

工艺类型	优点	缺点	适用范围	基建投资
曝气生物滤池	出水水质好；运行可靠性高，抗冲击负荷能力强；无污泥膨胀问题；容积负荷高且省去二沉池和污泥回流，占地面积小	需反冲洗，运行方式比较复杂；反冲水量较大	300 床以下的中小规模医院污水处理工程	较高
简易生化处理工艺	造价低，动力消耗低，管理简单	出水 COD、BOD 等理化指标不能保证达标	作为对于边远山区、经济欠发达地区医院污水处理的过滤措施，逐步实现二级处理或加强处理效果的一级处理	低

2. 消毒工艺选择

医院污水消毒是医院污水处理的重要工艺过程，其目的是杀灭污水中的各种致病菌。医院污水消毒常用的消毒工艺有氯消毒（如氯气、二氧化氯、次氯酸钠）、氧化剂消毒（如臭氧、过氧乙酸）、辐射消毒（如紫外线、γ 射线）。表 5-1-22 对常用的氯消毒、臭氧消毒、二氧化氯消毒、次氯酸钠消毒和紫外线消毒法的优缺点进行了归纳和比较。

表 5-1-22 常用消毒方法比较

	优点	缺点	消毒效果
氯（Cl_2）	具有持续消毒作用；工艺简单，技术成熟；操作简单，投量准确	产生具致癌、致畸作用的有机氯化物（THMs）；处理水有氯或氯酚味；氯气腐蚀性强；运行管理有一定的危险性	能有效杀菌，但杀灭病毒效果较差
次氯酸钠（NaOCl）	无毒，运行、管理无危险性。	产生具致癌、致畸作用的有机氯化物（THMs）；使水的 pH 值升高	与 Cl_2 杀菌效果相同
二氧化氯（ClO_2）	具有强烈的氧化作用，不产生有机氯化物（THMs）；投放简单方便，不受 pH 值影响	ClO_2 运行、管理有一定的危险性；只能就地生产，就地取用；制取设备复杂；操作管理要求高	较 Cl_2 杀菌效果好
臭氧（O_3）	有强氧化能力，接触时间短；不产生有机氯化物；不受 pH 值影响；能增加水中溶解氧	臭氧运行、管理有一定的危险性；操作复杂；制取臭氧的产率低；电能消耗大；基建投资较大；运行成本高	杀菌和杀灭病毒的效果均很好
紫外线	无有害的残余物质；无臭氧味；操作简单，易实现自动化；运行管理和维修费用低	电耗大；紫外灯管与石英套管需定期更换；对处理水的水质要求较高；无后续杀菌作用	效果好，但对悬浮物浓度有要求

3. 医院污泥处理

（1）污泥的分类和泥量。污泥根据工艺分为化粪池污泥、初沉污泥、剩余污泥、化学（混凝）沉淀污泥、消化污泥等。

（2）医院污泥处理工艺流程。污泥处理工艺以污泥消毒和污泥脱水为主，或采用高温堆肥法。

（3）污泥消毒。污泥首先在消毒池或储泥池中进行消毒，消毒池或储泥池池容不小于处理系统24h产泥量，但不宜小于1m³。储泥池内须采取搅拌措施，以利于污泥加药消毒。

（4）污泥脱水。污泥脱水的目的是降低污泥含水率，脱水过程必须考虑密封和气体处理。

（5）污泥的最终处置。污泥根据国家环境保护总局危险废物分类，属于危险废物的范畴，必须按医疗废物处理要求进行集中（焚烧）处置。

4. 废气处理工艺路线选择

（1）工艺流程。为防病毒通过媒介传播到大气中而造成病毒的二次传播污染，将水处理池加盖板密闭起来，盖板上预留进、出气口，把处于自由扩散状态的气体组织起来。

组织气体进入管道定向流动到能阻截、过滤吸附、辐照或杀死病毒、细菌的设备中，经过有效处理后再排入大气。

废气处理可采用臭氧、过氧乙酸、含氯消毒剂、紫外线、高压电场、等离子、过滤吸附和光催化消毒处理对空气传播类病毒进行有效的灭活。

（2）建设设计要点。

按局部通风设计原则，针对有害气体散发状况，优先考虑密闭罩。

①对于格栅口和污泥的清除处，由于操作需要，可以采取敞口罩。

②通风机选用离心式，排气高度15m。

③通风机流量和压头需要根据不同处理方法的要求选取，对于使用氧化型消毒剂的情况，通风机和管材应考虑防腐。

5. 放射性废水处理技术

（1）放射性废水来源。

放射性废水主要来自诊断、治疗过程中患者服用或注射放射性同位素后所产生的排泄物，分装同位素的容器、杯皿和实验室的清洗水，标记化合物等排放的放射性废水。当医院总排出口污水中的放射性物质含量高于现行国家标准《辐射防护规定》规定的浓度限值时，应进行处理。

（2）放射性废水的水质水量和排放标准。

①放射性废水浓度范围为 $3.7 \times 10^2 Bq/L \sim 3.7 \times 10^5 Bq/L$。

②废水量为 $100 \sim 200 L/$ 床·d。

③医院放射性废水排放执行新制定的《医疗机构污染物排放标准》规定：在放射性污水处理设施排放口监测其总 $\alpha < 1Bq/L$，总 $\beta < 10Bq/L$。

④当医院的放射性污水排入江河时，应符合下列要求：经处理后的污水不得排入生活饮用水集中取水点上游1000m和下游100m范围的水体内，且取水区的放射性物质含量必须低于露天水源中的浓度限值；排放口应避开经济鱼类产卵和水生生物养殖场；在设计和控制排放量时，应取10倍的安全系数。

（3）放射性废水系统及衰变池设计。放射性废水应设置单独的收集系统，含放射性的生活污水和试验冲洗废水应分开收集，收集放射性废水的管道应采用耐腐蚀的特种管道，一般为不锈钢管道或塑料管。

①放射性试验冲洗废水可直接排入衰变池，粪便生活污水应经过化粪池或污水处理池净化后再排入衰变池。

②衰变池根据床位和水量设计或选用。

③衰变池按使用的同位素种类和强度设计，衰变池可采用间歇式或连续式。

④间歇式衰变池采用多格式间歇排放；连续式衰变池，池内设导流墙，推流式排放。衰变池的容积按最长半衰期同位素的 10 个半衰期计算，或按同位素的衰变公式计算。

⑤衰变池应防渗防腐。

（4）当污水中含有几种不同放射性物质时，污水在衰变池中的停留时间应取最大值。医院放射性同位素的半衰期及其年摄入量限制按表 5-1-23 确定。

表 5-1-23 医院反射性同位素的半衰期及其年摄入量限值

元素名称	放射性核素	半衰期	年摄入量限值 ALI（Bq）	
			食入	吸入
碘	^{131}I	8.040 d	1×10^6	2×10^6
磷	^{32}P	14.260 d	2×10^7	3×10^7
钼	^{99}Mo	2.750 d	4×10^7	1×10^8
锝	$^{99}TC^m$	6.020 h	3×10^9	6×10^9
锡	^{113}Sn	115.200 d	6×10^7	5×10^7
铟	^{113}Inm	1.658 d	2×10^9	5×10^9
钠	^{124}Na	15.020 h	1×10^8	2×10^8
金	^{198}Au	2.696 d	5×10^7	1×10^8
汞	^{203}Hg	46.760 d	3×10^7	3×10^7
铬	^{51}Cr	27.720 d	1×10^9	2×10^9
镱	^{189}Yb	32.000 d	7×10^7	3×10^7

（5）监测和管理。

间歇衰变池在排放前监测；连续式衰变池每月监测一次。收集处理放射性污水的化粪池或处理池每半年清掏 1 次，清掏前应监测其放射性达标方可处置。

（七）医院污水处理站选址

1. 处理站的选址、安全间距及防护隔离要求

处理站位置的选择应根据医院总体规划、进出口位置、环境卫生要求、风向、工程地质及维护管理和运输等因素来确定。

（1）医院污水处理构筑物的位置宜设在医院建筑物当地夏季主导风向的下风向。

（2）医院污水处理设施应与病房、居民区等建筑物保持一定的距离，并应种植吸附力强植物绿化防护带或隔离带。

（3）污水处理站周围应设围墙或封闭设施，其高度不宜小于 2.5m。

（4）污水处理站应留有扩建的可能；方便施工、运行和维护。

（5）污水处理站应紧邻医院污物通道，有条件的可设置独立污水处理站所需通道。

（6）污水处理站应有方便的交通、运输和水电条件；便于污水排放和污泥贮运。

（7）传染病医院及含有传染病房的综合医院的污水处理站，其生产管理建筑物和生活设施宜集中布置，位置和朝向应力求合理，并应与处理构、建筑物严格隔离。

2. 处理构、建筑物的设计要求

（1）处理构、建筑物及主要设备应分两组，每组按50%的负荷计算。

（2）处理构、建筑物应采取防腐蚀、防渗漏措施；确保处理效果，安全耐用，操作方便，有利于操作人员的劳动保护。

（3）污水处理构筑物应设排空设施，排出的水应进行回流处理。

（4）在寒冷地区，处理构筑物应有防冻措施。当采暖时，处理构筑物室内温度可按5℃设计；加药间、检验室和值班室等的室内温度可按15℃设计。

（5）高架处理构筑物应设置适用的栏杆、防滑梯和避雷针等安全措施。

（6）污水处理站排水一般宜采用重力流排放，必要时可设排水泵站。

3. 处理站的附属设施及相关要求

（1）在污水处理站的设计中，应根据总体规划适当预留余地。

（2）根据医院的规模和具体条件，处理站应设值班、化验用房、控制室及联络电话等设施。

（3）污水处理站内可根据需要，在适当地点设置污泥、废渣及医疗废弃物的堆放场地，但以上垃圾必须采取严格封闭措施。

（4）处理站内应有必要的计量、安全及报警等装置。

（八）医院污水处理设计要点

（1）医院污水处理，应设置两组处理池以及两套处理设备。

（2）易损设备应有备用。

（3）消毒应采用持续性消毒方式（紫外线消毒无持续杀毒效果，医院污水消毒处理不应采用），消毒设备应采用两套，一用一备。

（九）安全防护和监（检）测控制

1. 医院污水设备

医院污水来源及成分复杂，含有病原性微生物、有毒、有害的物理化学污染物和放射性污染等，具有空间污染、急性传染和潜伏性传染等特征，不经有效处理会成为一条疫病扩散的重要途径和严重污染环境。

鉴于医院污水的传染性，为减少运行人员对现场的接触，降低传染机会，在传染病医院污水处理工程中应采用较高水平的自动化设备控制。

2. 在线测量仪表的配置原则

在线仪表的配置应根据资金限制及工艺需要综合考虑。

（1）医院污水处理站应在出口处配置在线余氯测定仪和流量计。

（2）采用液氯消毒，应设置液位控制仪对消毒污水液位和氯溶液液位指示、报警和控制；同时应设置氯气泄漏报警装置。

（3）流量计宜选用超声波流量计或电磁流量计。

（4）根据医院规模，400床以下的医院污水处理工程可只设置液位控制仪表，液位控制仪表可采用浮球式、超声波式或电容式液位信号开关；400床以上的医院污水处理工程除液位控制仪表外，宜加设液位测量仪，液位测量仪可选用超声波式或电容式液位测量仪。

（5）有条件的采用二级处理工艺的医院也可设置溶解氧测定仪、pH测定仪等仪表。

3. 自动控制内容及方式

应根据工艺流程、工程规模及管理水平确定自动控制水平，主要自动控制内容如下：

（1）水位自动控制和消毒剂投加自动控制是自动控制的重要内容。消毒剂的投加量应根据在线余氯测定仪的测定结果自动控制调整。

（2）电动格栅除污机和好氧曝气自动控制；可根据工艺运行要求，采用定时方式自动启 / 停。

应当根据工程规模大小、资金额度及传染性差异来确定不同的监控方式。以下几种不同监控方式，供工程设计时参考选用。

①就地控制方式：在电控箱及现场按钮箱上控制，不设在线测量仪表，只设水位信号开关，利用水位信号开关自动开 / 停水泵。

②常规集中监控方式：分为两种方式。

在总电控柜上集中监控，不另设独立的集中监控柜。

设独立的集中监控柜（台）。

③ LC 监控方式，分为两种方式。

在总电控柜内设 PLC 控制器，PLC 控制器用于工艺设备的自动控制，各种设置在总电控柜上集中控制。

设独立的集中监控柜。

④计算机监控方式。采用小型 PLC 控制器及微型计算机集中监控。该种方式只适用于个别较大型、工艺较复杂、有维护管理条件的工程采用。

4. 控制室设计要求

（1）较大规模工艺较复杂的医院污水处理工程宜设独立的集中控制室，或采用与总电控柜房间（配电室）共用。

（2）独立的控制室面积一般控制在 $12 \sim 20\text{m}^2$。若为计算机监控的控制室，面积应在 $15 \sim 20\text{m}^2$，设防静电地板，传染病医院的控制室应与处理装置现场分离，减少操作人员与现场的接触。

三、膜技术多效净水器在医院污水处理中的应用

（一）膜技术多效净水器的应用原理

膜生物反应器（MBR）是一种将膜分离技术与生物处理单元相结合的污水处理工艺，在技术上取得了五个方面的成功，如下：

（1）建立有机污泥近零排放；

（2）建立强化污水气化除磷；

（3）建立微动力回流实现同步脱氮；

（4）建立管道式紫外线消毒；

（5）建立植物精油去除废气。

（二）膜技术多效净水器结合医院特性的分析

1. 污水处理系统必须具备的条件

（1）要求处理方法能有效地杀死或截留细菌和病毒。

（2）必须保证医疗废水在未处理好之前不得外泄，并且要求不造成二次污染。

（3）对污水处理系统的自动化程度要求较高，必须易于管理和操作。

（4）处理系统的占地不能太大，且处理后的污泥量不宜太大。

2. 膜技术多效净水器的主要特点

（1）滤膜出水水质优异，由于滤膜同时起生物载体和截污的作用，故水处理效率高，悬浮物低，作为检验细菌和病毒数量的大肠杆菌数也很低。

（2）维持了较低的 F/M 比（污泥负荷），减少了剩余污泥的产量，甚至不排剩余污泥。

（3）实现了水力停留时间（HRT）和污泥停留时间（SRT）的分离，消除了传统活性污泥工艺中的污泥膨胀问题。

（4）减少了二沉池，结构紧凑，整套装置占地省，仅为传统方法的 1/4，非常适用于人多地少的大城市，且基建投资少。

（5）设备就地安放，过程密闭，杜绝二次污染。自动化程度高，更有利于对高危险性废水治理的管理和控制。

（6）普通医疗污水与特殊性质的医疗污水分流处理，避免产生二次污染和对污水处理设施的损坏。普通医疗污水直接流入调节池，特殊性质污水先进行有效的预处理后进入调节池。

（三）工艺流程

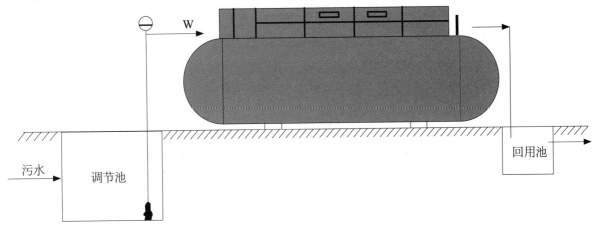

图 5-1-9 工艺流程图

经管道收集的医院废水进入废水调节池中，食堂废水须经过隔油池预处理后再进入调节池，在调节池中均匀水质、水量，由提升泵提升至膜技术多效净水器设备处理后再经紫外线消毒，处理后水达标排放或回用，见图 5-1-9。

在膜技术多效净水器设备内，培养有大量的驯化细菌，在兼氧、好氧微生物的新陈代谢作用下，污水中的各类污染物得到去除。通过膜的过滤作用可以完全做到"固液分离"，从而保证出水浊度降至极低。污水中的各类污染物也通过膜的过滤作用得到进一步的去除，见表 5-1-24。

表 5-1-24 《医疗机构水污染物排放标准》（GB 18466—2005）直排标准

项目	CODcr	BOD$_5$	SS	NH$_3$–N	pH	总大肠杆菌
排放标准	≤ 60mg/L	≤ 20mg/L	≤ 20mg/L	15	6 ~ 9	≤ 500 个 /L

（四）主要污染物去除原理

1. 同步脱氮（厌氧氨氧化）

微动力利用鼓风机多余气量为气源，通过管道进入高速射出，管道射出的气流压强变小，周围的空气立刻向压强小的地方快速进入，进入的空气将液体带入喷射口气流中，将液体提升高处回流至前端，将未完全硝化的氨氮回流至缺氧区继续反应完全。

由于实现了短程硝化、厌氧氨氧化作用，减少了供氧，大幅降低曝气能耗和反硝化所需碳源，从而实现了高效脱氮目的。在实施上，不仅要优化营养条件和环境条件，促进厌氧氨氧化菌的生长，同时要设法改善菌体的沉降性能并改进反应器的结构，促使功能菌有效持留。

2. 污水气化除磷

污水除磷技术主要有化学除磷和生物除磷，化学除磷药剂用量大，产生的化学污泥多，运行成本高；生物除磷需通过排泥实现，存在剩余污泥处理难题。

污水气化除磷兼氧生物气化除磷工艺，完全不同于传统工艺。

3. 污水污泥同步处理（污泥可溶化原理）

膜技术多效净水器在实现污水处理回用的同时，同步处理污水及污泥，有机污泥大幅度减量，基本无有机剩余污泥排放，成功解决了有机类剩余污泥处置难题。

4. 管道式紫外线消毒器深度消毒

紫外线杀菌消毒是利用适当波长的紫外线（杀菌作用最强的波段是 250 ～ 270nm）能够破坏微生物机体细胞中的 DNA 或 RNA 的分子结构，造成生长性细胞死亡和（或）再生性细胞死亡，达到杀菌消毒的效果。

管道式紫外线消毒器的杀菌快，不改变水的物理性质、化学性质。

5. 污水处理设施尾气处理（植物精油）

由于医院污水水质特殊，常规好氧生物处理系统无封闭措施，曝气供氧过程产生的气泡扩散形成了大量的气溶胶分子，这些气溶胶分子表面附着了一些病原微生物，向空气中扩散传播，容易在曝气过程中造成对空气的二次污染。

利用植物精油的主成分萜原料汇成纳米及结构，使有害气体中和化合物形成捕捉与分解有害气体废气处理后完全能够达到要求排放（表 5-1-25）。

表 5-1-25 污水处理站周边大气污染物最高允许浓度

序号	控制项目	标准值
1	氨（mg/m^3）	1.0
2	硫化氢（mg/m^3）	0.03
3	臭气浓度（无量纲）	10
4	氯气（mg/m^3）	0.1
5	甲烷（指处理站内最高体积百分数）	1

四、污水系统建设程序及管理要点

（一）前期准备程序及要点

1. 污水处理站地勘探测

污水处理站的地勘应纳入医院整体规划中，应对污水处理站的岩层分布，地下水位的深度进行探测，为后期建设提供确实依据。

2. 排放标准

应向当地环保部门申请，或通过有相应资质的单位对污水处理站进行环评报告，以确定处理水的排放标准。

3. 工程招投标

根据医院自身特性，可采用以下方式进行招投标。

（1）设计、施工单独招标。

设计和施工分开招标，待设计完成后，再进行施工招标，此种方式需要建设单位具有较高的业务水平，对设计和施工都有所了解，具备总体把握的能力。

（2）设计施工一体化招标。

设计施工一体化招标是指将设计及施工作为一个整体标的以招标的方式进行发包，投标人必须为同时具有设计能力和施工能力的承包商。

"设计—建造"模式是一种项目组管理方式：业主和"设计—建造"承包商密切合作，完成项目的规划、设计、成本控制、进度安排等工作，甚至负责项目融资；使用一个承包商对整个项目负责，避免了设计和施工的矛盾，可显著减少项目的成本和工期。同时，在选定承包商时，把设计方案的优劣作为主要的评标因素，可保证业主得到高质量的工程项目。

4. 图纸审核

施工图设计文件审查包括政策性审查和技术性审查。政策性审查由市建委、县建设行政主管部门负责；技术性审查由市建委、县建设行政主管部门委托取得《施工图设计文件审查许可证》的机构（以下简称审查机构）具体实施。

5. 图纸交底

图纸交底的目的是确保工程质量，使建设管理人员、监理工程师及施工人员正确领会设计意图，熟悉设计内容，正确地按照图纸施工，同时也为了减少图纸差错，将图纸中可能的问题解决在施工之前。

6. 工程相关手续

（1）施工许可证办理。

（2）排污许可证办理。

（二）工程实施程序及要点

（1）施工测量管理及控制。

（2）降水、护壁施工管理及控制。

（3）土方工程施工管理及控制。

（4）地下室卷材防水施工管理及控制。

（5）钢筋工程施工管理及控制。

（6）混凝土工程施工管理及控制。

（7）砌体工程施工管理工作及控制。

（8）屋面工程施工管理工作及控制。

（9）门窗及幕墙工程施工管理及控制。

（10）管道安装工程及控制。

（11）设备安装工程管理及控制。

（12）电气安装工程管理及控制。

（13）仪表安装工程管理及控制。

（14）钢构和混凝土池壁防腐工程管理及控制。

（15）各种标示、地面围护和绿化工程管理及控制。

（三）工程竣工程序及要点

由省、市、县（区）环境监测机构出具的污水排放监测报告达到设计要求后可进行工程验收。

1. 工程验收程序

治污工程的验收一般分初步验收和竣工验收两个阶段进行。

（1）初步验收。

初步验收的必备条件：

①完成工程设计和合同约定的各项内容；

②施工单位在工程完工后对工程实体进行了检查，确认工程质量符合有关法律、法规、工程建设强制性标准、验评标准以及设计文件和合同的要求；

③施工技术资料的汇集整理齐全、规范，经监理工程师检查并签字认可；

④施工单位向建设单位提交了《完工报告》。《完工报告》应经项目经理和施工单位有关负责人签字，且经总监理工程师签署认可意见。

（2）竣工验收。

竣工验收的必备条件：

①完成工程设计和合同约定的各项内容；注意必须悬挂工艺流程图。

②相关责任单位在工程初验后已按要求对存在问题进行整改并提交书面整改材料，经建设单位相关人员、监理工程师复核确认完成；

③施工单位提交《竣工报告》，《竣工报告》须经项目经理和施工单位有关负责人审核签字，还须经总监理工程师签署意见；

④监理单位对工程进行了质量评估，具有完整的监理资料，并提交《质量评估报告》。《质量评估报告》应经总监理工程师和监理单位有关负责人审核签字；

⑤勘察、设计单位对勘察、设计文件及施工过程中由设计单位签署的设计变更通知书进行了检查，并提出《质量检查报告》。《质量检查报告》应经该项目勘察、设计项目负责人和勘察、设计单位有关负责人审核签字；

⑥有完整的技术档案和施工管理资料；

⑦有工程使用的主要建筑材料、半成品、建筑构配件、设备的出站合格证、进场试验报告、见证取样送检资料、结构实体检测及功能性试验报告；

⑧建设单位已按合同约定支付工程款，出具《工程款拨付证明书》；

⑨有施工单位签署的《质量保修书》；

⑩有城建档案部门出具的施工技术文件预验收合格证书；城乡规划、公安消防、环保、国土资源等部门出具的认可文件或者准许使用文件。

2. 工程验收要点

（1）沟槽（基坑）土质、地基承载力。

（2）沟槽（基坑）回填土压实度。

（3）给水管道中心线高程和排水管（涵）内低高程。

（4）水泥混凝土、砂浆强度。

（5）箱涵、水池满水试验。

（6）有压管道的压力试验和严密性试验。

（7）无压管道的严密性试验（即闭水工程）。

（8）水泥混凝土抗渗等级、抗冻融等级。

（9）管道（涵）顶进施工的轴线和高程。

第六节　工程实例
——四川大学华西医院康复医学基地

一、项目概况

四川大学华西医院康复医学基地位于成都市温江区永宁镇。总占地面积约 150 亩，一期工程由一栋康复综合楼、高压氧中心和污水处理站组成，总建筑面积约为 6.14 万 m²。

康复综合楼地上四层，一层为门诊医技、厨房和餐厅，设备机房等。二层为门诊及手术。三层为病房，共四个护理单元、四层为行政办公及员工集中值班宿舍。屋顶设置消防水箱及冷却塔。高压氧中心地下一层为设备用房及消防泵房，消防水池等。地上两层，为高压氧舱及办公、诊室等。污水处理站一层，为设备间、控制室等；处理构筑物埋在地下。

二、给水系统

（一）水源

水源为市政自来水。从本工程地块西北面市政道路的市政给水管道（DN300mm）、地块东南面市政道路的市政给水管道（DN250mm）上各引入一根 DN150mm 的管道，在用地红线范围内形成 DN150mm 的环网。在引入管上设水表（DN150mm），表后设置低阻力倒流防止器（流速 2.0m/s 时，阻力为 20kPa）。

市政给水管道能提供的供水压力约为 0.30MPa。

（二）用水量计算

用水量标准的选取和用水量计算见表 5-1-26。

表 5-1-26　用水量标准的选取和用水量计算

用水项目	使用数量	用水定额	使用时间（h）	小时变化系数	最高日用水量（m³/d）	最大小时用水量（m³/h）	备注
住院患者	138 床	400L/ 床·日	24	2.0	55.20	4.6	单独卫生间
	54 床	200L/ 床·日	24	2.0	10.80	0.90	公共卫生间
医护人员（住院）	87 人/班	200L/ 人·班	8	1.8	52.20	3.92	每日 3 班
医护人员（门诊医技）	140 人/班	150L/ 人·班	10	2.0	21.00	4.20	每日 1 班
办公人员	40/ 班	50L/ 人·班	8	1.5	2.00	0.38	每日 1 班
门诊患者	800 人次/日	15L/ 人·次	10	1.8	12.00	2.16	
宿舍	194 人	200L/ 人·日	24	2.5	38.80	4.04	单独卫生间
食堂就餐	1000 人次/日	15L/ 人·次	16	1.2	15.00	1.13	

表 5-1-26 用水量标准的选取和用水量计算（续）

用水项目	使用数量	用水定额	使用时间（h）	小时变化系数	最高日用水量（m³/d）	最大小时用水量（m³/h）	备注
食堂员工	20 人	50L/人	16	1.8	1.00	0.11	
未预见水量	以上各项之和的 10%		—	—	20.80	2.14	
绿化道路浇洒	31218m²	1.5L/m²	6		46.83	7.80	
冷却循环补水			12	—	180	15	
总计					455.63	46.38	

注：医院的最高日用水量：455.63m³/d；最大小时用水量：46.38m³/h。

（三）系统设计

因市政给水管道的供水压力能满足本工程的使用要求，所以给水系统不分区，由市政给水管道直接供水。

用水量采用"三级计量"的方式进行计量，即：在市政引入管上设总水表计量；每个部门（科室）设分总表计量；每个用水点设分表计量。

为适应给水三级计量的水表设置需要，采用横向供水主管分层供水为主的管道系统。

三、热水系统

（一）热水供应范围及热源

病房卫生间、病房医护人员淋浴间、手术洗手和淋浴间、值班宿舍卫生间和厨房员工淋浴间供应热水。热源采用市政天然气制备。

（二）热水用水定额及耗热量

采用的主要热水用水标准及设计小时耗热量计算如表 5-1-27 所示。

表 5-1-27 热水用水标准及设计小时耗热量计算

编号	用水项目	使用数量	用水定额	温度	使用时间（h）	小时变化系数	设计小时耗热量（kW）	备注
1	住院患者	138 床	200L/床·日	60℃	24	2.88	204.2	单独卫生间
		54 床	100L/床·日	60℃	24	2.88	40.0	公共卫生间
2	医护人员（住院）	87 人/班	100L/人·班	60℃	8	2.88	64.3	每日 3 班
3	集中值班员工	194 人	100L/人·日	60℃	24	3.02	150.5	单独卫生间
4	手术洗手	30 个	25L/h·个	35℃	—		24.4	—
5	手术淋浴	12 个	250L/h·个	40℃	—		115.1	—
6	厨房操作间	12 个	25 L/h·个	50℃	—		15.0	

表 5-1-27　热水用水标准及设计小时耗热量计算（续）

编号	用水项目	使用数量	用水定额	温度	使用时间（h）	小时变化系数	设计小时耗热量（kW）	备注
7	厨房员工淋浴	4 个	400L/h·个	40℃	—	—	61.4	—
	合计	—	—	—	—	—	674.9	—

注：设计小时耗热量为 674.9kW，设计小时热水量为 11.14m³。

（三）系统设计

采用燃气热水机组供应热水，热水炉选用 2 台，每台输出功率为 355kW，其中一台为天然气 / 燃油两用型锅炉，并在热水机房内设储油间，保证停气情况下医院热水系统仍能正常使用。热水炉烟囱设在门诊综合楼的屋顶上，采取高空排放。

设热水贮水罐，贮热量为 30min 的设计小时耗热量。贮水罐选用 2 台，每台有效容积为 3m³。设机组循环泵，循环贮水罐内的贮水。设系统循环泵，对系统进行循环。

在系统循环泵前设置闭式膨胀罐；在进入加热设备的冷水管道上设电子水处理仪，以防热水机组和热水管道结垢；对热水供水和循环管道、贮水罐进行保温。

管道系统采用下行上，给主立管和每层横干管循环的方式。热水供水和循环管道采用同程布置。在热水系统补水管上设总水表计量，每层横干管的进出口设二级热水水表，在各用水点的热水供水支管上设三级热水表计量。

四、中水系统

（1）本工程设置的中水供水系统，采用中水冲洗大便器和小便器。目前仅设置中水供水管道，仍然采用自来水冲洗；待有中水后，切断自来水，中水进入中水转输水箱，通过变频给水设备输送至中水管网。

（2）中水系统不设分区，计量方式同给水系统。

五、污水排水及处理系统

（一）排水体制

排水对象主要为各卫生间的生活污水、厨房含油污水、地下室废水、屋面雨水；无放射性污水排出。设计上采用雨、污分流的排水体制，对上述排水对象分别组织排放。

对医疗污水进行处理，处理后的污水达到《医疗机构水污染物排放标准》（GB 18466 - 2005）后，排入市政污水管道。四层行政办公及员工集中值班宿舍污废水进入化粪池处理后排入市政污水管道。

（二）排水量

最高日生活污水排水量为 206m³/d（取除绿化浇洒用水量和循环冷却水补水量之外的最高日用水量的 90%）。

（三）排水系统

卫生间均采用伸顶通气立管的排水系统，底层污水单独排出。一层厨房的含油污水经隔油池进行隔油处理，隔油池选用 4 型砖砌隔油池 1 座，有效容积 4.5m³。四层行政办公及员工集中值班宿舍污废水化粪池选用 G11-50SQF 型 1 座，有效容积 50m³。1～3 层医疗污水和病房卫生间污水经化粪池预处理再进入污水站进行处理。预处理化粪池选用 13 号钢筋混凝土化粪池 4 座，每座有效容积 100m³。化粪池的有效容积按停留时间36h、清掏周期360d设计。化粪池的有效容积按停留时间24h、清掏周期360d设计。

（四）污水处理

1. 处理工艺流程

一至三层医疗污水和卫生间污水进入污水处理站进行处理。本工程的污水排入市政污水管道后，进入永宁的污水处理厂进行处理，所以本工程采用"一级强化＋消毒"处理工艺，具体流程如图5-1-10所示。

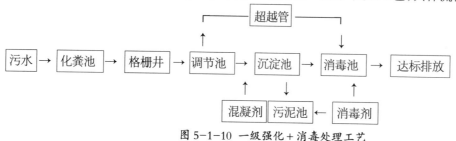

图 5-1-10 一级强化＋消毒处理工艺

2. 处理水量

根据建设单位的要求，本次收集的污水处理站需考虑二期工程的污水处理量。按本工程《环境影响报告书》的要求，设计污水处理按处理水量500m³/d计，每小时的设计处理量取50m³/h，即每天处理的工作时间约为10h。每组处理构筑物按25m³/h的处理量设计。

3. 设计进水水质

本工程为新建医院，无具体的污染物排出量数据，参照《医院污水处理设计规范》（CECS 07—2004）的第3.0.3条，污染物排出量取值为：

BOD_5—60g/床·d；

COD—100～150g/床·d，取150g/床·d；

SS—40～50g/床·d，取50g/床·d；

设计进水的水质为：

COD_{cr} ≈ 417mg/L，BOD_5 ≈ 167mg/L，SS ≈ 139mg/L，pH =6～9，大肠菌群 107 个/L。

4. 设计出水水质

设计出水水质达到《医疗机构水污染物排放标准》（GB 18466—2005）中表2的预处理排放标准，即：COD_{cr} ≤ 250mg/L，BOD_5 ≤ 100mg/L，SS ≤ 60mg/L，粪大肠菌群数 ≤ 5000 个/L，pH=6～9，总余氯 ≥ 3~10mg/L。

5. 处理构筑物

构筑物均采用钢筋混凝土结构。

格栅井：净尺寸 3.0m×1.5m×2.5m。

调节池：总容积208.75m³，有效容积74.9m³。设计水力停留时间5.56h。内置污水提升泵2台，一用一备，设计流量为30m³/h，扬程为12m。

沉淀池：竖流式，净尺寸 5.0m×5.0m×5.0m，总容积125m³，有效容积80m³。设计水力停留时间为2.66h。

消毒池：折流式，净尺寸 5.0m×4.5m×4.0m，总容积90m³，有效容积67.5m³。消毒停留时间为1.8h。有效氯投加量为50mg/L。加药设备采用化学二氧化氯发生器，采用两台。

污泥池：净尺寸 4.7m×3.0m×5.0m，总容积70.5m³。

6. 系统运行

在无专人管理状态下，实行全自动运行。自控系统按进水量的大小自动控制污水提升泵、污泥泵、消毒发生器的启停。系统设有手动、自动两种模式。调试和检修期可采用手动模式，正常运行时均可采用自动模式。污泥在消毒达标后，由具有相应资质的单位定期淘取。

六、废水排水系统

（1）汽车库的地面冲洗废水以及一层机房，报警阀间废水通过地沟，地漏排入废水立管，接入室外雨水管道。

（2）地下室水泵房等机房废水、地下室报警阀间排水及火灾时的灭火排水，均不能重力排出，则设集水坑，采用潜水泵提升排出。选用80QW25-12.5-2.2型潜水泵，每处2台，一用一备。主要性能为：q=25m³/h，h=12.5m，N=2.2kw，各废水潜水泵为固定耦合湿式安装，以便于检修。

七、雨水排水系统

（一）排水系统

室外场地和住院楼底层内庭雨水，采用雨水口收集、通过室外雨水管分多处就近排入市政雨水管道。设计重现期取3年。

各屋面雨水采用重力流的排水系统，设计重现期取3年。部分屋面除建筑专业采用外排水系统外，其余屋面雨水由本专业设雨水斗收集、通过室内雨水管排入室外雨水管道。

设雨水溢流排水设施。溢流排水设施和雨水斗排水系统的总排水能力不小于10年重。

（二）雨水量

暴雨强度公式采用成都地区暴雨强度公式：$q=2806（1+0.803lgP）/（t+12.8P0.231）0.768$

$Q=\phi mqF$

综合流量径流系数 ϕm：取0.5

设计暴雨强度q：采用成都地区的暴雨强度公式：

$q=2806（1+0.803lgP）/（t+12.8P0.231）0.768$

设计重现期取3年，降雨历时10min

$q = 313.24L/s \cdot hm^2$

汇水面积 $F（hm^2） = 8hm^2$，$Q = 0.5 \times 313.24 \times 8 = 1250L/s$

分东北、东南俩处排出管排入市政雨水管道，每处管径d=800mm，坡度I=0.0029，设计流速v=1.66m/s。

八、雨水及废水收集利用系统

（一）水量平衡

可收集雨水，淘洗水及空调冷凝水经处理后用于场地绿化浇洒和补充景观水体用水。

绿地每次浇洒需水量30000×0.0225=675m³/次，全年需浇洒40~50次，共需水约3万m³（按45次计）。

可收集的水源主要有如下几种：

（1）洗菜淘米水，根据《温江永宁华西康复医院履历节水——利用方案》，此部分水量为840m³/月，则全年共约1万m³。

（2）屋顶及地面雨水，根据《建筑与小区雨水利用工程技术规范》计算本块场地可利用的雨水量。

雨水利用设计径流总量 =10×0.2×947×6.5=1.23万m³

其中：

雨水设计径流总量（m³）；

雨量综合径流系数取0.2；

设计降雨厚度，成都地区常年的年降水量为947.0mm；

汇水面积，水面积共约6.5hm²。

考虑到蒸发和暴雨初期弃流等因素雨水可回用量按雨水设计径流总量的65%计，约为0.8万m³/年。

（3）空调排水，制氧循环排水：根据暖通专业资料，本康复楼夏季空调冷凝水产量约13吨/d。夏季时间按4月计，则全年空调冷凝水约1500 m³。

（二）方案比选

成都市降雨全年分布极不均匀，全年降水大部分集中于6~9月（数据见图5-1-11）。

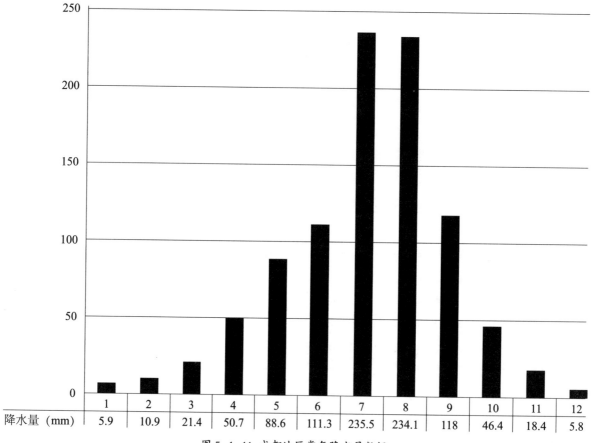

| 降水量（mm） | 5.9 | 10.9 | 21.4 | 50.7 | 88.6 | 111.3 | 235.5 | 234.1 | 118 | 46.4 | 18.4 | 5.8 |

图 5-1-11 成都地区常年降水量数据

绿化高峰用水集中在6~9月（夏季），而恰恰这个时候成都市处于雨季，绿化靠自然降雨基本能满足植物生长需要，雨季中收集的雨水需要非常大的蓄水池。这样设备、设施占地面积和投资过大，全年运行费用高（含人工费）。而且在处理过程中有可能达不到中水水质标准，有安全隐患。

根据《建筑中水设计规范》3.2章对中水水源选取的要求，同时经过反复论证，对中水水源选择如下：由于空调冷凝水水量少，且只有夏季才有，而此时雨水充沛，无必要收集少量冷凝水；医院地面雨水杂物、细菌过多，对过滤和消毒设备要求高，也不考虑收集；而厨房洗菜淘米水难于处理达到《城市污水再生利用 城市杂用水水质》（GB/T 18921—2002）的规定。为安全起见，不收集厨房洗菜淘米；这样只收集水量最大的屋顶雨水全年共约1.2万m³，用于三个水体景观用水和绿化人工浇灌。

（三）屋面雨水利用工艺

屋面雨水由单独管网收集后进入三个收集池，经简单沉淀处理后，用于景观用水补水或绿化用水人工灌溉。这样不需要复杂的过滤消毒工艺，还可以将水体景观池作为蓄水池的一部分使用，减少了投资，而且几乎没有运行费用。为避免交叉感染和满足规范，所有雨水利用管道采用地埋式且有特殊标识，绿化人工浇灌接口采用带锁快速专用接口，并设明显的"雨水"标识，水体景观管理上避免人体直接接触。

这样有效利用雨水，减少投资，节约了运行能源（费用），保证了使用安全。见图5-1-12。

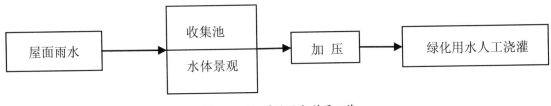

图 5-1-12 屋面雨水利用工艺

参考文献

［1］《中国医院建设指南》编撰委员会. 中国医院建设指南［M］. 北京：研究出版社，2008：535-580.

［2］中国市政工程西南设计研究院. 给水排水设计手册［G］. 北京：中国建筑工业出版社，2000.

［3］中华人民共和国住房和城乡建设部. 建筑给水排水设计规范：GB 50015—2003.［S］. 北京：中国计划出版社，2009.

［4］中华人民共和国卫生和计划生育委员会. 综合医院建筑设计规范：GB 51039—2014. 北京：中国计划出版社，2015.

［5］医疗机构水污染物排放标准：GB 18466—2005.［S］. 北京：中国环境科学出版社，2005.

［6］二次供水设施卫生规范：GB 17051—1997.［S］. 北京：中国标准出版社，2004.

［7］医院卫生设备安装：09S303.［S］. 北京：中国建筑标准设计研究院，2009.

［8］卫生设备安装：09S304.［S］. 北京：中国建筑标准设计研究院，

［9］建筑中水设计规范：GB 50336—2002.［S］. 北京：中国计划出版社，2003.

［10］城市污水再生利用城市杂用水水质标准：GB/T 18920—2002.［S］. 北京：中国标准出版社，2003.

［11］城市供水管网漏损控制及评定标准：CJJ 92—2002.［S］. 北京：中国建筑工业出版社，2002.

［12］节水型生活用水器具标准：CJ 164—2002.［S］. 北京：中国标准出版社，2002.

［13］室外给水设计规范：GB 50013—2006.［S］. 北京：中国计划出版社，2006.

［14］室外排水设计规范：GB 50014—2006（2014年版）.［S］. 北京：中国计划出版社，2014.

［15］GB 50333—2002. 医院洁净手术部建筑技术规范［S］. 北京：中国计划出版社，2002.

［16］工程建设标准强制性条文——房屋建筑部分2009版［S］. 北京：中国建筑工业出版社，2010.

［17］全国用建筑工程设计技术措施节能专篇，给排水部分［S］. 北京：中国建筑标准设计研究院，2007.

［18］GB 50242—2002. 建筑给水排水及采暖工程施工质量验收规范［S］. 北京：中国建筑工业出版社，2002

［19］GB 50010—2002. 混凝土结构设计规范［S］. 北京：中国建筑工业出版社，2002.

［20］GB 50268—2008 给水排水管道工程施工及验收规范［S］. 北京：中国建筑工业出版社，2009.

［21］GB 50108—2001. 地下工程防水技术规范［S］. 北京：中国计划出版社，2009.

［22］肖正辉. 关于《医疗机构水污染物排放标准》GB 18466—2005若干问题的商榷［J］. 北京市医院污水污物处理技术协会，2005

［23］污水排入城镇下水道水质标准：CJ 343-2010.［S］. 北京：中国标准出版社，2011.

［24］钱德林. 3种制药用水处理工艺评价［J］. 中国药房，2005，16（24）：1913-1915.

［25］陆晓和.医院制剂室 GPP 改造中制药用水设备的选择［J］.药学和临床研究，2010，18（4）：403-405.

［26］孙帮聪.太阳能医院［M］.北京：中国文化出版社，2016.

［27］核工业第二研究设计院.给水排水设计手册第二册，建筑给水排水［G］.中国建筑工业出版社，2001.

第二章

医院供电、配电及
医院电气安全

王漪　涂路　奚传栋　陈众励　俞俊

作者简介

王 漪 中国中元国际工程有限公司副总经理、总工程师

涂 路 中国中元国际工程有限公司医疗二院副院长

奚传栋 中国中元国际工程有限公司医疗研究院电气专业总工

陈众励 上海建筑设计研究院有限公司电气总工程师

俞 俊 华东都市设计研究总院主任工程师

技术支持单位

德国本德尔公司

德国本德尔公司源于煤矿井下绝缘监视的研发和制造，是一家全球化的家族企业，一流电气安全产品和领先的解决方案的供应商。全球拥有约700名员工，年营业额约1.1亿欧元，超过20%的员工从事研发工作。全球70多个国家都设有代表处，14个国家有子公司。经历70多年的发展壮大，在对低压不接地系统、接地系统和电阻接地系统的绝缘监视和漏电保护技术方面保持着世界领先水平。在全球，德国本德尔公司作为IEC国际电工委员会重要成员积极推动并参与制定有关包括绝缘监视在内的各项电气安全标准，包括IEC 60364-7-710标准。同时德国本德尔在中国积极推动完善GB 16895.24—2005国家标准。

第一节　医院电气设计依据

医院电气设计应遵循的规程、规定见表5-2-1。

表 5-2-1　医院电气设计应遵循的规程、规定

序号	名称	标准规范号
1	综合医院建筑设计规范	GB 51039—2014
2	建筑设计防火规范	GB 50016—2014
3	建筑照明设计标准	GB 50034—2013
4	人民防空地下室设计规范	GB 50038—2005
5	供配电系统设计规范	GB 50052—2009
6	20kV 及以下变电所设计规范	GB 50053—2013
7	低压配电设计规范	GB 50054—2011
8	通用用电设备配电设计规范	GB 50055—2011
9	建筑物防雷设计规范	GB 50057—2010
10	爆炸和火灾危险环境电力装置设计规范	GB 50058—2014
11	3~110kV 高压配电装置设计规范	GB 50060—2008
12	电力装置的继电保护和自动装置设计规范	GB/T 50062—2008
13	电力装置的电测量仪表装置设计规范	GB/T 50063—2008
14	工业与民用电力装置的过电压保护设计规范	GBJ 64—83
15	工业与民用电力装置的接地设计规范	GBJ 65—83
16	汽车库、修车库、停车场设计防火规范	GB 50067—2014
17	数据中心设计规范	GB 50174—2017
18	公共建筑节能设计标准	GB 50189—2015
19	并联电容器装置设计规范	GB 50227—2008
20	医院洁净手术部建筑技术规范	GB 50333—2013
21	建筑物电子信息系统防雷技术规范	GB 50343—2012
22	生物安全实验室建筑技术规范	GB 50346—2011
23	民用建筑电气设计技术规范	JGJ 16—2008
24	医疗建筑电气设计规范	JGJ 312—2013
25	建筑物电气装置	GB 16895
26	绿色建筑评价标准	GB/T 50378—2014
27	绿色医院建筑评价标准	GB 51153—2015
28	民用建筑绿色设计规范	JGJ/T 229—2010
29	精神专科医院建筑设计规范	GB 51058—2014
30	人民防空工程设计防火规范	GB 50098—2009
31	电力工程电缆设计规范	GB 50217—2007
32	传染病医院建筑设计规范	GB 50849—2014

第二节　医院电力负荷分级及供电要求

一、医院电力负荷分级

我国现行的《供配电系统设计规范》将电力负荷根据其重要性和中断供电在政治上、经济上所造成的损失或影响的程度分为三级。

（一）一级负荷

（1）中断供电将造成人身伤亡者；

（2）中断供电将在政治、经济上造成重大损失者；

（3）中断供电将影响有重大政治、经济意义的用电单位的正常工作者。

（二）二级负荷

（1）中断供电将在政治、经济上造成较大损失者；

（2）中断供电将影响重要用电单位的正常工作者。

（三）三级负荷

不属于一级和二级负荷者。

二、医疗场所分类及恢复供电时间

（一）医疗场所分类

按照《综合医院建筑设计规范》（GB 51039—2014）医院的医疗场所根据电气安全防护的要求应分为：

（1）0类场所：不使用医疗电气设备接触部件的医疗场所；

（2）1类场所：医疗电气设备接触部件需要与患者体表、体内（除2类医疗场所所述部位以外）接触的医疗场所；

（3）2类场所：医疗电气设备接触部件需要与患者体内（指心脏或接近心脏部位）接触以及电源中断危及患者生命的医疗场所。

（二）各医疗场所自动恢复供电时间

《建筑物电气装置》是等同采纳 IEC-60364-710 标准，为方便设计人员对医疗场所的分类，《综合医院建筑设计规范》结合我国国情，对医疗用房对应的医疗场所分类如表5-2-2所示。

表5-2-2 医疗用房所对应医疗场所的分类及恢复供电时间

部门	医疗场所以及设备	场所类别			自动恢复供电时间		
		0	1	2	t ≤ 0.5s	0.5s<t ≤ 15s	15s<t
门诊部	门诊诊室	X					
	门诊治疗室		X				
急诊部	急诊诊室	X				X	
	急诊抢救室			X	Xa	X	
	急诊观察室、处置室		X			X	
住院部	病房		X				X
	血液病房的净化室、产房、烧伤病房		X		Xa	X	
	早产儿监护室			X	Xa	X	
	婴儿室		X			X	

表 5-2-2 医疗用房所对应医疗场所的分类及恢复供电时间（续）

部门	医疗场所以及设备	场所类别			自动恢复供电时间		
		0	1	2	t ≤ 0.5s	0.5s<t ≤ 15s	15s<t
住院部	重症监护室		X	X	Xa	X	
	血液透析室		X			X	
手术部	手术室			X	Xa	X	
	术前准备室、术后复苏室、麻醉室		X	X	Xa	X	
	护士站、麻醉师办公室、冰冻切片室、敷料制作室、消毒敷料	X				X	
功能检查	肺功能检查室、电生理检查室、超声检查室		X			X	
内窥镜	内窥镜检查室		Xb			Xb	
泌尿科	泌尿科治疗室		Xb			Xb	
放射	DR 诊断室、CR 诊断室、CT 诊断室		X			X	
	导管介入室			X	Xa	X	
	心血管造影检查室			X	Xa	X	
磁共振	MRI 扫描室		X			X	
放射治疗	后装、钴 60、直线加速器、γ 刀、深部 X 线治疗		X			X	
理疗	物理治疗室		X			X	
	水疗室		X			X	
	按摩室	X					X
检验	大型生化仪器	X			X		
	一般仪器	X				X	
核医学	ECT 扫描间、PET 扫描间、γ 像机、服药、注射		X			Xa	
	试剂培制、储源室、分装室、功能测试室、实验室、计量室	X				X	
高压氧	高压氧舱		X			X	
输血	贮血	X				X	
	配血、发血	X					X
病理	取材、制片、镜检	X				X	
	病理解剖	X					X
药剂	贵重药品冷库	X					Xc

表 5-2-2 医疗用房所对应医疗场所的分类及恢复供电时间（续）

部门	医疗场所以及设备	场所类别			自动恢复供电时间		
		0	1	2	$t \leq 0.5s$	$0.5s < t \leq 15s$	$15s < t$
保障系统	医用气体供应系统	X				X	
	消防电梯、排烟系统、中央监控系统、火灾警报以及灭火系统	X				X	
	中心（消毒）供应室、空气净化机组	X					X
	太平柜、焚烧炉、锅炉房	X					Xc
a：照明及生命支持电气设备							
b：不作为手术室							
c：需持续 3 ~ 24h 提供电力							

上述医疗场所的分类是根据我国医院的现状综合考虑的一个示意性的分类，医院的诊疗手段、医疗设备发展迅速，很难包罗万象。因此在项目设计之初，设计人员应与医院密切配合，根据医院的要求对相关医疗场所的分类进行落实与确认。

（三）医疗用房根据环境分类

1. 强调患者环境

从场所内的医疗电气设备或部件是否接触患者人身及接触患者人体何种部分这一角度考虑，即考虑电气装置及配件对患者的宏电击及微电击的影响。只有 2 类场所增加了中断供电本身对患者生命的影响。医疗场所在强调供电可靠性的同时，要考虑患者用电安全。

（1）门诊部。

①门诊诊室：一般没有电气设备，所以设置为 0 类场所，断电不会对患者生命产生影响，因此对恢复供电时间没有具体要求。

②门诊治疗：有可能有医疗电气设备或附件且接触患者，所以为 1 类场所，但断电不会对患者生命产生影响，因此对恢复供电时间没有具体要求。

（2）急诊部。

①急诊诊室：一般没有电气设备，所以设置为 0 类场所，但断电将对患者的救治产生影响，因此对恢复供电时间有一定要求。

②急诊抢救室：大量医疗电气设备及部件接触患者，且可能接触到患者的体内（主要指心脏或接近心脏部位），停电将危害患者生命，所以为 II 类场所，恢复供电时间要求最短。

③急诊观察室、处置室：大量医疗电气设备及部件接触患者，所以为 I 类场所，作为急症患者的救治场所，恢复供电时间相对较短。

（3）住院部。

①病房：有可能有电气设备或部件接触患者，设置为 I 类场所，住院患者活动能力差，断电对患者救治产生一定影响，因此对恢复供电时间有一个基本要求，婴儿室恢复供电时间要求更短些。

②血液病房的净化室、产房、早产儿室、烧伤病房、血液透析室：大量电气设备或部件接触患者，设置为 1 类场所，断电对患者救治产生较大影响，要求恢复供电时间短。

③重症监护室：大量电气设备或部件接触患者，危重病患的环境，设置为 II 类场所，断电对患者救

治产生较大影响，恢复供电时间最短。

（4）手术部。

①手术室：大量医疗电气设备及部件接触患者，且可能接触到患者的体内（主要指心脏或接近心脏部位），停电将危害患者生命，所以为 2 类场所，对恢复供电时间要求也最短。

②术前准备室、术后复苏室、麻醉室：大量医疗电气设备及部件接触患者，为 1 类场所。但停电将对患者生命产生一定影响，建议有条件的医疗机构将这些场所按照 2 类场所考虑。恢复供电时间与手术室相同。

③护士站、麻醉师办公室、石膏室、冰冻切片室、敷料制作室、消毒敷料：非患者环境，为 0 类场所，但停电对手术运行影响较大，恢复供电时间要求也比较短。

（5）检查治疗室。

①功能检查的肺功能检查室、电生理检查室、超声检查室，内窥镜的非手术内窥镜检查室，泌尿科的体外碎石机、高压氧舱：电气设备及部件接触患者，为 1 类场所，要求恢复供电的时间比较短。

②放射科的 DR 诊断室、CR 诊断室、CT 诊断室、导管介入室，磁共振的 MRI 扫描室，放射治疗的后装、钴 60、直线加速器、γ 刀、深部 X 线治疗室，核医学的 ECT 扫描间、PET 扫描间、γ 像机、服药、注射：这些检查治疗场所一般均有电气设备及部件接触患者，为 1 类场所，场所的照明和配电要求恢复供电的时间比较短。但大型设备为球管放电设备，不允许瞬间恢复供电，因此设备以及设备配套的制冷系统的恢复供电时间可以在 15s 以上。

③心血管造影检查室：电气设备及部件接触患者心脏附近，为 2 类场所，场所的照明和配电要求恢复供电的时间比较短，设备及设备配套的制冷系统的恢复供电时间可以在 15s 以上。

④理疗科：有可能有电气设备及部件接触患者，为 1 类场所，但场所的照明和配电恢复供电的时间要求可以相对长一些。

2. 强调设备环境

针对电源中断，不同设备停止运行对医院正常运行产生不同影响。此类医疗场所分类均为 0 类场所，但恢复供电时间有所不同。

（1）检验科。大型生化仪器对供电要求较高，小于 0.5s，一般仪器小于 15s。

（2）核医学。主要指试剂培制、储源室、分装室、功能测试室、实验室、计量室，危险源环境，照明、配电尤其是相关的风机对恢复供电时间要求较高。

（3）输血科。贮血，恢复供电时间要求较高。

（4）病理科。取材、制片、镜检，恢复供电时间要求较高。

（5）保障系统。根据停电对系统的不同影响，确定了不同的恢复供电时间。

通过上述分析可以看出，医疗场所的分类与自动恢复供电时间不完全是一一对应关系。医疗设备的迅猛发展，新的设备和新的诊治手段层出不穷。以上的医疗场所是目前综合医院比较常规设置的，对于新的设备、新的诊治手段、新的医疗场所应该秉承本章节的上述原则，通过与医疗部门共同分析进行划分。

第三节　医院各类医疗设备电气要求

一、需要供电的医疗设备分类

根据我国《医疗器械分类目录》，将需要供电的医疗设备根据设备用电特征与特点进行分类，如表5-2-3。

表 5-2-3 需要供电的医疗设备分类

需要进行供电的医疗设备类型	设备所处医疗场所分类	主要设备用电特征	用电特点	供电要求（未注明即为插座供电）
医用电子仪器设备				
1　生物电诊断仪器（含心电、脑电、肌电）、电声诊断仪器、电生理治疗监护仪器、呼吸、血相测定装置、生理研究实验仪器、光谱诊断设备、睡眠呼吸治疗系统	除手术、急诊抢救、重症监护用为Ⅱ，其余均为Ⅰ类场所	包括传感器，信号处理系统及显示系统	单相负荷	手术、急诊抢救、重症监护重要设备，通过UPS供电
体外震波碎石机	均为Ⅰ类场所	震波发生器	单相2～5kW	单独配电
医用光学器具、仪器及内窥镜设备				
2　心及血管、有创、腔内手术用内窥镜/电子内窥镜	除手术、急诊抢救Ⅱ，其余均为Ⅰ类场所	包括传感器，信号处理系统及显示系统	单相负荷	手术、急救重要设备，通过UPS供电
眼科光学仪器/光学内窥镜及冷光源	Ⅰ类场所		单相负荷	
医用超声仪器设备				
3　彩色超声成像设备及超声介入/腔内诊断设备、超声母婴监护设备、超声理疗设备	Ⅰ类场所	超声波发射、扫查、接收、信号处理和显示系统	单相负荷	
超声手术及聚焦治疗设备	手术治疗设备，属于Ⅱ类场所	大功率超声波发生器	部分设备三相负荷	手术重要设备，通过UPS供电
医用激光仪器设备				
4　激光诊断仪器	Ⅰ类场所	包括传感器，信号处理系统及显示系统	单相负荷	
激光手术和治疗设备	手术治疗设备，属于Ⅱ类场所	激光发射器	单相负荷	手术、急救重要设备，通过UPS供电
医用高频仪器设备				
5　高频手术和电凝设备、微波治疗设备、射频治疗设备	手术治疗设备，属于Ⅱ类场所	500kHz~6.0MHz的高频电波发生器	单项负荷，用电量较大	手术、急救重要设备，通过UPS供电

表 5-2-3 需要供电的医疗设备分类（续）

	需要进行供电的医疗设备类型	设备所处医疗场所分类	主要设备用电特征	用电特点	供电要求（未注明即为插座供电）
	物理治疗及康复设备				
6	高压氧治疗设备	Ⅰ类场所	气体压缩机	三相负荷	单独配电
	电疗仪器、光谱辐射治疗仪器、高压电位治疗设备、理疗康复仪器、生物反馈仪、磁疗仪器	Ⅰ类场所	高、中频电磁波发生器，光、热、磁等用电	单相负荷	
	医用磁共振设备				
7	永磁型磁共振成像系统、常导型磁共振成像系统、超导型磁共振成像系统	除手术治疗属于Ⅱ类场所，属Ⅰ类场所	主机系统用电，磁体专用空调24小时用电	磁体专用空调24小时供电，需要可靠的电力保障	主机、磁体专用空调分别专项供电
	医用 X 射线设备、附属设备及附件				
8	X 射线治疗设备、X 射线诊断设备	Ⅰ类场所	高压发生器	三相负荷，瞬时用电量大	主机单独配电
	X 射线计算机断层摄影设备（CT）	Ⅰ类场所	高压发生器	三相负荷，瞬时用电量大	主机与设备专用空调单独配电
	X 射线手术影像设备（包括 DSA 影像系统）	Ⅱ类场所	高压发生器	三相负荷，瞬时用电量大	主机与设备专用空调单独配电
	X 线机配套用患者或部件支撑装置（电动）	Ⅰ类场所	电动机	三相负荷	
	医用 X 线胶片处理装置	0 类场所		单相负荷	
	医用高能射线设备				
9	医用高能射线治疗设备：X 射线立体定向放射外科治疗系统、医用电子直线加速器、医用回旋加速器、医用中子治疗机、医用质子治疗机	Ⅰ类场所	加速器	三相负荷，瞬时用电量大	主机与设备专用水冷机单独配电
	高能射线治疗定位设备：放射治疗模拟机	Ⅰ类场所	X 射线机CT 机	三相负荷	单独配电
	医用核素设备				
10	放射性核素治疗设备：钴60治疗机、γ 刀等远近距离核素治疗装置	Ⅰ类场所	控制系统	三相负荷	单独配电
	放射性核素诊断设备：正电子发射断层扫描装置（PECT）、单光子发射断层扫描装置（SPECT）、PET-CT 等	Ⅰ类场所	高压发生器	三相负荷	主机与设备专用水冷机单独配电
	核素标本测定装置	0 类场所	电子仪器	单相负荷	
	核素设备用准直装置	0 类场所	电子仪器	单相负荷	

表 5-2-3 需要供电的医疗设备分类（续）

	需要进行供电的医疗设备类型	设备所处医疗场所分类	主要设备用电特征	用电特点	供电要求（未注明即为插座供电）
	临床检验分析仪器				
11	血液分析系统、生化分析系统、免疫分析系统、细菌分析系统、尿液分析系统、生物分离系统、血气分析系统、基因和生命科学仪器、临床医学检验辅助设备	0 类场所	敏感电子设备	需要稳定的电力系统保证且部分设备单项负荷，容量较大，部分设备为三相负荷	重要设备，通过 UPS 供电
	医用化验和基础设备				
12	医用培养箱、医用离心机、病理分析前处理设备、血液化验设备	0 类场所	电机或电热设备		
	体外循环及血液处理设备				
13	人工心肺设备及辅助装置、血液净化设备及辅助装置、体液处理设备	除手术、急诊抢救、重症监护用为 Ⅱ，其余均为 Ⅰ 类场所	驱动装置及控制系统	需要可靠的电力保证	重要设备，通过 UPS 供电
	手术室、急救室、诊疗室设备及器具				
14	手术及急救装置；呼吸设备；呼吸麻醉设备；婴儿保育设备；输液辅助装置；手术灯	Ⅱ 类场所	泵类、电热	需要可靠的电力保证	重要设备，通过 UPS 供电
	负压吸引装置；电动液压手术台；冲洗、通气、减压器具	Ⅱ 类场所	电机类、泵类		
	口腔科设备				
15	口腔综合治疗台（机）、牙钻 3 机及配件、牙科椅、牙科手机、洁牙补牙设备、口腔灯、口腔技工设备	Ⅰ 类场所	泵类、电机、照明器类	口腔综合治疗台	口腔综合治疗台单独配电
	消毒、清洗和灭菌设备				
16	电蒸汽灭菌设备、干热灭菌设备、高压电离灭菌设备、超声专用消毒设备、煮沸消毒设备、高效清洗设备	0 类场所	电热设备为主	三相负荷	单独配电
	医用冷疗、低温、冷藏设备及器具				
17	低温治疗仪器：氩氦刀等	手术治疗设备，属于 Ⅱ 类场所	B 超定位、泵类、控制装置	需要可靠电力保证	重要设备，通过 UPS 供电
	医用低温设备、医用冷藏设备、医用冷冻设备	0 类场所	压缩机	重要设备需要可靠电力保证	

二、电击防护分类

根据《医用电气设备安全通用要求》分类。

Ⅰ类医用电气设备：对电击的防护不仅依靠基本绝缘，而且还提供了与固定布线的保护接地导线连接的附加安全预防措施，使可触及金属部分即使在基本绝缘失效时也不会带电的设备。

Ⅱ类医用电气设备：对电击的防护不仅依靠基本绝缘，而且还有类似双重绝缘和加强绝缘的附加安全保护措施，但没有保护接地措施，也不依赖于安装条件的设备。

三、医用电气设备接触部件

医用电气设备的接触部件，在正常使用中：

（1）设备为了实现其功能需要与患者有身体接触；

（2）可将其与患者接触；

（3）需要被患者触及。

接触部件可以是设备本身或表面、外部、内部可导电的部分，从功能上讲，必须接触到患者。考虑到接触部件的类型，按照对安全性要求从高到低划分，医用电气设备被依次分为 CF、BF 和 B 型设备。

CF 型：设备接触部件与地绝缘（F= 浮地隔离），由于接触部件绝缘，CF 型设备可直接用于心脏手术。

BF 型：设备接触部件与地绝缘（F= 浮地隔离），但与 CF 型设备相比，安全性较低。因此，BF 型设备不可直接用于心脏手术。

B 型：设备接触部件并无浮地隔离。因此，对于接地系统漏电，安全性非常低。

第四节　医院的负荷计算

一、医院负荷实例

表 5-2-4　各医院电力负荷实例

工程名称	建筑面积（m²）	变压器容量（kVA）	变压器单方容量（VA/m²）	说明
北京协和医院北区改扩建工程	226000	19360	85.6	门诊、医技、部分病房综合
北京大学第一医院第二住院部医疗综合楼（一期、二期）	94000	8200	87.23	住院及配套的部分医技
北京医院老北楼重建工程	74787	6330	84.64	门诊、医技、病房综合
北京安贞医院外科病房楼	34000	3200	94.11	住院及配套的部分医技，包括全院营养食堂
北医三院外科楼	38000	2500	65.78	住院及配套的部分医技
解放军总医院外科大楼	118000	11200	94.91	住院及配套的部分医技，包含区域制冷站
解放军总医院 9501 工程	81750	5600	68.50	门诊、医技、病房综合
河北省职工医学院附属医院	46000	3200	69.56	门诊、医技、病房综合

表 5-2-4 各医院电力负荷实例（续）

工程名称	建筑面积（m²）	变压器容量（kVA）	变压器单方容量（VA/m²）	说明
湖南湘雅第二医院	96350	6400	66.42	住院及配套的部分医技
解放军总医院海南分院	240000	23860	99.42	综合医院整体新建
北京市电力医院	135000	13000	96.30	门诊、医技、病房综合
唐山丰南区医院	90000	8460	94.00	门诊、医技、病房综合
新疆伊犁哈萨克自治州友谊医院	106000	8900	83.96	门诊、医技、病房综合
苏州科技城医院	180000	17000	94.44	综合医院整体新建
青海省第五人民医院	97000	7000	72.16	门诊、医技、病房综合
山西医科大学第二附属医院	225000	17700	78.67	综合医院整体新建
邢台市人民医院	218000	16237	74.48	综合医院整体新建
青岛万达英慈国际医院	45000	5000	111.11	门诊、医技、病房综合

二、医院负荷计算分析

（一）中外医院单位变压器安装容量分析

上述项目是近年建成的医院调研的负荷情况，医院的用电负荷比例仍然以空调、照明为主体，医疗设备用电所占比例较小，这与我国目前的医疗设备的水平有关。根据日本有关资料显示，20 世纪 80 年代的医院变压器安装容量为 250 ~ 300VA/m²，当然日本等国的用电负荷计算与变压器的安装容量与我国差别很大，总体变压器容量较我国大很多。但这其中医疗设备用电占 50%，而我国目前医疗设备用电总体占不到 20%。目前我国医院设计的用电负荷总体上仍然是以空调、照明为主要负荷。其中空调电制冷为 40% ~ 50%，照明为 30%，动力包括医用用电为 20% ~ 30%。

由以上数据可以看出，医院虽然为功能性民用建筑，用电设备较多，但总体照明的标准比起商业楼、写字楼要低，从用电负荷计算的角度而言并不高。按照北京市供电规划 80VA/m²，一般医院可以满足要求。医院变压器安装指标并不是很高，一般在 65 ~ 75VA/m² 之间，分析原因如下：

（1）真正意义上的医疗用电负荷并不多，且大型设备的需要系数较低；综合医院护理单元的面积所占比例较大，综合医院护理单元照度需求较低，此部分用电量较低；

（2）医院目前的运行状况是：全日制的门诊医技面积不大，白天空调等用电高峰时照明需求较小。

（3）各类用房的同时使用率相对商业写字楼要低。

（二）我国医院的用电负荷标准逐步提高

根据近 10 年来完成的医院工程的运行情况可以得出以下结论，我国医院的用电负荷标准在提高。随着社会的发展，近年来我国医疗建筑单位变压器安装容量有缓慢上升的趋势，主要体现在：

（1）大量医疗设备的应用，医疗设备负荷比例在提高；

（2）各类医疗环境标准提高，更多的环境需要净化等特殊要求，功能性空调的比例加大；

（3）环境标准提高，虽有国家节能规范要求，但精装设计后，照明负荷增长较多。

第五节　医院供电系统

一、负荷分析

国家《供配电系统设计规范》（GB 50052—2009）第2.0.2条明确规定："一级负荷应由两个电源供电；当一个电源发生故障时，另一个电源不应同时受到损坏。"由于二、三级甲等医院建筑内有大量的一级负荷，因此应采用两路电源供电。随着医院规模的不断扩大，电气负荷也越来越大，采用220/380V低压市电供电，显然不能满足要求；因此需采用两路10kV（20kV）高压市电供电。有些两路10kV（20kV）电源容量还不能满足要求的或停电会造成重大政治影响的超大型医院、重要医疗中心可采用三路10kV（20kV）高压供电。

国家《供配电系统设计规范》第2.0.2条还明确规定："一级负荷中特别重要的负荷，除由两个电源供电外，尚应增设应急电源，并严禁将其他负荷接入应急供电系统。"在医院内一级负荷中的手术室、重症监护室、信息系统和消防设备等都应属于特别重要负荷，当这些负荷失去电源时，可能会给国家和人民带来重大生命和财产损失；因此须增设应急电源供电。根据规范及工程实践，应允许中断供电时间为15s以上的供电，可采用快速自启动的柴油发电机组；当允许中断供电时间为毫秒级的供电，可采用蓄电池静止型不间断供电装置（UPS）。

医院内绝大部分电气负荷为220/380V电压等级，因此需由10/0.4kV变压器供电。当有特大型的空调冷水机组时，应采用10kV（20kV）电压直接供电。

以上三部分构成了一个完整的供电系统，适合大部分二、三级甲等医院的供电；对于一级医院，如不是高层建筑，可采用一路10kV电源供电，重要设备末端采用UPS供的系统。

二、10kV（20kV）高压系统主接线

医院建筑配变电所高压侧宜采用单母线或单母线分段的接线方式。根据工程实践，常用接线方式有下列几种。

（一）方案一

两路电源同时供电，单母线分段，不设联络，如图5-2-1所示。这种接线方式最为简单，当一路电源长时间失去时，50%负荷失去电源，只能靠两台变压器低压侧互为备用投入，这要求变压器负荷率不能太高，否则会影响医院的正常运行。

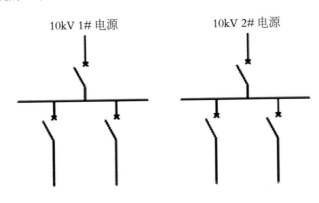

图 5-2-1　方案一

（二）方案二

两路电源一路供电，一路备用，母线不分段，如图5-2-2所示。这种接线方式可靠性稍差，当电源正常切换时、当工作电源事故失去时，100%负荷短暂失去电源；停电面是100%。

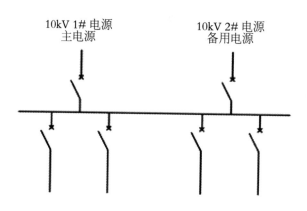

图 5-2-2 方案二

（三）方案三

两路电源同时供电，单母线分段，互为备用，如图 5-2-3 所示。这种接线方式可靠性较高，当一路电源失去时，只有 50% 负荷短暂失去电源；停电面是 50%。

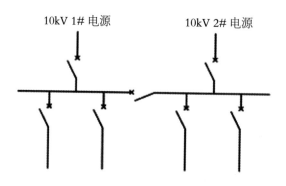

图 5-2-3 方案三

（四）方案四

三路电源两路同时供电一路备用，母线分段，如图 5-2-4 所示。这种接线方式可靠性高，每路工作电源只供 50% 负荷，备用电源为明备用；备用电源的容量如按电源 N-1 选择时为负荷的 50%，如按电源 N-2 选择时为负荷的 100%。工程实践中供电部门往往按电源 N-1 提供。

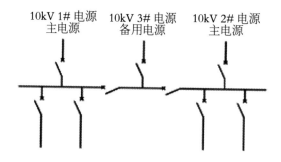

图 5-2-4 方案四

（五）方案五

三路电源同时供电，母线分段，互为备用，如图 5-2-5 所示。这种接线方式可靠性最高，正常下三路同时供电，每路工作电源只供约 1/3 负荷。如按电源 N-1 选择时，三路中的任意两路电源均能承担负荷的 100%。工程实践中供电部门往往按电源 N-1 提供。此接线不足之处是三电源之间的闭锁线路太复杂，要求运行人员有较高的技术水平。

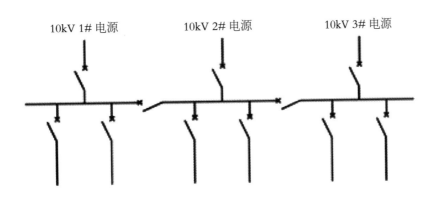

图 5-2-5 方案五

综上分析,工程设计时应优先采用方案三接线,并与当地的供电部门充分沟通,以满足医院的用电需求。

从母线给变压器、电机的供电线路宜采用放射式接线。

当供电部门确定采用高压侧计量时,应装设计量专用的电压、电流互感器。

当有高压电动机负荷时,应设无功功率补偿装置。

当变压器与 10kV（20kV）配电所不在同一配变电所时,变压器的高压进线处应设有隔离开关。

三、220/380V 低压系统主接线

当给医院一、二级负荷供电时,低压系统主接线应采用变压器两两互为备用的接线方式,即两台变压器低压母线间设联络开关,当一路电源失去时,母联开关自动或手动投入,由另一台变压器供电。

当低压母联断路器采用自动投入方式时应满足下列控制功能。

第一,应设有自投自复、自投不自复、自投手复三种功能的选择。

第二,低压母联断路器自动投入时应设有一定的延时,当 10kV（20kV）侧母联断路器也采用自动投入方式时,应高压优先,两者动作时限应有配合。当变压器低压侧总开关因过负荷或短路而分闸时,不允许母联断路器关合。

第三,低压侧主进断路器与母联断路器应间设置电气联锁。

第四,在 220/380V 1 段母线的末端宜设一应急母线段给重要一级负荷供电,此应急段与正常母线段之间设有自动转换开关。此应急段平时由 1 段供电,当 1 段失电时,1、2 段母联自动投入,由 2 段供电;当两段均失电时,由应急发电机供电。市电与应急发电机电源之间的切换设自动联锁控制,由自动转换开关完成。

第五,在低压侧应设无功功率集中补偿装置,要求补偿后的功率因数不低于 0.9。

常用的低压系统主接线图如图 5-2-6 所示。

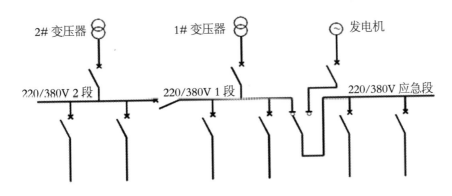

图 5-2-6 常用的低压系统主接线图

第六，低压系统建议采用以下形式：

（1）电压波动大的空调及动力负荷为一个低压系统，如空调采用专用变压器供电；

（2）电压波动小的照明及一般医疗用电插座负荷为一个低压系统；

（3）电压要求高且自身压降大，医用大型医疗影像成像系统设备，单独采用一台变压器，对于电网电压变化较大的系统，建议采用有载调压变压器。

第六节　医院配变电所与柴油发电机房

一、配变电所数量及位置的选择

针对综合医院的规模，电力系统的进线一般为 10kV 或 20kV。医院配变电所的数量及位置的确定，应遵循下列原则，经技术、经济比较确定：

（1）接近负荷中心或大容量设备处，如冷冻机房、水泵房或大型医技设备集中处；

（2）方便高压进线和低压出线，并接近电源侧；

（3）方便设备的运输、装卸及搬运；

（4）不应设在有剧烈振动或高温的场所；

（5）不宜设在多尘或有腐蚀性气体的场所，当无法远离时，不应设在污染源盛行风向的下风侧；

（6）不应设在厕所、浴室或其他经常积水场所的正下方，且不宜与上述场所相贴邻；

（7）不应设在有爆炸危险环境的正上方或正下方，且不宜设在有火灾危险环境的正上方或正下方，当与有爆炸或火灾危险环境的建筑物毗连时，应满足现行国家标准《爆炸和火灾危险环境电力装置设计规范》的规定；

（8）不应设在地势低洼和可能积水的场所；

（9）不宜与有防电磁干扰要求的设备及机房贴邻或位于其正上方或正下方（如 MRI 机房）；

（10）设置在建筑物地下室的配变电所，宜选择在通风、散热条件较好的场所；并且宜抬高地面标高以防水侵入；一般不宜设在地下室的最底层；

（11）一类高、低层主体建筑内，严禁设置装有可燃性油的电气设备的配变电所。

随着医院规模的不断扩大，大型医院将出现多变电所的供电系统。可通过前期的负荷矢量计算确定系统规模及负荷中心的位置。可通过下列公式估算出系统的平均负荷距离，从而确定系统的规模，以及变电所相对合理的位置。

$$l_{avg}=\frac{\sum_{i=0}^{i=n}l_i\times(EAC_i)}{\sum_{i=n}^{i=n}(EAC_i)}$$

（式 5-2-1）

l_{avg}——系统平均馈线长度

l_i　——设备线路长度分析，可加载的长度

EAC_i——设计估算的年负荷量

通过系统比对，确定科学的变电所供电面积和负荷容量，摒弃目前变电所容量过大，变压器单台容量过大，系统过于集中，造成能耗损失的问题。结合负荷分布状态，形成多个小容量变电所供电的系统供电思路。

目前，配电箱下端线路平均长度为 30～50m。建议变压器到配电箱的平均负荷距离控制在 50m 以内。达到系统损耗与系统规模相对平衡。

二、柴油发电机房位置的选择

（1）柴油发电机房宜靠近一级负荷或配变电所设置。可布置于坡屋、裙房的首层或附属建筑内，应避开主要出口通道。

（2）柴油发电机房可设置在建筑物的地下一、二层，不应布置在地下三层及以下。

（3）当设置在地下层时，应处理好通风、防潮、机组的排烟、消音和减振等；方便设备的运输、装卸及搬运，预留发电机设备的吊装孔等。

（4）发电机房不应设在厕所、浴室或其他经常积水场所的正下方和贴邻。

由于医院内的一级负荷大部分集中在医院主体建筑内，建筑首层往往是主要的医疗场所和各种主要出入口，因此柴油发电机房一般多设置在主体建筑的地下层，并靠近配变电所设置；缩短到应急母线段的距离，减少电压与电能损失，节约材料。

第七节　医院低压配电系统

一、医院配电系统总论

医院的用电负荷相对是比较复杂。除一般民用建筑最基本的照明、动力、空调之外，还包含了大量的医疗设备的配电，这些设备的工作原理、负荷性质及容量，差异很大，配电要求各异，由此构成了现代医院复杂的配电系统。

医院配电系统的基本方式与民用建筑相似，一般是以放射式与树干式相结合的供电方式。大型、重要的设备由配变电所放射式供电，恢复供电时间要求小于 15s 的均为双路供电末端自投。除一般民用建筑的保障系统冷冻站、水泵房、电梯等外，真空吸引、X 光机、CT 机、MRI 机、DSA 机、ECT 机等设备主机，烧伤病房、血透中心、中心手术部的电力及照明，CT 机、MRI 机、DSA 机、ECT 机的空调电源、洗衣房及营养部的动力也分别由变电所低压屏放射式供电。

根据国内医院现存情况，大型医院一般环境的用电负荷可分成照明系统、医疗动力（插座）系统、空调系统（新风机、空调机、风机盘管）及应急照明系统等。考虑到提高安全可靠性，应与照明分设系统，可以保证在大系统电源供电困难时保证医疗负荷。空调系统用电相对要求较低，单独设置有利于减少干扰。

树干式供电由变电所将各类电源分别引至各竖井，通过母线输至各层。各竖井内分别设有照明、配电、空调及应急照明配电箱。配电、照明分别放射至各科室的配电、照明配电箱，各科室的计量表设在竖井配电箱内，空调配电箱配电至末竖井区域内的普通空调机及风机盘管。应急照明配电箱由双路电源供电并自动切换，供各应急照明灯及防火卷帘门、排烟风机的用电。

二、大型医疗影像设备的配电

大型医疗影像设备是医院的重要设备，现代医院影像设备比较常见的有：CR 机、DR 机、普通 X 光机、心血管造影机 DSA、计算机断层扫描机 CT 机、同位素断层扫描机 ECT、磁共振机 MRI 以及 X 刀、γ 刀、直线加速器等设备。根据设备的不同用途、设备的工作制除 MRI 为长期工作制，基本都为短时反复工作制。

大型医疗影像设备工作原理各有不同，但统一的一点是对电源的要求较高。由于大型医疗影像设备的以上特性，如果医院具有一定规模，此类设备应由专用变压器供电。设备球管电流在 400mA 以上的设备应采用放射式供电。

DSA、MRI、ECT 机、大型介入机等设备的主机电源一般需要双路供电，且部分设备本身需要冷却，设备有冷水机组，部分的电源与主电源同样重要。主电源进一步分成高压发生器电源、行走机构电源、影像设备电源及插座电源。这类设备的布置一般为扫描室、控制室两部分。系统的电源一般送至控制室。大型设备还专门有电源室配电室。

心血管造影机房的高压发生器电源、行走机构电源、影像设备电源采用一般配电方式，其插座电源与胸腔手术室的要求相似：患者可能接触用电设备采用 IT 系统及局部等电位接地，电位差小于 50mV。设备厂家对于电源的要求引出了电源内阻这一技术指标。设备对电源电压的要求越高，电源内阻越小。

（一）用电负荷计算

X 射线机瞬时最大用电负荷一般由设备厂家提供，如未提供也可根据如下公式计算：

$$Sm=（1/K）×（1/F）×Esf×Ism×10^{-3}$$ （式 5-2-2）

Sm —— X 射线诊断机的瞬时最大负荷（kVA）；

Ism —— X 射线管最大工作电流（平均值）（mA）；

Esm —— X 射线管最大工作电流（平均值）所对应的最大工作电压（平均值）（kV）；

Esf —— X 射线管最大工作电流（平均值）所对应的最大工作电压（峰值）（kV）；

F —— X 射线管整流电压的波形系数与峰值系数之积；

K —— 整流变压器初级线圈的利用系数。

（二）电源变压器容量的确定

（1）单台 X 射线机的电源变压器的计算公式如下：

$$Sjs=A×Ssm/η；$$ （式 5-2-3）

Sjs —— 确定电源变压器容量时的计算负荷（kVA）；

A —— 在确定单台 X 射线诊断机的电源变压器容量时，瞬时负荷的计算系数；单相、三相瞬时负荷用电时取 1/2，两相瞬时负荷用电时取 $\sqrt{3}/2$；

Ssm —— X 射线机瞬时最大负荷（kVA）

η —— X 射线机工作时的效率：单相、两相瞬时负荷用电时取 0.8，三相瞬时负荷用电时取 0.9。

（2）二项式法计算多台设备负荷：

$$Sjs=B×C×SjsΦ+ΣSHi$$ （式 5-2-4）

Sjs —— 确定电源变压器容量时的计算负荷（kVA）；

ΣSHi —— 连续工作制放射线机及放射科的其他用电设备计算负荷的总和（kVA）；

B —— 瞬时负荷的计算系数，取 1/2；

C —— 用电负荷的相数，一般取 3；

SjsΦ —— 多台放射线机最大相的相瞬间计算负荷（kVA）；

$$SjsΦ=SH.M1、SH.M2+0.2×ΣSXhi$$ （式 5-2-5）

SH.M1、SH.M2 —— 该相最大两台射线机的相计算负荷（kVA）；

ΣSXhi —— 该相其余射线机相计算负荷的总和（kVA）。

（三）保护设备的选择

大型医疗影像设备瞬时电流很大，保护设备宜用熔断器。目前多数设备的技术要求中已对保护设备提出具体要求。

（四）配电线路导线截面的确定

大型医疗影像设备的配电线路导线截面要满足设备的内阻及压降要求。

电源变压器内部电阻：R_t

电源变压器额定容量：P_t kVA

电源变压器相数：三相

电源变压器电压变动率：ε（%）

额定二次电压：V_t

计算变压器内部电阻 R_t：

$$R_t = 2 \times \varepsilon \times 0.01 \times V_t^2 / P_t \times 10^3 \quad (\Omega) \qquad \text{（式 5-2-6）}$$

计算干线电阻 R_1（Ω）：

考虑到低压开关的电阻及其他接触电阻，电源变压器和电源变压器二次侧的干线电阻为总电源电阻的 80%。

$$R_1 = 80\% R_g - R_t \quad (\Omega) \qquad \text{（式 5-2-7）}$$

最大允许内阻：R_g（Ω）

计算干线截面：A （mm^2）

单相设备：$A = 2 \times p \times L / R_1$ （mm^2）

三相设备：$A = p \times L / R_1$ （mm^2）

表 5-2-5 是一组设备在电源变压器为 630kVA，配电线路为 200m 时，不同设备不同内阻要求的配电导线截面。

表 5-2-5 不同设备不同内阻要求的配电导线截面

序号	设备名称	R_g	V_t	R_t	R_1	A	Ssm	Im	Al	ua%	%
1	DST	0.1	400	0.0305	0.0495	144.3	170	257.58	150	0.062	3.19
2	大型 X 光	0.12	400	0.0305	0.0655	109.1	170	257.58	120	0.077	3.97
3	CT	0.15	400	0.0305	0.0895	79.8	100	151.52	95	0.098	2.97
4	X	0.2	400	0.0305	0.1295	55.2	160	242.42	70	0.133	6.45
5	X	0.3	230	0.0101	0.2299	31.1	30	136.36	50	0.186	5.07
6	X	0.15	400	0.0305	0.0895	79.8	200	303.03	95	0.098	5.94
7	MRI	0.2	400	0.0305	0.1295	55.2	28	42.42	70	0.217	1.84
8	ECT	0.2	230	0.0101	0.1499	47.7	5	22.73	70	0.217	0.99

由表 5-2-9 可见，要满足设备内阻要求，实际就是要满足设备的电源电压要求。它受来自变压器阻抗、变压器至设备的配线长度、配线截面三个方面的因素影响。

系统设备应尽量减小变压器阻抗，减小变压器至设备的距离，在满足电源内阻的条件下，减少配线电缆截面，以节约投资。

三、医院敏感电子设备的配电

现代医院中敏感电子设备日益增多，也就是计算机较多，设计要注意一些主要问题。

《剩余电流动作保护装置安装和运行》（GB 13955—2005）中第 5.8.6 条规定：对应用电子元器件较多的电气设备，电源装置故障含有脉动直流分量时，应选用 A 型 RCD。

在 1 类医疗场所和 2 类医疗场所需要安装剩余电流保护器时，应选择 A 型或 B 型漏电保护器 RCD。因为传统的 AC 型漏电保护器 RCD 不能对脉动直流剩余电流产生反应，所以要求医院采用 A 或 B 型漏电保护器。在发达国家，公共建筑中基本上已经用 A 型 RCD 取代了 AC 型。脉动直流产生的原因是非线性负载的大量应用，如半导体或电力电子元件的电路，当晶闸管的触发角在 0°～135° 之间时采用 A 型满足要求，超出此范围则应该采用 B 型，但这种情况较为少见。

具体设计上，《民用建筑电气设计规范》规定：当插座为单独回路时，数量不宜超过 10 个（组）；

用于计算机电源的插座数量不宜超过 5 个（组），并应采用 A 型剩余电流动作保护装置。显然，每个回路不能接太多的 PC 设备或电子设备，除脉动直流分量问题外，另一原因是这些设备的正常泄漏电流比较大，控制数量十分必要。

RCD 使用方面的另一个问题是应该采用电磁式。医院内敏感电子设备应具有抗电磁干扰的性能，即电磁兼容 EMC。这对医院选用设备提出了要求，也对设计提出了要求。比如：在医院的放射放疗诊疗区不允许使用移动电话，以免产生电磁干扰，设计方面不应在这些区域安装移动电话增音装置，有些机房应采用屏蔽措施。

医院内敏感电子设备很多，其接地做法一直是有争议的，但无论是 IEC 标准还是国家规范在这个问题上意见都很明确，应该采用共用接地和等电位接地方式而不是独立接地的方式。产生争议的原因是设备厂家的标准不能及时跟踪和理解新标准和新规范；另一个原因是甲方的器械管理坚持遵循传统做法。医院建筑的体量较大，要将设备的接地极单独从建筑物防雷接地体独立出来几乎不可能，因为在 TN-S 系统中设备的电源线中 PE 线与设备外壳是连接的；如果发生雷击建筑物事件，建筑物防雷接地体电位瞬间升高，这个电位与设备地的电位差可能破坏设备，是十分危险的。大量工程的实践表面，采用共用接地和等电位接地方式是非常好的办法。

敏感电子设备的过电压保护应采用电涌保护器。

四、医院手术部、ICU 等场所的配电

手术部、ICU 是医院中供配电要求最高的场所，手术室数量从几间至几十间不等，而且发展的数量越来越多，笔者近期设计的某外科大楼工程手术室已达 48 间。根据《供配电系统设计规范》（GB 50052—2009）第 2.0.1 条有关负荷分级的要求，重要的、大型或复杂手术的手术室为一级负荷中特别重要负荷。按 IEC 的有关标准，2 类场所在故障情况下断电自动恢复的时间应不大于 0.5s，即停电时间 t ≤ 0.5s，实际工程中一般采用 UPS 设备来满足此要求。

从 UPS 设备的配置方式来讲，手术部的电气设计一般有两种方式：分布式和集中式，分别见图 5-2-7 和图 5-2-8（图 5-2-8 中手术专用配电箱与图 5-2-7 类似）。

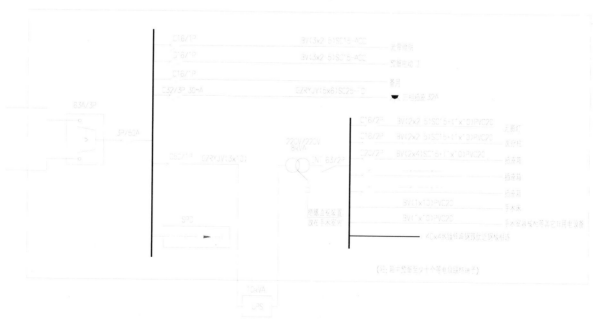

图 5-2-7 分布式电气设计图

图 5-2-8　集中式电气设计图

（一）分布式系统

分布式适用于中小型手术部，是比较常用的方式，即每个手术室均配置一个 UPS 及相应配电装置。单个 UPS 的容量较小，但全部加起来总容量高，工程上常用的配置是 10kVA/ 间。设计时应注意将配电小间面向清洁（污染）走廊设置，这样在正常工作或维护检修时减少对洁净区的影响。分布式设计有两大特点。

第一，供电可靠性较高，在 UPS 发生故障的情况下影响面小，但维护工作量大，对手术部影响大。一般 UPS 使用几年后的维护工作量逐渐增大，需要进入手术部维护或检修，对手术部门的正常工作会产生影响，尤其是 UPS 设备的电池组是薄弱环节，性能不稳定，使用寿命短，给管理部门带来大量维护更换等工作。建议设置 UPS 装置远程监测系统，即采用网络采集 UPS 系统的各方面运行参数，在值班室进行实时监测。

第二，配电小间放置了 UPS 设备，需要较大面积，占用了手术部的有效面积，而且 UPS 发热大，增加了空调及通风需求。要解决分散、多点的 UPS 设备通风及降温问题在工程上是困难的。所以规模比较大的手术部多采用 UPS 设备集中设置。

（二）集中式系统

集中式方式的特点是：可靠性高、经济性好、维护管理方便、基本不对手术部净化区域产生影响。一般在靠近手术部或邻层的位置设大容量 UPS 站，考虑到同时系数，UPS 的总配置容量比分布式系统小，电池及配套装置集中管理，可节省总投资，较经济而且可靠性也高。集中式 UPS 系统有两种方式。

第一，UPS 设一组或多组，每组承担一部分负载。为了提高供电可靠性，UPS 采用多组设置可以减少检修或故障时的影响面。

第二，另一种集中式 UPS 系统是采用 n+1 方式的冗余并联式 UPS 系统（手术部一般采用 1+1 方式），即所谓"一用一备"热备用 UPS 系统，两台 UPS 均能为 100% 手术负荷供电。理论上两组 UPS 同时发生故障的概率极小，当一台 UPS 设备维修或发生故障时，另一台仍可持续供电不受影响，可靠性极高；

但一次投资很大，设备总容量比分布式系统更大。

因为 UPS 站在手术部洁净区域外独立设置，集中式能很好解决 UPS 的维护问题而不直接对手术部产生影响；而且集中设置有利于解决 UPS 的空调和通风问题。分布式 UPS 系统故障率高的原因主要在于不能很好地解决通风散热问题。

ICU、CCU 等各种危重病房属于 2 类场所，配电设计与手术室类似。采用医用 IT 系统配电，一般考虑每床 1.5~2kW（不计洁净空调用电），可以考虑 3~4 床共用一组医用 IT 系统。病床区域应多设插座，因为危重患者准备的各种监护及抢救设备较多，有些还设置医疗塔，用电量更大。大多医院的手术部与 ICU 相距不远，如果采用集中式 UPS 站应考虑同时为 ICU 供电，如果医院有管理上的要求，其 UPS 组可以与手术部的分开设置。

第八节　医院电力系统保护方式及电气安全

一、电力系统的保护方式

按国际电工委员会（IEC）的规定，低压电力系统的保护方式分为 TN、TT、IT 三种基本形式。在 TN 形式中又分为 TN—C、TN—S 和 TN—C—S 三种派生形式：其形式划分的第 1 个字母反映电源中性点接地状态：T——表示电源中性点工作接地；I——表示电源中性点没有工作接地（或采用阻抗接地）；第 2 个字母反映负载侧的接地状态：T——表示负载保护接地，但与系统接地相互独立；N——表示负载保护接零，与系统工作接地相连；第 3 个字母 C——表示零线（个性线）与保护零线共用一线；第 4 个字母 S——表示零线（中性线）与保护零线各自独立，各用各线。

（一）TN—C 系统

三相四线供电系统，属保护接零。电源侧中性点接地，该系统保护零线和工作零线共用一根导线（PEN），简单经济，但 PEN 线不能装熔断器，且一旦断线将破坏系统稳定，构成对人体和设备的危险。系统出现单相接地故障时，故障电流较大，但不及相间短路电流大，因而以相同短路来设计的线路保护装置一般不能及时切断故障线路。此外，系统的 PEN 线上除有中线正常的三相不平衡电流外，还会有对人体有危险的高次谐波电流。因此，明确规定医院禁止采用 TN-C 系统。

（二）TN—S 系统

三相五线供电系统，属保护接零，中线 N 与零线 PE 分开。电源侧中性点同样接地，也是大电流接地系统。系统的三相不平衡电流不经 PE 线，减轻了 TN—C 系统的缺点，但中性点对地电位仍会通过 PE 线使设备外壳有电流和电压，未能彻底解决 TN—C 系统的缺点。因此，这一系统常与漏电开关联用，才能达到较好的保护效果，是目前医院常用的电力系统保护方式。

（三）TN—C—S 系统

是 TN—C 与 TN—S 系统的混合配电方式，同属保护接零。PEN 线分出独立的 N 线后，不能再使之与保护零线 PE 线合并或互换。变压器不在同一栋建筑的医院一般都是采用此系统。

（四）TT 系统

三相四线供电系统，属于保护接地。电源侧中性点接地，在接地短路时，其余两相对地电压变大，介于 220~380V，但设备正常运行时，其外壳没有接零保护的三相不平衡电流和电压，这是 TT 系统的主要优点。为安全起见，TT 系统常与漏电保护和断零保护相配合使用。由于 TT 系统大量采用漏电保护，系统投资较大，目前我国现行医院采用得不多。

（五）IT 系统

三相三线供电系统，属保护接地，电源侧个性点与地绝缘，或经大阻抗接地。在单相碰壳接地时，接触电压易于控制在安全值内；在保证人身和设备安全的同时，用电设备仍能正常工作。这种系统的漏电电流值不会很大，不会使保护装置及时动作，因此需要设置绝缘监视系统。目前在医院 2 类场所的部分设备采用局部的 IT 系统保护。

IT 系统的优点：一是保证了供电高度可靠性。二是用电安全性。

医用 IT 系统通常采用单相变压器，其额定容量不宜超过 8kVA。IT 变压器二次侧出线应采用双极空开作为保护电器。从供电可靠性和安全角度，变压器一二次侧应设置过流保护，在过载保护时应报警而不跳闸，以保证手术中患者的生命安全。医用 IT 变压器均有过载的声光报警功能，但市场上单相空气开关 MCB 一般为热磁脱扣器，过载对其双金属片作用于跳闸则难以满足规范要求，所以 IT 变压器原副侧开关的整定电流均宜有余量，在变压器过载保护报警前不应跳闸。

医用 IT 系统变压器的供电范围包括：医疗柱或吊塔及其配出设备、重要的插座或插座箱、无影灯、恒温或冰柜、器械柜、其他医疗监测或治疗设备等。注意在手术室和 ICU 中还存在一些 TN 系统的设备，如手术室一般照明光带、一般插座或插座箱、电动门和手术室辅助间的用电设备（图 5-2-9）。

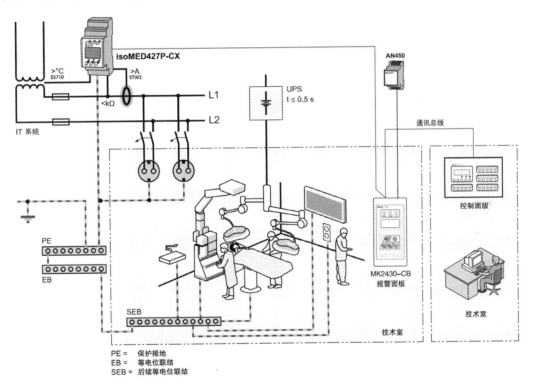

图 5-2-9 医用 IT 系统示意图

二、医院的接地系统

医院接地问题是一个较为敏感的问题，涉及病患的安全、设备正常运行等。按照我国现行各类规范中医院设计的规定，目前均采用的是防雷接地、电力系统接地、设备保护接地的公用接地系统。医院及设备厂家经常提出医疗设备、医用等电位接地要单独设置接地极，且要求与防雷接地、保护接地绝缘。实践证明，由于场地的原因，这些单独接地极不可能完全与建筑物的金属大地绝缘，且一旦绝缘遭到破坏，医用等电位接地与电力系统的保护接地则可能不是一个等电位，此时，在患者的周围如果存在这样两个电位，将产生触电的危险。电子仪器的接地宜采用共用一点接地。电子仪器的频率较高，要求地线短而粗，地线过长反而成为干扰源。

目前，国内外防雷接地的规范是除爆炸危险场所外均为利用建筑物金属体作为防雷、接地体，因此建筑物内的所有金属体（如钢筋等）不可避免地与防雷系统为一体。作为患者周围的金属体，如水管、金属门窗等均与建筑物金属体连接。为保证患者的安全，也要求设备仪器等的保护接地与患者周围的金属体局部等电位。因此防雷接地、设备的保护接地是不能分开设置的，否则患者反而会因接触到不同电位而有触电的危险。因此，与人体有接触的医疗设备是不能单独接地的。

对于有大电流接地的医疗设备的接地，应避免接地线过长，宜采用就地接地，因采用局部等电位接地，周围的患者也相对安全。

对于电磁干扰的问题，为减少电磁干扰的感应效应，应采用以下措施：

（1）建筑物及房间外部设置屏蔽，如建筑中含金属的墙、柱均可以作为格栅屏蔽分流，将建筑物金属等电位连接。

（2）电气线路采用穿金属管，减少干扰。

关于雷电对患者的影响，由于雷电的陡度大、散流快，建筑中含金属的墙、柱均可以作为格栅屏蔽分流，且患者周围采取了等电位的措施。因此，在屏蔽范围内的患者是安全的。在手术部等设备进入患者体内的部位均位于建筑物内部，没有外墙，患者也很安全的。

目前，在医疗系统中防雷接地、电力系统接地、设备保护接地采用公用接地已经成为比较常规的做法。该做法不仅节约了大量投资，而且真正保证了病患的安全。

三、医院特殊场所的电气安全

电气安全是个非常宽泛的概念，可以从电力系统安全、电气设备安全、设备运行维护安全、安全用电和消防电气安全等各角度进行分析。本节讨论医院中手术室、ICU 等特殊场所的电气安全，其他方面如消防配电、应急照明等这里不再赘述。

电气设备对病患的电击包括宏电击和微电击。防止宏电击可以采用接地线及漏电保护器来完成。而引起微电击的主要因素是电子仪器的泄漏电流及患者所处的环境非等电位。因此减少泄漏电流及局部等电位，是在保证电子仪器 CF 型绝缘的条件下克服微电击的重要手段。减少泄漏电流的方式是将电源进行隔离。通过隔离变压器，二次侧两相导线对地高阻抗，减小了系统的泄漏电流。当泄漏电流在 0.7 ～ 2mA 范围内设绝缘监视报警。也就是上文所提到的 IT 系统。采用局部 IT 系统辅以局部等电位连接，可以防止心脏手术及检查中的微电击。

依据国际电工委员会（IEC）的有关标准规定，手术室、ICU 等属于 2 类场所，即"需要与患者体内（心脏或接近心脏部位）接触以及电源中断危及患者生命的电气装置工作场所"。在 2 类医疗场所中，手术室和 ICU 位于图 5-2-10 患者区域内的电气装置均应采用医用 IT 系统，且医用 IT 系统必须配置绝缘监视器，当系统线路对地绝缘电阻减少到 50 kΩ 时能够声光警报。

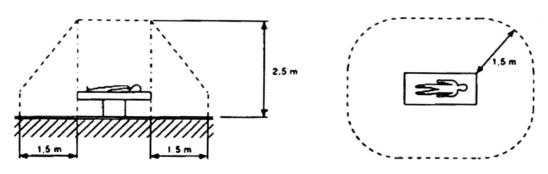

图 5-2-10 患者区域

手术室、ICU 局部等电位连接非常重要，是电气设计的重要组成部分。为使下列装置达到等电位，在手术室或 ICU 内应设置辅助等电位连接母排或端子箱，等电位连线将下列装置与等电位母排连接，而等电位母排应与混凝土结构体上预留的钢板焊接，使手术室或 ICU 的局部电位被钳制在建筑物基础电位上；等电位母排与局部等电位连接设备之间导体的电阻（包括连接部分的电阻）不应超过 0.2Ω，范围如下：

第一，保护 PE 线或 PE 排；

第二，范围内各种设备的外露可导电部分，如手术床、器械柜、IT 变压器外壳、吊塔、医疗电器等；

第三，隔离变压器中用于电磁屏蔽的隔离层。

辅助医用等电位母排或端子箱应靠近配电屏或在配电屏中。连接一般采用 $BV-4mm^2$ 铜导线或 25×4 镀锌扁钢即可满足要求。

第九节　建筑电气系统节能方法及绿色医院电气设计要点

一、建筑电气系统节能方法

绿色建筑是指在建筑的全寿命周期内，最大限度地节约资源（节能、节地、节水、节材），保护环境和减少污染，为人们提供健康、适用和高效的使用空间与自然和谐共生。

为了应对气候变暖和能源需求的不断增长，降低 CO_2 排放，减少工业系统和建筑物内的能源消耗，实现绿色建筑，对于电气专业，提高电气系统的电能效率已成为电气节能的关键。

国际标准 IEC 60364-8-1 已经对低压电气装置的设计、安装和验证提出了要求，在建筑物的生命周期内最大化地实施及主动电能效率方法论，持续不断地降低能耗，提高电能效率；同时对 IEC 60364 系列标准的其他（1 ~ 7）部分，安全性的条款不产生负面影响。

对电气装置按电能效率进行分级，既反映装置中的能效措施，又能衡量电能效率的性能指标。在项目起动时就应考虑提高电能效率的各种措施，并预期可实现的考核指标。一个电气装置的电能效率等级（以下简称"能效等级"），是由能效措施和预期的能效性能指标共同决定的，通过打分的方法来评定；对现有的电气装置，应先做能效现状的评估与分析，然后采取相应的能效措施，以提高能效等级。

（一）提高电能效率的方法

提高现有电气装置的电能效率需要有长远目标，在建筑物的生命周期内，持续不断提高电能效率，图 5-2-11 为持续提高电能效率的循环过程。

首先正确分析每一个用电区域和用电设备的电气参数及用电量。通过测量手段了解整个系统和每台电气设备的能耗模式，使配电能耗透明化，寻找办法降低电能损耗。改变用电习惯是最简单的节能办法，按费率用电就有节电的效果。目前我国的医院基本都已经作到科室计量。但还没有到每台电气设备分别计量。

1. 被动电能效率

被动电能效率是指在不影响建筑物结构的情况下，通过选择节能型电气设备，降低损耗。建筑物的电能效率是由电气设备和系统及其运行工况决定的。通过测量，了解电气装置最初的电能效率，然后进行审查和评估。按审查和评估的结论设定基准，通过主动电能效率措施不断提高电气装置的电能效率。

2. 主动电能效率

主动电能效率是指通过电气测量，了解能耗的模型与结构，使整个装置和各设备的用电量或能耗透明化，从而找出节能和进一步提高电能效率的途径；通过增加节能及电气计量装置（如变频器、滤波器、自控系统），寻找进一步提高电能效率的措施。

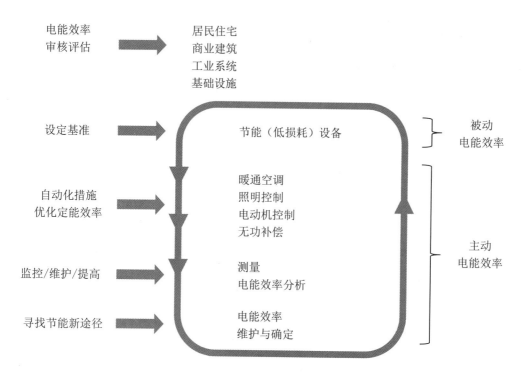

电能效率
审核评估 → 居民住宅
商业建筑
工业系统
基础设施

设定基准 → 节能（低损耗）设备 } 被动
电能效率

自动化措施
优化定能效率 → 暖通空调
照明控制
电动机控制
无功补偿

监控/维护/提高 → 测量
电能效率分析

寻找节能新途径 → 电能效率
维护与确定

主动
电能效率

图 5-2-11 持续提高电能效率的循环过程

（二）提高电气装置电能效率的方法

1. 制订提高电能效率的实施计划

电能效率的最初审核和评估；电能效率的定期（或周期性的）审核和评估；制订测量解决方案、选择测量仪表精度；进一步提高电能效率的解决方案；电气装置的定期（或周期性）维护措施。

2. 电能效率性能指标的确认与核实

提高电能效率的前提是落实并实施能效解决方案，用测量系统确认和核实节能效果。在电气装置生命周期内，通过主动能效措施持续不断地提高电能效率。

3. 维护

通过维护手段巩固节能成果，把电气装置的电能效率控制在预期的指标范围内。确保整个装置的安全性和经济性。

（1）主动停电维护（或预维护），避免设备故障停电，减少经济损失。

（2）关注开关柜、马达控制中心、风动工具和冷冻站等非正常工况出现：如重任务设备轻载运行，连续运行设备出现频繁间断运行的工况。

（3）建立维护卡片系统（或记录本），制订设备预维护计划，包括内容和时间。

（4）检修和更换故障设备。

二、绿色医院电气设计要点

（一）新系统设计中需要考虑的问题

医院是能耗大户，项目从立项起就要考虑电能效率。通过对医疗设备、电加热、照明、暖通空调、水泵风机等不同应用的功能进行负荷计算，便于实施主动能效措施，通过负荷计算确定系统实际的需求功率。按需求功率选择节能（低损耗）变压器，确定电源设备的容量和台数；按用电区域及电气设备的分布，计算负荷中心的坐标，确定各 LV 变电所的最佳位置。再次，按主动（或被动）电能效率的方式，选择能效措施；设备选型时考虑最佳用电时间及最低用电价格条件。最后，还需要考虑可再生能源，如风能和太阳能等分布式电源。

1. 精确的负荷中心计算

变电所最佳位置可减少配电损耗，线路压降最小化，即电能效率最高。该位置可以是二维平面坐标（Xi，Yi）或三维立体坐标（Xi，Yi，Zi），以及按预计的年用电量（EACi）kWh 综合平衡。

配电系统负荷中心由全部负荷决定。变电所开关柜的安装位置应在（或尽量接近）负荷中心的坐标位置，同时也要考虑电源方向和交通方便及其他因素。

2. 低压变电所数量及低压系统节能

正确设置变电所数量，建议当项目建筑面积 > 20000m^2、需求容量 > 2500 kVA 时，应结合负荷分布状态，可考虑用多个小容量变电所供电。医疗建筑用电负荷种类较多，系统复杂，系统规模可适当放大。

选用节能（低损耗）变压器。德国有关资料显示，选择低空载损耗（P_0 = 1.6kW）节能变压器，其增加的投资（与 P_0 = 2.6kW 变压器相比），通过一年运行就能收回。

3. 减少压降与电缆截面

经济电流密度方法选型时，需要（在一个时间段内）评估增加投资费用与减少运行费用之间的利弊。通过相关软件，计算电压降和电缆截面之间的关系。通过无功补偿提高功率因数，减少谐波电流，从而减少该配电线路的热损耗，但需要评估无功补偿、谐波滤波器增加的投资费用与运行费用减少之间的利弊。

4. 划分用电区域

划分用电区域是一种用电管理方法，能有效减少用电量，提高电气能效。该方法要求在用电区域内采用特定的测量方案，相应的自动化节能措施，也就是医院按照各科划分用电，分别计量。

5. 网格管理

网格是一组电气设备，归属于（一个或几个）用电区域，它由一条或几条线路控制，完成一种或几种服务功能；通过网格完成服务功能同时，又能有效地管理电能损耗。一些外界因素影响用电设备的能耗，如阳光、室外环境温度、室内负荷变化等，还有建筑物结构、被动电能效率等。电气装置中的一条线路或提供的一种服务功能通常由一个网格管理，也可由若干个网格管理。比如：整个医院建筑的照明可以作为一个网格；整个建筑的医疗设备用电可以作为一个网格进行管理和监控电能的效率。

6. 网格准则

要用有意义的网格来管理和监控电能效率，用以下准则定义"有意义"的网格。

（1）时间准则。应用类别按时间段（如天、周、月）和服务功能（工作或不工作）定义网格。例如：把照明系统定义为一个网格，采用数字式自动调光（恒照度控制）技术，当日光充足时，自动切断窗口附近的照明，降低能耗，提高电气能效。

（2）控制技术准则。配电线路向负载供电，用多功能电能表监控电气参数，定义为一个网格；又如：电加热装置或系统，由来自其他用电区域的一路（或多路）电气线路，通过温控器控制和调节温度。装置和控制设施同属一个网格。

（3）测量临界值准则。按趋势或需求功率合同使用电能的场合，需要用一定精度的电能表测量用电量，测量值决定了（合适的）网格管理。

（4）经济准则。用电量超过电气装置总用电量某一个值（如5%或20%）时，网格按用电量计算电费。该百分数值应与电气装置总的用电量和要求的电气能效等级相对应。

（5）费率准则。电价与用电时间有关，也与电网峰值与谷值电价有关。网格管理监控用户的需求功率，同时监控电网能响应的最大功率。

（6）惯性准则。照明、信息系统、插座等为无惯性负载。对无惯性网格进行卸负荷操作意味着停电，即丧失服务功能；热水器是大惯性负载，定义大惯性网格；充电电池、电加热系统、空调、冰箱等均可归并为惯性类网格。由于电源的状态不能如实地反映服务功能，因此大惯性网格管理可适当地引入卸负荷操作。

（7）基于可再生能源经济准则。

（二）电气装置电能效率评价方法

1.电能效率措施

根据电能效率措施的实施力度，分为5个等级，等级越高，对电能效率措施要求越高。按执行的力度越大，得分越高。

2.电能效率性能指标

用性能指标考核配电系统的总电能效率。性能指标包括配电系统的年耗电量，配电系统的功率因数以及变压器效率等。因为采用的电能效率措施最终结果还是反映在系统功率因数的提高，电源设备（变压器）的运行效率以及整个电气装置年耗电量的减少。其性能指标也分为5个等级，每一级对应不同的性能指标，取得相应不同的得分。

3.电气装置的电能效率等级

电气装置电能效率等级，由电能效率措施和性能指标来评价，也采用打分的方法，即电能效率措施的总分加上性能指标总分，分为5个等级。其中：

0级：不考虑能效的装置；

1级：低能效的装置；

2级：基准能效的装置；

3级：能效先进的装置；

4级：能效优化的装置。

通过电气装置采用的能效措施得分和性能指标得分，可以看出电气装置电能效率等级。

第十节　工程实例

一、北京协和医院北区改扩建工程

（一）项目概况

项目位于北京市东城区王府井帅府园1号，南起东帅府胡同，北至煤渣胡同，东临东单北大街，西临校尉胡同。

项目总建筑面积22.6万m^2，地上144330m^2，地下81670m^2。地上1～11层，地下三层。分为一、二期工程，一期工程为门急诊楼，二期为手术科室楼。门急诊楼建筑面积为116660m^2，其中地上74570m^2，地下42090m^2；手术科室楼建筑面积为109340m^2，其中地上69760m^2，地下39580m^2，建筑高度47.6m。内部功能包括：门诊各科室、急诊、医技（放射、超声、功能检查、内镜、检验中心等）、手术科室病房、手术部、重症监护病房、营养厨房等。新增床位870张。本工程为一类建筑。

1.设计包括以下内容

高、低压配电系统；动力及应急动力配电系统；一般照明、应急照明及应急疏散照明配电系统；电气安全、防雷接地系统。

2. 电源设计分界点

由城市电网引入本工程 10kV 总配变电所的三路 10kV 电源电缆线路属于城市供电部门负责，不包括在本设计范围内，本设计提供线路进入本工程建设红线范围内的路径。电源分界点为总配变电所 10kV 进线柜。

（二）10/0.4kV 变配电系统

1. 负荷计算及变压器容量选择

负荷采用两种计算方法：对空调设备、水泵、风机、电热、电梯、大型医技等电力设备，按需要系数法进行计算；对于照明等无确切容量的按单位面积功率法进行计算。

（1）门急诊楼（一期工程）。

①冷冻机房设备总安装容量 Pe= 4717kW，补偿后 220/380V 侧计算视在负荷 Sj= 4468 kVA，选 2 台 2500 kVA 变压器。

②大中型医技设备总安装容量 Pe= 1670kW，补偿后 220/380V 侧计算视在负荷 Sj= 1006 kVA，选 2 台 630 kVA 变压器。

③其余配电照明设备总安装容量 Pe= 7516kW，补偿后 220/380V 侧计算视在负荷 Sj= 3876 kVA，选 2 台 2500 kVA 变压器。

门急诊楼（一期工程）重要一级负荷计算负荷为 893KW（保障负荷）；826kW（消防负荷）。

（2）手术科室楼（二期工程）。

①空调部分设备总安装容量 Pe=2389kW，补偿后 220/380V 侧计算视在负荷 S_j= 1847 kVA，选 2 台 1250 kVA 变压器。

②大中型医技设备总安装容量 Pe= 993kW，补偿后 220/380V 侧计算视在负荷 S_j=610 kVA，选 2 台 800 kVA 变压器。

③其余配电照明设备总安装容量 Pe= 6217kW，补偿后 220/380V 侧计算视在负荷 S_j= 3127 kVA，选 2 台 2000 kVA 变压器。

手术科室楼（二期工程）重要一级负荷计算负荷为 638KW（保障负荷）；614kW（消防负荷）。

2. 电气负荷分类

电气负荷按其性质可以为三类。

（1）一级负荷：包括火灾报警及联动控制设备、消防泵、消防电梯、排烟风机、加压送风机、保安监控系统、应急照明、疏散照明及备用照明，急诊部、手术部、产房、检验中心、ICU、CT 机、MRI 机、洁净空调及重要的计算机系统等。

（2）生活泵、电梯、部分排水泵及机械停车设备等为二级负荷。

（3）其他为三级负荷。

3. 供电电源及电压

（1）医院原有供电概况：医院现有一个独立的 10kV 总配变电所，位于北配楼的西侧，从市政供电部门引入三路 10kV 电源，两用一备。内设 3×1000kVA 变压器，两用一备，供老楼、门诊楼、宿舍用电；在业务楼设有两个分变电所，内设有 6×1250kVA 变压器，供该楼用电；在北配楼设有一个分变电所，内设有 1×630kVA 变压器，供该楼用电；全院变压器安装容量为 10190kVA。

由于总配变电所位置是本工程的二期工程位置，因此医院目前正在实施总配变电所搬迁工程，由目前位置迁至业务楼。

（2）根据本工程计算负荷及医院现有状况，本工程在门急诊楼（一期工程）地下二层新建一个

10kV 总配变电所，给全院供电。原有 10kV 总配变电所改为一个分变电所，在手术科室楼（二期工程）地下二层新建一个分变电所。从市政供电部门引入三路专用 10kV 高压电源，其中两路电源为工作电源，同时供电；另一路电源为备用电源；当工作电源断电时，由备用电源供电。

（3）高压电压为 10kV，低压动力设备及照明电压为 220/380V。

（4）为加强重要的一级负荷供电可靠性，设置了 $1×1000+1×800kW$ 两台柴油发电机作为自备应急电源，当两路电源均断电时，柴油发电机投入，保证重要一级负荷可靠供电。

（5）对停电要求小于 0.5s 的重要负荷，如手术室、产房、ICU、重要的计算机房还采用 UPS 不间断电源设备供电。

4. 变电所、发电机室

（1）10kV 总配变电所设在门急诊楼（一期工程）地下二层北部，柴油发电机房设在 10kV 总配变电所东侧。手术科室楼（二期工程）分变电所设在该楼地下二层东北角。

（2）总配变电所内 10kV 系统采用单母线分段接线方式，两路工作电源分别给 1、2 段母线供电，第三路电源给 3 段备用母线供电，并与两路工作电源联络。当 1、2 段母线失电时，由 3 段母线投入供电；当 1、3 段母线失电时，由 2 段母线通过 3 段母线给 1 段母线供电；当 2、3 段母线失电时，由 1 段母线通过 3 段母线给 2 段母线供电。从 1、2 段母线引出 11 回路 10kV 高压电缆至本工程 11 台干式变压器，2 回路 10kV 高压电缆至业务楼分变电所。

（3）手术科室楼（二期工程）分变电所 10kV 系统只设有电源隔离柜，从医院 10kV 配电室引来的电缆经过电源隔离柜给变压器供电。

（4）10kV 总配变电所（一期工程）内设有 6 台干式变压器，总容量为 11260kVA。

（5）手术科室楼（二期工程）分变电所内设有 5 台干式变压器，总容量为 7300kVA。

（6）柴油发电机房内设有 2 台柴油发电机，$1×1000kW$ 发电机组给门急诊楼（一期工程）的重要一级负荷供电，$1×800kW$ 发电机组给手术科室楼（二期工程）的重要一级负荷供电。

（7）本地区 10kV 为小电阻接地系统。

（8）继电保护设置：项目配变电所高压配电柜采用综合保护。进线断路器设三相式定时限特性的延时电流速断及过电流保护，出线断路器柜设三相定时限过流保护、电流速断保护、单相接地保护；干式变压器设高温报警信号和超高温跳闸保护。

变压器的低压主进线开关、母联开关选用具有（L、S）保护功能的智能脱扣器；一般出线低压开关设过载长延时、短延时、短路瞬时脱扣器。

（9）电气联锁：总配变电所 10kV 系统 1、2、3 段主进开关与母联开关之间设电气闭锁、进线隔离车与进线断路器闭锁；计量柜与进线断路器闭锁。两变电所的 220/380V 低压母线平时分段运行，除二期工程 5 号变压器外均为两台变压器互为备用，两段低压母线之间设联络开关，其中一段母线失电后，母联开关投入；联络开关设手动或 BZT 自投转换开关，当母联开关自投时有 0~4s 延时，当低压侧主开关因过载及短路跳闸时，不允许自动关合母联开关。主进开关与母联开关之间设电气联锁，复电时采用瞬时断电倒闸方案。

本设计在两变电所 220/380V 1 段的末端设一应急母线段给重要一级负荷供电。此应急段平时由 1 段供电，当 1 段失电时，1、2 段母联自动投入，由 2 段供电；当两段均失电时，由应急发电机供电。市电与应急发电机电源之间的切换设自动联锁控制，由自动转换开关完成。

（10）在变电所低压侧设无功功率集中补偿装置，要求补偿后的功率因数不低于 0.9，低压补偿电容器选用干式全膜金属化电容器，并设有过电压可自动切除的保护装置，在 1、2 段电容器配 14% 电抗器，在 5、6 段电容器配 5.67% 电抗器，以抑制高次谐波。

（11）220/380V 进线柜设置有功和无功电度表。

（12）在变电所内设微机监控系统，对电压、电流、开关位置、变压器温度等参数进行实时监测、实现供电系统的预警、报警、遥控、电能计量、系统操作票、用电负荷曲线自动生成等功能。

（三）低压配电

（1）低压配电采用放射式与树干式相结合的方式，对于单台容量较大的负荷或重要负荷、如冷冻机、水泵房、电梯机房等设备采用放射式供电；对于一般负荷采用树干式与放射式相结合的供电方式。

（2）由低压配电屏采用放射式向大型医技设备供电，配电电缆满足对电源内阻的要求，CT、MRI、DSA 机等采用双路电源供电，自动切换。

（3）消防负荷及一级负荷，如消火栓泵、喷洒泵、排烟风机、加压送风机、消防中心、消防电梯、急诊部、检验中心、ICU、计算机监控中心及洁净空调等，采用双电源供电并在末端互投。

（4）二期工程的手术室均设专用配电箱，双路电源供电，在配电箱内自动切换。

（5）门急诊楼设三个强电竖井，手术科室楼设两个强电竖井，均兼作配电小室。每层配电小室内设照明、医疗总配电箱，空调及应急照明配电箱。

（6）本工程门急诊楼地下三层部分车库战时为急救医院，从变电所 220/380V 1、2 段直接引入两路电源。战时电源引自城市人防区域电源。

（四）照明配电系统

（1）光源：除有装修要求的场所外照明光源以荧光灯为主。

（2）照度标准：按现行标准执行，具体如下：

手术室	750 lx
化验室、药房、检验科	500 lx
消防中心，网络、计算中心	500 lx
治疗室、诊室、医技科室	300 lx
医生办公室、护士站、重症监护	300 lx
挂号厅、候诊室、走道	200 lx
病房	100 lx
夜间守护照明	5 lx
主要设备机房	100~200 lx
车库、库房等	50~150 lx

3. 照明配电系统

应急照明、疏散指示照明等采用双电源供电末端互投。照明和插座由不同的馈电支路供电，照明、插座均为单相三线配线。

4. 灯具选择

各种病房、检验室、手术室等部门选用漫反射型高显色性灯具，减少眩光，满足医疗环境的视觉要求。门诊室、医生办公室等一般场所采用格栅型嵌入式荧光灯具。荧光灯大量采用 T8 型，光通量大于 3200lm，色温为 4000K，显色指数大于 80 的节能型灯管。因医院大量采用荧光灯，为提高功率因数及减少噪声、频闪、荧光灯具配高性能电子镇流器，功率因数大于 0.95。病房及病房走廊设地脚灯。手术室入口处安装红色信号标志灯。装饰用灯具需与装修设计共同商定。灯具采用有接地端子的 I 类灯具，使其能可靠接地。

5. 公共场所照明

医院的大厅，走廊等公共场所部分一般照明由楼宇自控系统控制。

6. 应急照明

配变电所、消防中心、水泵房、电梯机房、排烟机房等重要机房设 100% 的应急照明；各公共场所设置不低于正常照明的 10%~15% 的应急照明，应急照明采用双电源供电末端互投。

7. 疏散照明

在地下车库、走廊、楼梯间及其前室、电梯间及其前室、主要出入口等处设置疏散照明。出口指示灯、疏散指示灯带蓄电池，持续供电时间不小于 30min。

8. 备用照明

手术室、急诊部设 100% 的备用照明。

另外，人防急救医院的照明供电与配电相同。

（五）设备选型及安装

（1）变压器选用环氧树脂浇注干式变压器，设强制风冷系统，接线组为 D，yn11，10kV/0.4kV（AF），保护罩由厂家配套供应，防护等级不低于 IP20。

（2）总配变电所内 10kV 配电设备采用金属铠装中置式开关柜。高压断路器采用真空断路器，因没有上一级 10kV 电源的短路容量数据，选断路器分断能力为 25kA，在 10kV 开关柜内设氧化锌避雷器，以防操作过电压击毁设备，真空断路器配弹簧储能操作机构，操作电源电压为直流 220V，选用密闭式免维护铅酸蓄电池、容量为 100Ah 的直流电源柜，作为直流操作、继电保护和信号电源。

（3）手术科室楼（二期工程）分变电所内 2000 KVA 干式变压器 10kV 侧电源隔离柜，采用金属铠装移开式手车柜，采用真空断路器，弹簧储能操动机构，交流操作，电压为 220V；800kVA，1250 kVA 干式变压器 10kV 侧电源隔离柜，采用 SF6 负荷开关柜，手动操作。

（4）低压配电柜按固定型设计，配抽出式开关，落地式安装，低压配电柜内选用高性能、智能型的框架和塑壳断路器，分断能力为 40~100kA。配电箱内选用高性能塑壳和微型断路器。

（六）电缆导线的选型和敷设

（1）10kV 的电缆选用 YJV-8.7/10KV 交联聚乙烯绝缘、聚氯乙烯护套铜芯电力电缆。

（2）低压出线电缆选用 DWZR-YJV-0.6/1kV 低烟无卤阻燃交联聚乙烯绝缘聚氯乙烯护套铜芯电力电缆，其工作温度为 90℃；应急回路出线选用 DWNH-YJV-0.6/1kV 低烟无卤耐火交联聚乙烯绝缘聚氯乙烯护套铜芯电力电缆，工作温度为 90℃。至污水泵的出线选用 VV33 型防水电缆。

（3）一般照明和插座回路支线采用 ZRBV-0.45/0.75kV-2.5m² 导线。应急照明支线选用 NHBV-0.45/0.75kV 聚氯乙烯绝缘导线。

（4）控制线选用 ZR-KVV 型控制电缆，与消防有关的控制线选用 NH-KVV 耐火型控制电缆。

（5）大容量的配电及照明干线选用封闭式母线，在电气竖井明敷。通过插接箱向各层的动力及照明总配电箱配电，小容量干线选用预分支电缆系统。

从低压配电柜引出的照明及动力电缆沿电缆桥架在和电气竖井明敷。从各层动力、照明总配电箱引至分配电箱的电缆均沿电缆桥架在吊顶内敷设。

照明支线穿 SC 镀锌钢管暗敷在吊顶或现浇混凝土楼板内。

（6）应急照明支线穿镀锌钢管暗敷在楼板内，由顶板接线盒至吊顶灯具的一段线路选用钢质波纹管或普利卡管。

（七）防雷、接地及电气安全

（1）项目属于二类防雷建筑物，按二类防雷建筑物设防。

（2）项目计在屋顶女儿墙上敷设避雷带作为接闪装置、利用柱子的主钢筋作为引下线，并将柱内主筋与 φ12 圆钢相连引出防水层，与混凝土垫层内的 φ12 圆钢人工接地体相连。突出屋面的金属体均与避雷带可靠连接。具体做法参见《利用建筑物金属体做防雷及接地装置安装》（03D501—3）。

项目低压配电系统的接地型式为 TN-S 系统，系统的工作接地、保护接地、防雷接地等采用共用接地装置，接地电阻 ≤ 0.5Ω。其中性线与 PE 线在接地点后要严格分开，凡正常不带电而当绝缘破坏有可能对地呈现电压的一切电气设备的金属外壳均应可靠接地。

（3）在变电所两路 10kV 电源进线处装设避雷器，防止雷电波侵入。在变压器出线柜上装设避雷器防止操作过电压。

（4）电涌保护器的设置及设置部位。

①在变压器低压侧装一组 SPD，装在低压主进开关负载侧的母线上，SPD 支线上应设短路保护电器，并且与主进开关之间应有选择性。

②计算机、楼宇中央监控设备、主要的电话交换设备、UPS 电源、集中火灾报警装置、电梯的集中控制装置、集中空调系统的中央控制设备、病房配电箱等处装设 SPD。

③由室外引入建筑物的电力线路、信号线路、控制线路、信息线路等在其入口处的配电箱、控制箱、前端箱等的引入处应装设 SPD，并就近与进出建筑物的各种金属管道等进行等电位联结，并可靠接地。

④项目采用总等电位联结，将建筑物内的保护干线、设备干管、建筑物及构筑物等的金属构件就近与总等电位联结板进行可靠连接。

⑤中心手术室、产房、ICU、急诊抢救室采用 IT 不接地系统。选用专用配电箱，内设隔离变压器及绝缘监视装置。当发生第一次绝缘故障时，由绝缘监视装置发生预告信号，便于尽快排除故障。

⑥重要的机房、站房和手术室作局部等电位联结；洗浴室、病房卫生间作局部等电位联结。

⑦除手术室、ICU、急诊抢救室外，220V 插座配线回路的出线开关均设漏电开关保护，漏电动作电流为 30mA，动作时间 ≤ 0.04s。

⑧为防电气火灾，在地下一层以上竖井中一般照明层箱的总开关上设置一套漏电火灾报警系统，监控主机设在消防控制室。

二、医院三路电源供电电力系统主接线实例

随着我国医疗卫生事业的发展，医院建筑规模越来越大，总用电容量已经超出两路 10kV 市电的供电范畴；另有些医院因为其发挥特殊的作用而对电力保障提出了非常高的要求，需要引入三路 10kV 市电。这些医院电力系统的设计呈现出了不同的特点。下面结合工程实例，对这些医院的电力系统总体上做一个浅析。

（一）医院的 10kV 三路供电

解放军总医院总建筑面积约 70 万 m²，以北京西四环路为界将整个医院分成东西两院，建筑面积分别为 56 万 m² 和 14 万 m²。依据功能分工及管理相对独立，分别设置两个相对独立的电力系统。西院主要作为中央领导干部的医疗服务及保健基地；东院则为全军将士及普通百姓的医疗卫生需求服务。

东院的电力系统分为两部分。一部分是总建筑面积约 12 万 m² 的生活及后勤保障用房，此部分由一个内部附设的 10kV 变电站供电，其双路 10kV 电源直接由市政 10kV 开闭站引入，独立于东院医疗区的

电力系统。这个系统就是普通的双路市电供电的电力系统，在此不再赘述。另一部分是东院的医疗区，总建筑面积约 44 万 m²，院区内设置一个由电力部门管理的 10kV 开闭站，这个开闭站为全部的东院医疗建筑物供电。

据统计，医疗建筑物的用电指标为 60~80VA/m²，若不计同时系数粗略估算得出东院医疗区的总用电需求约 30000kVA。北京市供电局采用的电源外线 10kV 铜芯电缆最大外径为 300mm²，则其最大供电输送能力最大约 8000kW，因此这里采用 10kV 双路供电已不能满足用电容量的需求，这是在东院医疗区内设置一个开闭站的主要原因。

开闭站设计引入三路 10kV 电缆（截面为 300mm²）作为电源，分别引自上级 110/10kV 降压站；采用单母线分段系统，设置三段 10kV 母线，三段母线间设两个母联开关 BZT1 和 BZT2。

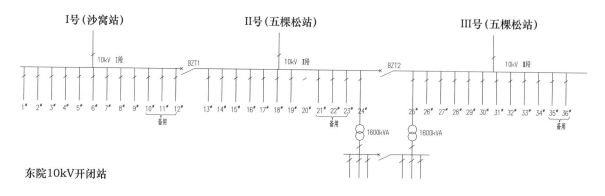

图 5-2-12 10kV 三路供电系统图

（二）三路电源的连锁关系

系统满足大规模医院的供电容量要求，而且可靠性高，可以满足电源 N−1 的要求：失去任意一路电时，另两路电源能承担全部一级和二级负荷的用电容量，即在容量不足时，可以有选择地切除部分季节性空调变压器，但实际上若计入同时系数，两路电源完全可以承担全部用电，实际的运行情况也表明这一点。在系统设计上不考虑同时失去两路 10kV 电源的情况。

1# 和 2# 电源互为备用，当其中任意一路停电时，通过备用自投机构投入母联开关 BZT1，由另一路电源带 1# 段和 2# 段两段的用电负荷；3# 电源停电时仅由 2# 电源为其备用(2# 单方向作为 3# 的备用)，同样也通过备用自投机构投入母联开关 BZT2，这时 2# 电源带 2# 段和 3# 段的用电负荷。

为避免逻辑混乱和控制及闭锁线路过于复杂，没有考虑 2# 和 3# 电源也互为备用。当 2# 电源停电，如果 1# 和 3# 电源均作为其备用，这时不能同时投入 BZT1 和 BZT2，造成 1# 和 3# 电源并列运行，而需要选投一个，因此会造成继电保护和控制线路非常复杂。

主接线和控制闭锁接线的简洁也是可靠性的内容，并非控制越复杂越好；而且便于运行人员平时操作和在突发事件下快速应对。在实施中，项目还可以实现 2# 和 3# 互为备用，而 1# 电源停电时仅由 2# 电源为其备用（ 2# 单方向作为 1# 的备用）这种控制模式。两种模式可以通过手动选择。

当出现了三路电源中两路停电的特殊情况时，将分为两种情况处理：（1）同时停两路电和间断一段时间后相继停两路电。设计不考虑两路电源同时停电的情况，甲方要求如果出现间断一段时间后相继停两路电的情况，应先由一路电源承担三段母线上的负荷，因为如果在非空调季节一路电源往往是能够承担全部或大部分用电负荷的，然后再由运行人员根据过负荷的情况来切除一些相对不太重要的 10kV 出线回路，以提高全院供电的持续性和可靠性。这个要求使二次接线更加复杂，必须辅以手动操作来实现。

（2）三路电源中的两路电源分时停电后，通过 BZT1 和 BZT2 并辅以手动操作能实现上述功能要求；

而且要求出现两路停电时，发出声光报警提醒运行人员及时应对。从制定的操作规程看，对运行人员也提出了较高要求。

设计上不考虑两路电源同时失电，但现实中存在这种可能性。这时控制回路的动作结果是 1#、2# 段通过 BZT1 带电 3# 段失电；1#、2# 同时停电时（这种概率极小）则只有 3# 段带电；1#、3# 同时停电时（这种概率也极小）则 1#、2# 带电 3# 段失电。

系统采用了微机继电保护装置、PLC 和智能电力仪表等设备，在二次接线上还要解决其他一些具体问题，而且因为本站是供电局的调度户，在操作上还受上级电网运行情况的制约，操作上比常见的单母线分段的双路电源带备用自投的系统复杂得多。

解放军总医院西院区的规模并不如东院大，从电源容量而言，两路电源能够满足 N-1 的要求，而且可靠性也能满足一级负荷的需求。但因其特殊的重要性，电源要求极其可靠，所以最终也采用了与东院一样的系统接线和控制闭锁方式。由三路市电构成的系统还有其他主接线方式，但为了统一管理、方便运行人员培训，东西院均采用了同一种接线和控制闭锁方式，可靠性很高。

医院规模越建越大是近年来的发展趋势，10kV 作为为用户供电的最常用的电压等级开始面临容量有限的问题，由于对综合可靠性的要求，采用三路电源供电是摆在我们面前的一个新课题。

三、超大规模医疗设施的供电系统 案例

（一）项目概况

项目总建筑面积 56 万 m²（地上 37 万 m² 地下 19 万 m²），由连为一体的综合医院、配套服务、健康中心、养护院智能立体停车楼等组成。

综合医院：20 万 m²。设置病床 2100 张，日均门急诊量 5000 人次。共设 46 个护理单元、综合 ICU 50 床、CCU 22 床、EICU 10 床、NICU 65 床、PICU 16 床；洁净手术部 30 间（含杂交手术室 2 间、机器人手术室 1 间、术中 CT1 间、术中 MRI1 间），门诊手术 11 间（含负压手术 1 间），DSA 介入治疗 4 间（含急诊 DSA1 间）。

配套服务：1.4 万 m²。

健康中心：2.9 万 m²。设置体检及健康管理、康复中心、月子中心及产后修复、中医养生等，其中体检 VIP 病房及睡眠监测中心 25 床，中医康复病房 130 床，月子中心 75 床。

养护院：11.9 万 m²，共设置 1235 套养护居室。

（二）供电电源及电压

由市政引四路 10KV 高压电源，每两路 10kV 电源分列运行、互为备用，每路 10kV 电源均能承担 100% 一、二级负荷。

（三）10/0.4kV 变配电系统

由综合医院地下一层东南侧 10kV 总配变电室（1~4 TM），高压柜的不同母线段引出 10kV 高压电源至综合医院地下一层东北侧 1# 分变电所（5，6TM），配套服务工程地下一层的 2# 分变电所（7，8TM），综合医院地下一层西侧的 3# 分变电所（9，10TM），健康中心与 1# 养护楼地下一层的 4# 分变电所（11，12TM），2# 养护楼与 3# 养护楼地下一层的 5# 分变电所（13~16TM），4# 养护楼与 5# 养护楼地下一层的 6# 分变电所（17，18TM）。

1TM、2TM 变压器：设备安装容量 Pe=8197kW，2×2000 kVA 变压器。

3TM、4TM 变压器：设备安装容量 Pe=3651kW，2×1600 kVA 变压器。

5TM、6TM 变压器：设备安装容量 Pe=7635kW，2×2000 kVA 变压器。

7TM、8TM 变压器：设备安装容量 Pe=2095kW，2×630 kVA 变压器。

9TM、10TM 变压器：设备安装容量 Pe=4512kW，2×1250 kVA 变压器。

11TM、12TM 变压器：设备安装容量 Pe=5528kW，2×1600 kVA 变压器。

13TM、14TM 变压器：设备安装容量 Pe=4203kW，2×1600 kVA 变压器，

15TM、16TM 变压器：设备安装容量 Pe=3423kW，2×1250 kVA 变压器。

17TM、18TM 变压器：设备安装容量 Pe=2570kW，2×800 kVA 变压器。

变压器总安装容量为 25460kVA，本工程设两台 10kV 冷水机组（1199kW）。

10kV 总配变电所和 1# 分变电所重要保障负荷（非火灾时发电机供电）和火灾时仍需继续工作负荷（火灾时发电机供电）设备容量较大者为 1295kW，选用柴油发电机容量为 1500kW。3# 分变电所重要保障负荷（非火灾时发电机供电）和火灾时仍需继续工作负荷（火灾时发电机供电）设备容量较大者为 770kW，选用柴油发电机容量为 800kW。柴油发电机采用风冷冷却方式。

（四）备用电源

（1）为加强一级负荷及保障负荷的供电可靠性，在综合医院地下一层东侧和地下一层西侧分别设一台 1500kW 和一台 800kW 柴油发电机作为备用电源，当两路电源均断电时，15s 内柴油发电机投入，保证一级负荷及保障负荷的可靠供电。

（2）急诊抢救室、急诊手术室、EICU、产房、ICU、CCU、NICU、PICU、血液透析室、手术室、病理切片分析、计算机中心、弱电竖井网络机柜等对停电要求小于 0.5S 的重要负荷和停电对医院正常运行影响较大的场所（挂号收费、出入院办理、发药窗口等）还需另配 UPS 不间断电源（手术室电池后备时间 30 分钟，其他场所电池后备时间 15 分钟）。

（3）总配变电室内 10kV 系统采用单母线分段接线方式，设母联开关；平时两段母线分列运行，当 1 路电源失电时，通过手 / 自操作联络开关，由另 1 路电源承担全部负荷。从 1，2 段母线引出 10 回路 10kV 高压电缆至综合医院及配套服务区域 10 台干式变压器，并预留 2 个备用馈线柜。从 3，4 段母线引出 8 回路 10kV 高压电缆至健康中心，养护院及二期养护院 8 台干式变压器及 2 台高压冷水机组，并预留 2 个备用馈线柜。

总配变电室设置（2×2000kVA+2×1600kVA）干式变压器，分别组成两个 220/380V 单母线分段结线系统。1TM、2TM（2×2000kVA）两个变压器设置两段低压母线且用母联开关联络为综合医院住院及医技区域照明、配电、大型医疗设备等负荷供电；另设一段备用母线段，当两个变压器都失电时，经过自动切换开关接到柴油发电机组给备用段供电。3TM、4TM（2×1600kVA）两个变压器设置两段低压母线且用母联开关联络为北区冷水机组、冷冻泵、冷却泵、净化空调、热交换站等负荷供电。

1# 分变电室设置（2×2000kVA）干式变压器，组成两个 220/380V 单母线分段结线系统。5TM、6TM 两个变压器设置两段低压母线且用母联开关联络为综合医院住院及医技区域照明、配电、大型医疗设备、血透等负荷供电，另设一段备用母线段，当两个变压器都失电时，经过自动切换开关接到柴油发电机组给备用段供电。

2# 分变电室设置（2×630kVA）干式变压器，组成两个 220/380V 单母线分段结线系统。7TM、8TM 两个变压器设置两段低压母线且用母联开关联络为配套服务区域照明、配电、空调等负荷供电。

3# 分变电室设置（2×1250kVA）干式变压器，组成两个 220/380V 单母线分段结线系统。9TM、10TM 两个变压器设置两段低压母线且用母联开关联络为综合医院门诊和急诊区域照明、配电、大型医疗设备等负荷供电，另设一段备用母线段，当两个变压器都失电时，经过自动切换开关接到柴油发电机组给备用段供电。

4# 分变电室设置（2×1600kVA）干式变压器，组成两个 220/380V 单母线分段结线系统。11TM、12TM 两个变压器设置两段低压母线且用母联开关联络为健康中心及 1# 养护楼区域照明、配电、空调等负荷供电。

5# 分变电室设置（2×1250+2×1600kVA）干式变压器，组成两个 220/380V 单母线分段结线系统。15TM、16TM（2×1250kVA）两个变压器设置两段低压母线且用母联开关联络为锅炉房，南区冷水机组，冷冻泵，冷却泵及南区地下区域照明，配电等负荷供电；13TM，14TM（2×1600kVA）两个变压器设置两段低压母线且用母联开关联络为南区二期冷水机组，冷冻泵，冷却泵及二期 2# 养护楼与 3# 养护楼地上区域照明、配电、空调等负荷供电。

6# 分变电室设置（2×800kVA）干式变压器，组成两个 220/380V 单母线分段结线系统。17TM、18TM 两个变压器设置两段低压母线且用母联开关联络为南区二期 4# 养护楼与 5# 养护楼地上区域照明，配电、空调等负荷供电。

总配变电室设一个备用母线段分别给消防负荷及保障负荷供电。当其中一段母线失电后，由另一段通过母联供电；当两段均失电时，由备用发电机供电。市电与备用发电机电源之间的切换设自动联锁控制，由自动转换开关完成。

分配变电室也设一个备用母线段给消防负荷及保障负荷供电。当其中一段母线失电后，由另 段通过母联供电；当两段均失电时，由备用发电机供电。市电与备用发电机电源之间的切换设自动联锁控制，由自动转换开关完成。

参考文献

［1］中国航空工业规划设计研究院 . 工业与民用配电设计手册［M］. 北京：中国电力出版社，2017.

［2］［日］谷口汎邦 . 建筑规划设计译丛——医疗设施［M］. 北京：中国建筑工业出版社，2004.

［3］于冬 . 医院管理学－医院建筑分册［M］. 北京：人民卫生出版社，2011.

第三章

医院通风、供暖、空调及热力系统

付祥钊　丁艳蕊　朴军　祝根原

作者简介

付祥钊 重庆大学教授，博士生导师

丁艳蕊 工学硕士，从事绿色建筑与建筑节能技术研究与咨询

朴 军 科夫可环保科技（上海）有限公司副总经理

祝根原 暖通空调设计师

第一节　医院空气环境保障系统

一、医院空气环境要求

（一）医院通风现状及问题

1. 医院通风现状

"通风不良、室内空气品质差"是医院建筑的普遍现象。CO_2 浓度超标，如图 5-3-1 所示；臭气或异味明显；通风气流组织混乱，交叉感染风险大；SARS、H1N1 等流行时更明显地发现我国很多医院建筑缺乏应对流感的基本通风能力。

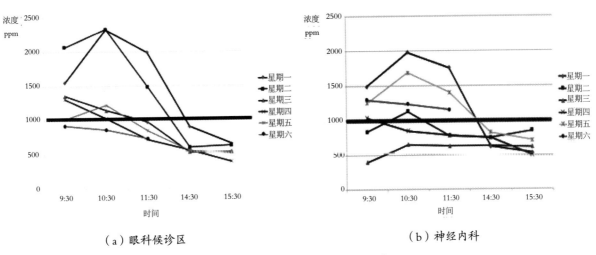

<table>
<tr><td>（a）眼科候诊区</td><td>（b）神经内科</td></tr>
</table>

图 5-3-1 某三甲医院实测 CO_2 浓度

2. 当前医院通风工程存在的问题

（1）建设方对医院建筑所有空间，全年所有时间都需要通风的重要性和难度认识不足，没有充分意识到医院建筑通风事关全体人员的生命安全和身体健康，尤其是无视各功能空间压力分布和气流流向的重要性，对医院建筑通风的可靠性和有效性要求不明确，存在通风就是开窗，节能就是关闭通风设备的认识误区。不明白不合时宜的开窗造成能源浪费，不当的开窗影响室内气流组织，造成交叉感染。没有对设计施工方和运行管理方提出明确的通风工程质量要求，没有进行严格的监管，也没有为做好医院建筑通风提供充分的条件。

（2）规划、设计和施工方对医疗工艺流程理解不深；对所建医院的运营管理缺乏了解；对医院建筑各功能空间的关联特点、使用特点的预测和分析不够甚至缺失；目前标准中给出的设计指标过于粗糙，对人流量和人员密度的设计取值缺少针对性，导致新风量不合理。缺少国家或行业层面的医院建筑通风标准规范。除无菌环境控制区外，综合医院设计规范并没有给出其他区域的新风量标准，常常用普通建筑舒适空调新风系统的设计方法对待医院建筑的通风系统设计，导致设计不当。如忽视医院建筑内气流组织的要求，新风口、排风口设置位置不当，导致通风效果差、效率低。忽视特殊空间或附属用房，如消毒供应中心、洗衣房等空间的通风设计。通风系统设计前期的计算分析粗糙，很少进行基于压力梯度的风量平衡计算与分析；此外，通风系统的分区划分不合理，不能保证各功能区域之间的压差。同一个房间内，通风气流组织不考虑房间的使用特点以及房间内人员的身体素质情况，按照宾馆客房空调设计，导致气流组织不合理。施工方未严格"按图施工"。

（3）运行管理方专业化素质差，通风专业技术人员奇缺。运行管理人员实现通风系统设计目标，实现医院建筑室内空气质量保障的能力不够。对日常清洁消毒操作考虑不周导致后期运行过程中清洁维护不方便；设备保养维护不专业，造成运行维护成本高的问题；卫生间排气扇使用不当，不运行或间歇运行，排风效果不理想。医院通风不良，室内空气品质差，人员活动区风速过大，吹风感强烈；湿度过大，风口结露滴水；设备噪声大等不良反应或投诉普遍。

（二）医院空气环境要求

为了给各类人群提供安全、健康、舒适的室内环境，避免院内交叉感染，应将医院各功能空间划分为洁净区、半污染区和污染区，应使空气从洁净区流向半污染区最后流向污染区排除。实现这一要求的关键工程技术参数是各功能空间之间的空气压差。相对于室外大气，各功能空间的空气压力要求分为正压、负压和等压三种。

医院以下功能空间的主要污染物来源于室内人员：挂号收费处、取药处、诊室、普通走道、电梯厅、候诊区、配药注射室、输液室、病房、护士站、示教室、会议室、阅片室、档案室、资料室、血库、值班室、办公室、患者活动室等。这些功能空间需要按人员数量提供新风量，保障空气质量。

医院以下功能空间的主要污染源来源于建筑本身和医疗行为及工艺：治疗室、抢救室、换药清创、石膏、水疗、蜡疗、运动治疗、暗室、化验、标本处理、标本接受、实验室、免疫、生化、厌氧、细菌、真菌、微生物室、病理切片、冰冻切片、切片、制片、内镜室、制剂存放、特殊制剂配制、血液透析、配餐间、食库等。这些功能空间需要通过排风措施消除室内污染物。

根据《综合医院通风设计规范》（DBJ50/T—176—2014），表5-3-1、表5-3-2、表5-3-3分别给出了医院各功能空间不同房间所需消除的污染物、压力要求和风速要求。

表5-3-1 各功能空间污染物

功能空间	房间名称	热	臭气	湿气	有害气体	粉尘	细菌
门诊	一般门诊	○					
	隔离门诊	○					○
住院部	结核病房	○	○				○
	ICU	○			○		○
	放射线治疗病房	○	○				○
医技部	检查、解剖室	○	○				
	病理室	○	○		○		
	中心供应、高压灭菌	○		○			
	未消毒室	○				○	○
附属用房	人工透析	○	○				
	理疗室	○		○			
	药房调剂室	○				○	
	厨房烹调室	○	○	○	○		
	洗衣房分衣房	○	○			○	○
	洗衣部	○	○	○			
	烘干室	○	○	○			

表 5-3-2 各功能区的压力要求（相对于室外大气）

功能空间	房间名称	正压	负压	等压
门诊部与急诊部	复苏室			√
	处置室		√	
	护理站	√		
	外伤治疗室（紧急）	√		
	外伤治疗室（常规）	√		
	气体储存		√	
	候诊区		√	
	放射线治疗候诊区		√	
	药房		√	
	接待			√
住院部	病房			√
	盥洗室		√	
	新生儿护理站			√
	空气感染隔离室		√	
	公共走廊		√	
	患者走廊			√
	膳食中心			√
	洗衣房		√	
	污物间		√	
	浴室		√	
	卫生间		√	
	储藏室		√	
医技部	放射医学 X 光（诊治）			√
	X 光（急诊、导管插入）	√		
	暗房		√	
	普通实验室		√	
	细菌学实验室		√	
	生物化学实验室		√	
	细胞学实验室		√	
	组织学实验室		√	
	微生物学实验室		√	
	病理学实验室		√	
	血清实验室	√		
	消毒实验室		√	
	媒介传递实验室	√		
	解剖室		√	
	无冷却的尸体储藏		√	
	检查室			√
	药物治疗室	√		
	处理室		√	
	理疗、水疗室		√	

注：表中压力是指相对于室外大气。

表 5-3-3 室内风速

功能空间		风速 m/s	功能空间		风速 m/s
门诊部与急诊部	复苏室	≤ 0.1	医技部	放射医学 X 光（诊治）	≤ 0.1
	处置室	≤ 0.3		X 光（急诊、导管插入）	≤ 0.1
	护理站	≤ 0.3		暗房	≤ 0.1
	外伤治疗室（紧急）	≤ 0.2		普通实验室	≤ 0.1
	外伤治疗室（常规）	≤ 0.3		细菌学实验室	≤ 0.1
	气体储存	≤ 0.1		生物化学实验室	≤ 0.1
	候诊区	≤ 0.1		细胞学实验室	≤ 0.1
	放射线治疗候诊区	≤ 0.1		组织学实验室	≤ 0.1
	药房	≤ 0.2		微生物学实验室	≤ 0.1
	接待	≤ 0.3		病理学实验室	≤ 0.1
住院部	病房	≤ 0.2		血清实验室	≤ 0.1
	盥洗室	≤ 0.4		消毒实验室	≤ 0.1
	新生儿护理站	≤ 0.1		媒介传递实验室	≤ 0.1
	空气感染隔离室	≤ 0.1		解剖室	≤ 0.1
	公共走廊	≤ 1.0		无冷却的尸体储藏	≤ 0.1
	患者走廊	≤ 0.5		检查室	≤ 0.1
	膳食中心	≤ 0.3		药物治疗室	≤ 0.1
	洗衣房	≤ 1.0		处理室	≤ 0.1
	污物间	≤ 0.3		理疗、水疗室	≤ 0.1
	浴室	≤ 0.2		–	–
	卫生间	≤ 0.3		–	–
	储藏室	≤ 0.1		–	–

（三）新风量的确定方法

新风量的大小以及新风质量对室内空气品质以及新风能耗有着直接的影响。新风量的确定首先应以满足室内空气环境需求为前提，然后兼顾节能要求。防止空气途径感染所需的风量，按防止空气途径污染所需建立的各功能空间的气压差计算。卫生通风要求的室内最小新风量，按室内人员或按室内空间换气次数计算。热舒适通风按余热、余湿量确定新风量。

1. 按功能空间的气压差确定新风量

要求正压的功能空间，设计新风量（送风量）大于设计排风量，多余部分靠正压排出该功能空间。

要求负压的功能空间，设计新风量（送风量）小于设计排风量，不足部分靠负压从其他空间引入该功能空间。

要求等压的功能空间，设计新风量（送风量）等于设计排风量。

2. 按人员确定新风量

研究表明，医院室内人员数量存在随时间和空间变化的特点。在同一时间，不同空间的人员数量不同，在同一空间，不同时间的人员数量也存在差异。医院人员数量的时间和空间分布特点与医院的管理制度和运营模式有关。挂号、取药、候诊、取检查结果处等是门诊部人流量大的功能空间，是否实施门诊预约以及是否限定挂号、取药、取检查结果最长等候时间等在很大程度上影响着门诊部的人流量。因此，医院的管理制度和运营模式不同，其各功能空间人员数量的确定方法也不同。各类医院各空间人员数量可根据《综合医院通风设计规范》（DBJ50/T—176—2014）确定。

表 5-3-4 新风量指标与人员数量取值表

功能房间	最小人均新风量 m³/（h·人）	功能房间	最小人均新风量 m³/（h·人）
办公室、值班室	50	蜡疗	50
护士站	30	运动治疗	50
示教室、会议室	30	暗室	50
发药室	30	化验	50
阅片、档案、资料室	50	标本处理	50
血库	50	标本接受，实验室	50
患者活动室	30	免疫、生化等	50
配药、注射	50	厌氧、细菌、真菌、微生物室	50
电梯厅	30	病理切片	50
病房	50	冰冻切片	50
普通诊室	30	切片、制片	50
儿科诊室	35	内镜室	50
急诊诊室	40	制剂存放	50
门诊走道	30	特殊制剂配制	50
门诊候诊区	30	血液透析	50
急诊候诊区	30	隔离透析	50
输液室	50	抢救室	50
挂号、收费处	30	治疗、配药室	50
取药处	30	检查、处置、换药室	50
治疗室	50	配液室	50
换药、清创	50	配餐、冷荤间	30
石膏	50	售饭间	30
水疗	50	食库	30

3. 按换气次数确定新风量

医院以下功能空间的主要污染物来源于室内人员和建筑本身：PICU、NICU、ICU、CCU及其护士站、遗体告别室。但这些空间室内人员密度小，通风的目的主要是排除室内污染物，提供人体所需的新鲜空气，同时维持室内正压要求，因此在供暖、空调季节，需要采用机械送风方式提供新鲜空气。同时，各功能房间无强制机械排风要求，室内污浊空气在正压作用下通过门窗缝隙渗透至室外。由于室内人员和建筑本身产生的污染物种类多，且散发特性复杂，目前尚无法完全准确计算室内污染物散发量，通常采用换气次数来确定新风量。

以下功能空间的主要污染物来源于建筑本身、医疗行为和工艺：药房、B超、彩超、心电图、肌电图、脑电图、X光、CT、DR、CR、控制室、准备室、更衣室、晾衣间、被服发放室、洗衣房、消毒室、隔离ICU、产房、隔离产房、婴儿室、洗婴室、中心供应、待产室、停尸间、解剖间等。这些功能空间室内人员密度小，通风的目的主要是排除室内污染物，提供人体所需的新鲜空气，同时维持室内外压差要求，既需要设置机械送风方式提供新鲜空气，又需要设置机械排风系统来排除室内污染物，同时保证室内外所需的压差。这些房间的新风量、排风量均按照换气次数计算。

目前国家标准中对于医院建筑室内最小新风量的规定采用的换气次数法不够细致，仅给出了门诊、急诊、配药、放射、病房几种功能房间的最小新风量。《综合医院通风设计规范》（DBJ50/T—176—2014）比较详细地给出了各功能空间的新、排风换气次数，可参考使用。

4. 按余热、余湿量确定新风量

在室外气候条件适宜的情况下，应优先采用通风的方式来消除室内余热和余湿，当采用通风方式改善室内热湿环境时，新风量应根据室内的余热量、余湿量分别计算（公式5-3-1和公式5-3-2），取较大值。同时需要校核此风量是否满足人员所需的最小新风量和排除室内有害污染物所需的最小风量。

$$V_v = \frac{Q_h}{c_p \rho (t - t_0)}$$ （式5-3-1）

式中　　V_v——全面通风量，m^3/s；

　　　　Q_h——室内余热量，W；

　　　　c_p——空气的定压比热，J/（kg℃）；

　　　　ρ——空气密度，kg/m^3；

　　　　t——室内计算空气温度，℃；

　　　　t_0——室外计算空气温度，℃。

$$V_v = \frac{1000 M_w}{\rho (d - d_0)}$$ （式5-3-2）

式中　　V_v——全面通风量，m^3/s；

　　　　M_w——室内余湿量，kg/s；

　　　　ρ——空气密度，kg/m^3；

　　　　d——排除空气的含湿量，g/（kg.干空气）；

　　　　d_0——进入空气的含湿量，g/（kg.干空气）。

二、医院空气环境保障系统——通风

（一）医院通风系统功能需求

医院建筑良好的通风系统要能满足以下四个方面的需求：

第一，保障室内空气安全；

第二，提升室内空气品质；

第三，按需供应新风，实现系统节能；

第四，实现高效智能管理。

（二）保障通风效果的技术路线

1. 新风质的处理——冷热、加湿、除湿、净化等

新风的热湿处理由热水供热、湿膜加湿或蒸汽加湿和冷冻降温除湿，为了解决PM2.5等空气质量问题，在新风进入室内之前进行空气过滤，阻挡部分PM2.5进入室内，避免过多的PM2.5颗粒物被吸入肺部，提高新风的净化质量。

当室外空气品质不佳时，新风处理机组可根据需求选配不同的功能段，对送入室内的新风进行多种预处理，确保新风安全、洁净、新鲜，实现对室内空气品质和湿度的调节（图5-3-2）。

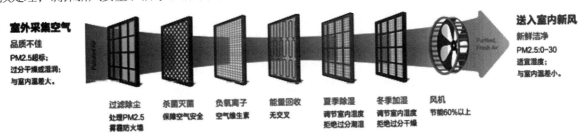

图5-3-2 新风处理功能段

2. 新风量的分配——根据建筑空间特性输配风量

根据医院各区域人员的时空分布特性，室外新风经过新风机组的多级净化过滤、除湿、加湿和预热或预冷处理后均匀送风至末端，再由末端各区域根据需求自主调节新风量的大小，保障各个区域的新风量和质的需求。如图5-3-3所示不同区域人员数量的变化规律不一致，可根据末端人员多少调节送入该区域新风量的大小。

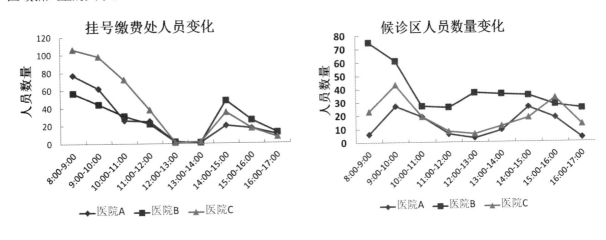

图5-3-3 医院人流量变化规律

3. 通风房间气流组织——设置合理的送、排风口，实现有效通风

置换式气流组织系统由房间底部送风口或距离地面一定高度（300~500mm）送风口送入处理好的新风，室内污浊空气由设置在房间和卫生间顶部的排风口排出。当送风口和排风口均设置在上部或顶部时，新、排风口之间有一定的距离，确保新、排风之间不会存在短路。实现新风—呼吸区—污浊空气区—排风口的气流组织路线，有效提高新风利用效率。

4. 通风控制逻辑——中央或楼层控制 + 末端控制

集中式主风机由每层的控制台分楼层控制或由设置在机房内的中央控制台集中控制，末端室内配置的动分布式小风机内置空气品质传感器，可根据有害气体和刺激气体等室内污染物（如二氧化碳、酒精、一氧化碳、苯、甲醛）在控制面板上的显示情况，手动调节送、排风量大小，保持室内良好的空气品质环境。

（三）通风效果的验收

《建筑通风效果测试与评价》（JGJ/T 309—2013）对通风效果的验收作了规定，标准中指出可用图5-3-4所示的实测参数评价通风系统的通风效果。

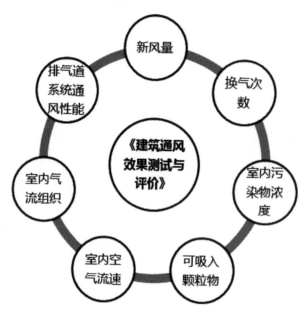

图 5-3-4 通风效果评价内容

三、通风系统方案的比选

（一）通风方式的选择

按照动力的不同，通风方式可分为自然通风、机械通风和复合通风。自然通风是依靠风压、热压使空气流动。机械通风是依靠风机等动力系统进行有组织的通风。复合通风是在满足热舒适和室内空气品质的前提下，自然通风和机械通风交替或联合运行的通风系统。

自然通风，因其不使用动力的特点，具有良好的节能性，对于无压差要求的功能空间，当室外气候条件适宜时，为了减少机械动力的消耗，应优先采用自然通风，且宜主动结合建筑设计，合理利用各种被动式通风技术强化自然通风。但自然通风量不可控，当自然通风量不能满足卫生或室内环境标准要求时，应采用机械通风，或自然与机械通风相结合的复合通风。

自然通风方式的气流组织混乱，不可控，对于有压差要求的功能空间，为了保证其严格的压力梯度要求，应采用机械通风方式。在供暖、空调季节，当房间采用自然通风方式引入新风时，其自然通风量应可控，否则应采用机械通风方式，避免过量的新风进入室内增加新风能耗。

对于室外空气污染和噪声污染严重的地区，不宜采用全面自然通风。

（二）通风系统划分的基本原则

医院通风系统应根据各功能空间的医疗设备设置情况、卫生要求、使用时间、通风负荷等要求合理分区。分区应兼顾供暖、空调季节的通风要求。各功能空间宜独立分区，采用独立的系统，并按照各通风分区能互相封闭、避免空气途径交叉感染的原则，有洁净度要求或严重污染的房间应采用独立系统。

通风系统宜小型化。当建筑物内在不同地点有不同的送风、排风要求，或建筑面积较大，送排风点较多时，为便于运行管理，宜分设多个送风、排风系统。

医院通风系统划分时除了满足通风要求、便于运行维护、节约能源和降低工程投资外，还应符合相关规定。

（1）新风处理要求相同、室内参数要求相同的可划分为同一系统，不应跨不同压力要求的功能空间来划分系统。

（2）同一运行班次和运行时间相同的，可划分为一个系统。

（3）为避免发生串声，有消声要求和产生噪声的房间不宜划分为一个系统。

（4）对下列情况必须单独设置排风系统：

① 两种或两种以上有害物质混合后能燃烧或爆炸；

② 两种有害物质混合后能形成毒害更大或腐蚀性的混合物或化合物；

③ 放散剧毒物质的房间和设备。

（5）当排风量大的排风点位于风机附近时，不宜和远处排风量小的排风点合为同一系统。

（6）门诊部的口腔科、中医科的理疗区、妇产科的检查及门诊手术室、药房、输液区等科室，住院部的卫生间、处置室、污物室，医技部解剖室、检验科、病理科、中心供应清洁区和污染区、高压灭菌器室、环氧乙烷消毒室、放疗科放射性同位素分装标记室、放疗科活性卫生间、放疗科患者卫生间直线加速器治疗室、太平间、配餐室、隔离诊室和病房等应单独设立排风系统，并应高空稀释排放。

（三）通风系统形式的选择

保障医院的空气安全，拥有良好的空气品质，避免交叉感染，实现运行节能等，通风系统的合理性至关重要。

1. 动力集中式通风系统与动力分布式通风系统的选择

（1）动力集中式通风系统（图5-3-5）的动力是集中的，只在风道主干管上设置风机，往往一个系统承担了许多独立空间的新风供应，因此当某个末端新风需求变化时，只能调节唯一的风机，这就造成了其他新风需求没有变化的区域，其新风供应量也发生了改变。

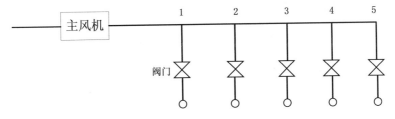

图5-3-5 动力集中式通风系统示意图

（2）动力分布式通风系统（图5-3-6）与动力集中式通风系统相对应，就是促使风流动的动力是分散的，除了主风机外，在各个支路上也分别设有支路风机，支路风机可根据所负担区域的实际需求进行调节，主风机根据各个末端的新风需求的总和进行调节。主风机承担干管输送，支路风机承担对应支管的输送，而且"支路风机"并非必须设在支路末端，可以设在支路上任何便于安装、检修的地方。每个支路风机所负责的区域可实现自主独立调节新风量。这种系统节省了风阀阻力能耗。

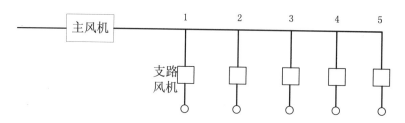

图 5-3-6 动力分布式通风系统示意图

2.两种通风系统的适用条件

（1）以下情况宜采用动力集中式通风系统：

①各个末端用户风量需求恒定；

②各个末端用户风量需求变化，但变化一致（同比例）；

③主机的通断调节或变风量调节基本能够满足所服务区域通风需求。

（2）以下情况宜采用动力分布式通风系统：

①各个末端用户风量需求变化较大，且变化不一致；

②通风系统水力难以平衡，特别是远端风量需求难以保证时；

③为保证医院特殊场合通风区域的压差和气流路径时；

④室内人员有自主控制通风需求。

（四）通风系统布置形式的选择

1.平送平排

每层独立的送风、排风适用于平层有机房或楼层空间足够的场所，一个楼层可由多个系统组成（图5-3-7）。

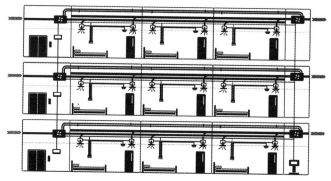

图 5-3-7 平送平排通风系统布置示意图

2.平送竖排

可平层送风，竖向排风；也可竖向送风，平层排风（图5-3-8）。适用于平层机房或空间有限的场所。

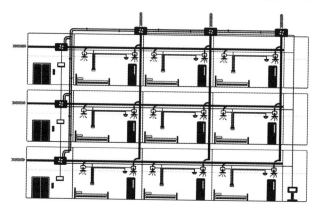

图 5-3-8 平送竖排通风系统布置示意图

3.竖送竖排

屋顶新风机组把新风送入室内，各房间排风由竖井排向屋顶，在末端支路上加上动力式风量调节模块（图5-3-9）。适用于对建筑外观要求较高的场所。

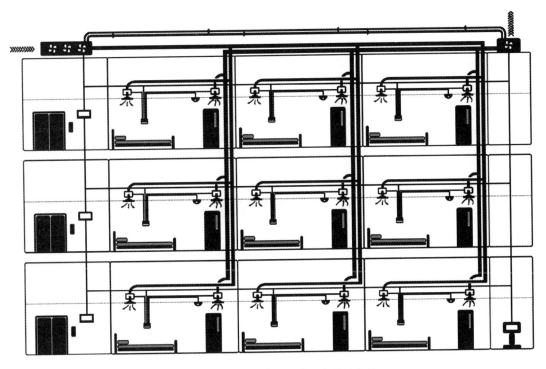

图5-3-9 竖送竖排通风系统布置示意图

四、通风设备的选择

通风设备归纳起来可分为三类：通风机、新风机组、热回收机组。

（一）通风机

通风机的功能是在室外抽取新鲜的空气，将其送到室内。通风机不带除湿（或加湿）、降温（或升温）等功能段。

适用于温和地区，或室内热环境需求不严格的情况。

（二）新风机组

新风机组的功能是在室外抽取新鲜的空气经过除尘、除湿（或加湿）、降温（或升温）等处理后通过风机送到室内。与通风机的主要区别是增加了除湿（或加湿）、降温（或升温）等功能段。

适用于室外全年气温变化大，如严寒地区、寒冷地区、夏热冬冷地区等，或室内热环境需求严格，室外气温不经冷热处理直接送入室内会造成人体不舒适，或影响室内热环境的稳定时，需要用新风机组向室内输送新鲜空气。

（三）热回收机组

热回收机组并非任何情况下都采用，经技术经济分析，采用热回收机组的节能效果明显时方可采用。热回收机组种类很多，有板式全热回收、转轮式全热回收、溶液循环式显热回收等。全热回收机组热回收效率高，但容易出现送排风空气交叉污染；溶液循环式间接热回收新、排风机分别是单独的设备，通过热交换介质连接新、排风机组，回收排风中的热量，不会出现交叉感染，但热回收效率相对较低。

医院建筑要根据室内污染物的产生情况、对室内环境品质的要求等视情况选择何种形式的热回收机组。

五、通风系统设计注意事项

医院通风系统涉及医院空气安全，因此通风系统的合理设计非常重要，需要注意以下问题：

第一，详细分析医疗工艺流程、建筑空间特点和功能要求，确定新风量和压差要求；

第二，应按保证压差要求，控制空气传染，仔细划分医院建筑通风系统，切忌通风系统跨压差分区；

第三，应严格按功能性质进行分区，设置独立的送、排风系统（如病房层的医护人员办公区与病房区宜分开设置独立的送排风系统），并做到送排风系统所管辖区域相对应；

第四，对于内区应尽量考虑设置独立的送排风系统，并考虑过渡季节运行问题，适当加大送、排风量；

第五，房间内送风、排风口布置位置应考虑房间内的医疗工艺过程，控制交叉感染，提高通风效率；

第六，设备安装位置应方便设备检修和设备运输，减少噪声和振动；

第七，风管走向应考虑安装空间。

第二节 医院热湿环境调控系统

一、医院热湿环境要求

（一）医院热湿环境要求

根据生理状况，医院内的人群可以分为三类：非健康状态下的病患、处于特定生理状态的健康人群（如孕妇、产妇和新生儿等）和普通的健康人群（如到医院体检的人员、患者陪同人员和医护人员等）。不同生理状况的人群对室内环境的要求不同。对于非健康状态的病患，应营造健康舒适的室内环境以帮助病患尽快康复并避免感染其他疾病。不同的病患，其康复所需的室内热湿环境也存在差异。对于孕妇、产妇、新生儿等处于特定生理状态的健康人员，应为其营造健康舒适的室内环境以避免被病患传染、保证身体健康；对于健康的医务人员，营造健康舒适的室内环境的目的除了避免被病患传染、确保身体健康外，还需满足其高效工作的需求。因此，与其他类型的建筑相比，医院建筑的室内热湿环境要求更高，不同功能空间的热湿环境要求也不同。在供暖季节和空调季节，通过供暖、空调系统为各类人群营造健康舒适的室内热湿环境。

人们感觉舒适的室内热湿环境具有一定的区间范围，而不同地区一年四季室外气温可能会有较大的变化，若夏季室外气温太高或冬季室外气温太低，仅靠通风无法带走室内的热量，满足人们对室内热湿环境的需求时，需要借助空调系统进行室内热湿环境的调控。

（二）医院热湿环境现状及问题

2017 年医院暖通空调设计及运行常见问题论坛上，有专家基于对多个医院项目运行情况的跟踪和对项目业主使用情况的调研归纳总结，发言指出医院暖通空调系统运行中存在的常见问题。

1. 医护人员反映

房间过冷 / 过热；房间空调不能独立调节；易产生脑后风。

2. 患者反映

病房闷，过渡季不能通风降温，部分床位空调效果不好，有吹风感、噪声大；室温和气流不能按需求独立调节；加床位，冬天冷。

3. 运管人员反映

门诊大厅夏热、冬冷；房间不能按人员需求冷热量供冷 / 供热；检验科、中心供应过热、湿度过大；内区房间过渡季甚至冬季过热；冬季房间干燥；负荷特性不一致的房间设为同一个系统，调节性差，不能满足医疗设备要求；个别地下医技用房湿度过大；部分医技科室室内过热。

二、供暖空调系统形式选择

（一）供暖、空调系统与通风系统的配合

医院建筑室内空气与热湿环境的保障，应秉持"通风优先，匹配热湿"的原则。根据这一原则，在通风系统确定的条件下，分析各功能空间的热湿负荷全年变化规律，选择与通风系统相匹配的供暖空调系统，同时也分析供暖空调的特殊要求和节能等需要，进一步优化通风系统。

（二）中央空调系统

中央空调系统是指整个建筑内集中设置一处或几处冷热源站房，并将供冷、供热用的冷、热介质通过管道输送到分散设置的空气处理设备中。中央空调系统具有以下四个特点。

（1）具有较高的冷热源能效。在集中式系统中，冷热源设备的容量通常比较大，因此设备本身的能效较高。以冷水机组为例，大型冷水机组的 COP 通常比小容量冷水机组的 COP 高出 20%~30%。

（2）便于集中管理和能源系统的优化运行。集中式系统的设置，可以使得制冷与供热的能源形式多样化，可通过多种组合方式，使各类能源充分发挥其自身的特点与功效。集中式冷热源还适用于移峰填谷的蓄能空调技术、能源体积利用的冷热电三联供技术和利用可再生能源的各种热泵技术。

（3）相对于分散设置冷热源的系统，集中式系统与建筑外观配合更为方便。

（4）中央空调系统运行管理更为方便快捷。

然而，中央空调系统也存在很多缺点，如：输配系统管路太长，输配能耗所占的比例较大，因此，需要对冷热源装置的效率和输送能效进行综合评估，只有当冷热源装置由于能效提升的节能量大于输送能耗增加的能耗量时，中央空调系统才具有较好的节能性。此外，在部分负荷情况下，中央空调系统的运行效率和满足性相对较差。以供冷为例，当建筑的冷负荷较低时，冷水机组由于受到最小制冷量的限制，有可能无法满足低负荷的运行要求，或者即使能够运行，其 COP 也处于较低的运行状态。同时，在采用定速水泵运行的系统中，低负荷状态下，输送能耗在系统能耗中所占的比例将更大。

（三）分散式空调系统

与中央空调系统相比，分散式系统设备布置较为分散，比如每个房间设置分体式空调器，但在根据实际供热供冷需求进行冷热量调控时具有优越性。

选择中央空调还是分散式空调，需要综合考虑建筑冷热负荷特点、使用模式等多种因素。

三、供暖空调末端形式的选择

供冷、供热系统的末端形式分为两种：对流型末端，如风机盘管；辐射型末端，如地板辐射供暖、顶板辐射供冷、地板双面辐射供热供冷。

（一）对流型末端

风机盘管是目前中央空调系统广泛使用的末端设备，如图 5-3-10 所示的多种形式。风机盘管作为对流型末端，具有快速冷却或加热空气的能力。但有噪声；占用室内吊顶空间；容易使室内人员产生吹风干；同时，冷凝水容易产生二次污染等。

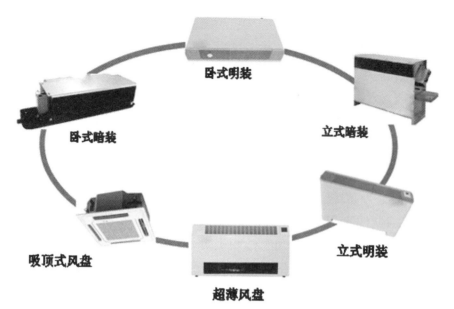

图 5-3-10 风机盘管末端

（二）辐射型末端

辐射供冷暖系统是通过冷水或热水在辐射管内循环流动，冷却或加热地板、顶板或墙面，以辐射和对流的传热方式通过地面、顶板或墙面向室内供冷供暖的方式（图 5-3-11、图 5-3-12）。

此外，辐射供暖冷系统还可以采用楼板双面辐射的形式，楼板双面辐射供冷暖系统是通过冷水或热水在辐射管内循环流动，冷却或加热该层地板及下一层顶板，以辐射和对流的传热方式通过地面及下层顶板向该层及下层室内供冷供暖的方式（图 5-3-13）。

图 5-3-11 地板辐射末端

图 5-3-12 毛细管网辐射末端

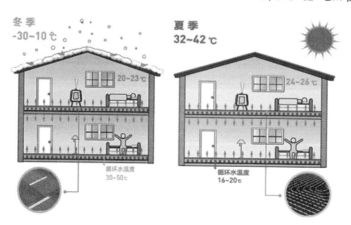

图 5-3-13 楼板双面辐射供冷供暖系统示意图

与对流型末端相比，辐射型末端具有以下特点：

无噪声；不占室内空间，利于装饰；高舒适度、柔和、无吹风感更健康，利于患者的康复；蓄能作用强，系统运行 2 小时，关闭 4~5 个小时，室内无明显感觉（如图 5-3-14 所示），可通过间歇使用、错峰运行、采用峰值电价节约运行成本；管材埋设在楼板内，运行时间 50 年以上，无须维护。

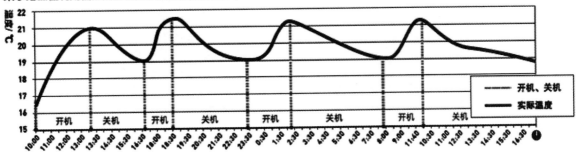

图 5-3-14 双面辐射系统间歇运行室温变化

辐射系统末端相比对流型末端具有明显的优势，但是，辐射型末端在高湿度地区或高湿度天气下，需要重点解决地（顶）板表面结露的问题。通过提高供水温度、采用双冷源除湿新风机组、控制开窗等措施，能够解决结露问题。

医院供冷供热末端设计与常规舒适性空调相比需要重点注意的是避免和减少各种形式的交叉污染，辐射型末端、风机盘管机组可分区布置，但其两种末端形式配套的新风系统以及风机盘管机组自身都存在夏季冷凝水处理问题。医院有许多区域是负压区，如医技部的许多重点实验室、住院部储藏室、候诊室等，凝结水水管系统自身的特点不能设置阀门，如果不注意凝结水管路的水封设计，会导致区域污染。传统的水封能满足夏季封堵的要求，但往往无法解决冬季封堵的问题，且需要占用的吊顶安装高度较大，近些年出现了许多形式的新型水封，快适阀是其中的一种较好解决问题的装置，原理示意图如图 5-3-15 所示。

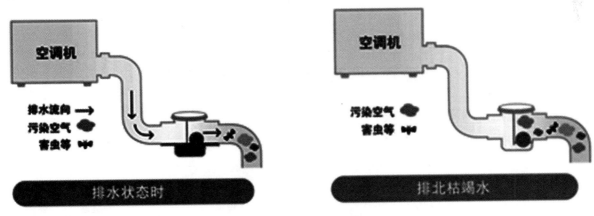

图 5-3-15 快适阀原理示意图

图 5-3-15 左图：在产生排水时，存水弯内会有排水滞留并发挥作用，浮球浮于水面，不影响排水。

图 5-3-15 右图：在无存水时，浮球会自动沉下并完全防堵污染空气逆流和害虫进入。该装置清扫及维护也很方便，图 5-3-16 是空调机用快适阀 C 型，清扫时，能将内部组件全部一一拆卸。图 5-3-17 目视内部状况，可简单清除污垢。

图 5-3-16 空调机用快适阀 C 型结构图　　图 5-3-17 污垢清扫前后对比图

设计要求的高度如下：

连管高度 H 取决于所连接空调机的机内静压，计算示例如图 5-3-18 所示。

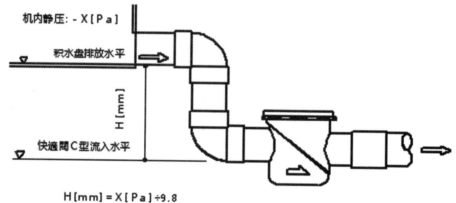

H[mm] = X[Pa]÷9.8

（示例）机内静压为-294[Pa]时

294[Pa]÷9.8=30[mmAq]→因此，高度差 H 必须大于 30[mm]

图 5-3-18 空调机用存水弯安装尺寸计算示例

第三节　医院空气净化与洁净空调

一、医院对空气净化的需求

（一）我国医院用房空调净化参数

表 5-3-5 我国医院用房空调净化参数

类别	洁净用房的级别	温度	相对湿度	与临室相对压差	噪声	换气次数	新风量	备注
门诊诊室		夏季比候诊区高 1~2℃，冬季 ≤ 22℃					（40 m³/h）	
小儿科诊室和候诊室				正压				
隔离诊室				负压，不小于 5Pa				非单独系统时回风应自循环

表 5-3-5 我国医院用房空调净化参数（续）

类别	洁净用房的级别	温度	相对湿度	与临室相对压差	噪声	换气次数	新风量	备注
急诊一般诊室		20~26℃					不小于3 次 /h	冬季温度不应低于下限值，夏季则不应超过上限值
隔离诊室				负压，不小于 5Pa				
发热诊室				负压，不小于 10Pa				
产科新生儿		全年 28℃左右					40 m³/h	
产科早产儿和免疫缺损新生儿	Ⅲ	夏季 27℃冬季 26℃	50%	正压，不小于 5Pa				
重症护理单元	Ⅳ	20~26℃	40%~65%	正压，不小于 5Pa	45dB（A）	进行治疗时0.2m/s，休息时 ≥ 0.12m/s	60 m³/h	
骨髓移植	Ⅰ、Ⅱ	22~27℃	40%~60%	正压，不小于 5Pa				
烧伤	重度及重度以上：Ⅲ	30~32℃	40%~60%	正压，不小于 5Pa				
	重度以下：Ⅳ	30~32℃	40%~60%					
哮喘	Ⅱ	（25±1）℃	50%±5%	正压，不小于 8Pa	45dB（A）		60 m³/h	
解剖室							全新风	
太平间				负压				可自然通风或机械通风
检验科、病理科	涉及有害微生物；不低于生物安全二级	22~26℃	30%~60%				（60 m³/h）	可局部负压工作台

表 5-3-5 我国医院用房空调净化参数（续）

类别	洁净用房的级别	温度	相对湿度	与临室相对压差	噪声	换气次数	新风量	备注
体外受精取卵室其他洁净用房	Ⅰ Ⅱ Ⅲ	（22~26℃）	（30%~60%）		45dB（A）			
超声、内窥镜等检查		22~26℃	30%~60%					
心血管造影	Ⅲ			正压≥ 5Pa			（40 m³/h）	
心脏导管室及治疗室	Ⅳ、Ⅲ	22~26℃	40%~60%		≤ 55dB（A）			
烧伤处置	Ⅳ	24~27℃	≤ 60%		≤ 60dB（A）			
磁共振		22℃ ±2℃	60% ±10%					
核医学		22℃ ±2℃，每小时温度变化< 3℃	60% ±10%					
放射性同位素				负压				储存室、废物保管室，储存放射性物品时，24h 排风
中心供应室无菌区污染区其他区	Ⅳ	18~26℃	30%~60%	正压不小于5Pa；负压不小于5Pa			（40 m³/h）	

注：（ ）内为建议值

二、医院洁净技术

（一）空气洁净技术的特点

空气洁净技术就是用空气过滤器配合气流组织和压差控制的技术，具有以下优点。

1. 全过程控制

在室内整个操作过程中，使室内空气环境都处于受控状态，不是只有"开头消毒"或"最后消毒"。

2. 除尘除菌

由于运用了阻隔式原理，空气过滤器既可以除去通过它的陈粒，又可除去通过的微生物（包括细菌和病毒）。由于微生物一定有微粒作载体，所以除尘就可以除菌。

3. 不产生其他成分

有的消毒方法同时也产生氧化氮、臭氧等有害气体，空气过滤是纯物理方法，不产生其他成分。

4. 不产生有害副作用

有的消毒方法产生辐射作用，对人体有害；有的产生电、磁场，对仪器设备有影响；有的促使细菌变异，变得对药物有很强的抗菌性。

5. 除菌效率高，且彻底

除菌效率从粗效到超高效，范围极宽，不像别的方法效率范围很窄，一般在 70%~90% 左右。

如高效过滤器除菌效率可达 99.99999% 以上，并且除菌彻底（如紫外照射后的细菌未杀死则可遇光复活），也不会留下细菌尸体、分泌物等。

6. 拒尘菌于风口之外（或风口之内）

空气过滤是主动控制污染的方法，不是被动地等细菌进入室内再去消毒；

当然，空气过滤办法的主要缺点是有较大阻力。不过有些方法如纳米光催化、某些紫外线设备也要加预过滤器或出口过滤器。应尽可能采用低阻力的过滤器。

（二）空气洁净度级别

保障洁净用房的空气洁净度的级别，我国标准《洁净厂房设计规范》（GB 50073）等同采用了 ISO 的洁净度级别。见表 5-3-6，原 100 级相当于 5 级，1 万级相当于 7 级。

表 5-3-6 空气洁净度等级

ISO 14644-1					
最大允许微粒浓度限值（≥D）/（粒/m³）					
粒径 D μm 级别	0.1	0.2	0.3	0.5	1.0	5.0
1.0	10	2				
2.0	100	24	10	4		
3.0	1000	237	102	35	8	
4.0	10000	2370	1020	352	83	
5.0	100000	23700	10200	3520	832	29
6.0	1000000	237000	102000	35200	8320	293
7.0				352000	83200	2930
8.0				3520000	832000	29300
9.0				35200000	8320000	293000

（三）过滤器分级

1. 空气过滤器分级

GB/T 14295—2008 的空气过滤器分级见表 5-3-7。

表 5-3-7 空气过滤器分级

性能指标 性能类别	代号	迎面风速 /（m/s）	额定风量下的效率（E）/%		额定风量下的初阻力（△Pi）/Pa	额定风量下的初阻力（△Pf）/Pa
亚高效	YG	1.0	粒径 ≥ 0.5 μm	99.9 > E ≥ 95	≤ 120	240
高中效	GZ	1.5		95 > E ≥ 70	≤ 100	200
中效 1	Z1			70 > E ≥ 60	≤ 80	160.0
中效 2	Z2	2.0		60 > E ≥ 40		
中效 3	Z3			40 > E ≥ 20		

表 5-3-7 空气过滤器分级（续）

性能指标 性能类别	代号	迎面风速 / （m/s）	额定风量下的 效率（E）/%		额定风量下的初阻力 （△Pi）/Pa	额定风量下的初阻力 （△Pf）/Pa
粗效 1	C1		粒径 ≥ 2.0μm	E ≥ 50		
粗效 2	C2	2.5		50 > E ≥ 20	≤ 50	100
粗效 3	C3		标准人工尘 计重效率	E ≥ 50		
粗效 4	C4			50 > E ≥ 10		

注：当效率测量结果同时满足表中两个类别时，按较高类别评定。

2. 高效和超高效过滤器分级

GB/ T13554—2008 的高效过滤器和超高效空气过滤器分级分别见表 5-3-8（a）和表 5-3-8（b）。

表 5-3-8（a） 高效空气过滤器分级

等级	额定风量下的钠焰法效率 /%	20% 额定风量下的钠焰法效率 /%	额定风量下的初阻力 /Pa
A	99.99 > E ≥ 99.9	无要求	≤ 190
B	99.999 > E ≥ 99.99	99.99	≤ 220
C	E ≥ 99.999	99.999	≤ 250

表 5-3-8（b） 超高效空气过滤器分级

等级	额定风量下 0.1~0.3μm 微粒的 计数法效率 /%	额定风量下的初阻力 /Pa	备注
D	99.999	≤ 250	扫描检测
E	99.9999	≤ 250	扫描检测
F	99.99999	≤ 250	扫描检测

3. 国内外过滤器分级标准比较

国内外过滤器标准的条件不尽相同，如尘源及其粒径皆不相同，只能作近似比较，不能确切对应，参见表 5-3-9。

表 5-3-9 国内外主要国家几种空气过滤器标准的近似比较

我国 标准	欧洲标准 EUROVENT4/9	ASHRAE 标准计重 法效率 /%	ASHRAE 标准比色 法效率 /%	美国 DOP 法（0.3μm） 效率 /%	欧洲 标准 EN779	德国标准 DIN24185	美国 标准 MERV
粗效过滤器 4	EU1				G1	A	1
粗效过滤器 3	EU1	< 65			G1	A	2~4
粗效过滤器 2	EU2	65~80			G2	B1	5~6
粗效过滤器 1	EU3	80~90			G3	B2	7~8
中效过滤器 3	EU4	≥ 90			G4	B2	9~10

表 5-3-9 国内外主要国家几种空气过滤器标准的近似比较（续）

我国 标准	欧洲标准 EUROVENT4/9	ASHRAE 标准计重 法效率 /%	ASHRAE 标准比色 法效率 /%	美国 DOP 法（0.3μm） 效率 /%	欧洲 标准 EN779	德国标准 DIN24185	美国 标准 MERV
中效过滤器 2	EU5		40~60	20~55	G5	C1	11~12
中效过滤器 1	EU6		60~80		F6	C1/C2	13
高中效 过滤器	EU7		80~90	55~60	F7	C2	14
高中效 过滤器	EU8		90~95	65~70	F8	C3	15
高中效 过滤器	EU9		≥ 95	75~80	F9		
亚高效 过滤器	EU10			> 85	F10	Q	16
亚高效 过滤器	EU11			> 98	F11	R	
高效过滤器 A	EU12			> 99.9	F12	R/S	
高效过滤器 A	EU13			> 99.97	F13	S	17
高效过滤器 B	EU14			> 99.997	F14	S/T	18
高效过滤器 C	EU15			> 99.9997	U15	T	19
高效过滤器 D	EU16			> 99.99997	U16	U	
高效过滤器 E-F	EU17			> 99.999997	U17	V	

三、医院洁净空调系统

（一）洁净空调系统设计的通用要求

1. 系统

第一，医院洁净用房净化空调系统设计（包括冷热源），应在保障诊疗与感染控制前提下，参照《公共建筑节能设计标准》（GB 50189）等相关标准的节能规定进行。

第二，洁净空调系统送风应设置三级空气过滤，分别位于新风口、空调机组出口正压段及送风口。回风口和有害排风口也应设过滤器。

第三，新风过滤器可按表 5-3-10 设置，两道之间因很接近，不插入其他设备。

第四，可以利用回风。

表 5-3-10 新风过滤器设置

室外可吸入颗粒物 PM10	第一道	第二道	第三道
平均值 ≤ 0.1mg/m³（国家二级标准）	计重效率 ≥ 50% 的粗效 3	对 ≥ 0.5μm 微粒计数效率 ≥ 50% 的中效 2	
平均值 > 0.1mg/m³（国家三级标准）	同上	同上	对 ≥ 0.5μm 微粒计数效率 ≥ 80% 的高中效

2. 设备

第一，各级洁净用房送风末端过滤器可参照表 5-3-11 设置。

表 5-3-11 送风末端过滤器

洁净用房级别	送风末端
I	高效过滤器或再加阻漏层
II	高效过滤器或亚高效过滤器加阻漏层
III	亚高效过滤器或高中效加阻漏层
IV	高中效过滤器

第二，送、回风口的布置应能使控制区域内保持定向气流，房间中尽可能做到上送下回。

第三，严禁采用普通风机盘管或空调器。III、IV 级洁净用房内采用带亚高效或高中效过滤器的净化风机盘管或立柜式空调器。

第四，不得采用木制品过滤器。

3. 各类洁净用房的设计要求

表 5-3-12 各类洁净用房设计要求

住院部洁净用房	重症监护病房	成人 ICU	宜为 IV 级洁净用房
			必须配备的用房有监护病房、治疗室、处置室、仪器室、护士站、污洗室
			应采用独立的净化空调系统
			回风口宜设于每位患者头部床侧下方
			不应使一个患者处于另一个患者的下风口
			当必要设单人隔离间时，宜按负压隔离病房处理，有相对独立的出入口
			送风用高中效过滤器即可，如用超低阻高中效过滤器，则采用有 30~50Pa 静压的风机盘管机组更简单
		新生儿 ICU	宜为 III 级洁净用房
			全年宜保持 24~26℃，噪声不大于 45dB（A）
			净化空调系统应 24h 运行
			应采用低速低噪声系统
			门口宜有缓冲室

表 5-3-12 各类洁净用房设计要求（续）

住院部洁净用房	血液病房	血液病房	Ⅰ级洁净用房应采用在病床上方的集中送风，送风面积不小于 6m² 回风口宜两侧连续布置，采用定风向可调风量的风口

住院部洁净用房	血液病房 血液病房	Ⅰ级洁净用房应采用在病床上方的集中送风，送风面积不小于 6m² 回风口宜两侧连续布置，采用定风向可调风量的风口
		设两档风速，进行诊疗活动时，工作区截面风速宜不小于 0.2m/s，仅患者处于室内时，宜不小于 0.12m/s
		病房内侧墙上应设传递窗，门上设观察窗
		病房外侧墙上应设家属探视窗及对讲设备
		不得在室内设窗帘
		噪声应小于 45dB（A）
		系统应 24h 运行，双风机并联
	烧伤病房 烧伤病房	重度烧伤病房应为Ⅲ级洁净用房，有特殊要求时可为Ⅱ级
		重度烧伤以下病房为Ⅳ级洁净用房
		必须配备的辅房有换药室、浸浴室、重点护理病房、护士室、洗涤消毒室、消毒品及上药室
		辅房为Ⅳ级洁净用房
		各病房应设独立净化空调系统，有备用送风机，24h 运行
		重度（含）以上病房采用在病床上方集中布置送风口，送风面积至少每边比病床外延 30cm
		多床一室时，每张病床均不应处于其他病床的下风侧
		全年温度宜为 30~32℃，相对湿度冬季宜不低于 40%，夏季宜不高于 60%
		噪声不应大于 45dB（A）
	哮喘病房 哮喘病房	可采用洁净病房
		各病房应为独立自循环系统
		温湿度全年应相对稳定，温度（25±1）℃，应严格控制相对湿度宜为 50%
		噪声不应大于 45dB（A）
医技洁净用房	检验室	一般检查室	应有单独排风系统，涉及有毒、有害、挥发性溶液和化学致癌或放射性同位素等操作时，应采用全排风，送风口在外，排风口在里，保持负压，形成由门向内的定向流，不能将有害气流外溢
		空调温度冬季不宜低于 22℃，夏季不宜高于 26℃，相对湿度冬季不宜低于 30%，夏季不宜高于 60%
	生物安全实验室	生物安全实验室二级屏障的主要技术指标见表 5-3-13
		三级和四级生物安全实验室其他房间的主要技术指标见表 5-3-14
	心血管造影室 心血管造影室	心血管造影操作区洁净度不低于Ⅲ级。宜上方局部集中送风
		心脏导管室、治疗室及洁净走廊全为Ⅳ级
		霉菌是最要注意的防范对象；非洁净用房采用一般空调

表 5-3-12 各类洁净用房设计要求（续）

医技洁净用房	放射和核医学用房	放射和核医学用房	放射检查室、控制室、机房、治疗室、储藏室、磁共振室（MR）、扫描室均可用普通空调，如集中空调或多联机，慎用风机盘管，恐有凝水滴到机器上。但有排风或恒温恒湿要求，或负压要求，应分别对待
	生殖中心	生殖中心	体外受精实验室应为Ⅰ级洁净用房，并采用上方局部集中送风
			取卵室宜为Ⅱ级洁净用房，并采用上方局部集中送风
			辅助用房可为Ⅳ级洁净用房
			Ⅰ、Ⅱ级洁净用房均应采用上方局部集中送风
			Ⅲ级洁净用房应采用分散风口送风
			Ⅰ、Ⅱ级用房噪声不应大于 45dB（A）
供应系统洁净用房	配药中心	配药中心	一次更衣室、洗衣洁具间宜为 GMP D 级，相当于Ⅲ级洁净用房，但指标略有不同
			二次更衣室、加药混合调配操作间宜为 GMP C 级，相当于Ⅱ级洁净用房，但指标略有不同
			抗生素类、危害药品配置的洁净区和二次更衣室之间按 GMP 应为 10Pa 以上的负压
			调配室温度应为 18~26℃，相对湿度应为 40%~65%
	中心供应室（站）	中心供应室（站）	应保持整个区域的压差控制和定向气流。无菌存放区对相通房间不应低于 5Pa 的正压。去污区对相通房间和室外均有不低于 5Pa 的负压。定向气流应从无菌存放区至去污区
			无菌存放区宜为Ⅳ级洁净用房
			无菌存放区冬季温度不宜低于 18℃，相对湿度不宜低于 30%；夏季温度不宜高于 24℃（普通空调为 26℃），相对湿度不宜高于 60%
			无菌存放区应有独立净化空调系统，去污区应独立排风
			检查、包装及灭菌区温度宜为 18~25℃，相对湿度 30%~60%
	负压隔离病房	原理	应用"动态隔离"原理，而不是单纯靠"高负压""密封门""全新风"。即在关、开门的时候、在医护人员专属为患者检查的时候，在动态状态下都应发挥隔离作用
			负压状态只有在关门时才呈现，开门瞬时即消失。需要用缓冲室解决此问题
			理论和实验都证明，只要 0.25Pa，就可防一般缝隙的渗透，因此密封门并无必要
			全新风耗能太大，实验证明，室内含菌空气只要经过国标 B 类高效过滤器过滤，对细菌即可有 99.99997% 的效率，用于回风和排风都没有问题，因此不用全新风
		系统	清洁区、潜在污染区、污染区应分别设置空调系统
			负压隔离病房应采用室内自循环的部分新风系统，可有 1 至数间病房可切换为全新供给

表 5-3-12 各类洁净用房设计要求（续）

负压隔离病房		系统	负压隔离病房的换气次数取 8~12 次 /h，缓冲室取 60 次 /h，其他区域取 6~8 次 /h；人均新风量不低于 40 m³/h
			净化空调系统应 24h 运行，夜间风量应设在低档，送风口速度不应大于 0.15m/s
			在非传染病流行季节，负压隔离病房可整体转换为常压一般病房，但不得转换为正压血液病房
		压差	病房对缓冲室、缓冲室对走廊、走廊对清洁区缓冲室，均应为不小于 -5Pa 的负压
			清洁区缓冲室对清洁区应保持不小于 +10Pa 的正压
			病房对病房内卫生间略呈正压，保持定向气流即可
			相邻相通房间之间均应在入口可视高度安压差计
		气流	整个病区应保持定向气流
			病房内应采用双送风口，送风速度不宜低于 0.13m/s，病床头一侧设回（排）风口，回风口风速不应大于 1.5m/s
		过滤	负压隔离病房送风口应设低阻的高中效过滤器
			负压隔离病房回（排）风口应设带 B 类高效过滤器的边框零泄漏的负压排风装置
			卫生间排风口应设边框零泄漏的负压排风装置
			缓冲室送风口设 B 类高效过滤器，可设回风上或门上格栅，回风口可不设滤器。缓冲室可设自循环净化装置

表 5-3-13 生物安全主实验室二级屏障的主要技术指标

级别	相对于大气的最小负压	与室外方向上相邻相通房间的最小负压差 /Pa	洁净度级别	最小换气次数（次/h）	温度 /℃	相对湿度 /%	噪声 /dB(A)	最低照度 /lx	围护结构密闭性（包括主实验室及相邻缓冲间）
BSL-1/ ABSL-1				可开窗	18~28	≤ 70	≤ 60	200	
BSL-2/ ABSL-2 中的 a 类和 b1 类				可开窗	18~27	30~70	≤ 60	300	
ABSL-2 中的 b2 类	30	-10	8	12	18~27	30~70	≤ 60	300	

表 5-3-13 生物安全主实验室二级屏障的主要技术指标（续）

级别	相对于大气的最小负压	与室外方向上相邻相通房间的最小负压差 /Pa	洁净度级别	最小换气次数（次/h）	温度 /℃	相对湿度 /%	噪声 /dB(A)	最低照度 /lx	围护结构密闭性（包括主实验室及相邻缓冲间）
BSL-3 中的 a 类	-30	-10	7 或 8	15 或 12	18~25	30~70	≤ 60	350	所有缝隙应无可见泄漏
BSL-3 中的 b1 类	-40	-15							
ABSL-3 中的 a 类和 b1 类	-60	-15							
ABSL-3 中的 b2 类	-80	-25							房间相对度压值维持在 -250Pa 时，房间内每小时泄漏的空气量应不超过受测房间净容积的 10%
BSL-4	-60	-25							房间相对度压值达到 -500Pa 时，经 20min 自然衰减后，其相对负压值不应高于 -250Pa
ABSL-4	-100	-25							

注：1. 三级和四级动物生物安全实验室的解剖间应比主实验室低 10Pa。

2. 本表中的噪声不包括生物安全柜、动物隔离设备等的噪声，当包括生物安全柜、动物隔离设备的噪声，最大不应超过 68dB（A）。

3. 动物生物安全实验室内的参数上应符合现行国家标准 GB 50477《实验动物设施建筑技术规范》的有关要求。

4. BSL 为生物安全实验室，ABSL 为动物生物安全实验室。

表 5-3-14 三级和四级生物安全实验室其他房间的主要技术指标

房间名称	洁净度级别	最小换气次数（次 /h）	与室外方向上相邻相通房间的最小负压差（Pa）	温度℃	相对湿度 %	噪声 dB（A）	最低照度 lx
主实验室的缓冲间	7 或 8	15 或 12	-10	18~27	30~70	≤ 60	200
隔离走廊	7 或 8	15 或 12	-10	18~27	30~70	≤ 60	200
准备间	7 或 8	15 或 12	-10	18~27	30~70	≤ 60	200
防护服更换间	8	10	-10	18~26		≤ 60	200
防护区内的淋浴间		10	-10	18~26		≤ 60	150
非防护区内的淋浴间			-10	18~26		≤ 60	75

表5-3-14 三级和四级生物安全实验室其他房间的主要技术指标(续)

房间名称	洁净度级别	最小换气次数（次/h）	与室外方向上相邻相通房间的最小负压差（Pa）	温度℃	相对湿度%	噪声dB(A)	最低照度lx
化学淋浴间		4	−10	18~28		≤60	150
ABSL-4的动物尸体处理设备间和防护区污水处理设备间		4	−10	18~28		≤60	200
清洁衣物更换间				18~26		≤60	150

注：当在准备间安装生物实验柜时，最大噪声不应超过68dB（A）。

（二）净化空调系统施工的通用要求

洁净用房净化空调系统的施工安装应制订协作进度计划，与土建及其他专业工种相互配合、协调，按程序施工，见图5-3-19。

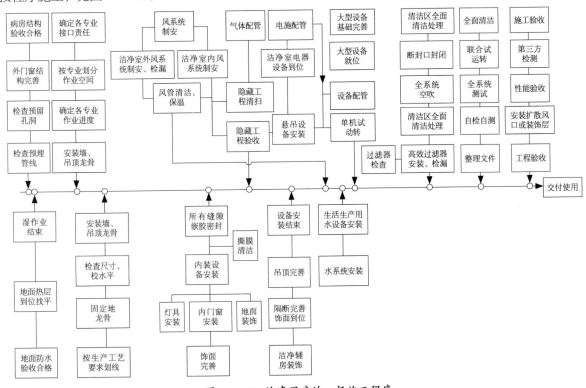

图 5-3-19 洁净用房的一般施工程序

洁净用房净化空调系统的施工安装应遵循不产尘、不集尘、不受潮和易清洁的原则。

洁净用房净化空调系统的施工安装具体做法应按《洁净室施工及验收规范》（GB 50591—2010）的规定执行。

（三）洁净用房净化空调系统设备的运行维护及管理

1. 空气过滤器

每一级过滤前后都应安压差计，至少应有测压器。

运行中应定期检查过滤器阻力超过运行初阻力情况，当达到1倍（如初阻力为20Pa，即达到40Pa）以上时，可以更换。如运行初阻力较小，且过滤器表面状况尚可，也可再使用一段时间，但不能超过2倍。或参考表5-3-15的周期更换。

表 5-3-15 更换过滤器大致周期

类别	更换周期
粗效过滤网	1 周左右清扫 1 次，多风沙地区周期更短
粗效过滤器	1~2 个月
中效过滤器	2~4 个月
高中效过滤器	3~6 个月
亚高效过滤器	1 年
高效过滤器	3 年

2. 空调设备

空调设备的清洗维护如表 5-3-16 所示。

表 5-3-16 空调设备清洗维护

热交换器	应定期对交换器叶片用药剂清洗杀菌，应定期清洁凝结水、排水口
加湿器	应定期清除水盘中的水垢
冷却水塔	应定期清除沉积物和清洗消毒

（四）净化空调的新风净化处理

这里只涉及新风净化处理，不涉及温湿度处理。

1. 新风口

（1）应采用防雨性能良好的新风口，新风口所在位置也应采取防雨措施，新风口后应设孔径不大于 8mm 的网络。

（2）新风口进风净截面的速度不应大于 3m/s。

（3）新风口距地面或屋面应不小于 2.5m，应在排气口下方，垂直方向距排气口不应小于 6m，水平方向不应小于 8m，并应在排气口上风侧的无污染源干扰的清洁区域。

（4）新风口不应设在机房内，并不应设在两墙夹角处。

（5）宜安装气密性风阀。

2. 新风过滤

（1）目的：净化系统的污染主要来自新风，如果表冷器翅片表面上积有 0.1mm 厚的灰，阻力约增加 19%，热传导能力将大大下降，所以"控制污染可以节能"。

（2）由于我国大气尘浓度比国外高几倍，所以 1999 年国内即提出新风三级过滤理念（详见《医院洁净手术部建筑技术规范实施指南技术基础》一书），降低新风尘浓度还可以节能、降低成本。

（3）新风过滤器宜根据当地环境空气状况采用表 5-3-17 中列出的一道、两道或三道过滤器串联组合形式。

表 5-3-17 过滤器串联组合形式

组合类型	颗粒物浓度	新风过滤第一道	新风过滤第二道	新风过滤第三道
1	可吸入颗粒物（PM10）或总悬浮颗粒物（TSP）年均值分别 ≤ 0.04mg/m³ 或 0.08mg/m³	对 ≥ 0.5μm 微粒的计数效率 ≥ 60% 的过滤器	—	—

表 5-3-17 过滤器串联组合形式（续）

组合类型	颗粒物浓度	新风过滤第一道	新风过滤第二道	新风过滤第三道
2	可吸入颗粒物（PM10）或总悬浮颗粒物（TSP）年均值分别≤ 0.07mg/ m³ 或 0.2mg/ m³	人工尘计重效率≥ 30% 的过滤器（网）	对≥ 0.5μm 微粒的计数效率≥ 70% 的过滤器	—
3	可吸入颗粒物（PM10）或总悬浮颗粒物（TSP）年均值分别超过 0.07mg/ m³ 或 0.2mg/ m³	人工尘计重效率≥ 30% 的过滤器（网）	对≥ 0.5μm 微粒的计数效率≥ 50% 的过滤器	对≥ 0.5μm 微粒的计数效率≥ 80% 的过滤器

（4）新规范规定视大气尘浓度的近几年统计平均值确定新风过滤级数，这比 2002 版规范只规定粗、中、亚高一种模式更合适，这种做法和温湿度按多年统计值考虑是相当的。

（5）条文中计重效率≥ 30% 的过滤器（网），相当于国标中 C4 粗效过滤器（网）中的高档次而接近 C3 的过滤器（网），计数效率（≥ 0.5μm）≥ 60% 的过滤器，相当于国标中 Z1 中效及以上的过滤器，计数效率（≥ 0.5μm）≥ 70%、80% 的过滤器，相当于国标中 GZ 高中效及以上的过滤器。

（五）净化空调的气流组织

采用手术台上方集中送风，根据送风的主流区和周围区的差异分区定级。

1. 气流组织

（1）Ⅰ～Ⅲ级洁净手术室在手术台上方集中送风，送风速度小，很少引射周边气流，现在称为低紊流度的置换流。

（2）手术室如果在送风面上满足过滤器或满足阻漏层（不是一般的纱网就可以达到的，有一定的阻力和效率要求）的布置要求，而不是在静压箱侧面布置几个过滤器，或者平面上分散布置几个过滤器，就都属于低紊流度置换流，在小于通风面积的一定面积之内具有一定风速的情况下，有相当于局部单向流的效果。

（3）Ⅳ级手术室是在顶棚上分散过滤器送风口，属于乱流。

2. 送风面积

（1）Ⅰ～Ⅲ级手术室。

当手术室面积大于 50m² 时，如认为需要增加集中送风面积，可按室面积增加比例增大送风面积。

不应在周边区设分散送风口。

（2）Ⅳ级手术室。

Ⅳ级手术室设分散送风口。如果按过去习惯额定风量，则可能只需一个送风口，这显然是不好的。规范规定每个过滤器风量不要超过其额定风量 70%，这是上限；下限是不要低于 0.13m/s。据此，以设 4 个风口为宜，过滤器可以减薄或减少。

3. 回风口

第一，Ⅰ级手术室要求在手术台长边两侧墙下方连续布置回风口，其他级别每边墙下方不应少于 2 个回风口。

第二，为了使回风气流不在手术台、器械台等台面上经过，回风口高度应低于工作面较多，即洞口上边不宜超过 0.5m；为了防止卷起地面灰尘，下边离地面不宜小于 0.1m。

第三，为防止噪声和带动地面灰尘，回风口速度在"规范"里有规定，即：

经常无人房间和走廊	吸风速度 ≤ 1.5
经常有人房间	吸风速度 ≤ 1
走廊	吸风速度 ≤ 2

4. 风速和换气次数

（1）风速。

① Ⅰ 级手术室在地面以上 1.2m 高度洁面的风速规定为 0.2~0.25m/s，小于 0.2m/s 则细菌浓度不宜控制。

② Ⅰ 级手术室送风速度。由于送风下方无围护，气流要扩散，到达工作区时已衰减。为了实现工作区风速，送风高度应高于工作区风速。根据研究成果：送风速度 ≈ 1.5 × 工作区风速。

③ Ⅱ、Ⅲ 级手术室。在送风面以下 0.1m 的截面上风速应能均匀分布，宜在 0.1~0.4m/s，不得出现无速度的盲区。

（2）换气次数。

在介绍洁净手术室参数时已给出了"规范"要求的换气次数。同一个级别的手术室和洁净辅助用房的换气次数不同，前者略高。这是考虑了送风最小速度和术间自净时间的需要，否则和后者一样。

规范给出的是最低换气次数，但是已经留有余量。例如 Ⅱ 级手术室、实验和理论计算都表明 20 次 /h 已可达到 Ⅱ 级要求，所以设计时除特殊情况不宜加码太多，以低换气次数达到规范要求才表明设计、施工的水平。

第四节　医院冷热源及热力系统

一、医院冷热需求

（一）通风、供暖、空调系统的冷热需求

医院建筑外围护结构无法完全抵御外界冷热空气的侵入，室外寒冷或炎热时，建筑内部空气温度会随着相应降低或升高。此外，医院建筑内有大量的散热设备，以及人员、照明等的散热，需要通过暖通空调系统向室内提供冷量或热量，以维持室内温度、湿度等的相对稳定，保证不论室外天气如何变化，均能为患者、医护人员等提供良好舒适的室内环境。

暖通空调系统冬季供暖时的热需求即为消除室内热负荷，包括：

（1）围护结构的耗热量；

（2）加热由外门、窗缝隙渗入室内的冷空气耗热量；

（3）加热由外门开启时经外门进入室内的冷空气耗热量；

（4）通风耗热量；

（5）通过其他途径散失或获得的热量。

暖通空调系统夏季供冷时的冷需求即为消除室内冷负荷，包括：

（1）通过围护结构的传入的热量；

（2）通过透明围护结构进入的太阳辐射热量；

（3）人体散热量；

（4）照明散热量；

（5）设备、器具、管道及其他内部热源的散热量；

（6）食品或物料的散热量；

（7）渗透空气带入的热量；

（8）伴随各种散湿过程产生的前热量。

（二）医院生活热水的热需求

医院建筑热水用水定额根据医院建筑卫生器具的完善情况以及所在地区条件确定，医院建筑的热水用水定额多在表5-3-18范围内取值。

表5-3-18 热水用水定额

建筑物名称		单位	最高日用水定额（L）	使用时间（h）
医院住院部	设公共盥洗室	每床位每日	60~100	24
	设公共盥洗室、淋浴室	每床位每日	70~130	
	设单独卫生间	每床位每日	110~200	
医务人员		每人每班	70~130	8
门诊部、诊疗所		每患者每次	7~13	
疗养院、休养所住院部		每床位每日	100~160	24

注：本表以热水温度按60℃计。

表5-3-19 卫生器具的一次和小时热水用水定额及水温

卫生器具名称		一次用水量（L）	小时用水量（L）	使用水温（℃）
医院、疗养院、休养所	洗手盆	—	15~25	35
	洗涤盆（池）	—	300	50
	淋浴器	—	200~300	37~40
	浴盆	125~150	250~300	40

根据用水定额，以及所需热水水温，可以计算出医院生活热水的耗热量，即是医院生活热水的热力需求。

（三）医院蒸汽系统的热需求

医院里蒸汽用途十分广泛，如消毒、蒸煮饭、洗衣服、烫平、烘干、开水、热水以及蒸馏水等都需要蒸汽作为热源。所需蒸汽的压力从0.8MPa至0.2MPa不等。蒸汽的供应不仅在医疗方面不能间断，在生活方面短时间停止供应也会使医疗服务工作停顿。

1. 医院用汽设备

门诊部：干消毒器、湿消毒器、开水罐、生活热水。

病房：湿消毒器、配餐室保温、开水罐、倒便器、生活热水。

理疗：蜡疗室化蜡锅、开水罐、生活热水、水疗部局部加热。

中心供应：蒸馏锅、干消毒器、湿消毒器、生活热水。

厨房：蒸饭箱、煮饭锅、洗碗机局部加热、开水罐、湿消毒器、配餐食保温案及保温送饭车。

洗衣房：干消毒器、衣物煮沸、洗衣机、熨平机、烘干机。

2. 各用汽设备蒸汽用量的计算

对于一般医院，蒸汽用量可按如下数据进行估算：

用于门诊、理疗的高压蒸汽量：0.6 ~ 0.7kg/（P·次）

用于病房的高压蒸汽量：4.0 ~ 5.0kg/（h·床）

用于厨房的高压蒸汽量：0.45 ~ 0.5kg/（h·床）

用于洗衣房的高压蒸汽量：0.40 ~ 0.60kg/（h·床）

蒸汽用量 G 可按下式计算：

$$G = K_1 \times K_2 \times G_{max}$$

（式5-3-3）

式中：　　　G_{max}——最大用汽量，kg/h；

　　　　　　K_1——管网损耗系数，对于蒸汽系统，可取 1.08 ~ 1.15；

　　　　　　K_2——同时使用系数，对于生活用蒸汽负荷，可取 0.35 ~ 0.5。

同时使用系数的确定需要对各主要用汽部门的用汽设备、用汽时间和用汽进行详细的研究调查，在此基础上再行确定其取值。

二、医院冷热源方案的选择

医院冷热源方案选择首先要满足全年通风的冷热负荷需求。

供暖空调冷热源方案的选用应根据建筑规模、用途、建设地点的能源条件、结构、价格以及国家节能减排和环保政策的相关规定，通过综合论证确定，并应符合相关规定。

（1）有可供利用的废热或工业余热的区域，热源宜采用废热或工业余热。当废热或工业余热的温度较高、经技术经济论证合理时，冷源宜采用吸收式冷水机组。

（2）在技术经济合理的情况下，冷、热源宜利用浅层地能、太阳能、风能等可再生能源。当采用可再生能源受到气候等原因的限制无法保证时，应设置辅助冷、热源。

（3）不具备本条第1、2款的条件，但有城市或区域热网的地区，集中式空调系统的供热热源宜有限采用城市或区域热网。

（4）不具备本条第1、2款的条件，但城市电网夏季供电充足的地区，空调系统的冷源宜采用电动压缩式机组。

（5）不具备本条第1~4款的条件，但城市燃气供应充足的地区，宜采用燃气锅炉、燃气热水机供热或燃气吸收式冷（温）水机组供冷、供热。

（6）不具备本条第1~5款条件的地区，可采用燃油锅炉供热，蒸汽吸收式冷水机组或燃油吸收式冷（温）水机组供冷、供热。

（7）夏季室外空气涉及露点温度较低的地区，宜采用间接蒸发冷却冷水机组作为空调系统的冷源。

（8）天然气供应充足的地区，当建筑的电力负荷、热负荷和冷负荷能较好地匹配、能充分发挥冷、热、电联产系统的能源综合利用效率且经济技术比较合理时，宜采用分布式燃气冷热电三联供系统。

（9）全年进行空气调节，且各房间或区域负荷特性相差较大，需要长时间地向建筑同时供热和供冷，经技术经济比较合理时，宜采用水环热泵空调系统供冷、供热。

（10）在执行分时电价、峰谷电价差较大的地区，经技术经济比较，采用低谷电能够明显起到对电网"削峰填谷"和节省运行费用时，宜采用蓄能系统供冷、供热。

（11）夏热冬冷地区以及干旱缺水地区的中、小型建筑宜采用空气源热泵或土壤源地源热泵系统供冷、供热。

（12）有天然地表水等资源可供利用，或者有可利用的浅层地下水且能保证100%回灌时，可采用地表水或地下水地源热泵系统供冷、供热。

（13）具有多种能源的地区，可采用复合式能源供冷、供热。

三、冷热源主要设备选择

（一）冷热源形式

1. 溴化锂吸收式冷（热）水机组

常规的冷水机组压缩式制冷以电为能源，而吸收式制冷以热为能源，可以利用工业余热废热，具有节电的特点。按照驱动能源的不同，可以分为热水型、蒸汽型和直燃型。热水型、蒸汽型溴化锂吸收式冷水机组只能作为冷源使用，而直燃型溴化锂吸收式冷水机组除了用作冷源，还可作为热源。

该机组对冷却水温的要求不如压缩式机组严格，冷却水温的变化对制冷量的影响较小，因此，其运行工况较为稳定，室外气候对其性能影响不大。整个装置基本上是换热器的组合体，除水泵外，无其他运动部件，所以振动、噪声很小，运转平稳，可在露天或者屋顶安装。此外，该机组调节范围大于压缩式机组，能在 10% ~ 100% 范围内进行制冷量的自动、无极调节，而且在部分负荷下运行时，机组的热力系数不会明显下降。直燃型溴化锂吸收式冷（热）水机组还自备热源，无须另建锅炉房或依赖市政热网，节省占地及热源购置费。

该机组具有以下缺点：系统以热能为补偿，加上溴化锂溶液的吸收过程是放热过程，故对外界的排热量大，冷却水消耗量大，冷却塔和冷却水系统容量较大。使用寿命较其他冷热水机组短。冷却水水质对吸收式机组性能的影响较大，且存在冷量随使用年数衰减的情况。

2. 土壤源热泵

土壤源热泵机组可实现冬季供热和夏季供冷，属于可再生能源应用。土壤源热泵以水为载体，通过地下埋管换热器与土壤交换热量，夏季将建筑内的热量转移至土壤中，冬季从土壤取热，既能供冷也能供热。由于地面 5 米以下的土壤温度不随大气温度变化而变化，因此土壤温度全年保持稳定，且夏季低于室外空气温度，冬季高于室外空气温度，可大大提高机组的效率。不存在空气源热泵冬季结霜的问题。土壤源热泵的换热能力受土壤物性参数影响，埋管时施工量较大，造价较高。

3. 空气源热泵

空气源热泵机组可实现冬季供热和夏季供冷，属于可再生能源应用。空气源热泵是由电动机驱动的，利用蒸汽压缩制冷循环工作原理，以环境空气为冷（热）源制取冷（热）风或者冷（热）水的设备。医院生活热水也常采用空气源热泵制取。

空气源热泵的主要优点为：安装在室外，不占用机房面积，省去冷却塔、冷却水泵和冷却水系统，无须另建锅炉房，节省了土建和建筑空间。系统结构紧凑、安装方便、施工周期短，自控设备完善，管理简单。

空气源热泵的主要缺点为：对冬季室外相对湿度较高且室外气温较低的地区，结霜较为频繁，影响供暖效果。机组多安装在屋顶，噪声较大，需合理控制。室外空气的状态参数随地区和季节的不同而变化，对热泵的容量和制热 COP 影响很大。需要根据平衡点温度确定机组容量和辅助加热容量，避免机组选择过大，增大初投资，并导致运行效率较低。

4. 水源热泵

水源热泵机组可实现冬季供热和夏季供冷，属于可再生能源应用。水源热泵机组冬季可利用的水体温度为 12 ~ 22℃，夏季为 18 ~ 35℃，冬季水体温度高于环境空气温度，夏季水休温度低于环境温度，制热和冷却效果优于风冷式和冷却塔式，机组效率比空气源热泵有显著提高。水源热泵机组供热时无燃料燃烧过程，避免了排烟污染。供冷时无须冷却塔，避免了冷却塔的噪音及霉菌污染。由于水体温度一年四季波动范围远远小于空气，因此水源热泵机组运行更可靠、稳定，不存在风冷热泵冬季除霜的难题。

水源热泵根据热源来源分为地下水源热泵和地表水源热泵，使用也受到一定的因素限制，如有无可利用的水源条件，地下水源热泵水层的地质结构、抽水回灌问题，地表水源热泵的水垢问题、腐蚀问题、水温变化产生的影响等问题。在实际工程中，不同的水资源利用的成本差异很大。目前，常见的开式水源热泵系统水源要求必须满足一定的温度、水量和洁净度，还需考虑工程所在地的地质结构和土壤条件。

5. 电动压缩式冷水机组

（1）活塞式冷水机组。活塞式冷水机组是在民用建筑空调制冷中采用时间最长、使用最多的一种机组。活塞式冷水机组适用于中、小容量的空调制冷和热泵系统。普通活塞式冷水机组的单机容量一般在 580kW 以下，多台压缩机联合运行方式（即多机头机组）活塞式冷水机组总制冷量可达 1500kW 以上。活塞式冷水机组具有造价低、使用最广泛、运行管理经验成熟、制冷系统装置简单、设备运行安全可靠的优点，其缺点为振动较大、单机容量不宜过大、部分负荷下的调节特性较差、COP 相对较低等。

（2）离心式冷水机组。离心式冷水机组是目前大、中型民用建筑集中空调系统中应用最广泛的一种机组，尤其是制冷量在 1000kW 以上时，宜选用效率较高的离心机组。离心式冷水机组具有单机制冷量大、制冷系数高、制冷量的调节范围广且可连续无极调节、运行平稳、振动小、噪声低等优点。其主要缺点为制冷量不宜过小，负荷不宜低于 20%。

（3）螺杆式冷水机组。螺杆是冷水机组的典型制冷量范围为 700 ~ 1000kW，一般应用于中型制冷量范围。螺杆式冷水机组兼具活塞式和离心式机组的优点，但其单机容量小于离心式机组，噪声比离心式机组高，且部分负荷下的调节性能较差，特别是在 60% 以下负荷运行时，COP 急剧下降，只适宜在 60% ~ 100% 负荷范围内运行。

以上冷水机组均有风冷和水冷之分。风冷冷水机组是以冷凝器的冷却风机替代水冷冷水机组中的冷却水系统设备（如冷却塔、冷却水泵、冷却水处理装置、水过滤器及冷却水系统管路等），使庞大的冷水机组变得简单而紧凑。与水冷冷水机组相比，风冷冷水机组可以安装于室外空地，也可安装在屋顶，也无须建造机房，但设备的初投资较高，单位制冷量的耗电量也较高。

6. 锅炉

除了上述的直燃型溴化锂吸收式机组、空气源热泵、水源热泵和土壤源热泵机组能实现冬季供热外，锅炉也是常见的热源形式。根据燃料的种类，锅炉可分为燃煤锅炉、燃气锅炉、燃油锅炉和电锅炉，多地区燃煤锅炉被禁止使用，目前医院使用较多的为燃气锅炉。

按照热媒的种类不同，锅炉可分为蒸汽锅炉和热水锅炉。当医院建筑只有供暖、通风和热水供应热负荷的情况下，应采用热水作为热媒。当建筑既有生产工艺热负荷，也有供暖、通风等热负荷时，热媒的选择要进行经济比较来确定。一般来讲，医院建筑中供暖、通风和热水负荷由热水锅炉承担。厨房、洗衣房、中心供应等需要蒸汽的地方单独设置蒸汽锅炉。

7. 市政热源

当医院建筑附近有可以利用的市政热力时，应优先选用市政热力作为供暖和生活热水的热源。市政热力供热系统，一般分为直接式和间接式。若市政热力热水的压力和温度满足室内供热系统的要求时，在当地环保部门允许的情况下，可优先选用直接供热。当上述条件不满足要求时，则需要设置换热器，转换为间接式进行供暖。

（二）不同冷热源的比选

表 5-3-20 不同冷热源比较

比较项目	溴化锂吸收式直燃机组	地源热泵空调	空气源热泵空调	水冷机组 + 锅炉
占地面积	直燃机体积较大，而且要设置调压站等，机房面积与冷水机组 + 锅炉类似	无室外装置，可保持建筑外部美观；机房占地面积小	占地面积较大，但无需专用机房，多安装在屋顶等位置	需要制冷机房和锅炉房，占地面积大
设备寿命	10 ~ 15 年	主机约 25 年，地埋系统 50 年以上	机组 10 年	冷水机组 15 ~ 20 年，燃油燃气锅炉 10 年
水资源消耗	夏季冷却水消耗量为循环量的 1% ~ 2%，冬季供热需排污补水	利用土壤的能量，采用闭式水系统，不消耗水资源	利用空气中能量，不消耗水	夏季冷却水消耗量为循环量的 1% ~ 2%，冬季供热需排污水
能源消耗	消耗传统的一次能源（燃油或燃气），能源利用率 80%，冷却塔耗水量较大	电能，能效比高	电能，能效比较低	夏季利用电能，能效比一般；冬季燃油或燃气，能耗利用率 80%
环境保护	有大量燃烧污染物，冷却塔有一定噪声和水霉菌污染	无燃烧排放，无热岛效应，无室外噪声干扰	无燃烧污染，噪音大，有热岛效应	有燃烧污染，冷却塔有一定噪声和水霉菌污染
运行维护	水泵和冷却塔能耗较大，机组冷量衰减快，维护麻烦，费用高	系统组成简单，维护量小，维护方便	热泵性能受到气温影响大，冬季需除霜和增加电辅热系统，维护麻烦	需制冷机组，锅炉两套机组和维护人员，运行维护复杂，锅炉房需设置安全措施
系统投资	初投资相对较低	涉及地埋管施工安装，初投资较高	投资相对较高	投资相对较高
运行节能	能耗高，受燃气价格影响，运行费用较高	机组能效高，运行费用低，节能率达 40%	机组能效低，运行费用高	运行费用较高

第五节 医院暖通空调及冷热源系统的节能

一、医院节能要求

创造良好的室内环境，是建设"以人为本"的绿色医院的基本要求，同时，医院节能也是绿色医院建筑很重要的考核指标。

此外，从医院自身运营角度来看，节能可以节省医院运营成本，是医院运营管理实实在在的需求。

就全国而言，医院能耗主要集中在通风、空调系统用能、照明用能、生活热水用能、医疗设备用能、办公设备用能及其他。而通风空调系统能耗占医院用能总能耗的比例高达 30% 以上。因此，医院暖通空调及冷热源系统的节能非常必要。北方医院节约供暖能耗仍是重头。

《公共建筑节能设计标准》对建筑热工、供暖通风与空气调节系统、给排水系统、电气等分别进行了规定。医院建筑的建设必须按照国家和地方现行的《公共建筑节能设计标准》的要求进行设计和施工，最终达到运行节能的效果。

二、建筑围护结构热工性能对能耗的影响

围护结构是建筑物构成的主体，由外围护结构和内围护结构两部分组成。外围护结构包括外墙、外门窗、屋面和地面四部分，其作用是使室内受到遮护，可以不受室外气候变化的影响。内围护结构包括内墙、内门窗、楼板三部分，其作用主要是为了构建和分配室内空间，以适应不同的功能需求。从建筑节能的观念上，外围护结构的热工性能与能耗有着紧密的联系。在暖通能耗中，建筑外围护结构传热所导致的能耗占 20%~50%。因此，合理的建筑围护结构热工性能，可以减少暖通空调系统能耗。

三、暖通空调系统性能对能耗的影响

建筑节能的途径有两种：一种是减少建筑用能需求，另一种是提高能源利用效率，即提高用能系统的能效。因此，为了降低医院暖通空调系统的能耗，应保证暖通空调设备以及系统性能满足国家和地区现行节能标准和规范的要求。

四、冷热源系统性能对能耗的影响

医院暖通空调系统能耗中，冷热源主机能耗占比很大，约占暖通空调总能耗的 50% 左右。而医院功能复杂，门诊、急诊、手术、医技、病房、后勤等各部门的使用时间和空调负荷特性并不相同。因此在配置冷热源时，除满足最大负荷外，还须注意在部分负荷时冷热源机组正常运行和有较高的效率。

为了适应实际负荷特性，目前不少冷热源设备机组在 75% 和 50% 负荷率下的性能系数均有了大幅的提高。

五、人流量对能耗的影响

在供暖、空调季节，需要向室内引入人员呼吸所必需的新鲜空气，新风从室外状态点处理至室内状态点产生新风负荷，该负荷与新风量有关，而新风量取决于人流量，新风负荷与人流量密切相关。此外，在空调工况下，室内人员散热形成人员负荷。新风负荷和人员负荷是建筑冷热负荷的组成部分。由此可见，人流量变化将会引起建筑冷热负荷变化，从而影响建筑能耗。有研究分析了夏热冬冷地区现场挂号即时就诊模式的医院和预约就诊模式的医院的负荷特点，结果表明，虽然两家医院门诊量相同，但由于就诊模式不同，导致人流量分布不同，后者全年能耗仅为前者的 37.1%。

六、暖通空调系统的节能运行

暖通空调系统的负荷随室外气候条件、室内人员等因素变化而变化，在运行过程中，根据智能监测平台监测到的参数（如室内 CO_2 浓度、空调系统回水温度等）的变化，制定调节控制策略，按需调节冷热源主机和末端采暖空调设备的台数、风机的转速等，可实现暖通空调系统的节能运行。

第六节　医院暖通空调及冷热源系统的检测与控制

一、医院暖通空调及冷热源系统的检测要求

暖通空调及冷热源系统的参数检测对于暖通空调系统的运行非常重要。通过参数检测反映设备和管道系统的启停、运行及事故处理过程中的安全和经济运行状态，用以设备和系统主要性能的计算和经济分析。暖通空调及冷热源系统需要检测众多的参数。

1. 通风系统应检测的参数

（1）通风机的启停状态；

（2）可燃或危险物泄漏等事故状态；

（3）空气过滤器进出口静压差的越线报警。

2. 供暖系统应检测的参数

（1）供暖系统的供水、供汽和回水干管中的热媒温度和压力；

（2）过滤器的进出口静压差；

（3）水泵等设备的启停状态；

（4）热空气幕的启停状态。

3. 空调系统应检测的参数

（1）室内、外空气的温度；

（2）空气冷却器出口的冷水温度；

（3）空气加热器出口的热水温度；

（4）空气过滤器进出口静压差的越线报警；

（5）风机、水泵、转轮热交换、加湿器等设备启停状态。

4. 空调冷热源及其水系统检测的参数

（1）冷水机组蒸发器进、出口水温、压力；

（2）冷水机组冷凝器进、出口水温、压力；

（3）热交换器一二次侧进、出口温度、压力；

（4）分、集水器温度、压力（或压差）；

（5）水泵进出口压力；

（6）水过滤器前后压差；

（7）冷水机组、水泵、冷却塔风机等设备的启停状态。

二、医院暖通空调系统的控制方式

医院的暖通空调系统控制可分为三个层级。

1. 机房集中控制

冷热源机房群控系统，控制主机 / 水泵等，同时末端风机也可通过监控平台，集中在机房控制。

2. 楼层集中控制

每一楼层集中设置监控系统，控制新风量及新风送风温度。

3. 末端分室控制

由房间内设置的智能风量模块控制器控制室内风量 / 相对湿度；温控器控制室内温度。

医院根据需求和定位，可以设置集中机房，通过智能化管理平台进行暖通空调系统的集中监控，提高暖通空调系统的运行效率，并减少系统运行维护人员的投入。此外，也可通过在每层的护士站设置楼层集中监控，分别由每层的医护人员集中监管。是否在末端设置分室控制面板，给末端调节控制权限，医院可视情况决定。

第七节　医院暖通空调及冷热源系统的消声与隔振

一、医院消声与隔声要求

医院建筑对声环境的要求较高，相关规范中规定的医院主要房间室内允许噪声级如表 5-3-21 所示。社会调查时发现，医院中通风系统因噪声太大而不使用的情况并不鲜见。要实现医院对声环境的较高要求，达到表 5-3-21 所列的室内噪声级，暖通空调系统的机房、设备等需要采取一系列的消声隔振与减震措施。

表 5-3-21 室内允许噪声级

房间名称	允许噪声级（A 声级，dB）			
	高标准要求		低标准要求	
	昼间	夜间	昼间	夜间
病房、医护人员休息室	≤ 40	≤ 35[注1]	≤ 45	≤ 40
各类重症监护室	≤ 40	≤ 35	≤ 45	≤ 40
诊室	≤ 40		≤ 45	
手术室、分娩室	≤ 40		≤ 45	
洁净手术室	—		≤ 50	
人工生殖中心净化区	—		≤ 40	
听力测听室	—		≤ 25[注2]	
化验室、分析实验室	—		≤ 40	
入口大厅、候诊厅	≤ 50		≤ 55	

注：1 对特殊要求的病房，室内允许噪声级应小于或等于 30dB；

　　2 表中听力测听室允许噪声级的数值，适用于采用纯音气导和骨导听阈测听法的听力测听室。采用声场测听法的听力测听室的允许噪声级另有规定。

二、消声与隔声

（1）尽可能将通风设备安装在机房内，设备机房的布置位置应远离对噪声敏感的房间。

（2）空调机房墙体内表面设置隔音棉、机房门采用隔声门等消声隔声措施。

（3）通风设备产品的噪声源的声功率级，应依据产品资料的实测数值。

（4）气流通过直风管、弯头、三通、变径管、阀门和送、排风口等部件产生的再生噪声声功率级与噪声自然衰减量，应分别按各倍频带中心频率计算确定。（注：对于直风管，当风速小于 5m/s 时，可不计算气流再生噪声；当风速大于 8m/s 时，可不计算噪声自然衰减量。）

（5）通风系统产生的噪声，当自然衰减不能达到允许噪声标准时，应设置消声设备或采取其他消声措施。系统所需的消声量，应通过计算确定。

（6）选择消声设备时，应根据系统所需消声量、噪声源频率特性和消声设备的声学性能及空气动力特性等因素，经技术经济比较确定。

（7）消声设备的布置应考虑风管内气流对消声能力的影响。消声设备与机房隔墙间的风管应具有隔声功能。

（8）风管穿过机房围护结构处四周的缝隙，应使用具备隔声功能的弹性材料填充密实。

三、隔振

（1）当暖通空调系统的振动靠自然衰减不能达标时，应设置隔振器或采取其他隔振措施。

（2）对本身不带有隔振装置的设备，当其转速小于或等于 1500r/min 时，宜选用弹簧隔振器；转速大于 1500r/min 时，根据环境需求和设备振动的大小，亦可选用橡胶等弹性材料的隔振垫块或橡胶隔振器。

（3）选择弹簧隔振器时，宜符合下列要求：

① 设备的运转频率与弹簧隔振器垂直方向的固有频率之比，应不小于 2.5，宜为 4 ~ 5；

② 弹簧隔振器承受的载荷，不应超过允许工作载荷；

③ 当共振振幅较大时，宜与阻尼大的材料联合使用；

④ 弹簧隔振器与基础之间宜设置一定厚度的弹性隔振垫。

（4）选择橡胶隔振器时，应符合下列要求：

① 应计入环境温度对隔振器压缩变形量的影响；

② 计算压缩变形量，宜按生产厂家提供的极限压缩量的 1/3 ~ 1/2 采用；

③ 设备的运转频率与橡胶隔振器垂直方向的固有批了之比，应大于或等于 2.5，宜为 4 ~ 5；

④ 橡胶隔振器承受的荷载，不应超过允许工作荷载；

⑤ 橡胶隔振器与基础之间宜设置一定厚度的弹性隔振垫。

注：橡胶隔振器应避免太阳直接辐射或与油类接触。

（5）符合下列要求之一时，宜加大隔振台座质量及尺寸：

① 设备重心偏高；

② 设备重心偏离中心较大，且不易调整；

③ 不符合严格隔振要求的。

（6）通风机的进口、出口管道，宜采用软管连接。

（7）受设备振动影响的管道，宜采用弹性支吊架。

第八节　专业配合

医院建筑是一个功能性极强的综合建筑体，与其他建筑相比，更为复杂，各个专业之间的协同配合尤为重要，否则易出现返工、延误工期、流线不合理等问题。医院建设的不同阶段，专业配合的内容和配合对象不同，以下根据建筑建设的阶段，分别简单介绍设计阶段、施工阶段以及运维阶段，暖通空调专业分别需要与哪些专业或单位配合以及配合的关键内容。

一、设计阶段

（一）与建筑专业的协调配合

与建筑专业的配合，应从方案阶段开始，考虑系统所需要的空间，避免施工图阶段的冲突。目前工程上主要的矛盾，一是机房面积过小，设备拥挤，给安装维修带来困难；二是机房位置安排不当。因此在建筑设计方案深化的阶段就应当有设备工种进行配合。这个阶段的配合主要是考虑好机房位置，初估风管大小，将影响建筑层高、结构形式和平面布局的大问题定下即可。在估算风量时可按指标套用，也可凭经验判断决定。决定的尺寸不宜太大，但应留有余量，以备建筑平、立面有点变动时仍可适用。

为了使空调系统的效果良好，同时也为了建筑空间的合理利用，医院建筑还应特别考虑美观和适用的统一。在设计时，对风管与供冷供热管道甚至其他各种管线必须有合理的安排与规划。为此在做建筑设计方案时，即应当同时考虑送、回风系统与建筑的关系。影响送风管、回风管、排风管、新风管的敷设路线与管井位置等建筑师应加以妥善安排并与设备工程师共同研究。对建筑艺术造型或内装修有重大影响时，要加以解决，并给设备工种以合理的建议。一个完美的建筑物必须是建筑设计和设备设计紧密配合，协调一致的产物。

（二）与结构专业的协调配合

与结构专业配合，主要包括设备荷载和剪力墙洞，对于大型的设备和大洞，一定要在初设阶段提出，以便结构专业进行计算。小设备和小洞可以在施工图阶段进行深化设计。

施工图阶段需要向结构专业提供的资料。

第一，减振要求的设备基础，提供设备规格型号、样本、重量及基础尺寸。

第二，梁、板、柱上预埋吊点所吊设备重量、吊点位置、尺寸及数量。

第三，风管、水管、汽管穿基础、楼板，抗震墙、屋面预留孔洞的位置、尺寸或对预埋件的要求。

第四，放置在楼板或屋面上的设备重量及位置。

第五，设备吊装、检修孔的位置、尺寸和所需吊轨、吊钩位置及技术要求。

（三）与电气专业的协调配合

暖通空调系统的用电以及系统控制需要电气专业完成，施工图阶段需要向电气专业提供的资料。

第一，各种用电设备（如冷风机组、冷冻机、空调器、水泵、通风机、排风器、电动阀，防火阀、电热器、电磁阀等）的电机型号、规格、功率、电压、接线平面位置及标高，使用及备用台数。

第二，自动控制的原理图和要求说明。

第三，机房、控制室、大型空调器的照明要求，检修的照明要求。

（四）与给排水专业的协调配合

暖通空调系统供冷供热所需水量需要给排水设计提供，因此施工图阶段需要向给排水专业提供的资料。

第一，冷水机组、水冷空调器冷却水等的用水量、水温、水压要求及进出水管位置、标高和管径。

第二，空调器排水、凝结水的排放位置、标高及管径。

第三，膨胀水箱、空调淋水室、电极加热器等补水位置、标高及管径。

第四，机房清洁用水的要求和地面排水要求。

第五，地沟内排水要求。

第六，空调箱、风机盘管排除空气凝结水管的位置。

二、施工阶段

（一）与土建的协调配合

暖通系统的施工与土建的配合，应做好施工进度计划的协调，根据土建施工进度完成系统所必需的预留预埋。及时把预留洞和设备基础图纸发放到土建施工队伍，并对土建预留洞进行核查，确保准确到位，避免后期重复工程。空调主机在安装前应配合土建完成洞口的预留，保证空调主机能够进入室内。此外，暖通空调冷热源地源热泵系统地埋管的施工，应与土建专业进行施工时间、施工进度以及施工条件的协调与配合。

（二）与装饰的协调配合

与装饰专业配合主要工作为风口的位置和大小，暖通专业要做到既满足装饰专业的美观要求，也要符合本专业的气流组织等要求，争取达到美观和实用的最好效果。

对于暖通空调施工完并进行隐蔽后装修的部分，要做好交底工作，避免装饰过程对暖通空调隐蔽工程的破坏。

（三）与景观的协调配合

暖通空调系统与景观专业的配合主要是冷热源系统采用地源热泵的情况，景观进场施工时建筑建设已基本完成，室外园区内已施工了大量的地埋管，因此需要与景观专业对接交底，以免景观施工破坏园区内的地埋管。

三、运维阶段

运维阶段暖通空调系统的运维主要是与使用人员的配合，暖通运维需要了解清楚末端各功能空间的使用特性，从而制定合适的运维策略，使得暖通空调系统既能为使用者提供良好的室内环境，又能达到节能的效果。

第九节　工程案例

以息烽县人民医院住院综合楼中央空调系统为例。

一、建设背景及工程概况

本工程位于贵州省息烽县，总建筑面积 28933m²，其中地下 9403m²，地上 19530m²；总楼层 18 层；工程自 2010 年 11 月开发建设，2014 年 7 月正式投入使用，总投资约为 13145 万元；本工程被评定为三星级绿色建筑和可再生能源示范项目。

二、系统建设全过程

（一）设计阶段

考虑绿色建筑设计的要求，根据"通风优先，匹配冷暖"的设计思想，首先综合考虑通风系统、室内冷暖末端和冷热源这三者的协调性，确定了智能通风系统、楼板双面冷暖辐射末端和地源 – 空气源热泵的基本综合方案。少数区域采用风机盘管加新排风系统。

1. 智能通风系统设计

鉴于病房区域辐射空调的特殊性，病房的通风系统应承担卫生、热舒适和满足地板辐射供冷不结露的功能。为了考虑通风的可调性，设计采用动力分布式通风系统，系统由主风机和支路风机组成，主风机安装在主管上，支路风机安装在支路上，每个区域的风量由支路风机进行独立调节，主风机根据各个支路风机的情况自动调节主风机风量。动力分布式通风系统可尽量减少阀门的能耗，同时可实现按需供应。当某间病房湿度较大时，可临时通过支路风机加大新风量，消除过量的余湿。

病房区域排风采用在独立卫生间设置智能变风量调节模块方式，房间排风口附近设置 CO_2 传感器，在卫生间天花上及病房侧墙上均设置排风口。智能变风量模块可实现手动及根据 CO_2 浓度自动调节，智能变风量模块将病房及卫生间的污浊空气排至竖井，最后由竖井排至屋面。

由于医生办公、值班室及附属区域等属于病房的配套功能区，室内人员相对稳定，仅办公区存在 10 小时工作制，同时考虑通风系统的完整性，办公区域新风与病房区域新风为一个系统，各房间末端再设置智能变风量调节模块。办公区域排风系统按楼层设置，统一由建筑一侧（避开新风入口）排出。

医院办公区域设计新风量大于排风量，病患走廊区域设计新风量略小于排风量，病房区域设计新风量小于排风量，对于整个病房楼层而言，实现了室内气流由洁净区→半污染区→污染区的气流流动，保障了医院室内梯级压差，合理控制了医护人员和病患间的交叉感染。

大楼通风系统设备采用了三级控制方式，第一级控制为病房内 CO_2 浓度自动控制或手动控制；第二级控制为楼层护士站控制；第三级控制为机房内中央控制平台集中控制。病房内智能风量调节模块受病房和护士站两级控制，大楼主的新风机组和排风机组受护士站和集中机房两级控制。

2. 末端空调设计

大楼病房区域空调末端采用了无动力蓄能型楼板双面冷暖辐射系统，与传统的楼板辐射有所区别，双面楼板辐射未设置绝热层，减少了对层高的影响。

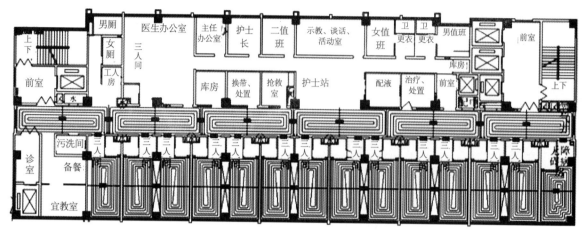

图 5-3-19 大楼标准病房辐射系统平面图

3. 空调冷热源设计

经空调负荷逐时计算，该大楼空调总面积 16090m²，总冷负荷 1170kW，总冷指标 72.7W/m²；总热负荷 1441kW，总热指标 89.6W/m²。

大楼冷热源采用了地源热泵系统，冷热源采用 3 台地源热泵机组，其中 2 台为螺杆式地源热泵机组，提供风机盘管和大楼新风系统的冷热量，夏季冷水供回水温度设计值为 7/12℃，冬季热水供回水温度为 40/45℃；另外 1 台为高温螺杆式地源热泵机组，供应病房部分双面楼板辐射的冷热量，夏季冷水供回水温度设计值为 18/23℃，冬季热水供回水温度为 40/45℃。夏季地埋侧设计供回水温度为 25/30℃，冬季地埋侧设计供回水温度为 5/10℃。

（二）设备采购阶段

大楼中央空调系统的采购的关键主要包含地源热泵系统、末端风机盘管系统及智能通风系统三大板块，由于风机盘管为中央空调成熟系统，因此本工程采购的关键主要为地源热泵系统和末端智能通风系统。

（三）施工阶段

大楼系统的施工管理的重点主要体现在病房区域内双面辐射系统和地源热泵地埋管的隐蔽工程和通风系统的细节问题上。

大楼双面辐射系统由于无传统地暖的隔热层固定（挤塑板），因此其在施工时为保障管道的合理布置及限制回填时管道上浮，故在敷射管道前应在地面先敷设一层钢丝网。再加之施工现场的多专业交叉施工，敷射管道完成完毕后应立即打压，并保压回填保护层。

地源热泵地埋管部分的施工除传统地埋管施工时需重点关注的打孔、回填及水平管的实施细节外，本工程地埋管部分实施的重点是桩基螺旋管在结构孔桩钢筋笼的缠绕及及时配合浇筑问题。

（四）运营管理阶段

大楼中央空调整体运维服务最终由原系统集成供应服务商运营实施，并采用了节能分享模式，即节约能耗按比例分享的方式以鼓励双方管理和行为节能。

　　大楼空调的运营管理主要包括地源热泵机房和末端空调及智能通风系统，地源热泵机房的运营重点主要包括地源热泵地源侧的分区运行及空调主机的开关机节能运行，它直接影响了末端空调舒适性及节能性；末端风机盘管的运行维护相对简单，主要是对风机盘管的送风口及末端回风过滤网的清洗，而末端辐射系统由于无动力设备、无风口，属于隐藏式空调，因此该系统基本属于免维护；智能通风系统运营管理阶段主要包括通风设备过滤器的清洗更换、末端通风口的清洗维护、部分区域开关机管理及用户反馈后的参数调整等工作。

参考文献

[1] 中华人民共和国国家卫生和计划生育委员会.GB 51039—2014.综合医院建筑设计规范［S］.北京：中国计划出版社，2015.

[2] 陈慧华，萧正辉.医院建筑与设备设计（第二版）［M］.北京：中国建筑工业出版社，2004.

[3] 许钟麟.空气洁净技术原理（第四版）［M］.北京：科学出版社，2014.

[4] 陈敏.我国综合医院人流量预测模型的研究［D］.重庆：重庆大学，2012.

[5] 范军辉.动力分布式通风系统的研究［D］.重庆：重庆大学，2013.

[6] 隋文君.医院门诊大楼空气压差的关联分析研究［D］.重庆：重庆大学，2013.

第四章

医院消防系统

李国生　赵奇侠　阚强　田野　孙熙涛

李国生 公安部天津消防研究所副研究员，信息部主任

赵奇侠 北京大学第三医院基建处处长

阚 强 公安部天津消防研究所规范室主任

田 野 公安部天津消防研究所副研究员

孙熙涛 中国医学装备协会医院建筑与装备分会物流交通
专业委员会副主任委员

医院属于一个比较特殊的公共场所，医院内通常有"四多"：一是建筑多，一个普通医院内通常有门诊部、诊疗部、住院部、手术室、药房、仓库等各种类型的建筑；二是弱势人群多，医院内有各种患者、老人、儿童、残疾人、行动不便的人等；三是可燃物多，医院内有各种药品、包装盒、可燃液体、氧气等可燃气体等；四是电气设备多，医院内有氧舱、X光机，各种大型诊疗设备、电动设备等。由于医院有这些特殊性，一旦发生火灾，如果没有及时扑灭，形成火灾蔓延，很容易造成重大人员伤亡。

针对医院建筑消防的需求，我国已经颁布的各种消防规范中均对医院建筑的消防部分作出了相关规定，主要内容有医院建筑防火，包括防火墙、防火门、防火分区、消防疏散等，医院室内装修，包括各种装修材料的燃烧性能的规定和使用限制等，各种消防系统，包括火灾自动报警系统、消火栓系统、自动喷水灭火系统、气体灭火系统、防烟和排烟设施、灭火器配置等。在上述消防规范中，有一部分规范专门针对医疗卫生机构作出了详细的规定，如《建筑设计防火规范》（GB 50016—2014）和《建筑内部装修设计防火规范》（GB 50222—2017），而其他的规范将医院建筑纳入了民用建筑中，没有针对医院建筑作出专门的规定。

针对我国医院建筑的消防需求并根据我国医院建筑的消防特点，增设了可视图像早期火灾报警系统、医院微型消防站和医院智慧消防的内容。

目前国内的医院建筑中有三个消防难题。一是我国的大型医院中，普遍设置了物流传输系统，这些物流系统穿越了医院建筑中设计的防火分区和防烟分区，而又未在穿越分区处设置防火分隔；二是医院手术室内灭火系统的设置，据了解，我国现有医院的手术室内都未设置灭火系统，但手术室内又存在发生火灾的可能性；三是医用液氧储罐的容积，我国的《建筑设计防火规范》中规定了医用液氧储罐的单罐容积不应大于 $5m^3$，但在实际应用中大多是 $10m^3$。

第一节　医院建筑防火

医院的建筑防火应严格按照我国的《建筑设计防火规范》和《医院洁净手术部建筑技术规范》（GB 50333—2013）及其他相关技术标准的规定进行设计。

一、医院建筑

（一）医院建筑分类和耐火等级

医院建筑根据其建筑高度和层数可分为单、多层建筑和高层建筑，耐火等级可分为一、二、三、四级，不同耐火等级建筑相应构件的燃烧性能和耐火极限不应低于表 5-4-1 的规定。

表 5-4-1　不同耐火等级建筑相应构件的燃烧性能和耐火极限（h）

构件名称		耐火等级			
		一级	二级	三级	四级
墙	防火墙	不燃性 3.00	不燃性 3.00	不燃性 3.00	不燃性 3.00
	承重墙	不燃性 3.00	不燃性 2.50	不燃性 2.00	难燃性 0.50
	非承重外墙	不燃性 1.00	不燃性 1.00	不燃性 0.50	可燃性
	楼梯间和前室的墙 电梯井的墙 宅建筑单元之间的墙 分户墙	不燃性 2.00	不燃性 2.00	不燃性 1.50	难燃性 0.50

表5-4-1 不同耐火等级建筑相应构件的燃烧性能和耐火极限（h） （续）

构件名称		耐火等级			
		一级	二级	三级	四级
墙	疏散走道两侧的隔墙	不燃性 1.00	不燃性 1.00	不燃性 0.50	难燃性 0.25
	房间隔墙	不燃性 0.75	不燃性 0.50	难燃性 0.50	难燃性 0.25
柱		不燃性 3.00	不燃性 2.50	不燃性 2.00	难燃性 0.50
梁		不燃性 2.00	不燃性 1.50	不燃性 1.00	难燃性 0.50
楼板		不燃性 1.50	不燃性 1.00	不燃性 0.50	可燃性
屋顶承重构件		不燃性 1.50	不燃性 1.00	可燃性 0.50	可燃性
疏散楼梯		不燃性 1.50	不燃性 1.00	不燃性 0.50	可燃性
吊顶（包括吊顶格栅）		不燃性 0.25	难燃性 0.25	难燃性 0.15	可燃性

注：除《建筑防火设计规范》另有规定外，以木柱承重且墙体采用不燃材料的建筑，其耐火等级应按四级确定。
住宅建筑构件的耐火极限和燃烧性能可按现行国家标准《住宅建筑规范》（GB 50368—2005）的规定执行。

医院建筑的耐火等级应根据其建筑高度、使用功能、重要性和火灾扑救难度等确定，并应符合相关规范的规定。

除木结构建筑外，老年人照料设施的耐火等级不应低于三级。

（二）防火分区和层数

不同耐火等级医院建筑的允许建筑高度或层数、防火分区最大允许建筑面积应符合表5-4-2的规定。

表5-4-2 不同耐火等级建筑的允许建筑高度或层数、防火分区最大允许建筑面积

名称	耐火等级	允许建筑高度或层数	防火分区的最大允许建筑面积（m²）	备注
高层医院建筑	一、二级	按 3.1.1 条确定	1500	—
单、多层医院建筑	一、二级	按 3.1.1 条确定	2500	—
	三级	5层	1200	
	四级	2层	600	
地下或半地下建筑（室）	一级	—	500	设备用房的防火分区最大允许建筑面积不应大于 1000m²

注：1. 表中规定的防火分区最大允许建筑面积，当建筑内设置自动灭火系统时可按本表的规定增加1.0倍；局部设置时，防火分区的增加面积可按该局部面积的1.0倍计算。
2. 裙房与高层建筑主体之间设置防火墙时，裙房的防火分区可按单、多层建筑的要求确定。

独立建造的一、二级耐火等级老年人照料设施的建筑高度不宜大于32m，不应大于54m；独立建造的三级耐火等级老年人照料设施不应超过2层。

防火分区之间应采用防火墙分隔，确有困难时，可采用防火卷帘等防火分隔设施分隔。采用防火卷帘分隔时，应符合相关规定。

一、二级耐火等级医院建筑内的商店营业厅、展览厅，当设置自动灭火系统和火灾自动报警系统并采用不燃或难燃装修材料时，其每个防火分区的最大允许建筑面积应符合相关规范的规定。

（三）医院平面布置

医院建筑的平面布置应结合建筑的耐火等级、火灾危险性、使用功能和安全疏散等因素合理布置，确定建筑的位置、防火间距、消防车道和消防水源等，不宜将医院建筑布置在甲、乙类厂（库）房，甲、乙、丙类液体储罐，可燃气体储罐和可燃材料堆场的附近。

除了满足医院建筑使用功能所设置的附属库房外，医院建筑内不应设置生产车间和其他库房。甲、乙类火灾危险性物品的商店、作坊和储藏间，严禁附设在医院建筑内。

医院和疗养院的住院部分不应设置在地下或半地下，建筑内会议厅、多功能厅等人员密集的场所，宜布置在首层、二层或三层。设置在三级耐火等级的建筑内时，不应布置在三层及以上楼层。如需布置在一、二级耐火等级建筑的其他楼层时应符合相关规定的要求。

表 5-4-3 医用液氧储罐与其他建筑的防火间距

名称		湿式氧气储罐（总容量 V，m³）		
		V ≤ 1000	1000 < V ≤ 50000	V > 50000
明火或散发火花地点		25	30	35
甲、乙、丙类液体储罐，可燃材料堆场，甲类仓库，室外变、配电站		20	25	30
民用建筑		18	20	25
其他建筑	一、二级	10	12	14
	三级	12	14	16
	四级	14	16	18

注：固定容积氧气储罐的总容积按储罐几何容积（m³）和设计存储压力（绝对压力，105Pa）的乘积计算。

（四）安全疏散和避难

医院建筑应根据其建筑高度、规模、使用功能和耐火等级等因素合理设置安全疏散和避难设施。安全出口和疏散门的位置、数量、宽度及疏散楼梯间的形式，应满足人员安全疏散的要求。

安全出口、疏散门、楼梯间、电梯的布置应符合规范要求。如直通建筑内附设汽车库的电梯，应在汽车库部分设置电梯候梯厅，并应采用耐火极限不低于 2.00h 的防火隔墙和乙级防火门与汽车库分隔。

医院建筑的安全疏散距离应符合下列规定：

（1）直通疏散走道的房间疏散门至最近安全出口的直线距离不应大于表 5-4-4 的规定。

表 5-4-4 直通疏散走道的房间疏散门至最近安全出口的直线距离（m）

名 称			位于两个安全出口之间的疏散门			位于袋形走道两侧或尽端的疏散门		
			一、二级	三级	四级	一、二级	三级	四级
医疗建筑	单、多层		35	30	25	20	15	10
	高层	病房部分	24	—	—	12	—	—
		其他部分	30	—	—	15	—	—

注：1. 建筑内开向敞开式外廊的房间疏散门至最近安全出口的直线距离可按本表的规定增加 5m。

2. 直通疏散走道的房间疏散门至最近敞开楼梯间的直线距离，当房间位于两个楼梯间之间时，应按本表的规定减少 5m；当房间位于袋形走道两侧或尽端时，应按本表的规定减少 2m。

3. 建筑物内全部设置自动喷水灭火系统时，其安全疏散距离可按本表的规定增加 25%。

（2）楼梯间应在首层直通室外，确有困难时，可在首层采用扩大的封闭楼梯间或防烟楼梯间前室。当层数不超过 4 层且未采用扩大的封闭楼梯间或防烟楼梯间前室时，可将直通室外的门设置在离楼梯间不大于 15m 处。

（3）房间内任一点至房间直通疏散走道的疏散门的直线距离，不应大于《建筑设计防火规范》规定的袋形走道两侧或尽端的疏散门至最近安全出口的直线距离。

（4）一、二级耐火等级建筑内疏散门或安全出口不少于 2 个的观众厅、展览厅、多功能厅、餐厅、营业厅等，其室内任一点至最近疏散门或安全出口的直线距离不应大于 30m；当疏散门不能直通室外地面或疏散楼梯间时，应采用长度不大于 10m 的疏散走道通至最近的安全出口。当该场所设置自动喷水灭火系统时，室内任一点至最近安全出口的安全疏散距离可分别增加 25%。

高层公共建筑内楼梯间的首层疏散门、首层疏散外门、疏散走道和疏散楼梯的最小净宽度应符合表5-4-5 的规定。

表 5-4-5 高层公共建筑内楼梯间的首层疏散门、首层疏散外门

建筑类别	楼梯间的首层疏散门、首层疏散外门	疏散走道		疏散楼梯
		单面布房	双面布房	
高层医疗建筑	1.30	1.40	1.50	1.30
其他高层公共建筑	1.20	1.30	1.40	1.20

二、医院建筑防火构造

（一）防火墙

防火墙应直接设置耐火极限不应低于防火墙耐火极限的基础或框架、梁等承重结构上，并应从楼地面基层隔断至梁、楼板或屋面板的底面基层。防火墙横截面中心线水平距离天窗端面小于 4.0m，且天窗端面为可燃性墙体时，应采取防止火势蔓延的措施。

防火墙的设置必须符合相关规范的要求。

建筑外墙为难燃性、可燃性或不燃性墙体时，防火墙应符合相关规范的要求。

建筑内的防火墙不宜设置在转角处，确需设置时，内转角两侧墙上的门、窗、洞口之间最近边缘的水平距离不应小于 4.0m；采取设置乙级防火窗等防止火灾水平蔓延的措施时，该距离不限。防火墙上不应开设门、窗、洞口，确需开设时，应设置不可开启或火灾时能自动关闭的甲级防火门、窗。

可燃气体和甲、乙、丙类液体的管道严禁穿过防火墙，防火墙内不应设置排气道。

其他管道不宜穿过防火墙，确需穿过时，应采用防火封堵材料将墙与管道之间的空隙紧密填实，穿过防火墙处的管道保温材料，应采用不燃材料；当管道为难燃及可燃材料时，应在防火墙两侧的管道上采取防火措施。

防火墙的构造应能在防火墙任意一侧的屋架、梁、楼板等受到火灾的影响而破坏时，不会导致防火墙倒塌。

（二）疏散楼梯间和疏散楼梯等

1. 疏散楼梯间防火规定

（1）楼梯间应能天然采光和自然通风，并宜靠外墙设置，靠外墙设置时，楼梯间、前室及合用前室外墙上的窗口与两侧门、窗、洞口最近边缘的水平距离不应小于 1.0m。

（2）楼梯间内不应设置烧水间、可燃材料储藏室、垃圾道。

（3）楼梯间内不应有影响疏散的凸出物或其他障碍物。

（4）封闭楼梯间、防烟楼梯间及其前室，不应设置卷帘。

（5）楼梯间内不应设置甲、乙、丙类液体管道。

（6）封闭楼梯间、防烟楼梯间及其前室内禁止穿过或设置可燃气体管道。敞开楼梯间内不应设置可燃气体管道，当住宅建筑的敞开楼梯间内确需设置可燃气体管道和可燃气体计量表时，应采用金属管和设置切断气源的阀门。

2. 封闭楼梯间防火规定

（1）不能自然通风或自然通风不能满足要求时，应设置机械加压送风系统或采用防烟楼梯间。

（2）除楼梯间的出入口和外窗外，楼梯间的墙上不应开设其他门、窗、洞口。

（3）高层医院建筑、人员密集的公共建筑，其封闭楼梯间的门应采用乙级防火门，并应向疏散方向开启；其他建筑可采用双向弹簧门。

（4）楼梯间的首层可将走道和门厅等包括在楼梯间内形成扩大的封闭楼梯间，但应采用乙级防火门等与其他走道和房间分隔。

3. 防烟楼梯防火规定

（1）应设置防烟设施。

（2）前室可与消防电梯间前室合用。

（3）前室的使用面积：公共建筑、高层厂房（仓库），不应小于 6.0m²；住宅建筑，不应小于 4.5m²。与消防电梯间前室合用时，合用前室的使用面积：公共建筑、高层厂房（仓库），不应小于 10.0m²；住宅建筑，不应小于 6.0m²。

（4）疏散走道通向前室以及前室通向楼梯间的门应采用乙级防火门。

（5）除住宅建筑的楼梯间前室外，防烟楼梯间和前室的墙上不应开设除疏散门和送风口外的其他门、窗、洞口。

（6）楼梯间的首层可将走道和门厅等包括在楼梯间前室内形成扩大的前室，但应采用乙级防火门等与其他走道和房间分隔。

除通向避难层错位的疏散楼梯外，医院建筑内的疏散楼梯间在各层的平面位置不应改变。

同时，地下或半地下建筑（室）的疏散楼梯间、室外疏散楼梯、下沉式广场等室外开敞空间等也应符合相关规范的要求。

（三）防火门、窗和防火卷帘

防火门及防火分隔部位设置防火卷帘时，应符合《建筑设计防火规范》《防火门》《防火窗》及相关规范及标准的要求。设置在防火墙、防火隔墙上的防火窗，应采用不可开启的窗扇或具有火灾时能自行关闭的功能。

（四）医院建筑保温和外墙装饰

医院建筑的内、外保温系统，宜采用燃烧性能为 A 级的保温材料，不宜采用 B2 级保温材料，严禁采用 B3 级保温材料；设置保温系统的基层墙体或屋面板的耐火极限应符合《建筑设计防火规范》的有关规定。

三、医院灭火救援设施

（一）消防车道

（1）街区内的道路应考虑消防车的通行，道路中心线间的距离不宜大于 160m。

（2）当建筑物沿街道部分的长度大于 150m 或总长度大于 220m 时，应设置穿过建筑物的消防车道。确有困难时，应设置环形消防车道。

（3）高层医院建筑，多层医院建筑应设置环形消防车道，确有困难时，可沿建筑的两个长边设置消防车道。

（4）有封闭内院或天井的建筑物，当内院或天井的短边长度大于24m时，宜设置进入内院或天井的消防车道；当该建筑物沿街时，应设置连通街道和内院的人行通道（可利用楼梯间），其间距不宜大于80m。

（5）在穿过建筑物或进入建筑物内院的消防车道两侧，不应设置影响消防车通行或人员安全疏散的设施。

（6）消防车道应符合下列要求：

①车道的净宽度和净空高度均不应小于4.0m；

②转弯半径应满足消防车转弯的要求；

③消防车道与建筑之间不应设置妨碍消防车操作的树木、架空管线等障碍物；

④消防车道靠建筑外墙一侧的边缘距离建筑外墙不宜小于5m；

⑤消防车道的坡度不宜大于8%。

（7）环形消防车道至少应有两处与其他车道连通。尽头式消防车道应设置回车道或回车场，回车场的面积不应小于12m×12m；对于高层建筑，不宜小于15m×15m；供重型消防车使用时，不宜小于18m×18m。

（二）消防电梯

下列医院建筑应设置消防电梯：

（1）一类高层医院建筑和建筑高度大于32m的二类高层医院建筑、5层及以上且总建筑面积大于3000m²（包括设置在其他建筑内五层及以上楼层）的老年人照料设施；

（2）设置消防电梯的建筑的地下或半地下室，埋深大于10m且总建筑面积大于3000m²的其他地下或半地下建筑（室）。

消防电梯的设置应符合《建筑设计防火规范》等相关规范的要求。

（三）直升机停机坪

直升机停机坪设置在屋顶平台上时，距离设备机房、电梯机房、水箱间、共用天线等突出物不应小于5m；建筑通向停机坪的出口不应少于2个，每个出口的宽度不宜小于0.9m；在停机坪的适当位置应设置消火栓；其他要求应符合国家现行航空管理有关标准的规定。

四、医院电气防火

（一）消防电源及其配电

一类高层医院建筑的消防用电应按一级负荷供电。室外消防用水量大于25L/s的医院建筑的消防用电应按二级负荷供电。

消防用电按一、二级负荷供电的建筑，当采用自备发电设备作备用电源时，自备发电设备应设置自动和手动启动装置。当采用自动启动方式时，应能保证在30s内供电。

医院建筑内消防应急照明和灯光疏散指示标志的备用电源的连续供电时间应符合相关规定。

（二）电力线路及电器装置

电力电缆不应和输送甲、乙、丙类液体管道、可燃气体管道、热力管道敷设在同一管沟内。

配电线路不得穿越通风管道内腔或直接敷设在通风管道外壁上，穿金属导管保护的配电线路可紧贴通风管道外壁敷设。

配电线路敷设在有可燃物的闷顶、吊顶内时，应采取穿金属导管、采用封闭式金属槽盒等防火保护措施。

（三）消防应急照明和疏散指示标识

医院建筑的下列部位应设置疏散照明：

（1）封闭楼梯间、防烟楼梯间及其前室、消防电梯间的前室或合用前室、避难走道、避难层（间）；

（2）建筑面积大于200m² 的营业厅、餐厅等人员密集的场所；

（3）建筑面积大于100m² 的地下或半地下公共活动场所；

（4）医院建筑内的疏散走道；

建筑内疏散照明的地面最低水平照度应符合相关要求。

消防控制室、消防水泵房、自备发电机房、配电室、防排烟机房以及发生火灾时仍需正常工作的消防设备房应设置备用照明，其作业面的最低照度不应低于正常照明的照度。

建筑内设置的消防疏散指示标志和消防应急照明灯具，除应符合《建筑防火设计规范》的规定外，还应符合现行国家标准《消防安全标志》（GB 13495）和《消防应急照明和疏散指示系统》（GB 17945）的规定。

五、医院装修材料防火要求

根据国内的火灾案例统计分析，许多火灾都是由装修材料引起的，其中有纸张、纺织品和木制品，都能引起火灾的扩大和蔓延，而在医院建筑的装修过程中，考虑到装修效果的要求，除了使用不燃材料外，还会使用大量的难燃材料、可燃材料和易燃材料，从保护医院设备、医护人员和患者出发，应尽量使用不燃材料和难燃材料，避免发生重大医院火灾。

（一）装修材料的分类和分级

装修材料按其使用部位和功能，可划分为顶棚装修材料、墙面装修材料、地面装修材料、隔断装修材料、固定家具、装饰织物、其他装修装饰材料七类。

注：其他装修装饰材料系指楼梯扶手、挂镜线、踢脚板、窗帘盒、暖气罩等。

装修材料按其燃烧性能可划分为四级，并应符合表5-4-6的规定。

表5-4-6 装修材料燃烧性能等级

等级	装修材料燃烧性能
A	不燃性
B1	难燃性
B2	可燃性
B3	易燃性

安装在金属龙骨上燃烧性能达到B1级的纸面石膏板、矿棉吸声板，可作为A级装修材料使用。

单位面积质量小于300g/m² 的纸质、布质壁纸，当直接粘贴在A级基材上时，可作为B级装修材料使用。

施涂于A级基材上的无机装修涂料，可作为A级装修材料使用；施涂于A级基材上，湿涂覆比小于1.5kg/m²，且涂层干膜厚度不大于1.0mm的有机装修涂料，可作为B级装修材料使用。

当使用多层装修材料时，各层装修材料的燃烧性能等级均应符合要求。复合型装修材料的燃烧性能等级应进行整体检测确定。

（二）单层、多层医院建筑的装修防火规定

单层、多层医院建筑内部各部位装修材料的燃烧性能等级，不应低于表5-4-7的规定。

表5-4-7 单层、多层医院建筑内部各部位装修材料的燃烧性能等级

| 序号 | 建筑物及场所 | 建筑规模、性质 | 装修材料燃烧性能等级 | | | | | 装饰织物 | | 其他装修装饰材料 |
			顶棚	墙面	地面	隔断	固定家具	窗帘	帷幕	
1	医院的病房区、诊疗区、手术室	—	A	A	B_1	B_1	B_2	B_1	—	B_2
2	医院装有重要机器、仪器的房间	—	A	A	B_1	B_1	B_1	B_1	B_1	B_1
3	医院餐饮场所	营业面积>100m²	A	B_1	B_1	B_1	B_2	B_1	—	B_2
		营业面积≤100m²	B_1	B_1	B_1	B_2	B_2	B_2	—	B_2
4	医院办公场所	设置送回风道（管）的集中空气调节系统	A	B_1	B_1	B_1	B_2	B_2	—	B_2
		其他	B_1	B_1	B_2	B_2	B_2	—	—	—
5	其他公共场所	—	B_1	B_1	B_2	B_2	B_2	—	—	—

单层、多层医院建筑内面积小于100m²的房间，当采用耐火极限不低于2.00h的防火隔墙和甲级防火门、窗与其他部位分隔时，其装修材料的燃烧性能等级可在表5-4-7的基础上降低一级。

当单层、多层医院建筑需做内部装修的空间内装有自动灭火系统时，除顶棚外，其内部装修材料的燃烧性能等级可在表5-4-7规定的基础上降低一级；当同时装有火灾自动报警装置和自动灭火系统时，其装修材料的燃烧性能等级可在表5-4-7规定的基础上降低一级。

（三）高层医院建筑装修的防火规定

高层医院建筑内部各部位装修材料的燃烧性能等级，不应低于表5-4-8的规定。

高层医院建筑的裙房内面积小于500m²的房间，当设有自动灭火系统，并且采用耐火极限不低于2.00h的防火隔墙和甲级防火门、窗与其他部位分隔时，顶棚、墙面、地面装修材料的燃烧性能等级可在规定的基础上降低一级。

除大于400m²的观众厅、会议厅和100m以上的高层医院建筑外，当设有火灾自动报警装置和自动灭火系统时，除顶棚外，其内部装修材料的燃烧性能等级可在表5-4-8规定的基础上降低一级。

表 5-4-8 高层民用建筑内部各部位装修材料的燃烧性能等级

序号	建筑物及场所	建筑规模、性质	装修材料燃烧性能等级									
			顶棚	墙面	地面	隔断	固定家具	装饰织物			家具包布	其他装修装饰材料
								窗帘	帷幕	床罩		
1	医院的病房区、诊疗区、手术室	—	A	A	B_1	B_1	B_2	B_1	B_1	—	B_2	B_1
2	A、B 级电子信息系统机房及装有重要机器、仪器的房间	—	A	A	B_1	B_1	B_1	B_1	B_1	—	B_1	B_1
3	餐饮场所	—	A	B_1	B_1	B_1	B_2	B1	—	—	B_1	B_2
4	办公场所	一类建筑	A	B_1	B_1	B_1	B_2	B_1	B_1	—	B_1	B_1
		二类建筑	A	B_1	B_1	B_1	B_2	B_1	B_2	—	B_2	B_2
5	其他公共场所	—	A	B_1	B_1	B_1	B_2	B_2	B_2	B_2	B_2	B_2

（四）地下医院建筑装修的防火规定

地下医院建筑内部各部位装修材料的燃烧性能等级，不应低于表 5-4-9 的规定。

表 5-4-9 地下医院建筑内部各部位装修材料的燃烧性能等级

名称		位于两个安全出口之间的疏散门			位于袋形走道两侧或尽端的疏散门		
		一、二级	三级	四级	一、二级	三级	四级
医疗建筑	单、多层	35	30	25	20	15	10
	高层 病房部分	24	—	—	12	—	—
	高层 其他部分	30	—	—	15	—	—

注：地下医院建筑系指单层、多层、高层医院建筑的地下部分，单独建造在地下的医院建筑以及平战结合的地下人防工程。

单独建造的地下医院建筑的地上部分，其门厅、休息室、办公室等内部装修材料的燃烧性能等级可在表 5-4-9 的基础上降低一级。

六、补充说明

（一）液氧储罐容积

本文中建议医院中液氧储罐的单罐容积不应大于 $10m^3$，根据相关调查，目前国内各大医院使用的液氧储罐的单罐容积基本为 $10m^3$，而《建筑防火设计规范》中的规定是单罐容积不应大于 $5m^2$，总容积不宜大于 $20m^2$ 需要在建设过程中注意。

（二）医院物流输送系统

现在国内很多医院中都安装了物流输送系统，其中有气动管道物流系统，也有轨道小车物流系统、箱式物流系统、AGV 物流系统，这些物流系统在使用中都穿越了医院建筑的防火分区，为了防止物流输送系统对医院防火分区造成破坏，需要注意以下问题。

1. 气动管道物流系统

管道采用 PVC：PVC 管道应采用不燃材料，在管道穿越医院防火分区的地方安装阻火圈。

管道采用金属管道：在管道穿越医院防火分区的地方安装阻火圈。

2. 轨道小车物流系统

轨道物流消防系统包括自动防火窗、防火门及防火监控器、防火监控软件组成。

轨道在穿越不同防火分区的墙面开孔处时必须安装专用防火门（窗）。防火门（窗）平时常开，火灾时自动关闭；所有防火门（窗）附近必须配置专用的 24V 直流不间断电源作为防火门（窗）区域的备用电源，保证火灾时防火门（窗）可以正常关闭；该 24V 直流不间断电源必须保证正常供电时间在 0.5h 以上。

轨道物流系统中的防火门（窗）必须提供经公安部法定的相关消防质监部门监测通过的具有"型式检验报告"的钢质甲级耐火隔热防火门（窗），防火窗必须配套自动翻轨器，火灾时轨道在翻轨器作用下应能翻起，防火窗可以自动完全关闭。

3. 箱式物流系统

箱式物流系统的水平传输线穿越防护区、防火隔墙时，采用防火等级相同的防火卷帘，防火卷帘的控制动作与物流系统联动，当出现火灾报警信号时，防火卷帘或防火门（窗）在 10 s 之内自动闭合切断物流水平传输线。

箱式物流系统的智能化站点出入口的自动防火层门应符合《建筑设计防火规范》（GB 50016-2014）中对自动防火层门的防火要求，耐火极限不低于 1h，层门的耐火极限应参照现行国家标准《电梯层门耐火试验》（GB/T 27903）的规定进行测试，并符合相应的判定标准，提供相应检验报告。

4.AGV 物流系统

AGV 车乘坐电梯时，防火要求参照电梯要求。

AGV 车穿越防护区时，防火卷帘控制通过无线连接到 AGV 车上，当出现火灾报警时，防火卷帘或防火门（窗）下落时，AGV 车不在防火卷帘下落的区域内，防火卷帘封闭时，AGV 会检测到障碍，自动停止运行。

5. 智能仓储系统防火要求

智能仓储系统的防火要求参见仓库防火规范。

（三）医院手术室

由于医院手术室有无菌性要求，如果地面、隔断和窗帘材料无法达到 A 级时，在手术室内增设火灾自动报警装置和自动灭火系统。

医院手术室内设有火灾自动报警系统和灭火系统时，室内装修材料必须符合相关规范的要求。

第二节　火灾自动报警系统

火灾自动报警系统是利用点式或线型火灾探测器、手动报警按钮、信号线、楼层显示器、应急广播、集中联动报警控制器组成的一种可以自动探测火灾的报警系统。根据我国《建筑设计防火规范》《火灾自动报警系统设计规范》（GB 50116）的规定，高层医院建筑、任一层建筑面积大于 1500m² 或总建筑面积大于 3000m² 的疗养院的病房楼、总建筑面积大于 500m² 的地下建筑等均应设置火灾自动报警系统。建筑内可能散发可燃气体、可燃蒸气的场所应设置可燃气体报警装置。

一、基本规定

（一）一般规定

火灾自动报警系统可用于人员居住和经常有人滞留的场所、存放重要物资或燃烧后产生严重污染需要及时报警的医院场所系统应设有自动和手动两种触发装置。

火灾自动报警系统设备应选择符合国家有关标准和有关市场准入制度的产品。

（二）系统形式的选择和设计要求

火灾自动报警系统形式的选择，应符合下列规定：

（1）仅需要报警，不需要联动自动消防设备的保护对象宜采用区域报警系统。

（2）不仅需要报警，同时需要联动自动消防设备，且只设置 1 台具有集中控制功能的火灾报警控制器和消防联动控制器的保护对象，应采用集中报警系统，并应设置 1 个消防控制室。

（3）设置 2 个及以上消防控制室的保护对象，或已设置两个及以上集中报警系统的保护对象，应采用控制中心报警系统。

区域报警系统、集中报警系统的设计、控制中心报警系统的设计，需符合《火灾自动报警系统设计规范》等相关规范的要求。

（三）报警区域和探测区域的划分

1. 报警区域的划分

（1）报警区域应根据防火分区或楼层划分；可将一个防火分区或一个楼层划分为一个报警区域，也可将发生火灾时需要同时联动消防设备的相邻几个防火分区或楼层划分为一个报警区域。

（2）电缆隧道的一个报警区域宜由一个封闭长度区间组成，个报警区域不应超过相连的 3 个封闭长度区间；道路隧道的报警区域应根据排烟系统或灭火系统的联动需要确定，且不宜超过 150m。

2. 探测区域的划分

（1）探测区域应按独立房（套）间划分。一个探测区域的面积不宜超过 500m²；从主要入口能看清其内部，且面积不超过 1000m² 的房间，也可划为一个探测区域。

（2）红外光束感烟火灾探测器和缆式线型感温火灾探测器的探测区域的长度，不宜超过 100m；空气管差温火灾探测器的探测区域长度宜为 20~100m。

3. 单独划分探测区域

（1）敞开或封闭楼梯间、防烟楼梯间。

（2）防烟楼梯间前室、消防电梯前室、消防电梯与防烟楼梯间合用的前室、走道、坡道。

（3）电气管道井、通信管道井、电缆隧道。

（4）建筑物闷顶、夹层。

（四）医院消防控制室

具有消防联动功能的火灾自动报警系统的保护对象中应设置消防控制室。

消防控制室内设置包括火灾报警控制器、消防联动控制器、消防控制室图形显示装置、消防专用电话总机、消防应急广播控制装置、消防应急照明和疏散指示系统控制装置、消防电源监控器等消防设备或具有相应功能的组合设备。

消防控制室的布置应符合《消防控制室通用技术要求》等相关规范的要求。

二、消防联动控制设计

（一）医院消防联动控制设计一般规定

消防联动控制器应能按设定的控制逻辑向各相关的受控设备发出联动控制信号，并接受相关设备的联动反馈信号。电压控制输出应采用直流 24V，其电源容量应满足受控消防设备同时启动且维持工作的控制容量要求。

各受控设备接口的特性参数应与消防联动控制器发出的联动控制信号相匹配。

消防水泵、防烟和排烟风机的控制设备，除应采用联动控制方式外，还应在消防控制室设置手动直接控制装置。

（二）自动喷水灭火系统的联动控制设计

湿式系统和干式系统的联动控制设计，应符合下列规定：

（1）联动控制方式，应由湿式报警阀压力开关的动作信号作为触发信号，直接控制启动喷淋消防泵，联动控制不应受消防联动控制器处于自动或手动状态影响。

（2）手动控制方式，应将喷淋消防泵控制箱（柜）的启动、停止按钮用专用线路直接连接至设置在消防控制室内的消防联动控制器的手动控制盘，直接手动控制喷淋消防泵的启动、停止。

（3）水流指示器、信号阀、压力开关、喷淋消防泵的启动和停止的动作信号应反馈至消防联动控制器。

预作用系统、雨淋系统、自动控制的水幕系统的联动控制设计应符合相关规范的要求。

（三）消火栓系统的联动控制设计

联动控制方式，应由消火栓系统出水干管上设置的低压压力开关、高位消防水箱出水管上设置的流量开关或报警阀压力开关等信号作为触发信号，直接控制启动消火栓泵，联动控制不应受消防联动控制器处于自动或手动状态影响。当设置消火栓按钮时，消火栓按钮的动作信号应作为报警信号及启动消火栓泵的联动触发信号，由消防联动控制器联动控制消火栓泵的启动。

手动控制方式，应将消火栓泵控制箱（柜）的启动、停止按钮用专用线路直接连接至设置在消防控制室内的消防联动控制器的手动控制盘，并应直接手动控制消火栓泵的启动、停止。

消火栓泵的动作信号应反馈至消防联动控制器。

（四）气体灭火系统、泡沫灭火系统的联动控制设计

气体灭火系统、泡沫灭火系统应分别由专用的气体灭火控制器、泡沫灭火控制器控制。

气体灭火控制器、泡沫灭火控制器直接连接火灾探测器时，气体灭火系统、泡沫灭火系统的自动控制方式应符合相关规定的要求。

（五）防烟、排烟系统的联动控制设计

1.防烟系统的联动控制方式应符合下列规定：

（1）应由加压送风口所在防火分区内的 2 只独立的火灾探测器或 1 只火灾探测器与 1 只手动火灾报警按钮的报警信号，作为送风口开启和加压送风机启动的联动触发信号，并应由消防联动控制器联动控制相关层前室等需要加压送风场所的加压送风口开启和加压送风机启动。

（2）应由同一防烟分区内且位于电动挡烟垂壁附近的 2 只独立的感烟火灾探测器的报警信号，作为电动挡烟垂壁降落的联动触发信号，并应由消防联动控制器联动控制电动挡烟垂壁的降落。

2.排烟系统的联动控制方式应符合下列规定：

（1）应由同一防烟分区内的两只独立的火灾探测器的报警信号，作为排烟口、排烟窗或排烟阀开启的联动触发信号，并应由消防联动控制器联动控制排烟口、排烟窗或排烟阀的开启，同时停止该防烟分区的空气调节系统。

（2）应由排烟口、排烟窗或排烟阀开启的动作信号，作为排烟风机启动的联动触发信号，并应由消防联动控制器联动控制排烟风机的启动。

（六）防火门及防火卷帘系统的联动控制设计

防火门系统的联动控制设计，应符合下列规定：

（1）应由常开防火门所在防火分区内的两只独立的火灾探测器或一只火灾探测器与一只手动火灾报警按钮的报警信号，作为常开防火门关闭的联动触发信号，联动触发信号应由火灾报警控制器或消防联动控制器发出，并应由消防联动控制器或防火门监控器联动控制防火门关闭。

（2）疏散通道上各防火门的开启、关闭及故障状态信号应反馈至防火门监控器。

防火卷帘的升降应由防火卷帘控制器控制。

疏散通道上设置的防火卷帘的联动控制设计，应符合下列规定：

（1）联动控制方式，防火分区内任两只独立的感烟火灾探测器或任一只专门用于联动防火卷帘的感烟火灾探测器的报警信号应联动控制防火卷帘下降至距楼板面1.8m处；任一只专门用于联动防火卷帘的感温火灾探测器的报警信号应联动控制防火卷帘下降到楼板面；在卷帘的任一侧距卷帘纵深0.5~5m内应设置不少于两只专门用于联动防火卷帘的感温火灾探测器。

（2）手动控制方式，应由防火卷帘两侧设置的手动控制按钮控制防火卷帘的升降。

非疏散通道上设置的防火卷帘的联动控制设计，应符合下列规定：

（1）联动控制方式，应由防火卷帘所在防火分区内任两只独立的火灾探测器的报警信号，作为防火卷帘下降的联动触发信号，并应联动控制防火卷帘直接下降到楼板面。

（2）手动控制方式，应由防火卷帘两侧设置的手动控制按钮控制防火卷帘的升降，并应能在消防控制室内的消防联动控制器上手动控制防火卷帘的降落。

（七）电梯的联动控制设计

消防联动控制器应具有发出联动控制信号强制所有电梯停于首层或电梯转换层的功能。电梯运行状态信息和停于首层或转换层的反馈信号，应传送给消防控制室显示，轿厢内应设置能直接与消防控制室通话的专用电话。

（八）火灾警报和消防应急广播系统的联动控制设计

火灾自动报警系统应设置火灾声光警报器，并应在确认火灾后启动建筑内的所有火灾声光警报器。

公共场所宜设置具有同一种火灾变调声的火灾声光警报器；具有多个报警区域的保护对象，宜选用带有语音提示的火灾声光警报器；学校、工厂等各类日常使用电铃的场所，不应使用警铃作为火灾声光警报器。

火灾声光警报器设置带有语音提示功能时，应同时设置语音同步器。

同一建筑内设置多个火灾声光警报器时，火灾自动报警系统应能同时启动和停止所有火灾声光警报器工作。

火灾声光警报器单次发出火灾警报时间宜为8~20s，同时设有消防应急广播时，火灾声光警报应与消防应急广播交替循环播放。

集中报警系统和控制中心报警系统应设置消防应急广播。

消防应急广播系统的联动控制信号应由消防联动控制器发出。当确认火灾后，应同时向全楼进行广播。

消防应急广播的单次语音播放时间宜为10~30s，应与火灾声警报器分时交替工作，可采取1次火灾声警报器播放、1次或2次消防应急广播播放的交替工作方式循环播放。

在消防控制室应能手动或按预设控制逻辑联动控制选择广播分区、启动或停止应急广播系统，并应能监听消防应急广播在通过传声器进行应急广播时，应自动对广播内容进行录音。

消防控制室内应能显示消防应急广播的广播分区的工作状态。

消防应急广播与普通广播或背景音乐广播合用时，应具有强制切入消防应急广播的功能。

（九）消防应急照明和疏散指示系统的联动控制设计

消防应急照明和疏散指示系统的联动控制设计，应符合下列规定：

（1）集中控制型消防应急照明和疏散指示系统，应由火灾报警控制器或消防联动控制器启动应急照明控制器实现。

（2）集中电源非集中控制型消防应急照明和疏散指示系统，应由消防联动控制器联动应急照明集中电源和应急照明分配电装置实现。

（3）自带电源非集中控制型消防应急照明和疏散指示系统，应由消防联动控制器联动消防应急照明配电箱实现。

当确认火灾后，由发生火灾的报警区域开始，顺序启动全楼疏散通道的消防应急照明和疏散指示系统，系统全部投入应急状态的启动时间不应大于5s。

（十）相关联动控制设计

消防联动控制器应具有切断火灾区域及相关区域的非消防电源的功能，当需要切断正常照明时，宜在自动喷淋系统、消火栓系统动作前切断。

消防联动控制器应具有自动打开涉及疏散的电动栅杆等的功能，宜开启相关区域安全技术防范系统的摄像机监视火灾现场。

消防联动控制器应具有打开疏散通道上由门禁系统控制的门和庭院电动大门的功能，并应具有打开停车场出入口挡杆的功能。

三、火灾探测器的选择

火灾探测器的选择应符合下列规定：

（1）对火灾初期有阴燃阶段，产生大量的烟和少量的热，很少或没有火焰辐射的场所，应选择感烟火灾探测器。

（2）对火灾发展迅速，可产生大量热、烟和火焰辐射的场所，可选择感温火灾探测器、感烟火灾探测器、火焰探测器或其组合。

（3）对火灾发展迅速，有强烈的火焰辐射和少量烟、热的场所应选择火焰探测器。

（4）对火灾初期有阴燃阶段，且需要早期探测的场所，宜增设一氧化碳火灾探测器。

（5）对使用、生产可燃气体或可燃蒸气的场所，应选择可燃气体探测器。

（6）应根据保护场所可能发生火灾的部位和燃烧材料的分析，以及火灾探测器的类型、灵敏度和响应时间等选择相应的火灾探测器，对火灾形成特征不可预料的场所，可根据模拟试验的结果选择火灾探测器。

（7）同一探测区域内设置多个火灾探测器时，可选择具有复合判断火灾功能的火灾探测器和火灾报警控制器。点型火灾探测器、线型火灾探测器、吸气式感烟火灾探测器的选择需符合相关规范的要求。

四、报警系统设备的设置

（一）火灾报警控制器和消防联动控制器的设置

火灾报警控制器和消防联动控制器，应设置在消防控制室内或有人值班的房间和场所。

安装在墙上时，其主显示屏高度宜为 1.5~1.8m，其靠近门轴的侧面距墙不应小于 0.5m，正面操作距离不应小于 1.2m。

集中报警系统和控制中心报警系统中的区域火灾报警控制器在满足下列条件时，可设置在无人值班的场所：

（1）本区域内无需要手动控制的消防联动设备。

（2）本火灾报警控制器的所有信息在集中火灾报警控制器上均有显示，且能接收起集中控制功能的火灾报警控制器的联动控制信号，并自动启动相应的消防设备。

（3）设置的场所只有值班人员可以进入。

（二）火灾探测器的设置

探测器的具体设置部位应按《火灾自动报警设计规范》附录 D 采用。

点型火灾探测器的设置应符合下列规定：

（1）探测区域的每个房间应至少设置 1 只火灾探测器。

（2）感烟火灾探测器和 A1、A2、B 型感温火灾探测器的保护面积和保护半径，应按表 5-4-10 确定；C、D、E、F、G 型感温火灾探测器的保护面积和保护半径，应根据生产企业设计说明书确定，但不应超过表 5-4-10 的规定。

表 5-4-10 感烟火灾探测器和 A1、A2、B 型感温火灾探测器的保护面积和保护半径

火灾探测器的种类	地面面积 S（m²）	房间高度 h（m）	一只探测器的保护面积 A 和保护半径 R					
			屋顶坡度 θ					
			θ ≤ 15		15° < θ ≤ 30°		θ > 30°	
			A（m²）	R（m）	A（m²）	R（m）	A（m²）	R（m）
感烟火灾探测器	S ≤ 80	h ≤ 12	80	6.7	80	7.2	80	8.0
	S > 80	6 < h ≤ 12	80	6.7	100	8.0	120	9.9
		h ≤ 6	60	5.8	80	7.2	100	9.0
感温火灾探测器	S ≤ 30	h ≤ 8	30	4.4	30	4.9	30	5.5
	S > 30	h ≤ 8	20	3.6	30	4.9	40	6.3

注：建筑高度不超过 14m 的封闭探测空间，且火灾初期会产生大量的烟时，可设置点型感烟火灾探测器。

（3）感烟火灾探测器、感温火灾探测器的安装间距，应根据探测器的保护面积 A 和保护半径 R 确定，并不应超过规范附录 E 探测器安装间距的极限曲线 D1~D11（含 D_{q1}）规定的范围。

（4）一个探测区域内所需设置的探测器数量，可按《火灾自动报警系统设计规范》的规定计算。

（三）手动火灾报警按钮的设置

每个防火分区应至少设置 1 只手动火灾报警按钮。从一个防火分区内的任何位置到最邻近的手动火灾报警按钮的步行距离不应大于 30m。手动火灾报警按钮宜设置在疏散通道或出入口处。列车上设置的

手动火灾报警按钮，应设置在每节车厢的出入口和中间部位。

手动火灾报警按钮应设置在明显和便于操作的部位。当采用壁挂方式安装时，其底边距地高度宜为1.3~1.5m，且应有明显的标志。

（四）区域显示器的设置

每个报警区域宜设置1台区域显示器（火灾显示盘）；宾馆、饭店等场所应在每个报警区域设置区域显示器。当一个报警区域包括多个楼层时，宜在每个楼层设置1台仅显示本楼层的区域显示器。

区域显示器应设置在出入口等明显和便于操作的部位，当采用壁挂方式安装时其底边距地高度宜为1.3~1.5m。

（五）火灾警报器的设置

火灾警报器应设置在每个楼层的楼梯口、消防电梯前室、建筑内部拐角等处的明显部位，且不宜与安全出口指示标志灯具设置在同一面墙上。

每个报警区域内应均匀设置火灾警报器，其声压级不应小于60dB；在环境噪声大于60dB的场所，其声压级应高于背景噪声15dB。

当火灾警报器采用壁挂方式安装时，其底边距地面高度应大于2.2m。

（六）消防应急广播的设置

按要求应设置消防应急广播及消防专用电话。

（八）模块的设置

每个报警区域内的模块宜相对集中设置在本报警区域内的金属模块箱中，严禁设置在配电（控制）柜（箱）内。

本报警区域内的模块不应控制其他报警区域的设备。

未集中设置的模块附近应有尺寸不小于100mm×100mm的标识。

（九）消防控制室图形显示装置的设置

消防控制室图形显示装置应设置在消防控制室内，并应符合火灾报警控制器的安装设置要求。

消防控制室图形显示装置与火灾报警控制器、消防联动控制器、电气火灾监控器、可燃气体报警控制器等消防设备之间，应采用专用线路连接。

（十）火灾报警传输设备或用户信息传输装置的设置

火灾报警传输设备或用户信息传输装置，应设置在消防控制室内；未设置消防控制室时，应设置在火灾报警控制器附近的明显部位。

（十一）防火门监控器的设置

防火门监控器应设置在消防控制室内，未设置消防控制室时，应设置在有人值班的场所。

五、可燃气体探测报警系统

（一）设计一般规定

可燃气体探测报警系统应由可燃气体报警控制器、可燃气体探测器和火灾声光警报器等组成。

可燃气体探测报警系统应独立组成，可燃气体探测器不应接入火灾报警控制器的探测器回路；当可燃气体的报警信号需接入火灾自动报警系统时，应由可燃气体报警控制器接入。

可燃气体报警控制器的报警信息和故障信息，应在消防控制室图形显示装置或起集中控制功能的火灾报警控制器上显示，但该类信息与火灾报警信息的显示应有区别。报警控制器发出报警信号时，应能启动保护区域的火灾声光警报器。

可燃气体探测报警系统保护区域内有联动和警报要求时，应由可燃气体报警控制器或消防联动控制器联动实现。如设置在有防爆要求的场所时，应符合有关防爆要求。

（二）可燃气体探测器的设置

通常在可燃气体部位附近设置可燃气体探测器。探测气体密度小于空气密度的可燃气体探测器应设置在被保护空间的顶部；探测气体密度大于空气密度的可燃气体探器应设置在被保护空间的下部；探测气体密度与空气密度相当时，可燃气体探测器可设置在被保护空间的中间部位或顶部。

（三）可燃气体报警控制器的设置

当有消防控制室时，可燃气体报警控制器可设置在保护区域附近；当无消防控制室时，可燃气体报警控制器应设置在有人值班的场所。

可燃气体报警控制器的设置应符合火灾报警控制器的安装设置要求。

六、电气火灾监控系统

（一）电气火灾监控系统设计一般规定

电气火灾监控系统可用于具有电气火灾危险的场所。电气火灾监控系统应由下列部分或全部设备组成。

（1）电气火灾监控器。

（2）剩余电流式电气火灾监控探测器。

（3）测温式电气火灾监控探测器。

非独立式电气火灾监控探测器不应接入火灾报警控制器的探测器回路。

在设置消防控制室的场所，电气火灾监控器的报警信息和故障信息应在消防控制室图形显示装置或起集中控制功能的火灾报警控制器上显示，但该类信息与火灾报警信息的显示应有区别。

电气火灾监控系统的设置不应影响供电系统的正常工作，不宜自动切断供电电源。

当线型感温火灾探测器用于电气火灾监控时，可接入电气火灾监控器。

（二）剩余电流式电气火灾监控探测器的设置

剩余电流式电气火灾监控探测器应以设置在低压配电系统首端为基本原则，宜设置在第一级配电柜（箱）的出线端。在供电线路泄漏电流大于 500mA 时，宜在其下一级配电柜（箱）设置。不宜设置在 IT 系统的配电线路和消防配电线路中。

具有探测线路故障电弧功能的电气火灾监控探测器，其保护线路的长度不宜大于 100m。

（三）测温式电气火灾监控探测器的设置

测温式电气火灾监控探测器应设置在电缆接头、端子、重点发热部件等部位，保护对象为 1000V 及以下的配电线路，测温式电气火灾监控探测器应采用接触式布置。保护对象为 1000V 以上的供电线路，测温式电气火灾监控探测器宜选择光栅光纤测温式或红外测温式电气火灾监控探测器，光栅光纤测温式电气火灾监控探测器应直接设置在保护对象的表面。

（四）独立式电气火灾监控探测器的设置

独立式电气火灾监控探测器的设置应符合《火灾自动报警设计规范》的规定。

设有火灾自动报警系统时，独立式电气火灾监控探测器的报警信息和故障信息应在消防控制室图形显示装置或集中火灾报警控制器上显示；但该类信息与火灾报警信息的显示应有区别。

未设火灾自动报警系统时，独立式电气火灾监控探测器应将报警信号传至有人值班的场所。

（五）电气火灾监控器的设置

设有消防控制室时，电气火灾监控器应设置在消防控制室内或保护区域附近；设置在保护区域附近时，应将报警信息和故障信息传入消防控制室。

未设消防控制室时，电气火灾监控器应设置在有人值班的场所。

七、系统供电

火灾自动报警系统按相关规范要求应设置交流电源和蓄电池备用电源，并设置接地系统。系统布线应符合相关规范及标准的要求。

八、可视图像早期火灾报警系统

可视图像早期火灾报警系统是指利用现有视频监控系统，采用计算机视频图像分析技术探测火灾的火灾报警系统。

传统的火灾探测器由于探测原理的原因，在某些特殊场所可能存在报警速度慢，不便于安装，误报多等情况。随着视频图像分析技术越来越成熟，可视图像早期火灾报警系统作为传统火灾报警系统的有效补充，具有报警速度快、可同时识别火焰和烟雾、火灾定位准确及可视化的特点。

（一）基本规定

可视图像早期火灾报警系统应由模拟或数字系统摄像机、视频图像火灾探测软件、视频编码设备、网络交换设备、服务器和显示器组成，可作为现有传统火灾报警系统的补充，适用于医院中适合安装图像报警系统的场所。

可视图像早期火灾报警系统使用的服务器宜设置在机房或视频监控室内，系统显示器应设置在消防控制室内，视频监控室和消防控制室分设时，应在两处分别设置显示器。

可视图像早期火灾报警系统应有可靠的防雷接地措施，且应符合国家现行有关标准的规定。

（二）系统组件

可视图像早期火灾报警系统使用的产品及组件应符合国家现行有关标准的规定，实行强制认证的产品应满足市场准入制度的要求。其服务器应符合下列规定：

（1）使用的服务器应满足系统中所有摄像机同时运行的要求；

（2）服务器在接入最大数量摄像机时，正常运行的 CPU 占用率不宜超过 70%；

（3）服务器在接入最大数量摄像机时，一台服务器中两路摄像机报警时的 CPU 占用率不得超过 90%。

可视图像早期火灾报警系统的摄像机、视频编码设备等应符合国家有关产品的相关规定。

通过网络传输的视频图像，网络带宽速率应满足系统中所有摄像机视频图像同时传输的要求，且每个摄像机的网络带宽速率不得小于 1Mbps/s。

（三）系统设计

可视图像早期火灾报警系统可用于建筑空间的火灾探测，也可用于具体保护对象的火灾探测。

显示终端宜与视频监控系统显示器或其他综合监控显示终端合并使用。

可视图像早期火灾报警系统应具有视频图像保存，图像回放调取功能。其摄像机镜头的选择应符合下列规定：

（1）摄取固定保护对象时，可选用定焦镜头；

（2）当视距较小而视角较大时，可选用广角镜头；

（3）当视距较大时，可选用长焦镜头；

（4）当需要改变保护对象的观察视角或视角范围较大时，宜选用变焦镜头。

当可视图像早期火灾报警系统用于医院建筑时，摄像机最大水平探测距离不宜大于 30m。

摄像机的布置应符合下列规定：

（1）当可视图像早期火灾报警系统用于保护医院建筑时，摄像机应按下列原则布置：

①摄像机应布置在建筑顶部的四周，视频图像应覆盖建筑的所有下部空间。对于顶部需要保护的建

筑，摄像机也应保护建筑的顶部空间；

②当建筑内摄像机的水平探测距离超过规定时，应在建筑中间部位增设摄像机。

（2）当可视图像早期火灾报警系统用于保护医院设备时，摄像机应按下列原则布置：

①摄像机的视频图像应水平覆盖设备的顶部，摄像机距设备顶部的垂直距离宜为 0.5~1.5m，设备顶部的最小视频图像垂直高度不宜小于 0.5m；

②当有多排设备时，摄像机宜布置在设备通道的两端。

③有特殊保护要求的场所，摄像机应按其要求布置。

（3）当可视图像早期火灾报警系统使用原有视频监控系统时，摄像机布置应符合下列规定：

①可视图像早期火灾报警系统使用的摄像机应均匀分布，摄像机监控的范围不应小于建筑面积的 50%；

②摄像机应布置在建筑顶部，高度宜为 2.5~5m，高大空间内摄像机安装高度不宜超过 8m。

第三节　消防给水及消火栓系统

消火栓系统是通过在医院建筑内外设置室内外消火栓装置，与供水管道、阀门、水泵和水源共同组成的一个自动供水系统。消火栓装置上有 1 个快速接口，在室内消火栓箱内还有消防水带和水枪，在火灾条件下，灭火人员可以将水带快速连接上消火栓口，打开阀门，用水枪灭火。根据我国《建筑设计防火规范》的规定，高层医院建筑、体积大于 5000m³ 的医疗建筑、老年人照料设施等单、多层建筑均需设置消火栓系统。

一、基本规定

（一）一般规定

医院建筑的室外消防用水量，应按同一时间内的火灾起数和一起火灾灭火所需室外消防用水量确定。医院建筑同一时间内的火灾起数应按 1 起确定。

一起火灾灭火所需消防用水的设计流量应由建筑的室外消火栓系统、室内消火栓系统、自动喷水灭火系统等需要同时作用的各种水灭火系统的设计流量组成，并应符合相关规定。

（二）医院建筑消火栓设计流量

医院建筑室内外消火栓设计流量不应小于表 5-4-11 的规定。

表 5-4-11　建筑物室外消火栓设计流量（L/s）

建筑物名称及类别			建筑体积（m³）					
			V ≤ 1500	1500 < V ≤ 3000	3000 < V ≤ 5000	5000 < V ≤ 20000	20000 < V ≤ 50000	V > 50000
耐火等级	一、二级	医院建筑	单层及多层	15			25	30	40
			高层	—			25	30	40
		地下建筑		15			20	25	30
	三级	单层及多层医院建筑		15	20	25	30	—	
	四级	单层及多层医院建筑		15	20	25	—		

注：1. 成组布置的建筑物应按消火栓设计流量较大的相邻两座建筑物的体积之和确定；

2. 当单座建筑的总建筑面积大于 500000m² 时，建筑物室外消火栓设计流量应按本表规定的最大值增加一倍。

表 5-4-12 医院建筑室内消火栓设计流量

建筑物名称			高度h(m)、体积V(m³)、座位数n(个)、火灾危险性	消火栓设计流量(L/s)	同时使用消防水枪数(支)	每根竖管最小流量(L/s)
民用建筑	单层及多层	病房楼、门诊楼等	5000 < V ≤ 25000	10	2	10
			V > 25000	15	3	10
	高层	二类医院建筑	h ≤ 50	20	4	10
		一类医院建筑	h ≤ 50	30	6	15
			h > 50	40	8	15
地下建筑			V ≤ 5000	10	2	10
			5000 < V ≤ 10000	20	4	15
			10000 < V ≤ 25000	30	6	15
			V > 25000	40	8	20
人防工程	商场、餐厅等		V ≤ 5000	5	1	5
			5000 < V ≤ 10000	10	2	10
			10000 < V ≤ 25000	15	3	10
			V > 25000	20	4	10

注：当一座多层建筑有多种使用功能时，室内消火栓设计流量应分别按本表中不同功能计算，且应取最大值。

二、给水形式

（一）一般规定

消防给水系统应根据医院建筑的用途功能、体积、高度、耐火等级、火灾危险性、重要性、次生灾害、商务连续性、水源条件等因素综合确定其可靠性和供水方式，并应满足水灭火系统所需流量和压力的要求。

医院建筑室外宜采用低压消防给水系统，当采用市政给水管网供水时，应符合相关规定。市政消火栓或消防车从消防水池吸水向医院建筑供应室外消防给水时，应符合相关规定。

室内应采用高压或临时高压消防给水系统，且不应与生产生活给水系统合用；但自动喷水灭火系统局部应用系统和仅设有消防软管卷盘或轻便水龙的室内消防给水系统，可与生产生活给水系统合用。

室内采用临时高压消防给水系统时，高位消防水箱的设置应符合下列规定：当室内临时高压消防给水系统仅采用稳压泵稳压，且为室外消火栓设计流量大于20L/s的建筑时，消防水泵应按一级负荷要求供电，当不能满足一级负荷要求供电时应采用柴油发电机组作备用动力。

当市政给水管网能满足生产生活和消防给水设计流量，且市政允许消防水泵直接吸水时，临时高压消防给水系统的消防水泵宜直接从市政给水管网吸水，但城镇市政消防给水设计流量宜大于建筑的室内外消防给水设计流量之和。

当医院建筑高度超过100m时，室内消防给水系统应分析比较多种系统的可靠性，采用安全可靠的消防给水形式；当采用常高压消防给水系统，但高位消防水池无法满足上部楼层所需的压力和流量时，上部楼层应采用临时高压消防给水系统，该系统的高位消防水箱的有效容积应按规定根据该系统供水高度确定，且不应小于 18m³。

（二）分区供水

符合下列条件时，消防给水系统应分区供水：

（1）系统工作压力大于 2.40MPa；

（2）消火栓栓口处静压大于 1.0MPa；

（3）自动水灭火系统报警阀处的工作压力大于 1.60MPa 或喷头处的工作压力大于 1.20MPa。

分区供水形式应根据系统压力、建筑特征，经技术经济和安全可靠性等综合因素确定，可采用消防水泵并行或串联、减压水箱和减压阀减压的形式，但当系统的工作压力大于 2.40MPa 时，应采用消防水泵串联或减压水箱分区供水形式。

三、消火栓系统

（一）消火栓系统选择

（1）建筑室外消火栓应采用湿式消火栓系统。

（2）室内环境温度不低于 4℃，且不高于 70℃的场所，应采用湿式室内消火栓系统。

（3）室内环境温度低于 4℃或高于 70℃的场所，宜采用干式消火栓系统。

（4）建筑高度不大于 27m 的多层医院建筑设置室内湿式消火栓系统确有困难时，可设置干式消防竖管。

（5）严寒、寒冷等冬季结冰地区城市隧道及其他构筑物的消火栓系统，应采取防冻措施，并宜采用干式消火栓系统和干式室外消火栓。

（二）室外消火栓

建筑室外消火栓的布置除应符合《消防给水及消火栓系统设计规范》及相关规定的要求。

室外消防给水引入管当设有倒流防止器，且火灾时因其水头损失导致室外消火栓不能满足相关要求时，应在该倒流防止器前设置 1 个室外消火栓。

（三）室内消火栓

室内消火栓的选型应根据使用者、火灾危险性、火灾类型和不同灭火功能等因素综合确定，其配置应符合下列要求：

（1）应采用 DN65 室内消火栓，并可与消防软管卷盘或轻便水龙设置在同一箱体内；

（2）应配置公称直径 65 有内衬里的消防水带，长度不宜超过 25.0m；消防软管卷盘应配置内径不小于中 Ø19 的消防软管，其长度宜为 30.0m；轻便水龙应配置公称直径 25 有内衬里的消防水带，长度宜为 30.0m；

（3）宜配置当量喷嘴直径 16mm 或 19mm 的消防水枪，但当消火栓设计流量为 2.5L/s 时宜配置当量喷嘴直径 11mm 或 13mm 的消防水枪；消防软管卷盘和轻便水龙应配置当量喷嘴直径 6mm 的消防水枪。

医院建筑室内消火栓的设置位置应满足火灾扑救要求，并应符合卜列规定：

（1）室内消火栓应设置在楼梯间及其休息平台和前室、走道等明显且易于取用，以及便于火灾扑救的位置；

（2）住宅的室内消火栓宜设置在楼梯间及其休息平台；

（3）汽车库内消火栓的设置不应影响汽车的通行和车位的设置，并应确保消火栓的开启；

（4）同一楼梯间及其附近不同层设置的消火栓，其平面位置宜相同；

（5）冷库的室内消火栓应设置在常温穿堂或楼梯间内。

四、管网

（一）一般规定

下列消防给水应采用环状给水管网：

（1）向2栋或2座及以上建筑供水时；

（2）向2种及以上水灭火系统供水时；

（3）采用设有高位消防水箱的临时高压消防给水系统时；

（4）向2个及以上报警阀控制的自动水灭火系统供水时。

向室外、室内环状消防给水管网供水的输水干管不应少于2条，当其中一条发生故障时，其余的输水干管应仍能满足消防给水设计流量。

室外消防给水管网及室内消防给水管网的设置应符合规范要求。

（二）管道设计

消防给水系统中采用的设备、器材、管材管件、阀门和配件等系统组件的产品工作压力等级，应大于消防给水系统的系统工作压力，且应保证系统在可能最大运行压力时安全可靠。

低压消防给水系统的系统工作压力应根据市政给水管网和其他给水管网等的系统工作压力确定，且不应小于0.60MPa。

高压和临时高压消防给水系统的系统工作压力，应根据系统在供水时可能的最大运行压力确定，并应符合下列规定：

（1）高位消防水池、水塔供水的高压消防给水系统的系统工作压力，应为高位消防水池、水塔最大静压；

（2）市政给水管网直接供水的高压消防给水系统的系统工作压力，应根据市政给水管网的工作压力确定；

（3）采用高位消防水箱稳压的临时高压消防给水系统的系统工作压力，应为消防水泵零流量时的压力与水泵吸水口最大静水压力之和；

（4）采用稳压泵稳压的临时高压消防给水系统的系统工作压力，应取消防水泵零流量时的压力、消防水泵吸水口最大静压二者之和与稳压泵维持系统压力时两者中的较大值。

消防给水系统的埋地管道和架空管道的应符合《消防给水及消火栓系统设计规范》的相关规定。

（三）阀门及其他

消防给水系统的阀门选择应符合下列规定：

（1）埋地管道的阀门宜采用带启闭刻度的暗杆闸阀，当设置在阀门井内时可采用耐腐蚀的明杆闸阀；

（2）室内架空管道的阀门宜采用蝶阀、明杆闸阀或带启闭刻度的暗杆闸阀等；

（3）室外架空管道宜采用带启闭刻度的暗杆闸阀或耐腐蚀的明杆闸阀；

（4）埋地管道的阀门应采用球墨铸铁阀门，室内架空管道的阀门应采用球墨铸铁或不锈钢阀门，室外架空管道的阀门应采用球墨铸铁阀门或不锈钢阀门。

消防给水系统管道的最高点处宜设置自动排气阀。

消防水泵出水管上的止回阀宜采用水锤消除止回阀，当消防水泵供水高度超过24m时，应采用水锤消除器。当消防水泵出水管上设有囊式气压水罐时，可不设水锤消除设施。

减压阀的设置应符合下列规定：

（1）减压阀应设置在报警阀组入口前，当连接 2 个及以上报警阀组时，应设置备用减压阀。

（2）减压阀的进口处应设置过滤器，过滤器的孔网直径不宜小于 4~5 目 /cm²，过流面积不应小于管道截面积的 4 倍；

（3）过滤器和减压阀前后应设压力表，压力表的表盘直径不应小于 100mm，最大量程宜为设计压力的 2 倍；

（4）过滤器前和减压阀后应设置控制阀门；

（5）减压阀后应设置压力试验排水阀；

（6）减压阀应设置流量检测测试接口或流量计；

（7）垂直安装的减压阀，水流方向宜向下；

（8）比例式减压阀宜垂直安装，可调式减压阀宜水平安装；

（9）减压阀和控制阀门宜有保护或锁定调节配件的装置；

（10）接减压阀的管段不应有气堵、气阻。

室内消防给水系统由生活、生产给水系统管网直接供水时，应在引入管处设置倒流防止器。当消防给水系统采用有空气隔断的倒流防止器时，该倒流防止器应设置在清洁卫生的场所，其排水口应采取防止被水淹没的技术措施。

在寒冷、严寒地区，室外阀门井应采取防冻措施。

消防给水系统的室内外消火栓、阀门等位置，应设置永久性固定标识。

（四）消防排水

设有消防给水系统的建设工程宜采取消防排水措施。排水措施应满足财产和消防设施安全，以及系统调试和日常维护管理等安全和功能的需要。应在下列建筑物和场所采取消防排水措施：

（1）消防水泵房；

（2）设有消防给水系统的地下室；

（3）消防电梯的井底。

第四节　自动喷水灭火系统

自动喷水灭火系统是由洒水喷头、报警阀组、水流报警装置、管道、供水设施等组成的，能在发生火灾时自动喷水的灭火系统。自动喷水灭火系统的灭火效率很高，据国外统计，灭火成功率高达 90% 左右。因此，在医院的门诊部、住院部等部位应大量使用，对于一些利用民宅或老式建筑改造的医院建筑，可以设置局部应用喷淋系统。根据我国《建筑防火设计规范》（GB 50016—2018）的规定，高层医院建筑的地上和地下建筑，任一层建筑面积大于 1500m² 或总建筑面积大于 3000m² 的医院建筑中的病房楼、门诊楼，总建筑面积大于 500m² 的地下建筑都应设置自动喷水灭火系统。医院中需要防护冷却的防火卷帘或防火幕的上部宜设置水幕系统。

一、设置场所火灾危险等级

设置场所的火灾危险等级应划分为轻危险级、中危险级（I 级、II 级）、严重危险级（I 级、II 级）和仓库危险级（I 级、II 级、III 级）。

设置场所的火灾危险等级，应根据其用途、容纳物品的火灾荷载及室内空间条件等因素，在分析火灾特点和热气流驱动洒水喷头开放及喷水到位的难易程度后确定，设置场所应按《自动喷水灭火系统设计规范》附录 A 进行分类。

当医院建筑内各场所的火灾危险性及灭火难度存在较大差异时，宜按各场所的实际情况确定系统选型与火灾危险等级。

二、基本规定

（一）一般规定

自动喷水灭火系统的设置场所应符合国家现行相关标准的规定，其设计原则应符合下列规定：

（1）闭式洒水喷头或启动系统的火灾探测器，应能有效探测初期火灾；

（2）湿式系统、干式系统应在开放一只洒水喷头后自动启动，预作用系统、雨淋系统和水幕系统应根据其类型由火灾探测器、闭式洒水喷头作为探测元件，报警后自动启动；

（3）作用面积内开放的洒水喷头，应在规定时间内按设计选定的喷水强度持续喷水；

（4）喷头洒水时，应均匀分布，且不应受阻挡。

（二）系统选型

自动喷水灭火系统选型应根据设置场所的建筑特征、环境条件和火灾特点等选择相应的开式或闭式系统。露天场所不宜采用闭式系统。

环境温度不低于 4℃且不高于 70℃的场所，应采用湿式系统。

环境温度低于 4℃或高于 70℃的场所，应采用干式系统。

具有下列要求之一的场所，应采用预作用系统：

（1）系统处于准工作状态时严禁误喷的场所；

（2）系统处于准工作状态时严禁管道充水的场所；

（3）用于替代干式系统的场所。

具有下列条件之一的场所，应采用雨淋系统：

（1）火灾的水平蔓延速度快、闭式洒水喷头的开放不能及时使喷水有效覆盖着火区域的场所；

（2）设置场所的净空高度超过第 6.1.1 条的规定，且必须迅速扑救初期火灾的场所；

（3）火灾危险等级为严重危险级 II 级的场所。

（三）其他要求

医院建筑中保护局部场所的干式系统、预作用系统、雨淋系统、自动喷水—泡沫联用系统，可串联接入同一建筑物内的湿式系统，并应与其配水干管连接。

自动喷水灭火系统应有下列组件、配件和设施：

（1）应设有洒水喷头、报警阀组、水流报警装置等组件和末端试水装置，以及管道、供水设施等；

（2）控制管道静压的区段宜分区供水或设减压阀，控制管道动压的区段宜设减压孔板或节流管；

（3）应设有泄水阀（或泄水口）、排气阀（或排气口）和排污口；

（4）干式系统和预作用系统的配水管道应设快速排气阀。有压充气管道的快速排气阀入口前应设电动阀。

三、设计基本参数

医院建筑采用湿式系统时的设计基本参数不应低于表 5-4-13 的规定。

表 5-4-13 医院建筑采用湿式系统的设计基本参数

火灾危险等级		最大净空高度 h（m）	喷水强度 [L/（min·m²）]	作用面积（m²）
轻危险级		h ≤ 8	4	160
中危险级	I 级		6	
	II 级		8	
严重危险级	I 级		12	260
	II 级		16	

注：系统最不利点处洒水喷头的工作压力不应低于 0.05MPa。

医院建筑高大空间场所采用湿式系统的设计基本参数不应低于表 5-4-14 的规定。

表 5-4-14 医院建筑高大空间场所采用湿式系统的设计基本参数

适用场所		最大净空高度 h（m）	喷水强度 L/（min·m²）	作用面积（m²）	喷头间距 S（m）
医院建筑	中庭等	8<h ≤ 12	12	160	1.8 ≤ S ≤ 3.0
		12<h ≤ 18	15		

注：1. 表中未列入的场所，应根据本表规定场所的火灾危险性类比确定。

2. 当医院建筑高大空间场所的最大净空高度为 12m<h ≤ 18m 时，应采用非仓库型特殊应用喷头。

干式系统和雨淋系统的设计应符合下列规定的要求：

（1）干式系统的喷水强度应按规定值确定，系统作用面积应按对应值的 1.3 倍确定；

（2）雨淋系统的喷水强度和作用面积应按规定值确定，且每个雨淋报警阀控制的喷水面积不宜大于表 5-4-18 中的作用面积。

预作用系统的设计要求应符合下列规定的要求：

（1）系统的喷水强度应按规定值确定；

（2）当系统采用仅由火灾自动报警系统直接控制预作用装置时，系统的作用面积应按规定值确定；

（3）当系统采用由火灾自动报警系统和充气管道上设置的压力开关控制预作用装置时，系统的作用面积应按规定值的 1.3 倍确定。

仅在医院走道设置洒水喷头的闭式系统，其作用面积应按最大疏散距离所对应的走道面积确定。装设网格、栅板类通透性吊顶的医院场所，系统的喷水强度应按规定值的 1.3 倍确定，且喷头布置应按规定执行。

水幕系统的设计基本参数应符合表 5-4-15 的规定：

表 5-4-15 水幕系统的设计基本参数

水幕系统类别	喷水点高度 h（m）	喷水强度 [L/（s·m）]	喷头工作压力（MPa）
防火分隔水幕	h ≤ 12	2.0	0.1
防护冷却水幕	h ≤ 4	0.5	

注：1. 防护冷却水幕的喷水点高度每增加 1m，喷水强度应增加 0.1L/（s·m），但超过 9m 时喷水强度仍采用 1.0L/（s·m）。

2. 系统持续喷水时间不应小于系统设置部位的耐火极限要求。

3. 喷头布置应符合第 7.1.16 条的规定。

当采用防护冷却系统保护防火卷帘、防火玻璃墙等防火分隔设施时，系统应独立设置，且应符合下列要求：

（1）喷头设置高度不应超过 8m；当设置高度为 4~8m 时，应采用快速响应洒水喷头；

（2）喷头设置高度不超过 4m 时，喷水强度不应小于 0.5L/（s·m）；当超过 4m 时，每增加 1m，喷水强度应增加 0.1L/（s·m）；

（3）喷头的设置应确保喷洒到被保护对象后布水均匀，喷头间距应为 1.8~2.4m；喷头溅水盘与防火分隔设施的水平距离不应大于 0.3m，与顶板的距离应符合规定；

（4）持续喷水时间不应小于系统设置部位的耐火极限要求。

除另有规定外，自动喷水灭火系统的持续喷水时间应按火灾延续时间不小于 1h 确定。

利用有压气体作为系统启动介质的干式系统和预作用系统，其配水管道内的气压值应根据报警阀的技术性能确定；利用有压气体检测管道是否严密的预作用系统，配水管道内的气压值不宜小于 0.03MPa，且不宜大于 0.05MPa。

四、系统组件

（一）喷头

设置闭式系统的场所，洒水喷头类型和场所的最大净空高度应符合表 5-4-16 的规定；仅用于保护室内钢屋架等建筑构件的洒水喷头和设置货架内置洒水喷头的场所，可不受此表规定的限制。

表 5-4-16 洒水喷头类型和场所净空高度

设置场所		喷头类型			场所净空高度
		一只喷头的保护面积	响应时间性能	流量系数 K	h（m）
民用建筑	普通场所	标准覆盖面积洒水喷头	快速响应喷头、特殊响应喷头、标准响应喷头	K ≥ 80	h ≤ 8
		扩大覆盖面积洒水喷头	快速响应喷头	K ≥ 80	
	高大空间场所	标准覆盖面积洒水喷头	快速响应喷头	K ≥ 115	8 < h ≤ 12
		非仓库型特殊应用喷头			
		非仓库型特殊应用喷头			12 < h ≤ 18

闭式系统的洒水喷头，其公称动作温度宜高于环境最高温度 30℃。

湿式系统、干式系统、预作用系统、水幕系统的喷头选型应符合相关规定。

（二）报警阀组

自动喷水灭火系统应设报警阀组。保护室内钢屋架等建筑构件的闭式系统，应设独立的报警阀组。水幕系统应设独立的报警阀组或感温雨淋报警阀。

（三）水流指示器

除报警阀组控制的洒水喷头只保护不超过防火分区面积的同层场所外，每个防火分区、每个楼层均应设水流指示器。

仓库内顶板下洒水喷头与货架内置洒水喷头应分别设置水流指示器。

当水流指示器入口前设置控制阀时，应采用信号阀。

（四）压力开关

雨淋系统和防火分隔水幕，其水流报警装置应采用压力开关。自动喷水灭火系统应采用压力开关控制稳压泵，并应能调节启停压力。

（五）末端试水装置

每个报警阀组控制的最不利点洒水喷头处应设末端试水装置，其他防火分区、楼层均应设直径为25mm的试水阀。

末端试水装置应由试水阀、压力表以及试水接头组成。试水接头出水口的流量系数，应等同于同楼层或防火分区内的最小流量系数洒水喷头。末端试水装置的出水，应采取孔口出流的方式排入排水管道，排水立管宜设伸顶通气管，且管径不应小于75mm。

末端试水装置和试水阀应有标识，距地面的高度宜为1.5m，并应采取不被他用的措施。

五、喷头布置

喷头应布置在顶板或吊顶下易于接触到火灾热气流并有利于均匀布水的位置。当喷头附近有障碍物时，应符合规定或增设补偿喷水强度的喷头。

六、管道

配水管道可采用内外壁热镀锌钢管、涂覆钢管、铜管、不锈钢管和氯化聚氯乙烯（PVC-C）管。当报警阀入口前管道采用不防腐的钢管时，应在报警阀前设置过滤器。

自动喷水灭火系统采用氯化聚氯乙烯（PVC-C）管材及管件时，设置场所的火灾危险等级应为轻危险级或中危险级Ⅰ级，系统应为湿式系统，并采用快速响应洒水喷头，且氯化聚氯乙烯（PVC-C）管材及管件应符合下列要求：

（1）应符合现行国家标准《自动喷水灭火系统第19部分塑料管道及管件》（GB/T 5135.19）的规定；

（2）应用于公称直径不超过DN80的配水管及配水支管，且不应穿越防火分区；

（3）当设置在有吊顶场所时，吊顶内应无其他可燃物，吊顶材料应为不燃或难燃装修材料；

（4）当设置在无吊顶场所时，该场所应为轻危险级场所，顶板应为水平、光滑顶板，且喷头溅水盘与顶板的距离不应大于100mm。

不同系统及管道的配置必须符合相关规范及标准规定。

七、供水

系统用水应无污染、无腐蚀、无悬浮物。可由市政或企业的生产、消防给水管道供给，也可由消防水池或天然水源供给，并应确保持续喷水时间内的用水量。

与生活用水合用的消防水箱和消防水池，其储水的水质应符合饮用水标准。

严寒与寒冷地区，对系统中遭受冰冻影响的部分，应采取防冻措施。

当自动喷水灭火系统中设有2个及以上报警阀组时，报警阀组前应设环状供水管道。环状供水管道上设置的控制阀应采用信号阀；当不采用信号阀时，应设锁定阀位的锁具

消防水泵、高位消防水箱、消防水泵接合器的设置应结合实际，并符合相关规范的要求。

第五节　气体灭火系统

气体灭火系统是由储气瓶、启动瓶、瓶头阀、集流管、选择阀、管道和喷头组成的，在发生火灾时能自动喷放气体灭火的自动灭火系统。我国的《气体灭火系统设计规范》（GB 50370）中规定了三种灭火系统，即七氟丙烷灭火系统、IG541 混合气体灭火系统和热气溶胶预制灭火系统，除此之外，还有二氧化碳气体灭火系统，但在医院建筑中，只有七氟丙烷灭火系统和 IG541 混合气体灭火系统是适用的，其他两种灭火系统不适合医院建筑。医院中的大型机房和重要设备房宜设置气体灭火系统。建筑面积大于 1000m² 的餐馆或食堂，其烹饪操作间的排油烟罩及烹饪部位应设置厨房自动灭火装置，并应在燃气或燃油管道上设置与自动灭火装置联动的自动切断装置。

一、基本规定

（一）一般规定

采用气体灭火系统保护的防护区，其灭火设计用量或惰化设计用量，应根据防护区内可燃物相应的灭火设计浓度或惰化设计浓度经计算确定。其设置需符合《气体灭火系统设计规范》及相关规范的要求。

有爆炸危险的气体、液体类火灾的防护区，应采用惰化设计浓度；无爆炸危险的气体、液体类火灾和固体类火灾的防护区应采用灭火设计浓度。几种可燃物共存或混合时，灭火设计浓度或惰化设计浓度，应按其中最大的灭火设计浓度或惰化设计浓度确定。

（二）系统设置

气体灭火系统适用于扑救电气火灾、固体表面火灾、液体火灾、灭火前能切断气源的气体火灾。

防护区划分应符合下列规定：

（1）防护区宜以单个封闭空间划分；同一区间的吊顶层和地板下需同时保护时，可合为一个防护区；

（2）采用管网灭火系统时，一个防护区的面积不宜大于 800m²，且容积不宜大于 3600m³；

（3）采用预制灭火系统时，一个防护区的面积不宜大于 500m²，且容积不宜大于 1600m³。

（三）七氟丙烷灭火系统

七氟丙烷灭火系统的灭火设计浓度不应小于灭火浓度的 1.3 倍，惰化设计浓度不应小于惰化浓度的 1.1 倍。

固体表面火灾的灭火浓度为 5.8%，其他灭火浓度可按《气体灭火系统设计规范》（GB 50370—2005）的规定取值，惰化浓度可按规定取值。规定未列出的应经试验确定。

灭火浸渍时间应符合下列规定：

（1）木材、纸张、织物等固体表面火灾，宜采用 20min；

（2）通讯机房、电子计算机房内的电气设备火灾，应采用 5min；

（3）其他固体表面火灾，宜采用 10min；

（4）气体和液体火灾，不应小于 1min。

七氟丙烷灭火系统应采用氮气增压输送。氮气的含水量不应大于 0.006%。储存容器的增压压力宜分为三级，并应符合下列规定：

（1）一级 2.5+0.1MPa（表压）；

（2）二级 4.2+0.1MPa（表压）；

（3）三级 5.6+0.1MPa（表压）。

七氟丙烷单位容积的充装量应符合下列规定：

（1）一级增压储存容器，不应大于 1120kg/m³；

（2）二级增压焊接结构储存容器，不应大于 950kg/m³；

（3）二级增压无缝结构储存容器，不应大于 1120kg/m³；

（4）三级增压储存容器，不应大于 1080kg/m³。

（四）IG541 混合气体灭火系统

IG541 混合气体灭火系统的灭火设计浓度不应小于灭火浓度的 1.3 倍，惰化设计浓度不应小于惰化浓度的 1.1 倍。

固体表面火灾的灭火浓度为 28.1%，其他灭火浓度可按规定取值，惰化浓度可按《气体灭火系统设计规范》规定取值。规范未列出的，应经试验确定。

IG541 混合气体灭火系统的喷头工作压力的计算结果，应符合下列规定：

（1）一级充压（15.0MPa）系统，P ≥ 2.0（MPa，绝对压力）；

（2）二级充压（20.0MPa）系统，P ≥ 2.1（MPa，绝对压力）。

喷头的实际孔口面积，应经试验确定，喷头规格应符合《气体灭火系统设计规范》的规定。

二、系统组件

（一）一般规定

管网系统的储存装置应由储存容器、容器阀和集流管等组成；七氟丙烷和 IG541 预制灭火系统的储存装置，应由储存容器、容器阀等组成。

储存容器、驱动气体储瓶的设计与使用应符合国家现行《气瓶安全监察规程》及《压力容器安全技术监察规程》的规定。详见《气体灭火系统设计规范》。

（二）七氟丙烷灭火系统组件专用要求

储存容器或容器阀以及组合分配系统集流管上的安全泄压装置的动作压力，应符合下列规定：

（1）储存容器增压压力为 2.5MPa 时，应为 5.0±0.25MPa（表压）；

（2）储存容器增压压力为 4.2MPa，最大充装量为 950kg/m³ 时，应为 7.0±0.35MPa（表压）；最大充装量为 1120kg/m³ 时，应为 8.4±0.42MPa（表压）；

（3）储存容器增压压力为 5.6MPa 时，应为 10.0±0.50MPa（表压）。

增压压力为 2.5MPa 的储存容器宜采用焊接容器；增压压力为 4.2MPa 的储存容器，可采用焊接容器或无缝容器；增压压力为 5.6MPa 的储存容器，应采用无缝容器。

在容器阀和集流管之间的管道上应设单向阀。

（三）IG541 混合气体灭火系统组件专用要求

储存容器应采用无缝容器。储存容器或容器阀以及组合分配系统集流管上的安全泄压装置的动作压力，应符合下列规定：

（1）一级充压（15.0MPa）系统，应为 20.7±1.0MPa（表压）；

（2）二级充压（20.0MPa）系统，应为 27.6±1.4MPa（表压）。

第六节　防烟和排烟设施

医疗建筑内设置防排烟系统的目的是控制烟气的流动，延长火灾时人员逃生的时间，给扑救火灾创造条件。空调防火措施的主要功能是防止因为空气输送发生火灾和防止火灾沿空调风管蔓延。建筑火灾的统计和分析调查数据表明，火灾烟气是阻碍人们逃生和灭火行动、导致人员死亡的主要原因之一。在火灾中遇难的人中，80%的人因窒息中毒而死亡。许多伤者，因吸入烟气而导致身体的永久伤害。烟气对人体的危害主要是因燃烧产生的有毒气体引起的窒息和对人体器官的刺激以及高温作用的损害。

根据我国《建筑防烟排烟系统技术标准》（GB 51251）的规定，医院建筑的防烟楼梯间及其前室、消防电梯间前室或合用前室、避难走道的前室、避难层（间）应设置防烟设施。医院建筑面积大于 $100m^2$ 且经常有人停留的地上房间、中庭、公共建筑内建筑面积大于 $300m^2$ 且可燃物较多的地上房间、建筑内长度大于 20m 的疏散走道、地下或半地下建筑（室）、地上建筑内的无窗房间，当总建筑面积大于 $200m^2$ 或一个房间建筑面积大于 $50m^2$，且经常有人停留或可燃物较多时，应设置排烟设施。

一、基本规定

（一）一般规定

医院建筑防烟系统的设计应根据建筑高度、使用性质等因素，采用自然通风系统或机械加压送风系统。

建筑高度大于 50m 的医院建筑，其防烟楼梯间、独立前室、合用前室、共用前室及消防电梯前室应采用机械加压送风系统。建筑高度小于等于 50m 的医院建筑、其防烟楼梯间、独立前室、合用前室、共用前室及消防电梯前室应采用自然通风系统；当不能设置自然通风系统时，应采用机械加压送风系统。

医院建筑地下部分的防烟楼梯间前室及消防电梯前室，当无自然通风条件或自然通风不符合要求时，应采用机械加压送风系统。

封闭楼梯间应采用自然通风系统，不能满足自然通风条件的封闭楼梯间，应设置机械加压送风系统。当地下、半地下建筑（室）的封闭楼梯间不与地上楼梯间共用，且地下仅为一层时，可不设置机械加压送风系统，但首层应设置有效面积不小于 $1.2m^2$ 的可开启外窗或直通室外的疏散门。

高层医院避难层的防烟系统可根据建筑构造、设备布置等因素选择自然通风系统或机械加压送风系统。

避难走道应在其前室及避难走道分别设置机械加压送风系统，但下列情况可仅在前室设置机械加压送风系统：

（1）避难走道一端设置安全出口，且总长度小于 30m；

（2）避难走道两端设置安全出口，且总长度小于 60m。

（二）自然通风设施

采用自然通风方式的封闭楼梯间、防烟楼梯间，应在最高部位设置面积不小于 $1.0m^2$ 的可开启外窗或开口；当建筑高度大于 10m 时，尚应在楼梯间的外墙上每 5 层内设置总面积不小于 $2.0m^2$ 可开启外窗或开口，且布置间隔不大于 3 层。

前室采用自然通风方式时，独立前室、消防电梯前室可开启外窗或开口的面积不应小于 $2.0m^2$，合用前室、共用前室不应小于 $3.0m^2$。

采用自然通风方式的避难层（间）应设有不同朝向的可开启外窗，其有效面积不应小于该避难层（间）地面面积的 2%，且每个朝向的面积不应小于 $2.0m^2$。

可开启外窗应方便直接开启；设置在高处不便于直接开启的可开启外窗应在距地面高度为 1.3~1.5m 的位置设置手动开启装置。

（三）机械加压送风设施

建筑高度大于 100m 的医院建筑，其机械加压送风系统应竖向分段独立设置，且每段高度不应超过 100m。

除另有规定外，采用机械加压送风系统的防烟楼梯间及其前室应分别设置送风井（管）道，送风口（阀）和送风机。

建筑高度小于等于 50m 的医院建筑，当楼梯间设置加压送风井（管）道确有困难时，楼梯间可采用直灌式加压送风系统，并应符合下列规定：

（1）建筑高度大于 32m 的高层医院建筑，应采用楼梯间两点部位送风的方式，送风口之间距离不宜小于建筑高度的 1/2；

（2）送风量应按计算值或第 9.4.2 条规定的送风量增加 20%；

（3）加压送风口不宜设在影响人员疏散的部位。

设置机械加压送风系统的楼梯间的地上、地下部分，其机械加压送风系统应分别独立设置。当受建筑条件限制，且地下部分为汽车库或设备用房时，可共用机械加压送风系统，并应符合下列要求：

（1）应分别计算地上、地下部分的加压送风量，相加后作为共用加压送风系统风量；

（2）应采取有效措施分别满足地上、地下部分的送风量的要求。

机械加压送风系统应采用管道送风，且不应采用土建风道。送风管道应采用不燃材料制作且内壁应光滑。当送风管道内壁为金属时，设计风速不应大于 20m/s；当送风管道内壁为非金属时，设计风速不应大于 15m/s；送风管道的厚度应符合现行国家标准《通风与空调工程施工质量验收规范》（GB 50243）的规定。

（四）机械加压送风系统风量计算

机械加压送风系统的设计风量不应小于计算风量的 1.2 倍。

防烟楼梯间、独立前室、合用前室、共用前室和消防电梯前室的机械加压送风的计算风量应按照《建筑防烟排烟系统技术标准》的规定计算确定。当系统负担建筑高度大于 24m 时，防烟楼梯间、独立前室、合用前室和消防电梯前室应按计算值与表 5-4-17 ~ 表 5-4-20 的值中的较大值确定。

表 5-4-17 消防电梯前室加压送风的计算风量

系统负担高度 h（m）	加压送风量（m³/h）
24 < h ≤ 50	35 400 ~ 36 900
50 < h ≤ 100	37 100 ~ 40 200

表 5-4-18 楼梯间自然通风，独立前室、合用前室加压送风的计算风量

系统负担高度 h（m）	加压送风量（m³/h）
24 < h ≤ 50	42 400 ~ 44 700
50 < h ≤ 100	45 000 ~ 48 600

表 5-4-19 前室不送风，封闭楼梯间、防烟楼梯间加压送风的计算风量

系统负担高度 h（m）	加压送风量（m³/h）
24 < h ≤ 50	36 100 ~ 39 200
50 < h ≤ 100	39 600 ~ 45 800

表 5-4-20 防烟楼梯间及合用前室分别加压送风的计算风量

系统负担高度 h（m）	送风部位	加压送风量（m³/h）
24＜h≤50	楼梯间	25 300～27 500
	合用前室	24 800～25 800
50＜h≤100	楼梯间	27 800～32 200
	合用前室	26 000～28 100

注：1. 表 5-4-17～表 5-4-20 的风量按开启 1 个 2.0m×1.6m 的双扇门确定。当采用单扇门时，其风量可乘以 0.75 系数计算；

2. 表中风量按开启着火层及其上下两层，共开启三层的风量计算；

3. 表中风量的选取应按建筑高度或层数、风道材料、防火门漏风量等因素综合确定；

4. 对于有多个门的独立前室，其送风量应按前室门的个数计算确定。

封闭避难层（间）、避难走道的机械加压送风量应按避难层（间）、避难走道的净面积每平方米不少于 30m³/h 计算。避难走道前室的送风量应按直接开向前室的疏散门的总断面积乘 1.0m/s 门洞断面风速计算。

二、排烟系统设计

（一）一般规定

医院建筑排烟系统的设计应根据建筑的使用性质、平面布局等因素，优先采用自然排烟系统。

同一个防烟分区应采用同一种排烟方式。

（二）防烟分区

设置排烟系统的场所或部位应采用挡烟垂壁、结构梁及隔墙等划分防烟分区。防烟分区不应跨越防火分区。

医院建筑的最大允许面积及其长边最大允许长度应符合表 5-4-21 的规定。

表 5-4-21 公共建筑防烟分区的最大允许面积，及其长边最大允许长度

空间净高 H（m）	最大允许面积（m²）	长边最大允许长度（m）
H≤3.0	500	24
3.0＜H≤6.0	1000	36
6.0＜H≤9.0	2000	60m； 具有自然对流条件时，不应大于 75m
H＞9.0	防火分区允许的面积	

注：1. 医院建筑中的走道宽度不大于 2.5m 时，其防烟分区的长边长度不应大于 60m；

2. 汽车库防烟分区的划分及其排烟量应符合现行国家规范《汽车库、修车库停车场防火规范》（GB 50067）的规定。

（三）机械排烟设施

按相关规范要求合理设置机械排烟设施。

（四）补风系统

除地上医院建筑的走道或建筑面积小于 500m² 的房间外，设置排烟系统的场所应设置补风系统。

补风系统应直接从室外引入空气，且补风量不应小于排烟量的50%。可采用疏散外门、手动或自动可开启外窗等自然进风方式以及机械送风方式。防火门、窗不得用作补风设施。风机应设置在专用机房内。

第七节　灭火器配置

我国的灭火器种类主要有手提式灭火器和推车式灭火器两种，灭火剂主要有水、泡沫、干粉、气体等。由于灭火器使用方便，在扑灭初期火灾时效果很好，目前在国内医院中已经广泛使用。

一、灭火器配置的火灾种类和危险等级

（一）火灾种类

灭火器配置场所的火灾种类应根据该场所内的物质及其燃烧特性进行分类，可划分为以下五类：

1. A类火灾：固体物质火灾。

2. B类火灾：液体火灾或可熔化固体物质火灾。

3. C类火灾：气体火灾。

4. D类火灾：金属火灾。

5. E类火灾（带电火灾）：物体带电燃烧的火灾。

（二）危险等级

医院建筑灭火器配置场所的危险等级，应根据其使用性质，人员密集程度，用电用火情况，可燃物数量，火灾蔓延速度，扑救难易程度等因素，划分为以下三级：

1. 严重危险级：使用性质重要，人员密集，用电用火多，可燃物多，起火后蔓延迅速，扑救困难，容易造成重大财产损失或人员群死群伤的场所；

2. 中危险级：使用性质较重要，人员较密集，用电用火较多，可燃物较多，起火后蔓延较迅速，扑救较难的场所；

3. 轻危险级：使用性质一般，人员不密集，用电用火较少，可燃物较少，起火后蔓延较缓慢，扑救较易的场所。

医院建筑灭火器配置场所的危险等级举例见《建筑灭火器配置设计规范》（GB 50140）的规定。

二、灭火器的选择

（一）一般规定

灭火器的选择应考虑下列因素：

（1）灭火器配置场所的火灾种类；

（2）灭火器配置场所的危险等级；

（3）灭火器的灭火效能和通用性；

（4）灭火剂对保护物品的污损程度；

（5）灭火器设置点的环境温度；

（6）使用灭火器人员的体能。

在同一灭火器配置场所，宜选用相同类型和操作方法的灭火器。当同一灭火器配置场所存在不同火灾种类时，应选用通用型灭火器。

在同一灭火器配置场所，当选用两种或两种以上类型灭火器时，应采用灭火剂相容的灭火器。

（二）灭火器的类型选择

A 类火灾场所应选择水型灭火器、磷酸铵盐干粉灭火器、泡沫灭火器或卤代烷灭火器。

B 类火灾场所应选择泡沫灭火器、碳酸氢钠干粉灭火器、磷酸铵盐干粉灭火器、二氧化碳灭火器、灭 B 类火灾的水型灭火器或卤代烷灭火器。

极性溶剂的 B 类火灾场所应选择灭 B 类火灾的抗溶性灭火器。

C 类火灾场所应选择磷酸铵盐干粉灭火器、碳酸氢钠干粉灭火器、二氧化碳灭火器或卤代烷灭火器。

E 类火灾场所应选择磷酸铵盐干粉灭火器、碳酸氢钠干粉灭火器、卤代烷灭火器或二氧化碳灭火器，但不得选用装有金属喇叭喷筒的二氧化碳灭火器。

三、灭火器的设置

（一）一般规定

灭火器应设置在位置明显和便于取用的地点，且不得影响安全疏散。应设置指示其位置的发光标志。不宜设置在潮湿或强腐蚀性的地点。当必须设置时，应有相应的保护措施。灭火器设置在室外时，应有相应的保护措施。

灭火器不得设置在超出其使用温度范围的地点。

（二）灭火器的最大保护距离

设置在 A 类火灾场所的灭火器，其最大保护距离应符合表 5-4-22 的规定。

表 5-4-22 A 类火灾场所的灭火器最大保护距离（m）

灭火器型式 危险等级	手提式灭火器	推车式灭火器
严重危险级	15	30
中危险级	20	40
轻危险级	25	50

设置在 B、C 类火灾场所的灭火器，其最大保护距离应符合表 5-4-23 的规定。

表 5-4-23 B、C 类火灾场所的灭火器最大保护距离（m）

灭火器型式 危险等级	手提式灭火器	推车式灭火器
严重危险级	9	18
中危险级	12	24
轻危险级	15	30

E 类火灾场所的灭火器，其最大的保护距离不应低于该场所内 A 类或 B 类火灾的规定。

四、灭火器的配置

（一）一般规定

（1）一个计算单元内配置的灭火器数量不得少于 2 具。

（2）每个设置点的灭火器数量不宜多于 5 具。

（3）当住宅楼每层的公共部位建筑面积超过 100m² 时，应配置 1 具 1A 的手提式灭火器；每增加 100m² 时，增配 1 具 1A 手提式灭火器。

（二）灭火器的最低配置基准

A 类火灾场所灭火器的最低配置基准应符合表 5-4-24 的规定。

表 5-4-24 A 类火灾场所灭火器的最低配置基准

危险等级	严重危险级	中危险级	轻危险级
单具灭火器最小配置灭火级别	3A	2A	1A
单位灭火级别最大保护面积（m²/A）	50	75	100

B、C 类火灾场所灭火器的最低配置基准应符合表 5-4-25 的规定。

表 5-4-25 B、C 类火灾场所灭火器的最低配置基准

危险等级	严重危险级	中危险级	轻危险级
单具灭火器最小配置灭火级别	89B	55B	21B
单位灭火级别最大保护面积（m²/B）	0.5	1.0	1.5

E 类火灾场所的灭火器最低配置基准不应低于该场所内 A 类（或 B 类）火灾的规定。

灭火器配置设计应按照《建筑灭火器配置设计规范》的规定进行计算。

第八节　医院智慧消防和微型消防站建设

随着我国的现代化建设，智能化和智慧化已经成为社会发展的主流。2017 年 10 月 10 日公安部颁布了《关于全面推进智慧消防的指导意见》，各省消防总队的智慧消防建设逐步步入正轨。在智慧医院的建设中，应该充分考虑智慧消防系统的建设，将智慧消防纳入智慧医院的总体建设中。

一、平台建设

（一）智慧消防平台

1.消防队伍信息

包括医院消防人员的人数、名字、职称、职务、人员简历和出勤情况。

2.地址信息

（1）医院的位置信息、边界信息和边界管理信息。

（2）微型消防站的位置信息。

3.装备信息

（1）消防人员装备、灭火装备和救援装备。

（2）微型消防站装备。

（二）指挥平台

指挥平台主要包括：

（1）采集现场的视频图像；

（2）火灾现场的各种实时数据，如水压、水量等；

（3）医院建筑结构和平面布置等；

（4）各种消防设施和使用状况；

（5）显示医院的周边道路；

（6）消防水池位置和储水量，以及周边室外消火栓的位置和管网供水情况；

（7）显示作战对象和周边的重大危险源的信息；

（8）联动显示事先拟定的数字消防预案。

（三）医院物联网消防远程监控系统

医院物联网消防远程监控系统采用物联网信息技术，实时监控各联网单位的消防设施状态，主要包括以下内容：

1. 火灾自动报警系统

（1）感烟、感温等各种火灾探测器的火灾报警信号；

（2）手动报警按钮的火灾报警信号；

（3）火灾报警系统的故障报警信号。

2. 可视图像早期火灾报警系统

大型医院可利用原有视频监控系统，安装可视图像早期火灾报警系统，利用图像模式识别技术对重点场所的火光及燃烧烟雾进行图像分析报警。

3. 自动消防系统

监测医院安装的自动消防系统，主要有自动水喷淋系统、气体灭火系统的运行状态，主要包括：

（1）消防水池及消防水箱的水位；

（2）气体灭火剂的重量、泡沫剂容量和干粉灭火剂重量；

（3）消防水泵的运行状态；

（4）系统阀门的开关状态；

（5）管网的水压信号；

（6）末端试水信号。

4. 消火栓和防火门系统

监测联网单位的室内消火栓和防火门系统的状态，主要包括：

（1）室内消火栓的水压；

（2）高位消防水箱的水位；

（3）消防水池水位；

（4）消防供水管道阀门启闭状态；

（5）防火门开关状态。

5. 消防通道和值班室

应使用安全视频监控系统监控以下部位：

（1）安全出口；

（2）疏散通道；

（3）消防控制室值班情况。

6. 电气火灾监测

安装电气火灾监控系统的医院，应接入电气火灾监控系统或装置，实时监测由于电气可能引发的火灾，主要应监测：

（1）漏电电流；

（2）线缆温度。

7. 手机 App

手机 App 的主要功能是将可以随时单位的各种异常情况上传到相关人员的手机上，用手机 App 进行动态监控，可以时刻监控医院的消防安全状态。

（四）高层医院建筑智慧消防系统

由于近年来国内外高层建筑火灾不断，而且高层建筑的火灾扑救和救援难度较大，高层医院建筑的消防系统应纳入智慧消防建设中。

1. 新建高层医院建筑

在新建高层医院建筑中应建设智慧消防平台和物联网消防远程监控系统。

2. 老旧高层医院建筑

在缺乏常规消防设备的老旧高层建筑上，应加装应用以下消防设备：

（1）独立式火灾探测报警器；

（2）简易喷淋装置；

（3）火灾应急广播；

（4）独立式可燃气体探测器；

（5）无线手动报警；

（6）无线声光警报等。

上述设备的报警或启动信号应传到城市的物联网消防远程监控系统上。

（五）数字化消防预案编制和管理

1. 数字化预案制作

充分利用物联网、移动互联网及各类传感器技术，采集医院的基础数据，制作满足日常熟悉演练、救火指挥需要的数字化预案。

2. 预案管理

预案管理应用平台与 119 接警调度系统进行融合和双向互通，方便灭火指挥。

二、医院微型消防站

微型消防站是集防火、灭火和处置突发事件为一体的消防站点，实行 24 小时全天候执勤，具备发现快、到场快、处置快以及机动灵活的特点。国内大型医院要以"救早"、"灭小"和"3 分钟"到场扑救初起火灾为目标，配备必要的消防器材，建立微型消防站，积极开展防火巡查和初起火灾扑救等火灾防控工作。

（一）人员配备

（1）微型消防站人员配备不少于 6 人。

（2）微型消防站应设站长、副站长、消防员、控制室值班员等岗位。

（3）站长应由医院消防安全管理人兼任，消防员负责防火巡查和初起火灾的扑救工作。

（4）微型消防站人员应当接受岗前培训；培训内容包括扑救初起火灾业务技能、防火巡查基本知识等。

（二）站房器材

（1）微型消防站应设置人员值守、器材存放等用房，可与消防控制室合用；有条件的，可单独设置。

（2）微型消防站应根据扑救初起火灾的需要，配备一定数量的灭火器、水枪、水带等灭火器材；配置外线电话、手持对讲机等通信器材；有条件的站点可选配消防头盔、灭火防护服、防护靴、破拆工具等器材，详见表 5-4-26 所示。

（3）微型消防站应在建筑物内部和避难层设置消防器材存放点，可根据需要在建筑之间分区域设置消防器材存放点。

表 5-4-26 医院微型消防站设备配置表

序号	类别	器材名称	单位	配置标准	
				数量	标准
1	灭火器材	直流水枪	把	3	必配
2		A、B、C 型干粉灭火器（≥ 4kg 装）	个	10	必配
3		强光手电（与头盔配套）	只	6	必配
4		水带	盘	≥ 6	必配
5		消火栓扳手	把	2	必配
6		绝缘手套	副	≥ 1	必配
7	破拆器材	大斧	把	2	必配
8		绝缘剪断钳	把	2	必配
9		铁铤	把	2	必配
10	个人防护器材	消防员灭火防护服	套	≥ 6	必配
11		消防头盔	顶	≥ 6	必配
12		消防手套	双	≥ 6	必配
13		消防员灭火防护靴	双	≥ 6	必配
14		消防安全腰带	条	≥ 6	必配
15		消防轻型安全绳	条	≥ 6	必配
16		消防腰斧	把	3	必配
17	通讯器材	固定电话	台	1	必配
18		手持对讲机	台	2	必配

备注：大型医院微型消防站的车辆器材装备配备标准应符合上表规定，并结合自身实际，配置一定数量的备用器材，设置储物架或储物柜，将所有器材装备分类摆放，确保整洁有序。

第五章

医院电梯与扶梯系统

龙灏　张玛璐　丁玎　杜栩

龙　灏　重庆大学建筑城规学院建筑系教授，博士生导师

张玛璐　重庆大学建筑城规学院建筑学博士研究生

丁　玎　上海水石建筑规划计划股份有限公司建筑师

杜　栩　四川大学华西医院基建运行部部长，工程师

第一节　医院电梯、扶梯系统的分类与特点

一、医院电梯、扶梯系统的定义与基本结构

（一）电梯（lift；elevator）

根据国家标准《电梯、自动扶梯、自动人行道术语》（GB/T7024-2008），电梯的定义为："服务于建筑物内若干特定的楼层，其轿厢运行在至少两列垂直于水平面或铅垂线倾斜角小于15°的刚性轨道运动的永久运输设备。"

在医疗建筑中，以运送病床（包括患者）及医疗设备而设计的电梯称为病床电梯或医用电梯（bed lift）。它是医疗建筑电梯系统中最常用的电梯类型。乘客电梯（passenger lift）与杂物电梯（dumbwaiter lift；service lift）也常常被用到。

电梯的基本结构包括曳引系统、导向系统、门系统、轿厢、重量平衡系统、电力拖引系统、电气控制系统和安全保护系统。

（二）自动扶梯（escalator）

根据国家标准《电梯、自动扶梯、自动人行道术语》（GB/T 7024—2008），自动扶梯定义为："带有循环运行梯级，用于向上或向下倾斜输送乘客的固定电力驱动设备。"

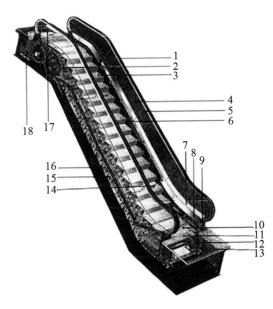

1.扶手带；2.扶手带驱动轮；3.梯级；4.扶栏；5.扶手照明；6.裙板；7.外盖板；8.内盖板；9.扶手带入口保护；10.梯级梳齿；11.梳齿板；12.尾导轨；13.楼层板；14.梯级塌陷保护；15.梯级链；16.桁架；17.上部机房；18.驱动主机

图 5-5-1 自动扶梯基本构造（图片来源：《电梯与自动扶梯》）

图 5-5-1 是自动扶梯基本结构图。按功能系统分，自动扶梯由支承部分、驱动系统、运载系统、扶手系统、电控系统和安全保护系统等组成。

二、医院电梯、扶梯分类

（一）医院建筑常用电梯分类

1.按用途分

根据国家标准，按照用途可以将医院建筑常用电梯系统分为以下几类：

（1）乘客电梯（passenger lift）：为运送乘客设计的电梯。

（2）载货电梯（goods lift；freight lift）：主要为运送货物而设计的电梯，同时允许有人员伴随。

（3）客货电梯（passenger-goods lift）：以运送乘客为主，可同时兼顾运送非载荷货物的电梯。

（4）病床电梯；医用电梯（bed lift）：运送病床（包括病人）及相关医疗设备的电梯。

（5）杂物电梯（dumbwaiter lift；service lift）：服务于规定层站固定式提升装置。具有一个轿厢，由于结构形式和尺寸的关系，轿厢内不允许人员进入。

（6）非商用汽车电梯（non-commercial vehicle lift）：其轿厢适于运载小型乘客汽车的电梯。

（7）消防员电梯（firefighter lift）：首先预定为乘客使用而安装的电梯，其附加的保护、控制和信号使其能在消防服务的直接控制下使用。

2. 按速度分

根据《建筑设计资料集第1分册》，电梯在速度上可按如下方法分类：

（1）低速电梯：速度低于 4.0m/s 的电梯。

（2）快速电梯：速度在 4.0~12.0m/s 的电梯。

（3）高速电梯：速度高于 12.0m/s 的电梯。

3. 按驱动方式分

（1）曳引驱动电梯（traction lift）：依靠摩擦力驱动的电梯。

（2）液压电梯（hydraulic lift）：依靠液压驱动的电梯。

（3）强制驱动电梯（positive drive lift）：用链或钢丝绳悬吊的非摩擦方式驱动的电梯。

（二）自动扶梯分类

1. 按牵引结构分

链条式和齿条式。

2. 按扶手支撑结构分

全透明式、半透明式、不透明式、直撑式、斜撑式。

3. 按梯级线型分

直线型和螺旋型。

4. 按负载类型分

普通型和公共交通型（普通型和重载型）。

在普通条件下运行的扶梯称为普通商用型（轻型）扶梯；适用在下列工作条件下运行的自动扶梯为公共交通型（重型）自动扶梯。

属于1个公共交通系统的组成部分，包括出口和入口处；

适应每周运行时间约 140h，且在任何 3h 的间隔内，持续重载时间不少于 0.5 h，其载荷应达 100% 的制动载荷。

三、医院电梯、扶梯特点

电梯与自动扶梯的设置与建筑物的垂直交通规律密不可分。其表示方法有很多，最典型的特征可以被描述为交通流和交通模式，它们与建筑物不同的功能特性有关，如办公写字楼、宾馆酒店、商业广场、医院或住宅等，不同性质的大楼有着截然不同的交通规律。

（一）门急诊楼

1. 交通流基本分布规律

门急诊就诊过程往往在几个小时内完成，而就诊过程又往往需要到达不同楼层，这就决定了门急诊楼交通流出现时间与空间的随机性。

（1）从时间上来讲，一天中交通流量波动较小，分布无固定规律，较为随机。但根据人的行为习惯与相关文献，在一周中，人流高峰多出现在每周一，在一天中，人流高峰多出现在上午 8 ～ 11 时。

（2）从空间上来讲，核心交通体的布局形式直接影响了交通流的分布。根据人的心理行为习惯，大致特点如下：

①门急诊楼的大部分患者在同等情况下会优先选择使用自动扶梯。

②门急诊楼的医护及工作人员，流动性远小于患者及家属，在医疗建筑的设计中，为他们专门设计了医生流线，以电梯作为竖向交通工具。

2. 交通模式

门急诊楼的主要交通流来自就诊患者及陪护家属。由于就诊流程的要求，他们需要在不同楼层之间穿行。因此门急诊楼的竖向交通模式有以下特点：

①无明显上下行高峰。整个上行人流量与下行人流量分布均衡。

②层间交通量较大，且有一定规律。

3. 自动扶梯的重要疏散作用

电梯交通系统在门急诊楼建筑中应用广泛。它适应范围广，不仅能够输送正常人流，同时也能够输送残疾人、推车以及医疗器械；另外，它也是消防系统中必不可少的一部分。因此，电梯是现代门急诊楼竖向交通系统的必要组成部分。但是，在门急诊楼日常运作中，电梯往往难以应付集中而持续的大量人流，因此，电梯比较适合跨越楼层数较多的竖向交通情况。

与电梯相比，自动扶梯则能够在短距离内输送大量人流，但是自动扶梯的运行速度一般要小于电梯的运行速度，且不适用于肢体残疾的乘客使用；另外，自动扶梯的运行方式决定了其必须逐层将乘客送达目的楼层，不如电梯直接。

由此可见，在我国现阶段情况下，对于规模达到一定数量的门急诊楼，应该将运输能力较大的自动扶梯作为主要竖向运输系统，同时医用电梯作为适用范围更广的竖向交通系统也是必不可少的。

（二）住院楼

1. 竖向交通系统组成

医院的住院楼层数一般较多，需要直接快速地将乘客送往目的楼层，一般采用医用电梯与乘客电梯作为主要竖向交通运输系统。

2. 交通流基本分布规律

综合调研数据和国外的资料分析，医院住院楼一天交通流分布主要有以下两方面特点。

（1）住院楼客流高峰段通常发生在两餐时间和上、下午探视时间，而探视时间的客流量大于两餐时间，下午 3 点左右探视客流又远大于上午探视客流。另外，医护人员上下班时间属于正常客流。由此可见，住院楼电梯交通系统客流压力主要来自陪护和探视人员。

（2）一天交通流分布情况与医院的管理制度密切相关。

3. 交通模式

从统计结果来看，住院楼电梯交通模式主要存在以下三个方面的特点：

（1）有明显上行高峰。上行高峰主要发生时段为上、下午探视时间的开始，此时一层电梯厅人流压力明显增大，候梯人数显著增加。

（2）下行高峰主要集中在午饭后、下午下班及探望结束时间，与上行高峰客流相比，下行高峰客流压力相对缓和。

（3）层间交通流量小。这是由住院楼的特殊性质所决定的，无论是家属或患者一般都只在所属住院楼楼层和一层大厅或医技层间往来，只有部分医护人员才具有层间活动情况。

4. 异常客流突出

住院楼电梯客流还存在不均衡、不确定的特点，相比其他建筑类型异常客流更加突出。探视时间和探视人数的不确定性是导致异常客流的关键因素。

第二节　医院电梯、扶梯系统的数量配置策略

医院电梯、扶梯的数量直接关系到医院竖向交通系统的通畅程度，数量不足会导致人流拥挤、环境恶劣等一系列问题，而数量过多则浪费资源，不仅占用建筑的实际使用面积，而且会导致维护运营成本的增加。因此需要找到一个平衡点，既能够满足竖向交通的需求，又不至于造成浪费。

一、相关概念

在电梯、自动扶梯交通配置技术理论研究中，常用字母符号来表示各交通系统变量，本文为方便叙述和使用，已将文中所涉及的变量字母符号详细列举，可对应查询。

表 5-5-1　变量符号表

序号	所属系统	字母符号	单位	意义	序号	所属系统	字母符号	单位	意义
1	使用基数	Q	人	总使用基数	25	电梯交通系统	S	米	段区间内平均行驶距离
2		Q_1	人	电梯总使用基数	26		S_L	米	轿厢行程
3		Q_2	人	自动扶梯总使用基数	27		S_1	米	段区间轿厢行程
4	自动扶梯交通系统	C_1	人/时	自动扶梯理论输送能力	28		S_e	米	快行区间轿厢行程
5		v	米/秒	自动扶梯额定速度	29		S_{lu}	米	段区间内上行轿厢行程
6		k	人	系数，k由名义宽度z1决定	30		S_{ld}	米	短区间内下行轿厢行程
7		$z1$	米	自动扶梯名义宽度	31		S_{eu}	米	快行上行轿厢行程
8		C_2	人/时	自动扶梯实际输送能力	32		S_{ed}	米	快行下行轿厢行程
9		ψ		自动扶梯满载系数	33		t_r	秒	段区间单站运行时间
10		q	人/时	自动扶梯每小时实际输送量	34		tp	秒	每个乘客出入时间
11		N	台	自动扶梯台数	35		td	秒	开关门单元时间

表 5-5-1 变量符号表（续）

序号	所属系统	字母符号	单位	意义	序号	所属系统	字母符号	单位	意义
12	电梯交通系统	CE_1	人	5min 载客数	36	电梯交通系统	Tr	秒	行车总时间
13		CE	%	5min 载客率	37		Tp	秒	乘客出入总时间
14		CE_a	%	5min 乘客集中率	38		Td	秒	开关门总时间
15		AI	秒	平均间隙时间	39		ve	米/秒	额定速度
16		AP	秒	平均行程时间	40		R_e	人	额定载客量
17		r	人	电梯总乘客人数	41		F	站	每班梯预计停站数
18		ru	人	电梯上行乘客人数	42		f_{lu}	站	段区间内上行可能停站数
19		rd	人	电梯下行乘客人数	43		f_{ld}	站	段区间内下行可能停站数
20		N	台	电梯台数	44		n	个	短区间内服务层数
21		RTT	秒	运行周期	45		K		轿厢出入口宽度修正系数
22		AWT	秒	平均候梯时间	46		H	米	电梯运行单边总长度
23		c	床/人次	总床位数/日门诊量	47		αρ	米/秒²	电梯加速段平均加速度
24		c_0	人次	设计日门诊量	48		ατ	米/秒²	电梯减速段平均减速度

　　在医疗建筑中，电梯与自动扶梯的设置需求与乘客的数量、分布等有着密切的联系，将医疗建筑内使用电梯与自动扶梯的总人数即总使用基数记作 Q，电梯的总使用基数记作 Q_l，自动扶梯的总使用基数记作 Qe。

　　在自动扶梯和电梯的各项性能指标中，能够直接反映其承担竖向交通情况的指标主要有：5min 载客数 CE_1 和 5min 载客率 CE，另外，自动扶梯还需要考虑分布率 ψ，电梯还需要考虑平均间隙时间 AI 和平均行程时间 AP。

　　根据我国门急诊楼实际建设情况，当电梯的这几项指标既能够满足建筑交通需求和乘客的心理需求，又不至于造成浪费时，其值就被称为期望值。

二、门急诊楼

（一）性能指标的期望值

1. 总使用基数 Q 值的确定

本文用 Q 表示总使用基数（人数），Q_e、Q_l 分别表示自动扶梯、电梯使用基数（人数）。通过问卷调查统计得到使用者对于两种交通体的使用率后，可以得出 Q_e、Q_l 各自与总交通量 Q 的数量关系。由于日门诊量与医院本身的建设目标和实际运营状态有关，本文将日门诊量 c 作为已知量。

总使用基数 Q 包括患者数量、陪护人员数量及医护工作人员数量三个部分。其中患者数量取设计日门诊量 c；陪护人员数量根据调研统计结果确定为 1.15c；医护人员数量与日门诊量的关系则根据卫生部公布的 2010 年"医师负担工作量统计"以及《综合医院组织编制原则（试行草案）》中其他工作人员与医师数量比例确定为 0.43c。综上，总使用基数 Q 值为 2.58c。

通过现场调查可知，自动扶梯、电梯的使用者分别占总人数的 50.83%，36.67%（还有一部分人使用楼梯）。也就是说，电梯与自动扶梯使用基数的期望值分别为：

$$自动扶梯：Q_e^* = 50.83\% \cdot Q = 1.31c；\tag{式 5-5-1}$$

$$电梯：Q_l^* = 36.67\% \cdot Q = 0.95c；\tag{式 5-5-2}$$

2. 自动扶梯

（1）5min 载客率期望值 CE*。

一般情况下门急诊楼的使用者需要多次使用竖向交通体，也就是说，"使用基数"并不等同于交通量。借鉴高层住院楼电梯数量研究方法，取 5min 内通过某交通体的人次数作为单位时间交通量，记为 CE_1。某交通体的 CE_1 与其使用基数 Q 成正比关系，其比值称为五分钟载客率，记作 CE，定义式如下：

$$CE = (E_1) Q \tag{5-5-3}$$

实际上，五分钟载客率 CE 反映的是建筑内部人流的一种交通特性，是一个较为恒定的值。通过调研数据可以得出门急诊楼中自动扶梯与电梯的五分钟载客率分别如下：

（2）自动扶梯。

表 5-5-2 高峰时段门急诊楼自动扶梯五分钟载客率 CE^e

自动扶梯位置	自动扶梯最高可达		
	四层及以下	五层或六层	七层
B1F ↔ 1F	1.24%	0.41%	0.38%
1F ↔ 2F	4.63%	3.77%	3.11%
2F ↔ 3F	3.00%	2.91%	2.86%
3F ↔ 4F	1.69%	1.88%	2.79%
4F ↔ 5F	—	1.28%	1.56%
5F ↔ 6F	—	0.93%	0.36%
6F ↔ 7F	—	—	0.10%

表 5-5-3 一般时段门急诊楼自动扶梯五分钟载客率 CEe'

自动扶梯位置	自动扶梯最高可达楼层		
	四层及以下	五层或六层	七层
B1F ↔ 1F	0.87%	0.39%	0.27%
1F ↔ 2F	3.38%	2.76%	2.08%
2F ↔ 3F	2.29%	2.02%	1.80%
3F ↔ 4F	1.11%	1.48%	1.75%
4F ↔ 5F	—	0.84%	1.01%
5F ↔ 6F	—	0.91%	0.31%
6F ↔ 7F	—	—	0.14%

表 5-5-4 空闲时段门急诊楼自动扶梯五分钟载客率 CEe''

自动扶梯位置	自动扶梯最高可达楼层		
	四层及以下	五层或六层	七层
B1F ↔ 1F	0.42%	0.05%	0.21%
1F ↔ 2F	2.24%	1.85%	1.12%
2F ↔ 3F	1.21%	1.18%	1.00%
3F ↔ 4F	0.53%	0.90%	0.90%
4F ↔ 5F	—	0.41%	0.35%
5F ↔ 6F	—	0.44%	0.09%
6F ↔ 7F	—	—	0.05%

（3）自动扶梯分布率 ψ。

自动扶梯分布率是反映其拥挤程度的参数。分布率越大，自动扶梯越拥挤。ψmax 为分布率可以达到的最大值。根据调研情况，在门急诊楼中自动扶梯分布率保持在 2% 到 50% 之间最为合理，最高可以达到 60%，即 $\psi max = 60\%$。

3. 电梯

（1）5min 载客率期望值 CE*。

与自动扶梯 5min 载客率类似，通过对各门急诊楼高峰时段五分钟内总候梯人数的统计和总使用基数的调查，计算整理得到一组五分钟乘客集中率数据，去掉其中误差较大的数据后取平均值得到 $CE_l = 4.58\%$。

（2）平均间隙时间期望值 AI*。

平均间隙时间决定了电梯的等候时间，是检验一组电梯运能运量的一个重要方面。它与电梯运行周期及平均候梯时间 AWT 的关系如下：

$$AI = RTT/N \qquad （式 5-5-4）$$
$$AWT = 60\%AI \qquad （式 5-5-5）$$

根据调研结果，大部分使用者希望电梯的候梯时间"不超过 1 分钟"，"不超过两分半钟"属于可以接受的范围，由此可以得到门急诊楼平均间隙时间 AI 评价如表 5-5-5 所示。

表 5-5-5 门急诊楼平均间隙时间评价

平均间隙时间 AI（s）	评价
0~60	理想
60~100	良好
100~200	一般
200~250	较差
250 以上	极差

在门急诊楼中，由于自动扶梯对乘客的分流作用，是否设置自动扶梯对电梯使用人数影响很大。在设有自动扶梯的情况下，电梯的候梯时间应保证"良好"的效果，即 AI*=60 ~ 100，在不设自动扶梯的情况下，候梯时间应保证"一般"的效果，即 AI*=100 ~ 200。

（3）平均行程时间 AP。

平均行程时间 AP 也是电梯运能运量的一个检验参数，它反映了乘客乘坐电梯的时间。

$$AP=（0.45~0.60）RTT \qquad (5-5-6)$$

通过调研，使用者对门急诊楼平均行程时间的评价如表 5-5-6 所示。

表 5-5-6 门急诊楼平均行程时间评价

平均间隙时间 AP（s）	评价
< 70	良好
70~100	较好
> 100	较差

（二）自动扶梯的设置

在门急诊楼中自动扶梯一般采用双台集中交叉排列的方式，以减少交通时间。

1. 自动扶梯运输能力

自动扶梯的输送效率与它的额定速度及规格尺寸直接相关，也与乘客拥挤程度有关，用实际输送能力 C_2 描述，计算公式如下：

$$C_2 = \psi max \times v/0.4 \times 3600 \times k \qquad (式5-5-7)$$

式中：C_2 为实际载客能力，单位：人次 /h；

v 为额定速度，单位：m/s；

k 为系数。对常用的宽度 Z，当 Z=0.6m 时，k=1.0；Z=0.8m 时，k=1.5；Z=1.0m 时，k=2.0；

ψmax 为自动扶梯满载系数（分布率）。

目前，自动扶梯常用的额定速度一般有 0.5m/s、0.65m/s、0.75m/s 三种。由于门急诊楼中大部分乘客的健康状况相对不佳，基于安全因素考虑，一般应选择额定速度为 0.5m/s 的自动扶梯，即 v=0.5 m/s。

目前，国内自动扶梯踏步宽度 Z 主要有 0.6m、0.8m、和 1.0m 三种选择。成年人正常通过的尺寸约为 0.6m，在门急诊楼中，一位患者在一位陪护人员的搀扶下乘坐自动扶梯比较安全，也就是说，门急诊楼自动扶梯踏步合理的宽度应该是 Z=1.0m，系数 k=2.0。

综上可以得出门急诊楼中自动扶梯的实际运力 C_2 为 5400 人次 / 小时。

2. 自动扶梯数量计算

自动扶梯台数 N 可按以下公式计算：

$$N=12CE_{1e}/C_2 \qquad （式5-5-8）$$

其中，CE_{1e} 为自动扶梯高峰时段五分钟乘客数，单位：人次；

C_2 为自动扶梯实际输送能力，单位：人次 / 时。

由于上、下行扶梯交通必须分开设置，因此计算结果应取偶数，上、下行扶梯台数各占一半。最后，应对一般时段及空闲时段的分布率进行验算，并调整计算结果直到分布率满足要求为止。

3. 速查表

考虑医院未来的实际使用情况和使用心理（根据调研结果，有自动扶梯运行时大部分人会选择使用扶梯），自动扶梯的配置数量建议按照设计日门诊量的 1.5 至 2 倍为基准日门诊量来查询和应用。

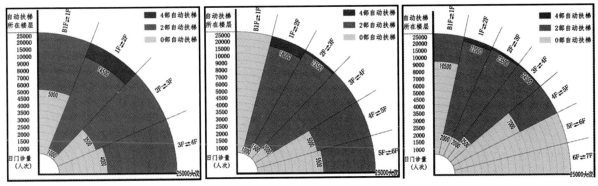

（ⅰ）地上层数为四层及以下的门急诊楼（ⅱ）地上层数为五层或六层的门急诊楼（ⅲ）地上层数为七层的门急诊楼

图 5-5-2 门急诊楼自动扶梯数量配置速查图

注：①图中数据的其他计算参数为：地下两层，其中负二层为地下车库，自动扶梯速度 0.5m/s；

②图中自动扶梯数量按不同楼层位置分别给出，以外围端标注相应楼层位置的不同扇区表达，若某楼层位置显示为灰色，则该楼层不需要设置自动扶梯。详细使用方法见案例。

（三）电梯数量的算法

1. 电梯运输能力

电梯运力 P 与电梯服务方式有关，对于门急诊楼建筑来说，电梯服务楼层较少但必须每层停靠，因此采取每层服务或多部电梯分别隔层服务的方式。

由此可选择如下公式体系：

$$P=300r/RTT \qquad （式5-5-9）$$

$$RTT=Tp+Td+Tr \qquad （式5-5-10）$$

$$T_p=1.1r（0.8+K\cdot F^{\frac{1}{3}}）+20 \qquad （式5-5-11）$$

$$T_d=1.1t_d\cdot F \qquad （式5-5-12）$$

$$T_r=\frac{2H}{Ve}+\frac{1}{2}\left(\frac{1}{ap}+\frac{1}{at}\right)V_e\cdot F \qquad （式5-5-13）$$

$$F=2n\left[1-\left(\frac{n-1}{n}+\right)^{r/2}\right]-1 \qquad （式5-5-14）$$

式中，P 为电梯五分钟输送能力，单位：人次 /5min；

r 为预计乘客总人数，单位：人；

RTT 为电梯运行周期，单位：秒；

T_p 为乘客出入总时间，单位：秒；

T_d 为开关门总时间，单位：秒；

T_r 为行车总时间，单位：秒；

t_d 为开关门单元时间，单位：秒；

K 为轿厢出入口宽度修正系数；

F 为每班梯预计停站数，单位：站；

H 为轿厢单边运行总长度，单位：米；

V_e 为电梯额定速度，单位：米/秒；

$\alpha\rho$ 为电梯加速段平均加速度，单位：米/秒²；

$\alpha\tau$ 为电梯减速段平均减速度，单位：米/秒²；

n 为出发层除外的单程区间内服务楼层数，单位：层。

以上参数中，n、H 为根据项目实际情况确定的建筑参数，其余为电梯自身参数，在门急诊楼环境中应做如下选择：

$r \approx 14.7$ 人；K=0.9；t_d= "4-6s"；V_e=1.5m/s；$\alpha\rho = \alpha\tau$ =0.8m/s²。

2. 电梯数量计算

电梯台数 N 可按以下公式计算：N=CE₁₁/P （式5-5-15）

其中，CE_{11} 为电梯高峰时段五分钟乘客数，单位：人次；

P 为电梯五分钟输送能力，单位：人次/5min。

计算结果应取整数，最后对平均间隙时间及平均行程时间进行验算，并调整结果直到评价良好为止。

3. 速查表

表5-5-7 门急诊楼电梯数量配置速查表

台数 层数 日门诊量	3层	4层	5层	6层	7层
1000	1	2	2	2	2
1500	2	2	2	3	3
2000	2	3	3	3	3
2500	3	3	3	4	4
3000	3	4	4	5	5
3500	4	4	5	5	5
4000	4	5	5	6	6
4500	5	5	6	6	7
5000	5	6	7	7	8
5500	6	6	7	8	8
6000	6	7	8	8	9
6500	6	7	9	9	10
7000	7	8	9	10	11
7500	7	9	10	10	11
8000	8	10	11	10	12
8500	9	10	11	12	13
9000	10	10	12	13	14
9500	10	11	12	13	14

表 5-5-7 门急诊楼电梯数量配置速查表（续）

日门诊量 \ 台数 \ 层数	3 层	4 层	5 层	6 层	7 层
10000	10	12	12	13	15
10500	11	12	13	14	16
11000	11	13	13	15	17
11500	12	13	15	16	17
12000	13	13	15	17	17
12500	13	14	16	17	19
13000	13	15	17	18	20
13500	13	15	17	18	21
14000	14	16	17	19	22
14500	14	17	19	20	23
15000	15	18	20	21	23
15500	17	19	21	24	24
16000	18	20	22	25	24
16500	19	21	23	25	25
17000	19	21	23	26	26
17500	20	22	24	27	27
18000	20	22	25	27	28
18500	21	23	26	28	28
19000	21	24	26	29	29
19500	22	25	27	30	30
20000	23	25	28	30	31
20500	23	26	29	31	31
21000	24	26	29	32	32
21500	24	27	30	33	33
22000	25	27	31	34	34
22500	25	28	31	35	35
23000	26	29	32	35	35
23500	26	30	33	36	36
24000	27	31	34	37	37
24500	28	31	34	38	38
25000	29	32	35	38	39

注：①本表格中数据的其他计算参数为：地下两层，平均层高 4.8m，电梯额定速度 1.5m/s，乘客与病床梯数量比为 1:2，乘客梯额定人数 13 人，病床梯额定人数 21 人，电梯出入口宽度 1000mm；

②灰色区域内数据（本表所标为大致范围）所涉及的建筑规模与楼层数组合较不合理，不建议采用。

三、住院楼

（一）性能指标的期望值

1.5min 乘客集中率

要确定住院楼集中率，必须要确定大楼乘梯总人数 Q 值。住院楼内部人流复杂，但归结起来主要由五部分组成：患者、医生、护士、陪护人员和探视亲友。

（1）患者。假设住院楼床位数为 c，楼内患者数就按照入住率 100% 计算，记作 c 人。

（2）医护人员。根据卫生部 1978 年颁布的《综合医院组织编制原则试行草案》，对一总床位数为 c 的住院楼而言，内有护士 0.4c 人、医生 0.2c 人。

（3）陪护人员。从实际走访结果看，得知陪护人员的数量为患者数量的 82.9%，如表 5-5-8 所示。

表 5-5-8 陪护率计算步骤

陪护情况	拥有陪护亲属的患者数量	陪护人数	总陪护人数	总调查人数	计算陪护率
1 人以下	52	26（按每患者 0.5 人陪护计算）	199	240	82.9%
1 人	96	96			
2 人	31	62	—	—	—
3 人及 3 人以上	5	15（按每患者 3 人陪护计算）			

即对一拟定总床位数为 c 的住院楼，陪护人数取 0.8c。

（4）探视亲友。据调查，每天、每床平均探视人数为 0.45 人，计算中取 0.5 人/床。如表 5-5-9 所示。

表 5-5-9 住院探视率计算步骤

是否有朋友探视	患者数量（人）	所占百分比（%）	住院总天数（天）	探视总人数（人）	平均每天探视人数比（人/床）
是	194	81	221	124	0.45
否	46	19			

注：每天探视人数比 = 探视总人数 ÷ 住院总天数 × 探视百分比，即 0.45=124÷221×81%。

综上，已知住院楼乘梯总人数的各部分组成人流与床位数之间的关系，则对一拟定总床位数为 c 的住院楼来说，电梯总使用基数 Q 值便为 2.9c。

表 5-5-10 住院楼 Q 值解析

总床位数（床）	患者（人）	医生（人）	护士（人）	陪护（人）	探视（人）	Q 值（人）
c	c	0.2c	0.4c	0.8c	0.5c	2.9c

注：Q= 患者 c+ 医生 0.2c+ 护士 0.4c+ 陪护 0.8c+ 探视 0.5c。

已知 Q 值的算法，再将所测医院的 5min 需要载客人数 CE_1 代入式（5-5-1），便可以得到 5min 集中率 CE_a（计算过程如表 5-5-11 所示）。由此求得 CE_a 平均值为 8.4%。

表 5-5-11 集中率计算步骤

医院名称	长海医院6号病房楼	新华医院外科楼	上海第一人民医院	上海华山医院2号病房楼	西南医院外科综合楼	重医附一院	大坪医院
5min 载客数 CE_1（人）	157	140	158	185	257	238	347
床位数 c（床）	611	570	686	650	1200	1013	1517
使用基数 Q（人）	1772	1653	1989	1885	3480	2938	4399
5min 乘客集中率 CE_a（%）	8.9	8.6	7.9	9.8	7.4	8.1	7.9
CE_a 的算术平均值（%）	8.4	—					

2. 平均间隙时间 AI

平均间隙时间 AI 反映了电梯的候梯时间。由于乘客组成情况类似，住院楼使用人群对候梯时间的接受程度与门急诊楼相同。

这样，只需运用平均发梯间隙时间评价标准，就可对建筑设计阶段所计算出的电梯配置数量 N 值进行检验。

3. 平均行程时间 AP

住院楼电梯交通系统的运作，除了要满足人流的输送，还要承载许多医疗设备。一般来说，每5min内，手术车的出入时间公认为20s，再由调研现状及住院楼实际建设规模看，若将平均行程时间控制在90s内已算情况良好；90 ~ 110s 为较好；110s 以上为较差。

（二）电梯的数量算法

1. 服务方式的确立

住院楼电梯交通系统最常用的服务方式有两种：各层服务（或隔层服务）和往返区间快行。隔层服务和往返区间快行在一定程度上能缓解楼内客运压力，有利于几台电梯相互交叉停靠。为了更有效地运输人流，许多医院又将电梯群分组：低区运行组和高区运行组。低区组采用各层服务方式；高区组则选择往返区间快行方法（图5-5-3：i）。往返区间快行服务方式可看作是各层服务方式的一种特殊情况（图5-5-3：ii）。其电梯数量计算方法与各层服务方式相似，已在门急诊楼电梯数量的算法中描述。

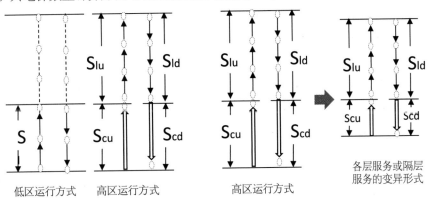

（i）高、低区分段各层运行方式　　　（ii）往返区间快行方式

图 5-5-3 住院楼电梯运行方式解析

2. 电梯运行周期的计算

住院楼电梯运行周期的计算与门诊楼相似，不同之处在于需要将手术车出入时间考虑进去。每5min内手术车的出入公认时间为20s，则包括损耗时间，住院楼电梯乘客出入总时间：

$$T_p = 1.1rtp + 20 \qquad （式5-5-16）$$

因此，住院楼乘客出入总时间计算公式为：

$$T_p = 1.1r（0.8 + KF_1/3）+20 \qquad （式5-5-17）$$

而开关门总时间 T_d 与轿厢行车总时间 T_r 都与门急诊楼电梯系统计算方法一样。

$$T_d = td \cdot F \qquad （式5-5-18）$$

式中，F 算法见式（5-5-14）

$$T_r = \frac{2H}{V_e} + \frac{1}{2}\left(\frac{1}{ap} + \frac{1}{at}\right) \cdot FV_e \qquad （式5-5-19）$$

式中：$\alpha\rho$——平均加速度（m/s^2）；

$\alpha\tau$——平均减速度（m/s^2），一般近似取 $\alpha\rho = \alpha\tau = 0.8m/s^2$；

ve——电梯额定速度，数值可根据轿厢行程距离选取；

H——电梯运行单边总长度；

F——一个运行周期内电梯总的可能停站数，算法见式（5-5-14）

3. 输送能力计算

对一已知床位数和建筑层数的住院楼来说，再求出其中一台电梯5min的输送能力 P 便可计算出所需配置的电梯台数：

$$P = 300r/RTT \qquad （式5-5-20）$$

其中，r——预计电梯乘客数；RTT——电梯运行周期。

4. 电梯台数的确定

住院楼需配电梯台数

$$N = CE_1/P \qquad （式5-5-21）$$

由式（5-5-1）知 $CE_1 = CE \times Q$，通过之前对集中率 CE_a 分析可知，我国住院楼电梯交通系统的5min 载客数：

$$CE_1 = 2.9c \times 8.4\% \qquad （式5-5-22）$$

式中，c ——总床位数

5. 发梯间隔时间验算

以重庆医科大学附属第一医院外科住院楼为例，对电梯数量配置的基本计算步骤及主要计算公式进行总结和说明。重医附一院共24层、实际调研总床位数1013床，平均层高3.6米，客梯额定载重量为1000kg/13人，医梯额定载重量为1600kg/21人，客梯与医梯的数量配置比例约为1:1，电梯数量配置算法如表5-5-12所示。

计算结果显示，当电梯配置总台数达到13台时，重医附一院的电梯交通系统才能保证竖向人流的良好运行状态。但在实际建成项目中，由于只设置了10台电梯（消防电梯可兼作客梯），并有一台长期停用（客4），就比理论值实际少了4台，从而造成平均候梯时间154s的长候梯现状，这也反证了理论计算的重要性和理论值的正确性。

表 5-5-12 电梯数量计算示意

1	电梯的服务方式		假设统一为各层服务运行方式	
2	电梯运行周期 RTT（s）	乘客总出入时间 T_p	61.67	RTT=212
		开关门总时间 T_d	57 （td 取 6s）	
		轿厢行车总时间 T_r	93.25	
3	一台电梯 3min 的输送能力 P（人）		19.81	
4	需要的电梯台数 N（台）		13	
5	验算电梯的发梯时间	平均间隙时间（s）	AI=16.31	理想
		平均行程时间（s）	AP=95.4	良好

6. 速查表

为方便设计人员日常查询，按照"电梯数量的算法"中的基本算法，将在几种常见电梯运行情况下的电梯数量计算结果编制成"电梯数量配置速查表"（表 5-5-13、表 5-5-14、表 5-5-15、表 5-5-16）。在满足以下任一假设条件的情况下，只要确定了建筑的层数和床位数，就可从表中查出与之相对应的电梯配置台数。

表 5-5-13 住院楼电梯数量配置速查表 1

床位 \ 层数	8	10	12	14	16	18	20	22	24	26	28	30	32	34
200	2													
250	3	3												
300	3	3	3											
350	4	4	4	4										
400	4	4	4	5	5									
450	4	5	5	5	5	6								
500	5	5	5	6	6	7	7							
550	5	6	6	6	6	7	7	8						
600	6	6	6	7	7	7	7	8						
650	6	7	7	7	7	8	8	9	9	9				
700	7	7	7	8	8	8	8	9	9	10	10			
750	7	8	8	8	8	9	9	10	10	10	11	11		
800	7	8	8	9	9	10	10	10	11	11	11	12	12	
850	8	8	9	9	10	10	10	11	11	11	12	12	13	13

表 5-5-13 住院楼电梯数量配置速查表 1（续）

层数 台数 床位	8	10	12	14	16	18	20	22	24	26	28	30	32	34
900	8	9	9	10	10	11	11	12	12	12	13	13	13	13
950	9	9	10	10	11	11	11	12	13	13	13	14	14	14
1000		10	10	11	11	12	12	13	13	13	14	14	15	15
1050		10	11	11	12	12	12	13	14	14	15	15	15	16
1100		11	11	12	12	13	13	14	14	15	15	16	16	16
1150		11	12	12	13	14	14	15	15	15	16	16	17	17
1200		12	12	13	13	14	14	15	16	16	16	17	17	18
1250			13	13	14	15	15	16	16	17	17	17	18	19
1300			13	14	14	15	15	17	17	17	18	18	19	19
1350			14	14	15	16	16	17	18	18	18	19	20	20
1400			14	15	15	16	16	18	18	19	19	20	20	21
1450				15	16	17	17	18	19	19	20	21	21	21
1500				16	16	17	18	19	19	20	21	21	22	22
1550				16	17	18	18	20	20	21	21	22	22	23
1600				17	18	19	19	20	21	21	22	23	23	24

本表在使用过程中需注意以下几点：①本表适用于只有一个主楼层的住院楼；平均层高 3.7～3.9m，未含楼内交通异常客流情况。②表中所涉及的电梯台数包含用以承载竖向人流荷载的主力电梯，主要包括客梯、医梯和工作梯，在理想情况或高标准配置要求下，不含货梯及消防电梯；在一般情况下，可包括与客梯厅或医梯厅相邻布置，能用以承载客流，并方便乘客使用的部分消防电梯。③假设所选客梯额定荷载为 1000kg/13 人；所选医梯的额定荷载为 1600kg/21 人；客梯与医梯的数量配置比例为 1:1。④假设电梯的服务方式为单、双层隔层服务——即电梯分组，单、双层分别停靠。⑤此表为满足以上情况下，电梯数量配置的基本数值，根据实际情况的不同应进行相应调整。

表 5-5-14 住院楼电梯数量配置速查表 2

层数 台数 床位	8	10	12	14	16	18	20	22	24	26	28	30	32	34
200	2													
250	2	3												
300	3	3	3											
350	3	3	4	4										

表 5-5-14 住院楼电梯数量配置速查表 2（续）

床位 \ 层数 / 台数	8	10	12	14	16	18	20	22	24	26	28	30	32	34
400	4	4	4	4	4									
450	4	4	5	5	5	5								
500	4	5	5	5	5	6	6							
550	5	5	5	6	6	6	6	7						
600	5	6	6	6	6	7	7	7	7					
650	6	6	6	7	7	7	7	8	8	8				
700	6	6	7	7	7	8	8	8	9	9	9			
750	6	7	7	8	8	8	8	9	9	9	10	10		
800	7	7	7	8	8	9	9	9	10	10	10	11	11	
850	7	8	8	9	9	10	10	10	11	11	11	12	12	12
900	8	8	9	9	9	10	10	11	11	11	12	12	12	13
950	8	9	9	9	10	10	11	12	12	12	12	13	13	13
1000		9	9	10	10	11	11	12	12	12	13	13	14	14
1050		9	10	10	11	11	12	13	13	13	13	14	14	15
1100		10	10	11	11	12	12	13	13	14	14	15	15	16
1150		10	11	11	12	12	13	14	14	14	15	15	16	16
1200		11	11	12	12	13	13	14	14	15	15	16	16	17
1250			12	12	13	14	14	15	15	15	16	16	17	18
1300			12	13	13	14	14	16	16	16	17	17	18	18
1350			13	13	14	14	15	16	16	17	17	18	18	19
1400			13	14	14	15	15	17	17	17	18	19	19	20
1450				14	15	15	16	17	17	18	18	19	20	20
1500				15	15	16	16	18	18	18	19	20	20	21
1550				15	16	16	17	19	19	19	20	20	21	22
1600				15	17	17	18	20	20	20	21	22	22	23

本表在使用过程中需注意以下几点：①本表适用于只有一个主楼层的住院楼；平均层高 3.7 ~ 3.9m，未含楼内交通异常客流情况。②表中所涉及的电梯台数包含用以承载竖向人流荷载的主力电梯，主要包括客梯、医梯和工作梯，在理想情况或高标准配置要求下，不含货梯及消防电梯；在一般情况下，可包括与客梯厅或医梯厅相邻布置，能用以承载客流，并方便乘客使用的部分消防电梯。③假设所选电梯全为医梯，额定荷载为 1600kg/21 人。④假设电梯的服务方式为单、双层隔层服务——电梯分组，单、双层分别停靠。⑤此表为满足以上情况下，电梯数量配置的基本数值，根据实际情况的不同应进行相应的调整。

表 5-5-15 住院楼电梯数量配置速查表 3

台数 床位 / 层数	8	10	12	14	16	18	20	22	24	26	28	30	32	34
200	2													
250	3	4												
300	4	4	4											
350	4	4	4	4										
400	4	4	4	5	6									
450	4	5	6	6	6	6								
500	5	6	6	6	6	6	7							
550	6	6	6	6	6	7	7	8						
600	6	6	6	7	8	8	8	8	8					
650	6	6	8	8	8	8	9	9	9	9				
700	6	8	8	8	8	8	9	9	9	9	10			
750	7	8	8	8	8	9	9	10	10	10	10	11		
800	8	8	8	9	10	10	11	11	11	11	11	11	11	
850	8	8	8	10	10	10	11	11	11	11	12	12	13	13
900	8	9	10	10	10	10	11	12	12	12	12	13	13	13
950	9	10	10	10	10	12	13	13	13	13	13	13	13	13
1000		10	10	11	12	12	13	13	13	13	13	13	15	15
1050		10	10	12	12	12	13	13	13	13	14	15	15	15
1100		10	12	12	12	13	14	14	14	15	15	15	15	15
1150		12	12	12	12	14	15	15	15	15	15	15	16	16
1200		12	12	13	14	14	15	15	15	15	16	17	17	17
1250			12	14	14	14	16	16	16	17	17	17	17	18
1300			14	14	14	15	16	17	17	17	17	17	18	18
1350			14	14	14	16	17	17	17	17	18	18	19	19
1400			14	15	16	16	17	17	17	18	19	19	19	20
1450				16	16	16	18	19	19	19	19	20	20	20
1500				15	17	17	17	18	19	19	20	20	20	21
1550				16	17	18	20	20	20	20	21	21	21	22
1600				17	18	18	20	20	21	21	21	22	22	22

本表在使用过程中需注意以下几点：①本表适用于只有一个主楼层的住院楼；平均层高 3.7 ～ 3.9m，未含楼内交通异常客流情况。②表中所涉及的电梯台数包含用以承载竖向人流荷载的主力电梯，主要包括客梯、医梯和工作梯，在理想情况或高标准配置要求下，不含货梯及消防电梯；在一般情况下，可包括与客梯厅或医梯厅相邻布置，能用以承载客流，并方便乘客使用的部分消防电梯。③假设所选客梯额定荷载为 1000kg/13 人；所选医梯的额定荷载为 1600kg/21 人；客梯与医梯的数量配置比例为 1:1。④假设电梯的服务方式为高、低区分段各层服务（高、低区平分楼层）。⑤此表为满足以上情况下，电梯数量配置的基本数值，根据实际情况的不同应进行相应调整。

表 5-5-16 住院楼电梯数量配置速查表 4

层数 / 台数 / 床位	8	10	12	14	16	18	20	22	24	26	28	30	32	34
200	2													
250	2	4												
300	4	4	4											
350	4	4	4	4										
400	4	4	4	4	4									
450	4	4	4	6	6	6								
500	4	6	6	6	6	6	6							
550	5	6	6	6	6	6	7	7						
600	6	6	6	6	6	7	7	8	8					
650	6	6	6	6	8	8	8	8	8	8				
700	6	6	6	8	8	8	9	9	9	9	9			
750	6	8	8	8	8	8	9	9	9	9	10	10		
800	6	8	8	8	8	9	9	10	10	10	10	11	11	
850	8	8	8	8	9	10	10	10	10	11	11	11	11	11
900	8	8	9	9	9	10	10	11	11	11	12	12	12	13
950	8	9	9	9	10	10	11	11	12	12	12	13	13	13
1000		10	10	10	10	11	11	12	12	12	13	13	13	13
1050		10	10	10	10	12	12	12	13	13	13	13	13	15
1100		10	10	11	12	12	12	12	13	13	14	14	15	15
1150		10	10	12	12	12	12	13	14	14	14	15	15	15
1200		10	12	12	12	13	13	14	14	15	15	15		17
1250			12	12	12	14	14	14	15	15	15	17	17	17
1300			12	12	14	14	14	15	15	15	16	17	17	17

表 5-5-16 住院楼电梯数量配置速查表 4（续）

层数 台数 床位	8	10	12	14	16	18	20	22	24	26	28	30	32	34
1350			12	14	14	14	14	15	16	17	17	17	17	17
1400			12	14	14	15	15	16	17	17	17	17	18	19
1450				14	14	15	16	16	17	17	17	19	19	19
1500				14	16	16	16	17	17	17	19	19	19	20
1550				15	16	16	17	17	19	19	19	19	20	21
1600				16	16	17	17	18	19	19	19	20	21	21

本表在使用过程中需注意以下几点：①本表适用于只有一个主楼层的住院楼；平均层高 3.7 ~ 3.9m，未含楼内交通异常客流情况。②表中所涉及的电梯台数包含用以承载竖向人流荷载的主力电梯，主要包括客梯、医梯和工作梯，在理想情况或高标准配置要求下，不含货梯及消防电梯；在一般情况下，可包括与客梯厅或医梯厅相邻布置，能用以承载客流，并方便乘客使用的部分消防电梯。③假设所选电梯全为医梯，额定荷载为 1600kg/21 人。④假设电梯的服务方式为高、低区分段各层服务（高、低区平分楼层）⑤此表为满足以上情况下，电梯数量配置的基本数值，根据实际情况的不同应进行相应调整。

第三节　医院电梯、扶梯系统的设计方法及设备选择

一、基本设计原则

（一）快捷的流线

在医疗建筑电梯、自动扶梯交通系统设计中，各种人流、物流的合理组织具有重要的研究价值，它不仅是整个电梯、自动扶梯交通系统运作的基础，对各部分功能科室的设计具有决定性作用，而且还牵涉到整个医院的工作效率。同时，清晰、便捷的交通流线还能减少外来人员盲目地寻找，缩短候梯时间、避免交叉感染。

医疗建筑中流线的组合主要有两种型式，如表 5-5-17 所示。

表 5-5-17 医疗建筑流线组合型式

流线　　分类	A 种型式	B 种型式
洁净流线（人流）	手术部、ICU （医务人员、患者、探视陪护）	手术部、ICU、普通病房 （医务人员、患者、探视陪护）
一般流线（人流）	普通病房 （医务人员、患者、探视陪护）	
洁净流线（物流）	食品、药品、敷料、器械等	食品、药品、敷料、器械等
非洁净流线	垃圾、污物、尸体	垃圾、污物、尸体

A 种型式的特点是将通往手术部、ICU 的洁净人流和通往一般医技、病房层的非洁净人流分开设置。这种方式便于洁、污分区，有利于保持手术部与 ICU 的洁净度，适用于规模较大、标准较高的医院。目前我国最常见的做法是将一个电梯组的其中一台电梯独立出来，规定其为手术专用梯或急救专用梯。

B 种型式是在 A 类型的基础上将手术部、ICU 护理单元等的洁净流线与一般竖向流线合并，共同组成一般竖向流线和非洁净竖向流线。这种组织方式会使一般竖向流线的医、客混杂，甚至还会延误患者急救、手术时间。早期的中、小型医院多采用这种方法，现已逐渐被淘汰。

电梯组与自动扶梯组承载了医疗建筑最主要的竖向客流，是整栋建筑的交通中枢所在，常见的有两种：客梯组和医梯组。

①客梯组。两台或两台以上的客梯以多台并列或多台队列的形式布置，或上、下行自动扶梯以交叉连续布置的形式布置，用以运送探视、陪护、症状轻微的患者、医务人员等人流。

②医梯组。两台或两台以上的医梯以多台并列或多台队列的形式布置，主要用来运送重症患者和各种所需医疗器械，也可兼作客梯，输送内、外人流。

以上两种性质的电梯组在平面布置时可单独设立电梯厅，也可相互合用电梯厅，基本形式有三种。

表 5-5-18 电梯厅布置形式

合用式	照应式	远离式
客梯组和医梯组共用电梯厅	客梯组和医梯组分设电梯厅但相互照应	客梯组和医梯组分设电梯厅且相互远离
客、患混杂，医疗环境较差	客、患适当分流，电梯整体运行效率高	客、患完全分流，电梯组不能相互协作，整体运行效率低

①合用式。这种形式便于集中管理、群控，可以提高电梯的使用效率，经济效益较好，比较适合中国目前乃至更长一段时间的国情，也是我国现阶段医疗建筑电梯交通核最常使用的平面布置方式。

②照应式。照应式是对合用式的改进，将客梯与医梯分离，既有利于改善医疗环境，避免医院内部交叉感染，又使两个电梯厅的竖向运作能相互协调，共同疏散人流。

③远离式。由于客梯厅和医梯厅相隔甚远，乘梯者不能同时兼顾或不知远处还有一电梯厅，因此容易造成一处人流密集，另一处人流稀疏的客流分散不均状况，无谓延长部分乘客的候梯时间。

综上所述，医疗建筑电梯交通系统流线设计应遵守如下原则：合理组织大楼内、外各种流线，避免交叉感染，尤其要注意洁污分区，分设专供手术室、ICU 等洁净病房使用的洁净手术梯；科学地布置电梯交通核，"均匀"分配交通流，使楼内各电梯组能相互协调运作，以提高电梯整体运行效率，减少不必要的等候时间。

（二）明确的导向

明确的导向和短捷的路线是保障住院楼正常运行的基本要素，在电梯交通系统设计中应引起足够的重视。

要实现清晰、明确的导向设计，应从最关键的两方面入手：

（1）处理好门厅与交通核间的关系，让乘客，特别是外来人流能很快找到电梯厅的位置，减少路线的迂回和不必要的询问；

（2）电梯厅的楼层标识系统和电梯标识系统要清楚、准确，保障乘客能快速地到达各楼层目的地。

电梯厅与自动扶梯组通常就近布置在住院楼正对入口的大厅附近或入口处两侧，以便快速分导人流，提高效率。无论采用何种平面形式，关键是要保证建筑空间内部人流的通畅，避免大量人群拥过狭窄的"过道"。

当规模不大时，入口大厅和电梯厅可以合用，但要保证有足够的等候空间和来往人流穿梭的交通空间。

为了在功能复杂的医院内部空间合理高效地引导人流，标识导向系统是医院室内设计中必不可少的手段。不同与此前各科室的标牌，医院标识系统是专属于传递医疗功能、环境等信息的导向服务系统。一般综合医院的标识导向分级原理如表5-5-19所示。

表5-5-19 综合医院标识导向分级原理

导向级别	一级导向 （户外/楼宇牌）	二级导向 （楼层楼道牌）	三级导向 （单元牌）	四级导向 （门牌/窗口牌）
1	医院大楼、大门院名及标识	医院楼层总索引	各医务单元（放射科/检验科等）	各房间门牌
2	医院道路指引牌	医院各楼层索引及平面图	医院各护理单元	各窗口牌（收费取药/出入院等）
3	医院道路分流标识	医院厅/走廊标识	各行政后勤单元	医院公共服务设施（洗手间/商店等）
4	医院服务设施（停车场/商店等）	医院公共服务设施（洗手间/商店等）		
5	医院楼宇标识	出入口引导		
6	医院户外总图	专家介绍栏		
7	医院户外形象标识	资讯栏		
8		医教宣传栏		

通常，医疗建筑外来人员从进入到抵达目的楼层、离开电梯厅的整个行径过程中，所涉及的导向标识系统主要包括电梯厅位置引导、各楼层索引及平面图、各电梯停靠方式等：

另外，从人性化设计角度出发，还可以考虑一些适用于特殊人群的标识方法，如德国康斯坦斯医院，运用了不同的色彩组合来表示不同的楼层，在建筑内部的电梯厅及楼梯间等重要交通位置给予明确的标识。这种标识方式不仅直观，而且满足了部分阅读困难人群的需要。

（三）舒适的空间

随着整体医学模式的完善，要求从以治愈疾病为中心，转移到以人的需要为中心。因此，现代医院的电梯厅设计不但要关注于人的生理需求，还要关注于人的心理需求，并以此为设计的依据和内容，创造出与现代医学模式相适应的人性化的等候空间。

一般来说，自动扶梯没有等候空间，而电梯厅的平面布置形式主要有如下六种：客梯多台并列；客体多台对列；医梯多台并列；医梯多台对列；客体、医梯多台并列和客体、医梯多台队列。在其平面尺寸的确定过程中，除了要满足候梯厅基本尺寸要求外，还应从医疗器械的具体使用需求、乘客的乘梯便捷性等多方面考虑。

1. 载人电梯布置与候梯厅的一般要求

表 5-5-20 载人电梯平面形式与候梯厅深度要求

布置形式	单台	多台并列	多台对列
平面			
乘客电梯	≥ 1.5B	≥ 1.5B 当梯群为四台时该尺寸 ≥ 2400	≥对列电梯 B 之和 < 4500
病床电梯	≥ 1.5B	≥ 1.5B	≥对列电梯 B 之和

表格数据来源：《建筑设计资料集 第 1 分册 建筑总论》（第三版）

表 5-5-21 电梯主参数及规格尺寸

电梯类型	载重量（kg）	载客量（人）	轿厢宽度 A（mm）	轿厢深度 B（mm）
乘客电梯	800	10	1350	1400
	1000	13	1600	1400
	1250	16	1950	1400
病床电梯	1600	21	1400	2400
	2000	26	1500	2700
	2500	33	1800	2700

表格数据来源：《建筑设计资料集》（1）

医疗建筑客梯的布置应以输送职工、探病人员等人流为主，也可用以输送一些小型的器械，对其电梯厅平面尺寸没有具体医疗器械使用方面的要求。但医梯组及医梯厅的设计就要考虑医疗器械的使用需要，在平面设计中，应以病床车的合理使用为原则。

《建筑设计手册》中规定："一般通行的走廊至少有 1.5m 的宽度，运输躺着病人的走廊应该至少有 2.25m 宽的使用宽度。"（［德］恩斯特·诺伊费特，2000）因此，在条件允许的情况下，应尽量将候梯厅深度做到在表 5-5-20 的基础上增加 2.25m。

2. 乘梯的便捷性

交通系统的平面形式对使用者的便捷与否有很重要的影响。《建筑设计资料集 第 1 分册》中规定：当载人电梯的候梯厅采用多台并列的排布方式时，电梯台数应小于或等于四台；当采用多台队列的排布方式时，电梯台数不应超过八台。再从实际使用情况综合考虑，得出我国医疗建筑电梯厅平面设计尺寸应满足以下基本要求：

表 5-5-22 我国医疗建筑电梯厅平面尺寸基本要求

布置形式	客梯多台并列	客梯多台对列	医梯多台并列
平面			
候梯厅深度	≥ 2.1m	≥ 2.8m	≥ 3.6m（医梯额定载重量为 1600kg）或 ≥ 4.05m（医梯额定载重量为 2000kg 或 2500kg）
布置形式	医梯多台对列	客梯、医梯多台并列	客梯、医梯多台对列
平面			
候梯厅深度	≥ 4.8m（医梯额定载重量为 1600kg）或 ≥ 5.4m（医梯额定载重量为 2000kg 或 2500kg）	≥ 3.6m（医梯额定载重量为 1600kg）或 ≥ 4.05m（医梯额定载重量为 2000kg 或 2500kg）	≥ 3.8m（医梯额定载重量为 1600kg）或 ≥ 4.1m（医梯额定载重量为 2000kg 或 2500kg）

注：表中候梯厅深度为候梯厅墙内净尺寸，未含不乘电梯人员穿越层站时的交通面积；当采用多台并列的电梯排布方式时，电梯台数应小于或等于四台；当采用多台队列的电梯排布方式时，电梯台数不应超过八台。

人性化的等候空间应该满足患者在空间中的舒适度。人们的心理愉悦感是在生理舒适感的前提条件下产生的。生理舒适源于知觉环境的优化。知觉环境包含很多要素，包括朝向、采光、通风、保温湿、隔热、消毒、隔声、空气、色彩、装饰、绿化等诸多方面。在医院电梯厅设计中，最重要的应注意以下三点。

第一，空间明亮、开敞。

医院电梯厅的设计布局要尽量争取有自然的采光和通风。住院楼的候梯空间还可以与城市风光结合，缓解人们等候电梯时的不安心情。如果阳光不能保证，那么要考虑人工照明。光源的色温应大量使用暖色，给人以温暖、温馨的感觉。

第二，色彩丰富、和谐。

表 5-5-23 是色彩的功能及医疗效应。

因此，可打破电梯厅传统、单调的色彩设计，分析不同楼层、不同科室患者的不同心理，从而采用不同的色彩，丰富候梯空间。另外，考虑到候梯者的心理，电梯厅的色彩不应太沉闷，遇到大面积的色彩宜淡雅，宜用高明度、低彩度的调和色，宜统一协调形成基调。厅内的小标志物、导向图标等则应色彩亮丽，对比鲜明，各类标志、名牌应按领域对色彩、字体、尺度、图案等统一设计，既协调统一，又要利于识别。

表 5-5-23 色彩的功能及医疗效应

颜色	心理反应	医疗功能
红色	热烈、朝气	促进血液循环，加快呼吸，焕发精神，促进低血压患者的康复，对麻痹、忧郁病患者有一定的刺激缓解作用
橙色	新思想和年轻的象征、启发	促进血液循环，改善消化系统，活跃思维，激发情绪。对喉部、脾脏等疾病有辅助疗效，为医院餐厅、咖啡厅所喜爱的颜色
黄色	愉快、朝气	温和欢愉，能适度刺激神经系统，改善大脑功能。对肌肉、皮肤和太阳神经系统疾病患有一定疗效，浅色调的米黄、乳黄是医院室内设计的基调
绿色	希望的象征、宁静	生命之色，安全舒适，降低眼压，安抚情绪，松弛神经，对高血压、烧伤、喉痛、感冒患者均为适应
蓝色	平静、美丽、和谐	缓解肌肉紧张、松弛神经、降低血压。有利于肺炎、情绪烦躁、神经错乱及五官疾病的患者
紫色	柔和、退让、沉思、宁静、镇定、幻想	可松弛运动神经、缓解疼痛

第三，人性化细部周详。

合理的环境能调整等候者的心态。现代医院电梯厅设计正是要求应用人性化设计手法，创造出吸引人的公共空间。设计中除了留足必要的等候空间，还应从候梯者的心理出发，注意每一个细节的布置。

二、电梯厅人流压力缓解方法

异常客流突出是住院楼电梯交通流最为显著的特点，这也是进行住院楼电梯交通系统设计的一大难题。异常客流的出现会使电梯厅人流瞬间增多，交通负荷加重，电梯数量短暂不足。

因此，在医疗建筑电梯数量设计时除了考虑正常客流外，还必须通过技术、管理等方面引导人流，降低高峰时段人流量，解决异常客流情况，缓解电梯厅异常人流压力，特别是在门急诊楼就诊高峰和住院楼的高峰探视时段。

（一）电梯群控的应用

电梯群控（Elevator Group Control System，EGCS）是指将多台电梯进行分组，根据楼内交通量的变化，用计算机控制，实行最优输送的一种运行方式（朱德文、牛志成，2005）。电梯采用群控方式是为了提高一个建筑物内多台电梯同时服务时的运行效率、缩短电梯对召唤的相应时间，并通过合理调配电梯来达到节能的目的，其主要功能是：

第一，提高和保持作为群控整体的输送效率和服务效率。一般可使平均间隙时间缩短 15% ～ 25%，即输送能力提高 15% ～ 25%。

第二，为乘客提供最优服务，使候梯时间最小，一般可减少 40% ～ 60%，乘客没有烦躁感，满足舒适性、安全性和经济性的要求，具有用户程序设计功能。

第三，确定多台电梯运行。根据大楼固有交通状况、群控管理的判断材料和分配控制部的交通情报，来预测近期交通，从而控制电梯运行。

（二）陪护及探视制度的完善

针对我国目前住院楼的陪护及探视人员所带来的竖向交通负荷，需要进一步完善陪护及探视制度。

显然,医院内陪护的存在已成为现阶段的一种客观事实。随着护理模式的改变,护理更加重视患者的心理、社会等方面的需求,陪护率的控制与"以患者为中心"宗旨之间的矛盾日益突出。为减缓住院楼内部人流压力,保障电梯交通系统的有序运作,应该从以下几方面入手。

第一,从患者心理需求出发,增强护士与患者的沟通,加强病房巡视,完成患者的全面护理,建立患者的归属感,使患者感到医院有家庭般的温馨与亲切,减轻其对家人的过度依赖且无须请陪伴而逐渐压缩陪护。

第二,作为医护人员,除了关心患者的诊断、治疗外,对患者家属的身心状况应给予关注,给予他们精神上的支持,并及时准确提供有关患者的健康信息,让家属了解医院的日常陪护工作,放心把患者"交给"医院。

第三,完善陪护制度,根据患者病情留陪,并适当限制留陪人员,尽量将陪护人员转为探视人员,无须长期留守而是短期探视。

第四,加强探视管理制度,实行分时分段探视,即不同楼层、不同科室的探视时间可相互交错,减弱住院大楼集中探视时段的瞬间高峰客流量,从而保证电梯交通系统的正常运作。

第五,继续发展护理事业,加大护理人数,提高护理质量,可组织专门的陪护人员,由医院统一培训、管理,有效缓解护理人员紧缺的现状。

(三)楼梯的合理利用

楼梯是电梯的主要辅助工具,能够有效地分散电梯厅人流,缓解竖向压力。门急诊楼一般层数不多,楼梯能够满足使用者对竖向流线的需求;而住院楼远离地表,活动空间有限,若适当鼓励使用楼梯,将楼梯作为一种"锻炼工具",也有利于患者及家属的身心健康。

院方应该多提倡人们走楼梯,特别是位于低层的住院科室(6层以下)和层数较少的门急诊楼,真正将楼梯利用起来,让楼梯成为疏散人流的有效途径。

(四)"立体式"交通分流

"立体式"交通分流是指在时间和空间上同时作用,分散人流,即采用分时、分层、分区的全方位分流方法来减缓电梯厅的异常客流压力,保障良好的交通运行秩序,通常包含如下三种方式。

1. 时间分流

时间分流,即通过医院的管理机制对大楼电梯的使用人员进行时间上的限定,如在门急诊楼中将医生的出诊时间错开,鼓励患者在非高峰时段就诊;在住院楼中规定上午为医生查房时间,禁止探视;下午3点后为探视时间,此时探视人员及家属才可使用电梯。

2. 立交分流

常见的医疗建筑只有一个主楼层,即一个人流入口楼层,在高峰客流时段所有出入者都拥挤在一个楼层的电梯厅,环境嘈杂。立交分流便是针对这种情况,在一幢医疗建筑的不同标高上设计两个以上的出入口,形成类似于城市立交桥一样的立体布局,以此来达到分散人流的目的,在门急诊楼中同时也有利于中不同情况患者的分流,避免交叉感染。这种方法尤其适用于山地建筑。

3. 平面组织分流

平面组织分流是建立在门急诊楼内部流线清晰、快捷的基础之上,即对大楼的各种人流——患者、医生、护士、探视者、家属等进行流线分析,分别设置客梯厅、医梯厅、自动扶梯或工作梯厅来组织人流。

客梯厅与医梯厅的分开设计是有必要的,但专供内部人员使用的工作梯组或工作梯厅在有条件的情况下才予以考虑,当外来人流量大,即探视的高峰时刻,工作电梯同样应该参与承载外来人流,避免造成"资源浪费"的现状。

三、医院电梯与扶梯常用配置选型

（一）医用电梯

1. 奥的斯（OTIS）医用电梯（见图 5-5-4）

型号：OTES Sky

主机型号：WYT-Y

整机功率（每台）：32.8kW

启动电流：108.1A（380V）/186.6A（220V）

额定电流：50.9A（380V）/87.9A（220V）

机房发热量（每台）：3543.5kcal/h

载重量：1600kg

速度：2.5m/s

控制：VVVF

操纵：AUTOMATIC

绳速比：2:1

停站 / 开门数：40/40

最小楼层间距：2620mm

开门型式：CO

开门尺寸：1000mm × 2100mm

行程：140m

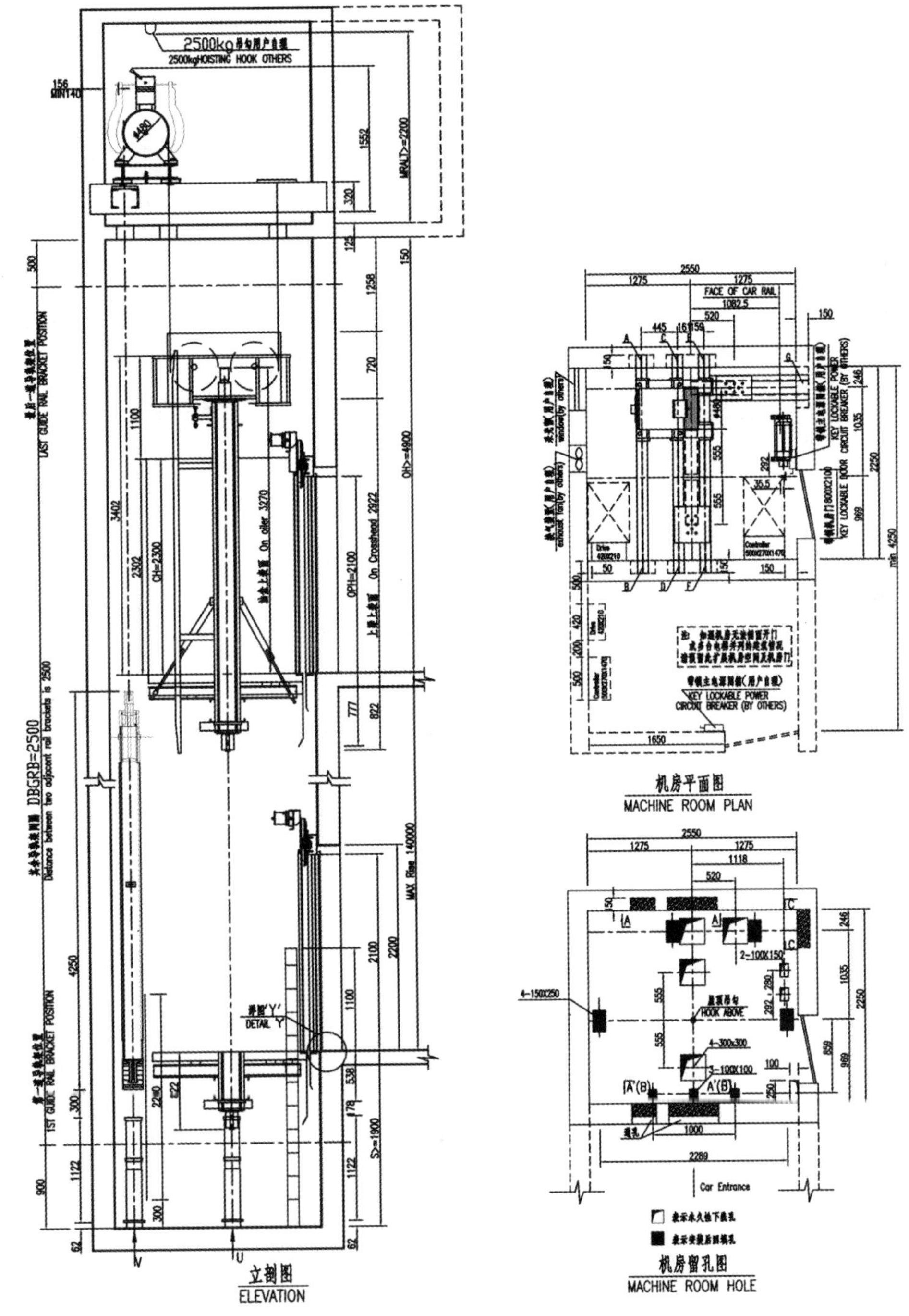
2500kg吊钩用户自理
2500kgHOISTING HOOK OTHERS
立剖图
ELEVATION
机房平面图
MACHINE ROOM PLAN
机房留孔图
MACHINE ROOM HOLE
Car Entrance

图 5-5-4 医用电梯土建详图 1

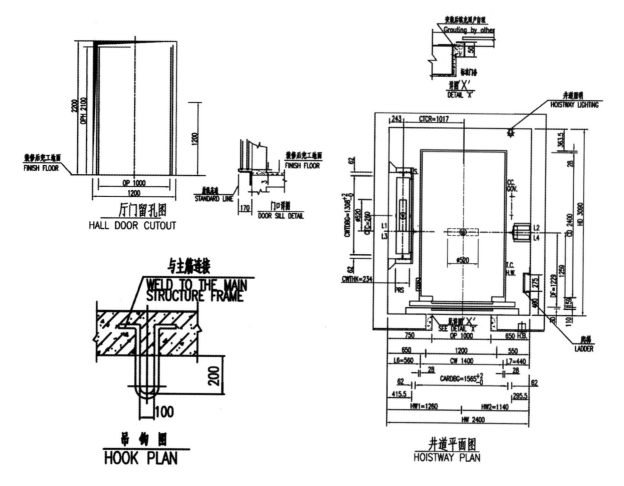

图 5-5-5 医用电梯土建详图 2

2. 奥的斯（OTIS）乘客电梯

型号：OTES Sky

主机型号：WYT-Y

整机功率（每台）：27kW

启动电流：93.2A（380V）/161A（220V）

额定电流：41.9A（380V）/72.4A（220V）

机房发热量（每台）：2844kcal/h

载重量：1350kg

速度：2.5m/s

控制：VVVF

操纵：AUTOMATIC

绳速比：2:1

停站/开门数：40/40

最小楼层间距：2620mm

开门型式：CO

开门尺寸：1000mm×2100mm

行程：140m

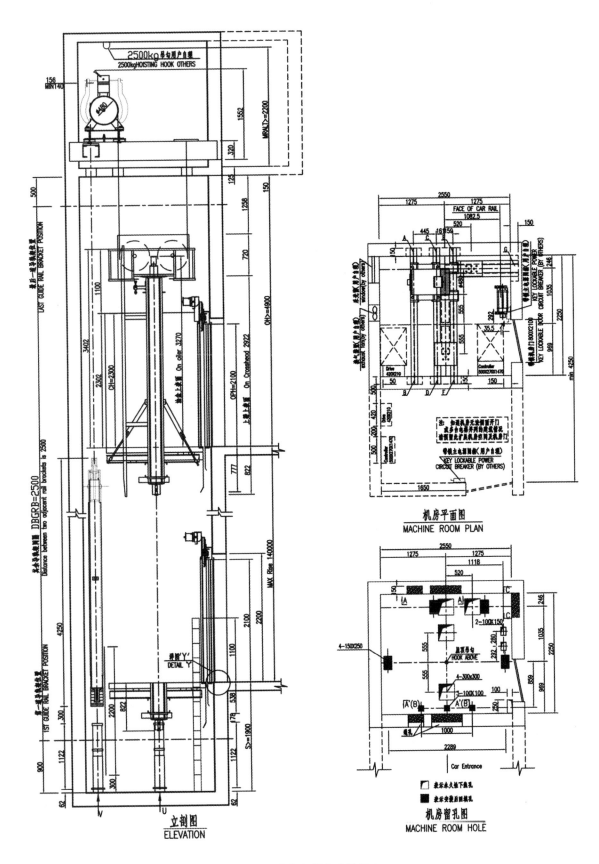

图 5-5-6 乘客电梯土建详图 1

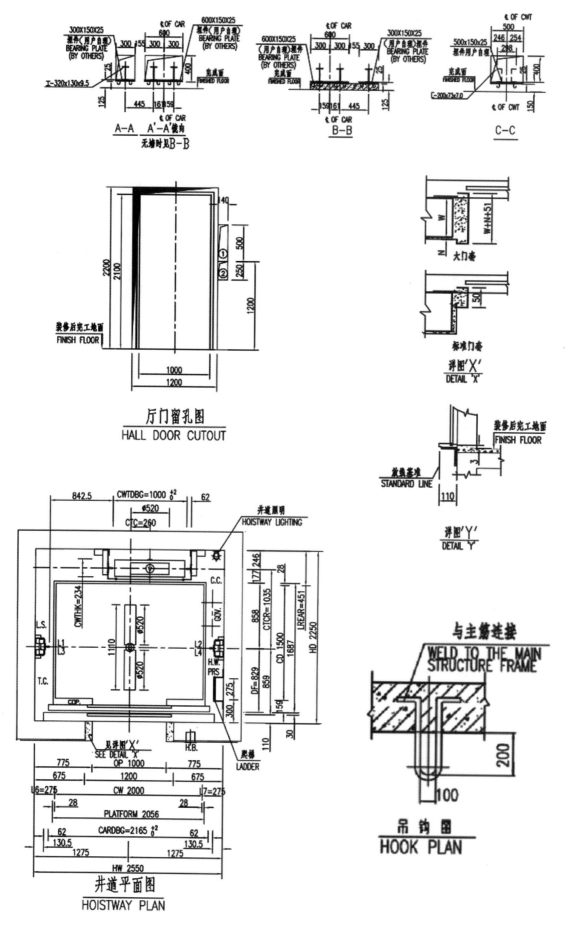

图 5-5-7 乘客电梯土建详图 2

第四节　医院电梯、扶梯系统的安装及管理

一、医院电梯的开箱与确认

医院电梯的开箱确认一般在安装工地现场进行。目的是检查设备的部件、零配件及材料等是否完好、齐全，是否与合同约定一致。

开箱检查工作一般由业主主持，生产商、施工监理、医院电梯安装单位人员共同参加。部件、零配件及材料等的清点和开箱后的保管由生产商委托的专业安装单位负责。

（一）发货单与装箱单的核对

开箱前应核对发货单和装箱单是否一致。

发货单由生产商在电梯设备发运前向业主发出，应包括电梯的箱数、箱的编号、规格、型号、台数和合同号等。

装箱单应随箱发运，详细记录每个包装箱内的部件、零配件及材料等规格、型号、数量等。在开箱前应核对与发货单所到电梯的箱数、箱的编号、规格、型号、台数和合同号等是否与发货单一致，如不符不许开箱，详见表5-5-24、表5-5-25。

表5-5-24 发货单的样式

卖方：			制单日期：　年 月 日						装运通知编号：	
合同编号		启运日期		总箱数	总毛重	总净重	总体积（m²）		包装方式	仓储特殊要求
合同名称		到货日期								
装运批次	第　批	运输工具	启运地点							
箱号	工位	货物编号	货物名称	型号规格	单位	数量	毛重	净重	箱体尺寸 长/宽/高	

表 5-5-26 电梯开箱记录

使用单位					
安装地址					
合同号／安装合同号			电梯编号		
生产日期			开箱日期		
检查内容及要求				检查结果	
				符合	不符合
包装情况	所有配件应分类与装箱单一起装入箱内，应放平，固定牢固，并防止相对移动。曳引机应独立包装，包装应封闭完好。配品、备件齐全，观感应完好。部件，装置、材料等无破损，腐蚀及其他异常情况				
随机文件	装箱单；合格证；井道布置图；操作使用及基本维护手册；电器原理图，接线图及其说明；主要部件、装置安装示意图；安装与调试手册；安全检验形式报告副本；易损件清单和目录				
机械装置	曳引机名牌应标注：规格型号；额定载荷；额定速度；传动比；出厂编号；质量等级标志等				
	限速器、缓冲器、安全钳、门锁的名牌应标注：规格型号；性能参数；形式实验标志及实验单位				
电气装置	电机、控制箱等电气装置应独立放入防潮箱内，并应做减震处理，应放于室内。				
	控制柜标牌应标注：规格型号，生产商及其识别标志等				
进口部件	应有原产地证明书、报关单、商检合格证等相关手续和资料				
结论	检查、验收结论				
验收单位签字	建设（业主）单位	工程监理单位	电梯生产商	电梯安装单位	

（二）开箱检查

开箱前应检查包装箱的完好性，如有破损，应进行记录，包括照相等手段。

检查应按照装箱单内容进行。

（1）部件类别及数量：如发现短缺，生产商应在电梯安装的规定工期内负责补齐。

（2）损坏腐蚀：如发现部件有损坏腐蚀，生产商应在电梯安装的规定工期内更换。

（3）部件原产地：如发现与合同约定不相符，生产商应在电梯安装的规定工期内更换。

（4）进口设备应提供原产地证明，海关、商检证书等。

（三）开箱检查的记录

开箱验收时，应做好详细的检查记录，对验收结果业主、生产商、施工监理、医院电梯专业安装单位人员应共同签字确认。

（1）货物检验表。应记录包装及运输方式是否与合同的约定相符；包装箱外观是否完好；货物的数量、名称、编号等是否与发货单相一致。

（2）开箱检查单。应记录部件的规格、型号、数量等是否与装箱单一致；货物是否损坏、腐蚀，整机和部件是否与合同约定一致等。

（3）验收总结。将开箱过程中存在的问题、责任及解决方法，也包括各方验收人员等以会议纪要的形式作为开箱验收的依据。

（4）货物交接单。开箱验收后，应如实填写货物交接单，交接单应详细注明箱数、箱的编号、规格、型号、台数和合同号，作为向生产商委托的专业电梯安装单位移交的凭据。清点完成的货物由生产商委托的专业电梯安装单位负责保管。

二、医院电梯的安装与调试

（一）电梯安装工艺流程图

详见图 5-5-8。

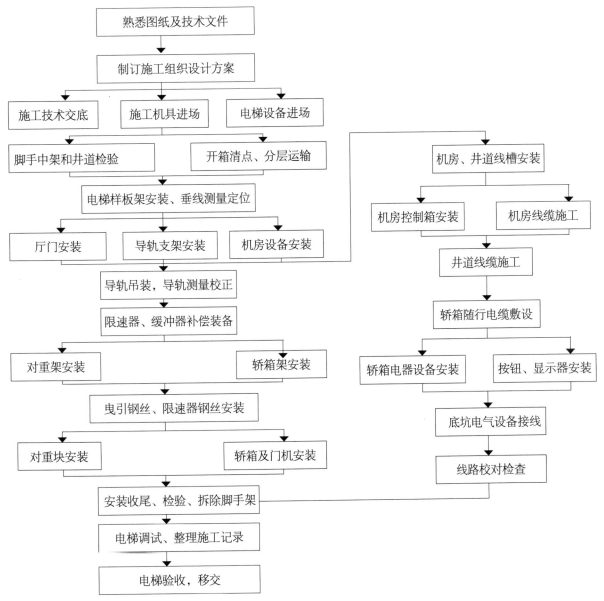

图 5-5-8 电梯安装工艺流程图

（二）生产商及生产商委托专业安装单位在电梯安装调试过程中的电梯调试报告

1. 电梯调试报告（表 5-5-26）

表 5-5-26 电梯调试报告

使用单位＿＿＿＿＿＿＿＿＿	地址＿＿＿＿＿＿＿＿＿
产品规格型号＿＿＿＿＿＿＿	生产商＿＿＿＿＿＿＿＿＿
电梯编号＿＿＿＿＿＿＿＿＿	（群控／梯编号）＿＿＿＿＿
提升高度＿＿＿＿＿＿＿＿＿m 层／站／门＿＿＿＿＿＿	
额定载荷＿＿＿＿＿＿＿＿＿kg 额定速度＿＿＿＿＿＿m/s	
专业安装单位＿＿＿＿＿＿＿＿＿＿＿＿＿＿＿＿＿＿＿	
专业调试人员＿＿＿＿＿＿＿	填表日期＿＿＿＿＿＿＿＿＿

控制、驱动部件主要参数（表 5-5-27）

表 5-5-27 制动、驱动部件主要参数

控制箱			
生产商		规格、型号	
编号		出厂日期	
主控器			
制造商		规格、型号	
控制形式			
驱动器			
制造商		规格、型号	
驱动形式			
运行主要参数			
额定速度计算值	m/s	速度控制比例增益	
运行加速度	m/s²	速度控制微分增益	
运行正加速度	m/s²	速度控制积分增益	
运行负加速度	m/s³	负载称量增益	
抱闸闭合时间	ms	负载称量（开／断）	%
抱闸打开时间	ms	预置方向（开／断）	
电机最大转速	RPM	预置方向增益	%

3. 曳引部件、缓冲器及油类检查（表5-5-28）

表5-5-28 拽引装置、缓冲器及油类检查

曳引机			
规格型号		速比	
制造商		编号	
曳引轮			
直径		槽数	
槽宽（绳径）		槽型	
曳引绳			
根数		直径	
规格型号		绕法	
电动机			
规格型号		生产商	
编号		额定电流	A
额定电压	V	额定功率	kW
温升	^{0}C	转速	RPM
曳引机 / 缓冲器油及各部位润滑检查			
曳引机油牌号		加入量	升
缓冲器油加入	正确□　未加□	缓冲器恢复时间	秒
各润滑部件加油	正确□　未加□	油温	正常□
制动器制动调整			
弹簧压紧长度	左　mm　　右　mm	制动器安全间距	左　mm　　右　mm
制动器间距	左　mm　　右　mm		
制动器电压	V	制动器保持电压	V
制动器监控装置	设置□	监控装置有效	左　　　右

注：在□内打√或×

4. 重要部件的调整记录（表5-5-29）

表5-5-29 重要部件的调整记录

限速器 - 安全钳 - 涨紧装置			
限速器规格型号		生产商	
运动速度		有效期	
制动形式		钢丝绳规格型号	
安全钳规格型号		生产商	
动作形式		间距调整	mm
提前断开开关		向上自动复位	
张紧装置正常		距地高度	mm
轿厢称重装置			
规格型号		生产商	
轿顶减震装置	按生产商产品要求		左
			右
轿底减震装置	按生产商产品要求		左
			右
轿底定位螺栓	超载时距轿底顶板间隙 2 mm		左
			右
称重装置调整	调整好 □	轿厢需做装饰 □	
门区码和层楼码板的检查			
门区码板	适中□ 安装牢固□	插入深度	mm
层楼码板	适中□ 安装牢固□	插入深度	mm
极限开关与限位开关			
慢车限位距离	上 mm	快车限位距	上 mm
	下 mm		下 mm
极限距	上 mm	极限距	下 mm
轿厢门机控制			
规格型号		生产商	
驱动器型号		控制形式	DC □ VVVF □ AC □
开门宽度		开门型式	左□ 右□ 中分□

表 5-5-29 重要部件的调整记录（续）

开门速度		m/s	关门速度	m/s
加速度		m/s²	减速度	m/s²
轿门制造商			厅门制造商	

注：在□内打√或 ×

5. 电气绝缘检测（表 5-5-30）

表 5-5-30 电气绝缘检查

电力线路绝缘检测		
L 1		MΩ
L 2		MΩ
L 3		MΩ
电机回路绝缘检测		
U		MΩ
S		MΩ
T		MΩ
安全回路绝缘检测		
机房设备		MΩ
井道区域		MΩ
底坑设备		MΩ
轿厢系统		MΩ
照明回路绝缘检测		
轿厢照明	MΩ	轿内风机	MΩ
接地电阻检测		
电力线路	Ω	通风与照明	Ω

6. 层站呼梯、楼层显示功能及轿厢平层检测（表 5-5-31）

表 5-5-31 轿厢平层、层站呼梯及楼层显示功能检测

层站号	平层精度	层站呼叫			厅门指示灯			
		上	下	面板水平度及垂直度	到站钟		楼层显示	面板水平度及垂直度
					上	下		
标准	＜ ±4mm（空载）	正常	正常	＜ 2mm	正常	正常	正常	＜ 2mm

7. 电梯运行特性曲线测定（表5-5-32）

表5-5-32 电梯运行特性曲线测定

额定负载	kg	平衡系数	%	平衡负载	kg
负载	0 负载电流	25% 负载电流	50% 负载电流	75% 负载电流	100% 负载电流
向上运行	（A）	（A）	（A）	（A）	（A）
向下运行	（A）	（A）	（A）	（A）	（A）

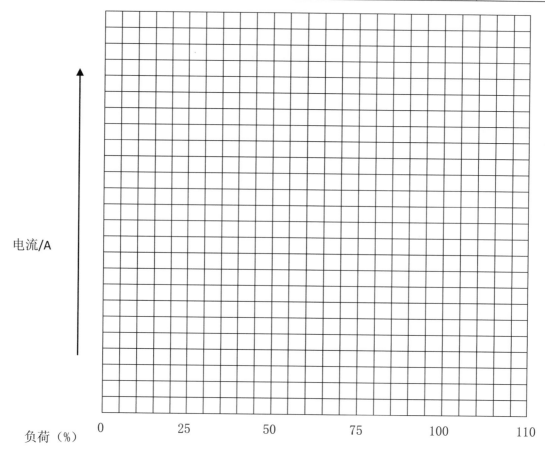

电流/A

负荷（%）　　0　　25　　50　　75　　100　　110

8. 电梯运行功能检测（表5-5-33）

表5-5-33 电梯运行功能检测

轿内报警功能	完成□		轿内照明	完成□	
轿内应急照明	完成□		轿内通风	完成□	
轿门开门按钮功能	完成□		轿门关门按钮功能	完成□	
内呼功能	完成□		轿内楼层显示	完成□	
满载、超载功能	完成□		强迫关门功能	完成□	无此项□
防恶意功能	完成□	无此项□	消防显示及报警功能	完成□	无此项□
轿内/机房通话系统	完成□	无此项□	五方通话系统	完成□	无此项□
群控功能	完成□	无此项□	司机操作功能	完成□	无此项□
消防返回功能	完成□	无此项□	消防运行功能	完成□	无此项□
消防操作功能	完成□	无此项□	专用运行功能	完成□	无此项□

表5-5-33 电梯运行功能检测（续）

紧急供电运行功能	完成☐	无此项☐	自动返底功能	完成☐	无此项☐
泊梯功能	完成☐	无此项☐	群控监控系统	完成☐	无此项☐
远程监控系统	完成☐	无此项☐	残障人士功能	完成☐	无此项☐
轿厢照明自动关闭	完成☐	无此项☐	保安监控	完成☐	无此项☐

注：在☐内打√或 ×

（三）建设主管部门规定的电梯安装调试记录表

每个省市的记录表有可能不一致，应以当地建设主管部门规定表格为准。

（1）施工组织设计（方案）报（复）审表。

（2）电梯安装工程设备进场质量验收记录。

（3）电梯工程土建交接质量验收记录。

（4）曳引式或强制式电梯驱动主机安装工程质量验收记录。

（5）曳引式或强制式电梯导轨安装工程质量验收记录。

（6）电力驱动的曳引式或强制式电梯及液压电梯门系统安装工程质量验收记录。

（7）电力驱动的曳引式或强制式电梯及液压电梯轿厢及对重安装工程质量验收记录。

（8）电梯悬挂装置、随行电缆、补偿装置安装工程质量验收记录。

（9）电梯电气装置安装工程质量验收记录。

（10）曳引式或强制式电梯整机安装工程质量验收记录。

（11）自动扶梯、自动人行道整机安装工程质量验收记录。

（12）电梯安装工程绝缘电阻测试记录。

（13）电梯安装工程接地电阻测试记录。

（14）电梯工程隐蔽验收记录。

（四）医院电梯的安装与调试

1. 医院电梯的安装

（1）电梯安装前应检验井道、机房、楼层门洞等建筑尺寸和预留孔，应满足电梯安装规范和技术要求。

（2）多台电梯并联安装时，应按业主（或工程总包）提供的中轴线排列，以确保各台电梯在同一轴线上并利于今后装饰施工。

（3）电梯安装样板架的设置和定位，应按电梯井道误差的实际情况，结合电梯安装应满足的相关尺寸，并以此为据尽量减少井道等土建的改造工作。

（4）脚手架的安装方法应按如下要求实施，脚手架布置详见图5-5-9。

根据电梯轿厢大小尺寸及对重位置确定脚手架的型式及尺寸。

H、T两杆交错顶住墙，Q、Y两杆位于门洞时后端顶住墙，位于非门洞时前端顶住墙，上下攀登架杆距离在800~1000mm内。

每层跳板不少于2块，并用铁丝扎牢。

脚手架搭设完毕后，须检查合格后方可投入使用。

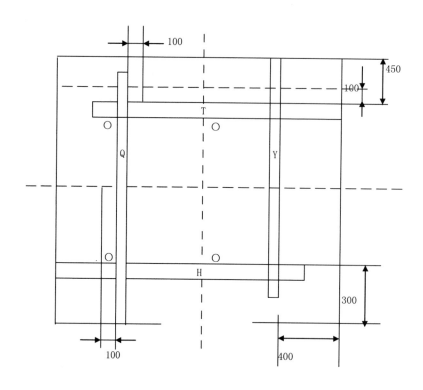

图 5-5-9 脚手架布置图

（5）导轨安装与校正是电梯安装的关键点，应使用专用导轨校正工具如卡板或卡尺，并以样板垂直线为基准，要求对每列导轨的正面和侧面的垂直度，以及相对应的两列导轨的端面距离进行测量和校正。

（6）曳引机安装应在电梯无载荷的状态下进行，曳引轮垂直校正时，应视曳引机的载荷情况，适当抬高曳引轮的一端确保曳引机在空载和重载的状态下，曳引轮垂直符合规范要求。

（7）轿厢安装一般选择在最顶层的井道内进行，应保证轿厢体垂直、水平。

（8）放钢丝绳工作应在清洁、宽敞的地方开展，并在放绳过程中检查钢丝绳应无死弯、松股等情况。当钢丝绳悬挂后，张力应调整一致，每根钢丝绳的张力误差应控制在平均值的 5% 以内。

（9）电梯井道、层门、机房的电器设备安装，必须位置正确，安装牢固，并接地可靠，各安全保护开关应安装稳固，动作灵活可靠。

（10）电梯安装完成后，应拆除搭设的脚手架、安全防护装置以及妨碍电梯运行的无关设施，清理井道底坑、井道壁上的建渣和杂物，清理电梯机房杂物等后，并按照相关规范和生产商的技术要求检验合格后，方可进行调试工作。

2. 医院电梯的调试

（1）无载荷静态调试（对电梯控制系统与电力系统进行调试）

无载荷静态调试应由至少 3 名有资质的专业技术人员进行，其中一名为负责人在机房内指挥，操作人员一名在轿箱内，另一操作人员在轿箱顶。通电后，操作人员应按负责人的指令操作，操作人员应对负责人的指令进行重述，待负责人回复后再进行操作。首先测试各安全开关是否正常，然后按电梯运行流程操作（模拟方式）。负责人依据自身发出的指令和操作人员的操作顺序，仔细观察电梯配电柜内各个元器动作是否正常，顺序是否正确。边调试边修改，直至完全符合规范和设计要求后，方可进行电梯动态调试。

（2）电梯的动态调试（对电梯全系统进行调试）

无负载静态调试合格后，可进行低速动态调试，用慢车（检修模式）速度逐层向下行，确认轿厢与井道内壁、轿厢与配重之间的间距；检查导轨的润滑与清洁状况、导轨相连处状况，逐层校正轿箱门与楼层地坎间距；检查轿箱门机运动和限位装置的状况，使轿厢门门刀能够灵活运动，并能将电梯厅门锁牢；检查调整楼层的感应器的间距，应符合规范要求；将电梯轿厢升、降至楼层最高和最低处，仔细观察轿厢上方空程、随行电缆、补偿链等状况，使之不得与任何物体相碰撞；在井道底坑检查导轨、导靴和安全钳的间距，应符合规范要求；检查井道底坑缓冲器顶面与电梯轿箱底面之间的间隙，应符合规范要求；调整弹簧和抱闸间距，使压力符合规范要求；调整安全钳和限速器，使动作达到一致且符合规范要求；调整电梯平层标高符合规范要求；地坎与开锁区域间距不超 200mm 后，方可进行快车动态调试工作。

快车动态调试前，先慢车（检修模式）将电梯轿箱停于建筑物中间层位置，轿箱内不得载人、载物，在电梯机房（无机房电梯在顶层位置）对电梯控制柜采用短接的方法给电脑下达相应的指令，使电梯轿厢先逐层，后多层，上下反复运行多次。保证无任何异常情况后，试车操作人员方可进入电梯轿厢内，进行正常电梯操作程序。

快车动态调试时，应按上述方式进行调试合格后，方可对电梯进行正常的运行操作，在电梯运行过程中要进行反复调整，直至各项技术指标测试合格、各项性能数据符合规范要求。

3. 医院扶梯的安装与调试

（1）医院自动扶梯的安装。

自动扶梯一般在生产商厂内装配和调试，故现场安装工作量较少。

整机提升高度较小且能满足工地现场整体直接吊装的扶梯，生产商一般采取先在工厂完成组装和调试，再整机运到工地现场，并直接吊装到井道上。

对于不能满足工地现场整机直接吊装的扶梯，生产商一般采取先在工厂进行预装配和调试后，再分段运至工地现场。分段部件采取分段吊装的方式，并将分段部件同时吊入井道上方，在空中进行分段连接后，再安全放置井道上如图 5-5-10 所示。

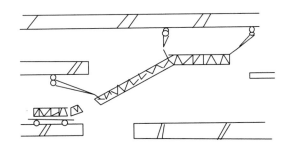

图 5-5-10 扶梯的分段吊装

（2）医院扶梯的调试。

各安全开关的调整：主要检验各安全开关的工作位置和动作是否可靠。

运行舒适和平稳性：运行过程的噪声和振动应正常（通过调整导轨和梯级驱动系统）。

制度距离（通过调整主机的制动来完成），具体如表 5-5-34 所示。

表 5-5-34 制动距离

额定速度	制动停止距离范围
0.5m/s	200 ~ 1000mm
0.65m/s	300 ~ 1300mm
0.75m/s	350 ~ 1500mm

扶梯各部件间的间距：应符合规范和技术要求要求。

扶手带的速度：将扶梯梯级的速度差控制在 0 ～ 2% 范围内（通过调整扶手带驱动系统完成），并应符合规范和技术要求要求。

三、医院电梯的验收与管理

（一）医院电梯的验收

电梯验收是电梯使用前最后一道程序，通过对电梯安装质量进行验收来判定电梯是否达到规范和技术要求要求，是否合格，是否能投入使用的一项重要工作。

1. 医院电梯验收必需的资料

（1）报当地地市级质量技术监督部门的资料。

电梯销售、安装的合同；

电梯出厂合格证；

电梯安装开工申请报告书；

电梯生产商、电梯生产商委托的专业安装单位的资信证明和法人代码证书；

电梯安装施工组织设计方案和电梯专业安装队伍人员名册；

电梯业主法人代码证书。

（2）报当地建设行政主管部门的资料。

电梯销售、安装合同；

电梯出厂合格证；

电梯生产商、电梯生产商委托的专业安装单位的资信证明；

当地建设行政主管部门规定的验收记录表格。

2. 医院电梯安装调试过程中验收要求

（1）专业电梯安装单位对电梯安装的每一个过程，都应经过自检合格后，方可进行下一部的工作。

（2）专业电梯安装单位现场项目管理组，应对电梯安装工程进行自检和互检，有不合格项，应在安装过程中记录，并要求整改直至合格。

（3）专业电梯安装单位质检工程师对电梯安装的重要过程进行检查，有不合格项，应在安装过程中记录，并要求整改直至合格。

（4）当电梯安装完毕后，安装班组对电梯系统进行综合自检，项目管理组组织进行互检，经验收合格后，报生产商质检部验收。

（5）当生产商质检部接到验收请求后，应及时对电梯安装情况进行综合质量评价，对不合格项出具整改通知单，并要求整改直至合格。

（6）验收完毕后生产商应对电梯安装质量进行综合评定，填写生产商及生产商委托专业安装单位在电梯安装调试过程中的记录表。

（7）符合要求后报当地地市级级质量技术监督部门进行电梯验收。

3. 医院电梯安装质量验收的依据

《电梯安装验收规范》（GB 10060）

《电梯制造与安装安全规范》（GB/T 7588）

《电梯试验方法》（GB/T 10059）

《电梯工程施工质量验收规范》（GB 50310）

《自动扶梯和自动人行道的制造与安装安全规范》（GB 16899）

《电梯技术条件》（GB/T 10058）

《电气装置安装工程电梯电气装置施工及验收规范》（GB/T 50182）

医院电梯生产商的安装工艺和验收要求等。

4. 医院电梯安装质量验收的部门

（1）当地地市级质量技术监督部门的安全技术验收。

（2）当地建设行政主管部门的产品质量和施工质量的检验。

（3）电梯用户的交接使用的验收。

（二）医院电梯的管理

电梯的管理指电梯的拥有者（业主），按政府相关规定办理电梯使用的各种手续，并建立相关使用规章制度及技术档案等。

1. 医院电梯运行前的资料管理

（1）医院电梯随机文件资料管理（应装订成册）。

①电梯土建图；

②电梯出厂合格证书；

③电梯装箱单；

④电梯安装调试说明书和电梯部件安装示意图；

⑤电器原理图及代码说明；

⑥电梯运行、维护、保养说明书；

⑦安全钳和限速器调试副本；

⑧各安全部件的型式检验副本。

（2）医院电梯安装资料管理（应装订成册）。

①电梯安装合同；

②生产商委托的专业电梯安装单位的资信；

③电梯安装施工许可证；

④电梯安装施工组织设计方案和电梯安装施工人员花名册；

⑤电梯开箱检查记录；

⑥生产商及生产商委托专业安装单位在电梯安装调试过程中的电梯调试报告；

⑦当地建设行政主管部门规定的电梯安装调试记录；

⑧电梯验收检验报告（由当地地市级质量技术监督部门提供）。

（3）电梯生产商和电梯生产商委托安装单位与电梯业主交接的资料管理。

①电梯随机文件资料；

②电梯安装施工许可证；

③电梯验收检验报告（由当地地市级质量技术监督部门提供）；

④生产商及生产商委托专业安装单位在电梯安装调试过程中的记录表；

⑤电梯安全许可证（由当地地市级质量技术监督部门提供）；

⑥应业主要求，经生产商许可，电梯安装单位施工过程中的设计变更资料；

⑦电梯安装过程中电梯生产商与业主的工作联系单；

⑧电梯安装过程中发生事故记录、处理意见；

⑨电梯安装调试竣工报告书（由电梯安装单位提供并经生产商确认）；

⑩电梯交接证明。

2. 医院电梯运行资料管理

（1）电梯在投入使用前，业主必须到所在地区的地市级以上质量技术监督部门办理注册登记手续（一般委托医院电梯生产商代办），注册登记验收合格后，才可投入使用。办理手续时，应当提供以下资料：

《特种设备注册登记表》由业主单位填写并盖公章，一式两份，办理完手续后，一份交注册登记机构，另一份由业主单位保存。

安全检验合格标志和检验报告。

电梯操作人员的《特种设备作业人员资格证》。

与电梯生产商或专业维保单位签订的维保合同。

（2）电梯使用过程中的安全管理制度

医疗机构必须制定以岗位责任制为核心的电梯使用和运营的安全管理制度，并予以严格执行。安全管理制度至少应当包括：

①业主必须将电梯安全检验合格标志，相关证书和牌照固定在规定的位置上。未按要求悬挂安全检验合格证标志或安全检验合格标志已超过有效期的电梯应停用。

②电梯生产商提供免费质保期到达时，应与生产商或电梯专业维保单位签订维保合同。

③业主应指派专人负责电梯的安全管理。安全管理人员应掌握与电梯有关的安全技术知识和有关电梯的法律法规及标准，并应履行以下职责。

编制定期检验计划并落实定期检验的报检工作。

编制常规检查计划并组织落实。

检查和纠正电梯使用中的违章行为。

组织电梯作业人员的培训工作。

编制应急预案并组织演练。

对所有电梯资料进行管理。

制定各种相关人员的职责；安全操作规程；维修保养制度等。

对电梯生产商或电梯专业维保单位的工作进行监督。

3. 档案资料管理

业主应当建立准确、完整的电梯档案资料，并应长期保存。业主在进行电梯移交时应认真检查有关的电梯运行前的资料、电梯运行资料、电梯生产商和电梯生产商委托安装单位与电梯业主交接的资料等。应将电梯资料归档，以备查。

（1）《特种设备注册登记表》；

（2）电梯的出厂随机文件；

（3）运行、维修保养和常规检查的记录；

（4）验收检验报告与定期检验报告；

（5）设备故障与事故的记录；

（6）安装、大修、改造的周期及其验收资料。

4. 医院电梯日常管理

与电梯相关的任何操作人员都应取得相关政府主管部门的证书。当电梯出现任何问题时，请立即与生产商或有资质的维保单位取得联系。

（1）例行检查。

例行检查的目是采取预防性的维护保养方式，最大限度地减少医院电梯、扶梯运行过程中出现的故障。医院电梯生产商或有资质的电梯维保单位将对电梯、扶梯的运动部件进行基本的日常维护、清洁工作，每次例行检查完后应由业主对此次工作进行签字确认，并作为今后维保费用支付的依据。

①医院电梯：

逐层厅门、轿厢（平层精度、检查功能、更换或修理）；

运行状况检查（功能正确、门速、安全门、舒适度）；

控制柜检查与清洁（急停开关、接线、轿厢应急照明、手动放人）；

电梯机房与清洁（测速机、限速器、抱闸、手动放人）；

轿顶检查与清洁（急停、上限开关、油盒、导靴、检修盒功能）；

轿门检查与清洁（开关功能、门速、门间隙、门靴）；

井道检查与清洁（导轨、导轨支架、厅门门头及间隙）；

对重检查与清洁（导靴、导轨、油盒、异响）；

底坑检查与清洁（缓冲器、急停开关、张紧轮开关、接油盒）；

轿箱底检查与清洁（安全钳、导靴、补偿、反绳轮、称重装置）。

②医院扶梯：

外观及运行状况检查（安全标示、扶栏、玻璃、运行异响）；

梯级、裙板、梳齿间距检查（间隙正确）；

安全开关、外部操作检查与清洁（功能正确；

上工作间及安全开关检查与清洁（功能正确）；

控制箱检查与清洁（接线、更换、维护）；

驱动轮张力、扶手带检查（开关、弹簧、维护）；

主机、抱闸、梯级检查与清洁（梯级下陷、急停开关、制动停止距离）；

扶手带的检查与清洁（同步、导向轮、胶粉、异响）；

下工作间检查与清洁（插座、杂物卫生）；

试运行与整体情况检查（上下运行5分钟）。

（2）电梯日常使用的安全注意事项。

发生故障及时通知电梯生产商或专业电梯维保单位，不能自行处理；

严禁携带易燃、易爆等危险品物品搭乘电梯；

严禁客货混装；

严禁在电梯内打闹、嬉戏、吸烟；

严禁撞击按钮；

严禁电梯到站后乘客长时间站在厅、轿门接合处；

严禁长时间挡住电梯门；

灭火器的正确使用方法；

电梯每日运行记录；

当水进入井道时，及时把轿厢升至进水的上一层并立即断电。

（3）电梯管理员对电梯故障困人救助程序及操作方法。

①按特种设备使用要求：必须保证电梯轿厢紧急报警装置可靠有效（五方通话、警铃等）；

②先使用机房对讲电话与轿内乘客联系，确保轿门关闭，要求乘员远离轿门、不要慌张；

③应确保电梯主电源已关闭后，方可移动轿厢，并同时压下检修、急停开关；

④将轿厢下降至就近楼层进行平层；

⑤放人完毕后确保厅门关闭。

（4）三角钥匙（开启厅门用）使用注意事项。

①操作人员应持证上岗，三角钥匙应专人保管；

②开厅门时应站稳，转身并侧向用力推开厅门；

③提醒乘客出轿厢注意安全。

（5）一般故障的排除处理方法。

①电梯不关门故障（光幕保护被档或清洁）；

②外呼按钮卡阻故障；

③电梯不关门故障（厅门、轿门卡阻）；

④磁开关信号丢失故障；

⑤电梯位置丢失故障；

⑥门区信号卡死故障；

⑦轿厢照明故障。

（6）电梯轿箱内、厅门外日常维护清洁方法。

①装修期间如使用电梯，请在轿厢内做防护层；

②清除保护膜后立即用"酒精"将表面清洁；

③使用不锈钢专用保护油，每周2次；

④每天用脱脂毛巾清洁电梯轿箱内、层门及乘客可见部分，注意保持光幕清洁；

⑤禁用砂布、抛光球、水、有机溶剂等擦洗清洁轿厢、层门及按钮。

参考文献

［1］史信芳.电梯选用指南［M］.广州：华南理工大学出版社，2003.

［2］朱昌明，洪致育，张惠侨.电梯与自动扶梯［M］.上海：上海交通大学出版社，1995.

［3］朱德文，牛志成.电梯选型、配置与量化［M］.北京：中国电力出版社，2005.

［4］罗运湖.现代医院建筑设计［M］.北京：中国建筑工业出版社，2002.

［5］王镇藩.医院管理学［M］.北京：人民卫生出版社，1981（第一版）.

［6］中国卫生经济学会医疗卫生建筑专业委员会.中国医院标识系统设计示范［M］.北京：机械工业出版社，2002.

［7］夏国柱.电梯工程实用手册［M］.北京：机械工业出版社，2008.

［8］刘剑等.电梯控制、安全与操作［M］.北京：机械工业出版社，2011.

［9］高茂盛.电梯安装调试基本技能［M］.北京：中国劳动社会保障出版社，2007.

［10］龙灏，丁玎.高层住院楼电梯配置与设计方法［J］.建筑学报，2009（09）：92-94.

［11］龙灏，张玛璐，马丽.大型综合医院门急诊楼竖向交通系统设计策略初探［J］.建筑学报，2016（02）：56-60.

［12］丁玎. 高层住院楼电梯交通系统设计研究［D］. 重庆大学，2008.

［13］张玛璐. 大型综合医院门急诊楼竖向交通系统设计研究［D］. 重庆大学，2013.

［14］中国建筑学会. 建筑设计资料集（第三版）第 1 分册［M］. 北京：中国建筑工业出版社，2017.

［15］中华人民共和国国家质量监督检验检疫总局、中国国家标准化管理委员会，电梯、自动扶梯、自动人行道术语：GB/T 7024—2008，［S］. 北京：中国质检出版社 . 2008.

第六章

医用气体系统

谭西平　朱文华　喻波　王宇虹　刘光荣

赵奇侠　彭健　黄世清　张宏伟　刘洪兵

雍思东　田贵全　杨稀策

谭西平 四川大学华西医院总工程师

朱文华 广州铭铉净化设备科技有限公司董事长

喻 波 中国医学装备协会医院建筑与装备分会供气系统专业委员会秘书

王宇虹 中国建筑上海设计研究院医疗建筑事业部负责人，高级工程师

刘光荣 中国人民解放军总医院医学工程与维修中心副主任，高级工程师

赵奇侠 北京大学第三医院基建处处长，高级工程师

彭 健 四川港通医疗设备集团股份有限公司副总经理，高级工程师

黄世清 四川大学华西医院医用气体运行管理技术主管，工程师

张宏伟 四川大学华西医院医用气体运行管理技术骨干，工程师

刘洪兵 中国医学装备协会医院建筑与装备分会供气系统专业委员会委员，高级工程师

雍思东 中国医学装备协会医院建筑与装备分会供气系统专业委员会委员，高级工程师

田贵全 中国医学装备协会医院建筑与装备分会供气系统专业委员会，工程师

杨稀策 四川大学华西医院医用气体运行管理技术骨干

技术支持单位

铭铉集团 总部坐落于江西省九江市，是一家专业从事医院洁净手术部、洁净病房、中央医气供应系统及药厂、电子厂房洁净区域的设计、生产配套及服务为一体的多元化综合型企业。铭铉集团聚集全球知名的厂商、经销商、材料商等强强联合，不断提供国际一流产品，为中国乃至全世界医疗机构提供全方位的医疗净化产品及服务。

第一节 概述

一、医用气体的种类及用途

（一）医用气体的种类

医用气体是指医疗方面使用的气体，用于治疗、诊断、预防或驱动外科手术工具的单一或混合气体。常用的有医用氧气、医用空气、医用氮气、医用二氧化碳、医用氧化亚氮、医用氩气、医用氦气、医用氖气、医用氪气、医用氙气和医用混合气体，在应用中也包括医用真空。

（二）主要医用气体的性质和用途

1. 医用氧气的性质和用途

（1）氧气的性质。氧气的化学式为 O_2，在常温及标准大气压下，为无色、无味的气体，比重较空气略重。熔点 $-218.4℃$，沸点 $-183.0℃$，不易溶于水，在空气中约占 21%。氧气的化学性质比较活泼，可与其他物质发生化学反应生成化合物，氧的浓度越高，反应就越强烈，同时化学反应过程中会放出大量的热量。在《建筑设计防火规范》（GB 50016—2014）中被列为乙类火灾危险物质。因此，在与氧气有关的场合应严禁明火。

（2）医用氧气的用途。氧气是生命必需的物质。在医疗上，氧气对一氧化碳中毒、触电、溺水等方面的急救治疗起到重要作用。在医院里，特别是重症监护病房，氧气被称为"救命气"。高压氧可治疗心绞痛、脑梗死、急性脑缺氧（自缢）、气性坏疽、破伤风、创伤（植皮）、休克、烧伤、血栓闭塞性血管炎、眼球脉络膜炎，作辅助治疗还可用于断肢再植和肢体血液循环阻碍等。

2. 医用氮气的性质和用途

（1）氮气的性质。氮气的化学式为 N_2。它是一种无色、无味、不燃烧的气体，占空气体积分数约78%，1 体积水中大约只溶解 0.02 体积的氮气。氮气熔点 $-209.86℃$，沸点 $-195.81℃$，是难液化的气体，氮的化学性质不活泼。

（2）医用氮气的用途。氮气在医疗上主要集中用于仪器或仪表标准气、校正气、零点气及各种医用混合气体的成分气及平衡气、医疗设备和工具的驱动气。液氮可以冷冻贮存红细胞及全血液、精液或人体组织（例如肾、肝）便于器官移植手术使用等；在外科手术上，用于低温冷冻外科手术（冷刀）。液氮常用于冷冻麻醉，一般用于外部麻醉，也可冷冻治疗腋臭和脱清雀斑。

3. 医用二氧化碳的性质和用途

（1）二氧化碳的性质。二氧化碳化学式为 CO_2，又称碳酸气。常温下是一种无色无臭、略不可燃、不助燃的气体。熔点 $-56.6℃$，沸点 $-78.5℃$。常温下气态二氧化碳密度比空气略大，能溶于水，在水中形成碳酸。固体二氧化碳常用作制冷剂被称为"干冰"。

（2）医用二氧化碳的用途。医疗上固体二氧化碳（干冰）被普遍用于制冷降温，气态二氧化碳作为药用辅料，空气取代剂、PH 调节剂和气雾剂抛射剂，用于腹腔和结肠充气，以便进行腹腔镜检查和纤维结肠镜检查。二氧化碳还可以用于医疗器械仪器作标准气、校正气；对器具消毒时作杀菌气体的稀释剂及防腐剂、制冷剂、局部麻醉剂、萃取剂，试验室培养细菌（厌氧菌），固体二氧化碳还可用于青霉素的生产。此外，二氧化碳作为药品（呼吸兴奋药）还广泛应用于各种医学治疗及临床试验，作为多种医用混合气的成分气及平衡气。吸入适量二氧化碳可使血管明显扩张，增加血容量，这种作用甚至能代替扩张血管药物帮助人类治疗某些疾病。临床上，把 5% 二氧化碳与 95% 氧气的混合气体应用于一氧化碳中毒、溺水、休克、碱中毒的治疗。二氧化碳经加压（5.2 大气压）、降温（$-56.6℃$ 以下）可制成干冰。医疗上干冰用于冷冻疗法，用来治疗白内障、血管病等。

4. 医用氧化亚氮的性质和用途

（1）氧化亚氮的性质。氧化亚氮为无色有甜味气体，又称笑气，是一种氧化剂，化学式为 N_2O，在一定条件下能支持燃烧，在室温下稳定。人少量吸入后，有轻微麻醉作用。该气体被用于外科手术和牙科手术的麻醉和镇痛。氧化亚氮能溶于水、乙醇、乙醚及浓硫酸。氧化亚氮常温下不活泼，无腐蚀性。熔点 $-91.2℃$，沸点 $-88.6℃$，在温度超过 650℃时会分解成氮气和氧气。在高温下，当压力超过 15MPa 时，会使油脂燃烧。

（2）医用氧化亚氮的用途。医疗上氧化亚氮和氧气的混合气用作手术麻醉剂，通过封闭方式或呼吸机给患者吸入进行麻醉，对呼吸道无刺激，对人体心、肺、肝、肾等重要脏器功能无损害。在人体内不需任何降解或生物转化，绝大部分氧化亚氮随患者呼气排出体外，无蓄积。使用氧化亚氮和氧气的混合气作麻醉剂，具有以下优点：诱导期短，吸入体内只需要 30 ~ 40s 即产生镇痛作用；镇痛作用强而麻醉作用弱，手术者处于清醒状态（而不是麻醉状态），避免了全身麻醉并发症，术后恢复快。

5. 医用氩气的性质和用途

（1）氩气的性质。氩气的化学式为 Ar，为无色、无味的惰性气体，化学性质稳定，不与任何元素化合。氩气是空气中含量最多的一种稀有气体，微溶于水，密度比空气略大。熔点 $-189.0℃$，沸点 $-185.7℃$。低温时易被活性炭吸附，进行低压放电时显红色。

（2）医用氩气的用途。医疗方面氩气在外科手术上的应用越来越广泛，"氩气刀"技术的应用对氩气的需求量逐渐上升。在临床实验仪器的校准气中，氩气也得到了应用。除此之外，氩气还被用于部分医用混合气体的成分气及平衡气。在某些领域内，液氩也可以作为低温医疗上的低温液源使用。

二、医用气体的品质与管理要求

（一）医用气体的品质要求

根据目前国家对医用气体的相关管理规定，氧、二氧化碳、氧化亚氮，其品质要求应满足相应《药典》标准的要求；富氧空气的品质应满足《富氧空气（93%氧）》（WS1-XG-008-2012）的要求，医用空气的品质应满足《医用气体工程技术规范》（GB 50751—2012）的要求。

主要医用气体的品质应符合下列规定。

1. 氧的品质

氧的品质应符合表 5-6-1 的要求。

表 5-6-1 氧的品质要求

项　目	指　标
氧（O_2）含量（mL/mL）	≥ 99.5%
酸碱度	甲基红指示液与溴麝香草酚蓝指示液各 0.3mL，加水 400mL，煮沸 5 分钟，放冷，分取各 100mL，置甲、乙、丙 3 支比色管中，乙管中加盐酸滴定液（0.01mol/L）0.20mL，丙管中加盐酸滴定液（0.01mol/L）0.40mL；再在乙管中通本品 2000mL（速度为每小时 4000mL），乙管显出的颜色不得较丙管的红色或甲管的绿色更深
一氧化碳	甲、乙 2 支比色管，分别加微温的氨制硝酸银试液 25mL，甲管中通本品 1000mL（速度为每小时 4000mL）后，与乙管比较，应同样澄清无色
二氧化碳	甲、乙 2 支比色管，分别加 5% 氢氧化钡溶液 100mL，乙管中加 0.04% 碳酸氢钠溶液 1.0mL，甲管中通本品 1000mL（速度为每小时 4000mL）后，所显浑浊与乙管比较，不得更浓（0.01%）

表 5-6-1 氧的品质要求（续）

项 目	指 标
其他气态氧化物质	新制的碘化钾淀粉溶液（取碘化钾 0.5 g，加淀粉指示液 100mL 溶解，即得）100mL，置比色管中，加醋酸 1 滴，通本品 2000mL（速度为每小时 4000mL）后，溶液应无色
类别	用于缺氧的预防和治疗
性状	无色气体；无臭；气体；有强助燃力

2. 二氧化碳的品质

二氧化碳的品质应符合表 5-6-2 的要求。

表 5-6-2 二氧化碳的品质要求

项 目	指 标	项 目	指 标
二氧化碳（CO_2）含量（mL/mL）	≥ 99.5%	一氧化碳	≤ 0.0005%
酸度	取水 100mL，加甲基橙指示液 0.2mL，混匀，分取 50mL，置甲、乙两支比色管中，于乙管中，加盐酸滴定液（0.01mL/L）1.0mL，摇匀；于甲管中，通入本品 1000mL（速度为每小时 4000mL）后，显出的红色不得较乙管更深	二氧化硫	≤ 0.0002%
		磷化氢	≤ 0.00003%
		硫化氢	≤ 0.0001%
		氨	≤ 0.0025%
		碳氢化合物	≤ 0.002%（以甲烷计）
		类别	呼吸兴奋药
水分	≤ 0.0067%	性状	无色气体；无臭；水溶液显弱酸性反应

3. 氧化亚氮的品质

氧化亚氮的品质应符合表 5-6-3 的要求。

表 5-6-3 氧化亚氮的品质要求

项 目	指 标
氧化氩氮（N_2O）含量（mL/mL）	≥ 95%
酸碱度	取甲基红指示液与溴麝香草酚蓝指示液各 0.3mL，加水 400mL 煮沸 5 分钟，放冷，分取各 100mL，置甲、乙、丙 3 支比色管中，乙管中加盐酸滴定液（0.01mol/L）0.2mL，丙管中加盐酸滴定液（0.01mol/L）0.4mL；再在乙管中通本品 2000mL（速度为每小时 4000mL），乙管显出的颜色不得较内管的橙红色或甲管的黄绿色更深
一氧化碳	≤ 0.005%
二氧化碳	取澄清的氢氧化钡试液 50mL 置比色管中，通入本品 1000mL，如发生浑浊，与对照液（取碳酸氢钠 0.10g，加新沸过的冷水 100mL 溶解后，取出 1.0mL，加澄清的氢氧化钡试液 50mL 制成）比较，不得更浓

表 5-6-3 氧化亚氮的品质要求（续）

项　目	指　标
卤素	取甲、乙 2 支比色管，分别加硝酸银试液 1mL 与水 50mL，摇匀后，甲管中通入本品 2000mL；甲管应与乙管同样澄清
易还原物	取甲、乙 2 支比色管，分别加新制的碘化钾淀粉指示液 15mL 后，加冰醋酸 1 滴使成酸性，甲管中通入本品 2000mL；甲管的颜色应与乙管相同
易氧化物	甲、乙 2 支比色管，分别加水 50mL 与高锰酸钾滴定液（0.02mol/L）0.20mL，甲管中通入本品 2000mL；甲管的颜色应与乙管相同
砷化物与磷化氢	取砷盐检查法项下的装置（附录Ⅷ J 第一法），除去锥形瓶 A，并于旋塞 D 的顶端平面上改放一片二氯化汞试纸，缓缓通入本品 2000mL；二氯化汞试纸上不得生成斑点
水分	2mg/L
类别	吸入全麻药
性状	无色气体；无显著臭，味微甜；较空气重

4. 富氧空气的品质

富氧空气的品质应符合表 5-6-4 的要求。

表 5-6-4 富氧空气的品质要求

项　目	指　标	项　目	指　标
氧（O_2）含量（mL/mL）	90.0% ～ 96.0%	一氧化碳	≤ 0.0005%
酸碱度	取甲基红指示液与溴麝香草酚蓝指示液各 0.3mL，加水 400mL，煮沸 5 分钟，放冷，分取各 100mL，置甲、乙、丙 3 支比色管中，乙管中加盐酸滴定液（0.01mol/L）0.20mL，丙管中加盐酸滴定液（0.01mol/L）0.40mL：再在乙管中通本品 2000mL（流速为每小时 4000mL），乙管显出的颜色不得较丙管的红色或甲管的黄绿色更深	二氧化碳	≤ 0.03%
		二氧化硫	≤ 0.0001%
		氮氧化物	≤ 0.0002%
		油分（mg/m³）	≤ 0.1
		其他气态氧化物质	取新制的碘化钾淀粉溶液（取碘化钾 0.5g，加淀粉指示液 100mL 溶解，即得）100mL，置比色管中；加醋酸 1 滴，通本品 2000mL（流速为每小时 4000mL）后，溶液应无色
		性状	无色气体；无臭，无味

5. 医用空气的品质要求

医用空气的品质要求应符合表 5-6-5 的要求。

表 5-6-5 医用空气的品质要求

气体种类	油 mg/Nm³	水 mg/Nm³	CO 10⁻⁶ (v/v)	CO₂ 10⁻⁶ (v/v)	NO 和 NO₂ 10⁻⁶ (v/v)	SO₂ 10⁻⁶ (v/v)	颗粒物 (GB 13277.1)	气味
医疗空气	≤ 0.1	≤ 575	≤ 5	≤ 500	≤ 2	≤ 1	2 级	无
器械空气	≤ 0.1	≤ 50	–	–	–	–	2 级	无
牙科空气	≤ 0.1	≤ 5	≤ 5	≤ 500	≤ 2	≤ 1	3 级	无

注：*《压缩空气 第 1 部分：污染物净化等级》（GB 13277.1—2008）。

（二）医用气体的行政许可及监管要求

生产氧、二氧化碳、氧化亚氮，均应按照《中华人民共和国药品管理法》（主席令第 45 号）、《药品生产监督管理办法》（局令第 14 号）、《药品注册管理办法》（局令第 28 号）的要求取得药品生产许可证、产品注册证及药品 GMP 认证证书。对于输送或制取医用气体的医用中心供氧系统（医用氧气系统）、医用中心吸引系统（医用真空系统）、医用空气压缩机、医用制氧机、医用真空负压机等，国家明确规定作为 II 类医疗器械进行管理；其中，涉及有特种设备的，如医用液氧贮罐、储气罐、压力管道等又应遵循《中华人民共和国特种设备安全法》的相应规定。

下面就医用气体及医用气体系统涉及的主要行政许可及监管要求进行简要介绍。

1. 医疗器械管理涉及的行政许可及监管

为确保医疗器械的安全性和有效性，我国对医疗器械的研发、生产、流通及使用环节实行了全过程监管。产品上市前监管主要包括产品的研制、分类、临床试验、注册（或备案）和生产环节。上市前监管重点是对产品注册、生产企业许可和医疗器械经营许可实施了强制许可要求。上市后监管主要包括经营、广告、使用、不良事件监测和再评价以及产品召回等环节。上市后管理与控制的主要手段为质量监督抽查和许可检查。管理国家对医疗器械产品实行分类管理，按照风险程度将医疗器械产品分为 3 类（I、II、III 类），并对医疗器械生产制造企业实行备案和许可证制度，对医疗器械实行产品注册或备案制度。

2. 特种设备管理涉及的行政许可及监管

我国对压力容器、压力管道设计、安装或制造单位进行许可管理。未取得压力管道设计、安装许可证及压力容器设计、制造许可证的企业不得从事压力管道设计、安装和压力容器设计、制造、安装改造和维修。

施工单位在进行压力容器安装、改造、维修施工前应向直辖市或者设区的市级人民政府负责特种设备安全监督管理的部门递交特种设备安装、改造、维修告知书。

压力管道、压力容器完成安装并经用户验收合格后，施工单位应及时将压力管道、压力容器的技术资料移交给用户。压力管道、压力容器在投入使用前或者投入使用后 30 日内，使用单位应按《特种设备使用管理规则》（TSG 08—2017）的规定，及时办理压力管道、压力容器使用登记证。

第二节　医用气体系统规划与设计

一、医用气体系统的组成与主要设备的配置

医用气体系统是向患者或医疗设备提供医用气体或医用真空的一整套装置。集中供应与管理的医用气体系统又称之为生命支持系统，用于维系危重患者的生命、减轻患者痛苦、促进康复、改善医疗环境、驱动多种医疗器械工具等，具有非常重要的作用；医用气体系统的构成已随着配套机构的使用需求变化而变化。

（一）医用气体系统的种类

1.压缩医用气体系统

压缩医用气体系统主要包括医用氧气系统、医用空气系统、医用氮气系统、医用二氧化碳系统、医用氧化亚氮系统、医用混合气体系统等。

2.真空系统

真空系统主要包括医用真空系统、牙科真空系统、麻醉或呼吸废气排放系统等。

医用气体系统的种类组成见图5-6-1。

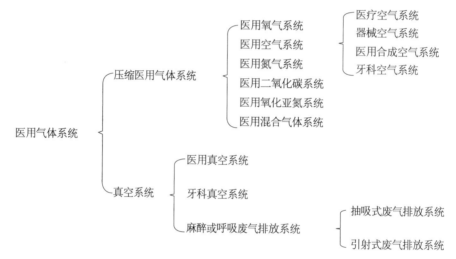

图 5-6-1　医用气体系统的种类组成

（二）医用气体系统的结构组成

医用气体系统按其结构一般由医用气体供应源、医用气体管道、医用气体供应末端设施和医用气体监测报警系统组成。

1.医用气体供应源

医用气体供应源是供应医用气体的源头和动力，分为医用氧气供应源、真空汇、医用空气供应源、医用氮气供应源、医用二氧化碳供应源、医用氧化亚氮供应源、医用混合气体供应源等，具体见图5-6-2。

图 5-6-2　医用气体供应源的种类

2. 医用气体管道

医用气体管道是医用气体系统的重要组成部分之一，用于医用气体的集中供应与分配。

3. 医用气体供应末端设施

医用气体供应末端设施大多是配备在服务区域内，可提供医用气体、液体、麻醉或呼吸废气排放、电源、通信等的医用气体供应装置。医用气体供应装置可由医用气体终端以及其他医疗需求的电源插座、呼叫装置、通信接口、照明电源和开关等组成。医用气体供应末端设施常见的有设备带、吊塔、桥架、壁画式终端盒、嵌入式终端盒、床头柜和壁柜式终端箱，也有可固定在墙上单独的气体终端盒等。

4. 医用气体监测报警系统

医用气体监测报警系统包括气源监测报警、区域监测报警及集中监测报警等，以便实现医用气体各气源、区域运行参数、运行状态的就地和集中监测与报警，提升医院生命支持系统的智能化管理水平，完善医院信息化的整体建设，并可实现远程监测和报警，为医院提供更为优质的服务。

（三）医用气体系统主要设备的配置

1. 医用液氧贮罐供应源的配置

（1）医用液氧贮罐供应源应由医用液氧贮罐、汽化器、减压装置等组成。其内筒应选用符合中华人民共和国国家标准《食品接触用金属材料及制品》（GB 4806.9—2016）的06Cr19Ni10奥式体不锈钢（食品级不锈钢材料）。

（2）医用液氧贮罐供应源的医用液氧贮罐不宜少于两个，并应能自动切换使用；按《建筑设计防火规范》（GB 50016—2014）的要求，单罐容积不应大于 $5m^3$，总容积不宜大于 $20m^3$。

（3）医用液氧贮罐上应安装有观察内筒压力的压力表和液面高度的液位计，可根据需要采用就地显示或远传。

（4）医用液氧贮罐应同时设置安全阀和防爆膜等安全附件；医用液氧贮罐气源的供应支路应设置防回流装置；当医用液氧输送和供应的管路上两个阀门之间的管段有可能积存液氧时，必须设置超压泄放装置。

（5）汽化器应设置为两组且能相互切换，每组均应能满足最大的供氧流量。

（6）医用液氧贮罐的充灌接口应设置防错接和保护设施，并应设置在安全、方便的位置。

2. 氧气浓缩供应源的配置

（1）氧气浓缩器供应源应包括压缩空气供气源、分子筛装置、阀门、空气罐、富氧空气罐、氧气分析仪、压力泄放阀、压力调节器、监测报警系统等组件，必要时包含增压机组。

（2）压缩空气供气源在进入分子筛装置前应进行预处理，通过过滤器、空气干燥机等设备除去压缩空气中的油、水分及其他杂质。

（3）分子筛装置的排气口应安装消声器。

（4）氧气浓缩器供气系统生产的富氧空气（93%氧）应符合《富氧空气（93%氧）》（WS1-XG-008—2012）的要求，同时保证微粒污染物低于《洁净室和相关控制环境 第1部分：空气洁净度分级》（ISO 14644：1999）表1中 ISO Class 5 要求的水平。

（5）氧气浓缩器供气系统应设置设备运行监控和氧浓度及水分、一氧化碳杂质含量监控和报警系统，检测分析仪的最大测量误差为 ±0.1%，并应符合《医用气体工程技术规范》（GB 50751—2012）第7章的规定。

（6）氧气浓缩器供气系统各供应支路应采取防回流措施，供应源出口应设置气体取样口。

（7）氧气浓缩器供气系统作为主要供气源、辅助供气源时应能满足医疗卫生机构的用氧峰量。

（8）氧气浓缩器供气源应设置应急备用气源。

（9）当机组故障、富氧空气浓度低于规定值或杂质含量超标，以及实时检测设施故障时，应能自动将氧气浓缩器单元隔离并切换到备用或应急备用氧气源。

3. 医用气体汇流排供应源的配置

（1）医用氧气钢瓶汇流排供应源作为主气源时，医用氧气钢瓶宜设置数量相同的两组，并应能自动切换使用。

（2）医用氧气钢瓶汇流排气源的汇流排容量，应根据医疗卫生机构最大需氧量及操作人员班次确定。

（3）医用氧焊接绝热气瓶汇流排供氧源的单个气瓶输氧量超过 5m³/h 时，每组气瓶均应设置汽化器。

（4）医用氧焊接绝热气瓶汇流排供应源的气瓶宜设置为数量相同的两组，并应能自动切换使用。每组医用氧焊接绝热气瓶应满足最大用氧流量，且不得少于 2 只。

（5）医用气体汇流排应采用工厂制成品。输送氧气含量超过 23.5% 的汇流排，还应符合以下规定：

① 医用气体汇流排高、中压段应使用铜或铜合金材料；

② 医用气体汇流排的高、中压段阀门不应采用快开阀门；

③ 医用气体汇流排应使用安全低压电源。

（6）各种医用气体汇流排在电力中断或控制电路故障时，应能持续供气。医用二氧化碳、医用氧化亚氮气体供应源汇流排，不得出现气体供应结冰情况。

（7）氧气汇流排气瓶储存库的房间内宜设置氧气浓度报警装置。房间换气次数不应小于 8 次 /h，或平时换气次数不应小于 3 次 /h，事故状况时不应小于 12 次 /h。

4. 医用真空汇的配置

（1）医用真空汇（医用真空负压机）由真空泵、真空罐、止回阀等组成。

（2）独立传染病科的医用真空系统宜独立设置。

（3）实验室用真空汇与医用真空汇共用时，应在真空罐与实验室总汇集管之间设置独立的阀门及真空除污罐。

（4）医用真空汇应设置备用真空泵，当最大流量的单台真空泵故障时，其余真空泵应仍能满足设计流量。

（5）医用真空汇宜设置细菌过滤器或采取其他灭菌消毒措施。当采用细菌过滤器时，应符以下规定：

① 过滤精度应为 0.01 ~ 0.2μm，效果达到 99.995%；

② 应设置备用细菌过滤器，每组细菌过滤器均应能满足设计流量要求；

③ 医用气体细菌过滤器处应采取滤芯性能监视措施。

5. 医用空气供应源的配置

（1）医用空气供应源应由进气消音装置、空气压缩机、空气干燥机、空气过滤系统、储气罐、减压装置、止回阀等组成。

（2）医用空气供应源应设置备用压缩机，当最大流量的单台压缩机故障时，其余压缩机应仍能满足设计流量。

（3）医用空气供应源宜采用同一机型的空气压缩机，并宜选用无油润滑的类型。

（4）医用空气供应源应设置防倒流装置。

（5）医用空气供应源所选用的空气空压机、空气干燥机等设备均应设有备用且满足系统设计流量，以便在不影响使用的情况下进行维修。

（6）医用空气过滤系统应设置不少于两级的空气过滤器，每级过滤器均应设置备用。

（7）医用空气过滤器处应设置滤芯性能监视措施。

（8）储气罐等设备的冷凝水排放应设置自动和手动排水阀门。

（9）空气压缩机组不是全无油压缩机系统时，应设置活性炭过滤器。

（10）医用空气供应源应设置应急备用电源。

6. 管道的配置

（1）输送医用气体用无缝铜管材料与规格，应符合《医用气体和真空用无缝铜管》（YS/T 650—2007）的有关规定。

（2）输送医用气体用无缝不锈钢管除应符合《流体输送用不锈钢无缝钢管》（GB/T 14976—2012）的有关规定，并应符合下列要求：

① 材质性能不能低于06Cr19Ni10奥氏体，管材规格应符合《无缝钢管尺寸、外形、重量及允许偏差》（GB/T 17395—2008）的有关规定；

② 无缝不锈钢管壁厚应经强度与寿命计算确定，且最小壁厚宜符合表5-6-6的规定。

表5-6-6 医用气体用无缝不锈钢管的最小壁厚（mm）

公称直径 DN	8 ~ 10	15 ~ 25	32 ~ 50	65 ~ 125	150 ~ 200
管材最小壁厚	1.5	2.0	2.5	3.0	3.5

（3）真空系统使用的焊接不锈钢管，应符合《医用气体和真空用不锈钢焊接钢管》（YB/T 4513—2017）的有关规定。

（4）设计真空压力低于27kPa的真空系统使用的PPR管或UPVC管等非金属管道，应选用耐压不低于1.6MPa的管道材料。

（5）医用气体系统用铜管件应符合《铜管接头 第1部分：钎焊式管件》（GB/T 11618.1—2008）的有关规定；不锈钢管件应符合《钢制对焊无缝管件》（GB/T 12459—2005）的有关规定。

（6）医用气体管道阀门应使用铜或不锈钢材质的等通径阀门，需要焊接连接的阀门两端应带有预制的连接用短管。

（7）与医用气体接触的阀门、密封元件、过滤器等管道或附件，其材料与相应的气体不得产生有火灾危险、毒性或腐蚀性危害的物质。

7. 医用气体终端的配置

（1）医用气体的终端组件、低压软管组件的安全性能，应符合以下规定：

① 《医用气体管道系统终端 第1部分：用于压缩医用气体和真空的终端》（YY 0801.1—2010）；

② 《医用气体管道系统终端 第2部分：用于麻醉气体净化系统的终端》（YY 0801.2—2010）；

③ 《医用气体低压软管组件》（YY/T 0799—2010）。

（2）医用气体终端及附件的颜色与标识，应符合下列规定：

① 医用气体终端及附件，均应有耐久、清晰、易辨别的标识；

② 医用气体终端及附件标识的方法应为金属标记、模板印刷、盖印或黏着性标志；

③ 医用气体终端及附件的颜色和标识代号应符合《医用气体工程技术规范》（GB 50751—2012）的相关要求。

（3）同一医疗建筑内宜采用同一制式规格的医用气体终端。

8. 医用气体计量仪表的配置

（1）医疗卫生机构应根据自身的需求，在必要时设置医用气体系统计量仪表。

（2）医用气体计量仪表应根据医用气体的种类、工作压力、温度、流量和允许压力降等条件进行选择。

（3）医用气体计量仪表应设置在不燃或难燃结构上，且便于巡视、检修的场所，严禁安装在易燃易爆、易腐蚀的位置，或有放射性危险、潮湿和环境温度高于 45℃以及可能泄漏并滞留医用气体的隐蔽部分。

（4）医用气体计量仪表应具有实时、累计计量功能，并宜具有数据传输功能。

9. 医用气体系统集中监测与报警的配置

（1）医用气体系统宜设置集中监测与报警系统。

（2）医用气体系统集中监测与报警的内容，应包括并符合《医用气体工程技术规范》（GB 50751—2012）第 7.1.2 条 ~ 第 7.1.4 条的规定。

（3）监测系统的电路和接口设计应具有高可靠性、通用性、兼容性和可扩展性，关键部分或设备应有冗余。

（4）集中监测管理系统应能与现场测量仪表以相同的精度同步记录各子系统连续运行参数、设备状态等。

（5）集中监测管理系统应有参数超限报警、事故报警及报警记录功能，宜有系统或设备故障诊断功能。

（6）集中监测管理系统应能以不同方式显示各子系统运行参数和设备状态的当前值与历史值，并应能连续记录储存不少于一年的运行参数。中央监测管理系统宜兼有信息管理（MIS）功能。

（7）监测及数据采集系统的主机应设置不间断电源。

（8）监测系统应设置系统自身诊断及数据冗余功能。

（9）监测系统的应用软件宜配备实时瞬态模拟软件，可进行存量分析和用气量预测等。

10. 医用气体传感器的配置

（1）区域报警传感器应设置维修阀门，区域报警传感器不宜使用电接点压力表。除手术室、麻醉室外，区域报警传感器应设置在区域阀门使用侧的管道上。

（2）独立供电的传感器应设置应急备用电源。

（3）医用气体传感器的测量范围和精度应与二次仪表匹配，并应高于工艺要求的控制和测量精度。

（4）医用气体露点传感器精度漂移应小于 1℃ / 年。一氧化碳传感器在浓度为 10×10^{-6}（v/v）时，误差不应超过 2×10^{-6}（v/v）。

（5）压力或压差传感器的工作范围应大于监测采样点可能出现最大压力或压差的 1.5 倍，量程宜为该点正常值变化范围的 1.2 ~ 1.3 倍。流量传感器的工作范围宜为系统最大工作流量的 1.2 ~ 1.3 倍。

（6）气源报警压力传感器应安装在管路总阀门的使用侧。

二、系统流量计算

医用气体系统流量计算是一项复杂的工作。在医院工程设计前，应先根据规范确定医用气体的设计范围，再与建设方沟通，合理确定医院各部门各种医用气体种类、用气点数及安装位置。

根据各用气单元的流量计算参数值，先计算出各用气单元的流量；然后根据护理单元的建筑结构布局的需求确定系统管路的结构走向，计算出各分支的流量，计算确定分支管道的管径；将各分支的流量汇总，并根据当地的地理环境、临床用气特点计算各子系统的气源流量，以确定其相应气源设备的型号、功率大小等参数。医用气体系统气源流量计算公式为：

$$Q = \sum \left[Q_a + Q_b (n-1) \gamma \% \right] \qquad （式 5-6-1）$$

式中：Q —气源计算流量（L/min）；

Q$_a$ —终端处额定流量（L/min）；

Q$_b$ —终端处计算平均流量（L/min）；

n —床位或计算单元的数量，根据医疗工艺要求确定；

γ %—同时使用系数。

注：各参数根据《医用气体工程技术规范》（GB 50751—2012）附录 B 取值。

由于医用气体直接与患者的生命有关，因此，必须考虑设备的可靠性和供气的安全性。在确定医用气体的储罐容积时，还需要计算气体的总耗气量。

（一）医用氧气系统流量计算

（1）医用氧气的输出口一般设置在手术室、恢复室、ICU、CCU、分娩室、病房、急诊室及其他诊断学各室等，医用氧气输出口的供气压力为 0.4 ～ 0.5MPa。

（2）医用氧气供应源的计算流量可按式 5-6-1 计算。

（3）医用氧气平均日用时间，洁净手术部区域按《医院洁净手术部建筑技术规范》（GB 50333—2013）表 9.2.5-2 确定，其他区域应根据使用对象、患者病情并结合医生的处方确定，如普通病区的呼吸内科、产科等用氧量较大区域应考虑同时使用率增大的情况。

（4）医用氧舱气体供应一般是一个独立的系统，且不属于生命支持系统的一部分。医用氧舱的耗氧量计算，参见《医用气体工程技术规范》（GB 50751—2012）第 9.2.3 条 ～ 第 9.2.5 条。

（二）医用真空系统流量计算

（1）医用真空在医疗卫生机构中起着重要的作用，尤其是手术室、ICU 等生命支持区域都需要大流量不间断供应，供应量的不足有可能会导致严重的医疗事故。

（2）医用真空一般设置于手术部的手术室、麻醉室、恢复室，妇产科相关房间，儿科相关房间，诊断学相关房间以及病房及其他需用真空吸引的房间。

（3）医用真空汇的计算流量可按式 5-6-1 计算。

（三）医用空气系统流量计算

（1）在医疗卫生机构中，医用空气包含医疗空气、器械空气、医用合成空气、牙科空气等。其中，医疗空气供应于患者，器械空气为外科工具提供动力，牙科空气为牙科工具提供动力。这些医用空气都是经压缩、净化、限定了污染物浓度的空气。

（2）医用空气输出口装设于手术部、妇产科、儿科、诊断学科室、病房、化验室、药房以及耳鼻喉科的治疗室等房间处。医疗空气输出口的供气压力为 0.4 ～ 0.5MPa，器械空气输出口的供气压力为 0.7 ～ 1.0MPa，在牙椅处牙科空气的供气压力为 0.55MPa。医用空气压供应源的供气量应根据医用空气类型、压力和输出口数量来决定。

（3）牙科空气不属于生命支持系统的一部分，对压缩机的备用、故障情况的连续供气等要求都较低。牙科用气往往供应量较大，尤其带有教学功能的牙科医院，因教学牙椅同时使用率高，宜单独配置压缩机组避免对医疗空气的影响。所以对一般医院来说，建议牙科气体独立成系统。

（4）医用空气供应源的计算流量可按式 5-6-1 计算。

（四）其他医用气体系统流量计算

（1）其他医用气体包含医用氮气、医用二氧化碳、医用氧化亚氮及医用混合气体，这些气体主要用于洁净手术部及功能房间。

（2）医疗卫生机构应根据医疗需求及医用氮气、医用二氧化碳、医用氧化亚氮及医用混合气体的供应情况设置供应源，并设置满足 1 周及以上，且至少不低于 3 天的用气或储备量。此部分医用气体系统供应源的计算流量可按式 5-6-1 计算。

（3）医用氮气、医用二氧化碳、医用氧化亚氮等医用气体的平均日使用时间，可参见《医院洁净手术部建筑技术规范》（GB 50333—2013）表 9.2.5-2 并结合医院要求确定。

三、气源设备的设计

常用的医用气体供应源或汇包括医用氧气供应源、真空汇、医用空气供应源、医用氮气供应源、医用二氧化碳供应源、医用氧化亚氮供应源及医用混合气体供应源等。

医疗卫生机构在设置医用气体供应源时，应计算出各系统的总流量，确定其相应气源设备的供气量、设备功率大小等参数，并根据医疗需求、预算及当地医用气体供应情况，选择、设置不同的医用气体供应源。

（一）医用氧气供应源

医用氧气供应源的供应方式主要有：医用液氧贮罐、氧气浓缩器、医用氧气汇流排，其中医用氧气汇流排有医用氧气钢瓶和医用氧焊接绝热气瓶（也叫杜瓦罐）汇流排两种类型。在规划医用氧气供应源时，应根据各种氧源的特点，结合供氧源的设备与建造费用、氧气的生产成本、运输费等比较，选择适合医疗卫生机构自身需求特点的医用氧气供应源。

在选择医用氧气供应源设备时，按计算出的总用氧量并取 1.1 ~ 1.2 的安全系数进行选择。可选择一用一备一应急或多用多备加应急的方案进行配置，其中主用氧气供应源必须满足总用氧量的需求。

1. 医用液氧贮罐

医用液氧贮罐供应具有负荷调节能力强、无噪音，供应的氧气符合医用氧及 GMP 认证要求的特点，一般情况下综合使用价格也最低，是医用氧源的首选方式。液氧站通常在室外常温、通风环境中运行，除了灌充液氧外基本不需维护。选择医用液氧贮罐作为主氧源时需考虑医用液氧供应厂家的运输供应。

为确保医用氧气系统安全、不间断供氧，医用液氧贮罐供应源的医用液氧贮罐不宜少于 2 个，并应能自动切换使用，且不得使用电动或气动阀门。医用液氧贮罐供应源的流程见图 5-6-3。

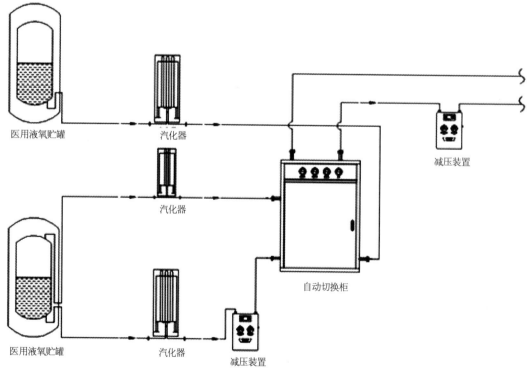

图 5-6-3 医用液氧贮罐供应源流程图

医用液氧贮罐贮存的是低温液氧，根据液氧特性，只能作为主用氧源或备用氧源，根据医院总用氧量计算出医用液氧贮罐的容积，医用液氧贮罐宜储备 1 周或以上用氧量，应至少不低于 3 天的用氧量。

医用液氧贮罐供应源的布置，应按下列要求经技术、经济综合比较后择优确定：

（1）宜靠近最大用氧量区域；

（2）宜有扩建的可能性；

（3）宜有较好的自然通风；

（4）应布置在区域相对独立的安全地带。

医用液氧贮罐与医疗卫生机构外建筑之间的防火间距，应符合现行国家标准《建筑设计防火规范》（GB 50016—2014）的有关规定。医用液氧贮罐与医疗卫生机构内部建筑物、构筑物之间的防火间距，应符合《医用气体工程技术规范》（GB 50751—2012）的有关规定。

2. 氧气浓缩器

氧气浓缩器（分子筛 PSA 制氧机）可提供富氧空气（93% 氧），目前在我国允许在部分用途上使用富氧空气替代医用氧气。

根据计算出的医院总用氧量可采用一个或多个氧气浓缩器作为主用氧源或备用氧源，也可与医用液氧贮罐或医用氧气汇流排的组合作为主用氧源或备用氧源。

氧气浓缩器供应源设备组成中的空气压缩机是主要的用电设备，建议在设备选型时可选择"多用一备"，降低单个氧气浓缩器供应源的用电功率，减少用电负荷。

在正常状态或单一故障状态下，氧气浓缩器供应源不应引起供气中断。某一氧气浓缩器单元的关闭或故障，不应影响管道系统的最大流量需求。

氧气浓缩器供应源站房不应设置在地下空间或半地下空间，应布置为独立单层建筑物或设置在建筑物屋顶，也可与建筑物贴邻，室内环境温度范围应是 10 ~ 40℃。

氧气浓缩器供应源站房宜远离易产生空气污染的生产车间，布置在空气洁净的地区，并在有害气体和固体尘粒散发源的全年最大频率风向的上风侧，以保证空气质量良好。空压机的进气口位置应在最少污染处，远离内燃机（例如：机动车）排气口、真空系统排气口、各类排风口等。进气口应采取措施防止昆虫、碎片和水进入。

氧气浓缩器供应源站房的选址宜有扩建的可能性，除应符合《用于医用气体管道系统的氧气浓缩器供气系统》（YY 1468—2016）附录 B 的规定外，还需符合《氧气站设计规范》（GB 50030—2013）的有关规定。

3. 医用氧气汇流排

医用氧气汇流排包括医用氧气钢瓶汇流排和医用氧焊接绝热气瓶（又称杜瓦罐）汇流排两种类型。医用氧气汇流排通常都按双路自动切换设计，两路氧气通过控制器自动切换，一路工作，一路备用，当工作组的气瓶压力下降到下限时，自动切换到另一路工作，同时发出报警，提醒工作人员对空瓶进行换瓶操作。

医用氧气钢瓶汇流排输出的氧气纯度高、钢瓶运输和购买方便，但其容量小、换瓶频繁，通常作为医院的备用氧源或应急备用氧源，也可作为小型医院的主要氧源。医用氧气钢瓶汇流排供应源的汇流排容量，根据医院生命支持区域的最大耗氧量及操作人员班次确定，但必须满足生命支持区域 4 个小时的用氧量。

医用氧焊接绝热气瓶汇流排储存的是液态氧，具有流量大、无噪声、输出氧气纯度高、气瓶运输和购买方便等优点，但容量也较小、换瓶较为频繁，且液氧会自行蒸发，通常作为中、小型医院的主要氧源或备用氧源。

医用氧气汇流排站房及储存库不应设置在地下空间或半地下空间，房间内不得有地沟、暗道，应设置良好的通风、干燥措施。房间的地坪应平整、耐磨和防滑，并防止阳光直射。医用气体汇流排间不应与医用空气压缩机、真空汇或医用分子筛制氧机设置在同一房间内。输氧量超过 60m³/h 的氧气汇流排间宜布置成独立建筑物。医用氧气汇流排站房及储存库的建设还应符合现行国家标准《建筑设计防火规范》（GB 50016—2014）、《氧气站设计规范》（GB 50030—2013）及《医用气体工程技术规范》（GB 50751—2012）的有关规定。

（二）真空汇

真空汇根据使用场所和用途分为医用真空汇(医用真空负压机)、牙科专用真空汇(牙科电动抽吸机)、麻醉或呼吸废气排放真空汇，其中：医用真空负压机为 II 类医疗器械，牙科电动抽吸机为 I 类医疗器械。

1. 医用真空汇

在规划医用真空汇（医用真空负压机组）时，床位数较多的大型医院最大计算流量较大，应按计算出的总耗量考虑一定裕量。因此，医用真空负压机组应设备用机组，可采用多台小功率真空泵吸气以满足最大流量，同时根据不同流量采用不同功率的真空泵及台数设置备用真空泵，包括控制系统在内的元件、部件均应有冗余，保证系统在单台真空泵或机组任何单一支路上的元件或部件发生故障时能连续供应并满足最大流量的要求，同时在用气量较小的时候节约能耗。

医用真空汇按安装形式有分体式安装和一体式机组。真空泵有液环式、油润滑旋片式及无油旋齿式。其中，液环式真空泵耗水量较大，能效比较低，且容易造成站房与环境污染。因此，建议优先采用油润滑旋片式真空泵或无油旋齿式真空泵。

医用真空汇的设备、管道连接、阀门及附件的设置，应符合下列规定：

（1）每台真空泵、真空罐、过滤器间均应设置阀门或止回阀，真空罐应设置备用或安装旁通管；

（2）真空罐应设置排污阀，其进气口之前宜设置真空除污罐；

（3）真空泵与进气、排气管的连接宜采用柔性连接。

医用真空汇应设置应急备用电源。每台真空泵应设置独立的电源开关及控制回路，且应能自动逐台投入运行，断电恢复后真空泵应能自动启动。医用真空汇控制面板应设置每台真空泵运行状态指示及运行时间显示，自动切换控制应使得每台真空泵均匀分配运行时间。监测与报警的要求应符合《医用气体工程技术规范》（GB 50751—2012）的规定。

医用真空汇站房的布置应在医疗卫生机构总体设计中统一规划，其噪声和排放的废气、废水不应对医疗卫生机构及周边环境造成污染。站房位置应就近于用气点设置，通常安装在用气点较集中的病房楼、住院楼、综合楼内的地下空间、半地下空间或单独的站房内，但真空泵的排气应符合医院环境卫生标准要求，且排气口气体的发散不受季风、附近建筑、地形及其他因素的影响，排出的气体不应转移至其他人员工作或生活区域。为防止鸟虫、碎片、雨雪及金属碎屑可能经排气管道进入真空泵而损坏泵体，应对医用真空汇的排气口采取保护措施。站房内应采取通风或空调措施，站房内环境温度不应超过相关设备的允许温度。

医用真空汇站房附近应设置废液处理池及细菌处理设备。液环式真空泵的排水应经污水处理合格后排放，且应符合现行国家标准《医疗机构水污染物排放标准》（GB 18466—2005）的有关规定。

2. 牙科专用真空汇

牙科真空系统属于低真空高流量真空系统，通常采用湿式牙科专用真空汇。牙科专用真空汇抽吸量主要根据医疗机构牙科病区牙椅数量、额定流量、计算平均流量及同时使用系数计算得出，在选择抽吸主机时，按计算出的总耗量并取 1.1 ~ 1.2 的安全系数进行选择。一般选择两台及以上的抽吸主机满足总耗量。牙科真空不属于生命支持系统的一部分,因此在牙科专用真空汇设备的选择上可以不考虑冗余,但必须满足使用的要求。

牙科专用真空汇应独立设置,并要求设置汞合金分离装置,可采用液环真空泵、真空罐、止回阀等组成,也可采用粗真空风机机组型式。粗真空风机具有干式压缩、低噪声、低能耗的特点,适合牙科真空系统大流量、低真空的使用需求,现在被大多数医院采用。

牙科专用真空汇不得对牙科设备的供水造成交叉污染。牙科专用真空汇使用液环真空泵时,应设置水循环系统。

牙科专用真空汇的每台真空泵应设置独立的电源开关及控制回路,且应能自动逐台投入运行,断电恢复后真空泵应能自动启动。控制面板应设置每台真空泵运行状态指示及运行时间显示,自动切换控制应使得每台真空泵均匀分配运行时间。

牙科专用真空汇应设置备用细菌过滤器,每组细菌过滤器均应能满足设计流量的要求,过滤精度应为 $0.01 \sim 0.2\mu m$,效率应达到 99.995%,湿式牙科专用真空汇系统的过滤器应设置在真空泵的排气口。进气口应设过滤网,应能滤除粒径大于 1mm 的颗粒。

牙科专用真空汇排气管口应使用耐腐蚀材料,应采取排气防护措施,排气管道的最低部位应设置排污阀。排气口应位于室外,不应与医用空气进气口位于同一高度,与门窗、其他开口的距离不少于3m。排气口的气体发散不应受季风风向、附近建筑、地形及其他因素的影响,排出的气体不应转移至其他人员生活或工作的区域。如多台真空泵排气合用总排气管时,该管径应保证设计排气量并设有每台真空泵排气的隔离措施。

通常情况下,牙科专用真空汇站房应尽量靠近使用点,避免管路太长造成口腔治疗机处的真空吸力不足,影响使用。湿式牙科专用真空汇站房位置应选择低于牙椅所在楼层地面高度。

3. 麻醉或呼吸废气排放真空汇

麻醉或呼吸废气排放系统通常有抽吸式和引射式两种,抽吸式采用真空泵或风机组成真空汇作为供应源,与管道、阀门等组成系统工程,因故障率少、气量易保证,被广泛使用。引射式采用医用空气驱动引射,不需要设置真空汇。

抽吸式麻醉或呼吸废气排放真空汇抽吸量主要根据麻醉废气排放点位数量、额定流量、计算平均流量及同时使用系数计算得出。在选择真空泵时,按计算出的总耗量并取 1.1 ～ 1.2 的安全系数进行选择。可选择一用一备或多用一备进行配置,其中主用必须满足总耗量。

因麻醉或呼吸废气有火灾危险性,因此,抽吸式麻醉或呼吸废气排放真空泵可选择气环式真空泵、水环式真空泵、无油旋齿式真空泵,严禁使用油润滑旋片式真空泵。

麻醉或呼吸废气排放真空汇站房的布置参见医用真空汇站房的要求。

(三)医用空气供应源

医用空气包括医疗空气、器械空气、医用合成空气、牙科空气等。其供应源的设置通常根据医院的实际临床应用而配置设备,在大型医院通常将医疗空气、器械空气、牙科空气均独立设置成系统,而在部分中小型医院通常将医疗空气和器械空气合为一个系统设置,但系统输出的医用空气品质必须满足《医用气体工程技术规范》(GB 50751—2012)的规定。其中:医用空气压缩机为 II 类医疗器械,牙科电动无油空压机为 I 类医疗器械。

各种医用空气供应源供气量主要根据相应医用空气用气点位数量、额定流量、计算平均流量及同时使用系数计算得出。在规划医用空气供应源时,尤其是大型医院,其最大计算流量较大,因此,医用空气供应源应设备用,可采用多台小功率空气压缩机运行以满足最大流量,同时根据不同流量采用不同功率的压缩机及台数，设置备用压缩机，包括控制系统在内的元件、部件均应有冗余，保证系统在单台压缩机或供应源任何单一支路上的元件或部件发生故障时能连续供应并满足最大流量的要求，同时在用气量较小的时候节约能耗。

医用空气供应源按安装形式，有分体式安装和撬装一体式机组。常用的空气压缩机按润滑方式不同有喷油空压机和无油空压机之分，由于医院用气量波动很大，且医用空气对油含量限制严格，建议优先采用无油空气压缩机。

对于医疗空气及医疗空气和器械空气合用的医用空气供应源，应采用吸附式干燥机，以确保医用空气的含水量要求。

医用空气供应源的设备、管道、阀门及附件的设置与连接，应符合下列规定：

（1）压缩机、后冷却器、储气罐、干燥机、过滤器等设备之间宜设置阀门，储气罐应设备用或安装旁通管；

（2）压缩机进、排气管的连接宜采用柔性连接；

（3）储气罐等设备的冷凝水排放应设置自动和手动排水阀门；

（4）减压装置应为包含安全阀的双路型式，每一路均应能满足最大流量计安全泄放需要。

（5）气源出口应设置气体取样口。

医用空气供应源应设置应急备用电源。每台压缩机应设置独立的电源开关及控制回路，且应能自动逐台投入运行，断电恢复后压缩机应能自动启动。控制面板应设置每台压缩机运行状态指示及运行时间显示，自动切换控制应使得每台压缩机均匀分配运行时间。监测与报警的要求应符合《医用气体工程技术规范》（GB 50751—2012）的规定。

医用空气供应源站房的布置应在医疗卫生机构总体设计中统一规划，其噪声不应对周边环境造成污染。站房位置尽量远离会造成空气污染的位置，比如发电机房排烟口、医用真空排气口、沼气池、污水处理站等，并且设备运输、供水和供电都较方便的地方。站房内应采取通风或空调措施，站房内环境温度不应超过相关设备的允许温度。

医用空气供应源的进气口应设置在远离医疗空气限定的污染物散发处的场所。进气口设于室外时，进气口应高于地面 5m，且与建筑物的门、窗、进排气口或其他开口的距离不应小于 3m，进气口应使用耐腐蚀材料，并应采取进气防护措施；进气口设于室内时，医疗空气供应源不得与医用真空汇、牙科专用真空汇，以及麻醉废气排放系统设置在同一房间内。压缩机进气口不应设置在电机风扇或传送皮带的附近，且室内空气质量应等同或优于室外，并应能连续供应。多台压缩机合用进气管时，每台压缩机进气端应采取隔离措施。

（四）医用氮气、医用二氧化碳、医用氧化亚氮、医用混合气体供应源

医用氮气、医用二氧化碳、医用氧化亚氮、医用混合气体主要用作手术室、术后复苏室等生命支持区域的特殊气体，用量相对较小，这些医用气体的供应源通常采用自动切换医用气体钢瓶汇流排。医用气体汇流排为 II 类医疗器械。

医用氮气、医用二氧化碳、医用氧化亚氮、医用混合气体等各种医用气体的最大耗气量主要根据用气点位数量、额定流量、计算平均流量及同时使用系数按式 5-6-1 计算得出。医用气体钢瓶汇流排供应源的汇流排容量，根据用气区域的最大计算耗气量及操作人员班次确定，其储备量宜满足一周及以上的使用，且至少不低于 3 天。

医用气体钢瓶汇流排应采用工厂制成品，输送氧气含量超过 23.5% 的汇流排的高、中压段应使用铜或铜合金材料，不应采用快开阀门，汇流排应使用安全低压电源。汇流排的医用气瓶宜设置为数量相

同的两组,并应能自动切换使用,每组气瓶均应能满足最大气体流量的需求。在电力中断或控制电路故障时应能持续供气,且不得出现气体供应结冰情况。过滤器应安装在减压装置之前,过滤器精度应为100μm。汇流排与医用气体钢瓶的连接应采取防错接措施。

医用气体钢瓶汇流排供应源站房位置宜方便管理。站房应设置在通风良好的位置,不允许设置在地下或半地下室以免气体泄漏。站房内应设置排风、监测报警装置。汇流排排气应设置放散管,且应引出至安全处。

四、管道系统设计

医用气体的管道系统是医用气体系统的重要组成部分,其管道系统设计规划是否合理直接关系到项目的投资、系统的流量、压力损失和能耗等,所以在规划医用气体系统时对管道的材质、管井、管路的分布、管径大小的确定至关重要。

医用气体管道系统在规划中宜分段、分区域布置,尽量将主要管道布置在病房较集中的区域。

医用气体在建筑物内宜设专用管井,且不应与可燃、腐蚀性的气体或液体、蒸汽、电气、空调风管等管井共用。室内医用气体管道表面要有保护措施,宜明敷。局部需要暗敷时应设置在专用的槽板和沟槽内,沟槽的底部与医用供应装置联通。手术室、生命支持区域的医用气体管道宜从医用气源单独敷设管道。

(一)管道材质选择

医用气体的管材应采用无缝铜管或不锈钢无缝钢管,其中:无缝铜管具有施工容易、焊接质量易于保证,焊接检验工作量小,材料抗腐蚀能力强特别是抗菌能力强等优点;不锈钢无缝钢管在国内有多年的业内使用经验,抗腐蚀能力强,与无缝铜管相比强度、刚度性能更好,但焊接难度和检验工作量较大。医用气体管材及管件选用时应遵循以下原则:

(1)除真空系统外,其余医用气体系统的管道均应采用无缝铜管、不锈钢无缝钢管;

(2)医用真空可采用无缝铜管、无缝不锈钢管或焊接不锈钢管;

(3)设计真空压力低于27kPa的真空管道,如牙科专用真空和麻醉或呼吸废气管道可采用无缝铜管、无缝不锈钢管、焊接不锈钢管以及PPR管、UPVC管等非金属管道;

(4)不锈钢管宜选用BA级或EP级不锈钢管以确保管道洁净度;

(5)管材壁厚应经强度与寿命计算确定,且无缝不锈钢管的壁厚不宜小于表5-6-6的要求,应保证管道的设计使用年限不小于30年。

(二)阀门设置

(1)重要生命支持区域的每间手术室、麻醉诱导和复苏室,以及每个重症监护区域外的每种医用气体管道上应设置区域阀门。

(2)大于DN25的医用氧气管道阀门应采用专用截止阀,阀门应设置明确的当前开、闭状态指示以及开关旋向指示;除区域阀门外的所有阀门,应设置在专门管理区域或采用带锁柄的阀门。

(3)医用气体管道系统预留端应设置阀门并封堵管道末端。

(4)各医用气体减压器后应设安全阀。

(5)管道系统维护、测试、扩容时应通过适当的阀门对相关的区域实行隔离。

(6)阀门应符合以下规定:

①医用气体应使用铜或不锈钢材质的等通径阀门;

②需要焊接连接的阀门两端应带有预制的连接短管。

(7)区域阀门安装应符合以下规定:

①楼层内所有气体终端及终端设备应由同楼层相应的区域阀门控制;

② 区域阀门使用侧应设有压力观测；

③ 区域阀门箱应满足紧急情况下操作阀门的需求，并安装在容易操作的位置。

（8）医用气体管道设计时可以在立管最低处设置集水装置或排水阀。

（9）医用气体安全阀应采用经过脱脂处理的铜或不锈钢材质的全启式安全阀，并符合《安全阀安全技术监察规程》（TSG ZF001—2006）的规定。

（10）医用气体压力表精度不得低于 1.6 级，其最大量程应为最高工作压力的 1.5 ～ 2.0 倍。

（11）当医用气体管道系统采用单一管道压力难以保证供应参数时，应在医疗建筑入口或适当位置设置医用气体减压装置。

（三）医用气体减压箱的设置

由于国内医院的规模越来越大，医用气体输送的距离越来越远，为保证各病区病房医用氧气、医用空气等医用气体终端的压力稳定，通常可在系统中设置减压箱，将主管道送来的压力较高的气体减压到各科室使用的不同压力，以便各科室使用的医用气体压力稳定，达到"高压输送低压使用"的目的，同时配有压力表，便于观测病区使用压力是否正常，确保系统安全运行。减压箱通常应采用双减压阀结构，以保证在维修、检测、故障状态下连续供气。

（四）管道标识

（1）医用气体管道、阀门、终端组件、软管组件和压力指示仪表，均应有耐久、清晰的标识。

（2）医用气体标识的方法应为金属标记、模板印刷、盖印和黏着性标识，施工中宜采用黏着性标识。

（3）医用气体的颜色与标识代号应符合表 5-6-7 的规定。

表 5-6-7 医用气体的标识代号和颜色

医用气体名称	代号		颜色规定
	中文	英文	
医疗空气	医疗空气	Med Air	黑色—白色
器械空气	器械空气	Air 800	黑色—白色
牙科空气	牙科空气	Dent Air	黑色—白色
医用合成空气	合成空气	Syn Air	黑色—白色
医用真空	医用真空	Vac	黄色
牙科专用真空	牙科真空	Dent Vac	黄色
医用氧气	医用氧气	O_2	白色
氮气	氮气	N_2	黑色
二氧化碳	二氧化碳	CO_2	灰色
氧化亚氮	氧化亚氮	N_2O	蓝色
氧气/氧化亚氮混合气体	氧/氧化亚氮	O_2/N_2O	白色—蓝色
氧气/二氧化碳混合气体	氧/二氧化碳	O_2/CO_2	白色—灰色
氦气/氧气混合气体	氦气/氧气	He/O_2	棕色—白色
麻醉废气排放	麻醉废气	AGSS	朱紫色
呼吸废气排放	呼吸废气	AGSS	朱紫色

注：表中规定为两种颜色时，系在颜色标识区域内以中线为分隔，左右分布。

（4）任何有颜色标识的圈套、色带或夹箍，颜色均应覆盖到其全周长；

（5）医用气体管道标识应包含以下内容：

① 气体的中英文名称或代号；

② 气体的颜色标记；

③ 标有气体流动方向的箭头。

（6）医用气体管道标识的设置应按以下规定进行：

① 标识应沿管道的纵向轴以间距不超过 10m 的间隔连续设置；

② 管道穿越的隔墙或隔断的两侧均应有标识；

③ 立管穿越的每一层应至少设置 1 个标识。

（7）医用气体管道外表除本章规定的标识外，不应有其他涂料或涂覆层；

（8）医用气体输入、输出口处的标识应包含气体代号、压力及气流方向的箭头；

（9）阀门的标识应按以下规定进行：

① 每种气体的中英文名称或代号；

② 阀门所服务的区域或房间的名称；

③ 应有明确的当前开、闭状态指示以及开关旋向指示；

④ 应标明注意事项及警示语。

（五）管道管径计算

1. 管径的计算

医用气体管道的管径应根据医用气体的流量、性质、流速及管道允许的压力损失等因素确定。设定平均流速并按式 5-6-2 初算管径，再根据管子系列调整为实际管径，并最后复核实际平均流速。

$$D_i=0.0188\left[W_o/\nu\rho\right]0.5 \quad （式 5-6-2）$$

式中：D_i—管子内径（m）；

W_o—质量流量（kg/h）；

ν—平均流速（m/s）；

ρ—流体密度（kg/m3）。

以实际的管子内径 D_i 与平均流速 ν 核算管道压力损失，确认选用管径为可行。如压力损失不满足要求应重新计算。

湿式牙科真空管道因介质中包含液体，容易堵塞，其管径不宜小于 DN25。

2. 管道压力损失的计算

医用气体管道的压力损失计算，包括直管的摩擦压力损失和局部(阀门和管件)的摩擦压力损失计算，不包括加速度损失及静压差等的计算。

（1）直管的摩擦压力损失，应按式 5-6-3 计算。

$$\triangle P_f=10^{-5}(\lambda\rho\nu^2/2g)\cdot(L/D_i) \quad （式 5-6-3）$$

式中：$\triangle P_f$—直管的摩擦压力损失（MPa）；

L—管道长度（m）；

g—重力加速度（m/s²）；

D_i—管子内径（m）；

ν—平均流速（m/s）；

ρ—流体密度（kg/m³）；

λ —流体摩擦系数。

（2）局部的摩擦压力损失的计算，可采用当量长度法或阻力系数法。当量长度法按式 5-6-4 计算，阻力系数法按式 5-6-5 计算。

$$\triangle P_k = 10^{-5} (\lambda \rho v^2/2g) \cdot (L_e/D_i) \qquad （式 5-6-4）$$

$$\triangle P_k = 10^{-5} \cdot K_R (\rho v^2/2g) \qquad （式 5-6-5）$$

式中：$\triangle P_k$ —局部的摩擦压力损失（MPa）；

L_e —阀门和管件的当量长度（m）；

K_R —阻力系数。

3. 管道壁厚的计算

管道的壁厚计算按式 5-6-6、式 5-6-7 和式 5-6-8 计算。

$$t_{sd} = t_s + C \qquad （式 5-6-6）$$

$$t_s = PD_o / [2 \times ([\sigma]^t E_j + PY)] \qquad （式 5-6-7）$$

$$C = C_1 + C_2 \qquad （式 5-6-8）$$

当 $t_s < D_o/6$ 时，Y 系数按《工业金属管道设计规范》（GB 50316-2008）表 6.2.1 取值为 0.4；当 ts $\geq D_o/6$ 时，$Y = (D_i + 2C) / (D_i + D_o + 2C)$。

式中：t_{sd} —直管设计厚度（mm）；

t_s —直管计算厚度（mm）；

C —厚度附加量之和（mm）；

P —设计压力（MPa）；

D_o —管子外径（mm）；

$[\sigma]^t$ —在设计温度下材料的许用应力（MPa）；

E_j —焊接接头系数；

Y —系数。

五、供应末端设施的设计

（一）终端制式的选择

（1）医用气体终端制式很多，常见的有：美标气体终端、英标气体终端、德标气体终端和法标气体终端，还有印度标准、日本标准或南非标准的气体终端，如图 5-6-4 所示。无论是何种制式的终端，均会采用不同位置的定位销或不同形状、大小的接口以保证医用气体的专用性要求。在我国使用，其标示须符合《医用气体工程技术规范》（GB 50751—2012）的规定，以防止气体接头的误插。

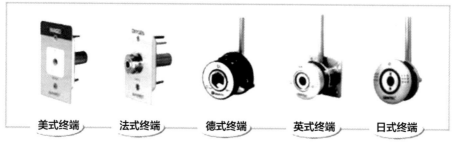

| 美式终端 | 法式终端 | 德式终端 | 英式终端 | 日式终端 |

图 5-6-4 医用气体终端制式图

（2）选择终端时，应选择底座与插座分开的分体式终端，终端带双级单向阀，可保证在不切断区域供气的情况下，对终端进行维护。

（3）带有气体引射器的废气排放终端，利用喷嘴中高速喷出的压缩空气形成负压区，吸引废气并与之混合，带动它一起经废气排放管排出，其结构如图5-6-5所示。

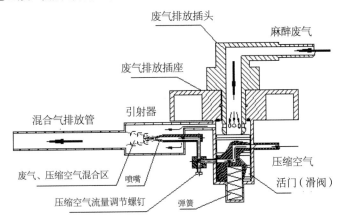

图 5-6-5 引射式废气排放终端简图

（4）鉴于目前国内医用气体的终端暂无统一标准的情况，建议医院在改扩建工程中要兼顾已有的终端制式，统筹考虑待建项目的气体终端制式。

（5）医用氧气系统宜配置单患者用氧计时装置，以便自动记录患者的实际用氧时间，可与护士呼叫系统、医院信息化系统实现互联互通，以确保患者的用氧严格按照医嘱执行。

（6）为了保证ICU、CCU等监护室、手术室、抢救室、产房等生命支持区域用气的安全性和可靠性，生命支持区域的医用供应装置中各类医用气体终端宜具有超压、欠压监测报警功能。

（二）医用供应装置的选用

医用气体终端的安装固定形式很多，如壁画式终端盒、隐藏式终端盒、床头柜和壁柜式终端箱以及设备带等。ICU、CCU等监护室、手术室多以吊塔、桥架为主。

（1）选择设备带时，应选择三腔体结构的设备带，其强电、弱电、气体管道均有相互独立的通道。

（2）选择设备带、吊塔、桥架、壁画式终端盒、嵌入式终端盒、床头柜和壁柜式终端箱时，应注意同一项目终端的制式统一和维修维护的方便性。

（3）吊塔布置在手术床头部左上角，距离依据吊塔型式而定。手术室同时应在距手术床较近的墙面上嵌入式安装备用终端盒，进气管道与吊塔进气管道分别敷设或有阀门隔离。

（4）吊桥安装在病床床头部上方，横量安装中心高以为1750～2000mm为宜。

（5）设备带横排安装在房床头墙面上，中心距地面1350～1450mm，气体终端宜设在床的左边。

（6）医用气体终端组件的安装高度距地面应为900～1600mm，终端组件中心与侧墙或隔墙的距离不应少于200mm。横排布置的终端组件，宜按相邻的中心距为80～150mm等距离布置。

（7）装置内不可移动的医用气体终端与医用气体管道的连接宜采用无缝铜管或不锈无缝钢管，且不得使用软管及低压软管组件。

（8）装置的外部电气部件不应采用带开关的电源插座，也不应安装能触及的主控开关或熔断器。

（9）装置上的等电位接地端子应通过导线单独接到病房的辅助等电位接地端子上。

（10）装置安装后不得存在可能造成人员伤害或者设备损伤的粗糙表面、尖角或锐边。

（11）横排布置真空终端组件邻近的真空瓶支架，宜设置在真空终端组件离患者较远的一侧。

（12）医用供应装置的常用形式和主要用途如表5-6-8所示。

表 5-6-8 医用供应装置的常用形式和主要应用场所

序号	医用供应装置名称	主要应用场所
1	通长式设备带（横式）	普通病房 苏醒室（恢复室） 加护病房 治疗室 抢救室 检查室
2	单床式设备带（横式）	普通病房 加护病房 高干病房 VIP 病房
3	单床式设备带（竖式）	高干病房 VIP 病房
4	壁画式终端盒（嵌入式）	加护病房 高干病房 VIP 病房
5	隐藏式终端盒（嵌入式）	加护病房 高干病房 VIP 病房
6	ICU、抢救室专用设备带	重症监护室 心血管监护室 抢救室 透析室
7	ICU、抢救室墙式设备带	重症监护室 心血管监护室 抢救室 透析室
8	终端盒	资料室 检查室 处置室 门诊
9	输液桥架	输液大厅 输液室
10	ICU 桥架	重症监护中心 心血管监护室 早产儿室
11	ICU、手术室吊塔	重症监护中心 心血管监护室 手术室 恢复室 分娩室 早产儿室

（三）医用供应装置上终端的设置

参照 HTM 02-01 的要求，如果某处有多个气体终端，则应按以下顺序排列：

（1）水平排列，从左到右的顺序为：O_2、N_2O、O_2/N_2O、Med Air、Air 800、VAC、AGSS、He/O_2。

（2）垂直排列，从上到下的顺序为：O_2、N_2O、O_2/N_2O、Med Air、Air 800、VAC、AGSS、He/O_2。

（3）两列的垂直排列，左侧从上到下的顺序为：O_2、N_2O、O_2/N_2O、Med Air，右侧从上到下的顺序为：Air 800、VAC、AGSS、He/O_2。

六、监测报警系统设计

（一）医用气体系统监测报警的意义

医用气体的安全直接影响到医疗安全，及时了解和掌握医用气体供应状况非常必要。如何尽早发现医用气体的异常情况，及时做好对用气患者的应急处理，尽快排除故障、恢复医用气体的正常供应，已成为需要重点考虑的问题。对医用气体状况进行实时监测报警正是帮助我们解决这一问题的最好办法。

根据《医用气体工程技术规范》（GB 50751—2012）第 4.3.7 条 "医用氮气、医用二氧化碳、医用氧化亚氮、医用混合气体供应源应设置监测报警系统"、第 7.3.1 条 "医用气体系统宜设置集中监测与报警系统" 和《医院医用气体系统运行管理》（WS 435—2013）"医院应结合本单位医用气体的使用情况，设置符合安全运行要求的医用气体监测和报警系统和为便于运行管理，医用气体监测和报警系统宜集中设置" 等规定，应设置医用气体监测报警系统。

（二）医用气体监测报警设计的内容

1. 各医用气体站房的监测报警项目

各医用气体站房的监测报警项目见表 5-6-9。

表 5-6-9　各医用气体站房的监测报警项目

站房	气体监测报警内容	设备监测报警内容	可扩展监测报警内容
医用氧气站	各楼/区域主管压力、流量	液氧液位、机组运转状况	温度、纯度、各机组运行时间、维护时间、站内视频
医用空气站	各楼/区域主管压力、流量、露点	机组运转状况	温度、各机组运行时间、维护时间、站内视频
医用真空站	各楼/区域主管压力	机组运转状况	—
医用氮气、医用二氧化碳、医用氧化亚氮等专用气体站	生命支持区域压力、流量	气体余量	—

医用气体汇流排间通常有医用氧气、氮气、氧化亚氮、二氧化碳等医用气体汇流排，每种医用气体汇流排分别有 A、B 两组气瓶。由于各种医用气体的使用压力不同，由此需要设置各种医用气体的换瓶压力。当在用气瓶组的压力低于换瓶压力时，医用气体汇流排自动关闭此组气瓶，切换到另一组气瓶供气，同时发出声光报警，提示工作人员更换气瓶。

医用气体汇流排间的监测报警项目包括：所含的各类医用气体 A、B 两组气瓶压力、输出压力、自动切换和空瓶报警。

2. 区域（或护理单元）的监测报警

区域（或护理单元）的监测报警主要监测医用氧气、医用空气、医用真空的压力，并能在压力异常发生时，即使发出声音报警，提示医护人员赶紧做好应急准备。

3. 医用气体支管道的监测报警

医用气体支管上主要监测医用气体压力，压力的监测可以帮助分析管路故障，包括泄漏和堵塞。

（三）医用气体集中及远程监测报警系统的设计

1. 医用气体集中监测报警系统的设计

医用集中监测报警系统可收集各医用气体站房和各区域的医用气体状况数据，并进行存储、分析、报警、记录。通过医用气体集中监测报警系统，可以监测系统内各类医用气体的工作状况，并实时对压力超限、管路泄漏等情况进行监测报警，主要监测报警的内容有：医用氧气站、医用空气站、医用真空站等站房的设备状况；各种医用气体管道内的压力；医用氧气总管流量；汇流排间各医用气体汇流排压力和空瓶情况；各区域医用氧气流量数值；各区域各种医用气体压力数值及超欠压力报警等。医用气体集中监测报警系统又分为以下两种模式：

（1）可视化集中监测报警系统。采集各种医用气源设备及区域压力、流量测量装置的运行数据，通过信号传输线传输到用户集中监控电脑中，通过定制开发的专用软件实现在中心监控室集中监测和报警，发送报警短信，使管理人员有效掌握设备的运行状况，如图 5-6-6 所示。

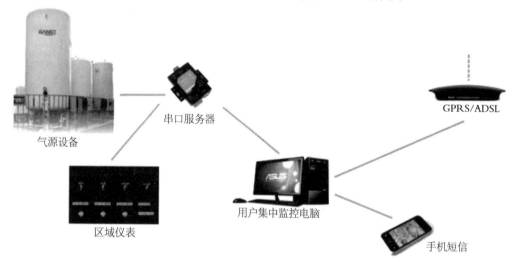

图 5-6-6 可视化集中监测报警系统

（2）集成式数据传输监测报警系统。采用串口服务器、BOX 采集器采集各种医用气源设备的运行数据，通过专业无线路由器与云平台联通，实现随时随地的网络远程监测及报警，发送报警短信。此模式可单向传输数据，投资低，但不能实现集中监测。主要用于对气源设备的网络监测，如图 5-6-7 所示。

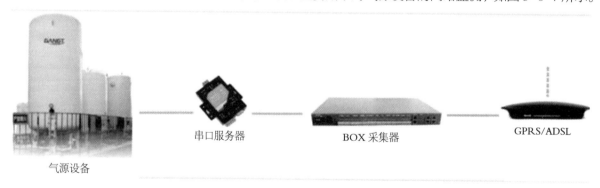

图 5-6-7 集成式数据传输监测报警系统

2. 医用气体远程监测报警系统的设计

医用气体远程监测报警系统通常采用以太网通信，与各医疗机构的医用气体集中监测报警系统联网，实现管理者、制造商或维保商对医用气体系统运行的远程监测，如图 5-6-8 所示。通过故障报警、数据汇总、备份与分析，将被动服务转变为主动服务，加快故障处理速度，有效降低风险。

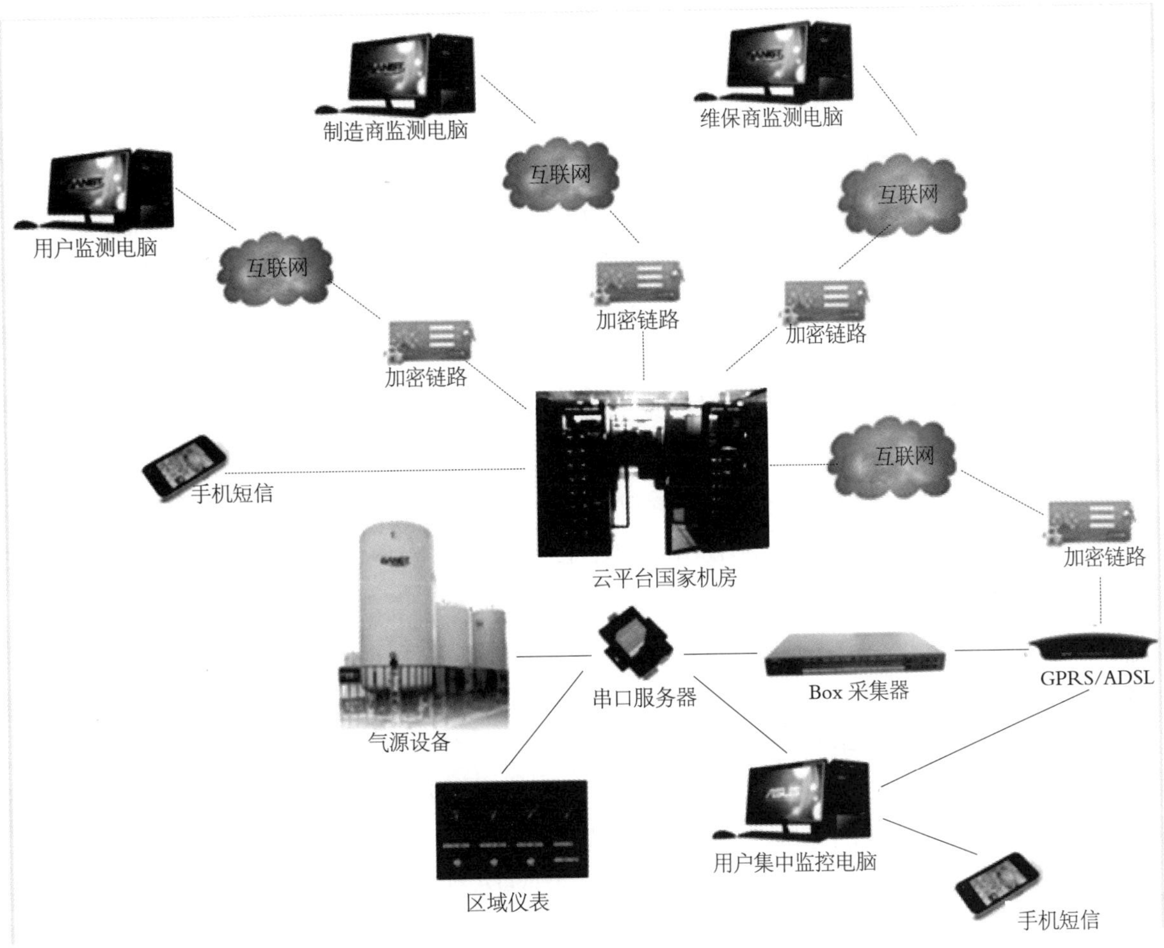

图 5-6-8 医用气体远程监测报警系统

（四）医用气体系统报警原则与要求

1. 医用气体系统报警原则与要求

（1）除设置在医用气源设备上的就地报警外，每一个监测采样点均应有独立的报警显示，并应持续直至故障解除。

（2）声响报警应无条件启动，1m 处的声压级不应低于 55dB（A），并应有暂时静音功能。

（3）视觉报警应能在距离 4m、视角小于 30° 和 100lx 的照度下清楚辨别。

（4）报警器应具有报警指示灯故障测试功能及断电恢复启动功能，报警传感器回路断路时应能报警。

（5）每个报警器均应有标识，并应符合《医用气体工程技术规范》（GB 50751—2012）第 5.3.12 条的规定。

（6）气源报警及区域报警的供电电源应设置应急备用电源。

2. 气源报警原则与要求

（1）气源报警应具备下列功能：

① 医用液氧贮罐中液氧液位低时应启动报警；

② 汇流排钢瓶切换时应启动报警；

③ 医用气体供应源或汇切换至应急备用气源时应启动报警；

④ 应急备用气源储备量低时应启动报警；

⑤ 压缩医用气体供气源压力超出允许压力上限和额定压力欠压 15% 时，应启动超、欠压报警；真空汇压力低于 48kPa 时，应启动欠压报警；

⑥ 气源报警器应对每个气源设备设置至少 1 个故障报警显示，任何一个就地报警启动时，气源报警器上应同时显示相应设备的故障指示。

（2）气源报警的设置应符合下列规定：

① 应设置在 24h 可监控的区域，位于不同区域的气源设备应设置各自独立的气源报警器；

② 同一气源报警的多个报警器均应各自单独连接到监测采样点，其报警信号需要通过继电器连接时，继电器的控制电源不应与气源报警装置共用电源；

③ 气源报警采用计算机系统时，系统应有信号接口部件的故障显示功能，计算机应能连续不间断工作，且不得用于其他用途，所有传感器信号均应直接连接至计算机系统。

3. 区域报警系统原则与要求

区域报警用于监测某区域医用气体管路系统的压力，应符合下列规定：

（1）应设置压缩医用气体工作压力超出额定压力 ±20% 时的超压、欠压报警以及真空系统压力低于 37kPa 时的欠压报警；

（2）区域报警器宜设置医用气体压力显示，每间手术室宜设置视觉报警；

（3）区域报警器应设置在护士站或有其他人员监视的区域。

4. 就地报警系统原则与要求

（1）当医用空气供应源、真空汇中的主供应压缩机、真空泵故障停机时，应启动故障报警；当备用压缩机、真空泵投入运行时，应启动备用运行报警。

（2）医疗空气供应源应设置一氧化碳浓度报警，当一氧化碳浓度超标时应启动报警。

（3）液环压缩机应具有内部水分离器高水位报警功能，采用液环式或水冷式压缩机的空气系统中，储气罐应设置内部液位高位置报警。

（4）当医疗空气常压露点到达 $-20℃$、器械空气常压露点超过 $-30℃$、牙科空气常压露点超过 $-18.2℃$ 时，应启动报警。

（5）氧气浓缩器的空气压缩机、分子筛装置，应分别设置故障停机报警。

（6）氧气浓缩器输出的富氧空气的氧浓度低于规定值时，应启动氧浓度低限报警及应急气源运行报警。

（7）氧气浓缩器设置一氧化碳浓度超限报警。

第三节 医用气体系统的安装、检测与验收

由于医用气体系统既是医疗设备安装工程，也是机电安装工程，其系统最终性能的优劣与系统工程在安装过程中材料设备投入、施工机具配备、安装工艺、过程质量控制等因素息息相关，项目安装过程控制尤为重要，本节将从以下方面对医用气体工程的施工安装管理与控制进行阐述。

一、气源设备的安装与检测

（一）气源站安装前的准备

1. 施工单位的准备

（1）确保医用气源设备、各类安装设备、机具及辅料等均已按照项目进度及现场实际情况准备妥当。

（2）特种设备安装告知资料的准备。压力管道、压力容器等特种设备的安装告知资料应按要求准备妥当。进口压力容器（如吸附式干燥机的吸附塔）应在签订合同后采购设备之前，按照《特种设备安全法》第三十一条的规定（进口特种设备，应当向进口地负责特种设备安全监督管理的部门履行提前告知义务）到项目所在地省级质量技术监督管理局特种设备安全监察处提前告知（目前部分省份未实施该要求），并在安装前提前到当地省级质量技术监督管理局特种设备安全监察处办理安装告知的相关手续，并经省级质量技术监督管理局特种设备安全监察处进行安装监检合格方可交付甲方。

2. 建设单位的准备

（1）建设单位应确保医用气源站房基础建设已按照施工图要求完成。

（2）对于医用气源站（尤其是医用氧气站）位置的选择，在有些省市需要做安全评价并通过当地消防部门审核批准（以当地相关部门要求为准）。

（二）气源设备的安装

（1）医用气源站内各运转设备及其附属设备、医用液氧贮罐及附属设备、医用气体汇流排、各气源站自动控制柜的安装、检验，应严格按照其说明书要求进行，其中空气压缩机、真空泵、氧气增压机及其附属设备的安装应符合《风机、压缩机、泵安装工程施工及验收规范》（GB 50275—2010）的有关规定。

（2）各运转设备与管道连接时，应找准精度，让设备和管道在自由对中的状态下连接，当发现因管道连接引起偏差时，应调整管道直至满足要求。

（3）各运转设备及其附属设备与管道连接后，不应再在其上进行焊接或气割作业，当不得不焊接或气割作业时，应拆下管道或采取必要措施，防止焊接应力对设备造成损害以及焊渣进入设备内。

（4）医用气源站内压力容器、压力管道的安装应符合国家相关法律、法规、规范及标准的规定，施工单位在安装前必须到直辖市或者设区的市级质量技术监督局履行安装告知手续。

（5）氧气浓缩器、空气压缩机、真空泵、氧气增压机及其附属设备，应按设备要求进行调试和联合试运行，并形成调试和试运行报告，施工方、现场监理和建设方代表签字确认。

（6）医用气源站内连接管道应设接地装置，接地电阻不应大于 10Ω。

（7）每对法兰或螺纹接头间应设跨接导线，电阻值应小于 0.03Ω。

（8）站内所有的阀门下方应挂放吊牌，吊牌上应清晰注明阀门名称、压力及安全警示内容和标识。

（9）站内架空敷设的电源线、控制线路设置在桥架内，埋地、埋墙敷设的管线不应有接头。

（10）医用气源站的防雷应符合《建筑物防雷设计规范》（GB 50057—2010）的有关规定。

（三）气源设备的检测

1. 医用液氧贮罐供应源

（1）设备的各项资料和施工过程检验资料。

（2）检查设备安装位置、流程、工艺是否符合设计要求。

（3）检测中心站管道的洁净度是否达到规范要求。

（4）检查特种设备告知、检测、特种设备使用证。

（5）检查安全附件的校验或检定。

（6）检查设备防雷、接地设施是否达到规范要求。

（7）检测液氧压力的稳定性、汽化器的汽化能力、减压装置的压力稳定性、切换装置的性能。

（8）检测站房安全防护设施的可靠性、稳定性。

2. 氧气浓缩器供应源

（1）检查设备的各项资料和施工过程检验资料。

（2）检查设备安装位置、流程、工艺是否符合设计要求。

（3）进行双机组交替启动测试，检查能否正常切换工作，检查产气量和富氧空气的氧浓度能否达到设计要求。

（4）检测氧浓度及水分、一氧化碳杂质含量实时在线检测设施，检测分析仪的最大误差为 $\pm 0.1\%$。

（5）检测设备运行及水分、一氧化碳杂质含量监控和报警系统，应符合《医用气体工程技术规范》（GB 50751—2012）第 7 章的规定。

（6）检查特种设备安装告知手续办理是否完成，安全附件是否已校验或检定。

（7）检查设备接地是否已完成，接地电阻不得大于 10Ω。

3. 医用气体汇流排供应源

（1）检查设备的各项资料和施工过程检验资料。

（2）检查设备安装位置、流程、工艺是否符合设计要求。

（3）检测医用气体汇流排切换功能。

（4）检查汇流排超压、欠压时报警功能是否正常，远程报警功能是否正常。

（5）检查是否设置医用气体钢瓶固定措施，应防止钢瓶倾倒。

4. 真空汇

（1）检查设备的各项资料和施工过程检验资料。

（2）检查设备安装位置、流程、工艺是否符合设计要求。

（3）检测设备的抽气性能，是否符合设计要求。

（4）检测真空汇的控制系统和监测报警系统，应符合《医用气体工程技术规范》（GB 50751—2012）的要求。

（5）检查医用真空汇是否安装细菌过滤器，其过滤精度和效率应符合《医用气体工程技术规范》（GB 50751—2012）第 5.2.16 条的要求。

（6）检测设备接地是否已完成，接地电阻不得大于 $10\,\Omega$。

（7）检查废气排放位置是否符合《医用气体工程技术规范》（GB 50751—2012）第 4.4.4 条的要求。

（8）检查液环式真空泵的排水，排水应经污水处理合格后排放，且应符合《医疗机构水污染物排放标准》（GB 18466—2005）的有关规定。

（9）检查牙科专用真空汇进气口过滤网，应符合《医用气体工程技术规范》（GB 50751—2012）第 4.4.11 条的要求。

5. 医用空气供应源

（1）检查设备的各项资料和施工过程检验资料。

（2）检查设备安装位置、流程、工艺是否符合设计要求。

（3）检测设备的产能，是否符合设计要求。

（4）检测医用空气供应源的控制系统和监测报警系统，应符合《医用气体工程技术规范》（GB 50751—2012）的要求。

（5）检查医疗空气供应源是否与牙科空气供应源共用。

（6）检查空压机组的进排风系统，检测机房的空调系统，确保机房的环境温度。同时进气口应符合《医用气体工程技术规范》（GB 50751—2012）第 4.1.3 条的要求。

（7）检查医疗空气供应源、器械空气供应源的过滤系统，应符合《医用气体工程技术规范》（GB 50751—2012）的要求。

（8）检查电气系统、排水系统工作是否正常，检查排水系统有无漏水现象，电磁排水阀能否实现手动和自动排水。

（9）检查特种设备安装告知手续办理是否完成，安全附件是否已校验或检定。

（10）检查设备接地是否已完成，接地电阻不得大于 10 Ω。

二、医用气体管道安装与检测

（一）医用气体管道安装前的准备

1. 细化医用气体管道施工技术方案

（1）管道施工技术方案应按设计和施工规范的要求，结合项目特点及施工单位的技术装备、技术力量、环境条件等进行细化，并尽可能采用国内外新技术和新工艺。

（2）施工进度应依据项目总包单位的整体进度结合医用气体管道安装的特点合理进行安排。原则上在空调风管、消防管道、给排水管道施工后进行医用气体管道系统安装施工。

2. 施工技术交底

（1）一级交底由施工单位的技术负责人向施工负责人、班（组）长及质检、安全等人员交底。

（2）二级交底由施工负责人、班（组）长向工人介绍施工图的要求、安装工艺及方案、质量标准、安全措施等内容。

3. 医用气体管道技术资料与现场核对

（1）确认管道工程的设计资料及其他技术文件齐全，施工图纸已经会审，施工方案或技术措施已经批准。

（2）依据施工图和相关技术文件、施工方案等，与施工现场实际情况进行一一核对，制订施工方案。

4. 管道施工工作面准备

（1）合理布置施工总平面，并按要求平整场地，铺设道路，接通水、电、气（汽）并安装设置所需的大型临时设施。

（2）与建设、监理单位及土建施工单位对与管道施工有关的土建工程进行检验，确认已满足安装要求，并办理交接手续。

（二）医用气体管道的安装

1. 医用气体管道安装的一般程序

医用气体管道施工安装可按下列流程进行：材料验收、报验 → 支吊架制作、安装 → 管道系统安装 → 压力试验、泄漏性试验 → 管道标识、防腐。

2. 医用气体管道安装的一般原则和要求

（1）管道安装要便于操作、维修，管道安装位置应符合环境和安全保护的要求。

（2）管道改变标高或走向时，应保持平直，避免形成气袋、液袋或"盲肠"；满足抗震要求，在建筑物连接处或伸缩缝位置设置管道伸缩部件。

（3）管道支吊架制作、安装，安装位置应便于后续管道的安装，间距和结构应符合相关标准规范要求。

（4）管道一般用 U 形螺栓固定在管道支、吊架上，小管道也可支承在大管道上。在金属管道与 U

形螺栓和支、吊架之间必须衬垫弹性绝缘材料（如聚氯乙烯板或绝缘橡胶板）。

（5）管道穿过楼板或墙壁时，必须加套管，楼板套管的长度应高于地面50mm以上，套管内的管段不应有焊缝和接头，管子与套管的间隙应用不燃烧的软质材料填满。

（6）压缩医用气体管道贴近热管道（温度超过40℃）时，应采取隔热措施，管道上方有电线、电缆时，管道应包裹绝缘材料或外套PVC管或绝缘胶管。

（7）医用气体铜管道之间、管道与附件之间的焊接连接均应为硬钎焊，不锈钢管道应采用氩弧焊。

（8）连接系统配套设备的管道，其固定焊口应远离设备。对不允许承受附加外力的设备，管道与设备的连接前，在自由状态下允许偏差应符合设计要求。

（9）管道安装合格后，不得承受设计以外的附加载荷。

（10）医用气体管道接地间距不应超过80m，且不应少于1处，室外埋地医用气体管道两端应有接地点。

（11）医用气体管道埋地或地沟内安装要求：

① 埋地或地沟内的医用气体管道不应采用法兰或螺纹连接，并应作加强绝缘防腐处理，具体依照《埋地钢质管道防腐保温层技术规范》（GB/T 50538—2010）实施，当管路必须设置阀门时应设专用阀门井。

② 埋地医用气体管道的敷设深度应大于当地冻土层厚度，且管顶距地面不宜小于0.7m。当埋地管道穿越道路或埋深不足、地面上载荷较大时，管道应加设防护钢套管。

③ 埋地敷设的医用气体管道与建筑物、构筑物等及其地下管线之间最小净距均应符合《氧气站设计规范》（GB 50030—2013）有关地下敷设氧气管道间距的规定。

④ 医用氧气管道不应与燃气管道同沟敷设，沟内应填满沙子，并严禁与其他地沟直接相通。

3. 医用气体管道系统的吹扫

（1）吹扫用的气体为洁净的无油压缩空气或干燥无油的氮气。

（2）用气体插头或专用工具将各系统所有的气体终端打开，所有控制阀都打开，并开至最大，管道上的气流死角（如连接压力表的测压管）亦应拆开通大气。

（3）用高压软管将管道系统的吹扫口与气源连接在一起，气源与吹扫口之间的管路上应装有截止阀、过滤器（滤网孔径不大于25μm）、流量计、减压阀和压力表等监控设备。

（4）吹扫时，管道内气体的流速不应小于20 m/s（通过流量和管道内径计算）。

（5）吹扫应持续进行，直至达到《医用气体工程技术规范》（GB 50751—2012）要求合格为止。

4. 医用气体管道的压力试验和泄漏性试验

（1）医用气体管道安装施工后应分段、分区以及全系统分别进行压力试验和泄漏性试验。

（2）压力试验应符合《医用气体工程技术规范》（GB 50751—2012）第10.2.18条规定。

（3）泄漏性试验应符合《医用气体工程技术规范》（GB 50751—2012）第10.2.19条规定。

5. 医用气体管道的标识和防腐

（1）管道应有明显气体流向、种类标识，标识应覆盖到其全周长。

（2）标识应沿管道的纵向轴间距不超过10m的间隔连续设置。

（3）管道穿越的隔墙或隔断的两侧均应有标识，立管穿越的每一层至少应设置1个标识。

（4）医用气体输入、输出口处的标识应包含气体代号、压力及气流方向的箭头。

（5）阀门的标识应有所服务的区域或房间的名称，应有明确的当前开、闭状态指示以及开关旋向指示。

（6）医用气体管道焊缝在压力试验合格后应进行酸洗钝化等防腐处理。

（三）医用气体管道的检查和检测

1. 医用气体管道的检查

（1）检查管道支架间距、管道与其他管道之间的最小间距，间距应符合《医用气体工程技术规范》（GB 50751—2012）第5.1.9条、第5.1.10条规定。

（2）检查支架材料的相关资料、防腐、管道与支吊架的接触处的绝缘处理。

（3）检查医用气体管道是否在穿墙、楼板以及建筑物基础时按照设计要求设套管，穿楼板的套管应高出地板面至少50mm，套管内医用气体管道不得有焊缝，套管与医用气体管道之间应采用不燃材料填实。

（4）检查管道及附件的标识内容及颜色是否正确，检查医用气体已安装阀门的型号及介质流向标识是否正确。

2. 医用气体管道的检测

（1）医用气体管道焊缝质量检测，检测结果应符合《医用气体工程技术规范》（GB 50751—2012）第10.2.7条规定。液氧管道、属于压力管道范畴的医用气体正压钢管，必须进行管道焊缝的无损检测。

① 检测方法和结果应符合《医用气体工程技术规范》（GB 50751—2012）第10.2.15条规定。

② 检测机构必须是当地质量技术监督局指定的，具有相关资格证书的第三方检测单位。

③ 管道施工前应到当地技术监督局办理告知，施工完毕、检测合格后办理压力管道使用证。

（2）医用气体管道应分段、分区以及全系统分别进行压力试验及泄漏性试验。试验结果应符合《医用气体工程技术规范》（GB 50751—2012）第10.2.19条规定。

（3）检测管道的洁净度，检测结果应符合《医用气体工程技术规范》（GB 50751—2012）第10.2.20条规定。

三、医用气体供应末端设施的安装与检测

（一）医用气体供应末端设施的安装

1. 医用气体供应末端设施安装前的准备

（1）供应末端设施颜色、配置及分布已通过建设方确认。

（2）需要安装设备带的墙面已完成抹灰沙平，需要安装在装饰板面上的设备带已完成装饰面施工。

（3）设备上配置电源插座及弱电接口需要的电源线、弱电线已预留到指定位置。

（4）医用气体管网系统已完成压力试验、泄漏性试验及检测。

2. 设备带的安装

（1）利用水平尺、水平管或红外线水平仪按照设计要求高度定位确定设备带安装中心线（基准线）。设备带中心线高度应符合《医用气体工程技术规范》（GB 50751—2012）第6.0.5条规定。

（2）设备带挂装固定时需注意螺钉不能突出底板，不应在终端、电源插座、开关位置设置螺钉，螺钉间距必须控制在800 ~ 1000mm范围内。

（3）设备带的管道连接、电源线的连接、弱电线的连接。

3. 吊塔、桥架的安装

（1）吊塔、桥架支座的安装。

① 安装支座应选择承重梁、承重墙或专用支架作为主要主承点，楼板或其他支点作为辅助支撑点。

② 承重梁和承重墙上的安装支座采用矩管、槽钢、工字钢预制支架，并用膨胀螺栓固定，膨胀螺

栓的规格和数量必须依据设计要求实施，确保支座能满足设计承载要求。

③ 当支座跨度过大时，应在中间位置安装斜撑，以保持安装支座的刚度。

④ 安装支座施工完成后，应先逐条检查焊缝，保证无漏焊、虚焊等缺陷并进行防腐处理。

（2）管道应按医用气体工程管道安装要求进行连接，吊塔、桥架内医用气体管路进气端应设置维修阀门。

4. 壁画式终端盒的安装

（1）实心砖墙采用侧面打孔上膨胀螺丝的方法固定终端盒，固定后需调整终端盒确保其横平竖直，并易于维修拆卸。

（2）空心砖墙和轻质隔墙、轻钢龙骨隔墙，必须先在孔壁四周预埋实心木砖，再将终端盒用自攻螺钉固定在木砖上。

（3）将医用气体管道连接到终端盒内的终端接口上，预留的电源线、弱电线、传呼线与终端盒内已连接好的插座、弱电接口、传呼分机按规范进行安装连接。

（4）将画框固定在箱体上，并进行调整，确保横平竖直、美观协调、滑动灵活。

（二）医用气体供应末端设施的检查与检测

1. 医用气体供应末端设施的检查

（1）检查供应末端设施的各项资料和施工过程检验资料。

（2）设备带、吊塔、桥架、壁画式终端盒、嵌入式终端盒、床头柜和壁柜式终端箱等供应末端设施，应检测外观是否横平竖直，接缝是否美观，标识标志是否齐全，安装位置是否方便使用人员操作，运行功能是否正常。

（3）检测供应末端设施上的医用气体终端、电源插座、呼叫装置、网线接口、照明电源和开关等功能件的性能。

2. 医用气体供应末端设施的检测

（1）检测管道的洁净度，检测结果应符合《医用气体工程技术规范》（GB 50751—2012）第10.2.20条规定。

（2）按区域进行供应末端设施额定压力、设计流量检测，检测结果应符合《医用气体工程技术规范》（GB 50751—2012）第3.0.2条规定。

（3）对供应末端设施配置的所有气体终端组件通气正确性进行检查。检查流程：中心站房开机送气→主管道通气检查→管井内阀门、配套设备通气检查→楼层副管通气检查→终端通气检查。

四、医用气体监测报警系统安装与检测

（一）医用气体监测报警系统的安装

1. 医用气体监测报警系统安装前的准备

（1）在土建基础施工中，应做好接地工程引线孔、地坪中配管的过墙孔、电缆过墙保护管和进线管的预埋工作。

（2）支架及线槽架的安装施工，在土建工程基本结束以后，与其他管道（风管、给排水管）的安装同步进行，也可稍迟于其他管道，但必须解决好弱电线槽与其他管道在空间位置上的合理安置和配合问题。

（3）配线和穿线工作，在土建工程完全结束以后，与装饰工程同步进行。

（4）集中监测设备的定位、安装、接线连接，应在装饰工程基本结束后开始。

2.传输线缆的敷设

（1）线路应按最短途径集中敷设，横平竖直、整齐美观，不宜交叉；线路不应敷设在影响操作、妨碍设备检修、运输和人行的位置。

（2）当线路周围环境温度超过65℃时，应采取隔热措施；处在有可能引起火灾的火源场所时，应采取可靠的防火措施。

（3）线路不宜平行敷设在高温工艺设备、管道的上方和具有腐蚀性液体介质的工艺设备、管道的下方。

（4）线路与绝热的工艺设备、管道绝热层表面之间的距离应大于200mm，与其他工艺设备、管道表面之间的距离应大于150mm。

（5）强弱电的线缆应分开布置，屏蔽线一端应接地，符合行业规范的布线要求。弱电线路的电缆竖井最好与强电线路的竖井分别设置，若受条件限制必须合用，弱电和强电线路应分别布置在竖井两侧，并且两者之间保持30cm以上的间距。

（6）线路不应敷设在易受机械损伤、有腐蚀性介质排放、潮湿以及有强磁场和强静电场干扰的区域，当无法避免时，应采取保护或屏蔽措施。

（7）线路不应有中间接头，当无法避免时，应在分线箱或接线盒内接线，接头宜采用压接，当采用焊接时应用无腐蚀性的助焊剂。补偿导线宜采用压接，同轴电缆及高频电缆应采用专用接头。

3.通信线路的敷设

（1）RS232通信线路的拓扑结构为一对一方式。

（2）RS485通信线路的拓扑结构为一主多从方式。

（3）以太网通信网络采用星形拓扑结构，在无特殊要求下其中交换机不应多于两级。

（4）通信线缆应铺设在专用的线缆通道内，距离高压（大于48V）、大电流（大于10A）电缆垂直距离应大于1m，且不能与之平行。

（5）通信线缆两端必须贴有标签，标明起始和终端设备位置及信息点等信息，标签必须用记号笔书写，应清晰、端正和正确，以便于查找和维护。

4.气源监测报警装置的安装

医用气体气源监测报警装置分为集成式或独立式两种。集成式为气源监测报警装置集成在气源设备上，监测报警装置随气源设备一起安装，不需要单独安装；对于独立式气源监测报警装置，应按照如下要求进行安装：

（1）气源监测报警装置应安装在有24小时连续监控的区域。

（2）气源监测报警装置应安装在方便操作的位置，中心高度一般距离地面1600mm。

（3）气源压力监测报警传感器应安装在管路总阀门的使用侧。

（4）应为气源监测报警装置配置独立的电源，该电源应为医院不间断电源。

5.区域监测报警装置及医用气体流量计的安装

（1）区域监测报警装置应安装在护士站或其他类似监视区域，且方便操作。

（2）监测报警装置应设有压缩气体工作压力超出允许压力上限及欠压20%时的超、欠压报警；真空压力低于37kPa（275mmHg）时的欠压报警。

（3）医用气体流量计应安装在不燃或难燃结构上，并便于巡视、检修的地方。禁止安装在下列场所：有可能因泄漏而滞留医用气体的隐蔽场所，潮湿及环境温度高于45℃的地方，堆放易燃易爆、易腐蚀或有放射性物质等危险的地方。

6. 集中监测设备的安装

（1）计算机控制台应安放稳定，台面整洁无划痕与损伤，台内接插件和设备接线应可靠，安装牢固。内部接线应符合设计要求，无扭曲脱落现象。

（2）每种设备上面必须贴标签或挂标签牌，标签上注明设备名称、用途。PC、服务器、防火墙等设备必须标签 IP 地址，部分设备根据权限等级需标明密码等信息。

（3）网络通信设施布线（交换机等）下走线时安放在设备最下面，上走线时安放在最上面。

（4）显示器要摆放在显眼便于观察的地方，一般离地面 130cm 左右，方便管理人员操作。

（5）集中监测计算机系统应有继电信号接口部件的故障显示，禁止用于其他用途。

7. 供电与接地

（1）系统供电采用 AC220V/50Hz 的单相交流电，并配专用配电回路。当电源经常波动超过 5% ~ 10% 时，应当设置稳压电源装置。稳压电源功率不小于系统使用功率的 1.5 倍。各报警装置宜由监控室系统统一供电，但必须设置专用的电源开关。

（2）系统的接地，宜采用一点接地的方式。接地母线采用铜质线，接地不得与强电的零线相接。系统采用专用接地装置时，其接地电阻不得大于 4 Ω；采用综合接地时，其接地电阻不得大于 1 Ω。

（二）医用气体系统监测报警系统的检查和检测

1. 医用气体系统监测报警系统的检查

（1）检查医用气体系统布线是否符合设计要求。在监测报警系统功能测试前应先检查确认不同医用气体的监测报警装置安装位置正确、相位正确、接线正确。

（2）检查确认报警装置的标识与监测气体、监测区域是否一致。

2. 医用气体系统监测报警系统的检测

（1）每个医用气体子系统的气源报警、就地报警、区域报警对所有报警功能应逐一进行检验，计算机系统作为气源报警时应进行相同的报警内容检验。

（2）试验医用液氧贮罐中液氧供应量低时、汇流排钢瓶切换时、医用气体供应源切换至应急备用气源时、应急备用气源储备量低时系统是否启动报警。

（3）试验各个监测报警装置，将压力调制下限或上限报警值，检测系统是否启动报警。

五、医用气体系统的验收

（一）竣工资料验收

1. 竣工资料内容

开工资料、施工图、材料报验资料、隐蔽工程验收资料、检验批资料、系统调试资料、过程变更资料、设备说明书、设备合格证明资料、相关单位检测报告、竣工图、压力容器和压力管道的安装告知、监督检查和使用证等资料、竣工验收申请资料。

2. 竣工资料要求

竣工资料应正确完整，并按档案管理规定进行分类、装订。

（二）医用气体系统综合验收

1. 医用气体气源设备的检查验收

（1）依据合同和设计文件，进行气源设备型号和工艺性能验收。

（2）运行设备，对比设计文件，进行各项性能检查和验收。

（3）检查设备布局是否合理，设备间维修通道是否畅通，设备摆放是否整齐、方向统一，管路支架安装是否横平竖直。

（4）检查机房各种标识、规章制度、安全防护措施，验收其完整性、合理性、正确性。

2. 医用气体管道的检查验收

（1）验收医用气体管道支吊架间距、防腐、管道与支吊架间的绝缘隔离措施。

（2）管道与管道之间，管道与管道附件之间间距、标识验收。

（3）医用气体管道应分段、分区以及全系统做压力试验及泄漏性试验。

（4）医用气体管道吹扫及颗粒物检查验收。

（5）医用气体管道穿过墙面、楼板套管检查验收。

（6）医用气体管道接地检查验收。

3. 医用气体末端供应设施的检查验收

（1）医用气体末端通气正确性验收。

（2）分气源种类进行医用气体末端压力、流量验收，应符合《医用气体工程技术规范》（GB 50751—2012）第 11.3.7 条的规定。

（3）医用气体末端外观、标识进行验收。

（4）医用气体末端供应气体的洁净度验收，应符合《医用气体工程技术规范》（GB 50751—2012）第 11.3.5 条的规定。

（5）医用供应装置检查验收。医用供应装置的验收应符合以下规定：

① 供应装置的颜色与标识检查，结果应符合《医用气体工程技术规范》（GB 50751—2012）第 5.3 节的有关规定；

② 装置内不可活动的气体供应部件与医用气体管道的连接宜采用无缝铜管，且不得使用软管及低压软管组件；

③ 装置的外部电气部件不应采用带开关的电源插座，也不应安装能触及的主控开关或熔断器；

④ 医用供应装置安装后不得存在可能造成人员伤害或设备损伤的粗糙表面、尖角或锐边；横排布置真空终端组件邻近处的真空瓶支架，宜设置在真空终端组件离患者较远一侧。

4. 医用气体监测报警系统的检查验收

（1）各监测报警装置交叉错接和标识检查验收。

（2）各子系统报警功能检查验收。

① 气源报警检查验收。

医用液体贮罐中液氧液位低时的报警检查验收；

汇流排钢瓶切换时的报警检查验收；

医用氧气供应源切换至应急备用气源时的报警检查验收；

应急备用气源储备量低时的报警检查验收；

压缩医用气体供应源工作压力超出额定压力 ±15% 时的超、欠压报警检查验收；

真空压力低于 48kPa 时的欠压报警检查验收。

② 就地报警检查验收。

医用空气供应源、真空汇中的主供应压缩机、真空泵故障停机时的报警检查验收；备用压缩机、真空泵投入运行时的报警检查验收；

医疗空气供应源的一氧化碳浓度超标时的报警验收；液环压缩机内水分离器高水位报警检查，非液环压缩机系统排气高温停机报警检查验收；

医用真空汇中真空泵故障停机的报警检查验收；

氧气浓缩器供应源中空气压缩机、分子筛装置故障停机的报警检查验收；

当氧气浓缩器供应源生产的富氧空气氧浓度低于规定值时，启动氧气浓度低限报警及应急备用气源运行的报警检查验收；

氧气浓缩器供应源的一氧化碳浓度超限的报警检查验收。

（3）集中监测报警系统检查验收。

① 在进行各子系统报警功能检查验收时，检查集中监测系统是否准确迅速反应各气源设备运行及各区域医用气体使用情况，验收集中监测系统的监测反应能力。

② 通过计算机进行数据统计和汇总，验收记录、存储系统运行状况。

参考文献

［1］国家药典委员会.中华人民共和国药典（2015版 二部）［M］.北京：中国医药科技出版社，2015.

［2］谭西平.医用气体规划建设与运行管理指南［M］北京：中国质检出版社、中国标准出版社，2016.

第七章

医院物流输送系统

沈崇德　路建新　杨志国　张永安　姚勇

汤光中　陈涤新　郝建魁

沈崇德 南京医科大学附属无锡人民医院副院长

路建新 蓓安科仪（北京）技术有限公司董事长

杨志国 国药控股美太医疗设备（上海）有限公司设计部经理

张永安 国药控股美太医疗设备（上海）有限公司高级技术经理

姚　勇 艾信智慧医疗科技发展（苏州）有限公司董事长

汤光中 北京易识科技有限公司总经理

陈涤新 北京起重运输机械设计研究院有限公司总工程师

郝建魁 北京起重运输机械设计研究院有限公司高级工程师

蓓安科仪（北京）技术有限公司

公司是一家专门从事医院内部物流解决方案的专业供应商，产品及项目包括中型物流传输系统、气动物流传输系统、智能化药品存储系统、手拱一体系统、静脉配液中心自动化设备。公司目前拥有专业的医用自动化研发团队，立足自主研发开拓创新，致力于利用最先进的技术与理念为国内医疗单位带来真正适合国人使用的自动化设备。 公司研发中心位于北京市顺义区，占地 1800 平方米，目前在广州、上海、郑州、西安、济南设有办事处及售后维护中心。

苏州沃伦韦尔高新技术股份有限公司

公司于 2012 年 4 月成立于中国苏州高新区医疗器械产业园，拥有 3 万平方米现代化研发、生产、培训的综合办公中心，专注于医院智能化和自动化领域的技术创新及工程应用，致力于为用户提供具有自主知识产权、世界领先技术和一流品质的医院自动化整体解决方案，涵盖医院物流传输系统、手术室 ICU 灯床塔、药房自动化系统。沃伦韦尔在国内积累了丰富的大中型医院项目实践检验，公司锐意开拓，不断推动技术发展，并得到用户的广泛认可和青睐。

艾信智慧医疗科技发展（苏州）有限公司

艾信（ESSENIOT），为医院提供智能化物流传输系统、仓储系统、垃圾被服处理系统等智能高效的整体解决方案。公司总部位于苏州工业园区，产品生产中心设立在无锡高新区智能医疗产业园，全球研发中心设立在美国洛杉矶。公司是能同时集成中型箱式物流、轨道小车物流、搬运机器人、气动物流、手供一体化仓储系统、数字化机器人仓库、垃圾被服处理系统等产品的高新技术企业。

第一节 概述

物流输送系统是指借助信息技术、光电技术、机械传动装置等一系列技术和设施，在设定的区域内运输物品的输送分拣系统。物流输送系统装置起源于 20 世纪 50 年代战后工业化大生产时期，当时主要的应用领域是电子、汽车等大规模工业化生产的企业。随着信息技术的高速发展，物流系统的自动化程度也越来越高，进入全新的发展时期。

物流输送系统因为可以大大提高物品传输效率，节约人力而受到广泛欢迎，应用领域逐步拓展到了医疗领域。医院物流输送系统包括区间级物流输送系统和部门级物流输送系统。区间级物流输送系统包括医用气动物流输送系统、全自动箱式物流输送分拣系统、轨道式物流输送系统、AGV 自动导引车传输系统、医用被服真空收集系统、医院垃圾真空收集系统、真空厨余垃圾收集系统、高架单轨车传输系统、无人载货电梯等，各系统作用原理、组成、功能、运输物品的重量和体积等均有很大不同。部门级物流输送、储存和管理系统根据部门工作特点建立，主要包括全自动或半自动药房系统（含全自动上药机、全自动发药机等）、全自动中药房系统、药品自动分包系统、麻醉药品自动管理系统、单立式自动药柜管理系统、智能耗材柜管理系统、全自动库房系统、全自动检验标本分拣流水线、全自动检验（含生化、免疫等）流水线等物流输送、储存与管理产品。近年来，随着人工智能和物联网技术的快速发展，包括医院物流机器人系统各种智能机器人的发展，AGV 自动导引车传输系统逐步被医院智能物流机器人或医院物流机器人系统所代替。

部门内物流输送系统根据医院经济条件和管理需要配置，限制较少。区间物流输送系统种类较多，选型复杂，安装条件要求较高，在后文将重点对几种常见区间物流输送系统进行比较，并对设计安装提出建议。

一、医院物流输送系统的现状及发展趋势

（一）传统医院物流存在的弊端

随着医院规模的不断扩大，传统的人工运送物品的方式越来越不能满足现代化医院的实际需求，传统人工输送方式主要存在以下几个方面的问题。

1. 人流物流混杂、易感染

运送的物品、人员、患者、患者家属、医护人员、医院工作人员等经常会相遇在同一空间，在电梯等小范围空间更是近距离接触，容易产生交叉感染。

2. 运送冲突多

运送高峰时往往也是人员流动高峰期，患者、运送物品、工作人员等存在争通道、争电梯的现象，患者一般比较急，运送工作也都有时间限制，常常会因为谁先谁后的问题发生冲突，导致运送工作的完成不及时。

3. 垂直运送效率低

垂直运送均需借助电梯，新建大规模医院在考虑垂直运送时都是通过增加电梯的方式解决，电梯实际工作时都是"单部响应""每层停靠"，20 层高的建筑完成一次垂直运送循环最快也需要 10 分钟左右的时间，与现代化医院的需求相比，垂直运送的效率明显不足。

4. 运送不及时

医院各部门每天存在大批量物品运送需求，有批量的物品，如患者口服药品、大输液、一次性医疗用品、检验样本、被服、配餐等，也有需要快速运送的急诊零星物品，如标本、临时用药等，由于电梯运送的限制，经常会有不能按时送达的现象，一定程度上延误了后续工作的展开。

5. 成本高，难管理

医院日常所需运送物品种类比较复杂，很多物品的运送人员需要掌握必备的医学常识，而物品运送人员多为医院勤杂工或更换较频繁的临时人员，在一定程度上降低了运送物品的可追溯性，增加了安全隐患。随着我国劳动力人员成分的改变，采用人工方式承担医院物流运送的支出费用成本会逐年提高。

以上问题是目前多数大规模医院普遍存在的问题，而且随着医院规模的不断扩大会越来越突出。现代化医院的建设产生了对物品运送的新需求，这不仅是理论上的，而且也是实际存在的迫切需求。

（二）医院物流的发展

世界发达国家和地区的医院引入物流输送系统较早，并且应用领域广泛，种类齐全。比如美国、德国、日本、新加坡等中型以上医院，多数都装备了物流输送系统。截至到 20 世纪末，欧洲就有超过一万套物流输送系统在使用，日本有三千家以上的医院装备有物流输送系统。其中多种物流输送系统立体配置的较为常见。

据统计，截至目前，国内有上千家医院采用了区间物流输送系统，主要为气动物流输送系统。其他系统由于价格较为昂贵，国内没有专门的生产厂家，因此没有得到很好推广。2002 年中山大学附属肿瘤医院才引进国内首个轨道式物流输送系统，2008 年北京地坛医院首次引进大型 AGV 自动导车系统，2012 年南京鼓楼医院在国内首次采用箱式物流输送分拣系统。近年来，医院物流机器人系统先后在上海仁济医院、广州妇儿医院、阜外华中心脑血管医院、海南省儿童医院等装备。苏州大学附属医院平江院区、苏州科技城医院、新乡中心医院、滨州医学院附属医院等均装备了三种以上区间物流输送系统。越来越多新建的大中型医院已经将物流输送系统作为设计规划的标准配置。

医院物流输送系统的发展趋于多元化、智能化。多元化体现在应用领域和物流输送系统类型上；智能化主要体现在物流输送过程的实时监控、事后追溯、自动故障识别和远程维护系统等方面。现代化的物流输送系统已经被国外密集型现代化医院所广泛采用。选择适合我国国情和医院实际的医院物流输送系统可以提高工作效率，减少综合成本，提高医院整体运营效益，其推广应用价值是十分明显的。随着物流输送系统相关知识的普及、新一轮医院改扩建热潮的到来以及现代医院管理的内在要求，各种类型的医院物流输送系统必将为越来越多的医院所接受。

二、医院物流输送系统应用价值

医院物流输送系统核心的功能是医院内部各种日常医用物品的快速自动化运送。采用不同的物流输送系统，既可运送药品、小型医疗器械、单据、标本、血液、血样、X 光片、敷料、处方、办公用品等小型物品，也可运送输液、被服、手术器械包、餐饮、医疗废弃物等中等或者体积较大的物品。

医院物流输送系统的应用价值主要体现在以下几个方面。

第一，高效可靠。与人工运送相比，物流系统具有快递、准确、可靠、可追溯等特点，物流输送系统可提供连续不间断工作，为医院 24 小时医疗活动提供了基础保障。物流效率提升了，医院物品供应速度就加快了，无形中使医院各部门的工作效率都得到了不同程度的提高。不仅提高了检验标本、抢救药品、血液等物品的输送效率，而且为患者抢救赢得了时间。

第二，优化流程。物流系统优化了物品递送流程，依靠信息化的优势使医院物品输送过程变成简单的"傻瓜型"操作；同时避免了物品运送与人流抢电梯状况，尤其避免了药房、静配中心等部门某些时段对部分电梯的垄断使用造成的矛盾。

第三，降低差错。传统的物流模式最大的困扰就是差错问题。由于勤工知识层次普遍较低，无法理解众多专业问题，医务人员沟通不到位，而导致一系列差错，包括送错目的地，没有及时送达，没有及时分类导致交叉感染等。也有一些是由于医务人员自身的差错，如填写错误，填写不完整，标本留置不当等，物流人员限于专业知识不能及时发现这些差错，从而延误正常诊疗工作。这些差错严重的有时会导致医疗安全问题。物流输送系统由于采用信息化管理，沟通完全依赖于信息化，减少了人员参与环节，可以大大降低差错。

第四，控制成本。实践证明，物流输送系统的使用，可以大大节约医院在物流方面耗费的人力成本，让护理人员有更多的时间为病人服务或者承担更多的工作，还在一定程度上减轻了电梯的工作量，节约了电能，另外，降低了二级库存量，从而降低库存成本。

第五，提升管理。由于物流输送系统采用全过程信息化管理、全过程监控等方式，因此带来了医院运行一系列的变革，有利于提高医院整体运营管理水平和医院整体运营效益；同时体现了医院后勤保障内信息化、智能化。

三、目前医院区间物流输送系统的应用分析

（一）选择物流系统需考虑因素

医院物流是医院运营的后勤保障，是整个医院建设过程中一个非常重要的部分。专业的物流规划可以提升医院的管理水平和服务质量，减少病人的轮候时间，优化就医环境，降低医院运营成本，从而提升医院的竞争力和医院品牌影响力。

鉴于医院物流在现代化医院管理中的特殊地位，在选择区间物流输送系统的时候，要结合医院自身情况，考虑多种因素后方能选择最合适自身的物流系统类型。

1. 确定需要输送的物品范围

医院内目前需要输送的物资主要有药品、大输液、标本、手术器械、敷料包、消毒供应物品、报告单、胶片、一次性医用品、衣服、被褥、饭菜、污物等。

由于各医院具体情况不同，各类物资的物流输送需求也不同，如有些库房或功能科室可能处于不同大楼内，设备无法连接，只能由人工来运送等。院方可根据建筑特点、功能用房位置等实际情况考虑需要输送的物资类型。在新设计医院时，应充分考虑功能用房相对集中，不仅有利于物流动线的设计，而且还能降低物流设备的投资。

2. 确定各类物资的输送量

院方根据自身业务繁忙程度估算各类物资的输送量，如根据床位数量预估药品、输液和标本的输送量，根据手术台数预估手术室器械输送量，根据门诊量预估门诊药品的输送量等，进而预估全院物资输送需求。

3. 确定物流输送型式

根据所输送的物资类型及其预计输送量，院方选择最适合自身的物流输送系统，选择的物流系统至少要解决 70% ～ 90% 以上的常用物品运送。

4. 初期投入、运行及维护成本

在设备选型时除了需要考虑设备的初期投入成本外，还需要考虑设备运行成本、维护成本等。

5. 系统的可扩展性和灵活性

如今，科学技术发展迅速，医院规模也会随着业务需求变化，难免出现医院扩建、改建的情况。面对未知的变数，如何保证高成本投入的物流输送系统"不落伍"呢？医院在设备选型时应考虑物流系统的先进性、可扩展性以及后期扩容的灵活性。

（二）几种区间物流输送形式比较

每一种物流输送形式都有各自的优点和局限性，因此，没有最好的物流输送系统，只有最适合的物流输送系统，院方在选择物流输送系统的时候，务必结合自身实际情况进行综合考虑。目前可供国内医

院选择的区间物流输送系统主要包括：气动管道物流输送系统、轨道小车物流输送系统、中型箱式物流输送系统、医院物流机器人输送系统（AGV 自动导引车输送系统）等。国内医院应用时间较早的多为前三种，而近年来随着医院物流机器人的成熟应用，也逐步被越来越多的医院采纳。下面就其各自的主要特点作简要的分析对比（见表 5-7-1）

表 5-7-1 三种常见区间物流输送系统对照表

	气动物流	轨道小车物流	箱式物流	医院物流机器人
输送重量	≤ 5kg	≤ 15kg	≤ 50kg	≤ 300kg
输送速度	5m/s~8m/s	水平 0.6m/s~1m/s 垂直 0.4m/s	水平 0.3m/s~0.5m/s 垂直提升 100 箱 /h(标准型)、600 箱 /h(高速型)	0m/s~2m/s
运送物品	各类标本、药品、血液制品、小型器材、单据、胶片等，以小型、紧急、零星或小批量物品为主	标本、药品、中心配液、中小型器械包、中心供应耗材、单据、X 光片、档案文件等中等批量的医用物品	标本、药品、小型器械、单据、文件、X 光片、档案、较大体积的器械、中心配液、被服、中心供应物品等批量相对较大的医用物品	手术包、高值耗材、中心配液、中心供应、药品、标本、小型器械、单据、文件、X 光片、档案、被服、垃圾、餐饮，可面对较大体积，相对较大重量的批量物品运输
系统特点	速度快、设备占用空间小，受建筑限制少，适合新建或改建建筑	物品传输效率高，轨道上可有多个小车同时发送；物品传输安全性高	单次传输量大、基本不受体积限制、输送箱使用存放方便、物品始终水平放置，可以连续不断输送，在途自动分拣	目前单次运输体积、运送重量最大的运输方式，运输速度中等。可自动控制门禁、自动控制电梯。能满足单点对单点、以及多点对多点的运输
	传输量小、体积小、重量轻、液体需密闭，适合点对点传输，不适合大批量物品	大型器械包等较大物品不适宜传输、车不能离开轨道，且需要建立垂直井道；水平向输送系统对吊顶高度和美观有一定影响	工作站占地空间较大、需要建立垂直井道	跨楼层运输要占用电梯资源，对于电梯数量较少的医院，则更适用于手术室、库房等内部平层场景。垂直输送时建立专用电梯系统比较理想
适宜输送	临时医嘱药品、急诊标本等随机性比较强、小规模非批量的、对速度要求高的物品	医院内各种轨道小车可装载的批量物品	医院内各种中型箱体可装载的批量物品。	各类物资均可使用；尤其是固定批次、大体积、重量大的物资，更能体现优势
现状	中小规模医院或局部传送	大中型医院	大中型医院	大中型医院

随着医院物流输送系统的发展，各类物流输送系统的实用性也得到了很好的验证。

第一，气动物流输送系统输送速度快，输送效率高，其单次输送量小，可输送物资重量和体积有限制，可输送物资有限，适用范围窄。适合小型、零星、快速、非批量的物品。该类运送占医院物流运送需求的 50% 左右。

第二，轨道物流输送系统与气动物流输送系统相比，可以装载重量和体积更大的物品，且小车可连续发送，运输物品范畴及和输送量有了质的提升。小车运行安全性高，车体与轨道不可分离、箱盖关闭、可设置电子加密传输。该系统适合中型的、对速度要求不高的、批量的物品，例如输液、批量标本、批量口服药等。近年来的箱体扩展型的轨道小车系统在运送批量上有了很大改观。该系统需要垂直井道，对建筑吊顶美观和部署造成一定影响，造价和系统后期运行维护成本高。

第三，全自动箱式物流输送系统具有单次输送重量大、输送载体体积大、输送物品服务广（几乎可以输送所有医用物品）、可以连续输送、输送效率高等特点，输送载体不受输送线水平或垂直输送位置的变化，始终处于水平状态，但该系统占用的空间也相对较大，需要垂直井道，适合批量大、对速度要求不高的医用物品。

第四，医院物流机器人是目前单次运输重量最大，运输体积最大，可运送物品种类最多的物流方式。医院物流机器人是人工智能和物联网技术的演进产品，能够独立控制和上下电梯，独立控制自动门、防火门等，以实现跨楼层、跨科室的物流运输，运输过程可全程监控，保证物资安全。相对其他物流方式，医院物流机器人内含技术复杂，但用户界面简单便捷，可以快速灵活部署，对于已建成的医院也可适用。中大型车适合运送 400kg 以上物品，如输送餐车、被服等箱式物品；中型车适合 30 ~ 80kg 物品。由于业主方担心输送线路上的物品和机器人的安全问题，在开放空间使用管理有难度，一般需要设计专门的通道，且价格也较其他物流形式较高，影响了推广使用。一般优先考虑平层部门内使用，如有专用电梯或电梯人流量少的，则可以便捷地实现多区域输送。

鉴于不同类型物流输送系统的特点，通常建议将气动物流输送系统与其他 1~2 种区间物流输送系统配合，兼顾速度要求和批量体积要求两个核心的需求问题，即兼顾解决零星、小型、非批量物品与批量、体积较大、速度要求相对低物品的运送。区间真空垃圾被服输送系统、厨余垃圾输送系统等相对独立，根据医院规模、经济条件、管理模式选择。

四、医院物流系统设计与建设

（一）物流系统设计的要点

物流作为医院内部每天都十分繁忙的动线，系统规划的合理与否将直接影响医院的物流效率。

1. 输送系统的选型

建议医院选用复合型物流输送系统，尤其是大型医疗机构，区间物流输送系统拟立体配置物流输送系统，即选用两种及以上的物流输送系统，快慢、大小、重量、批量与非批量的物流输送类型结合，任何一种物流输送形式均有其适用范围与局限性。建议采用气动物流、箱式物流、轨道物流输送系统、被服真空收集系统、医用垃圾真空收集系统相结合的方式，兼顾速度要求和批量体积要求两个核心的需求问题。如因造价限制，则应总体规划，分步实施，在基础设施上做预留。选型可根据上文的分析，根据经济条件和输送需求来综合考虑。分步实施时，如需要解决快和散的非批量小型物品输送问题，应选择气动物流；如要解决批量药品、输液、标本输送问题，则应选择中型物流输送系统，如全自动箱式物流输送系统；如要解决大型物品搬运，如餐车等，则只有选择 AGV 机器人搬运。

2. 功能用房的规划

医院在建筑方案设计阶段应充分考虑各个功能用房的分布，如药库、静配制室、中心供应、检验中心、病理科、护士站、手术室等的位置，如采用箱式物流产品，应尽可能靠近垂直井道，缩短物流的水平动线，简化物流输送流程。

3. 物流设备通道的规划

医院在建筑设计时除了考虑功能用房外，还需要预留物流的垂直井道或垂直通道和水平动线的通道，避免与其他管线冲突，便于物流设备的安装及维护。其中，轨道物流输送系统和箱式全自动输送分拣系统均需要预留不同类型的垂直井道；气动物流输送系统和其他各类真空输送系统需要合理地规划垂直或水平管道位置。

4. 物流机房的规划

应在地下室或设备层规划不同类型物流的机房，如气动物流需要压缩机房、中心交换站等；轨道物流需要控制机房；箱式物流需要控制机房和水平输送交换设施机房；AGV 自动导引车需要存车区和充电区，中小型 AGV 导引车需要专门的运送通道；被服真空输送系统和医疗垃圾真空收集系统均需要在地下室建立机房和收集室。

5. 物流信息系统规划

医院在规划弱电系统、信息系统和智能化系统时，还应该考虑物流自动化的在医院整体规划中的定位。在进行医院物流弱电系统、信息系统和智能化系统设计时应充分考虑各个系统与物流自动化系统的接口，确保物流自动化系统与整个信息系统实现资源共享。选型时应充分考虑物流供应商的信息化能力。

未来的医院必然会是物流自动化与信息流双管齐下，做到物流未发，信息先行；物流抵达，信息反馈。实现物流实物输送和信息输送的闭环，同时也保证所有物流信息有数据可查，便于医院统计物流信息的同时，也提高了物资的可追溯性。

（二）物流系统一般建设流程

物流系统作为现代化大型医院的必须组成部分，应该在医院规划的前期就进行考虑并纳入投资概算，然而国内医院往往在建设的后期才开始考虑物流输送系统，错过了最佳时机，往往导致如下几点问题。

（1）物流动线并非最优，导致院内物流整体性不强，有时会造成物流输送盲区。

（2）物流系统规划只能根据土建现有条件进行设计，一方面不能达到物流最优状况，另一方面投资会加大，严重情况下甚至导致无法选用最合适的物流系统。

（3）有时为了考虑物流系统的合理性，不得不考虑各功能科室位置的重新调整，增加了设计费用，同时还会延缓大楼的整体建设进度。

（4）医院建筑阶段完成，并且系统投用后，如遇后期调整设计，则在实施可行性、实施难度、改造成本等方面都将面临较大问题。

（5）垂直通道数量设计不足，引入医院物流机器人系统时，会导致垂直通道资源紧张。

综上所述，医院建设项目在进行初步方案设计时同步考虑物流系统规划是十分有必要的。物流系统规划与土建的关系如图 5-7-1 所示。

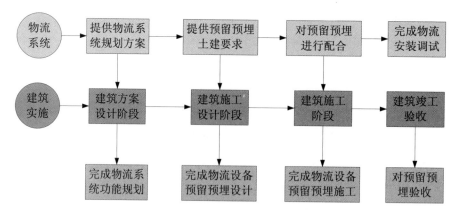

图 5-7-1 物流规划与建设关系图

为确保系统方案的最优，院方应尽早确定物流输送类型，并设法协调物流厂商与设计院对建筑方案进行最优化调整，保证物流系统发挥最大的功能，就需要理清三方在物流系统的角色及关系，如图5-7-2所示。

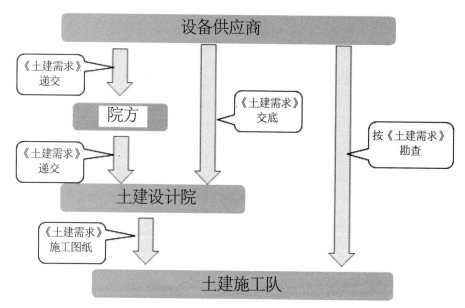

图 5-7-2 物流输送系统设备提供方、业主方、设计施工方关系图

第二节 医用全自动箱式输送分拣系统

一、概述

全自动箱式输送分拣系统（以下简称箱式物流系统）在建筑物内部四通八达，几乎可到达任意需要收发物资的科室。该系统以大容量周转箱为输送载体，由多部垂直输送分拣机和水平输送设备构成（图5-7-3）。目前以国内品牌为主，如艾信、蓓安、普天、三维等。

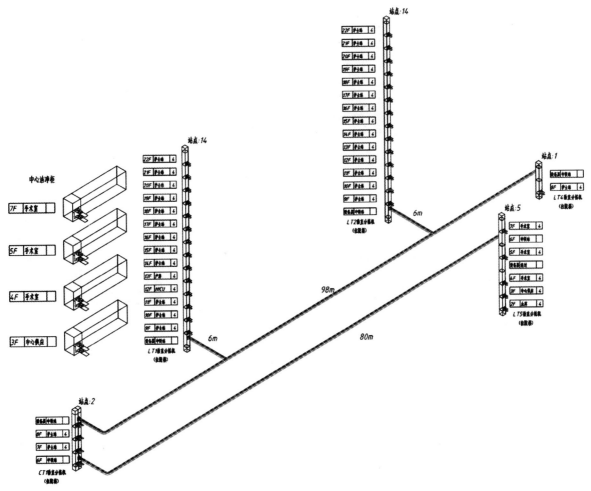

图 5-7-3 全自动箱式输送分拣系统示意图

该系统可输送物品范围广，满足医院的大部分物品输送需求。静脉药物配置中心：输液药品（大输液）；病区护士站：送检标本、药品、医用敷料、一次性无菌用品、小型治疗包；中心供应室：无菌器材、清洁敷料；中心药房：各种处方药品；手术室：消毒包、器械包、一次性用品、手术室专用清洁和消毒溶剂、病理标本、血液；检验中心：化验标本；血库：血制品；后勤：医院后勤物资；其他：病人饭菜、衣物、床单等。最常用的输送物品为输液、批量口服药品、批量标本、消毒供应包、一次性无菌物品、批量办公用品等。

该系统以大容量周转箱为输送载体，结合输送分拣设备本身高效的运行速度，输送效率较高，物资运送及时，可以有效地解决医院大量而且琐碎的物流输送问题。

该系统中，水平输送设备布置灵活，根据医院空间布局，设备既可以放置在地面，也可以吊顶安装，几乎可将各种医疗用品输送到医院的任意指定科室。该系统中，应用系统集成技术将各个子系统集成在WCS信息系统下（如图5-7-4所示），各个子系统间数据共享，使得中心药库、各病区护士站、门诊等子系统之间的信息互联，医院的人、财、物自动实时地进行数据／信息交互，实现信息与实物同步协调的智能化管理，各流程自动化、可视化，提高医院响应速度和准确性，从而有效避免药库、病区护士、门诊与病人信息不对称等造成的医院资源浪费，减少病人时间浪费。

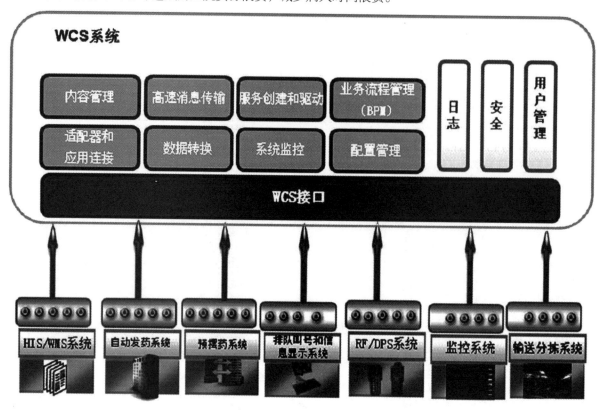

图 5-7-4 WCS 信息系统示意图

该系统设备技术源于邮政输送分拣领域，已有超过 40 年的应用历史，国内客户超过 400 家，系统设备技术成熟，运行稳定可靠。国内滨州医学院附属医院、山东省肿瘤医院、唐山工人医院等均装备了该系统。下文以艾信目前市场常见产品为例介绍系统构成与功能等。

二、系统构成及功能

（一）垂直输送分拣机

垂直输送分拣机主要用于周转箱在垂直方向的输送，实现不同垂直高度的物资输送分拣（如图 5-7-5 所示）。

图 5-7-5 垂直输送分拣机示意图

　　垂直输送分拣机内部运载平台上配置水平输送线体与外部线体衔接，根据外部水平线体形式，内部输送线体可以分上下两层布置，也可以两条输送线体并排布置；根据物资配送量及效率要求，垂直输送分拣机内部线体分为单盒位和双盒位两种形式。垂直输送分拣机每个进出口配置自动隔离门。

　　根据医院建筑空间及具体应用需求，垂直输送分拣机的进出口可以设计成图5-7-6所示的形式，"C"型和"Z"型是最常用的两种形式。

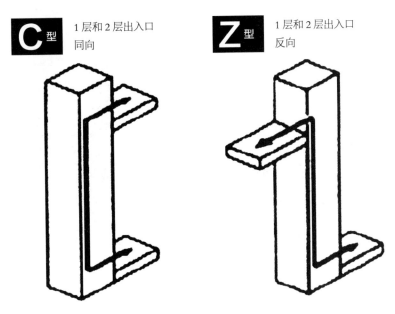

图 5-7-6 垂直输送分拣机进出口形式示意图

　　根据医院物资输送量需求及医院建筑情况，有两种不同结构形式的垂直输送分拣机可供选择。

1. 往复型垂直输送分拣机

　　设备占地面积小，适合高、中、低层建筑，为保证设备运行稳定性及安全性，运行速度一般为1m/s ~ 1.75m/s，井道尺寸1.6m×1.6m。如图5-7-7所示。

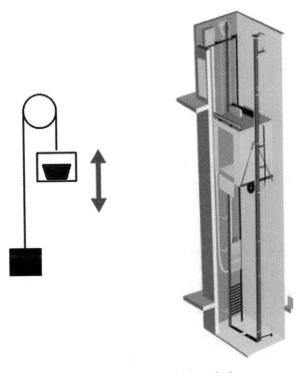

图 5-7-7 往复型垂直输送分拣机示意图

2. 循环式垂直输送分拣机

输送效率高（≥ 600 箱 /h），箱体进出垂直分拣机互不干扰，设备占地面积大，生产成本相对较高，适用于中枢干线输送，占地面积 1.5m×1.5m。如图 5-7-8 所示。

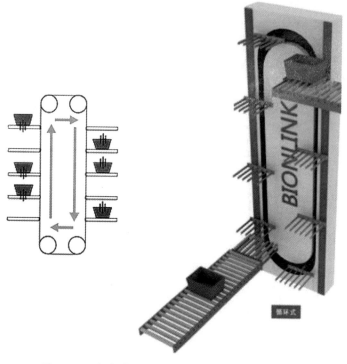

图 5-7-8 高速型循环式垂直输送分拣机示意图

（二）收发站点

收发站点是箱式物流输送系统的终端，用于物品的发送和接收，需要收 / 发物品的科室都要设置一个收发站点。

收发站点的主要设备有：两段水平输送设备，每个发送站点配置 RF 条码扫描器。

在医院全自动箱式输送分拣系统中，RF 扫描枪通过扫描周转箱上的条码，来完成信息的采集，将周转箱与系统任务绑定。

根据每个科室所输送物品的特性、物品输送量的多少、建筑空间等因素，合理配置不同类型的收发站点。

图 5-7-9 为标准形式的站点。该站点的水平输送线由两段输送设备组成，水平输送线尺寸为（长）1680mm×（宽）600mm×（高）850mm。

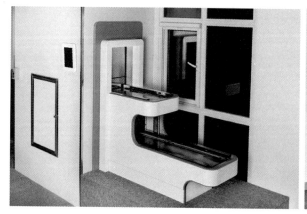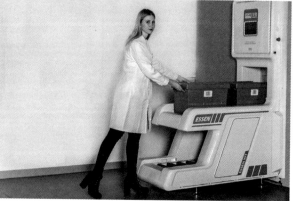

图 5-7-9 护士站收发站点

如图 5-7-10 所示站点：满箱输送线和空箱输送线水平并行布置，物品取、放方便，水平线体加长，增加缓存量，是适用于物资收发量较大的站点。

图 5-7-10 某医院中心药库收发站点

需要发送物资时，操作者将需要发送的物资装入周转箱；操作者用 RF 扫描枪读取周转箱上的条码，将周转箱与系统任务绑定，周转箱上线，系统根据条码信息，自动将周转箱输送到目的站点。

当有物资到达站点时，声、光报警信号提醒操作者有物资到达。操作人员将周转箱搬下，取出物资，空周转箱放入空箱输送线，空箱返回发送站点（空箱返回可以在空闲时段进行）。

（三）水平贯通输送线

水平贯通输送线主要由直线辊筒输送机、转弯辊筒输送机、合流和分流机构、皮带输送机等组成。

直线辊筒输送机： 主要用于周转箱在水平方向的输送（如图 5-7-11 所示）。

图 5-7-11 直线辊筒输送设备

转弯辊筒输送机： 是用于物料水平转弯方向输送的设备。常用规格有 90°、60°、30° 等系列。

合流分流机构： 分布在水平输送机中需要在输送方向水平改变角度的位置。

皮带输送机： 主要用于输送系统爬坡及下坡动力段。爬坡皮带机坡度 < 14°，皮带采用小花纹皮带，上坡运行或停机时周转箱不会出现下滑、滚动现象，皮带磨损较为严重且不易维护，不宜大范围使用。

（四）控制系统

控制系统是自动化物流系统中的重要组成部分，向上连接物流系统的调度监控计算机，接受物资的输送指令；向下连接输送设备的驱动、检测、识别器件，并完成物资输送的程控；控制方案是为满足自动化物流输送分拣系统综合技术性能要求而制定的方案，以满足工艺流程和总体设计的控制要求为目标。

该系统采用集中管理、分散控制的控制方式，将传感器、控制系统、实时监控调度计算机等技术设备结合在一起。作为总系统的一个分系统，该系统具有独立的控制、故障诊断功能，同时又能与其他分系统及上位系统配合，实现资源共享，以保证整个系统的流畅性及稳定性。

1. 系统层次结构（图 5-7-12）

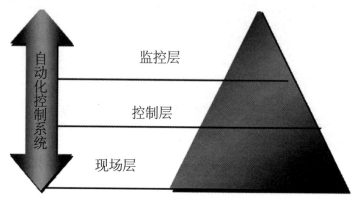

图 5-7-12 自动控制系统层次结构示意图

（1）监控层。系统的监控层主要功能有：WCS 系统接收上层系统的任务，实时下达至控制系统，与各控制系统实时通讯，自动识别周转箱条码信息，使各控制系统能及时准确地把周转箱输送分拣到指定楼层。

调度监控系统可对电控系统所有输送设备的运行情况进行实时监控和数据采集，将现场情况实时通过图形显示在屏幕上，为用户了解现场生产情况提供直观、生动的图面。

监控系统在故障发生时快速定位故障点，并提示故障原因，以便及时排除故障。调度监控系统提供故障列表，可对一段时间内的故障发生情况做出响应，帮助操作人员做出各种维护决定。

（2）控制层。控制层根据 WCS 系统任务指令自动输送至目的地；对设备层所有输送设备的运行情况进行实时控制和数据采集，将现场情况实时反馈给 WCS 系统，并通过图形显示在监控界面上。

（3）现场层。现场层是指底层物流设备的信号检测与执行机构，含输送系统所有相关设备，包括分布式 I/O、电机启动器、控制面板、电气控制柜、控制箱、开关、传感器、现场总线连接设备等。控制系统采用集散型控制方式，通过计算机局域网通讯，最后进行集中控制。这种控制方式保证每个子系统都能独立控制，同时在上位监控机上又能做到集中监控，上下有机结合使得整个系统的结构完善、控制、可靠。

2. 网络拓扑结构

电气控制系统网络拓扑结构可分为三级：第一级为上位监控机，整个自动化控制系统内受监控的机电设备都在这里进行集中管理和显示，它可以直接与以太网相连；第二级为 PLC 自动控制系统，通过工业以太网与上位监控机相连，完成逻辑控制、信息交互、数据处理、信号采集等功能；第三级为采集现场信号的传感器及执行机构（如图 5-7-13 所示）。

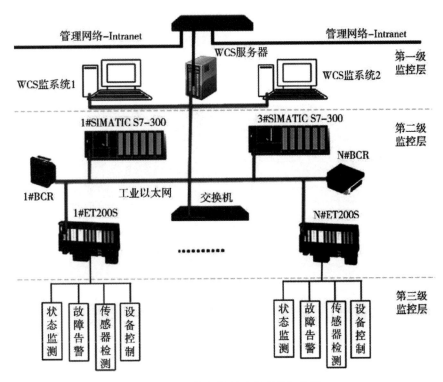

图 5-7-13 电气控制系统网络拓扑图

3. 控制方式

设备控制方式包含手动和自动两种。

手动方式：手动控制输送设备的运转、停止及升降机构的上升下降等。手动操作方式用于安装、调试和输送机故障状态。

联机自动：由 WCS 发出的作业命令经由通讯电缆传送到输送设备控制器，控制器及时将输送机的运行状况通过通信装置返回到监控调度计算机，并实时显示输送物资状态、输送设备的运行状态。

（五）输送载体

该系统的输送载体为大载重周转箱。周转箱具有良好的密封性，使周转箱内的物资与外界环境进行隔离；周转箱外形设计合理，便于搬运和堆叠存储；不同科室采用不同颜色的周转箱输送物品，既可以根据颜色进行分类管理，又能防止交叉感染（如图 5-7-14 所示）。

周转箱上贴条码或 RFID，系统通过阅读周转箱上的信息，自动完成物品的输送、分拣及空箱调度等功能；系统在运行过程中可以对输送任务进行实时监控。

图 5-7-14 周转箱分类管理与堆叠示意图

周转箱的材料通常选用质轻、厚度均匀、表面光滑平整、耐热性好、机械强度高、抗冲击、优良的化学稳定性和电绝缘性、无毒等特征的无机材料。该类材料广泛应用于医药、化工容器、机械、电子、电器、食品包装和水处理等领域。周转箱增加定制化内衬可用于输送易碎及输送过程中不允许倾倒的物资，如标本、输液、饭菜等（如图5-7-15所示）。

图 5-7-15 周转箱模型

周转箱应满足行业标准 WS 310.2—2009《医院消毒供应中心 第 2 部分：清 洗消毒及灭菌技术操作规范》中 5.7.7 规定的供应室器械包、敷料包的输送，可满足 85% 超长器械包（≤ 55cm）的输送要求。

周转箱在输送过程中，始终以一个姿势平稳地在输送设备上运行，箱内物品不会发生侧翻和倒置（如图5-7-16所示）。

图 5-7-16 周转箱在线输送运动方向示意图

医院是病菌多发地，医用物资在输送过程中装在封闭的周转箱内，具有一定的隔离保护作用，系统日常运行中对周转箱内、外部进行定期消毒也是十分必要的。

三、工作原理及技术特点

（一）工作原理

医用箱式输送分拣系统由信息系统、标签管理系统、控制监控系统、出入口输送设备、垂直输送分拣机、水平输送分拣设备以及周转箱等辅助设备组成。

医院箱式物流系统工作原理：物流需要信息源由各个病区的医生开的处方、各个护士站根据病人需要的后勤物资汇总信息、和病区采集的标本信息下达给物流信息系统，然后由物流 WCS 系统根据指令对需要参与运行的周转箱条码或 RFID 赋予目的地址。物流自动化系统通过识读周转箱上的信息，把药品、大输液和后勤物资等输送到各个护士站，把各个护士站的标本运送到检验中心，医院的各类物品借助信息化和自动化真正实现医院物流的全自动。

例如：在发起站点，操作者将医用物品装入周转箱，使周转箱条码或 RFID 与系统任务信息绑定，即完成一次发送任务。输送分拣系统自动将周转箱输送到目的地，在接收站点，有物资到达时，操作者收到到达信号提醒后取下满箱，将空箱放入空箱返回输送线，系统根据周转箱上的信息自动将空周转箱送回到发起站点。在输送实物同时，信息系统把输送的物品信息传输到目的地的终端设备上，作为追溯和查询用。

WCS 系统承上启下。上面与 HIS 对接接收指令，下面与整个物流设备的控制系统无缝对接。WCS 系统作为整个物流系统的指挥系统，将垂直输送分拣设备、水平输送设备、各收发站点、周转箱等集成到一起，形成医院物流的输送分拣系统。

该系统中输、送设备采用分布式驱动、接力式输送方式，能耗通常只有连续运转输送设备的 22%，符合国家环保节能要求。

（二）半自动箱式输送分拣系统工作流程

半自动箱式输送分拣系统功能是以周转箱为输送载体，将医用物资从发起站点自动输送至目的站点。下面以某医院物流输送系统为例，介绍全自动箱式自动分拣系统的工作流程示例（见图 5-7-17 至图 5-7-19）。

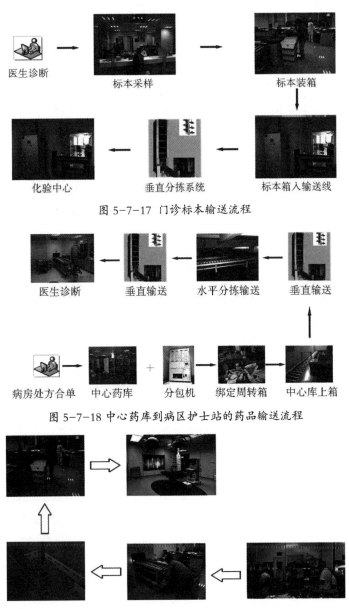

图 5-7-17 门诊标本输送流程

图 5-7-18 中心药库到病区护士站的药品输送流程

图 5-7-19 手术室物品输送流程

各发送站点的工作人员只需要按照 HIS 系统所分配的任务，完成拣选任务，把对应物品放置于周转箱，扫描周转箱条码并将周转箱放置于输送线体，即完成发送。物流输送设备会自动将周转箱输送分拣至其对应的目的地。对应目的地的工作人员接收所需物资，并将空周转箱放入空箱输送线，系统通过阅读空周转箱上的条码，自动将空周转箱输送回对应物流发送站点。

（三）全自动箱式输送分拣系统配合多种物流及仓储系统联动使用工作流程

全自动箱式输送分拣系统配合多种物流及仓储系统联动使用工作流程示例如图5-7-20所示。

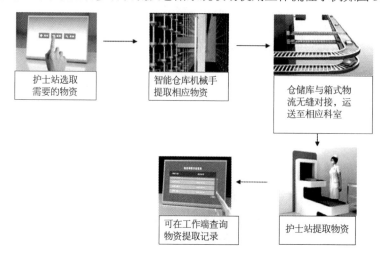

图 5-7-20 全自动箱式输送分拣系统配合多种物流及仓储系统联动使用工作流程

（四）主要规格参数要求

垂直提升效率：100～200箱/h（往复式）、400～600箱/h（循环式）；

水平输送效率：800～1200箱/h（水平输送速度0.3～0.5m/s）；

设备平均噪声： ≤65db；

周转箱尺寸： 470×320×240（mm），660×450×350（mm）；

输送重量： 30～50kg（根据医院需求定制）。

四、系统设计与应用

（一）设计建设流程

根据医院详细功能区分布，进行功能规划，对病区需要纳入输送的药品、输液、标本等进行整体物流的流程规划设计；从库房到门诊药房的药品补货、门诊摆药、预摆药、门诊预摆药的叫号排队系统等流程进行规划设计；对从中心药库、后勤库房到各个病区的药品、后勤物资及标本物流的流程进行规划设计。

根据医院效率需求进行详细设计。医院箱式物流输送系统设计时，必须要考虑的因素包括：医院物流现状及存在问题；各病区床位数；各主要功能科室：药房、中心供应、手术室、检验科等的位置及功能定位；药库、住院药房、门诊药房功能定位；各科室物流运送量（高峰时段）；医院功能区划分特点。以上因素均要求设计者对医院的业务流程十分了解。

设计者通过对医院每日各部门输送量的统计，确定垂直输送分拣机数量；根据各科室收发站点的位置确定水平输送线的布线方式。

（二）设备安装条件

设备在土建需求上，主要分为垂直井道和水平走线（吊装）预留空间。

1.垂直井道需求

考虑医院病区数量，当医院物资运送量较大时，垂直井道采用双盒位双层设计。当医院物资运送量不大时，垂直井道采用单盒位双层设计。井道孔洞净尺寸根据不同产品会略有差异。

2. 水平走线（吊装）需求

若医院建筑有设备层，水平走线在设备层地面布置，要求避免与建筑其他管线干涉。当建筑没有设备层时，水平走线考虑在地下层吊装，需要建筑留有 0.65 ~ 1m 的空间，必要时吊装可以走在天花板内。

由于水平输送设备尺寸较大，占据一定空间，需要由设备制造厂家与医院设计院等专业的管道设计人员进行沟通，对设备和管道进行合理排布，以保证输送线体吊装后的楼层净高满足要求，不影响医院正常运营，同时设备吊装在顶棚内，也不影响医院建筑外观。

以上设备安装均要考虑消防要求，采用防火措施安装。垂直输送分拣设备可以穿过楼层安装，并配备自动隔离门（如图 5-7-21 所示）。当水平输送线穿越防火分区时，配置防火卷帘或水幕喷淋，用于分割防火分区（如图 5-7-22 所示）。

图 5-7-21 输送线穿过防火分区卷帘门　　图 5-7-22 输送线穿过水幕喷淋

3. 应用案例

全自动箱式输送分拣系统是为比较适合我国医院病区规模大、输液量多等特点，具有单次运输量大，运送效率高，可输送医用物资范围广，设备布置灵活，设备运行稳定可靠等特点。该系统几乎能有效解决医院大部分批量物资运送问题。

南京鼓楼医院项目总建筑面积 22.48 万平方米，共有 8 层 ×4 病区 / 层 =32 病区，床位总数 2080 床。2012 年 12 月全自动箱式输送分拣系统正式投入使用。

南京鼓楼医院新医疗大楼全自动箱式输送系统及门诊预摆药系统的投入运行，实现了国内医院在医用物资输送自动化及门诊预摆药环节上的新突破，真正做到了"设备代替人工"。

医院物流系统主要由门诊药房输送补货系统、门诊预摆药系统、病区药品和样本输送系统、门诊样本输送系统和调度监控管理系统组成，共设计 44 个站点。

门诊药品补货系统：通过垂直输送分拣机向各个楼层门诊药房补货，物资输送过程中，根据周转箱条码确定楼层，空周转箱沿原路返回。输送分拣效率 80 箱 /h。

门诊预摆药系统系统：门诊病人付钱后到楼层刷卡，系统对划卡人员进行排队，后台发药机自动摆药、窗口自动叫号、病人到药房窗口划卡，点亮预摆药柜 DPS，药剂师根据 DPS 指示取药，给病人发药。

病区药品和样本输送系统：采用自动化输送分拣设备完成药品到病区护士站、病区检验样本到检验中心的输送，空周转箱沿原路返回。输送分拣效率 260 箱 /h。

门诊化验样本输送系统：门诊样本从各门诊采集室到检验中心的自动输送，空周转箱沿原路返回。输送分拣效率 60 箱 /h。

这套系统除了输送药品、标本以外，还可以用于后勤物资的输送，如病人的衣服、饭菜、手术器械等。另外，该系统采用现代化信息技术实现对该系统的远程维护与实时监控。

第三节　医用气动物流输送系统

一、概述

"气动管道物流传输系统"起源于 20 世纪中叶的一些发达国家，通用英文名称为 "Pneumatic Tube Systems"，因而也简称为 "PTS" 系统。"医用气动物流输送系统"则是伴随"二战"结束后的第三次工业革命，从 20 世纪 50 年代开始，将 PTS 成功引入医疗行业的一种典型应用。"医用气动物流输送系统"（图 5-7-23）是目前最常用、最基础的医院物流输送系统，以压缩空气为动力，借助机电技术和计算机控制技术，通过网络管理和全程监控，将各功能科室、病区护士站等工作点，通过传输管道连为一体，在气流的推动下，通过专用管道实现药品、病历、血浆、X 光片、标本、化验单、现金、文件、票据、信件、卡片、传真、图纸、工具、零配件和仪器甚至手术用品等各种可装入传输瓶的物品与站点间的智能双向、点对点传输。在物流产品中，气动物流输送系统一般用于运输相对重量轻、体积小的物品，其特点是造价低、速度快、噪声小、运输距离长、方便清洁、使用频率高、占用空间小、普及率高、便于改扩建等。气动物流输送系统的应用可以解决医院主要的并且是大量而频繁的物流输送问题。

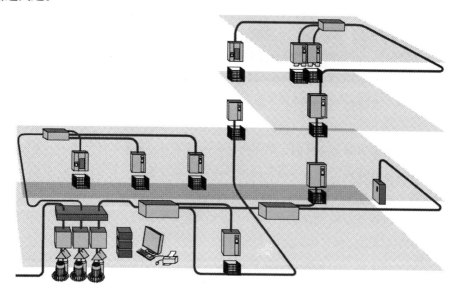

图 5-7-23　医用气动物流输送系统示意图

医用气动物流输送系统的应用对提高工作效率，争取时间，抢救生命，避免差错，减少院内交叉污染，缓解垂直交通压力，提升医院社会形象等方面起着极为重要的作用。应用医用气动物流输送系统，医护人员只需把要传送的物品放到传输瓶中，输入送达点的地址编码就完成了一次传输。例如，在手术中，切片的组织样本借助于该系统被准确、快速地运送到相关的实验室去分析，分析结果再通过该系统准确、快速地传回手术室，从而有效保证手术安全、快速运行，大大提高了工作效率，为医护工作者及病员带来了极大的方便。它还能够优化病人就诊流程，缩短看病时间；改善工作人员的劳动条件，让护理人员有更多的时间护理病人；与计算机信息系统集成，全面实现医院的现代化管理等。

医用气动物流输送系统产品的主流品牌包括奥地利 Sumetzberger（舒密）、德国 Aerocom（爱华康）、瑞士 Swisslog（瑞士格）等。下文以主流市场的进口品牌为例，结合其他气动物流输送系统进行描述。

二、工作原理与主要构成

气动物流输送系统工作原理是以风机抽取及压缩空气为动力，以传输瓶作为载体，在密闭的管网中进行物品的传输。各工作站相当于系统的终端，操作者只需键入目的站代码即可完成一次发送任务，随之目的站点的终端便完成了一次接收任务。

气动物流输送系统主要构成部件为：工作站、传输瓶、管道、风机、转换器、交换装置、控制系统、信号线等。

（一）工作站

工作站为气动物流输送系统的终端，即用户端，用于传输瓶的发送和接收。它由发送机构、接受机构、直通机构、密封机构、电子控制板、操作面板、显示屏、嵌入式软件、网络通信等构成。

常用的工作站型号根据传输瓶置入方式和气动原理可分为前置式工作站（图5-7-24）、上置式工作站（图5-7-25）和下置式工作站（图5-7-26）。前置式和上置式工作站都是由传输瓶自身重量进入系统管道，下置式工作站为吸入式发送传输瓶。吸入式范畴的下置式工作站因为在病区本地采、排气，易造成交叉感染而在医院使用较少。

图 5-7-24 前置式工作站　　　图 5-7-25 上置式工作站　　　图 5-7-26 下置式工作站

不同厂家生产的工作站的功能和控制表达方式有所差异。工作站一般具有传输瓶自动返回、发送遇忙自动排队等候、值班转移、可设优先发送等功能。部分产品工作站具有免等候、防异物进入自动识别保护、发送历史记录查询等功能。

（二）动力系统

动力系统即空气压缩机。空气压缩机是医用气动物流输送系统的动力源，由它来推动传输瓶在管道里快速行走。气动物流系统的空压机系统主要由风机与空气换向器组成。目前市场上的风机功率主要在2.2kW 至 7.5kW 之间，分别供给不同型号和距离的系统。常规使用中，在满足系统传输功能实现的基础上，风机的功率越低，系统的性价比越高。

（三）转换器

转换器又叫管道换向器，用于不同管道之间传送物品时路由的选择，是系统的换向装置，把一条管道切换到不同的管道上，类似于火车轨道的道岔。传输瓶通过管道换向器进入不同位置的工作站里。管道换向器的类型分为两向、三向、四向、六向等。为考虑系统安全性并加快物流的传输速度，通常医院要求采用三向换向器。

部分产品设有转换中心，用于多系统转换。例如奥地利 Sumetzberger（舒密）的新型转换中心，采用高智能转换器（图5-7-27），传输瓶不需集中等候，可实现快捷自动交换，适合工作站点达到100个以上的多线程自动化高速交换中心，具有 10 条分支控制系统，每小时可处理 720 个传输瓶。此交换方式也是目前国际上唯一具有"后发先至"真正优先交换功能的产品。

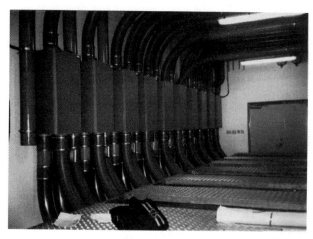

图 5-7-27 转换中心

（四）输送管道

传输管道相当于自来水公司的自来水管，是医用气动物流输送系统的重要组成部分，是完成物流输送的"高速公路"。传输管道连接所有的工作站、换向器，为传输瓶的快速传递，构成一个封闭传输通道。目前就材质而言，主流管道用材包括 PVC 材质、镀锌合金材质的钢管以及不锈钢管。镀锌合金材质的钢管近年来开始在医院内获得使用，其耐高温，导静电，不容易吸附灰尘，不燃烧，强度高，使用寿命长等优势弥补了其价格局限。

三、系统设计及应用

（一）系统设计

气动物流输送系统在设计时必须考虑的因素包括：医院日门诊量、检验科位置及功能、各小型实验室的分布、门诊药房功能、各病区床位数、住院药房服务范围、急诊功能分布与业务流程、机房的位置、楼宇之间距离与连接、医院的发展规划等。

设计者通过对医院每日各部门传输量的统计来确定站点、转换器以及空压机系统的数量，机房的面积根据使用空压机的数量而变化。通常一套空压机系统需要 25m² 的平面空间，每增加一套系统则使用面积增加 15m²。高度以不低于 3m 为最佳，特别的高度可进行个性化设计。机房通常放在医院大楼的设备层或者地下室。系统设计完成后，需要提供给医院一套模拟数据分析，包括模拟运行后系统的平均等待时间、传输时间，并绘制曲线图，体现等待时间随每小时任务次数变化的关系，如符合医院的运行实际则为合理设计。

医院气动物流输送系统的设计主要考虑产品的品牌、型号、项目投资预算、医院实际使用功能需求、医院建设的布局及发展规划等多方面因素。结合医用气动物流输送产品在国内十几年的使用经验，其主要设计要求及参考经验可列举为以下几项。

（1）品牌及型号的选择。气动管道物流各品牌虽"单管双向"的气动原理一样，但究其路由选择和工作站收发等功能实现，各品牌产品的规格尺寸、供电、实现原理不尽相同，必然对前期设计有不同的要求。从提高系统效率、节约建筑空间、降低系统及其运营成本、便于后期售后服务等方面出发，建议考虑外径 110mm 或 160mm、UPVC 材质、使用历史较长、集中供电、串联和并联相结合的产品。考虑到建设成本及非批量快速零星运送的特点，近年来选择 110mm 的医院越来越多。如果预算允许，也可选择进口品牌钢管并联系统。两者价格差距在 5 ~ 10 倍。

（2）工作站点的布局。可根据医院建设规模，在各病区护士站、功能科室均设置一个工作站；在检验中心、病理、血库、药房等处设置多个工作站；工作站的整体设计理念是站点分布越多、越广，越有利于整机系统日后的便捷使用，越有利于体现其经济效益和社会效益。如仅用于手术室到病理科、采血室到检验科、血库到手术室的物流输送，也可选用点对点的系统（如图5-7-28所示）。

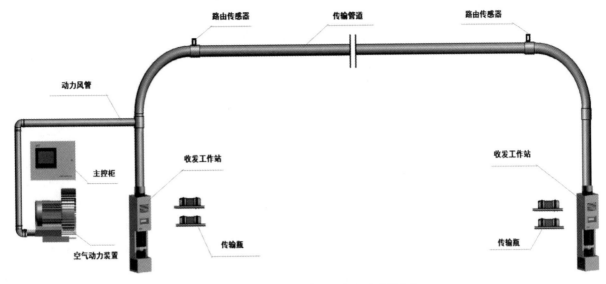

图 5-7-28 GRTI 点对点快速气动送样系统

（3）子系统的设计。根据上述工作站点的分布及总数量，原则上按每个子系统分配10～15个工作站来计算子系统的数量。如系统内病区护士站为主，可适当增加此系统内的工作站数量。根据医院实际传输需要，增加传输频次高的科室工作站数量，如检验科等处可保证每个子系统有一个直达站点。

（4）机房的选择。机房可因地制宜，将动力机房和监控机房分开设立或分隔，以保证监控机房的相对安静和可能的办公需要。机房的设置可以是集中一个机房或由单独几个机房构成，以便整机系统的扩展和改造。机房可以设置在任意楼层，但以设备层和地下层为主，推荐使用地下一层位置，以便系统动力及信号的均衡，也便于可能的改造扩建。机房设计尽量避免在人防区域。机房内需配套设计消防、空调、新风及通用办公环境，但要避免消防喷头正对着电气设备等。

（5）供配电的设计。为保证系统建成后的良好运行，要求整机系统由机房集中供电。对个别需要在每个工作站就地用电的品牌，可通过机房集中供电，沿管道敷设专用供电电缆（护套）来实现集中供电，这样可保证系统供电的稳定性，避免局部系统断电而产生的传输故障等。

（6）管道路由的设计。横向管道尽量安排在设备层或地下层敷设，尽量减少管道总数量，尽量减少楼板和隔墙（特别是剪力墙）的开孔。

（7）优先使用串、并联相结合的工作站连接方式，保证系统的传输效率；避免单一的并联方式安装工作站，节约管道和相应的建筑空间，节省运行过程中造成的过多磨损等。

（8）系统容量及机房供电量保留适当的扩容能力，以便医院和系统后续扩展、发展需要；对分期安装的项目，要预留（预埋）可预见的管道、套管等，尤其是地下管预埋。

（9）如考虑系统工作站等主设备的装修，可结合整体装修风格，对外露的工作站、转接机等设备进行适当包装；包转后需满足设备的正常使用和维护需要。

（10）如涉及室外安装，系统设计时必须考虑当地的气候条件等，对管道进行适当的保冷、保温及防水、防晒等措施；更要从全年气候考虑，采取相应的热胀冷缩管道保护措施。

（二）应用案例

气动物流输送系统可将医院的所有部门进行连接，只有充分地将其利用才能体现出它的价值：节省电能、电梯、人力资源，提高效率；缩短患者就医时的检验时间，实现"以患者为中心"；改善就医环境，促进洁污分流；提高物品运输安全性；适应医院规模不断扩展、临床专科不断细化的要求。目前国内正在使用或是曾经使用过气动物流系统的医院已超过千家。

1. 首都医科大学附属北京友谊医院案例

该院早于 2001 年年底就在北京地区率先使用最新型且高配置的舒密气动物流输送系统。该医院继一期项目成功运行之后，紧接着进行项目扩展。二期项目安装于新建的门急诊教学综合大楼已于 2004 年底与一期连接开通，三期项目已于 2005 年年底竣工，四期项目已于 2008 年完成。先后四期共设置近 100 个站点，管道长达 3000 余米，贯通 8 座楼群，横跨 300 多米的过街连廊。随后，还将在新建改建的大楼中延续扩充系统站点。业已开通使用的前三期共 65 个站点，日均传送达 1500 多次，安全准确率为 99.999% 以上。

2. 江苏省人民医院案例

医院建筑面积 35 万平方米，目前床位 4500 张，平均日门诊量在 10000 人左右，该院于 2013 年 11 月正式使用美国 "Translogic" 系统，至 2014 年 11 月已连接了 6 栋建筑，覆盖了全院所有科室，共有站点 151 个。该院每栋楼内均设置了空压机机房，即可解决跨楼的传输任务，又能满足本楼内的物品传递，目前每日平均传输量为 2081 次，日最高传输量为 2680 次。

第四节　医用轨道物流输送系统

一、概述

医用轨道物流输送系统是指在控制程序的控制下，利用具有自驱动能力的运载小车在专用轨道上传输物品的一种自动化物流输送系统（如图 5-7-29 所示）。

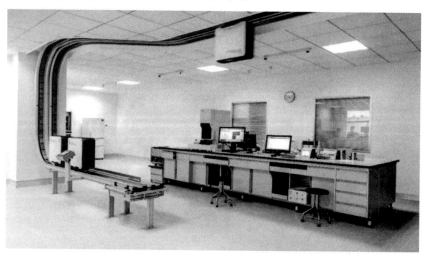

图 5-7-29　轨道物流输送系统实景图

轨道物流输送系统最早于 20 世纪 90 年代中期进入中国市场，被运用到图书馆的图书传输，而在医院应用领域，欧美、日本等发达国家此时已大量安装并使用该系统，中国医院直到本世纪初才开始逐步装备。随着中国经济的快速发展和医院现代化建设步伐的不断加快，近十年内轨道物流输送系统在中国医院的应用呈现快速增长趋势，并已成为目前中国医院建设物流输送系统采购中的主流装备。

轨道物流输送系统很好地契合了中国医院传输物品的种类和数量及建筑空间的双重要求。除了能够完成传输气动管道物流输送系统可传输的物品外，还满足了中心药房、静配中心、消毒供应中心的大批量物资传送需求，其可运输物品范围覆盖了医院内部 80% 以上的医用物品；同时由于其较好的模块化、柔性化系统设计特点，以及对医院建筑的空间要求及嵌入设计和安装时间点要求都较低，因此在医院物流输送系统建设领域的应用获得了迅猛发展，现已有超过 200 家医院用户装备此类大型物流输送系统。市面上轨道物流输送系统的品牌主要包括德列孚（Telelift）、沃伦韦尔（Warrenwell）等。

二、工作原理及主要构成

轨道物流输送系统的工作原理：智能轨道运载小车在计算机控制下，利用电力驱动在专用轨道上自动传输物品。各工作站点请求传送的编码指令，通过通信网络发送至区域控制器，区域控制器根据要求传输编码指令对相应的运载小车、转轨器发出动作指令，运载小车通过通讯导轨接收来自站点控制屏或监控主机的指令后，自动以系统设置的最短路径在轨道上运行到达目标站点。到达转轨器时，控制器发出指令将小车换轨至目标轨道，通过转轨器后将物品准确送至指定站点。

医用轨道物流输送系统一般包括：收发工作站点、运载小车、轨道（包括直轨、水平曲轨、垂直弯轨及配件等）、转轨器、防火窗、防风窗、空车存储库、供电系统、UPS 系统、控制系统等设备。

（一）收发工作站

收发工作站为轨道物流输送系统的终端，用于轨道小车的发送和接收，主要包括轨道、站点控制屏，根据站点类型，通常还包括转轨器、称重装置、到站提醒装置等。

综合考虑轨道物流各站点传输量的不同及与主轨道距离的远近等因素，轨道物流输送系统的工作站需要设计成不同的形式及不同的容量（即停车位数量）。通常设计成两种物流工作站类型：双轨式工作站（如图 5-7-30 所示）和单轨式工作站（如图 5-7-31 所示），双轨式工作站主要用于静配中心、中心药房、检验中心、中心供应室等有集中大运输量需求的功能科室；单轨式工作站主要运用于护士站、门急诊等收发物品运输量较小的科室。

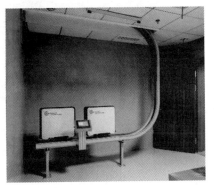

图 5-7-30 双轨式站点　　　　　　　　　　图 5-7-31 单轨式站点

（二）运载小车

智能轨道物流运载小车是轨道物流输送系统的传输载体（如图 5-7-32 所示）。

图 5-7-32 轨道物流运载小车

运载小车由底座和箱体两个部分构成。箱体材料一般为铝质或 ABS，尺寸、容积规格各品牌有所不同，不同的规格会对建筑空间有不同的要求，如箱体宽度直接影响轨道间距，间接影响井道楼板的开孔及吊顶的宽度尺寸。小车车盖装有安全锁，智能控制器自动检测车盖是否锁定，如未锁定，小车不启动。两端装有防碰撞传感器，当行进过程中碰到障碍物时，小车自动停止运行。采用静音驱动设计，通常在轨道上运行的噪声值 <30dB（A）。

随着通讯技术和科技的进步，运载小车的各项功能已经十分完善，如系统能够实时监控运载小车的运行状态，实时计算运载小车到达目的地的时间，能够通过自身携带的屏幕实时显示自身状态；小车可配置紫外线消毒模块，可手动或自动设置定时消毒功能；还可自带车载触摸控制屏模块进行各种功能操作，大大提升用户便利性和使用体验。

（三）轨道

轨道是轨道物流输送系统的主要部件之一，分为直轨、曲轨和弯轨。轨道由高强度的铝合金框架和铜轨构成。铝合金框架主要用于提供强度支撑及小车的安装；铜轨主要用于系统供电及通信功能，铜轨通过绝缘件固定于铝合金框架之上。

（四）转轨器

轨道转轨器用于运载小车在不同轨道之间换轨，其作用类似于铁路系统内的扳道，不同轨道上的运载小车可以通过转轨器进行运行路线的切换。根据转轨器能够切换的轨道数量，转轨器分为 2 路、3 路、4 路转轨器，在实际系统中可以根据不同的用途选用不同类型的转轨器。

图 5-7-33 轨道转轨器

（五）防火窗

轨道物流系统通常覆盖整个医院，施工时轨道不可避免的需要穿越不同的楼层以及同一楼层内不同的防火分区，根据《建筑设计防火规范》GB50016-2014 第 6.1.5 条规定："防火墙上不应开设门、窗、洞口，确需开设时，应设置不可开启或火灾时能自动关闭的甲级隔热防火门、窗，因此为满足医院大楼的整体消防要求，轨道穿越防火分区时必须配置防火门或防火窗"。此外，根据公消评 [2014]57 号通知《公安部关于实施消防产品强制性认证工作有关事宜的通知》，防火门、窗属于强制性认证消防产品，防火门、窗整套装置必须具备国家强制性产品认证 3C 证书和完整的型式检验报告。目前，以防火窗配合专用的翻轨装置技术最为成熟，另外轨道需要配备专用的直流 UPS 不间断电源，以保障轨道在火灾发生引起大楼断电时，防火窗及翻轨装置能维持正常工作。

（六）控制设备

轨道物流系统采用分布式区域控制原理，每个区域控制器控制一片区域，各个区域进行相互协作从而实现整个系统的控制，控制系统可以脱离中央监控电脑而实现自动运行。

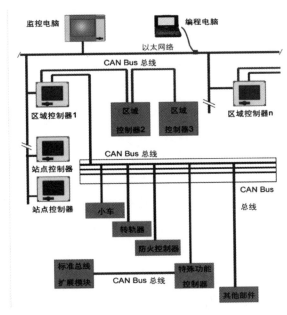

图 5-7-34 DCS 集散式控制网

中央监控电脑可图形化显示整个系统内各个部件的运行状况，同时实时监控整个系统的运转状态并记录所有收发送记录，运动部件的运动次数等数据，可对数据进行统计分析。统计的数据可存储或实时打印输出，实现报表功能。中央监控电脑具有自动报警功能并可显示区域及故障代码，例如某一工作站点、转轨器、防火窗等有故障，可临时关闭此设备而不影响系统内其余部分的运行，从而降低故障的影响范围。维护人员可以通过手机等终端远程监控系统实时运行状态。

三、系统设计及应用

（一）系统设计

医用轨道物流输送系统的规划及设计，应进行全面的需求分析、方案调整，并针对相关信息进行对比，确保所采用的自动化物流系统安全、规范、高效、合理，并最终能够帮助医院提高整体物品传输效率、节省成本，优化管理，提高服务质量加快医院智能信息化建设。

轨道式物流输送系统具体的设计要求如下。

1. 轨道线路设计

水平线路部分尽量平直，过多弯路将增加成本，降低效率；垂直线路设置在楼内井道间或室外外挂井道间。外挂井道间设置需注意盛夏、冬令时节井道内温度，与大楼室温一致为宜。管井大小由轨道的数量决定。

2. 工作站位置设计

工作站位置应尽量靠近使用人员常驻位置，避免设置在偏僻区域，不仅可提高操作中的收发效率，还可避免错过到达的传输物品。工作站的工作侧区域需预留足够操作空间，方便人员收发操作及医用推车进出。

3. 中央监控机房设计

中央监控机房用于安装中央监控电脑及维修测试台，设置面积通常不小于 $15m^2$，可设置在地下、设备夹层和大楼中间某层。最理想的位置是设置在各工作站的中心，即距离所有工作站位置最近处，便于驻守人员及时前往维护。

4. 空车库设计

对于标准站点区域，采用分布式平衡设计；对于发货量大的站点，如静脉配置中心、中心药房等，需特别就近设置较大的空车库。

5. 穿越防火分区

防火隔墙：轨道穿越任何防火分区隔墙，都必须设置轨道系统专用防火窗。

防火卷帘：轨道必须穿越防火卷帘位置时，需要改变防火卷帘卷包安装高度或者宽度，采用挂板或加边墙等方式，从防火卷帘上部或侧边穿过，并设置专用防火窗。

6. 穿越净化分区

对于有净化要求的区域，原则上不允许轨道系统水平穿越。

如必须穿越或在区域内设置站点的，须会同净化专业公司，取得净化专业公司设计同意，设置合理的路线和站点位置。如楼层高度足够时，可在梁底与装饰天花间的空间穿越，但不得进入密闭的净化室内空间。用于净化区域内的站点，一般设置在净化区域边缘，方便封堵。如必须设置在净化区域中间位置等，可考虑从楼上或楼下进入，将站点置于独立的封闭空间内，必须设置防火门、缓冲间等。

7. 轨道系统穿越建筑沉降缝

轨道需穿越建筑沉降缝时，必须做特别处理。沉降缝区域的轨道本身必须做防雨水渗漏、防坠物、防污染等保护；保证沉降超出轨道平衡或连接限度时，沉降缝区域的轨道固定可及时更换调整；沉降缝两边区域需预留足够的轨道检查、更换、维修空间。

8. 轨道系统与精装设计配合

精装天花板接口处不能直接做固定无缝连接，不能将轨道作为固定、承重支架连接，避免小车运行时引发共振，增大噪声。

在轨道沿线需设置检修孔（600mm×600mm）。因美观等要求不便设置足够检修孔时，需考虑在远端检修孔进入吊顶后，可沿轨道路线巡检；轨道暗装时，须在轨道沿线加固天花吊顶支架，以保障维修人员行走安全；在防火窗、转轨器、弯轨等附近必须设置检修孔；暗装的轨道进出天花吊顶的开孔需做特别设计，避免天花上部设施暴露，避免天花灰尘撒落。

（二）主要技术指标

输送方式：单轨／双向输送；

单车净载重：10kg~20kg

运行速度：水平方向平均速度0.6m/s，垂直方向平均速度0.4-0.8m/s。

单车容积：35升~50升

转弯半径：水平转弯半径约0.8米；垂直转弯半径约0.7米

系统供电：380V三相交流电

系统平稳性：小车行走过程中无噪音、无振动、行走平稳，血液标本传送前后指标相同。

系统冗错性：系统具有故障自动诊断、自动排除功能和故障恢复能力。当小车输送中如发生断电，数据不会丢失，来电后能自动恢复，继续完成原定操作指令。

箱体尺寸：依品牌不同而定。

（三）应用案例

以苏州大学附属第一医院平江新院为例，进行案例说明。

医院一期建筑面积20万平方米，共22层，分为东、西两栋楼，共设立27个病区，设置床位1300张。

1. 运输物品需求范围

单次发送量小、发送频次快的物品：单据、各类检验标本。

单次发送量中等、总量大、按批按时段发送的中型物品：药品（长期医嘱）、静配输液、血液制品、小型器械包/敷料包。

单次发送量大、总量大、按批按时段发送的大型物品：大型洁净手术器械包、污染手术器械盒、餐食、一级库到二级库多种规格不拆包物资、洁净被服、污衣被服、生活垃圾。

2. 自动化物流系统还能分析

综合各方面信息，医院建设时，通过对比，在主要站点上均采用了"轨道小车＋气送"的搭配方案，运能得到了很大提升。

医院大楼内配置 Warrenwell Telesys 15kg 级智能轨道小车物流输送系统，铺设轨道约 1500m，设置 41 个站点，运输小车 60 余辆，覆盖静配中心、住院药房、检验科、中心供应、病案室、血库、手术中心、ICU 及 27 个护理病区（如图 5-7-35 所示）。

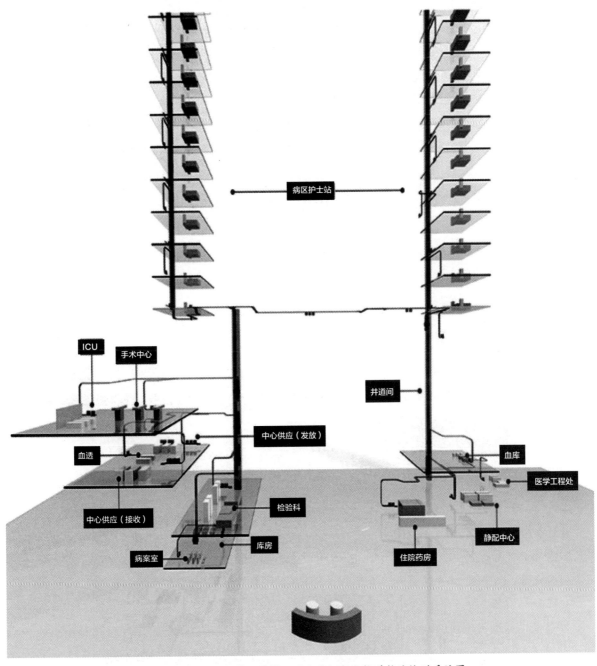

图 5-7-35 苏州大学附属第一医院平江新院轨道物流输送系统图

苏州大学附属第一医院平江院区，系统日均运行 180km，发送 850 车次，静配中心每天发送各类输液 2700 袋，住院药房每天发送各类药品 3200 盒，故轨道物流输送系统可有效解决静配中心与住院药房往病区大批量运输的难题。

第五节 AGV 与 AMR 系统

一、概述

AGV 是自动导引车（Automated Guided Vehicle）的英文缩写。AGV 自动导引车传输系统（AGVS）又称自动导车载物系统、导车机器人物流系统，是指在计算机控制下的无人驾驶自动导引运输车，经磁、激光等导向装置引导，沿程序设定路径运行并停靠到指定地点，并完成物品移载、搬运等（如图 5-7-36）。AGV 最早诞生于上世纪中期。

AMR 是自主移动机器人（Autonomous Mobile Robot）的英文缩写，拥有自动导航行进、完成物品运输任务功能，可自动优化路径、自动避障等。根据环境的实时变化，自动、实时地产生最优化的路径进行自主运动，自主完成避障和输送（如图 5-7-37）

AGV 与 AMR 主要用于取代人力推车，运送病人餐食、衣物、医院垃圾、批量供应室消毒物品等，能实现楼宇间和楼层间的传送。随着国内医院院内传输物品规格多样化、传输过程安全性要求的提升、流程亟待优化等需求，能符合中国医院建筑格局、智能化无人值守物流机器人系统，正逐步被纳入医院新建、改造项目规划中。目前，市场上 AGV 自动导引车传输系统的服务商包括德国 Telelift（德列孚）、SWISSLOG 等，AMR 物流机器人厂商主要包括蓓安、诺亚、木木等。

以下主要以某服务商 AGV 系统和 AMR 系统为例进行介绍与技术阐述。

图 5-7-36 顶升式 AGV 自动导引车

图 5-7-37 牵引拖拽式 AMR 物流机器人

二、主要构成

（一）AGV 自动导引车系统构成

医院 AGVS 系统主要由 AGV 导引车、推车（依据运输物品类别选择配置）、工作站、控制系统、外围控制设备、网络通讯单元、配电及充电站、消防及后勤管理单元构成。

1.AGV 导引车

导引车是通过蓄电池供电的自动导向运载车，顶升式（自载重，抬升推车底盘及脚轮离地）设计运载车（如图 5-7-38），导引车自重达 150～200kg（视导引车尺寸、功能不同而定），可载重 100～650kg，不同类型的推车到达设定的目的地。车长可根据医院建筑条件情况定制，以适应电梯轿厢深度、走廊宽度、转弯等尺寸要求。

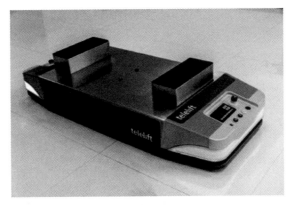

图 5-7-38 顶升式 AGV 自动导引车

2. 推车

依据运输物品类别，有多种规格的推车，也可以定制，如具备保温功能的运餐推车、洁净被服推车、药品推车、手术器械包推车、生活垃圾推车、污衣被服推车等。

图 5-7-39 不同用途推车

3. 工作站

工作站通常有三种不同类型：发送工作站（图 5-7-40 所示）、接收工作站、发送／接收工作站。工作站组件包括：RFID 读卡器、推车定位装置、指示灯、到站传感器、特殊功能按钮、自动发送装置。

每辆推车上都固定安装一个任务卡框，以识别不同的发送或接收任务。任务卡包含发送站点、接收站点、发送时段等信息编码的芯片。

发送步骤：将任务卡放进推车上的任务卡框，将推车置于发送位置上，站点上的读卡器读取任务信息。

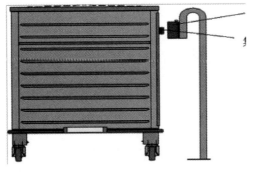

图 5-7-40 发送工作站

接收步骤：导引车到达指定位置后卸下推车，传感器识别到有推车抵达，提醒操作人员进行接收，导引车可以接收下一个任务或返回充电车库。

站区不应有其他物体，否则传感器将触发系统"工作站已满"的错误信息，被分配到该站的推车将无法进入站区。

4. 控制系统

控制系统如图 5-7-41 所示。

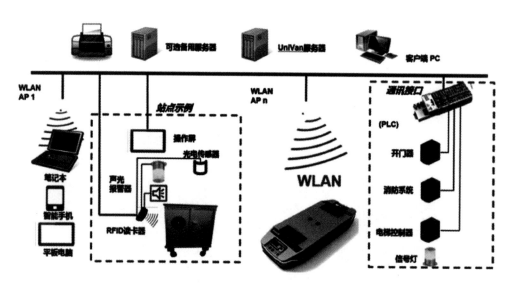

图 5-7-41 控制系统结构图

AGV 沿途通过的各类常开 / 门、防火门、防火卷帘等，系统可与门控系统及消防系统进行对接，确定控制及动作时序。

5. 外围设备控制

外围设备主要有自动门、电梯等，这些外围设备的控制由分布式控制单元负责，包括处理来自中央控制系统、AGV、外围设备的通信指令，以便及时应答、给出动作执行信号、状态信息反馈。

自动门涉及常开 / 闭式普通门、常开 / 闭防火门及防火卷帘等。常开门需具备电磁吸附功能，保持常开状态；常开式防火门需具备电磁吸附及消防联动功能，无火警时保持常开，火警时电磁铁失电、闭门器关门。常闭门需具备与 AGV 对话、自动开关门功能。常闭式防火门需具备与 AGV 对话、消防联动、自动开关门功能；防火卷帘需具备与 AGV 对话、消防联动功能。

6. 网络通讯单元

AGV 网络包含无线局域网 WLAN、局域网 LAN。WLAN 实现 AGV 与系统服务器之间的数据交换，满足移动终端（如维护电脑）的系统接入；满足固定安装硬件与系统服务器的数据交换，包括通讯接口 PLC、RFID 读卡器以及其他固定安装的外部设备。

WLAN 覆盖范围应涵盖 AGV 经过的所有路径区域，包括走廊、电梯井及轿厢内、防火分区内、各发送接收站以及其它根据项目要求需覆盖的区域。WLAN 协议 802.11a/b/g/n，地面以上 20cm 处信号强度需达到 −70dBm。

7. 配电及充电站

AGV 动力能源来自车载电池，规格有铅酸、锂铁型。铅酸电池价格相对低廉，但其充电慢、放电快、充电循环次数少；锂铁电池充电速度快、放电慢、寿命长（≥ 5000 次充电循环）性价比较高。

充电站配电需求为三相五线 380V；各到站信号和报警灯需提供 DC24V 供电。

充电站由充电控制器、充电导轨、电源转换器组成，具备充电及电量管理、状态报告功能。

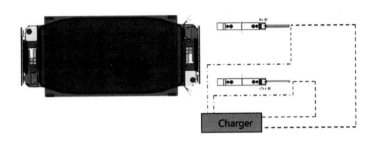

图 5-7-42　充电站

（二）AMR 系统主要构成

AMR 系统主要由物流管理调度平台、前端站点管理系统、机器人车体、电梯和门禁控制系统、辅助设备、充电站及管理系统、辅助存储设备等几大部分构成。

1. 集群调度控制系统

集群调度控制系统主要用于调度控制和管理。

2. 底盘和动力系统

AMR 系统有多种底盘，但常见为圆形底盘和长方形底盘。

（1）圆形底盘一般体积较小，多采用两侧两个驱动轮和前后各一辅助轮的 4 轮设计，载量通常在50kg 以下。优点是可以原地掉头，无须转弯半径，可以在人员密集的区域活动，如果前进的道路被阻挡，可以原路退出，适合在医院里作为导医机器人和咨询服务机器人。缺点是底盘较小，易摔跤，装载空间较小。可以运输标本等小型物件，运输大型消毒包、餐饮和被服等物品较困难。

（2）长方形底盘的 AMR 系统相对体积略大，多采用 6 轮设计，中间一组为驱动轮，前后并排各一组从动轮。由于底盘较大，可以安装较大的动力总承和电池组，有较强的承载能力和爬坡能力。载重量一般在 100~500kg 不等。优点是适合各种医疗物资的运送，运载能力也非常强大，而且电池工作能力强，一次充电可以连续满负荷运行 20~40km，完全满足移动能力的要求。缺点是由于体积较大，转弯半径较大，在狭小空间内难以穿行和掉头，由于只有前方具有避障雷达，因此不能后退，在人员密集的区域难以良好避让和穿行。

目前国外也出现了配备多激光雷达系统的 AMR 系统，可以向后行驶，灵活性大大增强，是一种非常合理的设计。

（3）AMR 系统动力目前多采用独立的轮式直流数控驱动系统，两个驱动轮可以独立驱动，并通过编码器精确计算移动距离，可以保证机器人前进、后退和原地旋转，行动非常灵活。由于锂电池技术进步较快，价格已非常便宜，所以多配备大容量电池组，甚至两套电池组，一次充电可以行驶 20~40km。

3. 传感器

AMR 系统传感器类别非常多，常用激光雷达、视觉雷达、超声波雷达、红外线雷达、加速度计、陀螺仪和计程仪。激光雷达是目前最重要的雷达，是 AMR 系统自主定位和避障的主要传感器。视觉雷达技术发展迅速，已成为重要的辅助导航雷达。超声波雷达由于抗干扰性较差，精度较低，很难满足高精度导航要求，主要用于防撞雷达和对接充电桩。红外线雷达由于发射器和接收器之间不能遮挡，在实际应用过程中效果较差，基本不再使用。陀螺仪结合加速度计是一种先进的惯性导航技术，可以在行驶区域的地面上安装定位块，物流机器人可通过对陀螺仪偏差信号（角速率）的计算及激光导航信号来确定自身的位置和航向，从而实现导引。计程仪安装在轮子上，轮子转动时，可以测出行驶路径。通常采用双通道计程仪，可以精确算出两个驱动轮的运动范围和状态，对 AMR 系统机器人进行精确控制。

4. 通信装置

AMR 系统通常具有 Wi-Fi、蓝牙和网口三种通信模式。Wi-Fi 主要用于 AMR 和上位调度控制系统之间的通信，用于任务的下达和反馈、机器人状态收集和路径规划的调整等。由于机器人需要在医院各个区域运行，需要在全院区覆盖 Wi-Fi 信号，保证即时高速的通信。蓝牙通信主要用于 AMR 和电梯、门禁系统，用于 AMR 呼叫电梯和开启自动门。网口主要用于机器人系统维护、调试和升级。

5. 电梯通信控制模块

由于 AMR 系统对电梯的依赖度较高，为保证电梯可以和机器人进行通信，需要电梯控制系统和机器人调度控制系统联机，通常采用在电梯加装定制的 Wi-Fi 通信模块连入全院的物流机器人 Wi-Fi 系统。

6. Wi-Fi 通信网络

可以通过医院现有的 Wi-Fi 网络，实现内部通信和医院 HIS 的交互。系统可以设置独立网关，保证物流机器人数据安全。也可以自己建设独立的 Wi-Fi 通信系统或 4G 通信系统，但这需要高昂的额外网络建设费用。

医院 AMR 物流机器人根据临床载货量的需要衍生出四种常见类型：承载式、潜伏式、牵引式和接驳式，如图 5-7-43 所示。

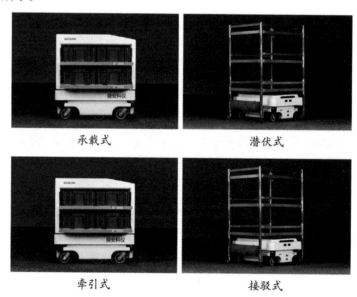

承载式　　　　　潜伏式

牵引式　　　　　接驳式

图 5-7-43 AMR 常见四种类型

三、工作原理及技术特点

（一）AGV

1. 工作原理

AGV 导引车配备前后两个及以上激光扫描装置，通过扫描周边环境获取精确定位，并比对车载微型计算机中的路径拓扑图自动导向行进，如图 5-7-44 所示。AGV 行进过程中如遇到障碍物会提前减速直至停车，运行全程有语音提醒避让。

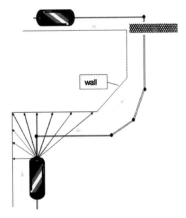

图 5-7-44　AGV 激光扫描导航

2. 技术特点

以下主要为国内某产品的主要技术特点，具体要求会因产品不同略有差异。

（1）系统应用模块化设计，计算机控制，实现运行控制、状态监视、数据统计、自动纠错等智能化管理。

（2）根据国内外医院物品运输的种类数量分析，AGV 主要解决大宗物品传输问题，如餐食、被服、手术器械包、批量药品、垃圾污物等重物。传输物品重量小于 AGV 装载承重的均可采用导引车运输，具有传输效率高、安全性能好等特点。AGV 载重通常用于载重量较高或体积较大的物品。

（3）出于对运输环境及安全性的考虑，AGV 平均行进速度一般设置在 0.6 ～ 1.2m/s，速度根据需要可调，最大速度可达 2m/s。

（4）AGV 可共享使用院内公共网，但需满足距地 20cm 处信号强度不小于 -70dBm。

（5）跨楼层协助 AGV 垂直提升的电梯，其轿厢深度往往影响所选用 AGV 的长度，常见 AGV 尺寸在 1.6 ～ 1.7m 之间，也可以根据需求定制。

（6）电梯参数。电梯门宽及轿厢宽 ≥ 1m、轿厢深度 ≥ AGV 长度 +20cm（视项目而定），电梯平层水平度要求 +/-5mm，轿厢与平层间隙 ≤ 25mm；电梯可设置优先级并有通信接口按需扩展。

（7）AGV 最大爬坡角度 ≤ 7%，轮子与地板表面摩擦系数 > 0.5，地板电阻值 < 1GΩ，地板地坪接缝 < 5mm，温度 5 ～ 35℃，湿度 30 ～ 80%。

（8）AGV 沿途路径若有凸起物体，存在影响 AGV 正常运行可能性时，应按照突起物体投影面轮廓设置至少高出地面 20cm 的包裹，如图 5-7-45 所示。

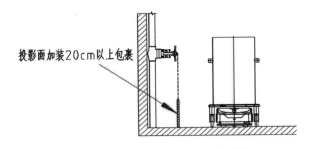

投影面加装20cm以上包裹

图 5-7-45　AGV 动态扫描检测障碍物

（9）AGV 行车双车通道占宽 ≥ 2.5m、单车通道占宽 ≥ 1m（但需设置会车避让区及车位）。AGV 行车通道应设计在非公共区域，避免无关人员干扰系统的正常运行。

（二）AMR

1. 工作原理

AMR 系统与 AGV 控制系统构成一致，主要有两个系统：集群调度系统（上位控制系统）、控制及导引系统。其中，集群调度系统的上位管理控制系统，主要负责任务分配、车辆调度、路径管理、交通管理、通信管理和自动充电等功能；控制及导引系统在收到调度系统的指令后，负责 AMR 系统的导航计算、导引实现、车辆行走、装卸操作等功能。导引系统为 AMR 提供系统绝对或相对位置及航向。图 5-7-46 为技术架构设计示意图。

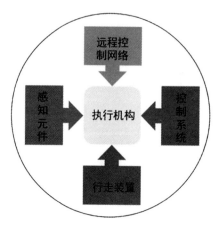

图 5-7-46 技术架构示意图

2. 技术特点

不同区域采用不同型号的 AMR 系统机器人。根据国内医院物品运输的种类与数量分析，AMR 主要解决国内医院物品批量传输问题。如批量输液、检验标本、耗材敷料器械、后勤物资等。所传输物品重量一般情况下单品小于 100kg。AMR 系统具有传输效率高、安全性能好等特点。AMR 载重可达 500kg。

（1）出于对运输环境及安全性的考虑，AMR 平均行进速度一般设置在 0.6 ~ 1.0m/s，速度根据需要可调，最大速度可达 1.5m/s。最大数值仅作参考，综合平均速度一般约为 0.8m/s。

（2）AMR 可共享使用院内公共网，但需满足距地 20cm 处信号强度不小于 −70dBm。

（3）跨楼层协助 AMR 垂直提升的电梯，其轿厢深度往往影响所选用 AMR 的长度，常见 AMR 尺寸在 0.9m ~ 1.1m，也可以根据客户需求定制。

（4）院内机器人所经过的地面平坦，沟槽宽度不超过 20mm，无明显陡坡，楼宇之间是否有连廊或封闭通道，不能露天。

（5）院内机器人所需经过的门为敞开状态，或为电动控制门，使机器人能够自主控制门的开关。开门后满足 1m 的净宽度。

（6）建议给机器人配备专用电梯，使机器人能够顺利按时完成指派的工作任务且电梯的控制柜需要被医院 WiFi 覆盖。

（7）机器人行走路线需 WiFi 全覆盖无盲区（包括电梯内），若老旧医院或 WiFi 情况不佳，需要工程师现场测试 4G 信号。

（8）走廊宽度考虑到加床情况，最小需满足 2.5m 净宽度。

四、系统设计

（一）前期调研规划

设计前期应对医院的需求进行充分调研，调研如表 5-7-2。

表 5-7-2 医院物流输送调研表样例

需求基本信息调研	
建设类型	新院建设（ ）　　老楼改造（ ）
楼群个数（栋）	床位总数（张）
病区数（个）	病区床位（张／病区）
物流需求 _____（多选） 餐食供应及回收 被服供应及回收 手术器械供应与回收 药品药物供应 生活垃圾回收 日常物资器材供应及其他	
餐食供应与回收		
---	---	---
供应方式	餐桶集中供应，到病区分发（ ）　餐盘预配好再发放（ ）	
餐食量是否前一天确认后汇总到厨房	是（ ）　否（ ），或以 _____方式	
餐食发放和餐盘回收人员是谁?	护士（ ）其他 _____	
早餐病区用餐时间	早餐厨房出餐时间	
早餐后餐盘回收时间		
午餐病区用餐时间	午餐厨房出餐时间	
午餐后餐盘收集时间		
晚餐病区用餐时间	晚餐厨房出餐时间	
晚餐后餐盘收集时间		
被服供应与回收		
---	---	---
类别	被褥（ ）病号服（ ）医务工作服（ ）三者都有（ ）	
标准病区的被服总量		
发放和回收由谁负责	护士（ ）护工（ ）　　其他 _____	
洁净被服供应时间	污衣回收时间	
洁净被服发放位置	污衣集中回收位置	
生活垃圾回收		
---	---	---
标准病区每天垃圾量	回收频率（一天几次）	
垃圾回收由谁负责	保洁（ ）　　其他 _____	
垃圾集中回收的位置		

表 5-7-2 医院物流输送调研表样例（续）

病区	
餐食存放位置	餐盘回收位置
被服存放位置	被服回收位置
垃圾回收存放位置	
洁污分离的特殊要求	

基建 / 设计院调研信息		
电梯位置		
轿厢尺寸	电梯供应商	
电梯的功能用途	客梯（　）货梯（　）污梯（　）消防梯（　）其他＿＿＿＿＿＿	
路线经过的公共区域与非公共区域说明		
餐食发送区与餐盘回收区的位置	餐车暂存区位置	
被服发送区与回收区的位置	被服推车暂存区位置	
垃圾回收区位置	其他站点位置	
门的功能类型	消防联动有无强制	
充电位置	维护位置	
走廊宽度	有无扶手及尺寸	
地面材质光滑程度	地面爬坡角度	不大于 7%

依据收集到的基本信息包括床位数、病区数、设计楼群数量、物流需求种类、物品运输的发放流程、电梯与通道及门的参数要求。排除成本预算限制外，涉及 AGV 或 AMR 数量配置的另一关键指标是医院对各类运输时间的要求，需医院在设计前明确，以此作为设计依据。

AGV 或 AMR 规划除数量外，重点是运输范围、垂直交通配置。

（二）设计要点

1. 机房和通信系统的设计

机房部分。通常与医院信息中心、弱电系统共同设计部署。需要备用的网口进行与集群调度系统服务器的网络互联，同时要根据 AMR 或 AGV 的数量和任务集中密集程度分配带宽用于调度系统的数据交互。

通信系统部分。在同层区域要求 AMR 或 AGV 执行任务中所经的所有区域均有无线网络覆盖，当处于提升机区域时要求提升机轿厢内部覆盖随动无线网络（无须整个提升机井道都覆盖）；其目的在于使 AMR 或 AGV 随时处于网络中，可以接收控制指令，避免 AMR 或 AGV 失去控制。在同层的隔断门处应设置蓝牙模块，以控制隔断门的自动开启。

2. 电梯和门禁系统配套设计

电梯要求：轿厢空间按照带承载箱体的 AMR 或 AGV 车，确定电梯轿厢的尺寸规格。例如某品牌 AMR 机器人规格为（L×W×H：900×600×358），所做的承载箱体与 AMR 拼装后的规格为（L×W×H：

900×600×1400），轿厢空间应使得三个坐标方向保持 30cm 的安全距离。

门禁系统：隔断门应该设置为带有按钮线控的平开门形式，其控制在 AMR 或 AGV 车不经过时，可以通过线控按钮手动开启，当 AMR 或 AGV 车执行任务需要穿越隔断门部分时，AMR 或 AGV 车可以通过蓝牙接口实现控制隔断门的自动开启。

3. 充电桩设计

充电桩应设计安装在 AMR 或 AGV 车通路上较为偏僻的地方，这样可以避免由于人员流动设备移动所造成的充电桩位置移动，且充电桩应固定牢靠；同时应设置在附近区域的平面上，不能放置在台阶或是底部有垫高物的地方。其原则是与 AMR 或 AGV 车同平面，可靠固定，所在区域应通畅且人流不多的地方。

（三）应用案例

AGV 系统和 AMR 系统的使用在国际上比较普遍，国内使用较少。随着技术的发展，越来越多的医院直接进入了更为智能化的智能医用物流机器人时代。比如浙江大学医学院附属第一医院余杭院区在全院区装备 AGV 导车物流系统，共配备 AGV 车辆 18 辆，收发物品站点 127 个，每日完成数以吨计的被服、餐食、库房物资、垃圾等物品自动运输，大大提升了院内大宗物品的传输效率。另外，在阜外心血管病医院和各个分院均在手术室使用了 AMR 物流机器人，解决消毒包的运输，而且在华中阜外心血管病医院还装配了 6 台送药 AMR 机器人，以满足 30 个临床科室的药品和大输液的配送，一天多达 600 箱的运送。

第六节　药械部门自动化物流系统

药械部门自动化物流系统是部门级物流的典型代表，在国外医院已广泛应用，国内医疗机构约 2004 年在南京军区总医院等军队医院使用了药品自动分包系统。2006 年以后，全自动发药系统等在无锡市人民医院等医院投入使用。近年来，随着物联网技术的发展和医嘱闭环管理的需要，以及药房托管给医药公司的运行模式的出现，药械类物流产品发展迅速。以下重点介绍门诊智能发药系统、中心药房调剂及管理系统、医用耗材管理系统。

一、门诊智能发药系统

门诊智能发药系统，即利用现代物流、信息、自动化、传感技术等多种技术，将目前已在医院得到广泛应用的 HIS 系统与信息识别技术和自动化、智能化设备结合起来，从而实现从药品的电子处方信息管理到药品调剂、分拣，再到发放到患者手中的自动化、智能化管理过程。采用门诊智能发药系统，不仅可以极大地提高药品处方发放效率，减少差错；而且可以最大限度地节约药房面积，提高药品管理效能，使药品在流转过程中处于相对封闭的状态，为药品提供了更为安全、适宜的储存环境；还能够充分利用现有的人员及环境条件，降低工作人员的劳动强度，解放药师，拿出更多的时间服务于患者，体现专业人员的价值。目前已经应用成熟的门诊智能发药系统有储药槽式、机械手式、回转柜式等多种技术和形式的设备，主流的品牌包括美国 DIH（蝶和）、德国 ROWA（欧娲）、Willach（韦乐海茨）、荷兰 R.OBO（乐博）、日本汤山以及国内的华康、艾隆、瑞驰等。

（一）主要构成

（1）应用于前台发药的智能配发系统。智能配发系统一般由药篮、药篮芯片读写设备、药篮存储架构成。每个药篮都内置了智能识别芯片，可以用于将患者的处方信息与芯片标识号关联，然后在患者取药时进行自动识别和指示位置。

（2）应用于后台调剂的自动发药系统。自动发药系统运用不同的原理和技术，将不同种类的药品存储于设备中，可以根据系统接收到的电子处方，按照药品构成和存储位置，将相应的药品自动或者半自动发放出来。

（3）应用于缓存库区的智能库存管理系统。系统包含了硬件和软件两个核心部分。硬件设备主要是智能化的货架，能够实时显示库存并指示设备补药及取药的位置；软件主要是指门诊药房的库存管理信息平台。该信息平台不仅能管理智能货架的库存和出入库，还能将调剂区的自动发药设备库存也管理起来，使整个门诊药房的所有存储发药设备构成一个整体，并在这个平台上实现库存及发药补药的统一管理。

（二）工作原理

门诊智能发药系统从接收电子处方开始，患者到收费处缴付后，系统将自动从医院 HIS 系统中获取已缴费的处方，并向智能设备发送出药指令，智能设备开始自动出药，并将药品输出到出药口位置。调剂药师参照调剂服务器打印出的处方调剂签，根据指示到不同药品的存储设备处拿取药品，并合并成完整处方。调剂药师将药品整合后，送至前台窗口发药药师身旁的智能配发系统上，也可以通过定制化的传输系统将处方药品传输至发药窗口的配发系统上。前台药师刷卡后，智能配发系统自动提示药品位置，发药药剂师进行拿取，核对无误后，将药品发给患者，交代用药注意事项，完成发药工作。整个工作原理如图 5-7-47 所示。

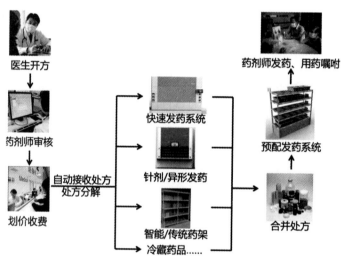

图 5-7-47 门诊智能发药系统工作原理

（三）系统设计及应用

下面以美国 DIH（蝶和）门诊智能发药系统的设计和应用为例，来说明该系统在医院中的设计思路和实施要求。

1. 设计依据

门诊智能发药系统在设计时需要考虑的因素主要包括：门诊处方量、药品种类、工作流程等。

（1）门诊处方量：包括平均日门诊处方量、门诊处方量最大最小范围、最高峰时段每小时处方数、高峰时段分布等。

（2）门诊药品种类：门诊药房药品总种类数、盒装药品种类数、瓶装药品种类数、异形药品种类数、针剂药品种类数、冷藏药品种类数、特殊管理药品种类数等。

（3）处方构成：平均每张处方药品种类数、平均每张处方药品盒数、大处方量药品所占比例、门诊药房一天发药总盒数等。

（4）门诊药房建筑条件：药房现有占地面积、吊顶高度、承重墙及结构性承重柱的位置、电源／网线／水道位置等（如有建筑设计图，最好能根据建房时的设计进行药房的布局设计）。

（5）工作流程：门诊发药工作流程、调剂流程、开放多少个窗口、是否设置特殊功能窗口等。

综上可以看出门诊药房智能发药系统的整体设计是一件多因素的复杂工作，设计者一般会根据医院门诊药房的实际情况，结合设备的性能为医院提供整合性的设计方案；并在设计完成后，提供给医院一套模拟数据分析及布局建议。

2. 应用案例

门诊智能发药系统的整体化设计和实施，能为医院的门诊药房带来如下几点应用价值：改善存储空间，实现密集存储；实现门诊药房合理分区，信息一体化管理；提高发药效率，减少差错；降低人员劳动强度，解放药师；改善药房环境，提高医院形象；减少患者排队时间，提升就诊满意度。

下文以中国人民解放军总医院为例，详细叙述其新建四层门诊药房（军需药房）在采用了美国 DIH 门诊智能发药系统后的应用情况。

解放军总医院新建门急诊综合楼是世界上最大的门急诊单体建筑，东西长 320m，南北宽 120m，总建筑面积约 45 万平方米，设计可满足日门诊量 50000 人次的就诊需求。已于 2014 年 10 月 26 日正式投入使用。新建门急诊楼四层药房为所有就诊的军人和军人家属提供门诊药品服务，要求在高峰期能满足每小时 1500 张处方的机器发药需求，可存储全部门诊药品包装种类，不少于 80000 盒存药量。

医院四层门诊智能发药系统由如下设备组成，实现了门诊全部药品包装的全覆盖（冷藏药品除外）：

（1）盒装药品快速发药系统（规则盒装药品的存储和全自动发放）；

（2）综合快速发药系统（盒装、瓶装、异形药品的存储和全自动发放）；

（3）针剂快发机（单支针剂和西林瓶的全自动发放）；

（4）拆零药品智能柜（拆零片剂、针剂的单品种智能控制发放）；

（5）毒麻精 / 贵重药品智能管理系统（特殊药品的智能管理控制）；

（6）智能货架（大输液、大处方量药品的智能计数发放）。

除此之外，在窗口发药区还配备了智能配发系统（含智能药篮、药篮绑定台及药篮存储架），便于已配好患者处方药篮的一一绑定和指示发放（如图 5-7-48 所示），整个四层门诊药房全部由美国 DIH 提供智能化设备和整体方案设计。

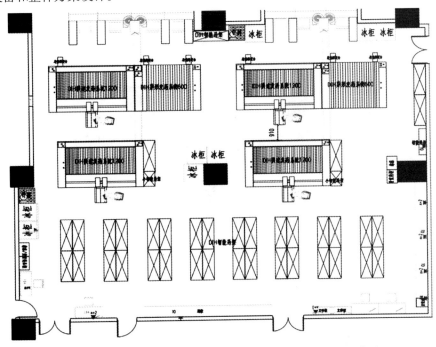

图 5-7-48 解放军总医院新建门诊四层药房整体化设计示意图

医院新建门诊四层药房实现了除冷藏药品外所有处方药品的智能化存储和发放管理；并结合全部由智能药架管理的二级缓存库，构成了基于一体化门诊药房信息平台的自动申领，自动补货的药品发放和供给管理链条：药品配发、调剂、二级缓存三大区域功能分区明显，衔接流畅；门诊全品种药品都由蝶和医疗智能药品管理设备及平台实现智能存储与调剂；统一信息平台，由 10 种共 66 台全智能药品管理设备协同工作；在整体工作流程上实现了创新和优化。

（三）安装实施

鉴于门诊智能发药系统的整体化设计思路和要求，因此实施安装过程中也需要有系统化地实施现场管理。以美国 DIH 的实施管理为例，详述门诊药房智能发药系统的整体化实施，全过程分为四个阶段：项目准备、方案设计、现场实施、验收交付四个部分（如图 5-7-49 所示）。

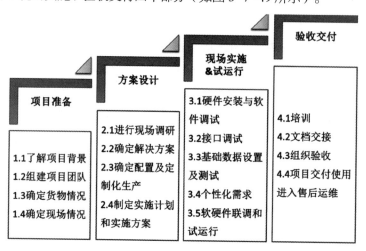

图 5-7-49 门诊智能发药系统实施阶段工作图

二、中心药房调剂及管理系统

中心药房调剂及管理系统一般包含单剂量调剂和按照病区整合调剂两种模式。不同的模式可以应用不同的设备设施，如图 5-7-50 所示。

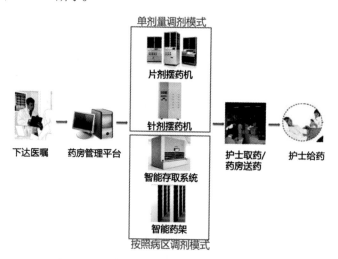

图 5-7-50 中心药房整体解决方案调剂模式图

（一）主要构成

（1）自动药品分包系统：主要用于住院患者的口服药品/针剂药品的单剂量自动分包调剂。自动药品分包系统又叫自动摆药系统，包括片剂分包系统、针剂分包系统、粉剂分包系统等。

（2）引导式药品调剂系统：主要用于按照病区或者单病人的医嘱用药调剂管理。

（3）药品配送车：主要用于将调剂好的药品以病区为单位配送至相应的护士站。此配送车可以由药房来直接配送，也可以由病区护士来领取。

中心药房智能解决方案推动从药品的拆零、剥粒、切片到口服药品分包的每一个步骤从手工工作流程到智能工作流程的转化；并将药品分发纳入管理体系中，不仅涵盖了药品在药房的调剂和管理，还包含了药品分布在各个病区的取用和监察，使中心药房药品到病人床前的整个配发过程更高效、更卫生、更安全。

（二）工作原理

通过系统服务器与医院 HIS 系统连接，能定期自动接收医院 HIS 系统中的医嘱信息（包括长期医嘱、临时医嘱、紧急医嘱等），将患者每餐口服药品进行配药分包，并经由专业药师核对分包的药品后交给病区护士取走，在医嘱给药时间让病人服用（如图 5-7-51 所示）。

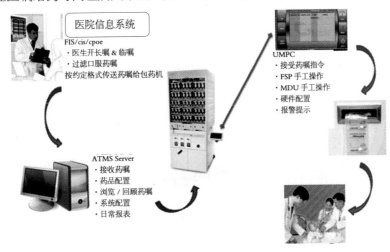

图 5-7-51 口服药品单剂量自动分包工作流程图

该操作流程摒弃了手工摆药的烦琐步骤，降低了药品污染和调配差错的风险，保证了住院病人口服药品调剂的医疗质量。每个分包的药袋上都印有患者信息、药品名称、服药时间、服用注意事项和条形码等识别内容，既提高用药依从性，又为实现住院药品调剂的自动化创造了技术条件，有效保障了患者的用药安全。

（三）系统设计及安装

中心药房的智能设备中，自动药品分包系统相较于其他设备设施来说，对于场地等环境的要求稍微严格；但低于门诊智能发药系统。

自动药品分包系统设备本身占地面积不大（一般 <1m²，部分品牌可达 1.6m² 以上），加上设备的操作空间和散热空间，需要占地为 2.5 ～ 3m²。除此之外，一般自动药品分包系统旁边会配一张电脑桌，用来安置医嘱接收和分包控制系统，以及摆药单打印机。如果条件允许，可以配备自动剥药机、切片机和点药机，以及拆零药品存储架，用以组成拆零药品工作区。综合起来，医院添置 1 台自动药品分包系统，需要腾出约 8m² ～ 10m² 的空间。自动药品分包系统的配置主要根据医院的药品数量和住院病人流量来决定，考虑到可能的故障等情况，一般包药机采用"N+1"模式配置。

为了保障拆零药品的卫生，避免污染，有条件的医院可以将自动药品分包系统的使用场地独立隔离出来（如单独一个房间，或者隔离一个内部的玻璃房等）。配置 1000 ～ 1200W 电源功率（220V，50Hz），保证接地良好，独立插座供电。

如果医院同一药房配备多台自动药品分包系统，场地和部分配置（如装有医嘱接收和分包控制软件的电脑）可以共用。

医院除了提供场地之外，HIS 系统还需提供数据对接接口或者直接传输符合包药机要求的医嘱数据。药房需要提供药盒制作的清单及药样，同时也提供需要通过包药机分包的所有药品清单，包括通过 MDU 和 FSP 系统分包的药品。

三、医用耗材管理系统

智能耗材管理系统，专门针对医院高值耗材术中取用、申领、采购、库存管理、统计报表等流程复杂、管理困难的局面而专业研发的整体解决方案。系统将耗材供应商、医院耗材管理者、耗材取用者和手术患者的信息全程自动跟踪管理，改变了人工管理、手工操作的传统工作模式，使医院高值耗材的管理更加安全、智能、高效，真正实现高值耗材的全流程可追溯智能管理。

智能耗材管理系统由智能耗材管理终端（智能耗材柜，如图 5-7-52 所示）及智能化软件信息管理平台组成，其直接应用于介入手术间，帮助院方对支架、球囊、起搏器、导管导丝等高值耗材进行实时高效的全程追溯化管理。

图 5-7-52 智能耗材柜

第七节　负压式垃圾被服收集系统

垃圾被服收集系统是近几十年来在国外发达国家应用十分广泛的一项成熟技术，为全封闭负压式垃圾被服收集系统和非全封闭重力式垃圾被服收集系统两种。在欧美、日韩等 40 多个国家与地区的大型医院内，普遍采取智能化的全封闭式负压收集系统进行医院内垃圾、污衣被服的收集和运输，以完全杜绝病菌的院内传播与交叉感染。

负压式垃圾被服收集系统是 1961 年发明的，最早用于医院垃圾收集，从 1967 年开始在住宅区、机场等装配使用，目前已推广至美国、日本、德国、丹麦、新加坡、我国香港等 30 多个国家与地区，安装运行达数百套。国内的 301 医院、北大国际医院等采用了该系统。主要的品牌包括德列孚、芬兰普泽、沃伦韦尔、瑞典恩华特、香港联谊等。

负压式垃圾被服收集系统是一种以负压为动力、以全封闭管网传输为运输路径、以终端站房集中回收为收集方式的全自动智能化系统。系统在医院内收集物品的对象主要为生活垃圾及污染被服，包括门急诊楼、病房楼、行政楼等楼内医务工作人员、患者、家属使用过的各类生活垃圾（非医疗垃圾）以及医务工作服、病人服饰、病床床褥等各类污染被服。

一、主要构成

负压式垃圾被服收集系统可覆盖全院范围，尤其适合分散型、多楼宇布局。系统各个组成部分通常分布于大楼内楼层、地下室、室外等区域，可分按功能为四大子系统：投放系统、传输管网系统、中央收集系统、控制及动力系统，如图 5-7-53 所示。

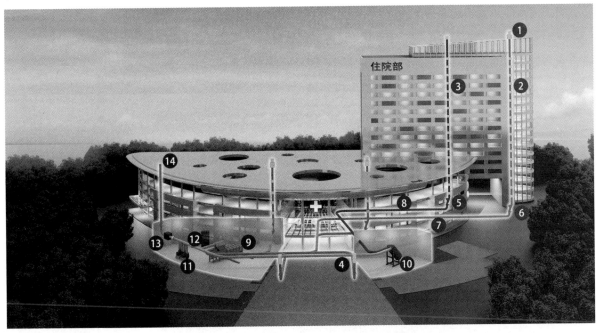

图 5-7-53　　　　　　　　　**负压式垃圾被服收集系统组成示意图**

①通风装置　　　　②垃圾投放口　　　　③被服投放口　　　　④室外投放口

⑤被服排放阀室　　⑥垃圾排放阀室　　　⑦垃圾管道　　　　　⑧被服管道

⑨垃圾收集终端　　⑩被服收集终端　　　⑪风机系统　　　　　⑫空气排放管

⑬除尘除臭过滤装置　⑭气体排放末端

（一）投放系统

投放系统主要用于实现垃圾、污衣被服的投放和暂存功能，如图 5-7-54 所示。其中包括垃圾投放口（位于井道内垂直竖管或室外地面）和污衣被服投放口（位于井道内垂直竖管）、暂存垃圾及污衣被服的排放阀室、排风装置及清洁消毒装置、其他相关的电气控制组件。

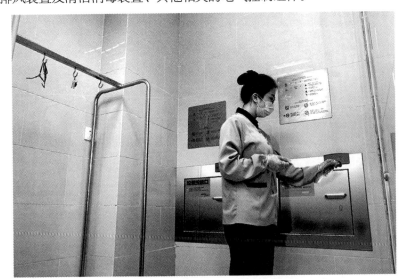

图 5-7-54　室内垃圾、污衣被服投放口

1. 投放口

根据医院的管理需求，投放口的类型及设置方式有以下三种选择。

（1）垃圾投放口、污衣被服投放口同时设置。垃圾投放口（独立垂直竖管）和污衣被服投放口（独立垂直竖管）同时设置，主要应用于门诊医技楼、普通住院楼。如建筑空间足够，两种投放口（独立垂直竖管）可相邻布置，共用一个井道。

（2）垃圾（或污衣被服）投放口单独设置。垃圾投放口（独立垂直竖管）或污衣被服投放口（独立垂直竖管）可单独设置，方便有特殊投放需求的场所使用，如行政办公楼可只设垃圾投放口（竖管）供生活垃圾的投放；感染住院楼可只设被服投放口（竖管），病人的被服按相关流程投放，如有特殊感控要求，可先进行消毒，再投放，最终统一收集及清洗。

（3）室外垃圾投放口。通常医院项目占地较大，户外地面区域可设置室外垃圾投放口，供公共区域垃圾集中投放，更大程度地实现全院范围内垃圾"零污染"的感控卫生管理要求，如图 5-7-55 所示。

图 5-7-55 室外垃圾投放口布置示意图

2. 垂直竖管

垂直竖管用于连接投放口与底部排放阀室，管径为 500mm，安装于管井内。材质为内壁光滑的优质不锈钢管，避免刮破垃圾包装袋和待清洗的污衣被服。

3. 通风装置

自动通风装置位于垂直竖管的正上方及建筑天面，可使竖管内持续保持微负压。一旦投放口打开，气流将流向竖管内并经由顶部通风装置排至室外，即使竖管内有异味也不会溢出至投放口外部。

4. 排放阀室

在建筑底层投放口的正下方，需设立排放阀室，用于放置系统设备，包括用于垃圾（污被服）暂存、系统阀门及电气控制组件等。

（二）传输管网系统

带高负压气流运作的水平管道，将暂存在排放阀室内的垃圾或污衣被服输送到中央收集站作进一步集中回收。传输管网可随医院土建进度安装，可在地下室上空吊装或室外埋地安装。传输管网通常由管径 500mm 的不锈钢或碳钢管道、弯头、三通、检修门、阀门及电气控制装置组成。其中，由于被服需清洗循环使用，为防管壁毛糙，建议输送污衣被服的管道（含井道内竖管在内）采用优质不锈钢管道及相应管件，以保证管道内壁光滑，降低污被服的损耗率。

（三）中央收集系统

中央收集系统主要包括垃圾收集终端、污衣被服收集终端、除尘除臭过滤装置。其中，当医院规划内部设置洗衣房时，污衣被服收集终端会直接设在洗衣房内或邻近区域，方便收集后的污被服直接清洗处理。

1. 垃圾收集终端

垃圾收集终端通常由气物分离器、压实机与垃圾集装箱组成，如图 5-7-56 所示，压实机按医院日垃圾处理量选择配置。压实机、分离器及接入管道安装总高度不超过 5.5m；系统通常至少配置 2 个垃圾集装箱（一备一用）。

图 5-7-56 垃圾集装箱

2. 污衣被服收集终端

医院配置被服收集终端时可采用储罐式收集方式，便于一次收集大量污衣被服，提高工作效率。被服收集终端采用气动阀门式开关方式，实现自动卸料，如图 5-7-57 所示。

图 5-7-57 储衣罐

3. 除尘除臭过滤装置

垃圾及污衣被服被抽吸至中央收集站，随之而产生的粉尘及臭气需通过特殊过滤装置处理后才能排至室外大气，因此在负压式垃圾被服动力收集系统的末端，要设置特别设计的多层活性炭过滤装置，起到除尘及除臭的作用。除尘除臭过滤装置为独立的 1 台设备，安装在机房内，并与抽风机相连接，故工作时内部承受巨大的负压。过滤器底部设有过滤垃圾收集器，收集器可旋转打开并进行日常清理。

（四）控制及动力系统

1.控制监控系统

系统可实时显示各个排放阀室储存状态、阀门开启状态及系统监控的必要指标。系统可在自动和人工两种模式自由切换，必要时可人工介入，收取清空指定的排放阀室。

2.动力（风机）系统

动力系统应选用高性能变频节能风机，通常一个项目配置3台，其中2台风机同时工作用于抽吸垃圾或污被服，另外1台风机备用。大功率风机工作产生的管内抽吸气流速度可达70～100km/h，强大负压动力能将投放物迅速输送至中央收集站。

3.中央监控系统

中央控制系统预装系统专业控制软件，包括图形化软件界面，监控整个系统的运行状态，对系统内各装置发生的任何故障进行报警提示，可对系统使用情况进行记录，并进行数据保存。

二、工作原理及技术特点

（一）工作原理

垃圾以及污衣被服被投入到投放口后（能够实现可回收与不可回收垃圾自动分拣输送，管道共用），通过智能感应装置进行变频风机系统的驱动控制，在传输管道内产生负压动力，垃圾袋及污衣被服袋以70～100km/h的速度，经传送管道被抽运至中央收集站的垃圾集装箱或储衣罐。垃圾集装箱由环卫车从医院运离至垃圾处置点集中处置；污被服运送至洗衣房清洗；管道内的空气将经过除尘除臭装置进行净化处理后排出管道外。系统在运行过程中，垃圾及污衣被服在自动化全密闭的传输方式下进行收集，污物完全不与外环境接触，从而实现对医院环境的"零污染"。

（二）主要技术参数

（1）投放口采用304金属不锈钢材质门框及拉门，并带自动关闭的闭门器。投放口的安装应符合建筑防火相关规定，必要时投放口应安装具备3C证书及型式检验报告的防火门。

（2）投放口设置RFID读卡装置，用于智能刷卡获取授权以开启投放口。

（3）垂直竖管的选材要求：垃圾、被服管道均选用304不锈钢管，水平管道的选材要求：垃圾管道材质选用碳钢管，被服管道选用不锈钢管，所有管道内径为500mm。

（4）管道竖井预留口被服与垃圾两根竖管：1m×2m。

（5）横向水平管道转弯半径不小于1.5m。

（6）水平管道最大爬坡角度15°（26.8%）。

（7）中央收集站机房约240m²，层高要求6m，具备环卫部门垃圾车运输通道条件；相同情况下优先考虑设在地面位置。

（8）供电：220KW、50Hz、380V。

（9）如采用污被服收集储存罐，规格为2.5m×2.35m×7.5m，占用空间为4.5m（宽）×10m（长）×5m（高）以上。

三、系统设计及应用

（一）系统设计

垃圾被服收集系统在设计时必须考虑的因素包括：日均产生垃圾量、各病区床位数及布局、投放口功能、投放口（垂直竖管）位置、管网路由、中央收集站机房的空间大小及位置。

设计者通过对医院每日产生的垃圾量、建筑布局、通过初步管网路由设计，来确定投放口的布置需求、中央收集站内设备选型（包括是否选用垃圾压实机、垃圾集装箱尺寸、抽风机规格及数量、空压机及储气罐规格）、中央收集站面积大小。中央收集站的面积和内部高度要求是根据收集设备的组合而变化，通常日均垃圾量在 4t 以下的中央收集站（垃圾 + 被服收集）面积要求约 240m²，内部净空要求 6m。

根据中央收集站的位置及管网路由，可确定抽风机功率和数量，目前国内大部分医院采用 3 个大功率抽风机（两用一备）组合，可满足要求。特殊项目可根据管网路由、计算系统风力阻力及动力损失，选用更多或功率更高的抽风机组。

医院日均产生垃圾量和污被服量，均可从医院的规模估算得出。其中垃圾量计算涉及医院床位数、日均门诊量、院内工作人员数量，通过过往统计经验数值系数，计算得出日均产生的垃圾量、污衣被服量。此数值用于设备选型，如选择合适的垃圾分离设备及垃圾集装箱，以系统日均处理能力为依据，保证合理的资金投入和最大效益产出。

（二）应用案例

欧洲发达国家医院在负压式垃圾被服动力收集系统的运用方面甚为普遍，以芬兰赫尔辛基大学附属医院为例作介绍。

赫尔辛基大学附属医院总建筑占地面积 69000m²，设有 7 栋连体群楼式病房楼，共 255 间病房，床位规模约 700 床。医院内被服和垃圾运输通过全自动封闭、卫生安全的传输系统来完成回收工作，无须为垃圾和污衣配置运输人员。该系统与医院建筑设计同步完成，病区内每一个投放口距离最远的病房不超过 30m。

系统投放口，共 48 个，其中被服 24 个、垃圾 24 个；系统竖管，共 14 根，其中被服 7 根、垃圾 7 根；系统排放阀室，共 21 个带消音装置的排放阀室，其中垃圾排放阀室 14 个、被服排放阀室 7 个。系统采用垃圾分类收集方式，分为可回收及不可回收；系统使用管道总长度约 1.6km，管道竖管材质均使用 304 不锈钢，管道尺寸 500mm 垃圾及污衣被服袋输送速度，可变速度，通常为 20 ~ 25m/s；系统配备除尘除臭过滤系统，过滤级别符合 EU7 标准；系统配备风机系统 3 台，变频调速控制，3×90KW（变频）；系统配备气物分离装置，电动横置，占用空间少；垃圾集装箱，共 3 个，每个容积为 30m³，配置和压实机对接装置；系统配备垃圾压实机 3 套，液压控制，压缩比例约为 4:1；被服袋尺寸为 110L 纺织材料，可洗涤反复使用；垃圾袋尺寸 700mm×1100mm×180mm，首选双层卫生袋（内层 PE、外层 PP 或纸）；控制系统为 SIEMENS（西门子）；系统监控分为手机远程监控（APS）和电脑监控。

第八节　其他形式的物流输送系统

随着信息技术、通信技术等方面的进一步发展，一系列新型物流输送系统不断涌现，应用于不同的部门或领域。例如全自动检验流水线系统、采血自动化系统、检验试管输送系统、天架吊轨车输送系统、A 字架分拣系统等。

一、自动检验流水线系统

临床实验室全自动化系统检验流水线也称全实验室自动化（TLA）或实验室自动化系统（LAS），是指临床实验室内几个检测系统（如临床化学、免疫学、血液学等检验系统化）的整合，而将相同或不同的分析仪器与实验室分析前和分析后系统，通过自动化检验仪器和信息网络连接形成检验及信息处理系统的过程。实验室全自动化流水线，是指用轨道自动将试验样品流水运输至与轨道相连的各个功能模块，在电脑软件系统的管理下，按设定的流程和规则，协同完成样品处理、样品检测和结果报告发送的全过程，实现智能自动化（如图 5-7-58 所示）。

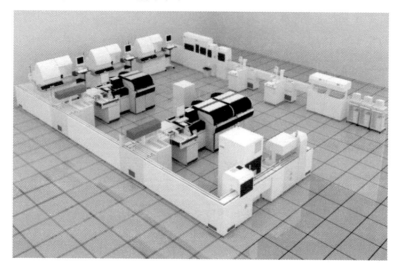

图 5-7-58 临床实验室全自动化系统检验流水线示意图

实验室自动化系统结合实验室信息系统（LIS），实现检验流程的自动化和标准化管理，具有杜绝手工操作引起的差错，降低检验成本，降低检验误差，提高检测效率，缩短 TAT，降低生物性危害风险等优点，是临床实验室未来的发展方向。

（一）主要构成及功能

主要部件包括样本前处理系统（如图 5-7-59 所示）、样本运送系统、分析系统、样品保存系统和软件控制系统等。

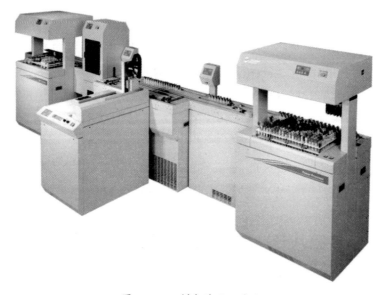

图 5-7-59 样本前处理系统

串联各个自动化仪器和功能模块为一体的轨道是流水线自动化的经络和血管。它既要负责向各个在线的自动化仪器和功能模块输送样品，又要考虑实验室样品的走向和流程，即样品不仅要送得出，还要取得回。按轨道的类型可分为单轨、双轨和多轨。

以无锡人民医院选用的贝克曼库尔特全自动生化免疫流水线为例，轨道类型是双轨＋局部多轨的复合型轨道，配置较高，自动化处理能力涵盖了分析前的样本预处理、分析中的样本测试、分析后的样本存放和查找以及信息系统结果处理的整个分析流程。

轨道流水线的主要结构和工作原理都比较类似，以样品管底座为载体，用传输带控制样品流转的速度，用气泵控制传输带的起止，以条码和／或无线射频技术来跟踪样品的轨迹。配以不同的在线单元模块和系统管理软件，自动完成样品在实验室内的生命周转。

（二）设计及安装

在临床检验自动化流水线的设计上，首先要根据科室目前的工作量，并根据合理的增长率，预测 5 年后的工作量，合理规划流水线的配置。确定基本的流水线配置后，厂家必须根据科室场地的不同，深入了解科室的工作流程，合理规划流水线布局方案。常见的流水线布局方案有直线布局、U 型布局、L 型布局及背靠背布局等。考虑到免疫标本检测的要求，免疫分析仪器一般放在生化分析仪器的前面。

厂家及科室双方均确认流水线布局后，场地的水电安排必须根据布局图进行设计。一套完整的自动化流水线，安装时必须考虑相对承重问题，系统中的供水、排水、压缩空气及集中不间断电源供电，也必须在场地施工中一并进行。同时，自动化流水线要求医院具备成熟的条码系统及实验室信息管理系统，满足流水线应用的自动重做、自动报告审核等要求。

一般自动化流水线的安装周期约为 20 ～ 30 天，安装后培训周期约为 20 ～ 30 天。安装中，必须注意各自动化部件（如抓手、传感器、条码阅读器等）的位置调整，并进行大量标本上线的压力测试，模拟流水线实际运行状态，避免流水线运行中的报错。参数设置方面，必须根据科室的开展项目、历史审核条件及线下项目等，合理设置标本规则，以提高流水线的工作效率。

二、采血自动化系统

门诊采血自动化系统，是利用现代物流、信息、自动化、传感技术等多种技术，将目前已在医院得到广泛应用的 HIS 或 LIS 与信息识别技术和自动化、智能化设备结合起来，从而实现从电子化验单信息管理到采血管挑选、标签打印、试管标识，再到采血完成确认的自动化、智能化管理过程。采用门诊智能采血管理系统，不仅可以极大地提高门诊采血效率，减少差错，而且可以最大程度地节约门诊采血面积，提高标本管理效能，使标本在流转过程中可以处于相对封闭的状态，为标本提供了更为安全、适宜的运输环境。

从 2007 年第一套门诊采血自动化系统由日本引入国内开始，门诊采血自动化系统的应用和发展经历了近 10 年的时间，目前正处于蓬勃发展阶段。目前已经应用成熟的门诊智能采血管理系统有掉管式、机械手式、回转式、震动式、电梯上升式等多种技术和形式的设备，主流的品牌包括日本 ROBO、韩国 GNT，以及国内的阳普、金禹罗博、倍健、鑫乐、创思杰、东南易行、祺康、艾隆等。

（一）主要构成及功能

1. 应用于前台登记的智能采血登记及排队系统

由于国内的医院相较于国外的医院来说，门诊量较大，为避免患者排队以及备好的试管堆积难以查找，前台登记时可以应用智能登记及排队系统，其作用是将患者的电子化验信息从 HIS/LIS 中下载下来，进行检验项目与采血管的一一配对绑定，患者采血前能及时得到正确的通知和提示。

2. 应用于后台选择试管、打印标签、粘贴标签的自动贴标系统

自动贴标系统运用不同的原理和技术，将不同种类的采血管存储于设备中，可以根据系统接收到的电子化验单，按照采血管的存储位置将相应的采血管自动或者半自动弹射或选择出来，再根据系统接收到的电子化验单，打印适当的标签，然后找准试管需要贴标的位置，自动把标签粘贴到试管正确的位置上，再输送出到一个容器或者塑料袋中。根据系统收到的电子化验单，逐一重复上述动作，直到电子化验单上需要的试管全部输送出来，形成一个试管服务包，存放在设备某个作为缓冲区的位置中，以等待任何

一个采血士的请求调度。图 5-7-60 是采血出管口。

图 5-7-60 采血士身旁的采血出管口

3. 应用于传送采血管和标本的智能传送系统

由于采血管需要送到采血士手上，以备采血，并且采完血后标本需要传送到检验科，采血后盛装采血管的容器也需要回收使用，因此需要一个用于传送采血管和标本的智能传送系统，保证传送的试管与前来采血的患者能够一一对应起来，杜绝任何差错。图 5-7-61 为标本回收轨道。

图 5-7-61 标本回收轨道

4. 应用于采血现场管理及工作量统计的采血管理软件

为了保证试管上的姓名与前来采血的患者姓名一致，因此需要现场核对。由于患者的状态与采血需要的条件必须一致，因此可能存在某些试管不能用于当场采集标本的情况，此时为了患者健康数据的准确性，采血士需要对某些标本的采集采取必要的不予采集措施，并且把这个判断告知患者本人，同时也要在 LIS 系统中更新状态。因此每个采血士需要一套能够连接 LIS 的管理工具，用于数据更新。另外，对于那些被许可采集的标本，采血士也需要把这些标本的最新采集状态更新到 LIS 中，包括标本采集的时间。

(二)设计及应用

门诊智能采血管理系统在设计时需要考虑的因素有以下几类。

(1)门诊采血中心场地:需要考虑门诊采血中心是属于何种场地,新建的场地、允许改建的场地、不允许不考虑改建的场地;如果需要改建场地,还要评估采血服务在当地进行还是换地进行。

(2)门诊采血患者量:包括平均日门诊采血患者量、门诊采血患者量最大最小范围、最高峰时段每小时采血患者数、高峰时段分布等,再考虑未来几年各个数据的增长率。

(3)门诊采血管种类:门诊采血管总种类数以及未来几年的增长率。

(4)门诊采血管数量:包括平均每天试管总共消耗的试管量,各种品规的试管各自消耗的试管量。

(5)评估现在采血流程和未来改进后的采血流程,能够提高的效率,节约的时间数。

(6)根据以上数据进行评估需要开放的采血窗口数量。

(7)根据现场地理位置、建筑物的墙体和柱子分布情况,患者的出入口,上下电梯等情况设置合理的采血窗口位置、病人排队等候区的位置及大小。

(8)结合设备的大小、空间要求,选择合适的设备型号、数量、安装位置。

(9)根据医院的意愿,结合场地空间,考虑是否搭配延长的标本回收轨道。

(10)化验单构成:平均每张化验单试管种类数、平均每张化验单药品盒数、大处方量药品所占比例、门诊采血一天发药总盒数等。

(11)门诊采血建筑条件:门诊采血现有占地面积、吊顶高度、承重墙及结构性承重柱的位置、电源/网线/水道位置等(如有建筑设计图,最好能根据建房时的设计进行门诊采血的布局设计)。

(12)工作流程:门诊采血管理工作流程、调剂流程、开放窗口数量、是否设特殊功能窗口等。

综上所述,可以看出门诊采血自动化系统的整体设计是一件多因素的复杂工作,设计者一般会根据医院门诊采血的实际情况,结合设备的性能为医院提供整体性的设计方案;并在设计完成后,提供给医院一套模拟数据分析及布局建议。

图 5-7-62 为门诊智能采血管理系统实施阶段工作。

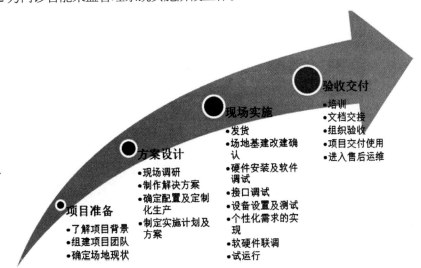

图 5-7-62 门诊智能采血管理系统实施阶段工作

三、A 字架分拣系统

A 字架分拣系统是一种新型的自动化物流拣选设备,因其主体结构呈“A”字形,故常称之为 A 字架分拣系统(如图 5-7-63 所示)。

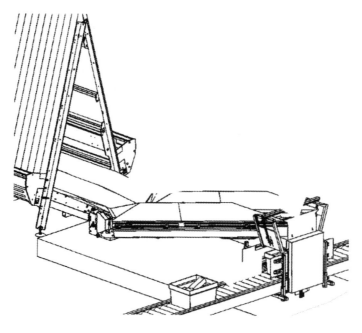

图 5-7-63　A 字架分拣系统示意图

　　A 字架分拣系统适用于医药、烟草、化妆品等领域，用于处理包装较为规整的物品，以较低的运营成本处理种类多、数量少的订单是 A 字架分拣系统的最大优势。医药作为主要应用的领域之一，A 字架分拣系统非常适合医院对药品的分拣与输送需求。据统计，拣选作业是人力、时间、成本投入最多的物流作业，医院的药品拣选也不例外。尤其当要求拣选多品种、少批量的物品时，因订单顺序与储位安排顺序无法相符，造成人工拣选作业不便。传统人工拣选不仅增加了因拣货所需而走动的距离和拣错商品的概率，而且需依赖有经验的拣货员来提高工作效率。随着现代物流的发展，A 字架分拣系统的出现，成为多品种、少批量拣选作业提高效率、降低成本的有效途径。

　　A 字架分拣系统目前以国外品牌为主，如德国 SSI SCHAEFER（胜斐迩）、奥地利 KNAPP（科纳普）、美国 SI SYSTEM 公司等。下文主要以德国 SSI SCHAEFER（胜斐迩）的 A 字架分拣系统为基础，并结合国内的研究进行描述。

（一）主要构成及功能

1. 常见配置类型

　　A 字架分拣系统主体结构呈 "A" 字形，按照功能划分为四个基本的功能单元：存储单元、挑拣单元、订单收集单元和控制单元。

　　A 字架系统的应用方式非常灵活，系统单元有三种基本配置类型（如图 5-7-64 所示）。

图 5-7-64　A 字架系统单元基本配置类型

　　拣选至传送带：将订单中指定的物品分拣到通过系统中心皮带的指定区域内。

　　拣选至纸箱：将订单中指定的物品分拣到通过系统中心的纸箱中。

　　拣选至连续箱：将订单中指定的物品分拣到连续运行的周转箱内。

2.A 字架分拣系统组成构成

A 字架分拣系统主要由 A 字架、弹射装置、收集输送带、辊子输送机等设备集成，辊子输送机和收集输送带垂直布置，形成 T 字型传输设备，收集输送带的出货端就是 A 字架分拣系统的装载点。

A 字架：由若干组滑槽（如图 5-7-65 所示）组成，滑槽"背靠背"位于 A 字框架的两翼，收集皮带机两侧。药品按照品规储存在滑槽中，滑槽底部装有弹射装置。订单所需的药品从滑槽底部弹出，当滑槽内药品数量不足时，人员根据指示灯向滑槽内补货。滑槽的宽度可在一定范围内进行调节，以便不同规格药品的放置。

弹射装置：每个产品滑槽底部都安装槽道传送带，传送带上有凸起的推块，是药品的弹射装置。每个槽道传送带都由单独的电机驱动，当电机启动时带动槽道传送带向收集输送带方向运行，凸起的推块就会将槽道内的药品弹射到收集输送带上。若干个弹射装置由一个控制器控制，按照系统订单，准确将对应数量的药品弹射到收集输送带上。

收集输送带：A 字架中间的皮带输送机被称为收集输送带，每个订单分配到收集输送带的一部分。这部分有订单的区域会依次经过 A 字架所有产品滑槽，当即将到达有订单的滑槽时，弹射装置会准确将相应数量的药品弹射到该订单所对应区域。

辊子输送机：与收集输送带垂直布置，当收集输送带上的药盒运行至出货端时，与该订单匹配的周转箱已通过辊子输送机运行到出货端下方，这就是 A 字架分拣系统的装载点（如图 5-7-66 所示）。两者需要通过精准的时间控制，使收集输送带上的订单药品自动落到周转箱中。之后周转箱继续通过辊子输送机运行到指定位置。

图 5-7-65 滑槽　　　　　　　　　　　　　图 5-7-66 装载点

控制系统系：是 A 字架分拣系统的重要组成部分，是整个分拣系统的指挥中心，向上连接 WCS，接受订单，向下连接 A 字架分拣系统的各个组成部分，使其准确高效配合，以满足使用要求，并保证系统整体的流畅和稳定。控制系统协同各设备顺序动作，药品的检测、计数、声光报警、补货提示等，用简洁友好的方式实现人机交互。

网络结构：A 字架分拣系统的管理系统对整个控制系统的运行状态进行监视，不直接控制各组成设备。现场显示有 A 字架分拣系统示意图、工艺参数、报警状态等，并可以连接打印机使用。

工业控制器选择 PLC 控制系统，它不仅接受和执行管理系统所发出的指令，还对与其连接的按钮、传感器信号进行处理，使电机接触器、报警灯正确运行。

（二）设计及安装

A 字架拣选系统目前在国内医院应用较少，要想最大限度地发挥 A 字架拣选系统的优势，首先要明确自身的需求，即每小时的订单数量和需要拣选的药品品种，来选择合适的 A 字架拣选系统。目前有半自动、全自动的各类系统，可处理订单也从每小时几百单到几千单不等。选择合理的、适合的规划设计至关重要，在设计中有几点基本要求需要注意。

（1）设备系统在启动之前必须设置声光报警装置，设备即将运行，提醒人员注意安全。

（2）收集传送带必须在声光报警停止后才可运行，并且始终恒速运行。

（3）在收集传送带的起始端应该设置检测装置，能够将收集传送带划分出若干个虚拟视窗，并且在虚拟视窗之间留有足够的视窗间隔。

（4）每个滑槽需要设置检测堆叠药品高度的装置，滑槽内的药品高度低于设定的安全量时，检测装置将补货信息发送至控制系统。控制系统点亮相应滑槽的报警灯，以提醒人员及时补货。

（5）滑槽内的弹射装置能够在有订单需求的虚拟视窗运行到该滑槽，需要准确将订单数量的药品弹射至对应的虚拟视窗区域。

（6）每个滑槽的药品弹出口应设置计数装置，当弹射药品的数量达到订单数量或者达到滑槽一次连续出货上限时，弹射装置停止运行。

（7）装载点辊子输送机的运行必须和收集输送带的运行匹配，当收集输送带上某订单的虚拟视窗到达出货端时，辊子输送机上该订单对应的周转箱也要运行到装载点。下一个订单的周转箱需要在虚拟视窗间隔的时间内运行到装载点。

（8）为了防止设备在运行中的故障或遇到其他意外事故，必须在合理的位置设置急停按钮。

A字架拣选系统虽然目前在国内医院应用较少，但在医药分拣中心已有许多成功案例，有的每小时分拣高达4200订单。A字架分拣系统除了能实现自身完整分拣以外，还可以有多种应用选择：如移动型A字架，可以和现有药房管理相结合，在因季节因素或其他原因导致某一时间段分拣任务增加时，将移动式A字架配置到现有的拣选设备处，在无须增加人员的情况下可以明显提高工作效率（如图5-7-67所示）；还可以与搬运机器人结合，实现全自动全方位的分拣，满足日益变化的医院要求。

图 5-7-67 移动 A 字架分拣系统效果图（图片来自 SI SYSTEM 解决方案）

参考文献

［1］沈崇德，张会泉，刘玉华，等.中国医院建设指南［M］.北京：人民卫生出版社，2008.

［2］沈崇德，吴建军.医院物流输送系统—中国医院建设指南［M］.北京：研究出版社，2012.

［3］沈崇德.医院智能化建设［M］.北京：电子工业出版社，2017.

［4］吴文辉.面向21世纪的现代化医院物流输送系统［J］.中国医院，1999，3（03）：41-42.

［5］周翔.医用气动物流输送系统的发展趋向［J］.中国医学装备，2007，4（04）：61-62.

［6］罗小瑜，辜锦燕.发挥轨道小车物流输送系统在现代化医院的作用[J].医疗装备，2005，18（02）：9.

［7］沈崇德.医院物流输送系统浅析［J］.中国医院，2009，13（03）：74-75.

［8］沈崇德.浅谈医院AGV物流输送系统［J］.中国医院建筑与装备，2009（05）：24-29.

［9］沈崇德.医院轨道式物流输送系统的构成与应用维护［J］.医疗卫生装备，2009，30（05）：104-107.

［10］魏宇宁，侯永春，郭代红，等.整包装自动发药机应用于门诊药房的实践与体会［J］.中国药物应用与监测，2008，5（5）：4-6.

［11］韩晋，刘丽萍，谢进，等．自动化设备对医院药房的影响［J］．中国药房，2006，17（19）：1469-1471.

［12］杨华．自动化系统应用于门诊药房的实践与体会［J］．中国药业，2012，21（4）：65-66.

［13］杨东，刘妙芳，谭志坚，等．住院／门诊整合式药房自动化系统的设计和解决方案［J］．临床医学工程，2009，16（11）：10-12.

［14］魏晓琴，沈敏德，马琳，等．自动化药房相关技术探讨［J］．山东轻工业学院学报，2010，24（3）：4-10.

［15］谭玲，孙春华．有助于提高医院药学服务水平的全自动口服药品摆药机［J］．中国药房，2008，17（3）：228-230.

［16］陆一．自动单剂量药品分包机在自动化药房中的应用体会［J］．中国药业，2010，19（18）：67-68.

［17］曹歌，任浩洋，辛海莉．我院应用自动化药品单剂量片剂分包机前后护士反馈情况分析［J］．中国药物应用与监测，2009（6）：374-375.

［18］李野，刘煜．全自动单剂量药品分包机在我院住院药房的应用［J］．中国药房，2008，19（25）：1959-1961.

［19］陈柱，汤志卫，王绍红．高值医用耗材的信息化管理［J］．中国医疗设备，2010，25（4）：10-12.

［20］张奕，沈晨阳，王杉．基于ERP系统的医用高值耗材全程监管模式［J］．中国医院，2010，14（10）：28-30.

［21］赵犇，梁方舟．二级库管理模式在高值耗材管理中的应用［J］．中国医院，2008，12（11）：60-62.

［22］王晓，张健，李业博．基于条形码基数的特殊耗材全程监管［J］．医疗卫生装备，2008，29（9）：297-298.

［23］陈宁，姜燕，医院物流配送与智能调度系统设计［J］．中国数字医学，2012，8（4）：116.

［24］艾瑞咨询，2018年中国人工智能行业研究报告［R］．上海：上海艾瑞市场咨询股份有限公司，2018，3-6.

［25］Alonzo Kelly, Mobile Robotics, mathematics, models, and methods［M］. UK: Cambridge University Press, 2013, 2-10.

［26］Timothy D. Barfoot, State Estimation for Robotics［M］. UK: Cambridge University Press, 2016, 3-10.

［27］Lapierre S D, Ruiz A B, Scheduling logistic activities to improve system［J］.Computers and Operations Research, 2005, 34, 624-641.

第八章

医院停车系统

赵奇侠　董苏华　周卫兵　林华　魏云

余秋英　黄波　刘鹏　杨新苗　康泽泉

作者简介

赵奇侠　北京大学第三医院基建处处长

董苏华　中国城市规划设计研究院教授级高级工程师

周卫兵　北京大学第三医院基建处高级工程师

林　华　广州广日智能停车设备有限公司总经理

魏　云　广州广日智能停车设备有限公司高级工程师

余秋英　中国重型机械工业协会停车设备工作委员会专家

黄　波　广州广日智能停车设备有限公司技术部长、副总工程师

刘　鹏　北京紫光百会科技公司董事、总经理

杨新苗　中国城市交通规划学会理事

康泽泉　北京华源亿泊停车管理有限公司总经理

第一节　概述

一、医院停车主要问题

伴随着我国城市化进程的加快，人们选择出行方式的变化，私人汽车普遍进入家庭。医院作为人员聚集的公共场所，已成为各城市交通拥堵的重点区域，医院停车难问题成了社会问题。在一些大中城市，各级政府已经着手解决医院周边交通拥堵和停车难问题。医院如何根据自身土地及空间情况建设停车设施也是一件需要认真研究的事情。在改善医疗环境的计划中，医院停车设施建设也是不容忽视的问题。在制订停车泊位的规划方案时，要结合医院用地规模、门急诊量、住院床位数、建筑物总面积、医护人员数量、医院周边道路交通资源条件（路边临时停车泊位、道路通畅情况、公共交通设施情况）、当地城市规划和卫生行政主管部门对医院停车泊位的规定及政策等进行综合评估；在有限的土地资源不能满足停车泊位要求的情况下，可以考虑建设地下停车场（库）、地面立体停车楼和地下立体停车库。

医院停车难主要是由于"人多、车多、停车位少"，解决方案是"人变少、车变少、车位变多"，要紧紧围绕这三个指标进行综合分析。

（一）医院人群复杂

门诊患者、急诊患者、住院患者、医护人员、行政管理服务人员、医学生、探视陪护人员、就医陪同人员、其他访者是在医院中活动的主要人群。

长期以来，医疗资源配置集中在大中城市和省会中心城市的大型医院，造成这些大型医院就诊人数居高不下。医疗卫生体制改革模式的变化、社区医疗服务和医疗保险制度的配套完善，在减少大型医院门诊就医人数方面的效果并不明显。加之人们生活水平的提高、城市间交通的便捷，大型医院特色专科会吸引大量的外地患者前来就医，"人多"的问题十分突出。

（二）医院"车多"问题

乘坐私家车来医院就诊的患者比例逐年提高，同时，为患者服务的医护人员的私家车购买水平远远高于城市居民平均水平，特别是住房实行商品化改革以来，医院骨干力量居住分散且远离医院，自驾车上班的人员会逐年增多。虽然采取预约挂号和分时段就诊的措施可以减少部分门诊患者的集中停车拥堵问题，城市交通部门也会在医院附近增加公交站点，但是相对于私家车的增长仍是杯水车薪。

（三）医院"停车位少"问题

城市公共停车位少是个历史遗留问题，医院作为公共医疗的服务部门尤为突出。我国医疗行业的特点：政府是公立医院的投资方，近年全国各级城市的房地产开发建设迅猛发展，使医院周边可扩充的土地资源越来越稀缺，土地出让价格增加，医院只能在原址上改建、扩建，这对于解决医院停车难问题来说收效甚微。

本章将重点介绍解决医院"停车泊位少"的办法，着重分析和介绍大中城市大型医院解决停车泊位少的问题及措施。对于"人多、车多"问题和涉及医院内部流程与管理的问题没有展开讨论，但是在医院实际建设中会涉及诸多医院共性的建设停车泊位的影响参数，各医院可结合当地的实际情况和医院自身情况进行深入研究。我国医院分级管理的现状决定了处于中间级别的地、市、县、乡医院存在地区差别和经济发展不平衡问题，所以建设医院停车泊位时要因地制宜，地、市级中小城市医院重点考虑地面解决停车泊位问题；县、乡级医院在建设停车泊位时需要考虑农用车和摩托车的停放问题。

二、国内医院停车规划设计

（一）医院建筑停车泊位配建标准

1. 我国医院建筑物配建停车场标准的现状

（1）相关概念

①配建停车场是指在各类公共建筑或设施附属建设与之相关的为出行者提供停车服务的停车场（库）。

②停车泊位是指为停放汽车而划分的停车空间或机械设备中停放汽车的部位，它由车辆本身的尺寸加四周必需的距离组成。

③停车库是指停放和储存汽车的建筑物。

（2）现行标准

①执行标准。我国医院建筑物配建停车场执行的标准是《停车场规划设计规则（试行）》，详细内容见表 5-8-1。

表 5-8-1 医院停车位指标

项目	机动车	自行车
停车指标（车位 /100m² 营业面积）	0.20	1.50

注：表中所称营业面积为门诊和住院部建筑面积之和。

②《全国民用建筑工程设计技术措施规划建筑景观》（2009 年版）。为公共建筑服务的停车场，当停车数大于 50 辆时，应在主体人流出入口附近设置专用的出租车候客车道。大中型公共建筑及住宅停车位标准参数以小型车位计算，单位见表 5-8-2。

表 5-8-2 大城市大中型公共建筑及住宅停车位标准（参考）

建筑类型		计算单位	机动车停车位	非机动车停车位		备注
				内	外	
医院	市级	每 1000 m²	6.5			
	区级	每 1000 m²	4.5			

注：当地规划部门有规定时，按当地规定执行。

③《城市停车规划规范》（GB/T 51149—2016）。标准于 2017 年 2 月 1 日起实施，要求规划人口规模大于 50 万人的城市的普通商品房配建机动车停车位指标可采取 1 车位 / 户，配建非机动车停车位指标可采取 2 车位 / 户；医院的建筑物配建机动车停车位指标可采取 1.2 车位 /100 m² 建筑面积，配建非机动车停车位指标可采取 2 车位 /100m² 建筑面积；办公类建筑物配建机动车停车位指标可采取 0.65 车位 /100m² 建筑面积，配建非机动车停车位指标可采取 2 车位 /100m² 建筑面积；其他类型建筑物配建停车位指标可结合城市特点确定。

综合考虑我国北京、上海、香港、天津、重庆、深圳、广州、南京、杭州、昆明、长沙、济南、合肥、哈尔滨、长春、宁波等城市，及伦敦、纽约、新加坡等城市的建筑物配建停车位相关标准，提出建筑物分类和配建停车位指标参考值（见表 5-8-3）。

表 5-8-3 建筑物配建停车位指标参考值

建筑物大类	建筑物子类	机动车停车指标下限值	机动车停车指标下限值	单位
医院	综合医院	1.2	2.5	车位 /100m² 建筑面积
	其他医院（包括独立门诊、专科医院等）	1.5	3.0	车位 /100m² 建筑面积

④地方标准。通过对全国 220 个地级以上城市（其中包括 31 个省会城市）的现行医院建筑物配建停车场（库）标准进行汇总和分析得出的结果见表 5-8-4、表 5-8-5。

表 5-8-4 220 个城市医院建筑配建停车场（库）标准计算单位和分类

数量 \ 项目	计算单位		类别划分			
	车位 /100m² 建筑面积	车位 / 床位	划分级别	划分城市区位	独立门诊	住院部
31 个省会城市	31	2	23	14	3	3
189 个地级城市	189	16	122	40	29	18
注：不包括中国台湾、香港、澳门地区。						

表 5-8-5 220 个城市医院建筑配建停车场（库）标准平均值

分类	计算单位	配建机动车位数	配建非机动车车位数
医院	车位 /100m² 建筑面积	1.038	2.57
注：不包括中国。台湾、香港、澳门。			

（3）现执行标准存在的问题

①国家配建标准较高，地方标准平均值低于国家标准。由于国家制定标准的时间较早，当时我国城市机动车保有量较低，医院就医人群选择机动车出行方式的比例不大，配建标准整体水平偏低。经过对我国 220 个地级以上城市医院建筑物配建停车场指标的统计发现，2012 年统计的 76 个地市以上城市的平均值为 0.59 泊位 /100 m² 建筑面积；2015 年统计 163 个地级以上城市平均值提高到 0.8 泊位 /100 m² 建筑面积；2018 年统计 220 个地级以上城市平均值达到 1.04 泊位 /100 m² 建筑面积，高于《全国民用建筑工程设计技术措施》的要求：市级医院每 1000 m² 建筑面积建议配置 65 个停车车位，但是低于《城市停车规划规范》（GB/T 51149—2016）建议的机动车停车泊位下限值 1.2 个车位 /100 m² 建筑面积。

②分类简单，计算标准单一。我国医院是分级别进行管理的，根据《综合医院建设标准》（2008 年版），综合医院各类用房占总建筑面积的比例见表 5-8-6。

5-8-6 全国主要220个城市医院建筑物配建停车泊位标准汇总表

城市名称	类别划分	单位（车位/100㎡建筑面积）	机动车				非机动车				摩托车	执行时间（年）
			旧城地区 上限	一类地区 下限	二类地区 下限	三类地区 下限	旧城地区	一类地区	二类地区	三类地区		
1.北京市	综合医院、专科医院		1.2	1.2	1.3	1.4	3	3	2.5	2		2014
	社区卫生服务中心		1.5	1.5	1.6	1.7	2.5	2.5	2	1.5		
2.天津市	三级医院			0.7（一类地区）	0.9（二、三类地区）			0.5（一类地区）	0.5（二、三类地区）			2018
	二级及以下医院			0.6（一类地区）	1.9（二、三类地区）			0.5				
	其他医疗卫生用地			0.3（一类地区）	2.9（二、三类地区）			0.3				
3.上海市	综合性医院			0.6（一类区域）	0.8（二类区域）	1（三类区域）		0.7（内部）	1（外部）			2014
	社区卫生服务中心			0.2（一类区域）	0.3（二类区域）	0.5（三类区域）		0.3（内部）	0.5（外部）			
	疗养院			0.4（一类区域）	0.6（二类区域）	0.8（三类区域）		0.3（内部）	—（外部）			
4.重庆市	三甲医院		1.5									2018
	其他医院		1.2									

（机动车栏标注"直辖市"）

5-8-6 全国主要 220 个城市医院建筑物配建停车泊位标准汇总表（续）

城市名称	类别划分		单位（车位/100m² 建筑面积）	机动车				非机动车			摩托车	执行时间（年）
				中心区 下限	中心区 上限	二环内 下限	其他区域 下限	中心区	二环内	其他地区		
河北省												
1.石家庄	三甲医院	门诊部		1	1.5	1.5	2	1.5				2015
		住院部	车位/床位	0.3	0.3	0.3	0.4					
	普通医院	门诊部		0.4	0.6	0.8	1					
		住院部	车位/床位	0.2	0.2	0.2	0.2					
	社区卫生服务中心			0.2	0.3	0.3	0.5					
	疗养院			—	—	0.3	0.3					
2.张家口市	医院			0.5~1.1				4.0~6.0				2015
3.秦皇岛市	综合/专科医院	门诊部（含急诊）		1.2								2016
		住院部	车位/床位	0.3								
		其他		1								
	社区卫生站			0.5								
	疗养院			0.4								

表 5-8-6 全国主要 220 个城市医院建筑物配建停车泊位标准汇总表（续）

城市名称	类别划分		单位（车位/100m² 建筑面积）	机动车	非机动车	摩托车	执行时间（年）
4.唐山市	医疗卫生	综合医院专科医院		1.5	5		2016
		社区诊所		1.5	8		
		卫生防疫		0.5	3		
		疗养院		0.6	3		
5.沧州市	综合医院			1.2	2.5		2018
	其他医院（包括独立门诊专科医院等）			1.5	3		
	精神卫生专科医院			0.5	3		
	市级及市级以上综合医院专科医院			1			
6.衡水市	区级综合医院、专科医院			0.8	1.5		2018
	社区卫生服务中心			0.5			
7.邢台市	综合医院、专科医院			1			2014
	社区卫生防疫设施			0.5			

5-8-6 全国主要 220 个城市医院建筑物配建停车泊位标准汇总表（续）

城市名称	类别划分		单位（车位/100m²建筑面积）	机动车	非机动车	摩托车	执行时间（年）
8.邯郸市	省、市级综合医院专科医院	门诊部		1.2	4		2018
		住院部		0.5	0.5		
	县区级综合医院、专科医院	门诊部		0.6	4		
		住院部		0.3	0.5		
	社区医院、社区卫生服务中心	门诊部		0.4	4		
		住院部		0.3	0.5		
	疗养院			0.4	—		
山西省							
1.太原市	综合医院、专科医院			1.2	5		2017
	社区医院			0.5			
	疗养院			0.4			
2.大同市	市级医院			1	5		2012
	社区卫生服务中心（卫生院）			0.5			

5-8-6 全国主要 220 个城市医院建筑物配建停车泊位标准汇总表（续）

城市名称	类别划分		单位（车位/100m² 建筑面积）	机动车	非机动车	摩托车	执行时间（年）
3.朔州市	综合医院专科医院	门诊部（含急诊部）		1	5		2016
		住院部		0.15	0.5		
		其他（院内办公、医技等功能性建筑）		0.8	—		
	社区卫生站			0.4	2.5		2014
	疗养院			0.4	—		
4.长治市	市级医院			1	3		2014
	社区卫生服务中心（卫生院）			0.5	1.8		
5.晋城市	医院			0.6	3		2014
	门诊部/诊所			0.4			
6.忻州市	住院部		车位/床位	0.12	0.3		2014
	疗养院		车位/床位	0.08	0.24		
7.晋中市	市级医院			0.8	3		2012
	区级（社区）医院			0.4	2		
8.临汾市	市级及以上医院			0.5			2008
	市级以下医院			0.4			

表 5-8-6 全国主要 220 个城市医院建筑物配建停车泊位标准汇总表（续）

城市名称	类别划分	单位（车位/100 m²建筑面积）	机动车	非机动车	摩托车	执行时间（年）
9.吕梁市	医院		0.4	5		2004
		内蒙古自治区				
1.呼和浩特市	市级医院		0.65			国家标准 2009
	区级医院		0.45			
2.包头市	医院		1	5		2011
	综合医院		1.2			2017
	社区医院、诊所		1			
3.乌海市	住院部	车位/床位	0.5			
	疗养所	车位/床位	0.5			
4.呼伦贝尔市	综合医院		0.4~1.0	4		2014
	专科医院		0.2~0.6	3		
	独立门诊		0.2~0.5	2		
5.鄂尔多斯市	医院		0.5	1.5		2011
6.乌兰察布市	医疗卫生设施		0.65	0.4		2015
7.巴彦卓尔市	医院、门诊所		≥1.0	≥0.45		2013

5-8-6 全国主要220个城市医院建筑配建停车泊位标准汇总表（续）

城市名称	类别划分		单位（车辆/100m²建筑面积）	机动车			非机动车	摩托车	执行时间（年）
				一类区	二类区	三类区			
					辽宁省				
1.沈阳市	综合医院、专科医院	三级医院		0.8	1.5	1.5			2017
		二级及以下医院		0.6	0.8	1			
	独立门诊			1	1.5	2			
	疗养院、养老中心			0.4	0.6	0.8			
	社区卫生防疫设施			0.2	0.3	0.5			
2.大连市	医疗设施			I区	II区	III区			2013
				0.5~2.0	0.7~2.5	0.8~2.5			
3.鞍山市	三级医院				1				2015
	二级医院				0.8				
	一级医院独立门诊及专科医院				0.6				
4.锦州市	三级医院				1				2018
	二级医院				0.8				
	一级医院独立门诊及专科医院				0.6				

5-8-6 全国主要 220 个城市医院建筑物配建停车泊位标准汇总表（续）

城市名称		类别划分		单位（车位/100m²建筑面积）	机动车		非机动车	摩托车	执行时间（年）
					I区	II区			
吉林省									
1.长春市	省、市级中心医院、专科医院	门诊部分			1.2	1.5			2013
		住院部分			0.6	0.8			
	区级综合医院、专科医院				0.5	0.8			
2.吉林市	市级医院				3				2016
	区级医院				2				
	独立门诊				1				
黑龙江省									
1.哈尔滨市	一类医院				3				2009
	二类医院				2				
	独立门诊部				1				
2.齐齐哈尔市	市级医院				0.65				2015
	区级医院				0.45				
3.牡丹江市	医院				≥0.5				2012

5-8-6 全国主要220个城市医院建筑物配建车泊位标准汇总表（续）

城市名称	类别划分		单位（车位/100m²建筑面积）	机动车				非机动车			摩托车	执行时间（年）
				一类区 下限	一类区 上限	二类区 下限	三类区 下限	一类区	二类区	三类区		
江苏省												
1.南京市	综合医院、专科医院	三级医院		0.8	1.2	1.5	1.5	4	3			2015
		二级及以下医院		0.5	0.7	0.7	1	5	3	2		
	社区卫生防疫设施			0.2	0.3	0.3	0.5	2	2	2		
	独立门诊			2	2	2	2			2		
				Ⅰ类区	Ⅱ类区	Ⅲ类区		一类区	二类区	三类区		
2.徐州市	综合医院			1	1.5	2						2011
	专科医院			0.5	0.6	0.8						
	社区卫生防疫设施			0.8	1	1.2						
	卫生防疫站			0.4	0.6	0.8						
2.连云港市	综合医院				1.5				1			2012
	社区医院				1				1.5			
	专科医院				0.6				2			
	社区防疫站				0.6				3			

5-8-6 全国主要220个城市医院建筑物配建停车泊位标准汇总表（续）

城市名称	类别划分	单位（车位/100m²建筑面积）	机动车			非机动车			摩托车	执行时间（年）
3.淮安市	综合医院（含中医医院）		A类区 下限 0.8	B类区 下限 1.5	C类区 下限 1.5	1				2016
	专科医院		0.8	1	1.2	1				
	社区卫生服务中心		0.6	1	1	1.5				
	其他医疗卫生		0.6	0.8	0.8	1				
4.盐城市	综合医院		1.5			1				2018
	专科医院		0.8			1.5				
	社区医院		1			1.5				
	卫生防疫站		0.6			3				
5.扬州市	市级综合医院		I类区 1	II类区 1.2	III类区 1.5	I类区 3	II类区 2.5	III类区 2		2011
	区级综合医院、疗养院		0.6	0.8	1	3	2.5	2		
	专科医院、社区医院、诊所		0.4	0.6	0.8	2	2	2		

5-8-6 全国主要220个城市医院建筑物配建停车消位标准汇总表（续）

城市名称	类别划分		单位（车位/100m²建筑面积）	机动车			非机动车	摩托车	执行时间（年）
				一类区	二类区	三类区			
6. 泰州市	综合医院、专科医院	三级医院		1.2	1.5	1.8	3		2015
		一级及以下医院		1	1.2	1.5	3		
	社区医院、卫生防疫站			0.3	0.4	0.5	4		
	独立门诊			1	1.2	1.5	2		
				A类区	B类区	C类区			
7. 南通市	综合医院			0.9	1.2	1.5	4		2014
	社区医院			0.6	0.8	1	4		
	专科医院			0.5	0.6	0.8	4		
	卫生防疫站			0.5	0.5	0.6	5		
	独立门诊			1	2	2	2		
8. 镇江市	综合医院			1.5			1		2011
	社区医院			1			1.5		
	专科医院			0.8			1.5		
	卫生防疫站			0.6			3		

5-8-6 全国主要220个城市医院建筑物配建停车泊位标准汇总表（续）

城市名称	类别划分	单位（车位/100m²建筑面积）	机动车 一类区 下限	机动车 一类区 上限	机动车 二类区	机动车 三类区	非机动车	摩托车	执行时间（年）
9.常州市	市区级综合医院		1	1.5	1.5		1		2011
	社区医院		0.5	0.8	0.8		1.5		
	专科医院		1	1.5	1.5		1.5		
	卫生防疫站		0.4	0.6	0.6		3		
10.无锡市	综合医院		1.5				1		2011
	社区医院		1				1.5		
	专科医院		0.8				1.5		
	卫生防疫站		0.6				3		
11.苏州市	综合医院（含中医院）		1.5	1.7	1.5	1.5	1		2015
	专科医院		1	1.1	1	1	1		
	社区医院		0.8	0.9	0.8	0.8	2		
	其他医疗用地		0.8	0.9	0.8	0.8	1		

5-8-6 全国主要220个城市医院建筑配建停车泊位标准汇总表（续）

浙江省

城市名称	类别划分		单位（车位/100m²建筑面积）	机动车			非机动车		摩托车	执行时间（年）
				Ⅰ	Ⅱ	Ⅲ				
1.杭州市	综合医院、专科医院	门诊部		1	1.3	1.5				2015
		住院部	车位/床位	0.3	0.3	0.3				
		其他配套设施		0.5	0.7	0.7				
	社区卫生站			0.3	0.5	0.5				
	疗养院			0.4	0.4	0.4				
2.宁波市	Ⅵ-1市、区级综合医院、专科医院				1.2		3			2015
	Ⅵ-2社区医院、独立诊疗所				0.5		2			
	Ⅵ-3疗养院				0.4		1			
	Ⅵ-4福利院、养老院				0.3		0.9			
							内部	外部		
3.湖州市	综合医院、专科医院	门诊部（含急诊部）		0.8	1	1.2	2	5		2015
		住院部	车位/床位	0.1	0.15	0.3	0.3	0.5		
		其他		0.6	0.8	1	1.4	—		
	社区卫生站			0.2	0.4	0.5	2	2.5		
	疗养院			0.4	0.4	0.4	1	—		

5-8-6 全国主要 220 个城市医院建筑物配建停车泊位标准汇总表（续）

城市名称	类别划分		单位（车位/100m²建筑面积）	机动车	非机动车		摩托车	执行时间（年）
4.嘉兴市	区级及区级以上医院	门诊部		1.5	7			2015
		住院部	车位/床位	0.4	1			
		其他		1	1.5			
	社区卫生站			0.6	4			
	疗养院			0.5	1			
5.舟山市	市级及市级以上医院			0.3	1.5			2005
	其他医院			0.3	1.5			
	疗养院			0.4	1.5			
6.绍兴市	综合医院、专科医院	门诊部（含急诊部）			内部	外部		2013
				1.2	2	5		
		住院部		0.3	0.3	0.5		
		其他		1	1.4	—		
	社区卫生站			0.5	2	2.5		
	疗养院			0.4	1	—		

5-8-6 全国主要220个城市医院建筑物配建停车泊位标准汇总表（续）

城市名称	类别划分		单位（车位/100m²建筑面积）	机动车			非机动车		摩托车	执行时间（年）
				I	II	III	内部	外部		
7.衢州市	综合医院、专科医院	门诊部（含急诊部）		0.8	1	1.2	2	5		2013
		住院部	车位/床位	0.1	0.15	0.3	0.3	0.5		
		其他		0.6	0.8	1	1.4	—		
	社区卫生站			0.2	0.4	0.5	2	2.5		
	疗养院			0.4	0.4	0.4	1	—		
8.金华市	综合医院、专科医院	门诊部（含急诊部）		0.8	1	1.2	2	5		2015
		住院部	车位/床位	0.1	0.15	0.3	0.3	0.5		
		其他		0.6	0.8	1	1.4	—		
	社区卫生站			0.2	0.4	0.5	2	2.5		
	疗养院			0.4	0.4	0.4	1	—		

5-8-6 全国主要 220 个城市医院建筑物配建停车泊位标准汇总表（续）

城市名称	类别划分		单位（车位/100㎡建筑面积）	机动车 I	机动车 II	机动车 III	非机动车 内部	非机动车 外部	摩托车	执行时间（年）
9.台州市	综合医院、专科医院	门诊部（含急诊部）		0.8	1	1.2	2	5		2010
		住院部	车位/床位	0.1	0.15	0.3	0.3	0.5		
		其他		0.6	0.8	1	1.4	—		
	社区卫生站			0.2	0.4	0.5	2	2.5		
	疗养院			0.4	0.4	0.4	1	—		
10.温州市	综合医院、专科医院			1.1	1.2	1.3	3			2017
	社区卫生站			0.5	0.5	0.5	1.2			
	疗养院			0.4	0.4	0.4	1			

安徽省

城市名称	类别划分	一类区	二类区	三类区	执行时间（年）
1.合肥市	医院	0.8	0.8	1	2016
2.宿州市	医院	0.8			2013
3.淮北市	医院	0.8			2011

5-8-6 全国主要 220 个城市医院建筑物配建停车泊位标准汇总表（续）

城市名称	类别划分	单位（车位/100m²建筑面积）	机动车					非机动车				摩托车	执行时间（年）
			西部、潘集城区	东部城区	山南新区			西部、潘集城区	东部城区	山南新区			
4.阜阳市	综合医院		0.8						3				2016
5.亳州市	各类医院		1.1						1				2017
6.蚌埠市	综合性医院		1（3）						3				2018
	社区卫生服务中心		1.5						3				
	疗养院		0.8						2				
7.淮南市	综合医院、中医院、妇儿医院		0.8	0.8	1			2	2	2			2018
	其他专科医院		0.7	0.7	0.9			2	2	2			
	门诊所、社区卫生服务站		0.6	0.6	0.8			2	2	2			
	修养院、疗养院		0.5	0.5	0.7			2	2	2			
8.滁州市	市级综合医院、专科医院		1.2					3					2017
	社区医院		0.8					4					
	独立门诊		2					3					
9.马鞍山市	综合医院、专科医院		1					1					2015
	社区卫生防疫设施		0.5					1					

5-8-6 全国主要 220 个城市医院建筑物配建停车泊位标准汇总表（续）

城市名称	类别划分		单位（车位/100m²建筑面积）	机动车		非机动车	摩托车	执行时间（年）
				一类区 下限	二类区 下限			
10.芜湖市	综合医院、专科医院			1.5		4		2018
	社区医院			0.5		5		
11.铜陵市	综合医院			3		5		2017
	社区医院			1		5		
12.安庆市	医院			0.8		3		2017
13.黄山市	医院			0.8		1.2		2014
14.六安市	医院			1		3		2017
15.池州市	综合医院、专科医院	三级医院		0.8	1.5			2014
		二级及二级以下医院		0.5	0.7			
	社区卫生服务设施			0.2	0.3			
	独立门诊			2	2			
16.宣城市	医院			0.8		1.2		2016
17.巢湖市	医院			0.8~1		1.5		2011

表 5-8-6 全国主要 220 个城市医院建筑物配建停车泊位标准汇总表（续）

城市名称	类别划分	单位（车位/100m² 建筑面积）	机动车			非机动车	摩托车	执行时间（年）
			福建省					
1.厦门市	综合、专科医院		1.5					2016
	社区卫生服务中心		1					
	疗养院		0.4					
2.福州市	省级医院		1.2			3		2016
	市级医院		0.9			3		
	其他医院		0.8			3		
			一类区	二类区	三类区			
3.南平市	市级医院		0.8~1.0	1	1.2			2013
	区级医院		0.6~0.8	0.8	1			
4.莆田市	市级医院		0.5			4		2009
	其他医院		0.3			4		
5.泉州市	省级医院		1.2			4		2018
	市级医院		0.8			4		
	其他医院		0.6			4		

5-8-6 全国主要 220 个城市医院建筑物配建停车泊位标准汇总表（续）

城市名称	类别划分	单位（车位/100m²建筑面积）	机动车	非机动车	摩托车	执行时间（年）
6.漳州市	省级医院		1.2	4		2017
	市级医院		0.8	4		
	其他医院		0.6	4		2017
7.龙岩市	省级医院		1.2	4		
	市级医院		0.8	4		
	其他医院		0.6	4		
8.宁德市	省级医院		1	4		2018
	市级医院		0.6	4		
	其他医院		0.5	4		

江西省

		一类	二类	三类	一类	二类	三类	
1.南昌市	综合医院、专科医院	0.7	0.6	0.9	2.5	1.5	1.5	2017
	区以下医院、社区医疗设施	0.4	0.5	0.6	2.5	1.5	1.5	
	疗养院（含养老院、养老公寓）	0.5	0.5	0.6	2.5	1.5	1.5	

5-8-6 全国主要 220 个城市医院建筑物配建停车泊位标准汇总表（续）

城市名称	类别划分	单位（车位/100m²建筑面积）	机动车 核心区	机动车 二类区	机动车 三类区/其他区	非机动车 核心区	非机动车 其他区	摩托车	执行时间（年）
2.九江市	综合医院、专科医院		0.5~0.7		0.7	2.5	1.5		2012
	区以下医院、社区医疗设施		0.3~0.4		0.5	2.5	1.5		
	疗养院		0.3~0.4		0.4~0.5	2.5	1.5		
3.景德镇市	综合医院、专科医院 三级医院		一类区 1	二类区 1.3	三类区 1.5				2018
	二级及以下医院		0.8	1	1.2				
	社区医院、卫生防疫站		0.6	0.8	1				
	疗养院（中心）		1.2	1.5	2				
4.鹰潭市	省、市级医院		1			2			2014
	区以下医院、社区医疗设施		0.8			2			
5.宜春市	市级以上医院（含市级）		0.6~1.0			4			2010
	其他医院		0.4~0.6			5			

5-8-6 全国主要220个城市医院建筑物配建停车泊位标准汇总表（续）

山东省

城市名称	类别划分		单位（车位/100m²建筑面积）	机动车			非机动车	摩托车	执行时间（年）
1.济南市	市级及市级以上综合医院、专科医院			一类区域	二类区域		4		2012
				1.0~1.2	0.9~1.1				
	区级综合医院、专科医院			0.8~0.9	0.7~0.8		4		
	社区卫生服务中心、站			0.4~0.5	0.3~0.4		4		
2.青岛市				一类区	二类区	三类区			2017
				下限	下限	下限			
	综合医院、专科医院	三级医院		1.7	1.5	1.5	3		
		二级及以下医院		1	0.7	0.7	3		
	社区卫生防疫设施			0.5	0.5	0.5	2		
	独立门诊			0.8	0.8	0.8	2		
	其他医疗用地			0.5	0.5	0.5			
3.烟台市	医院			1.0~3.0			1.5~3.0		2013
4.聊城市	市级及市级以上医院			1			4		2011
	其他医院			0.6			5		

5-8-6 全国主要220个城市医院建筑物配建停车泊位标准汇总表（续）

城市名称	类别划分	单位（车位/100m²建筑面积）	机动车			非机动车			摩托车	执行时间（年）
			一类区	二类区	三类区	一类区	二类区	三类区		
5.德州市	市级以上综合医院		1.2	1.5	2					2018
	其他医院		0.8	1	1					
6.东营市	市、区级综合医院			2			2			2018
	其他医院、诊疗所			0.3			1.5			
	疗养院			2			1			
7.淄博市	医院、门诊所			≥0.3			≥1.5			2005
8.潍坊市	市级医院		0.8~1.0	1.5	2	0.8~1.0	1	1.2		2018
	区级医院		0.6~0.8	1.2~1.5	2	0.6~0.8	0.8	1		
9.威海市	医院			0.5~1			4~5			2015
	疗养院（中心）			1.2			0.3			
10.日照市	区级及区级以上医院			1			4			2015
	其他医院			0.5			5			
11.临沂市	医院			2			4			2007

5-8-6 全国主要220个城市医院建筑物配建停车泊位标准汇总表（续）

城市名称	类别划分	单位（车位/100m²建筑面积）	机动车			非机动车	摩托车	执行时间（年）
			Ⅰ类区域	Ⅱ类区域	Ⅲ类区域			
12.枣庄市	市级及市级以上医院		1	0.6	0.5	4		2011
	其他医院		0.6	0.4	0.2	5		
13.济宁市	市级及市级以上医院		1			4		2015
	其他医院		0.6			5		
14.泰安市	市级及市级以上医院		1			4		2014
	其他医院		0.6			5		
15.莱芜市	市级及市级以上医院		0.6			4		2010
	其他医院		0.4			5		
16.滨州市	市级及市级以上医院		Ⅰ类区域 1	Ⅱ类区域 0.6	Ⅲ类区域 0.5	4		2014
	其他医院		0.6	0.4	0.2	5		
17.菏泽市	市级及市级以上医院		1			4		2017
	其他医院		0.6			5		

表 5-8-6 全国主要 220 个城市医院建筑物配建停车泊位标准汇总表（续）

城市名称	类别划分	单位 （车位/100 m² 建筑面积）	机动车	非机动车	摩托车	执行时间 （年）
			河南省			
1.郑州市	综合医院、专科医院		1.5			2018
	社区卫生服务中心		0.7			
2.洛阳市	市级及以上医院		≥1.0			2010
	市级以下医院		≥0.8			
3.焦作市	医院		≥1.2	≥3.0		2018
4.新乡市	医院		2	4		2012
	休、疗养院		2	1		
5.鹤壁市	县级及以上医院		0.4	2		2014
	县级以下医院		0.3	2		
6.濮阳市	医院 （社区卫生服务中心）		1.0~1.5	6		2017
7.开封市	医院 （社区卫生服务中心）		1.0~1.5	6		2018
8.许昌市	市级及以上医院		1			2011
	市级以下医院		0.8			
9.漯河市	医院 （社区卫生服务中心）		1.5	6		2018

5-8-6 全国主要 220 个城市医院建筑物配建停车泊位标准汇总表（续）

城市名称	类别划分	单位（车位/100m²建筑面积）	机动车	非机动车	摩托车	执行时间（年）
10.南阳市	市级综合医院		1.2	3		2017
	其他医院、诊疗所		0.5	2		
11.信阳市	市级医院		0.7	1.5		2014
	其他医院		0.6	1.5		
12.周口市	市、区级综合医院		2	2		2017
	其他医院、诊疗所		0.3	1.5		
13.驻马店市	医院		1	5		2015
14.济源市	市级及市级以上医院		0.6	4		2015
	其他医院		0.4	5		

湖北省

城市名称	类别划分	单位（车位/100m²建筑面积）	一环线以内	一环线与二环线之二环线与三环线之	二环线与三环线之三环线以外	三环线以外	非机动车	摩托车	执行时间（年）
1.武汉市	三甲医院		1.5	2	2.5	3	1.2		2014
	一般医院		0.8	1	1.2	1.5	1		
	社区医院		0.5	0.6	0.7	0.8	0.8		
2.十堰市	医院		≥0.5						2016

5-8-6 全国主要 220 个城市医院建筑物配建停车泊位标准汇总表（续）

城市名称	类别划分	单位（车位/100m² 建筑面积）	机动车	非机动车	摩托车	执行时间（年）
3. 襄樊市	医院		1.2	1		2014
4. 荆门市	医院		1.2	1		2015
5. 孝感市	综合医院、专科医院		1	4		2017
	社区医院		0.5	5		
6. 黄冈市	三甲医院		2.5	1.2		2016
	一般医院		1.2	1		
	社区医院		0.7	0.8		
	疗养院		0.6	—		
7. 鄂州市	三甲医院		2.5	1.2		2018
	一般医院		1.2	1		
	社区医院		1	0.8		
	疗养院		0.6	—		
8. 黄石市	综合、专科医院		1	3		2012
	疗养院		0.5	—		

表 5-8-6 全国主要 220 个城市医院建筑物配建停车泊位标准汇总表（续）

城市名称	类别划分	单位（车位/100m²建筑面积）	机动车	非机动车	摩托车	执行时间（年）
9.咸宁市	三甲医院		2	1		2015
	一般医院（含专科）		1	1.5		
	社区医院		0.5	1.5		
	疗养院		1			
10.荆州市	三级医院	车位/床位	1.2	1		2018
	二级医院	车位/床位	1	1		
	一级医院	车位/床位	0.8	1		
	疗养院	车位/床位	0.6	1		
11.宜昌市	医院		1.2			2018
12.随州市	医院		1.0~2.0			2012
	独立门诊部		0.5~0.6			

湖南省

城市名称	类别划分		主城间距区	其他间距区		执行时间（年）
1.长沙市	综合医院、专科医院		1	1.2		2018
	社区卫生服务中心		0.5	0.6		
	疗养院（含养老院）		0.4	0.5		

5-8-6 全国主要220个城市医院建筑物配建车泊位标准汇总表（续）

城市名称	类别划分		单位（车位/100m²建筑面积）	机动车			非机动车	摩托车	执行时间（年）
				I区	II区	III区			
				下限	下限	下限			
2.常德市	综合医院、中医医院、专科医院			0.6	0.8	1	3		2018
	社区卫生防疫设施			0.3	0.4	0.6	2		
	独立门诊			2	2	2	1.5		
3.益阳市	县、区级以上医院				0.7				2010
	其他医院				0.5				
4.岳阳市	一类	市区及医院			1.5				2016
	二类	其他医院、诊疗所			0.5				
5.株洲市	医院				1				2018
6.湘潭市	综合医院、专科医院				1.2		2.5		2018
	社区卫生服务中心				0.6		3		
	疗养院（含养老院）				1		1		
7.衡阳市	市级及市级以上医院				1.5		3		2014
	其他医院				0.5		4		

5-8-6 全国主要220个城市医院建筑物配建停车泊位标准汇总表（续）

城市名称	类别划分	单位（车位/100m²建筑面积）	机动车 A类区	B类区	C类区	非机动车	摩托车	执行时间（年）
8.郴州市	综合医院		1.2					2017
	综合医院、专科医院		1					
	社区配套医疗卫生机构		0.8					
9.邵阳市	综合医院		0.8	1.2	2	4		2013
	社区、专科医院		0.6	0.8	1.2	5		
10.怀化市	综合医院		0.8~1.5			1		2016
	专科医院		0.8~1.2			0.5		
	社区配套医疗卫生机构		0.5~1.0			0.5		
	疗养院（含养老院）		0.4~0.5			0.5		
11.娄底市	区以上医院		1			2		2014
	其他医院		0.5			2		
12.湘西土家族自治州	医院		0.5~0.8			4		2008
	独立门诊部		0.2~0.5			5		

5-8-6 全国主要220个城市医院建筑物配建停车泊位标准汇总表（续）

广东省

城市名称	类别划分	单位（车位/100m²建筑面积）	机动车			非机动车		摩托车	执行时间（年）
			A区	B区					
1.广州市	综合医院、专科医院		0.8~1.0	≥1.0		≥3			2018
	独立诊所		0.6~0.8	≥1.0		≥3			
	疗养院		0.3~0.5	≥0.5		≥3			
	敬老院、福利院		0.3~0.4	≥0.4		≥3			
			一类区域	二类区域	三类区域	门诊部	住院部		
2.深圳市	独立门诊		0.6~0.7	0.8~1.0	1.0~1.3	0.4~0.7	0.1~0.2		2014
	综合医院、中医医院、妇儿医院		0.8~1.2	1.0~1.4	1.2~1.8				
	其他专科医院		0.5~0.8	0.6~1.0	0.8~1.3				
	疗养院		0.3~0.6	0.3~0.6	0.3~0.6				
3.清远市	市级医院、综合医院		1.5						2017
	社区医院、门诊部		1						

5-8-6 全国主要220个城市医院建筑物配建停车泊位标准汇总表（续）

城市名称	类别划分	单位（车位/100m²建筑面积）	机动车			非机动车	摩托车	执行时间（年）
			Ⅰ	Ⅱ	Ⅲ			
4.韶关市	市级及市级以上医院		0.5	0.6	0.8			2015
	社区卫生站		0.2	0.3	0.4			
	市级以下医院、疗养院		0.3	0.4	0.5			
5.梅州市	综合医院			≥0.5				2012
	独立门诊			≥1.0				
6.潮州市	综合医院、专科医院			≥0.5				2018
	社区卫生防疫设施			≥0.2				
	独立门诊			≥1.0				
7.汕头市				≥1.0				2014
8.揭阳市	医院			≥1.0				2018
9.汕尾市	医院			2.0~2.5				2013
10.惠州市	所有医院			≥1.0		社区医院 ≥0.2；综合医院 ≥0.5；专科医院 ≥0.5；疗养院 ≥0.2		2016

5-8-6 全国主要220个城市医院建筑物配建车泊位标准汇总表（续）

城市名称	类别划分	单位（车位/100m²建筑面积）	机动车			非机动车	摩托车	执行时间（年）
11.东莞市	>300床的医院	车位/床位	≥0.6			10		2010
	100~300床的医院	车位/床位	0.5~0.8			15		
	<100床的医院	车位/床位	0.3~0.6			10		
	独立门诊		2.0~3.0			15		
12.珠海市			一类地区	二类地区				2015
	综合医院、专科医院		1.0~1.8	1.7~2.0		2		
	独立门诊		0.7~1.0	1		3		
	疗养院		0.3~0.6			2		
13.中山市			一类分区定值	二类分区下限	三类分区下限			2016
	综合医院、专科医院		1.5	2.5	1.5	2	1	
	社区医院		1	1	1	3	0.8	
	疗养院		0.6	0.6	0.6	1.5	0.8	
14.江门市	医院		1					2013

表 5-8-6 全国主要 220 个城市医院建筑物配建停车泊位标准汇总表（续）

城市名称	类别划分	单位（车位/100m²建筑面积）	机动车	非机动车	摩托车	执行时间（年）
15.佛山市	独立门诊		≥0.8	1~2		2015
	综合医院、中医医院、妇儿医院	车位/床位	≥0.8	1.5~2.5		
	其他专科医院	车位/床位	≥0.6	1.5~2.5		
	疗养院	车位/床位	≥0.3	—		
16.肇庆市	综合性医院		≥1.0	≥4		2011
	独立门诊		≥1.0	≥4		
17.云浮市	综合医院		≥1.2	≥2.5		2018
	其他医院（包括独立门诊、专科医院等）		≥1.5	≥3.0		
18.阳江市	综合医院、专科医院		1.5			2017
	社区医院		1			
19.茂名市	区级及以上级别医院		2.0~2.5（或0.4~0.8车位/床位）	4		2010
	区级以下医院		2.0~2.5（或1.0~2.0车位/诊室）	4		
20.湛江市	综合性医院		1.5	1（含电动车）		2016
	社区医疗门诊		1	2（含电动车）		

5-8-6 全国主要220个城市医院建筑物配建停车泊车位标准汇总表（续）

城市名称	类别划分	单位（车位/100m²建筑面积）	机动车			非机动车	摩托车	执行时间（年）
			广西壮族自治区					
1.南宁市	省级医院		1.0~2.0			2		2014
	市级以下医院		1.0~1.5			1.5		
2.桂林市	医院		一类地区 0.8	二、三类地区 1.2		3		2018
	社区卫生服务中心		旧区 0.5	新区 0.5				2015
3.柳州市	综合医院		1	1.5		4		
	门诊部、独立门诊		1.5~2.0			2.0~3.0		
4.钦州市	住院部、疗养院	车位/床位	0.5~0.8			0.3~0.5		2015
	综合医院、专科医院		0.7~1.5			2.0~3.0		
	社区卫生服务中心		0.3~0.5			1.5~2.0		
5.北海市	医院用地	车位/床位	≥0.8			≥1.0		2012
	卫生防疫用地		≥0.4			≥0.8		
	特殊医疗用地		≥0.3			≥0.5		

5-8-6 全国主要 220 个城市医院建筑物配建停车泊位标准汇总表（续）

城市名称	类别划分	单位（车位/100m²建筑面积）	机动车		非机动车	摩托车	执行时间（年）
	其他医疗用地		≥0.3		≥0.5		
6.防城港市	综合性医院		≥0.5		≥4.0		2012
	独立门诊		≥1.0		≥4.0		
7.百色市	综合医院		0.5		1.5~2		2008
	独立门诊		1		3~5		
8.来宾市	医院		1.5		2		2017
9.贺州市	医院		1		2		2014
海南省							
1.海口市	区以下医院		0.2~0.4		3		2015
	区以上医院		0.4~0.8		1.5		
四川省			二环路以内	二环路以外			
1.成都市	医院		≥0.5	≥0.8	≥1.0		2017
2.广元市	医院		≥1.0		≥1.5		2018
3.德阳市	医院		旧城核心≤0.6	其他区0.8	1.5		2011

5-8-6 全国主要220个城市医院建筑物配建停车泊位标准汇总表（续）

城市名称	类别划分	单位（车位/100m² 建筑面积）	机动车		非机动车	摩托车	执行时间（年）
4. 南充市	医院		1		5		2013
5. 广安市	市级以上医院		1.5				2016
	市级以下医院		1				
6. 遂宁市	医院		≥0.8				2015
7. 内江市	医院		旧改区 ≥0.5	新建区 ≥0.8	≥0.4		2015
8. 乐山市	市级及以上医院		1		3		2015
	市级以下医院、社区医疗设施		0.5		3		
9. 自贡市	医院		中心城区以内 ≥0.5	中心城区以外 ≥0.3			2016
10. 泸州市	医院		≥0.67				2015
11. 宜宾市	综合医院、专科医院		≥1.5		≥3		2015
	社区卫生站		≥0.5		≥2.0		
	疗养院		≥0.4		按实际需要配置		

5-8-6 全国主要 220 个城市医院建筑物配建停车泊位标准汇总表（续）

城市名称	类别划分		单位（车位/100m²建筑面积）	机动车				非机动车	摩托车	执行时间（年）
				I类	II类	III类	IV类			
12.攀枝花市	市级及市级以上医院			0.8~1.2	0.6~1.0	0.8~1.0	0.5~0.8			2015
	其他医院			0.6~1.0	0.5~0.8	0.6~0.8	0.4~0.7			
13.巴中市	医院			≥1.0				≥1.5		2014
14.达州市	医院			0.5						2018
15.资阳市	综合医院			1				2		2016
	诊所			1.5				2		
16.眉山市	医疗			≥0.8				≥1.5		2016
17.雅安市	综合医院、专科医院	三级医院		1.5				1.5		2017
		二级及以下医院		1				1		
	社区卫生防疫设施			0.5						
18.绵阳市	医院			1				2		2016
贵州省										
1.贵阳市	医院			1				1		2013
2.六盘水市	医院			1				3		2012

5-8-6 全国主要220个城市医院建筑物配建停车泊位标准汇总表（续）

城市名称	类别划分		单位（车位/100m²建筑面积）	机动车				非机动车	摩托车	执行时间（年）
				一类区 下限	一类区 上限	二类区 下限	三类区 下限			
3.遵义市	综合医院			0.8	1.2	1.2	1.5			2018
	其他医院（包括独立门诊、专科医院等）			1	1.2	1.5	1.5			
4.安顺市	医院	门诊楼		1.5						2016
		住院楼	车位/床位	1						
5.毕节市	医院	住院楼	车位/床位	0.8~1.8						2017
		独立门诊		1						
		综合楼		0.8						
6.铜仁市	医院、独立门诊、医技综合楼			1				4		2015
云南省										
1.昆明市	医院			≥1.0				≥1.5		2016
2.曲靖市	医院、妇幼保健、健康疗养			≥1.0				≥0.5		2017
3.玉溪市	综合医院、专科医院			一类区 1		二类区 1.3	三类区 1.5	1.5		2016
	区以下医院、社区医疗设施			0.6		0.8	1	2		

5-8-6 全国主要 220 个城市医院建筑物配建停车泊位标准汇总表（续）

城市名称	类别划分	单位（车位/100m² 建筑面积）	机动车	非机动车	摩托车	执行时间（年）
4.丽江市	医院		1.5	2.5		2016
5.普洱市	医院、门诊所		≥0.3		≥1.5	2017
6.临沧市	医院		1	2.5		2015
西藏自治区						
1.拉萨市	医院		0.5~0.8			2018
陕西省						
1.西安市	三级医院		2	8		2018
	一、二级医院		1	5		
	疗养院		0.3	—		
2.汉中市	医院		0.5	1.5		2009
3.榆林市	医院		≥0.5	≥1.5		2009
4.安康市	医院		≥0.5	≥1.5		2011
甘肃省						
1.兰州市	医院		≥0.5	≥1.5		2007

5-8-6 全国主要220个城市医院建筑配建停车泊位标准汇总表（续）

城市名称	类别划分	单位（车位/100m²建筑面积）	机动车				非机动车			摩托车	执行时间（年）
			一类区下限	一类区上限	二类区下限	三类区下限	I	II	III		
2.天水市	综合医院、专科医院		0.5	0.7	0.7	1	4	3	2		2014
	社区卫生防疫设施		0.2	0.3	0.3	0.5	5	3	2		
	独立门诊		2	2	2	2	2	2	2		
			一类区		二类区	三类区					
3.武威市	独立门诊		0.3~0.5		0.5~0.7	0.7~1					2018
	综合医院、中医医院、妇儿医院	车位/床位	0.5~1		1.0~1.4	1.2~1.8					
	疗养院	车位/床位	0.3~0.6								
4.庆阳市	医院				≥0.8			≥1.5			2014
5.定西市	医院	车位/床位			0.25						2015
	门诊				0.8						
	疗养院				0.4						
6.陇南市	医院				≥0.5			≥1.5			2014

5-8-6 全国主要 220 个城市医院建筑物配建停车泊位标准汇总表（续）

城市名称	类别划分	单位 （车位/100m² 建筑面积）	机动车	非机动车	摩托车	执行时间 （年）
			青海省			
1.西宁市	医院		0.5	2		2014
			宁夏回族自治区			
1.银川市	综合医院		≥3	≥2.5		2016
	专科医院		≥2	≥2.5		
	疗养院		≥0.3	—		
2.石嘴山市	医院		≥0.65	≥2.5		2014
3.固原市	医疗卫生		0.65	2.5		2015
			新疆维吾尔自治区			
1.乌鲁木齐市	医院		≥1.0			2016
2.克拉玛依市	医院		0.5	5		2012

注：以上资料 2018 年收集整理，仅供参考。

表 5-8-7 综合医院各类用房占总建筑面积的比例（%）

部门＼规模	200床	300床	400床	500床	600床	700床	800床	900床	1000床
急诊部	3		3.1		3.2		3.3		3.4
门诊部	19		19.4		19.8		20.2		20.6
住院部	36		36.5		37		37.5		38
医技科室	24		23.5		23		22.5		22
保障系统	9		9		8.5		8		8
行政管理	4		4		4		4		4
院内生活	5		4.5		4.5		4.5		4

由此看来，《停车场规划设计规则（试行）》（以下简称《规则》）将营业面积限定在门诊和住院部面积之和，同医院建筑物分类标准有不一致的地方，如表 5-8-7 中，门急诊和住院部营业面积占医院总建筑面积的 58%~62%，在执行中会造成标准的降低。《城市停车规划规范》，建议的机动车停车泊位下限值为 1.2 个车位 /100m² 建筑面积。在本书 2018 年统计的 220 个城市医院建筑物配建停车场标准中，没有一个城市标准是严格按照《规则》将门诊和住院部面积之和作为计算单位的。220 个城市的地方标准中，有 157 个城市的医院建筑配建在数值上高于 1.2 泊位 /100m² 建筑面积。220 个城市的医院建筑物配建标准采用 100m² 建筑面积作为计算单位，但没有限定营业面积仅指门诊和住院部面积；18 个城市的医院建筑物采用病床数作为计算单位，占统计城市的 8.2%；145 个城市的医院建筑物配建标准将医院划分了级别，如省市级、区级，占统计城市的 65.9%；32 个城市医院建筑物配建标准将医院划分为门诊部和住院部，占统计城市的 14.5%。

③没有考虑医院建筑物的区位因素和医院建筑物的特性。在同一个城市中，不同区域的土地使用和开发程度存在差异，使得各区域在城市经济结构、生产力布局中占有各自的地位，也使得各区域在停车需求的强度上有所不同。此外，不同的建筑物也有不同的需求特征，如医院建筑是开放的公共场所，存在门急诊就诊人群、医疗服务人群、教学科研人群、住院陪护探视人群等，医院规模和医疗技术水平决定了来就医的人群数量；医院建设中的控制指标，如床位数、门急诊人数、医院等级、医护人员数量又决定着最大能够接纳的患者数量；国家医疗保障和改革政策、医院诊疗技术手段和流程的改进也会造成就医人群数量的波动。同时，医院土地利用规模的限制和周边交通的环境条件制约着停车空间的建设。

2. 我国医院建筑物停车场配建影响因素分析

（1）机动车保有量区位因素

城市机动车保有数量是影响停车需求的直接因素，通常的研究结果是每增加 1 辆机动车将增加 1.2~1.5 个停车泊位需求。从动态角度来看，区域内平均机动车流量的大小不但影响该区域停车设施的总需求量，而且影响停车设施高峰时的需求量，如果一味地满足停车需求，则会造成该区域动态交通的紊乱。应通过制订配建指标的限值来人为控制停车需求总量，促使动态交通和静态交通停车场建设趋于平衡。

（2）医院建筑物功能特点

研究数据表明，各类业务骨干和关键岗位的职工应占职工总人数的 30% ~ 40%，以保证医院正常运转和应付突发情况的能力。要求职工的居住不能过于分散，而且要离医院较近。事实上，随着我国住房政策的改革、城市房地产中住宅的开发，使越来越多的医护人员远离医院居住，驾车上班的人员逐年增多。近年来，我国医院改扩建项目国家投入逐年增加，原址拆建后增加了医院建筑的总面积，同时也使医院原有的土地空间减少，医院建筑规模扩大，就医人数会急剧增多，停车泊位需求也会大大提高。

（二）医院停车规划

停车场属于城市交通基础设施的范畴。停车场规划是城市道路交通专项规划的重要组成部分，在城市规划编制的每个阶段或层次都应对停车问题进行相应的专题规划研究，各城市应按照国家关于停车场建设的有关规定和标准，根据城市自身的规模、性质和特点因地制宜地制定城市停车发展战略，在编制城市停车规划的同时要将医院停车规划纳入其中。医院停车前期规划编制内容包括：

①医院新建、改扩建项目交通影响评价；

②医院及周边交通组织规划；

③医院及周边交通改善。

对于新建、改扩建医院，可结合新一轮的规划，严格执行配建指标，在规划中预留停车设施用地，补充现有车位的不足。对于已建成医院，无法保障停车设施用地的，可通过医院及周边交通组织规划、交通工程设施等措施，缓解医院停车难。

（三）医院交通影响评价

医院新建、改扩建项目在立项阶段需进行交通影响评价，新建医院可在一级开发时介入交评（无方案），改扩建项目可具体到设计方案阶段介入交评。交评主要评价建设项目新增交通量对区域交通的影响程度，并对医院及周边交通组织提出建议。上报交通主管部门审批通过后，方可办理相关立项手续。具体内容包括以下几个方面。

1. 背景情况介绍

掌握医院建设背景、必要性、功能定位，对医院建设项目指标进行分析，评价医院建设规模与规划指标的偏差。

2. 现状及问题分析

本项包括医院周边的用地、道路交通及设施、现状道路情况、交叉口及周边道路现状调查、现状公交交通、轨道设施、停车设施等，以及存在问题分析。

3. 规划条件分析

规划条件包括医院及周边用地规划、道路交通及设施规划、交叉口及周边路网规划、公交交通、轨道交通规划、停车设施规划等。

4. 医院停车需求预测

具体包括：医院交通出行特征分析、现状停车调查及问题分析、交通需求预测、停车需求分析、项目建设前后或改扩建前后交通量对比分析。

5. 交通组织评价及建议

本项包括医院内部交通组织评价及建议、医院周边交通组织规划及建议。

6. 综合评价及改善措施

本项包括路段及交叉口负荷度评价、项目改扩建后新增交通量所占比重的合理性评价、公共交通评价、停车设施评价、交通需求管理措施建议。

此外，还有评价结论及建议。

第二节　医院停车场（库）建设

一、医院停车场建设的基本类型

（一）相关概念

1. 停车场

按有关规定设置的供车辆停放的各种类型的停车场所，包括路外平面停车场、立体停车库及路内停车场等。

2. 机械式立体停车库

利用机械来存取停放车辆的整个停车设施称为机械式停车库；以立体化存放的机械式停车库称为机械式立体停车库。一般情况下，除了机械式停车设备外，还应包括相关的报警设备、电源设备、排水设备、消防设备、出入口控制设备、收费设备等辅助设备。

3. 机械式停车设备

用来存取储放车辆的机械或机械设备系统称为机械式停车设备。它是一种机、电、仪一体化的成套设备。

（二）医院停车方式及其特点

1. 停车方式

根据停车状况可分为：自走式停车方式和机械式停车方式。

自走式停车包括平面自走式和立体自走式。平面式停车是驾驶员将汽车直接驶入（出）平面停车泊位的方式，包括路边停车、地下停车场平面停车和地上停车场平面停车等。立体自走式停车方式是驾驶员通过多层停车空间之间的倾斜车道，将汽车开到立体停车楼或停车平台上停车的方式，包括钢筋混凝土建筑的自走式停车楼和全钢结构的自走式停车平台两种形式。

机械式停车包括机械式平面停车和立体停车两种。机械式平面停车主要是为充分利用土地面积而减少车道，采用机械设备将汽车在平面上摆置存放的方式。机械式立体停车就是用机械设备将汽车存放到立体化的停车位或从停车位取出的方式。

2. 不同停车方式的优缺点

自走式停车方式的优点是停车方便，缺点是占地面积大。

一般设计中可按照平均每个轿车车位占地 22m² 计算。这一计算面积包括 2.5m×6m 的停车面积 + 停车所需的车路面积，目前一般按 25m² 计算。

自走式立体停车的优点是相对于单层平面停车提高了空间利用率，增加了停车数量。

机械式停车方式的优点是减少了车道面积，提高了土地利用率。

（1）节省占地面积，充分利用空间。一般来说，机械式立体停车库的占地面积为平面停车场的 1/2~1/25，空间利用率比建筑自走式停车库提高了 75%。

（2）相对造价低。机械式停车设备每个车位投资 3万~12万元，而建造自走式停车库每个泊位的造价约为 15 万元。

（3）使用方便，操作简单、可靠、安全，存取车快捷。一般存（取）车时间不超过 120s。

（4）减少了因路边停车而引起的交通事故。

（5）增加了汽车的防盗性和防护性。

（6）改善了市容环境。

机械式立体停车库采用全自动化的停车方式，是今后停车设备改善的主要方向。尤其是城市土地资源紧张的大中城市，采用机械式立体停车方式，显得尤为重要，但是设备制造、安装、运行要求较高。

二、机动车停车设施设计

（一）城市停车场规划的阶段及内容

城市规划可分为三个阶段，每个阶段均涉及关于停车场规划的内容。

（1）城市总体规划阶段中的停车场规划。这一阶段主要是对城市发展条件、发展策略和发展所依托的环境进行研究。针对停车的总体需求及其分布，以及宏观政策与管理策略来确定城市停车的总体布局。

（2）分区规划阶段。这一阶段主要是在总体规划发展策略的指导下对城市局部地区的发展策略和发展条件进行研究，对局部地区的资源进行分配，确定停车场供应量及其分布。

（3）详细规划阶段。这一阶段主要是在总体规划和分区规划所确定的停车场规划指导下，针对规划区域内某地块或建筑物所作的规划，是城市规划与工程设计结合较为紧密的阶段。此阶段规划的重点是对停车场选址、停车场型式、规模、出入口的交通组织，以及停车场的管理进行研究和规划设计。这一阶段需要作出停车场的可行性研究，其中包括建设的必要性、停车需求预测、停车场位置与类型选择、停车场出入口及其周围道路的交通组织等。

（二）机动车车型分类

机动车停车设施标准车型及净空尺寸要求见表5-8-8。

表5-8-8 停车设施标准车型及净空要求　　　　　　　单位：m

				纵向净距	横向净距	车尾间距	构筑物纵距	构筑物横距	净高
微型汽车	3.2	1.6	1.8	2.0	1.0	1.0	0.5	1.0	2.2
小型汽车	5.0	1.8	1.6	2.0	1.0	1.0	0.5	1.0	2.2
中型汽车	8.7	2.5	4.0	4.0	1.0	1.5	0.5	1.0	3.0
普通汽车	12.0	2.5	4.0	4.0	1.0	1.5	0.5	1.0	3.0
铰接汽车	18.0	2.5	4.0	4.0	1.0	1.5	0.5	1.0	3.0

（三）设计原则

（1）按照城市规划确定的规模、用地与城市道路连接方式等要求及停车设施的性质进行总体部署。停车场规划应该与城市总体规划、详细规划协调一致，使城市停车场布局与城市用地布局一致，提高停车场的使用效率。

（2）停车设施出入口不得设在交叉口、人行横道、公共交通停靠站及桥隧引道处，一般宜设置在次干道上，如需要在主要干道设置出入口，则应远离干道交叉口，并用专用通道与主干道相连。

（3）停车设施的交通流线组织应尽可能遵循"单向右行"的原则，避免车流相互交叉，并配备醒目的指路标识。

（4）停车设施设计必须综合考虑路面结构、绿化、照明、排水及必要的附属设施设计。

（5）停车场的规划建设应与城市社会经济发展水平、城市规模、城市性质、机动车拥有量等相适应。近期可采用"增加停车供应为主，停车需求管理为辅"的策略；远期可采用"停车需求管理为主，停车场建设为辅"的策略。

（四）停车库介绍

停车库可分为坡道式停车库和机械停车库两大类。多层车库的进出口应分开设置，并设置有限速、禁止任意停车、鸣笛等日夜显示的交通标识，照明、消防以及排除有害气体的设施。常用的坡道式停车库有四种类型。

1. 直坡道式停车库（图 5-8-1）

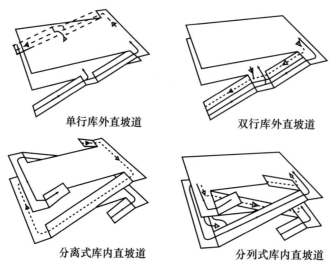

单行库外直坡道　　双行库外直坡道

分离式库内直坡道　　分列式库内直坡道

图 5-8-1 直坡道式停车库

停车楼面水平布置，每层楼面间用直坡道相连，坡道可设在库内，也可设在库外，可单行布置，也可双行布置。直坡道式停车库布局简单整齐，交通路线明确，但用地不够经济，单位停车位占地面积较多。

2. 螺旋坡道式停车库（图 5-8-2）

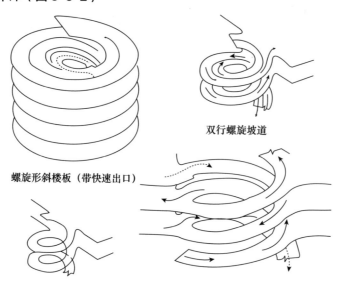

双行螺旋坡道

螺旋形斜楼板（带快速出口）

图 5-8-2 螺旋坡道式停车库

停车楼面采用水平布置，基本停车部分布置方式与直坡道式相同，每层楼面之间用圆形螺旋式坡道相连，坡道可为单向行驶（上下分设）或双向行驶（上下合一，上行在外，下行在里）方式。螺旋坡道式停车库布局简单整齐，交通路线明确，上下行坡道干扰少，速度较快；但螺旋式坡道造价较高，用地略比直行坡道节省，单位停车位占用面积较多，是常用的一种停车库类型。

3. 错层式（半坡道式）停车库（图 5-8-3）

错层式是由直坡道式发展演变而来，停车楼面分为错开半层的两段或三段楼面，楼面之间用短坡道相连，缩短了坡道长度，坡度也可适当加大。错层式停车库用地较节省，单位停车位占用面积较少，但交通路线对部分停车位的进出有干扰，建筑外立面呈错层形式。

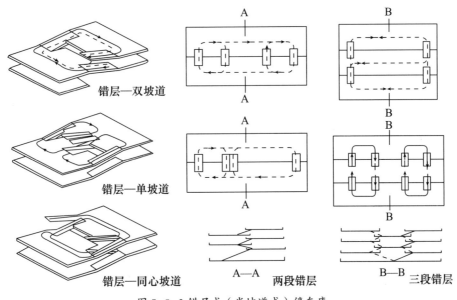

图 5-8-3 错层式（半坡道式）停车库

4. 斜楼板式停车库（图 5-8-4）

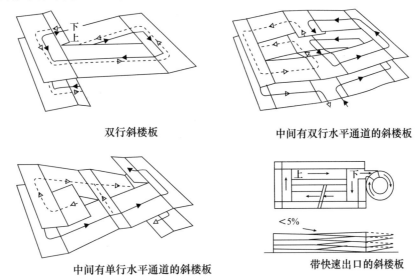

图 5-8-4 斜楼板式停车库

停车楼板呈缓倾斜状布置，利用通道的倾斜作为楼层转换的坡道，无须再设置专用坡道，用地最为节省，单位停车位占用面积最少；但交通路线较长，对停车位的进出普遍存在干扰。斜楼板式停车库是常用的停车库类型，建筑立面呈倾斜状，具有停车库的建筑个性。为了缩短疏散时间，斜楼板式停车库还可以专设一个快速旋转式坡道出口，以方便驶出。

三、医院机械式立体停车库设计要点

大型医院特别是三甲医院多位于城市中比较繁华的中心地带，人多、车多、空地少，因此，在新建或改扩建医院项目中，机械式立体停车设备成为医院配套停车库的首选设备。本部分仅以垂直升降类机械停车为例，进行详述。

（一）机械式立体停车设备的分类、型式及参数

1. 类别参照 GB/T 26559—2011《机械式停车设备分类》

机械式停车设备根据工作原理分为九类，其类别及代号如下：

（1）升降横移类，类别代号为 SH；

（2）简易升降类，类别代号为JS；

（3）平面移动类，类别代号为PY；

（4）巷道堆垛类，类别代号为XD；

（5）垂直升降类，类别代号为CS；

（6）垂直循环类，类别代号为CX；

（7）水平循环类，类别代号为SX；

（8）多层循环类，类别代号为DX；

（9）汽车专用升降机类，类别代号为QS。

2. 型式

（1）按人与停车设备关系划分

无人式：驾驶员不进入工作区，由停车设备完成存/取车功能；

准无人式：驾驶员将汽车开进工作区，人离开后，由停车设备完成存/取车功能；

人车共乘式：驾驶员和汽车一同进入工作区，并一起移动。

（2）按车位排列层数划分

单层式：停车位只排在一个层上；

二层式：停车位排列层为二层；

多层式：停车位排列层为二层以上。

（3）按控制方式划分

手动式：汽车搬运动作由人工进行控制操作（注：为附加控制方式，在调试及检修时使用）；

半自动化：汽车搬运动作某些环节可自动进行，某些由人工进行；

全自动化：汽车搬运动作全部自动进行。

（4）按起升方式划分

钢丝绳起升：通过钢丝绳运动升降载车板或其他载车装置进行汽车搬运的方式；

链条起升：通过链条运动升降载车板或其他载车装置进行汽车搬运的方式；

丝杠起升：通过丝杠运动升降载车板或其他载车装置进行汽车搬运的方式；

液压起升：通过液压缸运动升降载车板或其他载车装置进行汽车搬运的方式；

齿轮齿条起升：通过齿轮齿条啮合升降载车板或其他载车装置进行汽车搬运的方式；

齿形带起升：通过齿形带运动升降载车板或其他载车装置进行汽车搬运的方式；

其他起升：以上六种之外的起升方式。

3. 型号

（1）型号表示方法

如图5-8-5、表5-8-9所示。不要求停放客车时，斜线及其后的K省略，制造商特定代号由制造厂家确定并标记。

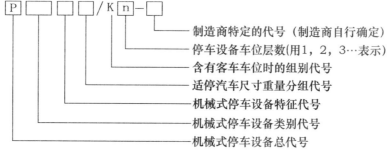

图5-8-5 机械式停车型号表示方法

表 5-8-9 机械式停车设备的特征代号

起升方式	钢丝绳	链条	丝杠	液压	其他
特征代号	S	L	G	Y	Q

（2）型号表示举例

①六层机械式停车设备，平面移动类，使用链条起升，停放大型及以下轿车，并且部分车位可以停放客车，制造厂家无特定代号：PPYLD/K6。

②二十五层机械式停车设备，垂直升降类，使用钢丝绳起升，停放大型及以下轿车，并且车位不能停放客车，制造厂家特定代号为 S：PCSSD/25-S。

③四层机械式停车设备，升降横移类，使用钢丝绳起升，停放中型及以上轿车，并且部分车位可以停放客车，制造厂家特定代号为 C：PSHSZ/K3-C。

4. 汽车组别、尺寸及质量（表 5-8-10）

表 5-8-10 汽车组别参数

组别代号	汽车长 × 宽 × 高（mm×mm×mm）	质量（kg）
X	≤ 4400×1750×1450	≤ 1300
Z	≤ 4700×1800×1450	≤ 1500
D	≤ 5000×1850×1550	≤ 1700
T	≤ 5300×1900×1550	≤ 2350
C	≤ 5600×2050×1550	≤ 2550
K	≤ 5000×1850×1550	≤ 1850

（二）垂直升降类机械式停车库

1. 概述

垂直升降类机械式停车库也称为电梯塔式立体停车库，是通过升降机的升降和装在升降机上的存取交换机构将车辆或载车板横移，实现存取车辆的机械式停车库。现以广日车库技术为例进行叙述。

（1）工作原理：使用升降机将汽车升降到指定层，并用存取交换机存取汽车的机械式停车设备。

（2）型号表示方法：PCS □ /K □—□。

（3）车库技术特点。

①车库占地面积小，空间利用率高，可实现 $1m^2$ 停放 1 辆汽车；

②智能化控制，操作简单方便；

③停车简便快捷，平均存取车时间仅 63s，最长不超过 120s；

④运行噪声低，节能环保；

⑤全封闭结构，防晒防雨，保护车辆，避免车辆碰撞及被盗现象发生；

⑥汽车搬运器采用日本新明和机械手臂运动技术；

⑦载车板采用新明和专利技术——整体折弯自动焊接成型；

⑧以两辆车为一个层面，单库停车层可达 25 层，停放 50 辆小汽车。

2. 设备规格（表 5-8-11）

表 5-8-11 垂直升降类机械式立体停车库设备规格

型号		PCS □ - □ -D	
收容车型		大型车（JX 型）	特大型车（A 型）
适停车型	车长 /mm		5000
	车宽 /mm	1850	2050
	车高 /mm		1550/2000
	车重 /kg	JX：1900	2300
升降速度（m/min）		60 ~ 120（自动变频调速）	
横移速度（m/min）		40	
塔高度 /（mm）		根据车位数及停车规格确定	
地坑深度 /（mm）		1350	
塔宽度 /（mm）		6300	6630
塔深度 /（mm）		7030	7360
主电动机功率（kW）		15kW	18.5kW
电源		AC380V ± 10% 50Hz	
操作方式		触摸屏 +IC 卡	
消防方式		CO_2 灭火	

3. 主要组成部分

垂直升降类机械式停车库主要由曳引提升装置、搬运器、横移装置、回转装置、微机控制系统、检测系统、安全保护系统和钢结构支承骨架等组成，集机、光、电、液压于一体，是一种技术含量较高的科技型环保实用产品。

（1）钢结构骨架

独立塔式车库钢结构骨架主要由立柱、横梁、斜撑、停车位的搁脚、棚柱、升降导轨、配重导轨等组成，主要起支撑作用，其上设置若干停车位，并安装提升装置、电梯搬运器、电气控制系统、安全保护装置、消防系统等设备设施。

独立塔式车库钢结构系统的稳定性直接影响到整个停车库能否设立、稳固。车库钢结构主体呈塔型，内部为层状结构，层间结构连接紧密，属空间纵向型发展结构（如图 5-8-6）。在符合消防规范的要求下，通常一座塔库的最大容车量为 50，高度约 47m，是一座高层钢结构建筑物，见图 5-8-7。

对独立塔式车库来讲，一般在钢结构骨架的外部安装彩色钢板和避雷装置，若需要与周边建筑相匹配时，用户可委托设计院进行塔库的外墙装饰设计，如图 5-8-8。

（2）混凝土结构车库井道（图 5-8-9）

内置塔式车库的混凝土结构井道是通过侧壁预埋钢板与棚柱及连接件进行焊接或连接，形成钢混结构骨架，主要起支撑作用。其上设置若干停车位，并安装提升装置、电梯搬运器、电气控制系统、安全保护装置、消防系统等设备。

内置塔式车库的混凝土井道及预埋钢板与棚柱、导轨部分连接的可靠性直接影响停车库能否设立及稳固。按照 50 车位计算，通常车库高度 47m，可设置在主体大楼的内部。

设计时需考虑出入口的位置、通道宽度及交通组织情况，井道的尺寸及预埋件位置、机坑、机房的土建及受力要求由设备厂家负责提供。

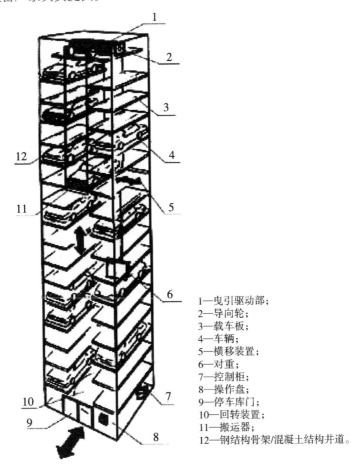

1—曳引驱动部；
2—导向轮；
3—载车板；
4—车辆；
5—横移装置；
6—对重；
7—控制柜；
8—操作盘；
9—停车库门；
10—回转装置；
11—搬运器；
12—钢结构骨架/混凝土结构井道。

图 5-8-6 塔式车库构成

图 5-8-7 四联塔钢结构图

图 5-8-8 车库外装饰效果图

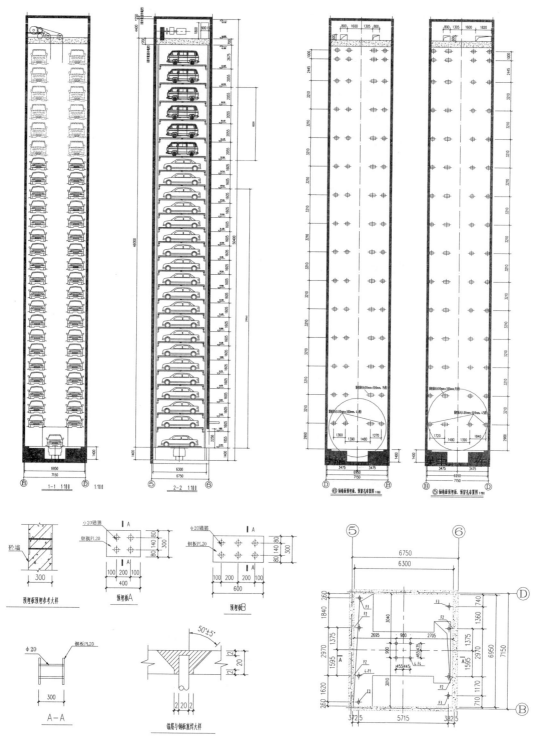

图 5-8-9 车库井道及预埋图

（3）车辆检测系统防护装置（图5-8-10）

① 紧急停止开关。

② 防止超限运行装置。

③ 汽车长、宽、高限制装置。

④ 阻车装置。

⑤ 汽车位置检测装置。

⑥ 出入口门、栅栏门联锁。

⑦ 自动门防夹装置。

⑧ 防重叠自动检测装置。

⑨ 防坠落装置。

⑩ 警示装置。

⑪ 缓冲器。

⑫ 运转限制装置。

⑬ 控制联锁装置。

⑭ 载车板锁定装置。

注：塔库里的24对光电传感器形成全方位安全检测空间

图 5-8-10 车辆检测系统

4. 设置条件

（1）出入口

①垂直升降式立体停车库距道路红线有一定的后退距离，距城市主要道路和次要道路以及设置的基地出入口不应小于 10m，距城市支路红线以及设置的基地出入口不应小于 6m。

②垂直升降式立体停车库不应影响基地主要道路的车辆正常运行。后退内部主要道路不宜小于 6m。

③停车库出入口的宽度应符合下列规定：双向行驶的道路宽度不应小于 5.5m；单向行驶的道路宽度不应小于 3.0m，主要道路上面的空间应无活动或可移动的设备或构件。

④停车库的安全通道、安全门和紧急出口应设置醒目的疏散指示标识，紧急出入口应由停车库内向外开启，且可以从库外打开。

⑤停车设备四周设置的人行通道宽度应大于 0.6m，净空高度应大于 1.8m。

（2）土建结构

①结构设计必须满足有关设计规范所规定的要求，包括静、动载荷及地震作用下对结构的强度、稳定性、变形和地基、基础承载力和变形的控制等。

②对独立式停车库的构筑物高度比，钢筋混凝土结构不宜大于 5:1，钢结构不宜大于 7:1。

③当附建式停车库的构架及停车设备与建筑主体结构脱开时，应作为独立结构，按有关结构设计规

范进行设计。

④当附建式停车库的构架及停车设备与建筑主体结构联结时，必须考虑对建筑物产生的不利影响，且预埋件的设置、连接点设计必须安全、可靠，符合有关规范要求。

（3）照明

①为了保证停车库正常运行，停车库的出入口及停车库内应设置良好的照明设备，照明灯的光线不应射向驾驶员眼睛，以免驾驶员发生目眩，甚至造成事故。一般出入口、通道路口照度不应低于30lx。

②停车库内应设置供设备保养和维修用的局部照明安全插座。

③停车库内应设置事故照明和疏散标识。蓄电池的备用电源连续供电时间不应小于20min。

（4）通风

①以自然通风为主是停车库通风设计的主导思想，特别是对于地面出入口式高层停车库。

②为了防止有害、可燃气体的聚集，可在有人员出入和停留的停车库内设置机械通风系统。换气次数不小于每小时6次。风管应采用不燃烧材料制成。

③封闭的停车库应设置机械排烟系统。排烟用风机可与通用风机共用。排烟用风机应保证在280℃时能连续工作30min，换气次数不应小于每小时6次。

④在位于垂直升降式停车设备顶部的机房内，安放了曳引机及其驱动电机等重要设备，如夏天室温有可能超过40℃时，即使平时无人值班，也应设置防止电动机过热的通风设备。

（5）排水

停车库应采取必要的措施并具备充分的排水能力，防止库内地坑和道路积水。特别是转台的地坑，其中装有机械设备和电动机等电器设备，要防止遭水侵袭，故需采取措施，防止进水和积水。

（6）消防

①停车库的消防设施一般采用自动喷水灭火系统或二氧化碳灭火系统。

②停车库应设置消防给水系统。消防给水可由市政给水管道、消防水池或天然水源供给。利用天然水源时，应设有可靠的取水设施和通向天然水源的道路，并应在枯水期最低水位时，确保消防用水量。

③停车库应设置火灾自动报警系统，与气体灭火系统、排烟等设施联动。

④停车库在防火分隔、建筑构造、采暖、通风、排烟等方面要符合《汽车库、修车库、停车场设计防火规范》（GB 5006—1997）。

5. 车库规划

（1）车库平面规划图如图5-8-11、图5-8-12。

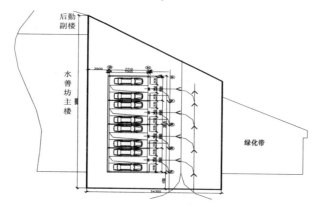

图5-8-11 四联塔车库平面规划图

注：双车道宽度不小于6m，单车道宽度不小于3.5m。

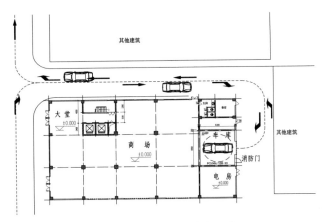

图 5-8-12 内塔规划平面图

注：双车道宽度不小于 6m，单车道宽度不小于 3.5m。

（2）立面图（如图 5-8-13、图 5-8-14）。

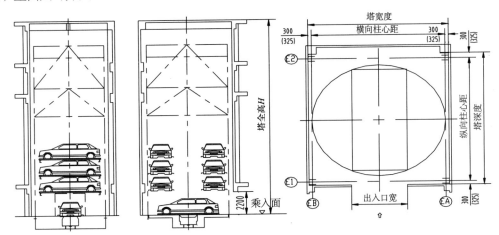

图 5-8-13 内塔规划立面图

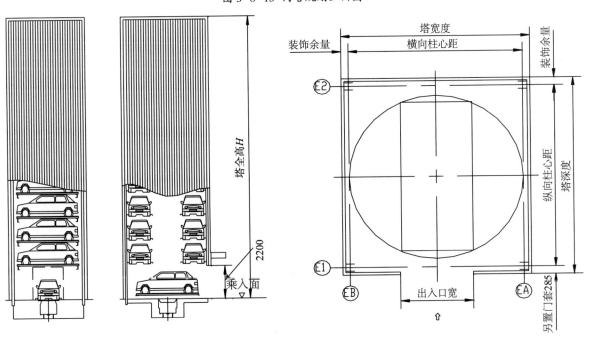

图 5-8-14 外塔规划立面图

（3）内塔井道及预埋图（如图5-8-15）。

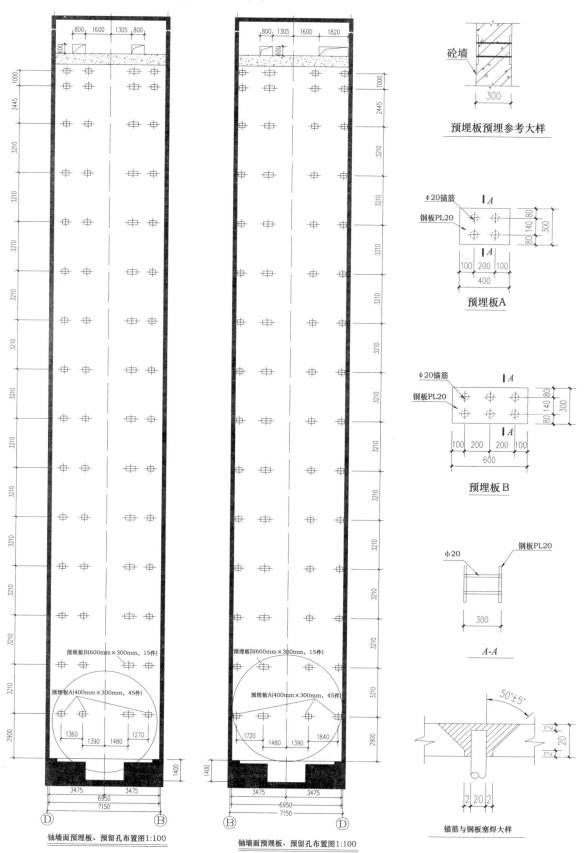

图 5-8-15 土建井道及预埋图

第三节　医院停车智能系统

一、概述

对于现代化大型综合医院来说，停车场的管理水平直接影响医院的服务档次，停车场是医院的"第一大堂"，患者就医时选择驾车方式的比例在所有出行行为分类中是最高的。为了提高停车场的服务水平，停车场的智能引导和管理尤为关键。

智能化的停车场引导和管理涉及多个方面，车辆出入口的管理及收费、车辆进出停车场的引导是两个比较重要的方面，二者相互关联，协调运行，实现车辆"进得来、出得去、停得快、找得到"的管理目标。

出入口管理和收费系统（PAS）要求对各种车辆进行实时严格的管理，对其出入的时间进行严格记录，并对各类车辆进行识别和登记，将各种信息输入数据库，对所有出入口车辆进行有效的、准确的监测和管理。根据医院的特点，要求进出等待时间短，减少卡片的交叉感染，车牌识别与自助缴费，加快医院的车辆周转。

停车引导系统（PGIS）是指通过智能探测、定位技术，获取车位和车辆的位置数据，利用技术手段引导驾车者实现快速便捷停车、找车，包括场外停车引导、场内区域引导、车位引导、反向寻车、出车引导、VIP车位引导、特殊车位预订等，使驾车者能够方便快捷地找到停车场和停车位，避免停滞在路上，引起道路堵塞和停车场内部通道的堵塞，提高车位的使用率和周转率。同时，帮助驾驶员在离场时，迅速找到自己的车辆，选择方便快捷的出口离开。

建立一套智能化的停车场管理和引导系统，可停车服务安全、简便、准确，并且使造价和经营成本控制在适当范围内，是当前停车场管理的发展趋势。智能管理在提高效率的同时更能解决人工管理的弊端，降低管理成本，也是停车场管理的理想模式。

二、需求分析

对于医院停车场智能系统的设计，要综合考虑医院的实际需求，本着既方便停车场人员的管理，又方便车辆的原则，充分体现车辆管理的功能联动，各个系统自由组合，最大限度地为用户提供方便。

（一）出入口管理系统

医院一般会有多个出入口，其中有主出入口、救护车紧急通道、行人出入口和污物出入口。根据用户要求，车辆出入口用于机动车辆出入，均设置出入口管理系统，非机动车出入口采用电动闸门控制。

（1）入口设置自动发票票箱和车牌识别摄像头，临时停靠车辆采用条码票与车牌识别双重管理，条码票和车牌号码都可以作为缴费依据。

（2）出入口处设置ETC远距离验卡机，用于内部用户不停车进出停车场时的车牌识别记录和比对内部车辆号。

（3）在各个地下停车场和医院大堂、电梯厅等区域，设置提前缴费处和无人值守自动缴费终端，驾车者可以报车号或凭条码票提前缴费，也可自助缴费。

（4）设置折扣系统，缴费时可以根据客户在医院看病消费金额、住院时间等进行停车费的折扣操作。

（5）在出口处设置收费岗亭和车牌识别摄像头，已提前缴费的临停车辆识别车牌号码后自动放行；车牌识别错误的凭条码票放行；未缴费车辆在此缴费放行。

（6）在出入口设置对讲机，方便出入口与管理中心的通信。

临时车辆入场采用条码票或车牌识别方式。条码票为一次性使用，不会产生交叉感染。车牌识别提高了管理效率和通行速度，方便了用户。用户无须票卡，报车号即可缴费，同时防止车辆混用内部卡。

提前缴费和自动缴费，可以加快车辆周转，减少排队时间，减少出入口数量，实现快速出场，避免场内拥堵，提高服务水平。

折扣系统可以提高医院的停车服务水平，吸引有效的就医车辆，使患者在医院能安心看病；减少附近单位无效的车辆停放，杜绝蹭停车辆，提高医院的营业收入。

（二）停车引导系统

由于大型医院场地范围大、停车场多，要引导车辆找到停车场，就必须设置停车引导系统。在医院周边主要路口设置二级引导屏，医院内主要道路设置三级引导屏，停车场入口设置入口引导屏，引导车辆快速进入停车场。引导系统是智能交通的一部分，采用无线网络通信技术，通过设置电子引导牌，指引驾车者快速停车，实现城市交通引导功能和医院内部停车引导功能。

（三）车位引导系统

用户进入医院内部，要寻找分布在医院地上和地下的多个停车场内的空闲车位。由于停车场内部结构复杂，空车位稀缺，对于驾驶者快速停车入位会造成很大困难。为了快速引导车辆入位，需设置车位引导系统。

对于地下和室内停车场，一般设置超声车位探测和视频车位探测引导系统；对于室外露天停车场，一般设置地磁车位探测引导系统。

针对地下停车场，采用超声探测技术，在每个车位安装一个超声车位探测器和车位状态指示灯，通过车位红绿指示灯、场内引导屏引导车辆迅速入位，解决停车难的问题。

针对地下停车场，采用视频引导技术，在每个车位安装一个车位检测摄像头，抓拍车辆照片，提取车牌，识别车位空满状态，通过车位红绿灯、场内引导屏引导车辆迅速入位；另外，车牌号码和车辆照片可用于反向寻车系统。

针对室外停车场，采用室外地磁车位探测技术，在每个车位上安装地磁传感器，探测车位空满状态，通过引导屏指引驾车者快速找到车位。

（四）VIP 车位引导系统

针对医院的 VIP 用户，可设置 VIP 出入口和相应的 VIP 车位引导系统。VIP 用户提前把车牌号码输入系统，从 VIP 车辆进入医院开始，便有针对性地将其引导至 VIP 停车场和 VIP 车位，并且在 VIP 车位的上方，设置 LED 显示屏显示预约状态和车牌号。

（五）反向寻车系统

由于大型医院内停车场规模大、停车数量多、停车场内楼层多、通道多、面积大、方向不易辨识、场景和标识物雷同，当驾车者返回找车时，往往忘记车辆停放的位置，不容易找到自己的车辆。因此，系统在车位引导的基础上，通过提取车牌号码和车辆照片的方法，在停车场的缴费处、电梯厅、医院大堂等区域设置多个液晶触摸屏查询终端，驾车者只要输入车牌号码，就可以查找到车辆的位置、照片、寻车路线等信息，帮助驾车者尽快找到车辆，同时也可加快车辆周转，提高停车场的使用率。

（六）出场引导系统

当车辆离开停车场时，为了减少排队等候时间，出场引导系统通过引导提示屏，提示各个出口和出口外道路的拥堵情况，提示车辆提前选择合适的出口，帮助车辆快速离场。

系统在每个出口和出口外安装车流量传感器和摄像头，自动分析车辆排队长度和道路拥堵状况，把拥堵信息显示在停车场内的提示屏上，引导驾车者选择出口。

（七）来车报警系统

当车辆进入或离开停车场时，由于坡道视野狭窄，容易与其他车辆或行人发生冲突。来车报警系统是在车辆将要出现的坡道口、交叉路口采用声光报警方式，提醒行人和其他车辆注意来车，保障安全。

在停车场内部的主干车道上，经常有两个以上的车道交叉口，由于停车场内车辆和墙柱的遮挡，容易发生车辆之间的冲突，可用来车报警系统进行来车警示，或用自动红绿灯，提醒其他车道车辆注意来车。

（八）停车引导网站

当用户来医院就医时，在出行前，通过互联网和手机访问网站，了解停车场的位置、空闲车位数量、未来的停车难易指数预报数据等，提前做好出行决策，避免盲目驾车来医院后，因车位紧张而长时间排队，造成医院门口交通拥堵。如果很难停车，提倡客户乘坐公共交通工具，或在网上寻找就近的替代停车场停车。

各系统间采用通用物理接口，开放性强，软件功能强大，可以灵活地与其他软硬件通信，实现系统集成。

三、设计依据

（1）项目建设要符合国家相关产业政策，主要包括：

①《停车诱导系统》（DB31/T 298—2003）；

②《城市道路交通规划设计规范》（GB 50880—1995）；

③《道路交通标志和标线》（GB 5768—1999）；

④《公路交通标志板技术条件》（JT/T 279—1995）；

⑤《城市停车规划规范》（GB/T 51149—2016）。

（2）医院所在地区相关标准。例如，北京市地方标准：《公共停车场运营服务规范（2009）》（DB11/T 596—2008）、《公共停车场工程建设规范（2009）》（DB11/T 595—2008）等。

（3）医院要求及现场勘察情况。

四、设计原则

（一）先进性

信息技术是现代科学技术发展中最活跃的领域，新产品、新技术日新月异，每一项新技术的出现都对我们的生活工作方式产生极大的影响，对提高工作效率起到极大的推动作用。因此本系统必须采用先进的技术和设备，一方面反映系统具有的先进水平，另一方面使系统具有强大的发展潜力。

在投资费用许可的情况下应当充分利用现有最新技术、最可靠产品，以使系统在尽可能长的时间内作用于社会，从长远考虑。

（二）经济性

考虑到停车场系统的整体造价及其本身的投资回报期长等特点，应在满足性能要求的前提下，尽量使整个系统获得更大收益。

（三）可靠性

必须考虑采用成熟的技术与产品，在设备选型和系统的设计中尽量减少故障的发生。

（四）可维护性

可维护性是系统成功与否的重要因素。这里的可维护性包含两层含义，即易于故障的排除和日常管理操作简便。

（五）安全性

随着科学技术的高速发展和社会进步，各种违法犯罪分子的作案手段也在不断翻新。医院必须采用有效的高科技措施，防止场内车辆被盗；同时，系统设计必须规范，保证系统自身的安全和管理人员的安全。因此，对系统安全应当足够重视，必须采用多种手段防止各种形式与途径的损失。

（六）整体性

系统的整体性涉及方方面面的因素，必须对这些因素统筹考虑，以构建一个有机的综合管理系统。

（七）实用性

系统设计应首先考虑满足停车场功能要求和实际应用的需要，同时考虑驾车者出入的方便与安全。

（八）开放性

为保证各供应商产品的协同运作，同时考虑到投资者的长远利益，系统必须具有一定的开放性，并结合相关的国际标准或工业标准执行。

（九）可扩充性

系统应考虑今后发展的需要，具有在系统产品系列、容量与处理能力等方面的扩充与换代的可能。这种扩充不仅充分保护了原有投资，而且具有较高的综合性能价格比。

（十）规范性

由于系统是一个综合性系统，在系统设计和建设初期应着手考虑各方面的标准与规范，并遵从规范的各项技术规定，做好系统的标准化设计与管理工作。

五、系统总体设计

大型医院停车场智能管理和引导系统由智能停车收费系统和智能停车引导系统组成。智能收费系统包含出入口管理子系统、车牌识别子系统、语音对讲子系统，提前、集中缴费子系统，车流量检测子系统和防砸车子系统；智能停车引导系统包含室外地磁引导子系统，室内视频引导子系统，室内超声引导子系统，VIP车位引导子系统，出口拥堵提示子系统，来车报警子系统，智能反向寻车子系统和停车引导网站等，如图5-8-16所示。

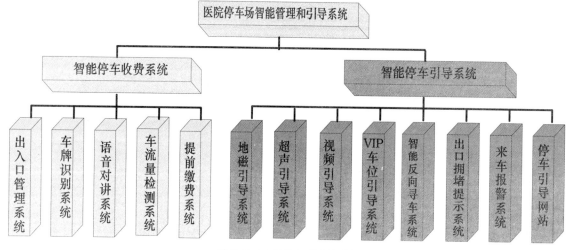

图 5-8-16 系统组成框架图

第四节 医院停车场建设面临的问题与对策

一、医院停车场建设面临的问题

（一）概述

《城市停车规划规范》建议的机动车停车泊位下限值为 1.2 个车位 /100 m² 建筑面积，其配建标准指标偏高。

近 20 年来，由于城市房地产开发的迅猛发展，城市旧城土地的有偿出让，使得应该享受土地行政划拨政策的医院建设扩大原来用地的可能性越来越小。

在新一轮医院建设时期，在不能扩大用地范围的同时解决"看病难"和"停车难"问题，机遇和挑战并存。医院改扩建中既要考虑扩大床位数和建筑面积，又要规划好停车泊位。在 2016 年新颁布的国家关于停车泊位规范标准偏高的现实情况下，医院建设停车泊位要根据属地城市规划部门的要求和用地条件、相邻的城市交通设施情况，参照门诊数量和住院病人床位数量选择可行且有效的解决方案。见表 5-8-12。

表 5-8-12 医院停车设施建造类型对比

停车设施建造类型	可量化因素				医院选择概率（大、中、小）		
	建造成本	泊位面积（m²/泊位）	地面用地（m²/泊位）	运行维护	县级以下	区级以上	省级以上三甲医院
平面停车场	少	20 ～ 30	20 ～ 30		大	大	小
立体停车楼	中	15	3 ～ 5	停车设备运行维护		小	中
地下停车库	高	30 ～ 40	0	照明、通风消防等设施			大

（二）"十三五"规划医院建设新增 200 万个停车泊位

《全国医疗卫生服务体系规划纲要（2015—2020 年）》中提到，2014 年末，全国医疗卫生机构床位 660.1 万张，其中，医院 496.1 万张（占 75.2%），基层医疗卫生机构 138.1 万张（占 20.9%）。与 2013 年相比，床位增加 41.9 万张，其中，医院床位增加 38.3 万张，公立医院占 66.8%；基层医疗卫生机构床位增加 3.1 万张，每千人口医疗卫生机构床位数由 2013 年的 4.55 张增加到 2014 年的 4.84 张。按照规划纲要目标，2020 年每千常住人口床位数 6 张，需要增加床位数 200 万张，相应需增加 200 万个停车泊位，见表 5-8-13。

表 5-8-13 2020 年全国医疗卫生服务体系资源要素配置主要指标

主要指标	2020 年		2013 年		指标性质
	目标	增加	现状	新增床位占比 %	
每千人口医疗卫生机构床位数（张）	6	+1.45	4.55		指导性
医院	4.8	+1.24	3.56	78.2	指导性
公立医院	3.3	+0.26	3.04	66.8	指导性
省办及以上医院	0.45	+0.06	0.39	0.086	指导性
市办医院	0.9	+0.11	0.79	0.174	指导性
县办医院	1.8	+0.54	1.26	0.277	指导性
其他公立医院	0.15	-0.45	0.60	0.132	指导性

表 5-8-13 2020 年全国医疗卫生服务体系资源要素配置主要指标（续）

主要指标	2020 年		2013 年		指标性质
	目标	增加	现状	新增床位占比 %	
社会办医院	1.5	+0.98	0.52	0.114	指导性
基层医疗卫生机构	1.2	+0.21	0.99	0.218	指导性
注：省办包括省、自治区、直辖市举办；市办包括地级市、地区、州、盟举办；县办包括县、县级市、市辖区、旗举办，下同。					

（三）"十三五"规划将医院停车纳入城市停车产业政策支持

随着国家全民健康战略的实施；医疗卫生健康产业投入的增加，2015 年 4 月到 2016 年 3 月，国家相关部委出台了 8 个关于城市停车产业的指导性文件。"十三五"期间新的医院建设项目配套的停车系统工程将会同步发展。

二、医院停车系统建设行业共识

1. 医院规划建设中，1 张病床不少于 1 个停车泊位，配置标准逐年提高

根据《综合医院建设标准》规定，综合医院中急诊部、门诊部、住院部、医技科室、保障系统、行政管理和院内生活用房等七项功能设施的每床平均建筑面积指标，应符合表 5-8-14 的规定。

表 5-8-14 综合医院建筑面积指标

200~300 床	400~500 床	600~700 床	800~900 床	1000 床
80m²	83m²	86m²	88m²	90m²

笔者在 2015 年通过对全国 132 个地市以上城市的医院建筑配建停车泊位标准统计得出：0.8 车位 /100m² 建筑面积；在实际建设项目中每张病床的建筑面积均大于 100m²（近年建设的医院项目在 120 ~ 150m²），三级医院床位使用率大于 100%。城市规划部门为了解决医院停车难的问题会逐年提高建筑工程配建指标，见表 5-8-15。

表 5-8-15 医院病床使用情况（2018 年国家卫生健康委统计公布）

		病床使用率（%）		出院者平均住院日	
		2016 年 1~11 月	2017 年 1~11 月	2016 年 1~11 月	2017 年 1~11 月
医院		86.2	87.1	9.3	9.2
其中	三级医院	99.1	99.2	10.1	9.8
	二级医院	85.7	86.1	8.7	8.7
	一级医院	61.8	61.8	8.5	8.4

2. 医疗功能建筑地下不宜停车，地下停车库柱网需间距 8.1 米

医疗功能建筑地下通常受到大型医技设备、急诊部、病案室、人防工程、供电、供水等配套工程的限制，停车系统有效使用空间少，垂直交通使用量加剧；按照《综合医院建筑设计规范》规定，医院功能（急诊、门诊、住院部、医技）结构柱网选择在 7.5 ~ 7.8m 即符合规范。现在为了满足地下停车间距，结构柱网需要调整为 8.1 ~ 8.4m，增加结构建造成本和建筑规模。

技术参数分析：存取车尺寸为 5000mm（长）×1850mm（宽）×1550mm（高），存取车重量为 2000kg。医疗功能建筑结构柱网按照建设规范要求通常选为 7.2 ~ 7.5m（结构柱截面占 1m，净间距尺

寸为 6.2 ~ 6.5m），假设柱网间距 7.5m，实际停车净宽度为柱网间距减去柱截面宽度后为 6.5m，车宽 1850×3=5550mm；车与车、车与柱之间共 4 个间距：950/4=237.5mm。每个柱间停 3 辆车时，柱网间矩 8.1m，车间距为 387.5mm，方便车主停车。

3. 医院选用地上机械式立体停车设备成为必然

由于国家城市总体规划选址的要求，医院多建设在城市中心区、居民住宅集中的城市区域。利用土地的集约化程度高（绿地率：30% ~ 35%；建筑密度：≥ 30%；道路交通：15% ~ 20%），地面停车无法满足规划停车指标。既往选用地上停车楼受到建筑规模、容积率等城市规划条件的制约，多采用地下立体停车库建设方式。地下自走式停车库建造占用医院建筑空间，建造和运行成本比较高。

为了满足医院停车的需要，选用技术日益成熟、智能化程度高的地上机械式立体停车设备的情况越来越多。医护人员自用和住院患者宜选择机械式立体停车设备。门诊就医患者由于停车周转率高，应尽量采用存取车方便的地面停车和地下自走式停车。建议医院应为医护人员保留不低于30%的停车位，见表5-8-16。

表 5-8-16 上海市中心城区 17 家三甲医院停车状况（2012 年）

项目 / 人群类别	理论停车泊位		实际停车类型		
	数量	满足度	地面停车	机械立体停车	地下停车
看病探访者	3482	43.9%	1913	501	1319
职工	8049	27.4%	（51.2%）	（13.4%）	（35.3%）
合计	11531	32.4%	3733		

上海中心城区统计数据显示：医院地面停车虽然占现停车泊位总数的51%，但改善医院停车泊位只能在机械式立体停车、地下停车、建设停车楼等集约化停车设施上寻求发展。

国家发改委等七部委于2015年8月3日发布《关于加强城市停车设施建设的指导意见》明确建设重点，以居住区、大型综合交通枢纽、城市轨道交通外围站点（P+R）、医院、学校、旅游景区等特殊地区为重点，在内部通过挖潜及改造方式建设停车设施，并在有条件的周边区域增建公共停车设施。鼓励建设停车楼、地下停车场、机械式立体停车库等集约化的停车设施，并按照一定比例配建电动汽车充电设施，与主体工程同步建设。

4. 科学分析医院停车特点，倡导周边停车位资源共享

医院工作时间特别是门诊时段，停车设施需求量大，在休息日和夜间，大量停车设施空闲，医院停车这一特点既影响正常的就医秩序，又会对停车资源造成浪费。医院停车位具有"上午不够用、下午不饱和、晚上多闲置"的特点；医院停车需求主要由门诊就医人员（包括陪同人员）、住院探视人员和工作人员三类需求组成，在分配停车资源时通常将地上停车和自走式地下停车分配给门诊和探视人员，将机械式立体停车分配给工作人员使用。同时，医院周边住宅区停车位在上班时间闲置，在夜间需求大。鼓励两大停车资源共享是解决彼此"停车难"的途径之一。2014年北京医院和同仁医院停车预测参数见表5-8-17。

表 5-8-17 医院预测参数表（北京市政工程设计研究总院）

项目 / 人群类别	出行人数（人次/d）	机动车出行总量（辆/d）	停车周转率	说明
门诊人员	12500	3594	0.48 辆/h	平均停放时间 125min
探视人员	2881	645		每床平均每天有 1.47 人探视
工作人员	5423	1598	1 辆/d	停放时间和工作时间一致

5. 医院停车收费应高于同类公共建筑

患者就医是刚性需求，为了用有限的停车资源最大限度地满足就医患者的需求，停车收费在门诊开放期间应适度提高。不倡导医院停车免费，也杜绝无序提高医院停车收费价格的象，同时鼓励医院和周边社会停车资源相互有偿开放使用。

6. 医院停车建设要纳入城市停车产业优先发展

地下停车库或地上停车楼要在城市规划管理上突破现有政策的制约。将独立建设地下停车库与地面绿化结合起来，地上停车楼建设要解决容积率的问题，按照构筑物进行管理。公立医院应许可社会资本投资建设医院停车场建设项目。

三、医院停车系统建设面临的挑战及其对策

1. 医院停车泊位配建标准逐年提高，地下附建式车库占点建筑规模 30% 以上

医院主要承担治病救人的工作职能，《综合医院建筑设计标准》七大功能分类的用地指标在现实的医院建设案例中都无法达到，导致建设地下停车库成为解决问题的唯一途径；技术上，地下停车库每个标准车位需要占用 30 ～ 40m² 建筑面积。按照 1000 张病床的综合医院建筑标准 90m²/床提高到 150m²/床；地下停车库按照 1000 个停车泊位计算（30000 ～ 40000m²），总建设规模的 27% ～ 44% 建筑面积用来满足地下停车库使用。

2. 医院停车泊位宜按照医疗功能不同采取相应的配建指标更科学

目前按照 100m² 建筑面积为单位来制定医院停车泊位配置标准占 99%，《综合医院建筑设计标准》七大功能分类，在医疗功能建筑中门急诊、医技、住院四项占 84%，标准没有将地下停车场空间建筑面积纳入计算之中。实践中对地下停车库建筑面积又进行了重复计算。按照 1000 个车位（30000 ～ 40000m²）来计算，约 32% 用于停车库建筑的面积进行了重复计算（如果全部为地面停车时，没有重复记取的建筑面积）。

3. 地面机械式停车楼归入特种设备管理成为医院停车建设有突破

2015 年 9 月 22 日，住房和城乡建设部发布《关于印发城市停车设施建设指南的通知》。《指南》附录中介绍了——A-7 北京空军总医院停车楼 BOT 案例，该案例最大的特点是：在医院原有车位上建设机械式立体车库，属于设备项目，主要报当地特种设备质检部门审验，简化了审批程序。

4. 设计单位提高建筑层高，预留发展，建二层复式机动车库方案不经济

由于新建医院项目建筑规模达 25 万 ～ 40 万平方米；地下建设停车泊位在 2000 个车位以上，设计院采取提高自走式平面车库的层高 5.4 ～ 5.7m，解释为将来建设二层机械式车库；该形式实际是在已有 3 个停车位的柱网停车区域内，采取升降横移的机械式设备后再增加 2 个车位的数量。实践中该类型复式机械式停车被通俗地比喻为"皮裤套棉裤"。

参照《车库建筑设计规范》（JGJ 100—2015)，车辆出入口及坡道的最小净高应符合：微型车、小型车的净高为 2.2m 的规定。复式机动车库停车区域的净高应根据各类停车设备的尺寸确定（二层停车设备，设备装置高度为 3.50 ～ 3.65m）；层高增加 0.9m 的净高空间就可以增加一层自走式停车，且停车泊位再增加 3 个；两种方案的直接建设造价基本相当。复式机动车库在实际使用中，存取车辆需要专业的设备操作人员。

5. PPP 模式解决医院停车系统建设管理应倡导

医院承担着救死扶伤、治病救人的重要任务，医院停车设施建设属于城市静态交通的范畴；在医院整体项目建设中属于非临床服务，目前在整体建设项目的建筑规模中占 30% 以上，城市规划指标监督迫

使医院方面采取先建设竣工验收、后医疗功能再占用的做法普遍存在。产生了"进入医院停车归院长管，周边城市道路上停车归市长管"的现象。医院停车设施建设应纳入城市建设的体系之中，目前国内 PPP 模式在公立医院整体医疗卫生建设项目的实际应用中仍处于探索发展阶段。社会资本的逐利性与公共服务公益性的社会矛盾尚未得到解决。独立建设停车楼（停车库）是目前解决医院停车难问题的优选方案，也使得引进 PPP 模式成为可能。

医院停车场建设面临的问题具有综合性、地区性和社会性。医院建设停车楼、地下停车库是属于解决静态交通和局部的问题，解决好医院停车难问题还要有相关的产业政策支持，解决的对策应该是医院、社会和政府综合治理。"十三五"期间，新的医院建设项目配套的停车系统工程需在政府、社会、医院三方共赢的基础上同步发展。

参考文献

［1］陈峻，周智勇，梅振宇，等 . 城市停车设施规划方法与信息诱导技术［M］. 南京：东南大学出版社，2007.

［2］童林旭 . 地下停车库建筑设计［M］. 北京：中国建筑工业出版社，1996.

［3］贺崇明 . 城市停车规划研究与应用［M］. 北京：中国建筑工业出版社，2006.

［4］中华人民共和国卫生部 . 综合医院建设标准：建标 110-2008［S］. 北京：中国计划出版社，2008.

［5］全国城市规划执业制度管理委员会［M］. 北京：中国建筑工业出版社，2000.

［6］邹贞元，徐亚国，等 . 城市静态交通管理理论与应用 .［M］. 广州：广州出版社，2000.

［7］于春全，李国兵 . 北京机动车停车管理问题分析及对策研究［J］. 北京规划建设，2000（6）：39-41.

［8］赵奇侠 . 大型医院机械立体停车库建设要点［J］. 城市停车，2011（3）：57-59.

［9］赵奇侠 . 新版《中国医院建设指南》解读［J］. 城市停车，2011（5）：40-42.

［10］赵奇侠，王军 . 我国医院建筑物配建停车场标准的研究［J］. 城市停车，2009（1）：29-31.

［11］赵奇侠，周卫兵，曹剑钊，等 . 我国医院建筑物停车场配建指标的研究［J］. 中国医院建设与装备，2009（1）：15-17.

［12］赵奇侠，周卫兵，曹剑钊，等 . 北京综合医院停车场建设面临的问题和对策［J］. 医用工程，2008（2）：30-33.

［13］张秀媛，董苏华，蔡华民等 . 城市停车规划与管理 .［M］. 北京：中国建筑工业出版社，2006.

［14］中国重型机械工业协会停车设备管理委员会 . 机械式立体停车库［M］. 北京：海洋出版社，2005.

［15］黄锡璆 . 中国医院建设指南（第三版）［M］. 北京：中国质检出版社、中国标准出版社，2015.

［16］赵奇侠 . 医院停车建设行业共识［J］. 城市停车，2016（4）：48-52.

［17］张国宗，王永华，刘雄 . 大型公益项目全寿命周期过程集成模型及其支撑条件研究［J］. 中国工程科学，2014（16）：106-111.

［18］景然然，陈雪梅 .50 家大型医院停车管理和智能停车应用研究［J］. 城市停车，2016（4）：

40-46.

［19］王雨，孟亚丰，朱弘．北京城市中心区大型综合医院停车位配建指标研究［J］．北京建筑大学学报，2014（30）3：26-30.

［20］赵奇侠，董苏华，刘军民，李佩军等．"十三五"期间医院停车设施建设的机遇与挑战［J］．中国医院建筑与装备，2017（4）：68-70.

［21］赵奇侠．医院交通组织停车设施规划建设指南［M］．北京：研究出版社，2018.

第九章

医院辐射防护与电磁屏蔽

陈海勇　柏森　刘余　王博

陈海勇 四川大学华西医院基建运行部技术主管，工程师

柏　森 四川大学华西医院教授，硕士生导师，
　　　　放疗科党支部书记兼副主任

刘　余 四川大学华西医院医务部研究实习员

王　博 四川大学华西医院放射科工程师

第一节　医院辐射防护概述

一、电离辐射简介

高辐射水平对人体有害，潜在职业照射、医疗照射和公共照射的辐射防护问题越来越重要。从统计数字看，辐射所致的危险度与一般工业部门的平均危险度相仿或略低。尽管如此，必须采用辐射安全标准来限制、防止辐射危害。为了保护辐射受照个体和公众，辐射照射实践必须遵从一定的国家安全标准。

（一）辐射效应

辐射损害健康的效应可分为确定性效应和随机性效应。

确定性效应是指在辐射剂量超过一定阈值后发生的使组织或器官中产生临床可检测出的组织变化或严重功能性损伤的效应。受照人员确定性效应的严重程度随着剂量超过该效应发生阈值增大而增加。

随机性效应是受照射后经一个潜伏期才显现出来，由于具有随机性特点，这些流行病学检测结果称为随机性效应。当受照细胞发生变异而未死亡时，就会发生随机性效应。

（二）辐射照射类型

可预见的照射称为正常照射，它具有不确定性。意外可能发生的照射称为潜在照射，但不确定该照射是否会实际发生。用于控制正常照射的方法是限制受照剂量，比如患者在接受辐射时，控制照射剂量为完成诊断或治疗所必需的剂量。控制潜在照射的基本方法是对装置、设备和操作程序进行优化。

辐射照射（正常照射和潜在照射）可分为职业照射、医疗照射和公众照射三类。

1. 职业照射

职业照射是指从事职业的工作人员在工作过程中发生的所有照射。

2. 医疗照射

医疗照射是指接受诊断或治疗的患者所受的照射，包括患者本身是医学诊断或治疗的对象、知情的志愿者但非职业受照人员，以及生物医学研究中接受照射的志愿者。

3. 公众照射

公众照射是指公众受到来自放射源的照射，不包括职业照射、医疗照射，以及正常的天然照射。

（三）医用电离辐射范围

医用电离辐射是指使用放射性同位素或射线装置进行医学诊断、治疗和健康检查。医用电离辐射按学科可划分为 X 射线诊断学、临床核医学、放射治疗学和介入放射学等分支。

目前，医用电离辐射是人类所受到最大的人工电离辐射来源。随着我国医疗卫生事业的发展，医疗机构拥有的放射诊断和放射治疗设备逐年增加，接受放射诊疗的人数快速增长，放射事件和医疗事故时有发生。医用电离辐射项目包括以下四类。

1. X 射线诊断项目

X 射线诊断学中涉及的医用电离辐射项目包括：CR（计算机 X 线摄影）及 DR（直接数字化 X 线摄影）影像诊断、牙科 X 射线影像诊断、乳腺 X 射线影像诊断、普通 X 射线机、X 射线 CT 影像诊断、骨密度测定、其他 X 射线影像诊断等。

2. 核医学诊断及治疗项目

核医学中涉及的医用电离辐射项目包括：PET（PET-CT、PET-MR）影像诊断、SPECT 影像诊断、γ 相机影像诊断、放射籽粒植入、放射性药物治疗以及其他核医学诊疗。

3. 放射治疗项目

放射治疗学中涉及的医用电离辐射项目包括：医用直线加速器治疗、钴 -60 治疗、后装治疗、γ 刀、深部 X 射线治疗、质子（重粒子）治疗等。

4. 介入放射项目

介入放射学中涉及的医用电离辐射项目包括：DSA（数字减影血管造影机）介入放射诊疗和其他影像设备介入放射诊疗。

二、辐射防护限制标准及管理

（一）辐射防护的量和单位

辐射防护中大部分是定性的，仅有一些定量的描述，在实践中建立定量限制和指导水平。描述辐射本身使用了两个物理量，即放射性活度和吸收剂量。辐射防护中使用的辐射量较多，包括器官剂量、当量剂量、有效剂量、待积剂量和集体剂量。

放射性活度是指放射性核素在单位时间内发生核衰变的数目，即衰变率。放射性活度的国际单位是 $S-1$，取名叫贝可（Bq），过去曾经用居里（Ci）作单位，两者的关系是 $1Ci = 3.7 \times 10^{10}Bq$。放射性活度是最基础的单位，直接描述了放射性的数量。

吸收剂量是指电离辐射向无限小体积内授予的平均能量除以该体积内物质的质量而得的商。它是衡量单位质量的受照射物质吸收辐射能量多少的物理量，适用于任何类型和任何能量的电离辐射，实际使用时须指明辐射类型、介质种类和空间位置。吸收剂量在国际单位制中单位是 J/kg，专用名是戈瑞（Gy），过去用拉德（rad）作单位，两者关系是 $1 Gy = 100rad$。吸收剂量是辐射剂量学和辐射防护中非常重要的一个物理量。

器官剂量是描述人体特定组织或器官中受到的平均物理剂量（DT）。人体特定组织或器官造成的生物学危害不仅取决于其受到的平均物理学剂量，也取决于辐射类型、能量导致的剂量分布方式。器官接受相同物理剂量时，α 粒子或中子比 γ 光子或电子产生更严重的损伤，因为 α 粒子和中子产生的电离事件更密集（稠密的电离辐射），染色体不可逆损伤概率更高，组织修复机会更少。因此，为描述人体受电离辐射的危害程度，并能反映出不同辐射类型、不同射线能量及不同照射条件下产生的生物效应的差异，将器官剂量（DT）乘以辐射权重因子（WR），得到的量为某种辐射类型的当量剂量（HT）。

对 X 光子、γ 光子和电子射线，WR = 1；对质子，WR = 5；对重粒子，WR = 20；对中子，根据不同的中子能量，WR = 5 ~ 20。在国际单位制中当量剂量（HT）单位是"焦耳/千克（J/Kg）"，专用名是"西沃特（Sv）"；过去曾用"雷姆（rem）"，两个单位的换算关系是 $1Sv = 100$ rem。

器官剂量是判断整个器官平均单位质量的能量吸收量度，当量剂量是判断器官或组织生物学损害的程度。不同器官或组织受到同样当量剂量的照射，所引起的危害是不同的。考虑到这种差异，采用组织权重因子进行修正。组织权重因子（WT）就是描述器官或组织对全身均匀受照效应总危害的相对贡献。对全身的总危害是对每个器官或组织的危害进行求和。因此，有效剂量（E）就是每个组织的当量剂量（HT）与相应的组织权重因子（WT）的乘积之总和，表示几种不同组织受到不同剂量的综合结果。有效剂量的单位是"焦耳/千克（J/Kg）"，专用名称是"西沃特（Sv）"。

国际辐射防护委员会 60 号出版物和国际原子能机构对普通人群推荐的组织权重因子是：对性腺，WT = 0.20；对肺或红骨髓，WT = 0.12；对皮肤，WT = 0.01。也就是说，相同当量剂量的低剂量照射后，性腺发生随机性效应的危险度高于肺或红骨髓。

职业照射和公众照射的年剂量限值用年有效剂量描述。当量剂量和有效剂量一般描述外照射对人体的损伤。当放射性核素进入身体时，接受的辐射剂量是核素在体内存留期产生的，这种辐射剂量称为待积剂量。当量剂量、有效剂量和待积剂量讨论的均是对个体的辐射。对群体而言需要一个描述群体所受总辐射剂量的集体剂量。集体剂量定义为受某一放射源照射的群体的成员数与他们所受的平均辐射剂量的乘积。集体剂量的单位是"人－西沃特（man-Sv）"。

（二）个人年剂量限值标准

我国现行的辐射防护标准是 2003 年 4 月 1 日开始执行的中华人民共和国国家标准《电离辐射防护与放射源安全基本标准》（GB 18871—2002）。辐射防护的标准包括基本标准和次级标准。基本标准阐述辐射防护的基本原则并规定出各类人员接受天然辐射以外的各类照射的基本限值；次级标准则是依据基本标准做出的应用性规定。

对医疗照射必须进行医疗照射的正当性判断和防护的最优化设计，并必须遵从"放射诊断和核医学诊断的医疗照射指导水平"（国标 GB 18871—2002 附录 G）。

对职业照射和公众照射，辐射剂量必须低于国家标准 GB 18871—2002 中附录 B"剂量限值和表面污染控制水平"规定的剂量限值。对职业照射，剂量限值是连续 5 年的年平均有效剂量为 20 mSv；在任何一年中的有效剂量为 50 mSv；眼晶体的年当量剂量是 150 mSv；四肢（手和足）或皮肤的年当量剂量是 500 mSv。对公众照射，剂量限值是年有效剂量为 1 mSv；特殊情况下，如果 5 个连续年的年平均剂量不超过 1 mSv，则某一单一年份的有效剂量可提高到 5 mSv；眼晶体的年当量剂量是 15 mSv，皮肤的年当量剂量是 50 mSv。

（三）辐射防护管理

辐射防护管理主要包括辐射场所管理、放射设备管理和放射工作人员管理。

1. 辐射场所管理

医院建筑规划设计的重点就是针对辐射场所的管控。要求对新建、扩建、改建的放射工作场所的位置选择、建筑物防护设施等方面应符合有关辐射防护规定，设计图纸应经相关部门审查，施工完毕后要验收监测、建档保存，对不符合要求的防护设施应采取可靠措施进行改进。

2. 放射设备管理

要求放射设备购置前应进行预审，使用过程中应按规定进行检测（包括验收检测、状态检测、稳定性检测以及更换相关元件或重大维修后的检测），检测记录应存档并进行评价。放射源的订购、运输、存储、回收均应报批相关卫生、环保部门审批、备案。

3. 放射工作人员管理

要求放射工作人员持《放射工作人员证》上岗，定期进行辐射防护专业培训考试合格，定期进行职业健康岗前、在岗期间、离岗前体检并建立个人健康档案，不间断进行个人所受辐射剂量监测并建立个人剂量档案，严格落实规章制度和操作规程。

三、辐射防护基本原则和一般方法

（一）辐射防护基本原则

辐射防护的基本原则是：实践的正当化、防护的最优化、个人剂量和危险度限值，分别如下。

1. 实践的正当化原则

辐射照射的实践必须是正当的，即只有当这件事对受照人员或社会带来的利益大于它导致或可能导致的危害时，才可以采用。辐射实践所获得的利益，包括经济的以及各种有形或无形的社会、军事和其他效益，必须大于所付出的代价，包括基本生产代价、辐射防护代价以及辐射所致损害的代价等，这种实践才是正当的。

2. 防护的最优化原则

辐射防护的最优化原则是辐射防护体系中最基本的原则，目的是确保个人所受的当量剂量不超过国家标准中规定的限值。该原则要求个人剂量以及受辐射的人数应在合理可行并兼顾经济和社会因素，使任何辐射照射保持在可以合理做到的尽可能低的水平。在诊断性医疗照射中，让检查者接受最低必要剂量达到诊断目的；在治疗性医疗照射中，通过正常组织照射的 ALARA 原则与计划靶体积获得要求的剂量相符合。

3. 个人剂量和危险度限值原则

人体自身对电离辐射的损伤具有一定的修复能力，这种修复能力与原始损伤程度有关，所以实践中需要控制人体所受剂量的大小。对于职业照射和公众照射，受到所有相关实践带来的综合照射导致的个人剂量不能超过特定剂量限值，即个人剂量和危险度限制。个人剂量限值是一年内所受外照射的有效剂量和摄入的放射性核素所产生的待积剂量之和。

（二）辐射防护一般方法

电离辐射对人体的照射分为外照射和内照射（放射性核素进入体内存留期对人体产生的照射），两者的辐射防护方法区别较大。

外照射防护的基本方法主要有时间防护、距离防护和屏蔽防护三种。

1. 时间防护

人体所受辐射剂量的大小与照射的时间成正比，减少照射时间是外照射防护的基本方法之一。人体所受辐射剂量的大小与辐射强度成正比。

2. 距离防护

一般而言，辐射强度和人体与放射源的距离成平方反比而快速减弱，因此增加人体与放射源的距离是辐射防护的手段之一。

3. 屏蔽防护

大多数实际工作中放射工作人员既不能无限远离放射源又不能一味减少工作时间，因此，对射线进行屏蔽使到达人体的辐射强度降低到一个安全水平是最常用也是最重要的外照射防护手段，即屏蔽防护。

内照射防护的基本原则是防止或减少放射性物质进入体内，对于放射性核素可能进入人体的途径都应予以防范。工作人员应严格遵守个人卫生规定，使用必要的个人防护用品进行操作，结束时及时清洗去污，妥善处理放射性废物，严禁在工作场所进食。

（三）辐射防护监督和干预

医院建设项目职业病危害分类管理、辐射防护监督和干预工作包括职业病危害放射防护预评价报告的卫生审核、辐射防护设施设计的卫生审查和辐射防护专项验收三部分内容。

1. 职业病危害放射防护预评价报告的卫生审核

在建设项目初步设计阶段，要求建设单位委托具备资质的放射卫生技术服务机构编制"建设项目职业病危害放射防护预评价报告"，对 A 类建设项目，编制预评价报告书；对 B 类建设项目，可编制预评价报告书（表）；对 C 类建设项目，可编制简单的预评价报告表。组织专家对 A 类、B 类建设项目的预评价报告书（表）进行卫生审核；对 C 类建设项目可采取备案管理。

在建设项目初步设计阶段，要求建设单位委托具备资质的环境影响评价服务机构编制"建设项目环境影响评价报告"，对于"生产放射性同位素的（制备 PET 用放射性药物的除外）；使用 I 类放射源的（医疗使用的除外）；销售（含建造）、使用 I 类射线装置的；甲级非密封放射性物质工作场所"编制报告书；对于"制备 PET 用放射性药物的；医疗使用 I 类放射源的；使用 II 类、III 类放射源的；生产、使用 II 类射线装置的；乙、丙级非密封放射性物质工作场所；在野外进行放射性同位素示踪试验的"编制报告表；对于"销售 I 类、II 类、III 类、IV 类、V 类放射源的；使用 IV 类、V 类放射源的；销售非密封放射性物质的；销售 II 类射线装置的；生产、销售、使用 III 类射线装置的"采取备案管理。

2. 辐射防护设施设计的卫生审查

对 A 类建设项目，在施工图设计阶段，要求建设单位委托具有资质的建筑设计单位对该类项目放射防护设施等进行专项施工图设计，然后组织专家对辐射防护设施设计图纸进行卫生审查。

3. 辐射防护专项验收

对产生电离辐射的大型医疗设备机房及场所，需在医疗设备安装调试完成后、投入使用前（即在辐射防护专项竣工验收前），要求建设单位委托具备评价资质的职业卫生技术服务机构现场检测是否满足预评价报告的合格标准，并编制"建设项目职业病危害控制效果放射防护评价报告"，对 A 类建设项目，编制控制效果评价报告书；对 B 类建设项目，可编制控制效果评价报告书（表）；对 C 类建设项目，可编制简单的控制效果评价报告表。

当地卫生行政部门可以指定机构或组织专家对 A 类和 B 类建设项目进行防护控制效果的专家审查、经审查合格后由卫生行政部门批复。

按照国家环保部门新的相关要求，辐射环境影响的竣工验收由医疗机构自行组织验收（在验收前需具有资质的环保监测单位进行现场监测合格）。

第二节　医院辐射防护建设管理

一、相关的国家法律法规

（一）相关法律法规框架体系

我国现行职业病危害放射防护的法律法规体系框架如图 5-9-1 所示。

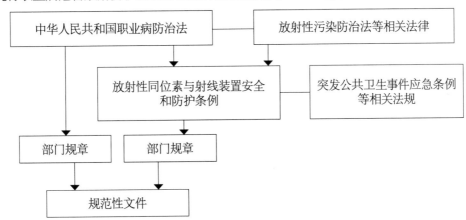

图 5-9-1 我国现行放射卫生法律体系框架

（二）相关法律法规及要点

我国现行有效的与辐射防护有关的部分法律法规和规章详见表 5-9-1。

表 5-9-1 我国现行有效的与辐射防护有关的部分法律法规和规章

名　称	发布文号	发布日期	施行日期
《中华人民共和国职业病防治法》	国家主席令第 48 号	2016 年 7 月 2 日	2016 年 9 月 1 日
《中华人民共和国放射污染防治法》	国家主席令第 6 号	2003 年 6 月 28 日	2003 年 10 月 1 日
放射性同位素与射线装置安全和防护条例	国务院令第 449 号	2005 年 9 月 14 日	2005 年 12 月 1 日
突发公共卫生事件应急条例	国务院令第 376 号	2003 年 5 月 9 日	2003 年 5 月 9 日
放射工作人员健康管理规定	卫生部令第 52 号	1997 年 6 月 5 日	1997 年 9 月 1 日

表5-9-1 我国现行有效的与辐射防护有关的部分法律法规和规章(续)

名　　称	发布文号	发布日期	施行日期
放射诊疗管理规定(2016年1月19日修订)	卫生部令第46号	2006年1月24日	2006年3月1日
辐射防护器材与含放射性产品管理办法	卫生部令第18号	2001年8月11日	2002年7月1日
核设施放射卫生防护管理规定	卫生部令第25号	1992年10月31日	1992年10月31日
建设项目职业病危害分类管理办法	卫生部令第49号	2006年7月27日	2006年7月27日
国家职业卫生标准管理办法	卫生部令第20号	2002年3月28日	2002年5月1日
职业卫生技术服务机构管理办法	卫生部令第31号	2002年7月31日	2002年9月1日
职业健康监护管理办法	卫生部令第23号	2002年3月28日	2002年5月1日
职业病诊断与鉴定管理办法	卫生部令第91号	2013年1月9日	2013年4月10日
建设项目环境影响评价分类管理名录	环境保护部令第44号	2016年12月27日	2017年9月1日
放射工作人员职业健康管理办法	卫生部令第55号	2007年3月23日	2007年11月1日
职业健康检查管理办法	国家卫生和计划生育委员会令第5号	2015年1月23日	2015年5月1日

原卫生部为实施职业卫生、辐射防护而发布的规范性文件详见表5-9-2。其中,《卫生部关于印发〈卫生部职业卫生技术服务机构资质审定工作程序〉等文件的通知》(卫生部卫监督发〔2005〕318号)是为了实施《职业卫生技术服务机构管理办法》,明确职业卫生技术服务机构资质审定程序、审定条件等对其进行资质管理的文件;《卫生部关于印发〈建设项目职业卫生审查规定〉的通知》和《卫生部关于实施〈建设项目职业病危害分类管理办法〉有关问题的通知》是对实施《建设项目职业病危害分类管理办法》若干问题的解释和说明;《卫生部关于印发放射诊疗许可证发放管理程序的通知》为实施《放射诊疗管理规定》提供了放射诊疗许可证的发放程序;对大型医用设备的管理,应同时遵守《大型医用设备配置与使用管理办法》。

表5-9-2 原卫生部发布的部分规范性文件

文件名称	附件名称	发布部门和文号	发布日期
卫生部关于印发《卫生部职业卫生技术服务机构资质审定工作程序》等文件的通知	1. 卫生部职业卫生技术服务机构资质审定工作程序 2. 职业卫生技术服务机构资质审定条件 3. 建设项目职业病危害评价机构资质审定标准	卫生部卫监督发〔2005〕18号	2005年8月11日
卫生部关于印发《建设项目职业卫生审查规定》的通知	建设项目职业卫生审查规定	卫监督发〔2006〕375号	2006年9月18日
卫生部关于实施《建设项目职业病危害分类管理办法》有关问题的通知		卫监督发〔2006〕415号	2006年10月11日

表 5-9-2 原卫生部发布的部分规范性文件（续）

文件名称	附件名称	发布部门和文号	发布日期
卫生部关于修订《建设项目职业病危害分类管理办法》第四条规定的通知		卫政法发〔2007〕97 号	2007 年 3 月 21 日
卫生部关于印发放射诊疗许可证发放管理程序的通知	放射诊疗许可证发放管理程序	卫监督发〔2006〕497 号	2006 年 12 月 18 日
关于发布《大型医用设备配置与使用管理办法》的通知		卫生部、国家发改委、财政部，卫规财发〔2004〕474 号	2004 年 12 月 31 日

我国颁布的包括射线诊断学、临床核医学和放射治疗的医用电离辐射防护的部分国家标准和国家职业卫生标准详见表 5-9-3。

表 5-9-3 我国颁布的医用电离辐射防护的部分国家标准和国家职业卫生标准

标准名称	发布部门	文号	实施日期
电离辐射防护与放射源安全基本标准	国家质量监督检验检验拴疫总局	CB 18871-2002	2003 年 4 月 1 日
后装 γ 源近距离治疗卫生防护标准	国家卫生和计划生育委员会	GBZ 121—2017	2017 年 11 月 1 日
医用电子加速器卫生防护标准	卫生部	GBZ 126—2011	2012 年 6 月 1 日
γ 远距治疗室设计防护要求	卫生部	GBZ/T 152—2002	2002 年 6 月 1 日
医用 γ 射束远距治疗防护与安全标准	卫生部	GBZ 161—2004	2004 年 12 月 1 日
放射治疗机房的辐射屏蔽规范	卫生部	GBZ/T 201.1—2007	2008 年 3 月 1 日
建设项目职业病危害辐射防护评价规范	卫生部	GB/Z T220.2—2009	2010 年 2 月 1 日
γ 射线头部立体定向外科治疗放射卫生防护标准	卫生部	GBZ 168—2005	2006 年 1 月 1 日
粒籽源永久性植入治疗的放射防护要求	国家卫生和计划生育委员会	GBZ 178—2017	2017 年 11 月 1 日
医用射线诊断放射防护要求	国家卫生和计划生育委员会	GBZ 130—2013	2014 年 5 月 1 日
射线计算机断层摄影放射防护要求	卫生部	GBZ 165—2012	2013 年 2 月 1 日
医用射线 CT 机房的辐射屏蔽规范	卫生部	GBZ/T 180—2006	2007 年 4 月 1 日

表 5-9-3 我国颁布的医用电离辐射防护的部分国家标准和国家职业卫生标准（续）

文件名称	附件名称	发布部门和文号	发布日期
临床核医学放射卫生防护标准	卫生部	GBZ 120—2006	2007 年 4 月 1 日
医疗照射放射防护基本要求	卫生部	GBZ 179—2006	2007 年 4 月 1 日
医用射线诊断受检者放射卫生防护标准	国家标准化管理委员会	GB 16348—2010	2011 年 6 月 1 日
临床核医学患者防护要求	国家卫生和计划生育委员会	WS 533—2017	2017 年 11 月 1 日
医学与生物学实验室使用非密封放射性物质的放射卫生防护基本要求	国家卫生和计划生育委员会	WS 457—2014	2015 年 5 月 1 日
操作非密封源的辐射防护规定	国家标准化管理委员会	GB 11930—2010	2011 年 9 月 1 日
医用放射性废物的卫生防护规定	卫生部	GBZ 133—2009	2010 年 2 月 1 日
医用射线治疗放射防护要求	国家卫生和计划生育委员会	GBZ 131—2017	2017 年 11 月 1 日

（三）辐射环境保护相关法律法规

中华人民共和国环保部发布的与放射卫生有关的法规详见表 5-9-4。

表 5-9-4 中华人民共和国环保部发布的与放射卫生有关的法规

名　称	发布文号	发布日期	施行日期
放射性物品运输安全许可管理办法	环保部令第 11 号	2010 年 9 月 25 日	2010 年 11 月 1 日
放射性同位素与射线装置安全和防护管理办法	环保部令第 18 号	2011 年 4 月 18 日	2011 年 5 月 1 日

二、建设管理制度及实施流程

（一）医院辐射防护建设管理制度

建设项目职业病危害分类管理及评价管理制度是国家预防为主、防治结合的职业病防治工作方针的体现，也是从源头预防和控制职业危害的重要管理制度。职业病危害放射防护评价分为预评价和控制效果评价。预评价通过对建设项目可能产生的辐射危害因素，辐射强度，拟采取的防护措施，工作人员可能受到的照射和健康影响进行预测性分析、评估，论证建设项目的可行性，为卫生行政部门的防护设施设计审查提供依据，为建设单位改进防护设施设计和完善职业卫生管理提供指导性意见。控制效果评价确认辐射防护设施的防护效果和采取的防护措施是否符合法律、法规的规定与相关标准的要求，保证正常运行时工作场所的辐射水平、工作人员的受照剂量不超过标准规定的限值，降低发生潜在照射的可能性，保障工作人员的健康与安全。

国家将可能产生职业病危害的建设项目分成职业病危害轻微、职业病危害一般和职业病危害严重三类进行管理。分类依据国家《建设项目职业病危害分类管理办法》和《建设项目职业病危害辐射防护评估报告编制规范》（GBZ/T 181—2006）进行分类，主要依据潜在照射风险分为三类：A 类（职业病危害严重）、B 类（职业病危害一般）和 C 类（职业病危害轻微），分别如下：

A 类包括：核设施、甲级非密封源工作场所、辐射加工设施、放射治疗设施、加速器设施和使用或存储单个密封源活度大于 3.7×10^{10}Bq 的设施等建设项目。

B 类包括：乙级非密封源工作场所、深部 X 射线机房、X 射线探伤设施、CT 扫描机房、诊断 X 射线机房行李包 X 射线检查和使用或存储单个密封源活度为 3.7×10^{8}Bq—3.7×10^{10}Bq 的设施等建设项目。

C 类包括：丙级非密封源工作场所、核子计应用设施、含 X 射线发生器的分析仪表使用设施和使用或存储单个密封源活度不大于 3.7×10^{8}Bq 的设施等建设项目。

（二）大型医疗设备配置证管理制度及实施流程

关于大型医疗设备配置证管理制度及申报审批流程的具体内容详见第二篇第三章第二节相关内容，此处不再重述。

（三）辐射防护卫生许可证的办理流程

因各省、直辖市和自治区对辐射卫生许可证申报审批流程的管理规定有所不同，不具有普遍性。因此，医院应根据当地卫生行政主管部门的管理要求办理辐射卫生许可证。

第三节　医院辐射防护评价及专项设计

一、评价内容及实施流程

（一）辐射防护评价主要内容

1. 评价主要内容

建设项目职业病危害放射防护评价分为预评价和控制效果评价两大部分主要内容。

（1）职业病危害放射防护预评价内容包括：评价依据、建设项目概况、辐射危害因素和防护措施分析、辐射监测计划、健康影响评价、辐射应急方案、职业卫生管理与结论及建议、附件附图等。预评价主要分析拟使用的放射源的源项，描述拟进行的实践特性和规模，评价拟采取的防护措施，估计在正常工作状态、异常工作状态和事故发生时电离辐射对所涉及人员的健康可能造成的影响等。

（2）职业病危害放射防护控制效果评价是在建设项目质量验收合格、安装医疗设备完成后调试结束时进行效果评价，其评价内容包括：核实工作场所布局、分区与分级的落实情况，评价其合理性，检查屏蔽设施是否按屏蔽设计要求施工建造，核实安全防护装置和措施并检查其运行情况，进行辐射监测，检查应急计划、辐射防护管理制度的制定与落实，将监测、检查结果与相应法规、标准或规范比较，做出控制效果评价结论、附件附图等。

2. 评价人员

建设项目职业病危害评价报告书（表）的编制人员应当具有相应专业知识和工作经历，并接受职业病危害评价相关专业知识和技术培训，取得相应执业资格证书。

3. 放射防护预评价报告书（表）的主要内容

（1）概述（包括评价目的、范围、内容、依据和目标等）。

（2）建设项目概况与工程分析（包括项目名称、建设地址、建设性质和任务、工程规模与布局、环境、气象及水文地质、选址评价等）。

（3）放射源项分析（包括放射源项概况、不同运行状态下的放射源项等情况分析）。

（4）防护措施评价（包括工作场所布局、分区与分级，屏蔽设计，防护安全装置，其他防护措施）。

（5）辐射监测计划（包括放射源监测、工作场所监测、个人剂量监测、监测计划的评价）。

（6）辐射危害评价（包括正常运行条件下、异常和事故情况下的辐射危害评价）。

（7）应急准备与响应（包括应急组织与职责、应急计划）。

（8）辐射防护管理（包括辐射防护管理组织和制度、职业人员健康管理）。

（9）结论和建议。

（10）附件、附图。

如果在辐射防护预评价过程中发现机房设置存在某些问题，应当及时提出如何解决这些问题的具体方案，包括对安装设备方向或设备使用工作负荷的改变，限制主射束方向，改变周围环境等措施。

4. 辐射防护控制效果评价报告书（表）的主要内容

（1）概述（与预评价内容基本一致）。

（2）建设项目概况与工程分析（与预评价内容基本一致）。

（3）放射源项分析（与预评价内容基本一致）。

（4）防护措施评价（现场检查是否符合设计图纸及预评价技术要求）。

（5）辐射监测与评价（包括建设项目单位的自主监测、评价报告编制单位的验证监测）。

（6）辐射危害综合评价（包括正常运行条件下的辐射危害、异常和事故情况下的辐射危害）。

（7）应急准备与响应（包括应急组织与职责、应急准备、应急计划、应急能力的保持）。

（8）辐射防护管理（包括管理组织、管理制度及其实施、职业人员健康管理）。

（9）结论和建议（得出防护控制效果是否满足国家相关标准和规范要求）。

（10）附件、附图。

放射防护控制效果评价报告经当地卫生执法监督部门审查合格后，才能办理《放射诊疗许可证》，被评价的医疗设备及场地等才能正式投入使用。

（二）放射防护评价实施流程

建设项目职业病危害放射防护预评价流程一般分为准备、实施和完成三个阶段，职业病危害放射防护预评价三阶段的具体实施流程如图 5-9-2 所示。

职业病危害放射防护控制效果评价三阶段的具体实施流程与预评价三阶段类似，控制效果评价重点在于对设备机房防护效果的现场检测、分析等是否达到国家相关标准和规范要求，机房防护措施是否满足预评价报告的各项要求等。

医院对建设项目职业病的预防和控制负主要责任，要求负责建立防护管理组织，制订防治计划、管理制度、操作规程和事故应急预案，设立警示标识等。评价机构利用建设单位提供的资料，其他方式获取的资料和评价过程中检测的数据，与法律、法规、部门规章的规定或相关标准相比较，完成该建设项目职业病危害评价结论。

二、辐射防护专项设计

在取得医疗设备防护评价报告审批文件前，设计单位可根据类似医疗设备资料进行方案设计和初步设计。然后，由医院委托专业评价资质的职业卫生技术服务机构进行放射防护预评价，待预评价报告书（表）经专家评审合格后提交设计单位作为深化施工图的设计依据。

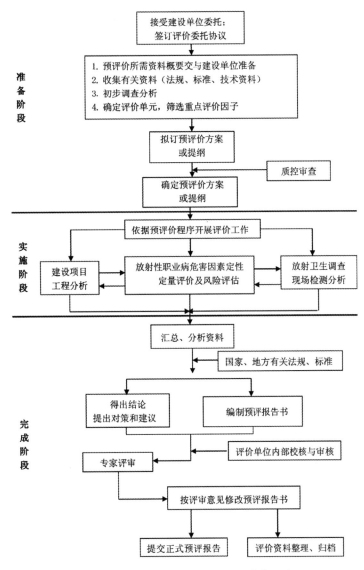

图 5-9-2 职业病危害放射防护预评价实施流程

（一）辐射防护专项设计要点

1. 放射源及相关设备的防护设计

医疗照射中的设备设计要求系统单个部件的故障可及时发现，在实施中人为失误发生率降至最低。设备的防护设计应允许从控制台中断照射，并只能在控制台恢复中断的照射。外照射放疗设备包括放射源和高剂量率腔内治疗设备的，应提供在紧急情况下将放射源手动退回屏蔽位置的装置。外放射治疗的辐照机头、近距离治疗源容器和其他包含有放射源的装置应该有清楚的辐射标志，表示存在放射性物质。

无论是远距离治疗还是近距离治疗的放射源，都应该是密封源，设计成在正常使用条件下或可预见的事故情况下保持不泄漏、耐磨损。放射治疗设施设计需要考虑与设备和治疗室相关的系统或装置安全，包括与紧急断电开关、安全联锁、警告信号灯等。

2. 验收测试、临床测试和操作相关的安全性

设备安装后，应进行验收测试，验证是否符合技术规格及安全标准。通常在验收过程完成之前，该设备属于供方。测试由制造商的代表执行，用户代表判断是否接受。辐射装置验收程序的首次测试必须对机房周围环境的严格测量。验收测试和临床测试，不只限于辐射设备或放射源，也应包括与安全相关的内容。密封放射源在初次使用前后按规定应定期测试其是否泄漏。

3. 放射源的安全

放射源应得到妥善保管，以免被盗或损坏，并防止任何未经授权的人员进行任何操作。不可未经批准转让放射源，定期清点可移动的放射源，以确保其在指定的安全位置。建立放射源台账，包括放射源使用日期、患者姓名和放射源的归还等情况。禁止未经批准的人员进入放射控制区。放射源一旦丢失，应立刻向辐射防护负责人报告，并按应急预案逐级上报。相关治疗病房内的所有日用织品、敷料、服装、设备和垃圾容器均应保留，直到完成检查，并确定放射源不在其中。

4. 职业照射的防护设计

在放疗中使用剂量约束。对于职业照射，其剂量约束是一个放射源相关的个人剂量值，用来限制在优化过程中考虑到的选择范围。放射场所分为控制区和监督区。控制区需要采用专门防护手段和进行安全措施，以控制正常照射和预防潜在照射。监督区通常不需专门防护手段和安全措施，但应定期检查辐射水平的区域。工作人员应配备适当足够的个人防护用品，应进行个人剂量监测和照射评价。监测不仅是测量、确定当量剂量，还应包括注释和评价。应对工作场所进行辐射剂量水平监测。应对工作人员进行健康监督，主要目的是评价工作人员最初和持续的健康情况等。

5. 医疗照射的防护设计

正当性和防护最优化的规定适用于医疗照射，但不适用于剂量限值。对植入密封放射源粒子或注入非密封放射性核素治疗的患者应在体内放射性活度降到安全的剂量水平后才能出院，以控制其家庭与公众成员可能受到的照射。

6. 公众照射的防护设计

公共照射控制采用完善的屏蔽设计，确保放射源被屏蔽并且是安全的。在设计储存和治疗设施时，应考虑在放疗部门范围内和其附近存在公众人员。监测放射治疗引起的公众照射的方案应包括外照射治疗室、近距离治疗病房、储存、准备放射源房间和候诊室的周围环境剂量评估。

7. 潜在照射和应急计划

对放射源及放射设施运行中判断可能出现的应急情形或事故，预防或减轻危害。应建立应急预案并定期排演。应急方案应确定个人责任，简洁、明确，张贴在明显处。

8. 辐射防护计算

影响外照射辐射剂量的三个主要参数是辐射时间、人和放射源距离及屏蔽设施。在辐射防护计算中，一般采用以下三个步骤：

（1）为居留区设定有效剂量预定值（年剂量和周剂量限值）。

（2）估算无屏蔽时居留区的辐射剂量率（需要考虑原辐射、散射辐射、泄漏辐射、工作负荷等）。

（3）确定所需要的屏蔽材料及其防护厚度（分别考虑主屏蔽墙、副屏蔽墙、机房顶板与地板的防护材料及厚度，机房防护门和观察窗的防护铅当量等）。

（二）辐射防护材料的选用原则

辐射防护材料及产品的种类较多，常用的屏蔽材料是普通混凝土、重晶石混凝土、页岩实心砖墙、铅板或含铅玻璃等。在设计时如何选择这些材料，既能达到辐射防护的特殊要求，又能节约建设成本，需设计人员综合考虑。一般情况下，按以下基本原则进行合理选择。

1. CR、DR 等能量较低的放射诊断设备

该类机房墙体可直接选用页岩实心标准砖砌筑墙体（厚度为 240mm）进行防护，其砌筑砖缝的密实度应达防护要求（水平灰缝密实度达 100%、竖向灰缝密实度应达 95% 以上），其底板和顶板就直接利用钢筋砼楼板（厚度一般为 120mm、加上豆石砼垫层厚度一般为 40mm）进行防护，防护门窗选用专业

厂家生产的合格成品门窗（防护效果达到 2mm 铅当量）在现场进行安装，防护门采用平开成品不锈钢防护门体及门套。

2.DSA、CT、PET-CT 等能量较高的放射诊断设备

在机房空间足够的情况下，该类机房墙体可选用页岩实心标准砖砌筑墙体（厚度为 370mm）进行防护，其砌筑砖缝的密实度也应达防护要求，其底板和顶板就直接利用钢筋砼楼板（厚度需 150mm、加上豆石砼垫层厚度一般为 50mm）进行防护，防护门窗选用专业厂家生产的合格成品门窗（防护效果达到 3mm 铅当量）在现场进行安装，防护门根据具体情况可采用手动平开门或电动推拉门。

如果该类机房空间有限，为保证机房的净使用面积，需与室内装修一并考虑，对机房四周防护墙体可采用以下三种方式：

（1）采用钢筋砼墙体（厚度需 200mm）及两侧分别抹 20mm 厚砂浆。

（2）采用 240mm 厚页岩实心标准墙体、在墙体内侧增加 1mm 厚铅板。

（3）采用 240mm 厚页岩实心标准墙体、在墙体两侧分别抹 20mm 厚的重晶石砂浆。

3. 直线加速器、γ 刀、回旋加速器等能量特别高的放射治疗设备

该类机房六个面均宜采用钢筋砼（其容重需达到 2.35g/mm³ 以上，在砼浇筑时必须振捣密实，并加强砼养护、严格避免钢筋砼收缩时产生微裂缝等）进行辐射防护，具体钢筋砼厚度应根据辐射防护预评价相关内容来确定。同时，其防护门因门体内部铅板较厚、加上配件及面板装饰等自重很大，故需选用电动防护门。但是，为方便病员或推床进出机房，应注意地面上尽量不设轨道式沟槽，地面需平整、满足无障碍通行要求。

（三）辐射防护施工图设计要点

1. 辐射防护区域空间规划设计要点

医院对辐射防护相关科室的空间布局应兼顾门诊、急诊、住院、体检等部门的流线通道和距离的控制，既要做到资源共享，又要保证辐射防护效果，还应有相对独立的检查空间、等候空间和辅助空间等，在检查等候区入口采用门禁或刷卡等管控措施实现"二次等候检查或治疗模式"。

一般情况下，对直线加速器、γ 刀（Co-60 源）、回旋加速器等放射能量特别强的大型医疗设备最佳位置是规划在拟建项目的地下室某相对独立的区域，并与地面功能分区及交通流线一并考虑设置该区域的垂直交通，并靠地下室周边人员相对较少的区域相对集中设置。同时，由于这类大型医疗设备四周墙体及顶板的防护厚度均较大，1.5～3.0m 厚钢筋砼，其自身荷载较大，从结构承重优化角度来考虑也应在拟建项目地下室（或无地下室医疗建筑的底层）基础底板上。

2. 辐射防护墙体及防护门窗设计要点

大型医疗设备机房的防护门窗尺寸大小应满足使用需求，并标注准确，其机房整体防护效果（包括防护四周墙体、底板和顶板、防护门窗等）均应满足预评价报告的要求。

如果同类医疗设备需设多个机房，应整体考虑辐射防护效果，如主射束线方向均设置在一个方向，尽量共用辐射防护墙体等，可节约有限的空间资源，并减少防护成本。

患者使用的等候区与检查治疗区相对独立，并设置有效的管控措施；病员及家属等候空间的大小应根据服务病员数量及预约量的多少来决定；病员及家属通道和医护人员通道应分开设置，互不干扰。

第四节　医院辐射防护专项施工及验收

一、熟悉辐射防护施工图

（一）辐射防护施工图阅读

在进行大型医疗设备机房施工前，要求施工单位、监理单位和医院相关技术人员认真阅读整个机房土建和安装施工图，对各专业施工图纸进行综合熟悉、正确理解防护设计意图。找出没有理解的内容和存在矛盾的地方，尽量把有关技术问题整理出来。

（二）辐射防护施工图技术交底

由业主或监理单位组织施工单位、设计单位和医院相关管理及技术人员进行机房辐射防护施工图技术交底和图纸会审工作。在有条件的情况下，邀请医院相关使用科室设备工程师、专业厂家场地工程师等共同参与。对施工单位提出的所有技术问题，由设计单位和医院（或设备工程师）共同协商解决，并形成书面的图纸会审纪要作为施工依据。

施工单位对施工班组及施工人员还需进行技术交底，应特别重视：辐射防护大体积砼施工技术要求和养护（不能产生裂缝，需控制砼浇筑及养护期间的内外温差在一定范围内）；页岩实心砖砌筑防护墙体内砂浆的饱满度应达到防护要求：水平及竖向灰缝均需满浆砌筑，即砂浆砌筑的水平灰缝饱满度需达到100%，竖向灰缝需达到95%以上。

（三）衔接使用部门及专业厂家场地工程师

在机房施工前和施工过程中，应与医院使用部门、设备工程师和专业厂家场地工程师密切衔接，一旦发现新的问题，应及时沟通协调解决。

二、辐射防护专项施工组织

（一）编制辐射防护专项施工组织设计

对辐射防护专项施工要求高的重要部位，监理单位和施工单位均应高度重视该部分的施工组织设计及施工质量，首先由施工单位编制专项施工组织设计，并经监理单位、设计单位、业主或代建单位主要技术人员进行全面审查合格后，方能组织施工。

1. 放射治疗类机房大体积砼防护的专项施工组织设计要点

（1）编制说明。

（2）工程概况（如辐射防护大体积砼施工范围、工程量等）。

（3）辐射防护大体积钢筋砼施工重点（如钢筋绑扎，模板支持，商品砼采购、运输及浇筑，大体积砼墙体施工缝的留设位置、留设形式及后续浇筑时的处理等）和难点（如砼连续浇筑及振荡密实、控制砼内外温差以防止微裂缝的产生等）。

（4）施工计划安排（如管理组织、施工人员、施工材料、施工机具等）。

（5）砼墙及顶板浇筑施工（如砼浇筑顺序、每层浇筑厚度的控制、施工人员的交接班管理等）。

（6）施工质量保证措施（特别应高度关注大体积砼内外温度实时监测，为防止砼产生微裂缝采取可靠的应对措施等）和注意事项（如加强砼养护、准备应急电源、施工人员及机具的统一协调指挥等）。

2. 放射诊断及介入类机房墙体防护的专项施工组织设计要点

一般情况下，根据辐射防护预评价报告，CR、DR、CT、DSA等机房的辐射防护墙体采用页岩实心砖砌筑墙体，CR、DR、DSA等机房的辐射防护墙体厚度为240mm页岩实心砖墙（相当于2mm铅当量），而CT机房的辐射防护墙体厚度为370mm页岩实心砖墙（相当于3mm铅当量）。

（二）辐射防护材料及产品选择

1.多方了解专业防护材料及产品

据不完全统计，目前国内专业防护材料及产品的供应商家相对较少，故要求施工单位多方了解，掌握防护产品的规格、型号、外观、防护质量等基本信息，供监理单位和业主参考。综合比较并优选防护材料及产品，特别是防护门窗及配件的质量、外观和耐久性等方面。

2.防护材料及产品进场后抽检

所有进入施工现场的防护材料及产品，由监理单位进行全面检查，应同时具备生产许可证和产品合格证，抽查时封样送检。对检查合格的材料及产品才能使用，否则应严禁使用。

（三）辐射防护施工现场监督

组织施工前，施工单位应做好施工人员、施工机具、施工材料、安全措施等各方面的准备工作，经监理单位检查合格后方可组织施工。同时，要求监理及施工单位对施工过程进行全面跟踪，发现问题及时协调解决。在机房辐射防护施工过程中，监理单位应作为重点监督内容，实施旁站监理，及时发现施工中有关问题，组织几方技术人员共同协商解决。

三、辐射防护专项验收

（一）隐蔽验收和初步验收

对大型医疗设备机房辐射防护施工内容作为一个子项分部进行专项验收。在大型医疗设备机房防护施工过程中和施工完毕后，由监理单位组织建设单位、设计单位、施工单位、评价单位等技术人员一起根据相关防护施工图和预评价报告的各项防护要求进行隐蔽验收和初步验收。从施工质量、外观、防护材料之间的搭接等各方面进行实地隐蔽验收和初步验收，及时发现施工中存在的问题，形成书面的隐蔽验收和初步验收意见。

（二）施工质量整改

由专业施工单位对机房防护施工存在的不足和需改进的问题进行及时整改，整改措施要安全可靠，在整改过程中请监理单位进行现场监督，保障整改施工落实到位。

（三）专项验收

对施工质量问题整改完毕后，由施工单位报请监理单位组织相关部门人员进行正式验收工作。在辐射防护专项验收之前，由监理单位对施工单位的整改情况，比照初步验收意见逐项进行检查落实。然后，经监理单位确认整改完毕，仍由监理单位组织建设单位、设计单位、施工单位、评价单位等技术人员一起参与该分部专项验收工作。

主要从辐射防护墙体、铅防护门、铅防护窗等的施工质量、外观、防护材料之间的搭接宽度等各方面进行实地检查和验收，并形成书面的专项验收资料。

第五节　医院电磁屏蔽

一、医院电磁屏蔽概述

在医疗业务有限的空间内有大量的电气、电子和机电设备共处，它们各自不应产生太大的电磁干扰影响其他设备正常工作，同时也应具有一定的抗干扰能力，以承受其他设备的干扰。影像诊断治疗等大型医疗设备功能集中化、智能化，对抗电磁干扰均提出了更高的要求。电磁干扰及不兼容现象日益严重，影响医疗工作的正常开展。IEC和CISPR对全球各种电气设备提出了统一规范要求，我国也颁布了《信息、技术设备的无线电干扰极限值和测量方法》（GB 9254—2008），对各种设备屏蔽提出了具体要求。

（一）电磁干扰的影响及传播通道

医院电磁干扰会降低医疗装置设备系统的性能。干扰的传播通道有两个，空间辐射和电缆传导。各国和国际组织对医疗设备的辐射和传导都制订了强制性标准。医院的干扰源主要有高压电缆、大功率开关电源、变电站、医疗通信设备、通信基站发射塔、电梯、停车场马路移动车辆、高压高功率治疗诊断设备。为了防止环境对医疗设备的影响或医疗设备对环境的影响，采用屏蔽技术隔离空间辐射，滤波技术阻断传导辐射，接地技术降低电磁干扰。

目前，医院不同部门采取电磁防护的有 MRI 机房、脑电图、心电测试、屏蔽测听室、屏蔽复合手术室、机要保密安全机房、核心信息中心机房、微波热疗机房、PET-MRI 机房、脑磁图机房等。

（二）电磁屏蔽功能及分类

1.电磁屏蔽功能

电磁屏蔽是一种直接而有效的控制电磁干扰的方法，它对电磁辐射有良好的抑制作用。所谓屏蔽就是用良导体将干扰源或敏感设备包围起来，以隔离被包围部分与外界电的、磁的或电磁的相互干扰。屏蔽是利用屏蔽体阻止或减少电磁能量传输的一种措施。屏蔽体是用以阻止或减小电磁能传输而对装置进行封闭或遮拦的阻挡层，它可以是导电、导磁、介质的，或带有非金属吸收材料的。采用屏蔽系数或隔离度屏蔽效能来衡量评估不同屏蔽设施的屏蔽效果，屏蔽效能是无屏蔽体时空间某点的电场强度与有屏蔽体时该点的电磁场强度的比值。

2.电磁屏蔽分类

现代电磁兼容性技术对屏蔽有多种分类。

（1）按原理可分为：静电屏蔽、磁屏蔽和电磁屏蔽。

（2）按频率可分为：低频屏蔽、中频屏蔽、高频屏蔽和微波屏蔽。

（3）按结构材料可分为：金属网屏蔽、单层金属板屏蔽和多层金属板屏蔽。

（4）按用途可分为：机壳屏蔽、中放或高放屏蔽、电磁兼容测试屏蔽、防辐射和电磁泄漏屏蔽等。

医院不同的医疗设备抗电磁干扰的能力不同，不同环境抗电磁干扰的能力也不完全相同。

二、医院电磁屏蔽技术要求

结合国内医院广泛使用的屏蔽防护案例，主要介绍 MRI 系统机房电磁屏蔽技术要求。

（一）射频屏蔽要求

MRI 系统扫描室要求具有射频屏蔽。此保护系统可防止射频对外部环境的干扰，同时也防止来自外部环境对 MRI 系统正常工作的干扰。不同设备厂家的设备不同场强的设备对隔离度要求不同。射频屏蔽需要的衰减值：90dB 以上，频率范围在 15 ~ 128MHz 内。这些值必须在 MRI 系统安装之前由专业部门（如无线电管理委员会计量院等）测量确认。所有连接进扫描室的管线（如直流照明、氧气管、控制电线、风管进回风口、失超管等）必须通过安装在射频屏蔽上的各种滤波器才能进入。由设备厂家提供连接机柜至磁体所需的滤波器，其他功能滤波器请与屏蔽安装厂商联系设计并安装。

（二）机房场地屏蔽技术要求

MRI 系统所在的位置必须保证运行中既没有外部的干扰而影响磁场的均匀性和系统的正常运行，也要保证人员的安全和其他敏感设备的功能不受磁场的影响。MRI 系统具体的场地技术要求详见本书第二篇第四章相关内容。同时需要考虑设备运输通道及承重，失超管出口及通道，四周及上下设备环境。

1.MRI 系统布局示意图

MRI 系统布局必须保证设备运行中既没有外部干扰而影响磁场的均匀性和系统的正常运行，也要保证人员的安全和其他敏感设备的功能不受磁场影响。一般情况下，MRI 系统磁场强度分布参见表 5-9-5。

表 5-9-5 MRI 系统磁场强度分布表

场 强	最大边缘至磁体中心（单位：m）		
	X 轴方向	Y 轴方向	Z 轴方向
20 mT	1.55	1.55	1.99
10 mT	1.70	1.70	2.25
5 mT	1.85	1.85	2.55
3 mT	2.00	2.00	2.80
1 mT	2.30	2.30	3.45
0.5 mT	2.50	2.50	4.00
0.3 mT	2.76	2.76	4.55
0.15 mT	3.20	3.20	5.40
0.1 mT	3.50	3.50	6.00
0.05 mT	4.50	4.50	7.20

磁场散布在磁体周围各个方向，典型的磁通密度分布参见图 5-9-3，该图仅表示在空气中理想的磁场分布，如建筑物中的钢铁等材料将改变此分布。

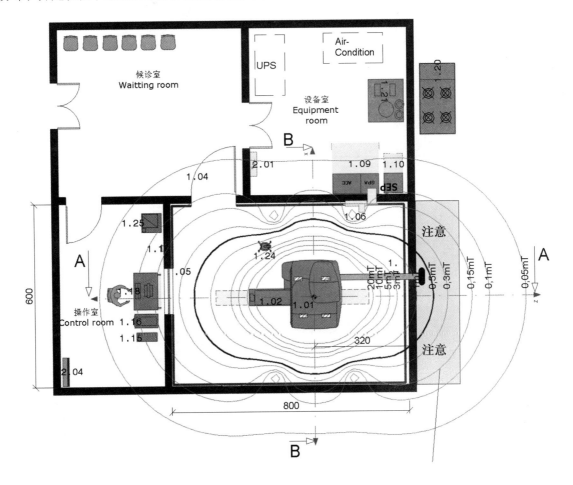

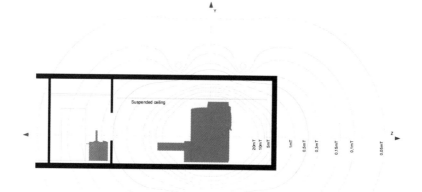

图 5-9-3 MRI 系统磁场强度分布图

2. 复合屏蔽模式

为了满足 MRI 系统机房场地特殊屏蔽要求，可采用复合屏蔽模式。

（1）电缆电场和磁场屏蔽可参考图 5-9-4。

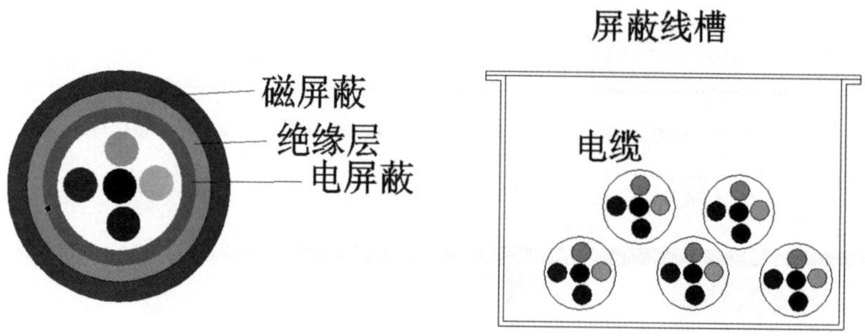

注：电缆屏蔽必须单端接地。

图 5-9-4 电缆电场和磁场复合屏蔽示意图

（2）扫描室四周墙面及顶棚磁场屏蔽可参考图 5-9-5 所示。

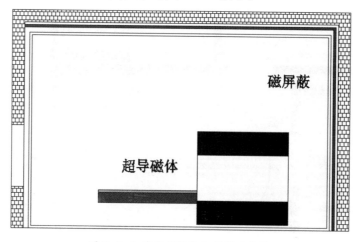

图 5-9-5 墙面磁场复合屏蔽示意图

（三）其他技术要求

1. 接地方式选择

医疗建筑设施中接地根据使用功能不同有防雷接地、用电安全接地、电磁兼容接地。接地方式分为单点接地、多点接地、混合接地、浮地。具体工作中可按工作频率而采用以下几种接地方式。

（1）单点接地。当工作频率低于 1MHz 时的电路采用单点接地方式，即把整个电路系统中的一个结构点看作接地参考点，所有对地连接都接到这一点上，并设置一个安全接地螺栓，以防两点接地产生共地阻抗的电路性耦合。多个电路的单点接地方式又分为串联和并联两种，由于串联接地产生共地阻抗的电路性耦合，所以低频电路最好采用并联的单点接地式。为防止工频和其他杂散电流在信号地线上产生干扰，信号地线应与功率地线和机壳地线相绝缘。而且，只在功率地、机壳地和接往大地接地线的安全接地螺栓相连。

地线的长度与截面的关系为：S > 0.83L。

式中：L——地线的长度，m；S——地线的截面，mm^2。

（2）多点接地。当工作频率高于 >30MHz 时的电路采用多点接地方式，即在该电路系统中，用一块接地平板代替电路中每部分各自的地回路。因为接地引线的感抗与频率和长度成正比，工作频率高时将增加共地阻抗，从而将增大共地阻抗产生的电磁干扰，所以要求地线的长度尽量短。采用多点接地时，尽量找最近的低阻值接地面接地。

（3）混合接地。当工作频率介于 1 ~ 30MHz 时的电路采用混合接地式。当接地线的长度小于工作信号波长的 1/20 时，采用单点接地方式，否则采用多点接地方式。

（4）浮地。浮地方式是电路系统与环境绝缘隔离，即该电路的地与大地无导体连接。其优点是该电路不受大地电性能的影响；其缺点是该电路易受寄生电容的影响，而使该电路的地电位变动和增加了对模拟电路的感应干扰；由于该电路的地与大地无导体连接，容易产生静电积累而导致静电放电，可能造成静电击穿或强烈的干扰。浮地方式的效果不仅取决于浮地的绝缘电阻的大小，而且取决于浮地的寄生电容的大小和信号的频率。

因此，需请专业设计人员根据场地具体情况、工作频率和接地线缆长度等因素综合分析，采取最佳的接地方式，达到使用要求。

2. 屏蔽附件选择

根据屏蔽设施的使用功能不同需要安装不同的附属设备，具体要求如下：

（1）屏蔽门：单簧门、多簧门、单开或双开、手动或电动等。

（2）屏蔽窗：单层屏蔽窗、双层屏蔽窗。

（3）滤波器：电源滤波器、信号滤波器。

（4）蜂窝波导：空调通风波导、紧急排风波导。

（5）气体波导管：医用气体波导、失超管波导。

（6）光纤波导：用于穿光纤。

（7）隔离变压器：防止漏电流耦合到前一级回路。

（8）液体波导：防止液体耦合干扰信号。

三、医院电磁屏蔽实施要点及验收

（一）医院屏蔽环境规划

医院规划设计时就要进行整体的电磁环境规划。敏感设备所在科室要远离干扰源，敏感设备集中的科室要合理分布各设备，敏感设备和干扰设备的科室要合理分布，医院的精密检测设备治疗设备影像设备及外围辅助设备要合理分布。

大型医疗设备机房环境规划需要避开电梯、道路、输电线路及变压器、变电站冲电桩、立体车库、地下停车场等。在满足国家标准和设备安装规范的前提下结合医院的实际场地情况和医疗工作职能要求进行综合评估，在充分了解各大中型医疗设备的干扰和抗干扰能力的基础上对医院屏蔽环境进行整体规划。同时，根据设备重量进行结构安全评估，根据设备吊装运输安装调试维修和使用环节进行工作场景模拟评估、减少返工等。

（二）医疗设备抗干扰要求及环境适应性评估

各医疗设备的使用功能要求不同，设计制造的标准不同，辐射能力和抗干扰能力不同。同时由于各医院的环境不同，对设备提出了不同的技术要求。有许多问题在设备设计阶段解决的代价比较小。只有在设计阶段没有办法解决的情况下才选择采用屏蔽技术解决。医院在采购设备时要对新进设备、老设备的干扰和抗干扰环境能力进行综合评估。

（三）电磁屏蔽技术、材料和结构的选择

1. 电磁屏蔽技术的选择

屏蔽从使用功能角度可分为静电场屏蔽、磁场屏蔽（低频磁场和高频磁场）、电磁场屏蔽（射频屏蔽、微波屏蔽）。根据医院不同的防护功能要求采用不同的屏蔽措施。

（1）电屏蔽是采用高导电率材料将敏感设备包裹起来并接地，将外电场隔离在屏蔽体外，屏蔽体为等势体，屏蔽体内没有电荷积累，屏蔽体外电荷通过接地释放到大地上。屏蔽体通过建立空间低阻抗电磁能量通道达到空间能量分布控制，高频能量通过集肤效应集中在导电介质的外层。

（2）磁屏蔽是采用高导磁率材料将敏感设备进行包裹或局部遮挡，对外界干扰磁场或内部工作磁场进行分流压缩，改变磁场的分布，从而保护敏感设备。磁导率高、屏蔽层厚则分流效果明显。

（3）电磁屏蔽是采用高电导率材料组成屏蔽体阻止高频电磁场在空间传播的措施。电磁波在通过金属层时由于涡流作用和反射吸收作用将电磁波反射回空间或吸收部分能量。同种屏蔽体对不同频率的电磁波的作用效果有所不同。

（4）对于地铁环境下的震动和磁场干扰可以采用减震技术和主动消磁动态消磁线圈进行处理。

2. 电磁屏蔽材料的选择

医院项目在选择屏蔽材料时主要需考虑以下几点技术要求：

（1）屏蔽材料的电导率磁导率等电性能参数。

（2）屏蔽材料的机械结构和工艺施工要求。

（3）屏蔽材料的化学稳定性和长期使用可靠性。

（4）屏蔽材料的经济技术性价比。

3. 电磁屏蔽结构的选择

在选择屏蔽结构时主要需综合考虑以下几点技术要求：

（1）屏蔽结构从屏蔽体缝隙处理技术工艺不同可以分为焊接结构和可拆卸模块结构。

（2）焊接结构的屏蔽体采用氩气保护焊、二氧化碳气体保护焊、磷铜焊、锡焊等方法连接。

（3）焊接结构屏蔽效能高。

（4）可拆卸模块结构采用导电衬垫连接不同屏蔽体，施工效率高，屏蔽效能满足一般使用要求，进行工业化生产。

（5）建筑围护结构和设备安装固定方式，设备研发生产调试环境，地理磁场环境，现场安装条件。

4. 滤波器设计选型

滤波器主要考虑滤波电容的容量和滤波电感的结构，以及滤波组成方式和级别，有 L 型、π 型、带通带阻型等。根据需要滤波的频率范围和通过的能量电流以及需要滤除的功率进行选择，有信号滤波、

电源滤波等。

（四）电磁屏蔽专项施工及验收

1. 专项施工

机房电磁屏蔽项目专项施工内容包括：屏蔽工程场地察看、需求分析、设计规划、工程图纸设计、屏蔽项目预算、屏蔽项目发包，屏蔽材料和相关设备采购验收，屏蔽体与附件安装及隐蔽验收，屏蔽体内其他设施安装及专项验收。

2. 专项验收

根据 MRI 系统设备技术特性确定经济合理的电磁屏蔽效能指标，基本原则是满足设备功能需求。在电磁屏蔽专业施工完成后选择有资质的第三方测试机构进行屏蔽效能测试，或者根据约定采用屏蔽承包方和医院联合测试，以测试报告内容数据为准。

国家颁布了《电磁屏蔽室屏蔽效能的测量方法》（GB/T 12190—2006），对相关的测试方法和测试设备进行了规范。需严格按照国家现行测量方法进行实地检测，并出具相应检测报告。屏蔽效能值根据合同约定或设备厂家设备要求确定，如果达不到屏蔽效能值参数要求需进行屏蔽施工整改，否则不能安装 MRI 系统医疗设备。

参考文献

[1]《中国医院建设指南》编撰委员会.中国医院建设指南（第三版）[M].北京：中国质检出版社、中国标准出版社，2015.

[2] GBZ 179—2006.医疗照射辐射防护基本要求 [S].北京：人民卫生出版社，2007.

[3] GBZ/T 181—2006.建设项目职业病危害辐射防护评价报告编制规范 [S].北京：人民卫生出版社，2007.

第十章

医院标识导向系统

李树强 辛衍涛 刘晓丹 李源 徐连明

李树强　北京大学第三医院副院长

辛衍涛　北京回龙观医院党委书记，副院长

刘晓丹　北京大学第三医院基建处副处长

李　源　中国医院协会医院文化专业委员会委员

徐连明　北京智慧图科技有限责任公司首席技术官

《综合医院建筑设计规范》（GB 51039—2014）对于导向标识系统在医院建设中的介入时间首次做出规定，5.1.3 中明确了在建筑设计中应设置具有引导、管理等功能的标识系统，并提出"标识系统可采用多种方式实现"，同时对医院导向标识的分级设置做出明确界定。至此，导向标识系统正式成为医院建筑设计中的一部分，不仅体现了导向标识系统在医院建设中的重要性，也为医院建设中建立良好的导向标识系统提供了有据可依的支撑体系。

第一节　概述

一、医院导向标识系统的概念

导向标识系统是一个综合性的空间信息系统，用以解决人群在空间中的迷失问题。医院导向标识系统是指能传递医疗功能、环境信息以及医院服务理念的导向标识系统。它依据医院环境的结构特征及诊疗科室、职能科室的服务功能建立，通过文字、指向箭头和图形符号等元素表达当前空间内的信息、建立人与空间之间的交流和沟通，旨在最短时间内把患者引导到目的地。

合格的医院导向标识系统应该是逻辑完整、指示清晰、色彩统一且与医院整体环境相协调的，它不仅能够起到导向作用，达到提高患者的就诊效率的目的，还应该是医院内部环境建设的重要组成部分，是展现医院历史文化的载体和平台。

二、医院导向标识系统的意义

由于现代医疗技术的快速发展使医疗设备不断更新，其使用技术与环境条件也不断复杂化，医院发展的多元化为医院的设计带来了相当大的难题，长期以来难以形成不过时的独立体系。几乎所有医院在建成后都会进入一个不间断的改建、扩建过程，且又不可避免地存在着医疗技术进步与原有建筑环境不适应的矛盾。迷宫式的就医环境会对患者产生困惑与消极影响。因此，规范和发展医院导向标识系统十分必要。

合理的导向标识系统可以科学、高效地解决医院人流、物流、洁污通道等流程问题，不仅能起到导向作用，而且可以美化环境。

三、医院标识与医院文化

医院的文化系统是以医院的价值观为核心，既具备文化上的哲学含义，又凸显为人格化的外部价值形态。医院文化的衡量应对其精神文化和物质文化进行综合评价。医院标识作为医院物质文化的一部分，借助人性化的设计理念构建医院导向系统，一方面，合理的引导、准确的信息、富有亲和力的设计能让患者在就诊过程中更方便快捷，体现医院精细化管理的理念；另一方面，便捷的导引，省去了患者就医时找路难的麻烦，大大提高了医疗服务品质，是医院"以人为本"的体现，因此在医院的发展中日益受到重视。

（一）医院品牌

医院发展中的一个重要环节就是医院的品牌战略，它是基于患者价值的概念化发展，可以制定出符合患者需求的医疗服务模式。所谓品牌，是消费者对于产品所感知到的一切体验，包括功能上的使用与情感上的满足。医院品牌是医院服务和核心价值的体现，也是医疗质量和信誉的保证。一个优良的医院品牌是由多个层面组成的。其打造周期较长，并非一朝一夕所能完成的。

1. 品质

品质是品牌的基础，是使顾客产生信任感和追随感的根本原因。对医院来说，过硬的医疗技术和优良的检查设备是对患者品质需求的最直接体现。

2. 服务

服务是品牌中的重要组成部分，是接近顾客、打动顾客的便捷方式，是医院品牌树立的途径。良好的沟通与服务，不仅有助于医院了解患者的需求，适应医疗市场的发展，而且能提高患者的认同感，提高医院的声誉。

3. 形象

医院品牌的体验过程是持续的、系统的、全方位的。优美的医疗环境、鲜明的管理风格、全体职工共同遵循的价值观、优质的医疗服务等一切接触点传达出的信息，都会在受众心中积淀酝酿，最终形成一个良好、深刻的品牌体验，进而产生强烈的品牌认知。而受众对医院品牌的认知，更会影响到他们的情感接受度和对医院的忠诚度。那么，如何打造出具有个性特色的医院品牌呢？除了要确定正确的理念形象外，更重要的就是要建立完整、科学的医院形象识别系统，将医院的实体建筑、装饰设计、标识系统、印刷制品等都纳入系统当中，使用统一的标志、字体、颜色、辅助图形等，形成稳定的视觉体验，从而给患者留下深刻的印象。

（二）医院形象识别系统（CI）

形象识别系统（Corporate Identity System，简称CI）。它是将企业经营理念与精神文化，运用整体传达的方式，传递给企业内部与社会大众，并使其对企业产生一致认同感和价值观，从而实现企业的差异化战略。

而对医院来说，其形象识别就是医院文化价值观的外延，是患者和社会公众对医院的整体感觉和认知，是医院状况的综合反映。它由理念识别（Mind Identity，简称MI）、行为识别（Behavior Identity，简称BI）和视觉识别（Visual Identity，简称VI）三个有机整合运作的子系统构成。在进行CI导入计划时，必须先明确地定出主体的理念系统，再依据该理念系统的内容去形成视觉及非视觉的推行计划。

（三）医院标识导向系统

标识导向系统是医院视觉识别系统中的一个重要组成部分，它是一个系统化的产品群，由多个单体或复合的标识形式组成，通过不同载体的媒介，利用文字、图形、色彩、符号和造型等表现手法，配合医技科室和管理职能部门的服务功能，在最短的时间内将患者予以分流，同时有效地传递医院的文化内涵和服务理念。

个性化的标识导向系统应符合医院空间的整体形象，在完成基本功能的同时承载医院文化的内涵。所以，在确立明晰的导向策略和科学完善的空间规划后，标识系统的造型设计和平面设计可以直接影响医院的内部环境，体现医院的历史文化。

医院标识导向系统设计具体工作包括：

1. 本体造型设计

标识的造型本身是平面设计元素的衍生，从平面到三维的跨越是一个复杂的设计过程。在导向标识系统设计中，标识的造型因素本身就应该含有必要的导引信息。因此，在设计中不应该单纯地考虑造型本身的形态美，更应该综合考虑其与所处环境的协调性和形态本身所能够传达的信息含义，以及如何与信息界面相融合。

2. 色彩识别计划

色彩在空间中的功能作用明显，有些患者不能识别文字，不清楚图形符号的含义，但是对色彩的辨识是人类的本能。因此，色彩是一个良好的视觉参照，能够帮助人在复杂空间中建立空间感。

在医院导向标识系统的设计中，色彩规划是一个不可或缺的因素，通常应用在以下场合：在医院建筑群中对某个建筑进行标识；在医院建筑内部对建筑的纵向空间（如楼层）进行标识；在科室功能区对所在科室位置进行识别。另外，利用色彩的对比度，在环境过暗或环境过于嘈杂时可以有效地弥补建筑环境的缺陷，良好的色彩对比还可以起到舒缓就诊病人紧张情绪的作用。

3.环境识别图形设计

环境识别图形并不是简单的 VI 辅助图形在空间中的衍生，而是在环境中能够起到视觉参照作用。它不仅能够满足识别功能的需求，还能够代表医院的文化形象特征，符合患者的心理需要；同时，环境识别图形还需考虑环境的特征，能够和装饰风格相得益彰，适度地丰富环境的视觉层次，见图 5-10-1。

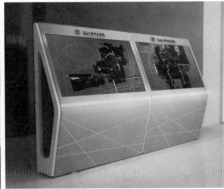

图 5-10-1 某医院标识系统中造型、色彩与环境图形的综合应用

四、医院标识的通用设计

医院标识中所用的文字宜同时使用中文和英文；民族自治地方内的医院应同时使用中文和实行区域自治的民族语言文字；当地民族语言文字排序在前，中文在后边贸及口岸地区的医院宜同时使用中文、英文和口岸对方国家文字。少数民族文字的使用应规范、准确，并报当地民族事务委员会审核，见图 5-10-2。

图 5-10-2 某口岸城市医院的中文、蒙古文、外蒙古文对照标识

作为服务特殊人群的公共建筑，医院标识的使用人群中有许多人带有残疾，包括视觉和肢体残疾，以及低语言能力的人。无障碍标识系统是医院标识导向系统的重要组成部分，标识分析必须考虑为残疾程度较高的人设定专门的导向方法，包括：更大的图形和符号，使处在不同水平面的人都能看到，从低至腰部到高过头顶，以及可以考虑针对不同的特殊人群设置听觉标识、触觉标识、感应标识等。作为导

向计划的一部分，标识应包括多语言说明，还有供低语言能力的人使用的数字、字母和符号系统。

根据《公共建筑标识系统设计规范》（GB/T 51223—2017），医院无障碍标识应与其他标识统一设计，视力残疾人使用较多的公共建筑易设置触觉或听觉导向标识系统，因此在医院视力残疾人群使用较多的科室及区域可增加触觉或听觉导向标识。无障碍标识系统实施范围可参考现行国家标准《无障碍设计规范》（GB 50763）的相关规定，见图 5-10-3。

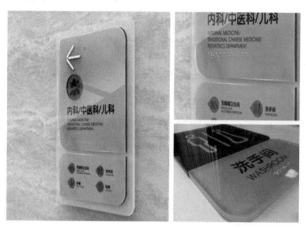

图 5-10-3 某医院在标识中设置的盲文

第二节　医院导向标识系统设计

一、标识的设计元素

（一）文字

1. 字体

在医院导向系统中，建议选择造型简练、易于识别的字体，充分发挥传达信息的功能。字体的粗细选择应从实际空间出发，粗体因其强有力的粗线条可以从各种色彩的背景或者"嘈杂"的视觉环境中脱颖而出，而较细的字体适合营造安静的氛围。

选择一款适合医院的字体需要考虑到很多因素：比如哪款字体能融入医疗建筑的风格、哪款字体适宜于医院的文化氛围等。从实际的应用来看，造型夸张或带有装饰性的字体不太适用于医疗建筑中，尤其是中文字体，容易带来模糊不清的效果。医院标识系统的功能就是通过简练清晰的视觉语言达到信息传达的目的。因此，一款粗细一致的无装饰线条的字体将是一个不错的选择。

不同的字体有着不同的可辨性和识别性，图 5-10-4 表明了不同字体带来的不同的识别效果。

图 5-10-4 不同字体易读性

不同字体有着不同的易读性，如图 5-10-4 所示宋体、新宋体和黑体有着较好的易读性，是静止近距离状态下使患者容易接受的最佳字体。远距离情况或是移动状态下，黑体比宋体和新宋体更容易识别。其他字体艺术性较高，装饰色彩过多，易读性较差。

对于英文字母和数字，一般都采用等线字体，不采用手写体或装饰性过高的字体。目前我国通用的是采用 Arial 字体，且英文单词的首个字母大写。

2. 字高

通常情况下文字的字体越大，患者越容易识别，但受到有限空间的制约，必须对标识上文字的尺寸进行合理的设计，以最大限度地满足被患者识别的需求。标识的字体高度与多个因素相关，如患者的视距、行进速度、注视角度及绝对视力等。每个影响因素发生改变，都会对字体高度有不同的要求。综合考虑各种影响因素，对于医院常用的标牌规格，中文字体常用高度宜在 70~100mm，英文字母、少数民族文字字体高度宜在中文字体高度的 1/2~1/3，建议高度为 28~50mm，而图标的常用高度区间通常为100~150mm，见图 5-10-5。

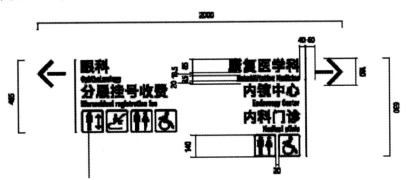

图 5-10-5 标识中的中英文字高、行间距、箭头、图形比例均应设置排版

3. 间距

各文字间的间距是影响患者能否快速识别信息的一个重要因素。如果文字的间距较小，患者会难以辨别各个文字；如果文字间距过大，会影响患者阅读速度，增加对信息的理解时间并造成空间浪费（文字的行间距也是如此）。通常汉字的字间距为一个笔画的宽度，英文字母的间距宜控制在字母高度的0.4~0.5 倍之间，文字的行间距控制在字高的 1~1.5 倍间为佳。

（二）符号

在医院环境中，存在大量专业性极强的术语，这些术语对于没有或者缺乏医疗判断能力的人而言，短时间内完成文字识别解读几乎是不可能的。另外，人类对符号和图形具有较强的短时记忆能力，人对符号的判读时间短于对文字的判读时间。因此在医院导向标识系统实施时要引入数量较多的符号系统，见图 5-10-6。

图 5-10-6 某医院独具文化特色的标识符号系统

符号是代替文字的信息传达方式，采用简单易懂的图标与文字共同互补组成有效的视觉传达体系，表达复杂的关系和内涵。图标为国际公共语言提供了传达的可能性，跨越文化、国度的阻碍，以视觉方式改善阅读和语言沟通的障碍。在标识系统的规划中，过多的文字将使阅读性降低，因此适当地运用图形符号可以起到简化版面、信息传递直接、易于理解的效果。

例如，一般对于公共服务设施信息提示会有很多，但是患者往往难以在短时间内接收这些信息，如何进行有效的简化，是值得研究的问题。

需要注意的是，图形符号的应用必须满足清晰度、理解度等信息传播中最重要的条件，图形符号的选用应当符合规范，特别是在医院的环境当中，不应使用过于复杂和带有创意性的图形。

（三）色彩

色彩是一种视觉语言，是一种基本且常用的信息表述手段。在医院环境下，绝大多数的人不论多少都存在一定程度的心理压力，这种压力源于医院环境以及人自身的因素。色彩本身对人的情绪存在影响，好的色彩规划能够有效舒缓人的情绪。色彩在空间中的作用明显，对色彩的辨识是人类的本能。因此，色彩是一个良好的视觉参照，能够帮助人在复杂空间中建立空间感。

目前，在医院导向系统的设计中，将色彩规划作为一个不可或缺的因素，在设计中体现的方式如下：

（1）在建筑群中对建筑进行标识；

（2）在建筑内部对建筑的纵向空间进行标识，即标识楼层；

（3）在科室功能区对所在科室位置进行识别。

色彩识别设计必须考虑到特殊人群的需要，必须考虑色弱和色盲人群使用标识时所见到的视觉效果。因此，在色彩空间识别的设计上必须将明度和对比度作为设计的首要考虑因素，能够有效满足弱势群体的色彩设计，必然能满足正常人群的使用需求。

此外，色彩的正确搭配也很重要。色彩能给人带来强烈的心理效应，让人在最短的时间内对标识的功能做出反应，正确的色彩搭配可以有效提高标识系统的辨识度。研究表明，若以两种颜色作为刺激物，不同的色彩搭配会有不同的感知效应。

为使眼睛能够很好地辨认导向标识背景上的图形、文字、符号等信息，背景与指示信息的符号之间必须有一定的颜色对比，对比度越高，易读性越好。根据人因工程学的相关理论，背景颜色较深的标识要比背景颜色较浅的标识更容易被识别。

二、标识的设计要求

一个合理的医院导向标识系统必须以正确的形式准确地表达其指引的功能。合理并易于识别的医院导向标识应具备简明性、连续性和规律性、统一性等特征。

（一）简明性

医院标识系统应具有一目了然的特征，每一处标识要设置在合理的地方，引导信息必须正确、完整并利于理解，能够准确发挥其指示和引导的功能。

（二）连续性和规律性

医院导向标识系统应具有连续性，在患者到达目的地之前，多个有可能造成时间浪费的路线，均应该有目的地引导和指示，有确定的标识供患者进行有效的识别；医院的导向标识系统具有规律性，医院导向标识系统一般都要由大到小、由表及里、由远及近、由多到少来进行设计。即先指示大目标，再指示中目标，最后指示小目标，见图5-10-7。

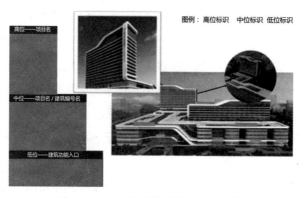

图 5-10-7 医院户外建筑标识的组成

（三）统一性

同类型或同一区域的医院导向标识应该在颜色、字体、规格、位置、表现形式等方面遵循统一的规律，这样有助于建立起来"顺藤摸瓜"的直觉认知，有助于其按线索进行目标的寻找。

三、标识的设计依据

医院导向标识系统的设计是跨学科合作、跨专业的结合，它打破传统的单体设计，把医院建设项目中的建筑设施、空间规划、视觉传达、室内设计等专业统一起来，科学地、系统地整合。标识设计的核心是注重系统中各部分之间的内在联系和相互作用，巧妙处理各部位之间的辩证关系，以达到整体的最佳组合。

（一）建筑的设施特性

建筑的功能定位形成建筑的设施特性，比如医院区别于博物馆、学校等其他机构的功能定位。医院建筑内部不同功能定位的部门场所具有不同的设施特点，如门诊部、急诊部、住院部，由于各自的功能定位不同，形成了各自不同的设施特性，所有这些设施特点综合形成建筑的设施特性。

（二）建筑的空间特性

如果说设施特性是建筑的性质，那么空间特性则是建筑的性格。医疗建筑空间的多样性影响了使用者在建筑内的活动范围和活动形式，在制定导向策略时要综合考虑建筑内空间和布局的复杂程度、建筑入口处的可识别性、各道路之间的方向选择、重要信息的可视距离、是否有突出的地标等因素。

（三）使用者特性

使用者特性分析是建立导引策略的基础工作，作为设施和空间的最终受益者，使用者的特征最终会影响实施的效果。医院主要由患者构成人群的主体，除了患者，还有如医院职工、患者家属等其他人，同样需要使用医院的设施和空间。导引策略需要综合考虑不同目的、不同特征的人在空间动线中对信息识别的不同要求，例如，无行为障碍者和有行为障碍者、成人和孩子、中国人和外国人等，要求是不一样的。导向系统服务的对象应以最低限度作为参考依据。

四、标识的构建方法

（一）制定导引策略

导引策略是解决人在环境中迷失问题的方法，其目的是为了解决三个层次的问题：标识系统为谁服务？在什么地方提供标识信息？信息应该呈现什么形态？通过"因地制宜、因势利导"的方式，分析环境中能够造成迷失感的所有因素，利用有效的信息传达手段将迷失感最大限度降低的方法。

导引策略没有典型的模式，依据环境特性的不同，综合空间语言的所有因素，确立视觉参照或指引视觉参照，保证使用者能够最短时间内最大限度地建立空间感、方向感和距离感。

（二）空间导引计划

遵循导引策略，首先依据医院院区及建筑内部环境识别的需要，进行车流及人流动线分析；其次，整合位置判断点，根据标识的分级原理，将其有效地归类整合，在各个位置判断点配置不同标识；最后在现场进行实地信息校验核查。

（三）标识的分级

良好的医院导向标识系统需要对不同的空间层次进行分级，从医院环境空间到建筑功能空间指引科室诊疗空间，不同级别的标识均应清晰可辨，能够准确地将就诊患者带到相应的空间。根据《综合医院建筑设计规范》（GB 51039—2014），根据环境、建筑及功能的空间层次，通常情况下将医院导向标识系统分为四个等级，见表5-10-1。

表5-10-1 医院导向标识分级

一级标识	二级标识	三级标识	四级标识
市政指路标识、户外索引和指引标识、楼宇标识	室内索引和指引标识	室内各区域入口标识	房间门牌、窗口标识、公共服务设施标识
市政指路标识、院区总索引标识、院区总平图、户外人行指引标识、户外车行指引标识、单体建筑名称标识、建筑入口标识	楼层索引标识、楼层平面图、医疗街指引标识	科室入口标识、护理单元标识、行政区域标识	诊疗室标识、病房标识、窗口标识、公共服务设施标识、说明类标识、警示类标识

　　一级标识指户外各类标识。医院作为公共建筑，具有公共性、开放性、人流交通大量性等特点。因此，如何将使用者人流从市政道路合理、高效地引入院区是不可忽视的一个环节，可以通过设置市政标识中的地点指引标识（地点距离标识）解决这一问题。在医院周边3km范围内主干路的交叉路口设置地点距离标识，指引医院方向和距离。当标识中的距离小于1km时，宜以m为单位，并宜采用50m的倍数值；当指路标识中的距离大于或等于1km并小于3km时应以km为单位，并宜采用0.1km的倍数值。市政标识的版面尺寸和字符大小参考《城市道路交通标志和标线设置规范》（GB 51038—2015）。

　　在使用者到达并进入医院院区以后，可利用院区总索引标识和院区总平图，了解整个院区的建筑分布，再根据户外人行指引标识自主形成各自的行动路线，去往门诊、急诊、住院部等不同功能的建筑，最后通过单体建筑名称标识和建筑入口标识确认到达目的地。

　　二级标识是指建筑内部的索引和指引标识。索引标识通过楼层总索引、走廊标识、地图等方式描述空间内的设施分布情况，帮助使用者对整体空间有所把握。指引标识通常是通过箭头和地名结合的方式表达前往各主要设施或区域的方向信息。

　　三级标识是指位置标识，也称为目的地标识。它标明各护理单元或行政区域的名称。

　　四级标识主要是医院内部最基本的标识信息。

　　其他说明类标识是对空间内任何相关信息的说明。如医院设施说明、就诊流程说明、咨询栏等。

　　警示类标识。包括警告、提醒、推荐等对行为的规制性标识，提醒注意的标识一般采用黄色，表示禁止事项的标识一般采用红色。鉴于医院功能的特殊性，医院存在大量的警示类标识，如：禁止吸烟、小心辐射等，见图5-10-8。

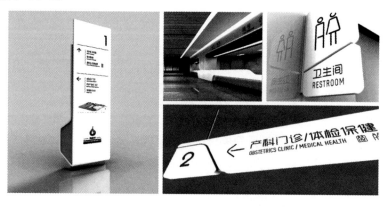

图5-10-8 不同级别的标识类型

（四）标识的信息界面

标识的信息能否准确传达给使用者，信息界面设计水准很大程度决定了最终的效果。界面内容设计主要是文字和图形的搭配，但要其达到理想的效果，信息的序列逻辑关系和信息的整理方式才是最核心的因素。

1. 信息的连续性

标识系统依据人的移动逻辑进行设计，只有提高连续和一致的信息才能帮助使用者找到目的地。通过统一视觉元素、安装标准一致化等方法，都可以提高信息的连续性，从而减轻使用者因为标识前后不一致而导致的不安情绪。

2. 信息的关系和差异性

面对复杂的信息内容时，为了帮助使用者快速地获得必要的信息，界面设计要体现信息属性的区别。在不同的场合，标识中信息的重要度也在发生变化，可以通过区分信息属性和类别，达到信息量过多的问题。表现信息的重要度差异可以考虑几种办法：让重要的信息在远处就能被看到；在容易看见的地点放置重要的信息；使用色彩区别信息，提高重要信息的辨别度。

五、环境图形的设计

环境图形是信息的一种表述手段，是医院文化和形象的另一种表现形式，是医院标识设计中日益受到关注的内容。环境图形设计中根据室内应用空间环境的不同，环境图形会产生不同的应用变化。有效的环境识别图形应是具有鲜明的主题构思，融合医院历史文化，具有一定的亲和力，能够让使用人群产生亲近感。因此内部环境图形设计时应充分了解医院的需求和意图，领悟环境图形拟实现的全部内涵，充分把握建筑的结构形式和内部装修的特点。

环境图形除了能够代表医院的文化和品牌特征外，还应该符合患者的心理需要和考虑环境的特征，不能孤立于环境而存在，优秀的环境图形设计应与内装风格相得益彰，适度地丰富环境的视觉层次，见图 5-10-9。

图 5-10-9 某儿童医院的环境图形设计

第三节　医院导向标识系统的规划

一、标识的动线规划原则

导向标识的点位设置应结合流线，合理安排位置和分布密度。在难以确定位置和方向的流线节点上，应增加标识点位以便明示和指引。

（一）人行标识

（1）宜在院区主、次入口分别设置院区索引标识（或院区总平图）和户外人行指引标识；

（2）宜在人行流线的起点、终点、转折点、分岔点、交会点等容易引起行人疑惑的位置设置人行指引标识，室内应结合二级医疗流程在主要流程节点重点设置指引标识和索引标识；

（3）人行指引标识的设置应考虑其所处环境、人流密集程度、标识大小、标识版面信息量等因素，设置间距不宜超过 35m；

（4）公共建筑应设置楼梯、电梯或自动扶梯所在位置的标识；

（5）在不同功能区域，或进出、上下不同楼层及地下空间的过渡区域，应设置指引标识点位；

（6）室内人行指引标识的指引信息原则如下：全程指引诊疗单元和医技单元（不指引行政单元和后勤保障单元），全程指引当前层药房和挂号收费处，就近指引各公共服务设施（电梯厅及卫生间）；

（7）设置室内人行指引标识时应特别注意隔离医护人员与患者的流线，做到医患分流、洁污分流。

（二）车行标识

（1）车行指引标识点位应设置在道路的分岔点、交会点之前一定距离，并易于识别；

（2）车行限制标识应设置在警告、禁止、限制或遵循路段的起始位置，部分禁令开始路段的交叉口前还应设置相应的提前预告标识，使被限制车辆能提前了解相关信息；

（3）地库入口处应设置地库入口限高标识及限高杆；

（4）设置车行指引标识时应结合院区交通规划，尽量做到客货分流、洁污分流。

二、导向标识布点原则

医院的四级标识系统，目标是实现使用人群由远及近到达目的地，每级标识系统的布点应以实现最终引导目的为原则。根据不同标识指示所识别的距离，可以将其分为远距离导向标识和近距离导向标识，这两类标识存在差异，差异的主要来源是人视野与视距的变化。

（一）远距离导向标识高度设计（500~1000cm）

医院标识系统的设置应尽量确保患者在其舒适轻松的范围内，减轻患者疲劳感。一般情况下，人在行动中与水平线成 10° 时，感觉最为舒适，在此范围内的导向标识最容易被识别。根据《中国成年人人体尺寸》（GB 10000—88）中我国人体特征 50% 百分位尺寸（见表 5-10-2）可知，中国成年男性与成年女性的加权平均眼高为 1550mm。

表 5-10-2 身高与眼高对比

指标	男（18 ~ 60 岁）	女（18 ~ 60 岁）
身高	1678mm	1570mm
眼高	1586mm	1454mm

按图 5-10-10 所示，可以计算出不同视距下的导向标识下边界设置的高度上线 H。

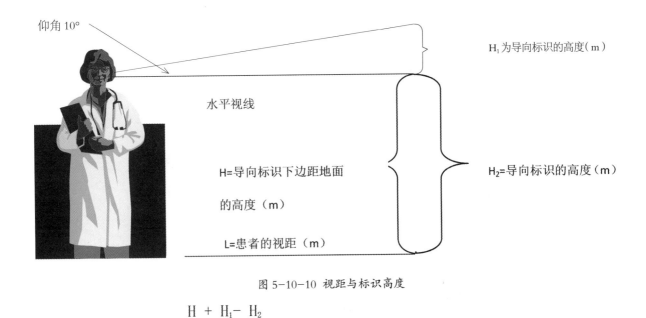

图 5-10-10 视距与标识高度

$$\frac{H + H_1 - H_2}{L} \leqslant \tan 10°$$

其中：H_1 为导向标识的高度

H_2 为患者的眼高

H 为导向标识下边距地面的高度

L 为患者的视距

（二）近距离导向标识高度设计（100~500cm）

需要近距离识别的导向标识，一般是指医院、大楼及楼层平面图、科室门牌等标识，此时患者处于静止观测状态，站立时患者的自然视线通常会低于 30°，因此对于医院室内导向标识高度的设计应考虑到这种情况，导向标识的高度应在人眼的视野高度 ±30° 之间。通常情况下，在正面使用导向标识时，轮椅使用者的视野范围会比正常人的视野范围下移 400mm。

根据上述理论，为保证人体视野范围内的有效识别性，以下的数据可在标识系统设计中予以参考。一级导向系统为符合患者的视觉惯性同时保证在距离目标物 5~10m 处能够具有有效的识别效果。

三、标识的规划流程

《综合医院建筑设计规范》明确提出了建筑设计过程中应加入标识系统的设计，标识系统的规划流程应根据医院的功能和时间要求予以合理的切入和配合。对新建医院来说，在建筑设计阶段即开始标识系统的设计外，以便标识系统与医院整体装修风格协调一致，并有利于满足标识安装阶段所需的各种需求，如安装高度和用电需求等，并在室内装修施工阶段与装修工程同步进行。

标识系统的规划设计通常经历四个阶段，如图 5-10-11 所示。

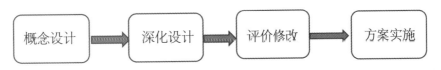

图 5-10-11 规划设计的四个阶段

（一）概念设计

概念设计是由分析用户需求到生成概念产品的一系列有序的、可组织的、有目标的设计活动，它表现为一个由粗到精、由模糊到清晰、由具体到抽象的不断进化的过程。因此，设计方首先要充分了解医院的现状和需求，根据医院的工艺流程、建筑空间、室内特点以及文化要素等综合因素，提出标识系统的设计思路和主要特征，包括设计概念、造型、色彩、字体等。在双方达成了设计共识的基础上，进而展开深化设计，见图 5-10-12。

本阶段可能会经历多次交互，但是概念设计的成功与否，与最终的设计成果是否达到了功能清晰、效果突出、具有适宜性的目的息息相关，需要予以足够重视。

图 5-10-12 某民族医院独具特色的标识概念系统

（二）深化设计

深化设计是在概念设计的基础上，结合医院现场的实际情况，对设计方案进行细化和完善，最终形成各个产品的过程，具体内容如图 5-10-13 所示。

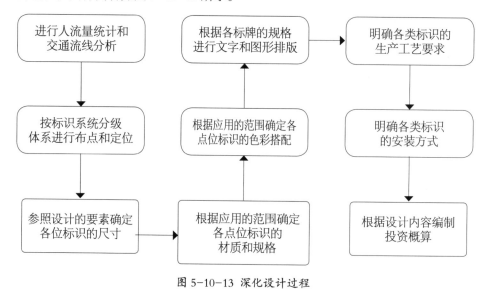

图 5-10-13 深化设计过程

（三）评审修改

在深化设计方案完成之后，需由院方组织院领导和相关专家对方案进行评审，对方案中不合理的地方提出修改意见，设计单位应据此予以调整和修改。评审与修改可能是一个多次评审和修改的过程，最终以获取满意的成果为目标，其过程如图 5-10-14 所示。

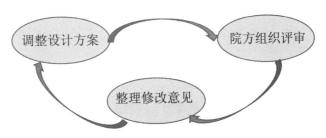

图 5-10-14 评审修改过程示意图

（四）方案确定

设计方案经修改并确认后，才可正式结题定稿。医院可根据确定的设计方案内容进行施工招标比选，并由中标的施工单位完成标识系统的制作和安装。

另外，在标识系统规划阶段还有一个需要特别留意的重要事项：即选择标牌内容的使用材料。医院在持续运营中会经常出现使用空间的调整，鉴于标识本身的系统性，如一个三级导向单元牌的变更也许会带来所有相关的一、二级导向标识的内容差异，因此在医院标识系统的规划中，标牌内容的合理选材是否容易更换是与标识后期的维护管理成本密切相关的。因此，标识系统规划阶段，标识内容是否易于更换也是决策的一项重要参考指标。

第四节 医院导向标识系统的材料

医院功能及使用人群的特殊性，决定了医院标识系统选材更加注重安全性和合理性，更加注重人性化，标识制作工艺和材料无疑成为重中之重。

实际工作中各类标识材质的选择应从物理学和材料学的角度综合考虑，当需要多种材质搭配的时候，应以恰当的方式进行组合。例如金属材料可考虑采用电焊的方式连接，不锈钢与亚克力可采用胶粘拼接等。任何一种方式都必须达到安全、稳固、耐用的使用要求。

一、户外标识常用材质

户外标识材质的选择应考虑自然环境的影响和标识本身的安全因素，常用的材质包括以下几种：

（一）镀锌板

镀锌板是指表面镀有一层锌的钢板，镀锌是一种常用的经济有效的防腐方式。按生产和加工的方式一般分为热浸镀锌钢板、合金化镀锌钢板、电镀锌钢板、单面镀和双面差镀锌钢板、合金复合镀锌钢板五类。

由于镀锌板自重较大，因此在制作中如果所需文字尺寸较大则很难进行加厚处理，从而导致字体的效果不佳；此外镀锌板的材质特性使得漆面难以牢固附着，长期使用后会产生漆膜脱落褪色。

（二）铝板

铝板是指用纯铝或铝合金材料通过压力加工制成（剪切或锯切）的获得横断面为矩形、厚度均匀的矩形材。国际上习惯把厚度在 0.2 ～ 500mm，宽度 200mm 以上，长度 16m 以内的铝材料称为铝板材或者铝片材；0.2mm 以下为铝箔材；宽度 200mm 以内为排材或者条材。随着设备的进步，最宽可做到 600mm 的排材也比较多。

铝板的比重较小，故在加厚设计的情况下也不需要过多担心其自重问题，具有安装方便、维护成本低的好处；同时由于铝板表面的平整度较好，因此在制作过程中容易令漆膜附着，成品漆面的效果和色彩饱和度都较理想；并且铝板还具备不易氧化、经久耐用的特质。缺点在于铝板的制作成本较高，对生产工艺的要求相对较高。

（三）灯箱字

灯箱字是内发光字的统称，采用 LED、霓虹灯、铁皮、亚克力等制作成各种形状的内发光文字。其优点是可夜间开放、能见度高、色彩艳丽、效果醒目，同时还具有立体造型感强、字体不易变形的特点；灯箱的缺点是长期使用后光衰严重，维护保养的成本较高。

二、室内标识常用材质

室内标识不易受环境因素的影响，其设计尺寸一般也相对较小，因此在材质选择上较为多样，常用的包括：

（一）铝型材

铝型材是指铝棒通过热熔、挤压，从而得到不同截面形状的铝材料。铝型材的生产流程主要包括熔铸、挤压和上色三个过程。其中，上色过程主要包括氧化、电泳涂装、氟炭喷涂、粉末喷涂、木纹转印等环节。

（二）亚克力

亚克力也叫 PMMA 或者亚加力，都是英文 acrylic 的中文名称，其实就是有机玻璃。化学名称为聚甲基丙烯酸甲酯，是一种开发较早的重要热塑性塑料，具有较好的透明性、化学稳定性和耐候性，易染色，易加工，外观优美，在建筑业中有着广泛的应用。亚克力具有质轻、价廉、易于成型等优点。它的成型方法有浇铸、射出成型、机械加工、热成型等。尤其是射出成型，可以大批量生产，成本低。因此，它的应用日趋广泛，目前广泛用于仪器仪表零件、汽车车灯、光学镜片、透明管道等。其规格种类较多，普通板有透明板、染色透明板、乳白板、彩色板；特种板有卫浴板、云彩板、镜面板、夹布板、中空板、抗冲板、阻燃板、超耐磨板、表面花纹板、磨砂板、珠光板、金属效果板等。不同的性能、不同的色彩及视觉效果以满足千变万化的要求。

（三）雕刻字

标识雕刻字通常采用铜字和不锈钢字，尽管二者价格稍贵，但成品效果极佳，具有金属感强、线条清晰有力的特点。由于铜的抗氧化能力较差，故在加工时常以电镀或抛光后封漆的方式进行防锈处理，而不锈钢则可直接抛光后对表面进行亮光或亚光处理，均可达到较明亮的视觉效果。铜字与不锈钢字各具优势，尽管金属的制作对工艺要求较高，特别在以胶粘方式固定时应仔细安装，但是避免长期使用后出现字体松脱的情况，可以永久使用。

三、标识的规格尺寸

根据使用部位不同，医院标识具有多种规格尺寸。每种规格尺寸包含多种内容，例如标牌本身的尺寸、标牌的版式大小和图文尺寸，等等。标牌的规格是否合适，最主要的决定因素是其比例关系是否适当。

室内部分的标牌，应以使用功能为前提，兼顾标牌所处的环境条件。医院标识常需要进行中英文对照，而医用英文通常是较长的专用名词，因此需要在版式中预留足够的位置。而户外标识的比例关系主要依据建筑环境予以确定，例如楼宇大字的尺寸就跟大楼的高度密切相关。一般来说，10 层以内的建筑，其安装于楼顶的大字高度宜控制在 1.8~2.2m；10 层以上的建筑，其大字高度宜控制在 2.5~3.5m。此外，户外大字标识还需要兼顾字体形状、笔画数量、灯光效果等多重因素，以呈现出最佳的视觉效果。

第五节　医院导向标识系统的安装与维护

有了设计良好的标识产品，如果不能安装在正确恰当的位置上，同样会影响使用人群的阅读效果，无法实现理想的引导作用，造成使用上的遗憾。标识投入使用后，应定期进行标识设施的维护和保养，确保使用期限内安全且正常使用。

一、标识的安装

（一）标识安装的注意事项

鉴于医院特殊的服务人群，为实现标识应有的效果，安装这一环节尤为重要，需要做到安排周密且实施精准。医院标识安装过程中经常会遇到如高空作业等高难度的施工方式，此时则需采用恰当的安全防护措施及安装工艺，以确保安装过程中的安全性及精确性。

医院标识常用的安装方式有吊挂式安装、挂壁式安装、锚固式安装、地桩式安装等。无论采用哪种安装方式均应严格按照相关规范规章进行施工，在充分了解医院建筑结构的前提下，向医院提交明确的施工方案及安全施工防护措施，建议在施工过程中设置专职安全和质量检查人员，完成标识的安装施工。部分需在结构施工时安装预埋件的标识类型，还应在提前提出配合需求，结构施工期间完成预埋件的安装。安装大型标识时，需搭设齐备的安全维护设施；户外标识在6级以上大风天气时应停止安装施工。标识的电气安全在符合相应规范的同时还应注意与高、低压线路及通信电缆线路保持安全距离。

（二）标识安装的高度

标识的安装高度对视觉效果有着极其重要的作用，在实际安装中通常遵循以下原则：

1. 敞开空间内指示牌（如科室指引标识、诊区和病区多向指示牌等）应采用悬挂式或贴墙式两种形式，其宽度不宜超过4m，且高度在280～450mm。

2. 楼道内悬挂式多向指示牌宽度宜为楼道宽度的75%，高度在280～450mm。

3. 悬挂式标识牌的底边距离地面的高度不宜小于2m。

4. 医院外部导向标识高度设计：医院外部导向标识主要是指能够让患者到达医院的各种标识，如医院名称、院标、医院入口标识等。对于这些户外标识，设计时应充分考虑乘坐交通工具的情况，所以可参考道路标识的设置。对于车辆用标识需要在较远距离的情况下具备良好的可识别性质，保证驾驶者在未经过标识之前获得所需要的信息。

二、标识的维护

标识产品的使用寿命除与标识材质密切相关，及时恰当的维护与保养也是至关重要的。维护保养一般包括日常保洁保养、定期信息更新及维修更换等。通常标识的维护是从以下四个方面来进行的：

（一）基础部分

标识基础部分的结构应该符合安装环境的条件，安装到位后应定期巡查，防止脱落松动。

（二）结构部分

支撑的结构部分应定期巡查，清理污渍，对有损坏的构件要及时更换；对于采用胶质黏合的部分，应验证其牢固程度。

（三）面板部分

户外的标牌应注重防雨水腐蚀和抗紫外线的处理，保持色彩的长期统一，避免褪色情况的出现。制作方应提供关于面板清洁的工艺技术资料，防止使用普通清洁液擦拭后出现内容侵蚀的情况。

（四）内容部分

在医院的实际应用中，会经常出现由于业务空间变化而带来的内容调整，这就要求标识产品应具备安装快捷可靠、维护更换方便的特点。目前较常采用的是基于型材的模块化处理方式，即以轻质的铝型材制成大小不同的模块，根据设计需求予以组合，配以固定配件，在各个模块上再进行图文的印刷；如果需要对单个内容进行调整，则将该模块的图文重新印刷即可，见图5-10-15。

与整体制作相比，该种方式可带来丰富的表面处理形式，避免高昂的套色印刷费用，而且内容可单独更换，维护成本较低。当然，也有部分医院因自身的定位和服务对象不同而采用了一些个性化的设计，如玻璃印刷、铜版雕刻等，这时若发生内容更新则会导致相对较高的更新成本。因此，选用何种材质要结合医院的实际情况考虑多种因素而确定。

图5-10-15 采用模块化的标识以方便内容更换

对于宣传栏类的标识牌，其内容的更新更为频繁，因此最好采用可随意更换且造价经济的材料。此类标识维护过程中应注意在新的内容到位后，及时清理过期的内容，以保证宣传的及时性和准确性。过期的宣传内容也不利于医院形象的展示，因此宣传栏类标识的维护应更加及时。此外还包括无处不在的小广告，需要加强现场管理，及时清理过期信息，并去除因广告粘贴导致的胶质和痕迹。

纵观医院导向标识系统近些年的发展趋势，它已不再局限于起到引导人员流向的指引作用，还承担着医院品牌形象载体的任务，是医院静态的形象宣传大使，是医院文化的宣传平台，标识的维护保养显现出相比其他公共建筑更加重要的作用和意义，发现损毁、灭失或缺少的标识应及时予以修复和补充。

第六节　医院导向标识系统的管理

随着导向标识系统的重要性被广泛认知，其管理的重要性也被日益重视。导向标识系统的管理贯穿于项目建设全过程，不同阶段有不同的管理内容和工作重点。

一、明确规划设计起始点

作为医院基本建设管理者，准确把握导向标识系统规划设计的时间点非常重要。作为建筑设计的一部分，导向标识系统在新建医院中需与建筑空间设计同步进行。在建筑设计之初就充分考虑内部功能流线，有效利用建筑空间的实际尺寸，做好导向标识系统的规划；标识系统安装与内外装修同步进行。导向标识系统的早期介入，通过充分的前期规划和论证，避免后期因安装标识位置的不合理而造成的浪费现象、标识安装位置过高或过低而不宜识别，以及出现大量的补丁标识。

标识系统与建筑空间设计同步进行，首先应体现在空间的导向性由标识系统与建筑设计共同达成。也就是说，标识系统应与环境照明相结合，与内外装修相结合，与室内陈设相结合，使标识系统与建筑融为一体，更完整全面、多方位、多角度予以导引，实现建筑布局的导向功能。其次，标识系统的导向流程与就诊流程保持一致，以门诊就诊流程为例，在分诊、挂号、候诊、就诊、医技检查、终结离院等各环节中，标识系统的各级标识设点应当遵循一环扣一环、由远及近、由浅到深、由宏观模糊到逐步导向具体清晰的布局原则。

患者通过一级标识导引进入建筑内部后，布点精准得当的二、三、四级导向可以逐步引导患者快速而准确地到达就医流程中的具体空间。

二、设立安装质量控制点

标识的制作和安装质量直接影响使用效果和使用寿命，因此施工过程中需加强质量控制，根据不同的导向标识类型，设立严格质量控制点，建立标识系统安装的监理制度，按照《公共建筑标识系统技术规范》等相关规范规定中执行的标准规范进行施工，确保安装工程质量合格。

三、完善建设维护衔接点

《医院标识系统研究报告》显示，我国医院导向标识系统的管理部门并不统一。导向标识系统建设阶段，多数医院的管理部门由宣传部门、后勤部门、基建部门单独或联合其他部门负责其建设管理工作；而投入使用后，医院标识系统的管理部门相对集中，主要由宣传部门和后勤部门负责其日常管理维护和维护补充等工作。当建设过程和使用阶段由医院不同的管理部门负责时，建立健全导向标识系统档案资料的整理和移交制度尤为重要，管理工作的无缝衔接直接影响导向标识系统的使用效果及使用寿命，是医院导向标识系统管理的重中之重。

第七节　医院导向标识系统的发展趋势

一、标识的智能化发展

随着科技的进步，医院标识系统开始由过去静态的固定标识系统向动态的可变动的标识系统发展，在这新的发展趋势中，计算机和互联网的广泛普及，让医院标识系统的科技化发展有了现实的基础。标识系统新材料、新技术的大量出现，推动了标识系统在医院这一领域的智能化水平。

（一）信息标识智能化

当今社会信息的高度发展，信息更新的速度日益加快，如果信息量太大、信息更新的速度太快，原有的固定静态的标识就难以胜任了，那么需要考虑采用电子标识等可变的形式进行必要的补充了。

重要信息宜采用可及时更新又可读可更换内容的方式，如空间内不适于放置多个标识牌，此时可采用触摸显示屏内置于标识牌中，将静态标识与动态标识结合，即每隔一定时间换屏显示的方式。需要注意，每屏信息显示停留的时间要足够长，要以一般阅读速度较慢的观众能够看完为基准。而且要强调，不同屏的显示内容尽量做到相互独立，尽量不要将同一项完整内容人为分成两屏显示。这样既满足医院来往人群各类信息需求，又方便医院发布、更新内容。

（二）形象标识智能化

医院形象系统是医院文化系统中重点建设内容，医院形象的好坏，关系到医院整体品牌的价值，在互联网高速发展过程中，充分运用新的形式宣传自身形象显得尤为重要。当前人们习惯的传播交流工具从原有的报纸、书信、电话等，已转变为网站、微信、微博、视频、QQ等多种方式并存的局面，时下流行的扫二维码，更是受众直接进入宣传主体的快速通道。医院形象标识系统在设计时可将此功能置入各个标识牌中，在各个区域都将出现覆盖面极大的针对特殊受众群体（主要是医院患者及家属、医院内部职工）的宣传通道，让医院各类形象标识系统在医院文化建设中发挥更强大的功能。

（三）指引标识智能化

医院指示导向系统从功能需求的角度主要是为患者设置的。医院指示导向系统的位置安排实际上是主体人流、交通等疏导系统的一个工作，它一般出现于两个或多个空间相互转换或交叉的地方，为患者指路。医院指示导向标识能促进患者和空间之间的互动。随着全球科技化、信息化时代的到来，医院指示标识系统可以通过手机、电脑等方式在就诊前或就诊时清晰明了地查询，减少患者及家属不必要的往返，找不到路的焦虑、急躁。医院指示导向系统还可以实现在每一个指示牌均置入电子芯片，通过计算机系统控制平台，实现感应功能，把患者需要的指示导向信息在标识牌上快速显示出来。

（四）管理标识智能化

医院管理标识系统是针对医院不同的环境和人群而使用相应的标识。医院管理标识系统多以明示、告知、劝说、指令、警告、禁止等为特征，带有一定的强制性含义，通常标识比较简单生硬，不便于患者理解医院医生的工作，从而产生互动和自觉地遵守，在此类标识中同样可以设计优美的造型，置入电子芯片，将医院的管理理念、生动易懂的感人故事、医患之间的和谐互动交流等管理要求与人性化的内容同时融入其中，放置于等待就诊、检查等区域，对陪同而来的家属同样产生了劝导、教育作用。一方面起到了标识系统的作用；另一方面对有效地防止或减少医患矛盾增添了喜闻乐见的宣传渠道，对医院文化系统建设融入各个环境中起到了良好作用，见图5-10-16、图5-10-17。

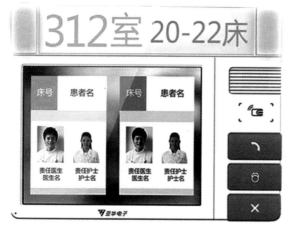 

图 5-10-16 标识与病床管理信息的智能整合应用　图 5-10-17 宣教内容与呼叫器的智能整合应用

二、二维码的应用

二维码是用某种特定的几何图形按一定规律在平面分布的黑白相间的图形记录数据符号信息的。它主要通过图像输入设备或光电扫描设备自动识读以实现信息自动处理，它具有强大的信息含量——有其特定的字符集，每个字符占有一定的宽度，具有一定的校验功能等，同时还具有对不同行的信息自动识别功能及处理图形旋转变化等特点。随着手机3G智能时代的到来，越来越多的互联网技术应用于手机之上，二维码就是其中之一。

二维条码种类多样，常用的码制有：DataMatrix，MaxiCode，Aztec，QRCode，Vericode，UCode16K等。二维码可以分为堆叠式或行排式二维条码和矩阵式二维条码。堆叠式或行排式二维条码形态上是由多行短截的一维条码堆叠而成；矩阵式二维条码以矩阵的形式组成，在矩阵相应元素位置上用"点"表示二进制"1"，用"空"表示二进制"0"，由"点"和"空"的排列组成代码。

二维码实现的方式不同，有的通过图像或者精细印刷出现，有的可以通过喷码机喷印。

医院将各科室信息、专家信息、医院医疗特色、服务信息等大量文字内容编制成二维码，通过手机App端口扫描识别录入，变成自动语音讲解服务，可以极大地方便患者了解医院情况，更有针对性地选择适合自己病理的专家和科室，从而解决盲从选择的问题，赢得最佳治疗时间，同时可减少医院需要大量设置导医服务的负担。

三、室内定位导航系统的应用

医院室内定位导航系统是指能在医院室内提供地图查看、实时定位、自动导航、位置分享等功能的定位导航系统，包含室内地图平台和室内定位平台两大核心模块。室内地图平台依据医院建筑结构特征、科室的位置分布建立，以能够提供室内平面图，满足人们对查看更精细化地图信息的需求；同时结合用户的位置信息，提供个性化的搜索功能。在室内地图的基础上，搭建与用户轨迹和地图相联系的室内定位平台，融合多项主流定位技术，通过用户轨迹以及地图信息准确地判断用户所在实际场景，自动选择最佳的定位技术，保证定位效果，提供最佳的用户体验，为患者在医院室内的就医、探望等需求提供便利。

（一）室内地图平台

室内地图平台服务系统由地图数据制作、地图引擎、地图SDK、HTML5地图（Web地图）、地图编辑器等模块组成，见图5-10-18。

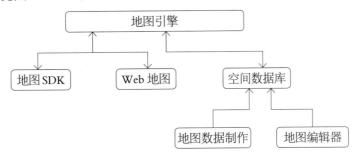

图5-10-18 室内地图平台服务系统

地图测绘以建筑物AutoCAD数据和位置信息详情数据为基础，通过地图投影重建与坐标系转换、坐标转换、地图矢量化、构建拓扑、数据关联、建立地图数据库和现场调绘构建室内地图平台系统并以HTML5地图的形式体现。

HTML5地图包括移动版及桌面版（Web）。移动版用于手机App端调用室内地图使用，移动端HTML5地图结合手机摄像头生成AR地图。桌面版用于电脑Web端调用室内地图使用，见图5-10-19~图5-10-20。

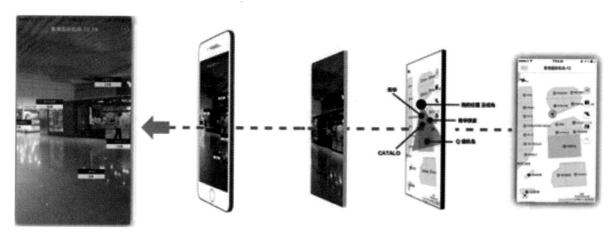

图 5-10-19 移动端查看 AR 地图

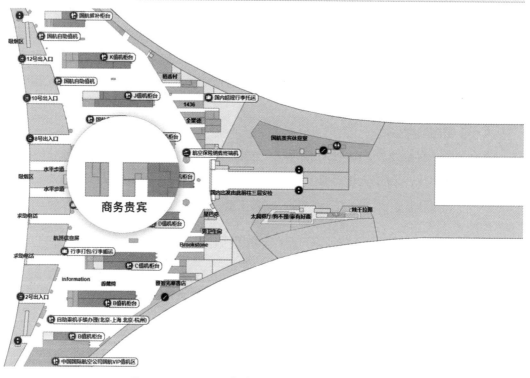

图 5-10-20 Web 端查看 HTML5 地图

（二）室内定位平台

多源融合终端侧定位系统主要由无线终端、无线网络和定位服务器三部分组成。其中无线终端包括具有 Wi-Fi、蓝牙 4.0 功能的移动设备，并在 APP 中嵌入定位 SDK。无线网络包括 WLAN 基础网络、移动通讯网络和蓝牙网络，是定位的基础。定位服务包括定位引擎和定位算法，定位引擎负责获取移动终端通过定位 SDK 发来的定位报数据，通过定位算法进行定位解算，见图 5-10-21。

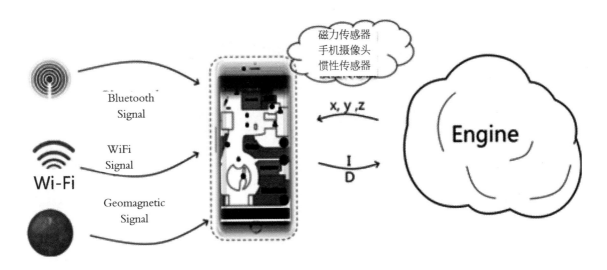

图 5-10-21　多源融合终端侧定位系统组成

（三）应用模式

1. 基于就诊流程的自助导航

患者使用手机通过相应的手机端和 Web 端查看医院室内的 2D/3D 地图，地图中可以看到医院的跨楼层规划，也可以估算行走距离和行走时间。患者可根据实时定位，自动显示所在楼层，根据患者的就诊流程自动规划就诊科室路线图。同时，通过医院微信公众号、小程序或 App，衔接挂号、缴费、检查、治疗、取药等多级就诊环节，实时配合就医流程自动规划到达执行科室的路径导航。

2. 大屏互动

患者通过导诊大屏查询目的科室，生成路径规划和模拟导航。在查询目的地时，提供目的地二维码，使用手机微信扫码，即可将大屏上查询的目的地同步至手机微信小程序，并自动规划路径，完成实时动态导航，见图 5-10-22。

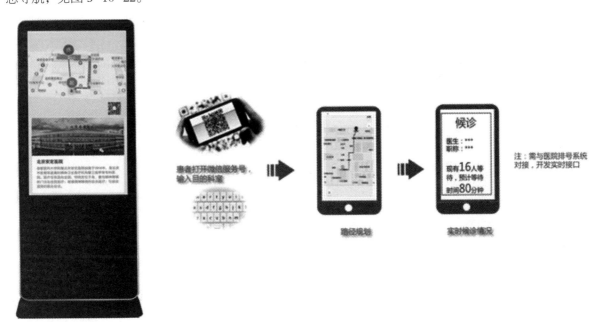

图 5-10-22　医院导诊大屏

3. 位置共享

用户能够主动选择发送当前位置、指定位置或者共享实时位置，通过微信可将位置信息发送给亲友。

亲友收到信息后，可通过一键导航到达此用户身边，见图5-10-23。

图 5-10-23 就医位置共享

4. 患者监控

管理人员可借助物联网辅助设备，监控婴儿、丧失自控能力等特殊患者在院内的实时位置、接收报警信息等。患者从服务台领取可回收定位设备，医院管理人员可使用通过监控系统查看被监控人员实时位置，接收报警信息等，见图5-10-24。

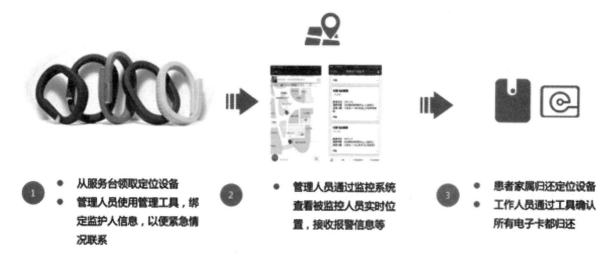

图 5-10-24 基于室内定位导航系统的患者定位

5. 停车场反向寻车

患者就诊完毕，返回停车场找车时，由于大型医院内停车场规模大、停车数量多、停车场内楼层多、通道多、面积大、方向不易辨识、场景和静态标识物雷同等因素影响，不容易快速找到车辆位置。因此，通过室内定位导航系统可在完成就诊后，一键导航到停车位，见图5-10-25。

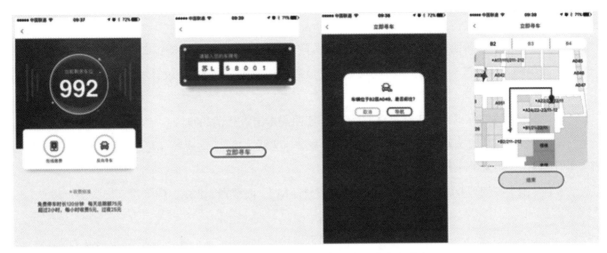

图 5-10-25 基于室内定位导航系统的反向寻车

6. 移动医疗设备查找

大型医院提供如轮椅、呼吸机等多种可移动医疗器械，在这些器械上加装可识别定位标签，通过后台软件迅速查找相应器械的位置，便于医院资产管理，使医疗资源的使用更高效，见图 5-10-26。

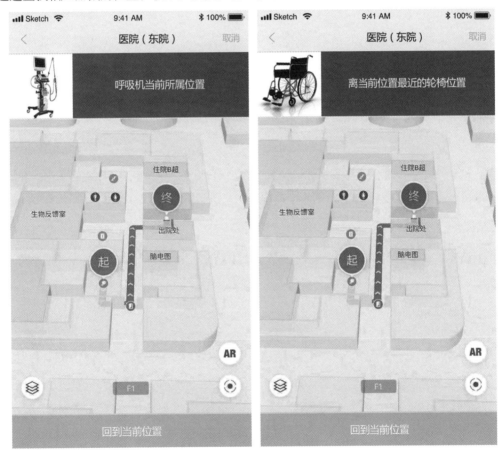

图 5-10-26 移动医疗设备查找

参考文献

［1］ 中国医学装备协会医院建筑装备分会 . 医院标识系统研究报告［R］. 2017.

［2］ 中国卫生经济学会医疗卫生建筑专业委员会 . 中国医院标识系统设计示范［M］. 北京：机械工业出版社，2002.

［3］ 向帆 . 导向标识系统设计［M］. 江西：江西美术出版社，2009.

［4］［日］田中直人著 . 通用标识——设计手法与实践［M］. 胡惠琴、李逸定译 . 北京：中国建筑工业出版社，2013.

［5］［德］安德烈亚斯·于贝勒 . 导向系统设计［M］. 高毅译 . 北京：中国青年出版社，2008.

第十一章

医疗救援直升机停机坪建设

李立荣　柳海洲　吕品

李立荣 北京大学国际医院副院长

柳海洲 上海直玖机场设备有限公司董事长

吕 品 北京大学国际医院基建部副主任

技术支持单位

上海直玖机场设备有限公司

专注于屋顶直升机坪设计工程，自2009年成立至今已完成100多个直升机专业停机坪设计施工案例。服务范围覆盖全国，提供设计、施工、验收、航线开通、后期运营维护等全流程服务。公司拥有20多项国家专利及施工资质，在北京、上海等地均有独立办事机构，公司作为直升机机坪行业的领军企业，经过10年的经验积累，公司已培养出大批的直升机停机坪设计、工程专家。上海直玖以专业的角度、熟练的技术、认真的态度致力于打造更安全更可靠的直升机停机坪，为每次航空救援起降提供安全保障。

第一节　医疗救援概述

"十三五"期间，应重点建设国家航空医学救援基地，依托现有优质医疗卫生资源和通航企业等，在全国分区域建设一批国家航空医学救援基地，重点强化航空医学救援、航空器加改装、直升机起降点、培训演练等设施装备建设，承担重特大突发事件伤病员空中转运、途中救治、卫生防疫、医疗人员现场输送、紧急药品器械调用等应急任务。建立健全通航企业、保险机构等参与的航空医学救援机制，带动形成社会化航空医学救援体系。

航空医疗救援是指使用装有专用医疗救援设备的民用航空器，为突发事件伤病员实施紧急医疗救援而进行的飞行活动，包括：投放医疗卫生力量到达灾害事故的现场开展救援；从灾害事故现场将伤病员转到后方的医院；将得到初步救治的伤病员从一家医院转送到另一家医院；通过航空器运输药品、器官、血液和医疗器材等。

一、含义与分类

航空医疗救援（Air Ambulance）又称航空医学救援、空中医学救援、空中医疗救援，航空医疗救援是借助航空器，主要是固定翼飞机和直升机，采取医学等手段使受困对象脱离灾难或危险，得到医学救护的活动。航空医疗救援具有快速、高效、灵活、及时、范围广、受地域影响小等特点，但易受到气象、航空管制、机降场、地面保障等因素的限制。根据航空飞行器类型，航空医学救援主要分为直升机航空医学救援（Helicopter Emergency Medical Service， HEMS）和固定翼航空医学救援（Fixed Wing Air Ambulance， FWAA）。

二、国内外航空救援发展现状

改革开放以来，随着工业化和城市化进程的加快，我国城市数量和规模都有了明显增长，导致城市中发生自然灾害、安全生产事故、公共卫生、社会安全和城市运行等突发事件也逐渐增多。上述事件具有突发性特点，第一时间的应急救援处置尤为重要。目前，突发事件发生后的应急救援处置主要依靠地面交通输送的救援力量完成，若遇到交通拥堵无疑会拖延救援效率，易造成严重后果。因此，国内外均在大力发展航空医疗救援。

近年来，我国航空医疗救援发展很快，"2016 年，全行业共有 320 家通航企业，用于航空医疗救援其他各类活动的飞机 2595 架，机场 74 个，临时起降场地约 250 个，运输驾驶员 3.9 万人，通用航空器驾驶员 6000 人，航空医疗救援的飞行时间是 76.5 万小时"（国家卫生计生委应急办公室许树强主任专题演讲《中国航空医疗救援现状与发展》）。目前，北京正在构建首都红十字航空医疗救护体系；上海在打造长三角区域航空救援联合体；河南在构建 24 小时常态化的航空医疗救援的救护圈；湖南打造黄金一小时救援网络；湖北正在实现省内各市的医疗直升机起降点的全覆盖。《国家突发事件应急体系建设"十三五"规划》当中也明确指出，要加强航空医疗救援和转运能力建设；支持鼓励通用航空企业增加具有应急救援能力的直升机、固定翼飞机、无人机还有其他相关专业设备发挥其在抢险救灾、医疗救援等领域的作用等。2018 年 4 月 12 日，中国政府网发布了国务院《关于落实〈政府工作报告〉重点工作部门分工上的意见》中指出， "推进突发事件应急体系建设，加快预警信息发布系统和航空医学救援体系建设，强化综合应急保障能力。加强国际应急支援能力建设，提高国际应急支援水平"。

然而，我国的航空医疗救援相比于发达国家还有一定的差距。发达国家的航空医疗救援体系比较成熟，如德国直升机 15 分钟能到达国内任何一个地方，美国大部分地区享受 20 分钟直升机救援的服务保障，瑞士、加拿大、日本、挪威等国都建立了相应的空中救援体系。

目前，国内外航空医学救援以直升机为主。直升机航空医学救援机动性强，但飞行半径小，机身空间小，所携的医疗装备和药品有限。

三、直升机停机坪

直升机停机坪作为直升机的主要活动区域，有着至关重要的作用，做为航空医疗救援基础设施也与医院建设密切相关。直升机停机坪，是指供直升机、垂直起降战斗机起降的场地，一般要求配备相应的助航设备、航管通信设备、气象设施、消防救援设备、机场标志标识等，使之能符合直升机安全起降的要求。比如，停机坪的位置必须在医院规划各级医疗工艺流程时统一规划，停机坪的结构形式、助航设施及消防系统与医院的各建筑专业同时设计、施工和验收。

国内医院对航空救援基础设施建设的重要性认识不断增强，新建医院建设停机坪的数量越来越多，一些老医院也有通过改造方式进行停机坪建设的。对于医院是否需要建设停机坪应该科学评估，一些区域性医疗中心建设停机坪的必要性很强，但是一些二、三线的医院是否有必要建设停机坪还有待商榷。

第二节　直升机停机坪设计与规划

制式直升机停机坪是关乎安全作业的重要基础设施，必须加强引导和管控。在开展医用直升机停机坪建设时，要注重项目的先进性与实用性，确保起降飞行安全。直升机救援停机坪作为直升机进行空中救援的必备基础设施，建设数量的多少直接影响突发事件发生后空中救援开展的效率。根据《中华人民共和国城乡规划法》规定，城市总体规划中应当有防灾减灾的强制性内容，还应当对城市长远发展作出预测性安排。

直升机停机坪的建设需要设计、监理、施工等单位共同参与。设计单位的设计资质不同于普通工业与民用设计资质，须具备民航专业工程设计企业资质。监理单位也不同于普通工业与民用建筑工程，应具备相关资质。目前尚无专门针对停机坪施工单位的资质要求，但应具备普通工业与民用工程施工资质（如钢结构工程专业承包资质和机电安装等资质），另外应具有丰富的停机坪施工经验。

一、停机坪选址建议

完整的航空医疗救护体系，包括院前和院后两部分，其中在院前急救几个主要环节中，医疗停机坪是重要的组成部分。航空医疗救护是保障紧急情况下的生命救护，第一，要满足直升机在院内 24 小时随降随起的应急救援功能；第二，停机坪的使用要绝对可靠，包括停机坪自身的可靠性、净空的可靠性、现场控制的可靠性、起降时停机坪周边障碍物快速清除的应急能力。要确保可靠性，必须重视医疗停机坪的规划。停机坪规划中涉及的关键因素有：拟用位置、最大机型、助航设施与医院急救系统的衔接等。

对于拟选位置，要结合医院的功能布局和急救流程确定。对于既有医院，如果无法选择楼顶停机坪建设方案，选择地面停机坪的位置时也要选择便于直升机起降、便于随时封闭运行、便于最快速度到达急救室的地段。地面停机坪相对来讲容易判断，主要是场地尺寸、地质条件、直升机起降的地效因素。周边障碍物在起降时能否快速清除，地面选址还要将周边人员因素考虑在内，在直升机降落时要严格管控地面人员对直升机降落时的干扰，尤其是夜间飞行转院急救任务，地面的普通群众利用手机、相机的闪光灯等都会对直升机驾驶员产生直接干扰，从而导致起降任务的失败。空中重点关注的是高楼、高压线塔、通信塔、烟囱、高大树木等物体的高度等。

对于新建医院或者医疗大楼，建议尽可能选择楼顶停机坪建设方案。楼顶停机坪净空环境相对地面要好，直升机在楼顶起降相对便利；病患可以通过医疗电梯直接到达大楼内部的抢救室或手术室等区域，大大提高了病患的生存率；减少了与地面交通和人流的冲突，可以确保独立、安全运行，大幅度提高夜间转院急救效率；医院楼顶是相对封闭的区域，避免了地面停机坪设施被破坏、标识被车辆碾压残损等现象，方便管理。如果无法选择楼顶建设，也要选择便于直升机起降、便于随时封闭运行、便于最快速度到达急救室的地段建设停机坪。

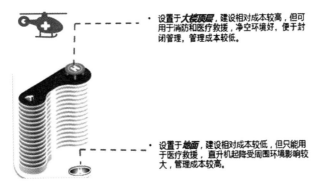

图 5-11-1　直升机场障碍物限制

二、停机坪设计要求

医院直升机停机坪可分为：高架停机坪和地面停机坪。

（一）物理特性

1.地面停机坪

（1）一般规定。在同一时间内一个最终进近和起飞区内只允许一架直升机运行。直升机需要在相邻两个最终进近和起飞区内同时运行时，两个最终进近和起飞区之间间距的确定需考虑旋翼下洗流、空域等影响，并确保每个最终进近和起飞区的飞行航径不重叠。

（2）最终进近和起飞区（FATO）。表面直升机场应至少设置一个FATO，并应符合下列要求：供以1级性能运行的直升机使用时，FATO的大小应按直升机飞行手册中的规定确定，在没有规定宽度时，宽度不得小于1.0D；供以2级、3级性能运行的直升机使用时，FATO的尺寸和形状应能包含一个圆，当直升机最大起飞质量大于3175kg时，圆的直径不得小于1.0D，当直升机最大起飞质量等于或小于3175kg时，圆的直径不宜小于1.0D，不得小于0.83D。上述D应采用预计使用该直升机场的直升机中的最大值。在确定FATO尺寸时，还需要考虑诸如标高、温度等当地条件。

FATO任何方向的总坡度不得超过3%。任何部分的局部坡度，供以1级性能运行的直升机使用时，不得超过5%；供以2级、3级性能运行的直升机使用时，不得超过7%。

FATO的表面应符合下列要求：

① 能抵抗直升机旋翼下洗流（下吹气流）的作用；

② 没有障碍物以及没有对直升机起飞或着陆可能产生不利影响的不平整现象；

③ 供以1级性能运行的直升机使用时，具有承受其中断起飞的承载能力；

④ 供以2级、3级性能运行的直升机使用，当TLOF位于FATO之内时，位于TLOF四周的部分应能承受直升机静荷载；

⑤ 宜能提供地面效应。

⑥ FATO所处位置宜最大限度减少可能对直升机运行造成不利的周围环境（包括湍流）的影响。

（3）净空道。如直升机场准备供以1级性能运行的直升机使用时，需要考虑直升机净空道。当设置净空道时，净空道应位于FATO的末端之外。净空道的宽度不宜小于相应安全区的边长。净空道的地面不宜高于以FATO边线为底边的、升坡为3%的平面。位于净空道上可能对空中直升机造成危险的物体，应予以清除。

（4）接地和离地区（ TLOF ）。表面直升机场应至少设置一个 TLOF 。 TLOF 应位于 FATO 之内或位于直升机机位上。除跑道型 FATO 外，一个 FATO 内仅可设置一个 TLOF。并且 TLOF 应符合下列要求：

① TLOF 应能包含一个直径至少为 0.83 D 的圆。

② TLOF 应有不小于 0.5% 的坡度，以防止表面积水，但任何方向的坡度不得超过 2% 。

③ TLOF 位于 FATO 内时， 其应能承受直升机动力荷载；TLOF 设置在直升机机位上时，其应能承受直升机静荷载，并能承受该位置预计使用的直升机交通的作用。

④ TLOF 位于 FATO 内时，如 FATO 可包含的圆的直径不小于 1.0D，则 TLOF 的中心距 FATO 边界不得小于 0.5D。

上述 D 应采用预计使用该 TLOF 的直升机中的最大值。

（5）安全区。在 FATO 周围应设置安全区，并应符合下列要求：在目视气象条件（VMC）下，安全区应从 FATO 的四周至少向外延伸 3m 或 0.25D 的距离（两者中取较大值）。同时安全区应满足：①当 FATO 为四边形时，安全区的每一外侧边长应至少为 2.0D（见图 5-11-2）；或②当 FATO 为圆形时，安全区的外径应至少为 2.0D。上述 D 应采用预计使用的直升机中的最大值。在仪表气象条件（IMC）下，安全区的横向应从 FATO 中心线向两侧至少各延伸 45m，纵向应从 FATO 端部向外至少延伸 60m（见图 5-11-3）。

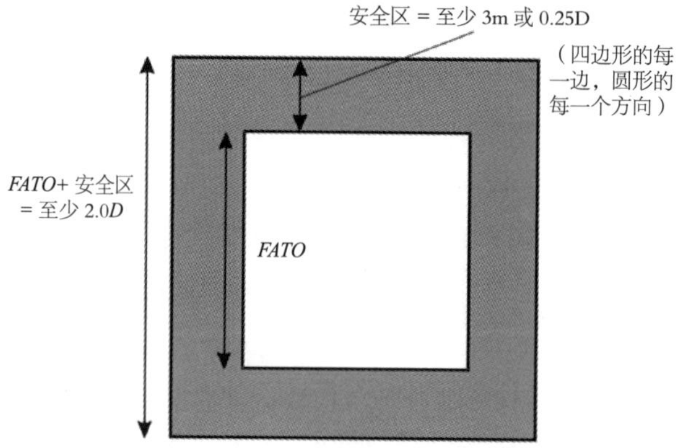

图 5-11-2 非仪表 FATO 的安全区

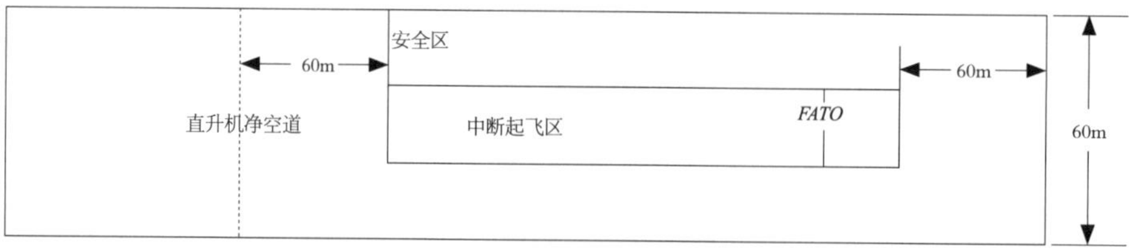

图 5-11-3 仪表 FATO 的安全区

安全区应有侧向保护斜面，该斜面自安全区边界起向上向外以 45° 角延伸至距安全区边界 10 m 。该斜面上不得有突出的障碍物，除非障碍物仅位于 FATO 的一侧，方可允许突出于侧向斜面。

除因功能要求必须设置于该区内的易折物体外， 在安全区内不得有高于 FATO 平面的固定物体。在直升机运行期间，安全区内不得有移动的物体。 因功能要求必须设置于安全区内的物体， 当距 FATO 中心小于 0.75D 时， 高度不得超过 FATO 平面以上 5cm；当距 FATO 中心大于等于 0.75D 时，不得超过以 FATO 平面上方 25cm 高度为底边、向外升坡为 5% 的斜面。如图 5-11-4 所示。

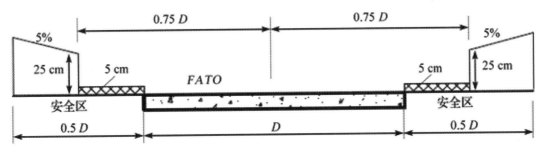

图 5-11-4 因功能要求设置于安全区内物体的限高示意图

安全区可不为实体；如为实体时，其表面不得超过 FATO 边界高度。可行时，安全区的表面应予以处理，以防止直升机旋翼下洗流（下吹气流）扬起飘浮杂物。安全区的表面应与 FATO 表面连续相接。

2. 屋顶高架停机坪

（1）最终进近和起飞区（FATO）。高架直升机场应至少设置一个 FATO。FATO 应与一个 TLOF 相重合，并应符合下列要求。

①供以 1 级性能运行的直升机使用时，FATO 的大小应按直升机飞行手册的规定确定，在没有规定宽度时，其宽度不得小于 1.0D；供以 2 级性能或 3 级性能运行的直升机使用时，FATO 的尺寸和形状应能包含一个圆，当直升机最大起飞质量大于 3175kg 时，圆的直径不得小于 1.0D，当直升机最大起飞质量等于或小于 3175kg 时，圆的直径不宜小于 1.0D，不得小于 0.83D。上述 D 应采用预计使用该直升机场的直升机中的最大值。在确定 FATO 尺寸时还需考虑诸如标高、温度等当地条件。

②FATO 应有不小于 0.5% 的坡度，以防止表面积水，但任何方向的坡度不得超过 2%。

③FATO 应能承受预计使用该直升机场的直升机的作用。直升机的动力荷载可按其最大起飞全重的 1.5 倍计。设计中，尚应考虑由人员、雪、货物、加油与消防设备等产生的附加荷载。

④FATO 表面应抗滑、没有障碍物以及没有对直升机起飞或着陆可能产生不利影响的不平整现象，并能承受直升机旋翼下洗流（下吹气流）的作用。

⑤FATO 表面宜提供地面效应。

（2）净空道。当设置净空道时，净空道应位于 FATO 的末端之外。净空道的宽度不宜小于相应安全区的宽度。当净空道表面为实体时，不宜高于以 FATO 边线为底边的、升坡为 3% 的平面。位于净空道上可能对空中直升机造成危险的物体，应予以清除。

（3）接地和离地区（TLOF）。高架直升机场应至少设置一个 TLOF。与 FATO 重合的 TLOF，其尺寸与特性应与 FATO 相同；当 TLOF 设置在直升机机位时，应符合下列相关要求。

①TLOF 应能包含一个直径为 0.83D 的圆。

②TLOF 应有不小于 0.5% 的坡度，以防止表面积水，但任何方向的坡度不得超过 2%。

③该区域用以地面滑行时，应能承受直升机静荷载，并能承受该位置预计的直升机交通的作用。

④该区域上方用以空中滑行时，应能承受动力荷载。上述 D 应采用预计使用该 TLOF 的直升机中的最人值。

（4）安全区。在 FATO 周围应设置安全区，并应符合下列相关要求。

①在目视气象条件下，供以 1 级性能运行的直升机使用的安全区应从 FATO 的四周至少向外延伸 3 m 或 0.25 D 的距离（两者中取较大值）；供以 2 级或 3 级性能运行的直升机使用的安全区应从 FATO 的四周至少向外延伸 3 m 或 0.5D 的距离（两者中取较大值）。

②当 FATO 为四边形时，安全区的每一外侧边长应至少为 2.0D；或当 FATO 为圆形时，安全区的

外径应至少为 2.0D。D 应采用预计使用该区的直升机中的最大值。

③安全区应有侧向保护斜面，该斜面自安全区边界向上向外以 45° 角延伸至距安全区边界 10m 远。该斜面上不得有突出的障碍物，除非障碍物仅位于 FATO 的一侧，方可允许突出于侧向斜面。

④除因功能要求必须设置于该区内的易折物体外，在安全区内不得有高于 FATO 平面的固定物体。在直升机运行期间，安全区内不得有移动的物体。因功能要求而必须设置于该区内的易折物体，当位于 FATO 边缘时，其高度不得超过 25 cm；处于其他位置时，不得超过以 FATO 边线 25cm 高度为底线、向外升坡为 5% 的平面。若 FATO 直径小于 1.0D，位于安全区内的易折物体的最大高度不应超过 5cm。

⑤安全区可不为实体；如为实体时，其表面不得超过 FATO 边界高度。

⑥可行时，安全区的表面应予以处理，以防止直升机旋翼下洗流（下吹气流）扬起飘浮杂物。

⑦安全区的表面应与 FATO 表面连续相接。

（5）安全网。当高架直升机场表面较周围环境高出 0.75m 以上，且人员行动存在安全风险时，应安装安全网。安全网的宽度不应小于 1.5 m，并具有至少 122kg/m² 的承载能力。安全网标高不得超过安全区标高及障碍物限制要求，同时安全网的设置应确保落入的人或物不致被弹出安全网区域。

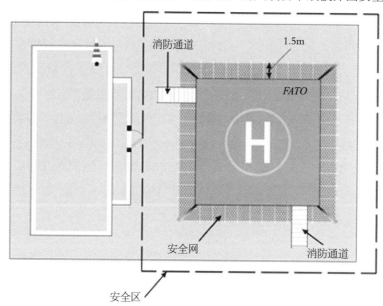

图 5-11-5 高架直升机场安全网示意图

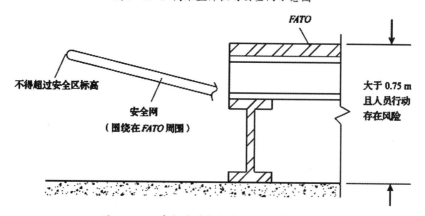

图 5-11-6 高架直升机场安全网安装示意图

（二）直升机障碍物限制

目视条件下 FATO 的障碍物限制面的尺寸和坡度，如表 5-11-1 所示。

表 5-11-1 FATO 障碍物限制面尺寸和坡度表

表面和尺寸		设计坡度类别		
		A	B	C
进近和起飞爬升面内边宽度 内边位置		FATO 的最小规定宽度 / 直径加安全区宽度 安全区的边界（如设净空道，起飞爬升面内边位置为净空道端）	FATO 的最小规定宽度 / 直径加安全区宽度 安全区的边界	FATO 的最小规定宽度 / 直径加安全区宽度 安全区的边界
第一段	散开率 —白天 —夜间	10% 15%	10% 15%	10% 15%
	长度	3386 m	245 m	1220 m
	坡度	4.5%（1:22.2）	8%（1:12.5）	12.5%（1:8）
	外边宽度 —白天 —夜间	7 RD 10 RD	— —	7 RD 10 RD
第二段	散开率 —白天 —夜间	— —	10% 15%	— —
	长度	—	830 m	—
	坡度	—	16%（1:6.25）	—
	外边宽度 —白天 —夜间	— —	7 RD 10 RD	— —
	距内边总长度	3386 m	1075 m	1220 m
过渡面（采用含目视航段面的 PinS 进近的 FATO）				
	坡度	50%（1:2）	50%（1:2）	50%（1:2）
	高度	45 m	45 m	45 m

注：1. 进近面和起飞爬升面外边高度高出内边标高约 152 m。

2. RD 应采用预计使用该机场的直升机中的最大值。

3. 表中坡度类别代表最小的设计坡度角而非运行坡度。坡度类别"A"一般与以 1 级性能运行的直升机对应；坡度类别"B"一般与以 3 级性能运行的直升机对应；坡度类别"C"一般与以 2 级性能运行的直升机对应。

4 根据直升机场环境和具体设计机型来确定适用的相关坡度类型。

（三）目视助航设施

1. 风向标

（1）直升机场应至少设置一个风向标。风向标的位置应符合下列相关要求。

①风向标应能指示进近和起飞区上空风的情况，而不受附近物体或直升机旋翼下洗流（下吹气流）的影响。

②从飞行中的、悬停的以及在活动区的直升机上应能看到风向标。

③如 TLOF 易受干扰气流的影响，宜在该区附近设置附加风向标。

（2）风向标应能明确指示风向，并可大致指示风速。

（3）风向标宜采用轻质纺织品做成截头圆锥形，其尺寸不宜小于表 5-11-2 的规定。

表 5-11-2 风向标尺寸（m）

风向标尺寸	直升机场类型	
	表面直升机场	高架直升机场、直升机水上平台、船上直升机场
长度	2.4	1.2
大端直径	0.6	0.3
小端直径	0.3	0.15

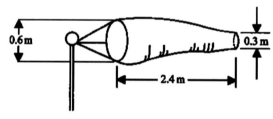

图 5-11-7 表面直升机场的风向标

（4）风向标的颜色应与地面背景差别明显，采用单一白色或单一橙色。为了在有变化的背景下使其足够明显而需用两种颜色组合时，宜选用橙色与白色、红色与白色，或黑色与白色，两种颜色构成五个等距相间的环带，两端环带采用较深颜色。

（5）如需在夜间使用直升机场，风向标应加以照明。

2. 标志和标志物

（1）直升机场识别标志。直升机场 FATO 内应设置直升机场识别标志，并应符合以下相关要求。

①跑道型 FATO：如设置 FATO 识别标志，则直升机场识别标志应作为 FATO 识别标志的一部分，设置于 FATO 两端。

②除跑道型 FATO 外：直升机场识别标志应设置在 FATO 中心或中心附近；在设有 TLOF 的FATO 内，直升机场识别标志应位于 TLOF 的中心。如果直升机水上平台的接地/定位标志出现偏离，则直升机场识别标志设在接地/定位标志的中心。

③直升机场识别标志应采用白色字母"H"表示。该标志的尺寸不得小于图 5-11-8 所示的尺寸。如该标志作为跑道型 FATO 识别标志的一部分，其尺寸应为图示尺寸的三倍。在直升机水上平台和船上直升机场，宜将字母"H"的高度由 3m 增加至 4m，全宽不宜超过 3m，线条宽度不宜超过 0.75 m。医院直升机场的识别标志，应采用白色"十"字及加在其中央的红色字母"H"表示，如图 5-11-8 所示。夜间使用的直升机场，"H"标志宜涂刷反光漆。

④直升机场识别标志的"H"的横画应与主要最终进近方向相垂直。对于直升机水上平台，"H"的横划应位于或平行于无障碍物扇形面的平分线。对于位于船边的船上直升机场，横划应与船边平行。

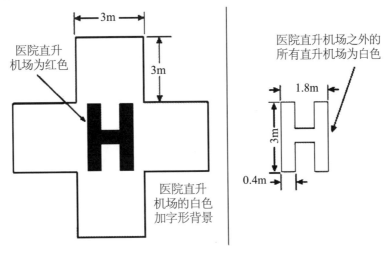

图 5-11-8 直升机场识别标志（图中同时示意医院直升机场的十字标志）

（2）最大允许质量标志。高架直升机场、直升机水上平台和船上直升机场应设置最大允许质量标志。表面直升机场宜设最大允许质量标志。最大允许质量标志宜位于 TLOF 或 FATO 内，按能从主要最终进近方向识别进行布置。最大允许质量标志应由数字及后随的字母"t"组成，用以表明以吨计的允许直升机质量，其中数字可以是一位数、两位数或三位数的整数，也可以带一位小数。

最大允许质量标志的数字和字母应采用与背景有明显差别的颜色。跑道型 FATO，应符合图 5-11-9 所示的形状和比例。除跑道型 FATO，尺寸大于 30m 的 FATO，应符合图 5-11-10 所示的形状和比例；对于尺寸在 15m 至 30m 之间的 FATO，标志的数字和字母的高度至少应为 90cm；对于尺寸小于 15m 的 FATO，标志的数字和字母的高度至少应为 60cm，后两种情况下数字和字母的尺寸同比例减少。

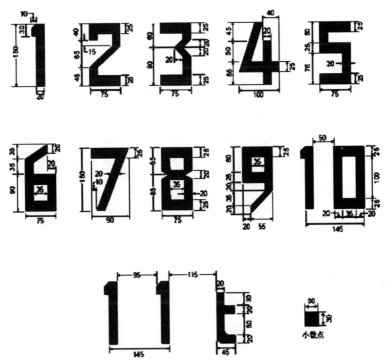

图 5-11-9 最大允许质量标志上的数字和字母的形状和比例（单位：cm）

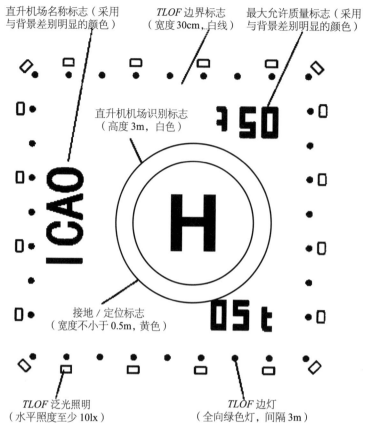

直升机场名称标志（采用
与背景差别明显的颜色）

TLOF 边界标志
（宽度30cm，白线）

最大允许质量标志（采用
与背景差别明显的颜色）

直升机机场识别标志
（高度3m，白色）

接地/定位标志
（宽度不小于0.5m，黄色）

TLOF 泛光照明
（水平照度至少10lx）

TLOF 边灯
（全向绿色灯，间隔3m）

图 5-11-10 高架直升机场最大允许质量等标志示意图

（3）FATO 边界标志或标志物。对于非跑道型 FATO，无铺筑面的 FATO 应设置与地面齐平的地埋式标志物，有铺筑面的 FATO 应设置长方形线条标志。边界标志或标志物的宽度和长度应分别为 30cm 和 1.5m，相邻标志或标志物之间的间隔不小于 1.5m，不大于 2m。标志或标志物的颜色均为白色。四边形 FATO 各角点上应设置标志或标志物。 如图 5-11-11 所示。

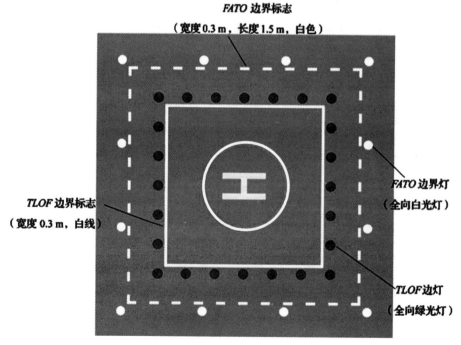

FATO 边界标志

（宽度0.3 m，长度1.5 m，白色）

FATO 边界灯

（全向白光灯）

TLOF 边界标志

（宽度0.3 m，白线）

TLOF 边灯

（全向绿光灯）

图 5-11-11 非跑道型 FATO 边界标志示意 （ TLOF 与 FATO 不重合）

（4）直升机场名称标志。当缺乏其他目视识别方法时，直升机场宜设置直升机场名称标志，并应符合下列要求。

①标志的设置宜使其在水平面以上的各个角度都能看到。在直升机水上平台设有限制障碍物扇形面的地方，该标志宜位于直升机场识别标志字母"H"的有障碍物一侧。

②标志可用汉字或汉字加字母，或按无线电通信中使用的直升机场字母数字表示。

③标志所用汉字或字母的高度，对于跑道型 FATO 的直升机场不宜小于 3 m；对于其他表面直升机场，不宜小于 1.5 m；高架直升机场、直升机水上平台和船上直升机场不宜小于 1.2m。

④标志的颜色应与背景有明显差别，首选白色。如需在夜间或低能见度条件下使用直升机场，该标志宜有内部或外部照明。

3. 灯光

（1）一般规定：

① 立式灯或嵌入灯的设计应符合《民用机场飞行区技术标准》（MH 5001）的有关规定；

② 位于船舶航行水域附近的直升机水上平台和直升机场的航空地面灯不得使海员产生混淆；

③ 直升机场周围可能产生直接或反射眩光的外来光源，除按规定设置的导航灯外，应予以遮蔽或移位。

（2）直升机场灯标。在以下情况中，直升机场应设置直升机场灯标：

①需要远距目视引导，而没有其他目视方法能提供；

②由于周围灯光的存在使直升机场的识别有困难。

直升机场灯标应符合以下基本要求。

①直升机场灯标应设置在直升机场内或其邻近处，宜架高，并应使飞行员在近距离内不感到眩目。如直升机场灯标在近距离内使飞行员感到眩目，可在进近的最终阶段和着陆过程中将其关闭，也可调低灯标的光强至 10% 或 3%。

②直升机场灯标应连续发出一系列的等间歇的短时白色闪光，如图 5-11-12 所示。

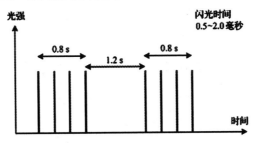

图 5-11-12 直升机场灯标闪光特性

③直升机场灯标每次闪光的有效光强分布如图 5-11-13 所示。灯标发出的光应从所有方位均能看到。

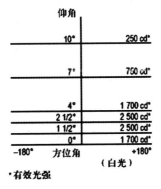

图 5-11-13 直升机场灯标有效光强分布

（3）飞行航径对正引导灯光系统。在有必要指示飞行航径方向且条件允许时，宜设置飞行航径对正引导灯光系统，并应符合下列相关要求：

①飞行航径对正引导灯光系统与飞行航径对正引导标志结合使用，灯尽可能设置于箭头线之内；

②飞行航径对正引导灯光系统宜由一排三个或三个以上等间隔的灯组成，总长度最小为 6m。灯与灯之间的间距应大于等于 1.5m，小于 3m。如果空间允许，宜设置 5 个灯。

③灯具的数量和间距应根据可用空间进行调整。如果使用一个以上的飞行航径对正引导灯光系统来指示可用进近和 / 或离场航径的方向，各系统的特性应保持一致。

④飞行航径对正引导灯应是恒定光强的全方向嵌入式白色灯。恒定发光灯的光强分布如图 5-11-14 所示。

⑤宜安装适当的控制器以调节光强，使飞行航径对正引导灯光系统与直升机场其他灯光取得协调。

（4）表面直升机场 FATO 边界灯。

①供夜间使用的表面直升机场，应设置 FATO 边界灯，但当非跑道型 FATO 与 TLOF 几乎重合或其范围明显时，可不设。

② FATO 边界灯应沿 FATO 边线设置。对于跑道型 FATO，每边应均匀设置不少于 4 个灯（包括每个角上的灯），且长边上灯的间距不得大于 30 m；对于非跑道型 FATO，灯具应均匀设置，如该区为正方形或长方形，每边应设置不少于 4 个灯（包括每个角上的灯），如该区为其他形状（包括圆形），灯的间隔不得大于 5m，最少应设置 10 个灯。

③ FATO 边界灯应为恒定发白光的全向灯。灯的光强需要调节时，应发出可变白光。

④ FATO 灯的光强分布如图 5-11-14 所示。

⑤ FATO 灯的高度不应超过 25cm，当高出表面的灯会危及直升机运行时，应采用嵌入式灯。

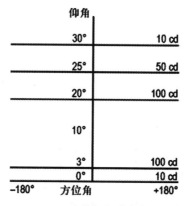

图 5-11-14 FATO 边界灯和瞄准点灯的光强分布

（5）TLOF 灯光系统。

①供夜间使用的直升机场，应设置 TLOF 灯光系统。但当跑道型 FATO 与 TLOF 重合时，可不设。

②表面直升机场的 TLOF 灯光系统应由下列一种或几种灯具系统组成：边灯；泛光照明；间隔的点光源阵列（ASPSL）或发光板（LP）照明（当难以设置边灯或泛光照明且设有 FATO 灯时采用）。

③高架直升机场或直升机水上平台的 TLOF 灯光系统应包括：边灯；泛光照明和 / 或间隔的点光源阵列（ASPSL）和 / 或发光板（LP）照明。

④供夜间使用的表面直升机场，如需加强表面特征信号，宜提供 TLOF 泛光照明或间隔的点光源阵列照明或发光板照明。

⑤ TLOF 边灯应沿 TLOF 边线或在距边线不超过 1.5m 的范围内设置。当 TLOF 为圆形时，边灯应设置在能向飞行员提供有关偏移信息的若干直线上；也可沿 TLOF 周边以适当的间隔均匀布置。

⑥TLOF 边灯应均匀布置。对于表面直升机场，其间隔不得大于 5m；对于高架直升机场和直升机水上平台，其间隔不得大于 3m。每边（含每个角上的灯）应至少设置 4 个灯。TLOF 为圆形并且灯沿周边均匀布置时，应至少设置 14 个灯。

⑦高架直升机场或固定式直升机水上平台的 TLOF 边灯，应安装得使飞行员不能从 TLOF 标高以下观察到；浮式直升机水上平台的 TLOF 边灯应安装得当直升机水上平台为水平时，飞行员不能从 TLOF 标高以下观察到。

⑧TLOF 边灯应是发绿色光的固定式全向灯，高度不应超过 25cm。当高出表面的灯会危及直升机运行或 TLOF 尺寸小于 1.0D 时，应采用嵌入式灯。边灯的光强分布如图 5-11-15 所示。

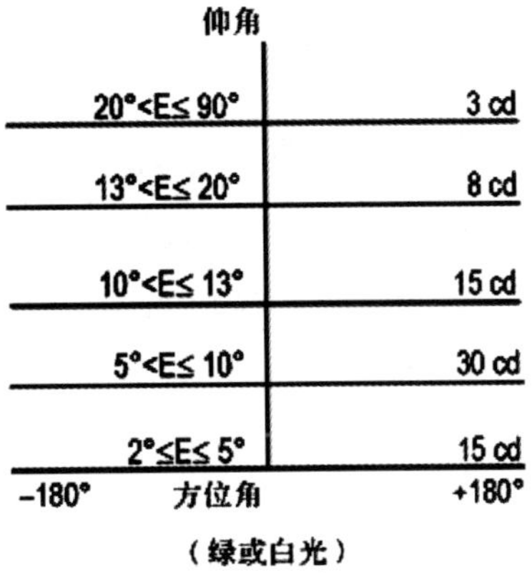

仰角

20°<E≤ 90°	3 cd
13°<E≤ 20°	8 cd
10°<E≤ 13°	15 cd
5°<E≤ 10°	30 cd
2°≤E≤ 5°	15 cd

−180° 方位角 +180°

（绿或白光）

注：在仰角小于 2°，并需要用灯光来识别装置的情况下，就需要另外一些数据。

图 5-11-15 TLOF 边灯和飞行航径对正引导灯光的光强分布

⑨TLOF 泛光灯的位置设置不得使飞行员或 TLOF 上的工作人员感到眩目。泛光灯的排列和方向应使阴影减至最小。

⑩TLOF 泛光灯的高度不得超过 25cm。泛光灯的光谱分布应使表面标志和障碍物标志能得到正确辨别。从 TLOF 表面上测得的泛光照明的平均水平照度不宜小于10lx，均匀性比率（平均值与最小值之比）不宜大于 8：1。

⑪表面直升机场，如果采用间隔的点光源阵列或发光板来识别 TLOF，它们应沿 TLOF 边线标志设置。TLOF 为圆形时，间隔的点光源阵列或发光板应设置在包围 TLOF 的若干直线上。

⑫在表面直升机场，TLOF 应至少设置 9 块发光板。形成某种构形的发光板的光栅总长度不得小于这种构形总长度的 50%。TLOF 每条边上的发光板数量（含每个角上设置的发光板）应不少于 3 块且为奇数。发光板应均匀布置，TLOF 每条边上相邻发光板的端部间隔不得超过 5m。

⑬在表面直升机场，用以显示 TLOF 边界的间隔的点光源阵列或发光板应发出绿色光，在其他场合，也可采用发出其他颜色光的间隔的点光源阵列或发光板。发光板的宽度不得小于 6 cm。发光板盒壳的颜色与发光板所指示的标志颜色相同。发光板不得高出表面 2.5cm。发光板的光强分布如图 5-11-16 所示。

⑭当高架直升机场或直升机水上平台使用发光板用以加强其表面特征时，发光板不应靠近边灯设置。可以围绕着接地标志和／或与直升机场识别标志重合设置。

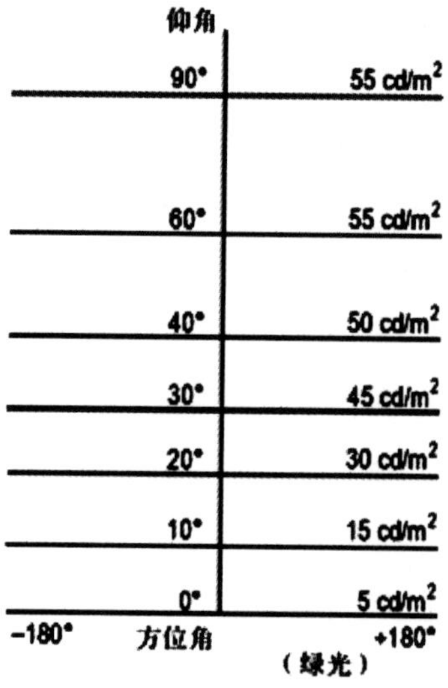

图 5-11-16 TLOF 发光板的光强分布

⑮ 用于识别接地标志的照明设备可由一个发黄光的虚线圆构成。各圆弧段由间隔的点光源阵列组成，并且间隔的点光源阵列的全长不应小于该圆周长的 50%。

（四）救援和消防

1. 一般规定

以下规定适用于表面直升机场和高架直升机场。直升机水上平台和船上直升机场的消防要求参照高架直升机场的规定执行。

直升机发生失事或事故后，对发生失事或事故的直升机应采取必要的救援和消防措施。

实施直升机事故救援应保证救援和消防人员受过训练、设备有效，以及救援和消防人员及设备能够快速投入使用。

对于高架直升机场，保护直升机场所在的建筑物或构筑物的要求在此未加考虑。

2. 保障水平

提供救援和消防保障的水平应以正常使用该直升机场的最长直升机的全长为依据，并依据表 5-11-3 所确定的直升机场的消防类别来确定。但直升机活动次数很少、无人照管的直升机场除外。

若在一定期间仅使用较小的直升机，直升机场可根据该期间内预计使用的直升机的最高类别相应减小消防级别。

表 5-11-3 直升机场的消防类别

类别	直升机全长
H1	< 15m
H2	15m ~ 24m
H3	24m ~ 35m

3. 救援和消防设备

（1）灭火剂。主要灭火剂应满足最低性能水平 B 级的一种泡沫。关于灭火剂的特性参见《机场勤务手册》（Doc 9137—AN/809）第一部分 救援和消防。

（2）用水量和辅助剂。对产生泡沫的用水量和提供的辅助剂，应依照第 5.1 节所确定的直升机场消防类别和相应的表 5-11-4 或表 5-11-5 来确定。

在表面直升机场上，允许用辅助剂代替全部或部分产生泡沫的用水量。

对于高架直升机场，如果附近有能提供所要求流量的压力供水系统，则所规定的水量不必贮存在直升机场或其邻近。

表5-11-4 表面直升机场，最小可用灭火剂数量表

类别	满足性能 B 级的泡沫		辅助剂				
(1)	水 (L) (2)	喷射率 泡沫溶液（L/min） (3)	化学干粉 (kg) (4)	或	卤化碳 (kg) (5)	或	二氧化碳 (kg) (6)
H1	500	250	23		23		45
H2	1000	500	45		45		90
H3	1600	800	90		90		180

表5-11-5 高架直升机场，最小可用灭火剂数量表

类别	满足性能 B 级的泡沫		辅助剂				
(1)	水 (L) (2)	喷射率 泡沫溶液（L/min） (3)	化学干粉 (kg) (4)	或	卤化碳 (kg) (5)	或	二氧化碳 (kg) (6)
H1	2500	250	45		45		90
H2	5000	500	45		45		90
H3	8000	800	45		45		90

（3）喷射率。泡沫溶液的喷射率不应低于表5-11-4、表5-11-5中适用部分所示的喷射率。辅助剂的喷射率应按该灭火剂的最佳效果来选择。

在高架直升机场，应提供至少一条能以250L/min喷射形式输送泡沫的软管。此外，在H2类和H3类高架直升机场，应提供至少两个消防枪，每个消防枪都能达到所要求的喷射率，并位于直升机场周围不同的位置，以保证泡沫在任何天气条件下都能喷射到直升机场的任何部位，并使两个消防枪同时都被直升机事故损坏的可能性降至最低。

（4）救援设备。救援设备配置见表5-11-6。在高架直升机场，救援设备应存放在直升机场的邻近处。

表5-11-6 直升机场救援设备表

序号	救援设备		配备数量 直升机场消防类别 H1 和 H2	配备数量 直升机场消防类别 H3
	名称	单位		
1	液压扩张剪钳	套	1	1
2	无齿切割锯	个	1	1
3	消防尖平斧	只	1	1

表 5-11-6 直升机场救援设备表（续）

序号	救援设备		配备数量	配备数量
			直升机场消防类别	直升机场消防类别
	名称	单位	H1 和 H2	H3
6	绝缘钳	把	1	1
7	撬棍（105 cm）	根	1	1
8	消防梯（长度满足最大机型）	个	—	1
9	救生绳（直径 5cm，长度 15m）	条	1	1
10	消防手套	副	2	3
11	防火毯	张	1	1

（5）应答时间。在表面直升机场，救援和消防勤务的工作目标是在最佳地面情况和能见度条件下，应答时间不超过两分钟。

表面直升机场应答时间是指从向救援和消防机构的首次呼救，到第一辆（或几辆）消防车到位并按表 5-11-4 规定的喷射率的至少 50% 施放灭火泡沫之间的这段时间。

对于高架直升机场、直升机水上平台和船上直升机场，应答时间应更短。

（6）消防疏散通道。对于高架直升机场，宜至少在两个方向上分别设置消防通道。参见图 5-11-17。

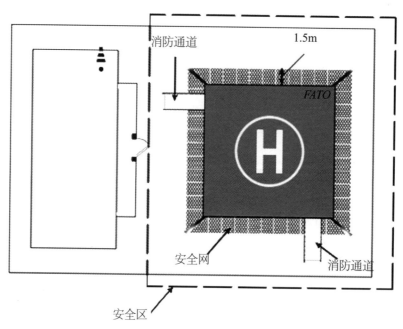

图 5-11-17 消防疏散通道示意图

三、医院直升机停机坪设计要点

（1）地面停机坪选址要求 50m×50m 的空旷区域，且该区域内不能有任何影响飞行安全的净空障碍物，包括景观绿植、路灯、电线杆、高压线等；

（2）高架停机坪标高应为楼顶最高点，不能低于周边女儿墙、幕墙等；高架停机坪只允许一侧有净空障碍，且障碍物距离机坪边缘要大于 5m；

（3）停机坪到手术室运送病患通道需提前考虑，尤其是高架停机坪在大楼整体方案设计时就要考

虑将一部手术室电梯升出屋面,和停机坪通过连廊连接,达到快速转运的目的;

(4)直升机停机坪由于有助航导航以及专用航空应急消防设备,需要一个专用的设备间作为控制室。设备间尺寸要求 8 ~ 10m²,需要做放水保温和地漏设施,同时需引入配套水电。

参照国内主流救援机型,直升机停机坪设计时建议参考如下参数,见表5-11-7。

表5-11-7 国内主流救援机型停机坪设计参数表

机坪类型	机坪荷载(t)	机坪尺寸(m)
地面停机坪	8 ~ 13	25 ~ 30
高架停机坪	8 ~ 13	20 ~ 27

表5-11-8 国内医疗救援直升机常见型号

机型 / 参数	最大起飞重量(t)	全尺寸(m)
H125	2.250	12.94
H130	2.427	10.68
H135	2.710	12.16
贝尔407	2.270	10.67
贝尔429	3.178	12.70
AW109	3.000	13.04
AW119	2.720	13.04
AW139	6.800	16.65
直8	3.850	23.05
直9	13.000	13.46

第三节 直升机停机坪工程建设

一、直升机停机坪建设材料选择

(一)航空铝合金甲板

屋顶高架直升机停机坪的主要结构材料有混凝土及钢结构两种。混凝土机坪自重大,对大楼主体结构承载力要求高,且不利于大楼整体抗震。钢筋混凝土的柱、梁、甲板,外形生硬、笨重。混凝土机坪材料主要采用钢筋混凝土,工艺是室外大面积现浇水泥混凝土,极易出现温度裂缝及因动荷载作用和基层不均匀沉降产生裂缝,长时间使用后大面积混凝土面层在温差变化下极易开裂。

混凝土机坪大多后期需经常修补面层及油漆,维护费用高昂。混凝土甲板的弹性十分有限,飞机起降过程中对大楼消震基本不起效果,直升机起降过程对整体大楼带来一定的震动,对大楼内重要设备使用造成一定的影响。设备管线、灯光、助航设备均需埋在混凝土内,维护保养极不方便。

楼顶直升机场不同于普通机场的一点是停机坪本身就是起降坪,停机坪可以直接利用大楼屋顶,但由于净空要求以及屋顶冷却塔等设备的占用,一般屋顶停机坪都需要采用钢结构支撑架空起来的。对比混凝土机坪,钢结构机坪本身自重为60~120吨,对大楼整体结构承载力要求低且抗震基本不影响。钢结构的柱和梁作支撑,配合铝合金航空专用甲板,外形灵活、大气、美观。特殊的铝合金结构甲板,连接为隼接，其对接处留有收缩缝，避免温差及振动导致机坪开裂。

航空铝合金相比于普通铝合金的优越性及特点：有良好的机械性能、易加工、使用性和耐磨性好，更具有抗腐蚀性能和抗氧化性能。表面铺有防滑条，以及适应任何气候的涂料；在钢结构和铝合金甲板之间用氯丁橡胶隔离，防止两种金属长时间接触而发生化学反应，且能减轻直升机起降甲板整体的震动；独特空腔结构设计，减轻机坪起降时产生的震动，防止直升机起降时与楼体产生的共振，有效降低噪声；配合钢结构使用可有效地防止扰动气流；铝合金材质，不锈蚀，拆装简易方便；使用年限长达 50 年，并可回收利用，满足绿色建筑要求。

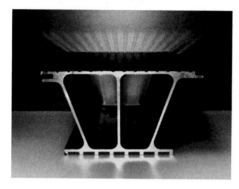

图 5-11-18 航空铝合金甲板

图 5-11-19 某酒店停机坪航空铝合金甲板铺装现场

（二）目视助航导航设施技术参数

1. 接地和离地区边灯

（1）美国原装进口，依照 ICAO 国际民航组织直升机场接地离地区灯最新标准制造；

（2）轻合金主体，表面镀保护层为橘黄色；

（3）产品根据国际民航组织（ICAO）标准研制；

（4）LED 全方位边灯为世界上最先进的航空设备；

（5）产品重量为 5.5kg 左右；

（6）光源为绿色 LED，功率 7.6W，光源寿命 100000 小时；

（7）输入电压：220V 50/60Hz；

（8）光源在 10° 和 20° 仰角时，光强为 25cd；

（9）黄色灯具外壳，高度 14.6cm，直径 24.8cm；

（10）防水等级达到 IP66，并且能依据现场实际情况调节其亮度；

（11）1 级设备，依照 CEI34-21 的规格；

（12）灯体内铝制散热装置，防震措施，延长其使用寿命。

2. 泛光照明灯

（1）美国原装进口，依照 ICAO 国际民航组织直升机场照明灯最新标准制造；

（2）轻合金外壳内含变压器箱以及灯座盒，表面镀保护层为橘黄色；

（3）产品重量为 10Kg 左右；

（4）灯光为黄色 LED 光源，功率 16W，光源寿命 50000 小时；

（5）输入电压 220V 50/60Hz；

（6）黄色灯具外壳宽度 41.9cm，高度 17.5cm，盖板长度 45.7cm，防水等级达到 IP66；

（7）灯体内铝制散热装置，防震措施，延长其使用寿命；

（8）1 级设备，依照 CEI 34—21 规格；

（9）灯光上有灯罩，不会让直升机驾驶员产生目眩感；

（10）机坪泛光照明灯通常装置沿着触地及升空区的外围，而必须考虑妨碍降落方向对称位置，可以利用螺丝或螺丝钉将它们固定于基地上，或者直接固定于地面而必须注意其方向，才能得到最有效的灯光分散。

3. 机坪障碍灯

（1）美国原装进口，依照 ICAO 国际民航组织直升机场障碍灯最新标准制造；

（2）轻合金主体表面镀保护层为橘黄色，耐热红色灯罩；

（3）产品重量：1.7kg；

（4）灯光为红色 LED 光源，功率 4.7W；

（5）光源寿命 100 000 小时，光强 32cd；

（6）输入电压：220V 50/60Hz；

（7）黄色灯具外壳，高度 21.0 cm、直径 12.7 cm，防水等级达到 IP66；

（8）1 级设备，依照 CEI 34—21 规格；

（9）低密度红色光源，直升机驾驶员直视也不会产生炫目及头晕；

（10）灯体内铝制散热装置，防震措施，延长其使用寿命。

图 5-11-20 嵌入式接地离地区边灯　　图 5-11-21 泛光照明灯　　图 5-11-22 机坪障碍灯

4. 停机坪标灯

（1）美国原装进口，依照 ICAO 国际民航组织直升机场标灯最新标准制造；

（2）铝合金主体表面镀保护层为橘黄色；耐热玻璃罩，为线圈型镜片；

（3）产品重量：18.6kg；

（4）输入电压 220V 50/60Hz；

（5）光源为白色 LED，功率 70W，使用寿命 8000 小时，国际摩斯码闪光频率，光源强度 2500 cd；

（6）黄色灯具外壳，高度 30.4 cm、直径 38.1 cm，防水等级达到 IP66；

（7）灯体内铝制散热装置，防震措施，延长其使用寿命；

（8）可视范围大于 20km，夜间能见度达到 30km；

（9）1 级设备，依照 CEI 34—21 规格；

（10）可以利用螺丝或螺丝钉将标灯固定于基地上；

（11）标灯必须装置于高处，使任何方向都能看得到它，但是要避免在短距离之内使飞行员有目眩的感觉。

5. 全方位发光风向标灯

（1）美国原装进口，依照 ICAO 国际民航组织直升机场风向标最新标准制造；

（2）表面镀锌又再镀一层保护层为橘黄色；

（3）灯光由密封的玻璃管投射出，永久防风雨腐蚀；

（4）支杆身的长度，其长度范围 1300 ～ 2700mm；

（5）利用风向袋支撑架之轴承，微小风力即可随风做 360° 旋转；

（6）照明风向袋内部之防雨（IP55）投射灯；

（7）设备整体为黄色，内嵌式照明灯防水等级达到 IP55，顶部设置低密度红色障碍灯，防水等级 IP66；

（8）电力供应 200V 50/60Hz；

（9）1 级设备，依照 CEI 34—21 规格；

（10）风向袋必须装置于任何方向都能看到的位置，并且要避免风所产生的乱流或其他障碍操作的影响；

（11）产品重量： 24.0 kg。

图 5-11-23 停机坪标灯

图 5-11-24 全方位发光风向标灯

6.VHF 无线电电路控制柜

（1）美国原装进口，符合 FAA 规格 L-854 I 型 A 式的要求；

（2）25kHz 波段，两组输出控制接点（10A-25Vac），输入电压 220V-50/60Hz；

（3）输入功率 50VA，电阻 50Ω；

（4）防水外壳 IP55（符合 IEC529），实用温度 −28 ~ 65℃；

（5）系统利用直升机上的 VHF 陆空通话高频无线电激活本机坪上的导航灯具，直升机飞行员在距离机场 20km 外只要按下通话钮三次，机坪的灯具便会全部自动打开，机坪上的白色标灯会闪烁 0.8s、1.2s、0.8s 为国际直升机专用信号，15 分钟后机坪所有灯具自动关闭，无须专人管理；

（6）防水等级：IP66；

（7）灵敏度：1 ~ 30μV；

（8）接收范围：1 ~ 35 km，温度范围：±55℃；

（9）频率范围：118.000 ~ 136.000 MHz；

（10）安全保护：控制箱及整体电路都有 50000 amp 的金属氧化物电流短路保护器；

（11）外型尺寸： 49.0 cm x 44.0 cm × 24.3 cm。

二、医院停机坪施工要求

（一）供电及防雷接地要求

直升机停机坪电源为一级负荷中特别重要电源。停机坪需双电源供电，其中一路为应急电源；直升机停机坪需设置设备机房，在设备机房的适当位置布置配电柜，控制直升机坪灯光、风向标、机坪标灯和无线电天线等，其中无线电天线应设在防雷有效保护范围内，机坪接地由大楼联合接地。

停机坪接地和离地区照明由接地和离地区边灯及泛光照明灯组成，在风向标顶端设防雷装置，保护其顶端障碍灯及其附近的相关设备，其中接地和离地区与最终进近和起飞区定义为重合区域。

（二）停机坪专用航空应急消防要求

消防为泡沫消防，将机坪消防水源接消防泡沫发生器，泡沫罐水源要求：不小于 0.6MPa，持续时间不小于 10min，再在直升机坪疏散口附近适当位置设置泡沫 / 水两用消防枪；消防本工程严格按照国家现行有关规范验收。

（三）救援通道建设要求

典型的直升机医疗救援可分为 6 个阶段：病患呼叫后接入调度中心，通过询问确定是否需要安排直升机救援，并根据救援地点将任务分配至相应的直升机备勤点；经过航前准备和空域航线申请，救援直升机从备勤点出发，起飞并飞向救援点；在救援现场附近寻找合适的降落地点，特殊场地还需要悬停和索降；伤病员情况确认，直升机降落后随机医生对伤病员进行初步处置，对伤病员情况进行评估与稳定，分辨出哪些伤员需要通过直升机进行转运，将伤员固定并转入直升机；起飞并飞回医院，完成伤病员转运；降落在医院，将伤病员移交至医院并开始初步处理。医学统计显示 67% 的重伤者会在 25 分钟之内死亡，如伤者在 15 分钟内得到良好的救治，保住生命的概率将达到 80%。因此，要赢得宝贵的黄金抢救时间，停机坪到急诊科或手术部之间建立顺畅的救援通道尤为重要（如图 5-11-26）。

快速通道必须确保通道符合无障碍设计要求，通道平整，宽度要满足急救床推行要求，另外要使停机坪与抢救室或手术室之间的路径尽量短捷。高架停机坪与医院电梯之间一般设置无障碍坡道或者液压升降梯；地面停机坪与医院建筑入口之间尽量设置封闭通道，避免障碍物对救援造成影响（如图 5-11-27、图 5-11-28 所示）。

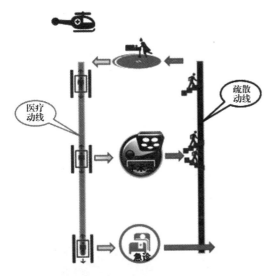

图 5-11-25 医院航空救援通道线路

图 5-11-26 某医院屋顶高架停机坪坡道

图 5-11-27 某医院屋顶高架停机坪液压升降机

三、直升机停机坪验收

由于目前国内低空尚未完全开放，首先需组织本次直升机停机坪项目的业主、监理（或民航监理）、总包、施工、设计五方人员进行工程完工的验收。再配合当地消防部门对大楼整体竣工验收（此项包含消防验收）。停机坪项目竣工后业主方可聘请具备民航监理资质单位做竣工验收，同时也可以邀请专业航空救援公司进行试飞验收。

理论上要有民航设计院对场址和空域的选址报告，要有飞行程序设计与施工图设计，需要民航部门的报备验收，等等。但实际远比理论复杂、烦琐得多。我们必须以民航局的相关管理规定为依托，结合业主需要和各地区管理局的管理办法细则，借鉴美、欧等发达国家先进的停机坪建设和管理经验，提早规划、先期设计，做好预留。

第四节　医院停机坪运行与维护

航空救援需要多部门联动，一种形式是由急救中心负责救援，尤其或其委托的航空救援服务公司向空域管制部门申请直升机飞行空域航线的审批和病患的转运工作；另外一种形式是患者直接委托航空救援服务公司提供救援服务，由航空救援服务公司负责向空域管制部门申请直升机飞行空域航线的审批和病患的转运工作，除此之外可能还有保险公司参与，提供航空救援保险服务，负责参保患者直升机救援理赔工作，无论哪种形式医院的主要工作都是进行病患的救治。

医院内部在航空救援的过程中，同样需要多部门协同配合，如停机坪需要保证时刻备降，便捷通道需要时刻畅通，医护人员需要足够熟悉接机救援流程，以确保自身和患者安全，等等，因此，医院要在内部建立长效的空中救援联动机制。

停机坪是航空医疗救援体系的重要设备保障。在整个航空医疗救援环节中医院停机坪（如图5-11-29所示）要保证全天候备降，这样一来对停机坪的设施管理工作要求很高，停机坪设施管理本身涉及一定的专业性，如果得不到完善的管理和维护，停机坪会出现设备故障、净空破坏、标识损毁等现象，关键时刻难以保障飞行安全。影响停机坪使用的常见问题还包括楼顶广告安装、大楼照明灯光污染等，都会严重影响飞行安全，甚至酿成重大事故，这些都是医疗停机坪日常管理中需要加以关注的问题。

图 5-11-28 某医院屋顶高架停机坪

医院可以根据自身物业管理能力水平，选择自己进行维护，也可以由医院委托专业的第三方进行管理维护，由其按照协议对停机坪设施进行定期维护、测试和保养。停机坪设施管理的一项重要任务是对周边环境进行监控，对后续出现的障碍物进行测量并在公布资料上加以标注，以便飞行员准确掌握现场实际情况，对于影响飞行安全的障碍物，经过第三方评估后，院方可向当地政府提出拆除。

医院应当进行定期的航空医疗救援演练，通过演练进行检验和练兵，演练次数根据医院自身情况确定，建议每年不少于 2 次。另外，直升机也应当定期进行飞行起降演练，一方面，演练可以使得机组飞行人员和机上医务人员加深对航线及临时起降点环境的熟悉程度，也可以检验呼叫机制、空域管制等方面的舒畅程度。另一方面，也可以检验停机坪等设施完好程度，以确保全面提升应急救援的能力。

参考文献

［1］邓志宏 . 航空医疗救援的概念及特点探讨［J］. 空军医学杂志，2011，27（3）.

［2］中华人民共和国住房和城乡建设部 .GB 50016—2014 建筑设计防火规范［S］. 北京：中国计划出版社，2015.

［3］上海民航新时代机场设计研究院有限公司 . MH 5013—2014. 民用直升机场飞行场地技术标准［S］. 北京：中国民航出版社，2014.

［4］贺安华 . 国际航空医疗救援的主要模式与启示［J］. 中国民用航空，2016（4）.

第六篇
医院特殊用房

第一章

医学检验中心规划与建设

潘柏申

潘柏申 复旦大学附属中山医院原检验科主任，研究员

第一节　概述与相关规定

一、概述

医学检验中心指开展临床检验工作，以提供人类疾病诊断、管理、预防和治疗或健康评估的相关信息为目的，对来自人体的血液、体液、分泌物、骨髓、组织等各种标本进行血液学、生物化学、免疫学、微生物学、细胞遗传学、分子生物学、药理学等检测并出具医学检验结果的实验室。近年来，随着质谱分析、分子诊断等高新技术的发展及其在医学检验中的应用，医学检验中心在临床疾病的精准诊疗中发挥了日益重要的作用，也对医学检验中心的规划、建设与管理提出了更高的要求。

二、相关规定

2006 年原卫生部印发了《医疗机构临床实验室管理办法》（卫医发〔2006〕73 号），对临床实验室的准入、服务范围、人员、环境设备、质量管理、生物安全管理及监督管理等提出了最基本的要求；2017 年中华医学会检验医学分会发布了《三级综合性医院医学检验部门设置基本要求的建议》（《中华检验医学杂志》2017 年第 40 卷第 4 期），对随着检测技术与检验医学快速发展所出现的新需求作了相应建议。

根据《医疗机构临床实验室管理办法》，医学检验中心属于生物安全防护水平二级（Bio-safety Level 2，BSL-2）的实验室，应遵循《病原微生物实验室生物安全管理条例》（国务院令第 424 号）、《实验室生物安全通用要求》（GB 19489—2008）以及《病原微生物实验室生物安全通用准则》（WS 233-2017）等文件中有关 BSL-2 实验室选址、平面布局、维护结构、通风空调、安全装置及特殊设备等的要求。

医学检验中心废弃物的处理应遵循《医疗废物管理条例》（国务院令第 380 号）和《医疗卫生机构医疗废物管理办法》（原卫生部令第 36 号）中的有关规定。

第二节　选址与规模要求

一、选址

医学检验中心应最大限度地集中化，以有效利用空间、设备与人力资源，宜设置在医院机构较为中心的位置，以便于全院标本的转运，有条件的情况下可以通过气道或轨道传输系统连接医学检验中心与各标本采集点。检验工作区域的四周与上、下楼层不应毗邻放射诊断科、放射治疗科、介入科及核医学科，以避免大型设备的电磁波对检测设备的干扰。三级综合性医院的大型医学检验中心设置的楼房应为框架结构，具有较高的承重能力，单平层面积不少于 1000m²，形状相对规整，以利于大型检测仪器及流水线的放置，以及根据工作需要进行区域灵活分割。

在门诊与急诊楼内可设置血液标本采集与体液标本留取、接收的区域，其中体液标本接收点宜设置在体液标本留取区域的旁边，以减少患者送检时标本倾翻、溅溢及污染的风险。标本采集点的患者等候区域不宜与其他等候人群密集的区域（如挂号、收费、取药等）相邻或共用。可以在门诊与急诊设置常规检测实验室，以完成标本周转时间（Turn Around Time，TAT）短的（0.5~1h）常规项目检测。

二、规模

按照《医疗机构临床实验室管理办法》，一级医院检验部门应具备开展血、尿、粪常规，肝肾功能、电解质，血型鉴定及乙肝标志物等项目的检测能力，实验室用房面积应达 50m² 以上；二级医院检验部门应具备开展临床血液学检验、体液学检验、细胞学检验、生物化学检验、免疫学检验、微生物学检验等能力，实验室用房面积应达 300m² 以上；三级医院医学检验中心应在二级医院检验部门的基础上具备开展特定蛋白检测、药物浓度检测、分子生物学检验、内分泌学检验等能力，实验室用房面积应达 1000m² 以上；随着临床对精准检验需求的增加，有能力的三级医院（特别是三级甲等医院）医学检验中心可增设血液病理诊断、细胞遗传学检测、流式细胞术检测、质谱检测、基因测序等亚专业学科，实验室用房面积应达 1500m² 以上。

除了检测业务面积用房，另外需配备一定面积用于不间断电源（Uninterruptible Power Supply，UPS）、水处理、空调与通风、污物处理、文件资料及试剂耗材存储、更衣、办公等配套设施用房，一般配套设施用房与检测业务用房面积比为 1:3~1:4。血液标本采集点应配备一定面积用于患者等候，患者等候区域配比约为每个血液标本采集窗口 20~30m²。

第三节　检验流程与人流、物流、信息流分析

一、检验流程

检验主要流程包括：检验医嘱申请、标本采集、标本运输、标本接收、标本前处理、标本检测、结果审核与报告。标本运输如采用密闭容器人工携带或气道/轨道传输系统，则无须专门设置运输路线与通道。现代化医院医嘱申请与结果报告已基本实现实时电子传输，供患者取报告的设备/窗口可设置在门诊大厅，与其他检查报告查询共享区域/设备。

二、标本流

人工运输标本通过标本前处理区域的接收窗口接收，同样气道/轨道传输系统运输的标本也在该区域接收，经电子核收、性状检查、分类、离心后分别转运至实验室内部不同检测岗位，完成检测的标本保存在特定冰箱/冷库，保存时限（一般为一周）过后进行高压灭菌，使用密闭的容器盛装灭菌后的废弃标本，经污物通道运送至医院统一收集点。

三、人流

工作人员上班时经清洁门与通道进入检验中心清洁区域的更衣室，在毗邻的工作区域更换上工作服后进入属于污染区的检测工作区域；工作结束后逆向返回更衣室再离开检验中心。着工作服进出实验室的通道与门应另外设置，清洁通道与门严禁标本、试剂、仪器、污物及着工作服的人员通过。

四、物流

设备与试剂耗材从医院外进入检验中心所在楼层的路线应尽量避免使用患者通道，电梯应有足够的容积与承重能力；进入实验室应经过工作区域的门和通道，门和通道宽度一般不小于 1.5m（大型检测仪器需要 2m），门高不低于 2m；有条件的实验室试剂耗材存储的低温及常温库房可设置 2 扇门，在靠近出入通道的门侧设置接收点，接收后直接入库，靠近检测区域的门供工作人员领取使用。

五、信息流

医学检验中心应设有实验室信息系统（Laboratory Information System，LIS），用于接收和处理检验中心内部产生的所有数据。LIS 系统需要与医院信息系统（Hospital Information System，HIS）对接，用以接收检测医嘱和发送检测报告。近年来已有不少体外诊断公司为实验室提供中间件（Middleware），中间件连接检测仪器的操作系统与 LIS 系统，可辅助 LIS 系统进行检测数据的初步审核、检测流程与仪器负荷的监控、仪器故障报警信息的管理等。简要检测信息流为：LIS 系统接收来自 HIS 系统的检测医

嘱信息，发送检测项目信息给中间件，中间件再发送给仪器操作系统；操作系统将完成检测的数据发送给中间件，中间件进行项目匹配与初步审核后发送至 LIS 系统，人工审核确认后 LIS 系统将检测报告信息发送至 HIS 系统。

已有医学检验中心建设或使用医院公共的办公自动化系统（Office Automation System，OAS），以辅助待办事项提醒、重要通知发布、内部合同评审、人员档案管理、培训考核等工作。此外医学检验中心需配置一定数量连接互联网的端口，供工作人员办公、学习等使用。

第四节　功能区域划分与平面布局

一、二级生物安全实验室要求的区域划分

根据 BSL-2 实验室要求，医学检验中心应分为污染区、工作区（或称半污染区）及清洁区 3 个区域，相邻 2 个区域间应有明显的地面区域划分标识。

（一）污染区

包括所有的标本采集、接收、处理、检测、储存、灭菌处理区域以及相应的通道，工作人员需在一定的个人防护措施（工作服、手套，必要时佩戴口罩、帽子、护目镜、鞋套等）下工作。

（二）工作区

介于污染区与清洁区间的缓冲区域与通道，库房、配电间、UPS 房、弱电房、水处理等配套设施用房，工作人员应着工作服进出该区域，但不应佩戴污染区内使用过的手套等防护用品。

（三）清洁区

包括更衣室、休息室、办公室、会议室、值班室、卫生间等配套设施用房及相应的清洁通道，在该区域内不应穿着工作服或佩戴其他个人防护用品。

二、功能区域划分

以三级综合性医院为例，医学检验中心通常包括以下 4 大功能区域。

（一）标本采集区域

医学检验中心涉及的标本主要包括检验工作人员或护士负责采集的血液标本，以及患者自行留取的体液标本；由医生采集的需要进行侵入性操作的各类标本（包括浆膜腔积液、脑脊液、骨髓、阴道分泌物、前列腺液、各类穿刺抽吸液或引流液等）需要在病区、门诊手术室或特殊诊室进行，不在此处进行介绍。

1. 血液标本采集

门、急诊患者采集的血液标本主要为静脉血液标本和手指末梢血标本。静脉血液标本采集中心可单独设置（以门、急诊大楼一楼为宜）或在医学检验中心靠患者活动的一侧，如独立设置需考虑安全快速的标本转运方式与路线；手指末梢血标本采集窗口宜设置在检测仪器（主要为血细胞分析仪）附近。采血窗口宽度以 1.4~1.5m 为宜，桌面上方以玻璃分隔工作人员与患者，留取约 40cm×20cm 的窗口进行采血操作，以防护飞沫和经飞沫传播的病原体。如为独立的静脉血液标本采集中心，除了采血工作所需的面积，还需考虑常用耗材存储、工作人员更衣等空间需求。已有智能化采血管理系统进入临床使用，不久的将来甚至有智能化采血机器人，在采血中心建设时如考虑引进这些设备，应与制造商一起进行规划设计。

2. 体液标本采集

门、急诊患者自行留取的体液标本主要为尿液与粪便，用于留取体液标本的卫生间应根据患者流量进行蹲位数量的设计，一般女厕蹲位应多于男厕，已有卫生间设计成部分男厕的蹲位在应急需要时可切

换成女厕使用，可供卫生间空间有限的医院参考。同一楼层应设置另一处卫生间，以方便其他患者使用。体液标本的接收窗口宜设置在卫生间近旁，但朝向需注意保护患者隐私。有条件的医院可为留取精液标本的患者提供单独的房间。

（二）工作区域

随着检测仪器自动化程度的不断提高，检测工作区域的划分已逐渐突破按照专业组进行分隔的限制，更多地根据功能进行划分，如标本接收与前处理、自动化检测区域、手工检测区域以及特殊检测实验室（如微生物检验、分子诊断、质谱检测等，特殊检测实验室的要求在本章第七节具体介绍）。

1. 标本接收与前处理区域

该区域的主要功能包括标本的核收与性状检查、人工粗分类、离心、编号与扫描，需要有足够的空间用于放置工作台面与离心机。实现双向通信的实验室已无须再进行编号与扫描，完成前处理的标本可直接上机检测。使用流水线的医学检验中心，标本接收与前处理区域与自动化仪器检测区域间无须墙体分隔，前处理仪器可通过轨道直接连接至检测仪器。

2. 自动化仪器检测区域

医学检验中心使用的自动化检测仪器涉及多种品牌、型号、尺寸及功能，给仪器的布局设计带来一定困难，原则上相似功能和外观的放置在一起，仪器间通道宽度尽量一致，不同种类仪器距离标本接收与前处理区域的距离需根据 TAT 要求、标本量以及岗位设置与工作流程进行设计，TAT 短与标本量大的项目的检测仪器相对靠近标本接收与前处理区域，反之则相对远离标本接收与前处理区域。除了检测仪器，还需配置相应的工作台面、橱柜、冰箱等必要设施。自动化仪器检测区域仪器布局需兼顾工作流程与美观，可以请主要检测仪器的制造商协助设计。

3. 手工检测区域

目前仍以手工检测或半自动检测为主的项目主要包括：酶联免疫吸附反应、免疫荧光法等检测，骨髓形态学，大部分体液常规检测等，按照传统亚专业进行分区和分隔。体液标本检测区域通常需要进行独立分隔，以有效控制异味的排放。

（三）配套用房

以下配套用房按照三级综合性医院的大型医学检验中心的要求进行配置，不同规模的检验中心根据配备的检测仪器和工作量的情况不同，部分配套用房可无须单独分隔，如使用的检测仪器无须大量供水可不设置水处理房；检测仪器少、功率小的实验室可为仪器配置小型 UPS，无须配置大型集成式的 UPS 和专门用房；工作量小无须大量储存试剂的实验室可不配备库房，使用冰箱和橱柜即可。

1. 水处理

用于放置大型水处理仪的房间，需要考虑与大型检测仪器间的距离，不宜过远。该房间需要配置地漏和必要的防水措施，以防管路接口、水箱等破裂时水满溢至其他区域。

2. 供电（UPS）

根据配置的检测仪器的功率计算所需 UPS 的容量（需要能在停电后维持仪器运行至少 30min），设计 UPS 房间的大小。由于 UPS 产热量大，该房间的温控系统需要能够充分制冷。UPS 房不能用于存储其他物品。

3. 低温库房

用于存放需 2~8℃保存的试剂和标本，试剂和标本库房不能合用。有条件的医院试剂库房可以设计成单向存储的模式，有利于检测工作人员每次领取的试剂是最早入库的试剂，有效避免试剂过期和不同批号混用。标本库房应靠近污洗间，以便废弃时以最短的路径送至污洗间进行高温灭菌处理。低温库房的墙体与门应能有效隔热；门需要设置安全装置，能从内部强制打开，以防工作人员被锁于库房内。

4. 常温库房

用于存放常温保存的试剂耗材和文件资料，试剂耗材与文件资料库房不能合用。有条件的单位可将常温试剂耗材库房设计成单向存储的模式。一般常温储存的试剂耗材包装比低温储存的试剂大，常温库房面积需大于低温库房。

5. 污洗间

用于进行废弃标本高温灭菌，非一次性使用物品的清洗消毒等，设置在靠近污物通道和电梯的附近，以便废弃物处理后以最短的路径运出实验室，不再经过其他区域。

6. 办公与会议区域

用于工作人员办公与学习，按照一般办公要求进行设计即可。

7. 更衣室、休息室、值班室与卫生间

更衣室配置简易衣柜，休息室配置最基本的饮水机、冰箱、洗手池、桌椅与橱柜，供工作人员短暂休息使用。随着工作条件的提高，实验室内部四季温度适宜，标本溅溢发生率也大大下降，一般已无须设置淋浴房，如有淋浴房也仅在紧急特殊情况下使用。夜班工作繁忙的检验中心无须单独设置值班室，可在休息室提供简易休息用具；如设置值班室需安装门铃、叫醒设备，并能以较短的距离进入标本接收与检测工作区域。

（四）交通区

各检测区域、房间之间的通道设计需满足检验各流线的要求、仪器设备进出的尺寸要求以及消防安全要求，至少需要设置清洁通道、物流通道与污物通道。检验流线上越趋向于单向流、越简化，工作效率越高。根据《建筑设计防火规范》（GB 50016—2014）的要求，实验室内部任意一点至最近的疏散门或安全出口的直线距离不应大于30m。

三、平面布局

根据检验中心面积需求与选址原则确定好楼层地点后，明确所在区域医院整体流程设计，包括门急诊诊疗流程与主要通道、院内标本送检方式与工作人员通道、污物通道与大型仪器货运通道等，然后进行平面布局与区域分隔设计。

（一）布局原则与示意案例

平面布局的一般原则为清洁区用房设置在靠近所在楼层员工通道或清洁通道侧，标本采集、标本接收与前处理区域靠近所在楼层患者通道或大厅侧，自动化仪器检测区毗邻标本接收与前处理区域且设置于检验中心的中央区域，手工检测及特殊检验用房一般设置于中央自动化仪器检测大厅周边，标本库与污洗间靠近所在楼层污物通道侧，属于工作区（半污染区）的配套用房设置于清洁区与污染区之间。

完成区域分隔后进行检测仪器、实验台面、通风柜、生物安全柜等的布局设计。实验台面布局时需要考虑组合式水池的位置，一般设置在近门侧，检测大厅可根据工作需要设计水池的数量和位置。最后设计冰箱、离心机、紧急冲淋装置、储物柜等布局。

医学检验中心平面布局示意图如图6-1-1所示。

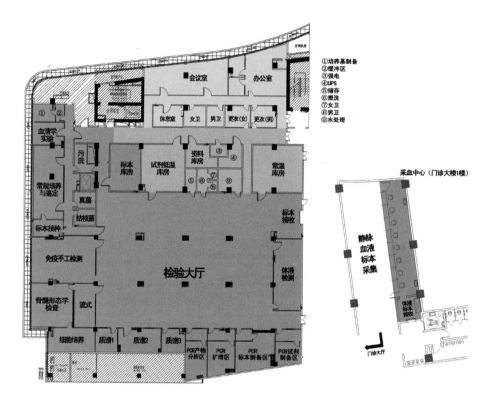

图 6-1-1 医学检验中心平面布局示例

（二）常用尺寸与面积

检验中心建筑层高宜为 3.7~4.0m，净高宜为 2.7~2.8m。

检验中心与外部区域分隔的门以及内部有大型仪器进出的门宽度宜为 1.5m，不对称双开门；其余门宽度为 1.0~1.2m。

检验中心内部主要消防疏散通道、大型仪器进出通道宽度宜为 1.8~2.0m，仅人员进出通道可为 1.5m。

手工操作的实验室如为双侧实验边台设计，一般房间宽度为 3.5~4.0m，中间通道 2.0m，深度不少于 6.0m；如实验室足够宽可设计为边台加中央台。

自动化仪器检测大厅为开放式，承重柱间间距一般不小于 6.0m，仪器与仪器间、仪器与实验台面间人行通道一般为 1.5m，仪器与仪器间、仪器与墙体间维修通道一般为 0.5m。

水处理、UPS、污洗间面积一般为 8~10m²，应根据实际需求进行测算。

实验台面高度一般为 75~80cm；宽度一般为 75~100cm，如放置台式仪器，可根据具体仪器宽度进行设计，连续的台面宽度应一致。

通用设备与实验、办公家具占地面积（长 × 宽）：标准型通风柜 120cm/150cm/180cm×85cm、生物安全柜 120cm/150cm×80cm、普通家用单门冰箱 55cm×50cm、双门医用冰箱 120cm×80cm、超低温冰箱 100~120cm×80~100cm、落地式离心机 60~90cm×50~80cm、货架 90cm/120cm×45cm/50cm、办公桌 120cm×80cm、文件柜 90cm/120cm×45cm、更衣橱 30cm×60cm。

第五节　基础建设与配套装修要求

一、基础建设要求

以下基础建设需在完成平面布局后进行设计，因为基础设置（特别是通风系统）后期改建较为困难，设计图纸需审核确认后进行安装施工，施工过程需进行监控和测试，施工结束后再进行测试与验收。

（一）通风与温控

医学检验中心内部通风要求至少每小时换气 4 次（能达到每小时 6~8 次更优），新风占进风量的 20%~30%，根据实验室内部空间体积计算所需风机的功率。通风方式为上进风、下排风，即进风口设置在实验室顶部（尽量避开仪器上方，特别是进、出样口，以减少标本挥发），出风口设置在进风口对角线的承重柱或墙角（以仪器后方为宜），面积大于 10m² 的区域 / 房间需要设置 2 处及以上的进、排风口。特殊用途的实验室通风和气压控制有具体要求，如体液检测房间通风量需大于其他实验室，但同时要维持气压大于标本接收窗口近旁的卫生间，以防洗手间异味进入实验室，以及体液检测房间异味进入其他实验室；可在体液检测房间设置通风柜，异味重的体液标本检测在通风柜中进行。微生物、分子、质谱等特殊检测实验室的要求在本章第七节具体介绍。

医学检验中心因大型检测仪器产热量高，温度控制的要求不同于医院其他部门 / 区域，因此温控系统的调节开关应独立于其他部门 / 区域。根据所有仪器的功率计算所需空调外机的功率，宜配置 2 套温控系统，每套系统功率为所需总功率的 80%~100%，一旦一套系统故障时仍能基本维持工作需求，并能满足未来仪器的增量。

办公、生活区域的通风温控要求同一般办公要求。

（二）供水

医学检验中心需配备 2 套供水系统：常规供水系统与纯水系统。常规供水系统供给水池龙头、紧急冲淋装置、卫生间等，有条件的情况下可设置冷、热水；纯水系统供给仪器，根据大型检测仪器供水量需求选择纯水仪，宜预留至少 50% 的余量以满足未来仪器增长的需求，根据纯水仪的要求配置进水水压与管径，根据仪器的布局设计纯水系统出水口位置，根据仪器的要求配置进水水压与管径，此外需留取独立取水口，以满足其他工作所需的纯水取水。分子诊断、质谱分析等特殊实验室还需另外配备小型的超纯水仪，以进行二次纯化。

水管应排布在地面（开槽或延墙角行走），有条件的可排布在下一楼层（如为设备层或地库）的顶部，以防水管（特别是接口处）爆裂或渗漏时导致电线短路及仪器故障。

（三）供电

医学检验中心需配备 2 套供电线路：常规供电线路与连接 UPS 的供电线路。常规供电线路用于供给冰箱、离心机、非长时间连续使用的小型仪器等；UPS 供电线路用于供给各类主要检测仪器及其主控电脑，突发断电时，可以支撑仪器运行正常关机程序（预估短时间内供电无法恢复）或维持运行至供电恢复。

电线应主要排布于房顶、延墙面、承重柱或吊柱向下排布至使用高度，以防供水管路爆裂或渗漏时导致短路。电源插座的数量需根据仪器布局设计进行测算，宜预留至少 50% 的余量以满足未来仪器增长的需求，电源插座上标明是普通电路或 UPS 电路。安装在墙面、承重柱上的电源插座宜距地面高 1.0m，中央实验台面的电源插座一般整合在台面中央或背后，可根据需要进行选择。

（四）排水

医学检验中心排水点包括水池、通风柜、地漏以及各类仪器排水，所有可能接触到标本及潜在生物危害污染物的排水管均应接入医院统一污水处理系统进行无害化处理后方可排入公共污水系统。必须设置地漏的地点包括：放置直接进水的大型仪器的检测大厅或实验室、紧急冲淋装置设置点、污洗间等。大型仪器的排水点和管路粗细应根据仪器的具体需求进行设计，可在较为隐蔽的地点预留排水管路以满足未来仪器增长或位置调整的需求。

（五）弱电

弱电系统包括网络、通信等布线与接口。目前已有宽带电话（IP 电话），可直接使用网线与接口。

监控摄像、发光二极管（Light Emitting Diode，LED）显示屏、对答机等目前也均已实现网线数据传输，无须另外排布视频线与音频线。网口数量需根据检测仪器与工作电脑布局设计进行测算，宜预留至少50%的余量以满足未来仪器、电脑增长的需求。

二、配套装修要求

以下配套装修具有医学检验中心的特殊要求，办公、生活区域同一般装修要求。

（一）吊顶、墙面与地面

实验室整体吊顶、墙面与地面间的连接应无缝隙，使用的装修材料应防火、耐腐蚀、易清洗。吊顶宜采用可活动的铝塑板，方便各类管路系统的检修。检验中心内部分隔用墙（贴墙不放置高于1.5m的仪器、橱柜或安装吊橱者）可采用玻璃半墙，玻璃窗框下缘离地高约1.2m、上缘距吊顶约0.2m。墙面可使用涂料或铝塑板，使用铝塑板的优点在于安装时与实体墙体间需安装木龙骨，板面与墙面间留有间隙，后期如需在新的位置安装电源、网线插座等，可在此间隙内进行布线，不影响外观；缺点即损失少许空间。地面宜使用聚氯乙烯（Polyvinyl chloride，PVC）材料，除了防火、耐腐蚀、易清洗、防滑等特性外，还有一定缓冲性，可降低实验器皿掉落时碎裂的风险。

（二）门窗

检验中心的门应有可视窗与自动关闭装置，开启方向不妨碍逃生。检验中心与外部区域的门应设置门禁系统。检验中心的窗通常情况下处于关闭状态，以防外界昆虫的进入。检测区域如有日光可照射进入的窗应安装遮光窗帘，以防止检测仪器受到暴晒。

（三）照明

实验台面处的照明亮度应达到500lx，目前多使用LED灯，亮度高且使用寿命长。检测大厅的照明系统一般需设置2路及以上控制系统，可在部分区域非工作状态时关闭照明以节约用电；同一路照明系统可设置2处控制开关，以方便不同路线进出时进行控制。另外，应在工作人员方便拿取的地方配置紧急照明设备。

（四）监控

建议在对外窗口及主要检测区域设置监控录像，对外窗口需同时配置录音功能，录像录音至少保存一个月。当发生患者投诉与纠纷、实验室内部标本遗失时可回顾录像进行调查。

（五）安全设施

工作区域水池应配置紧急冲眼装置，工作区域内应至少配置1处紧急冲淋装置。根据消防要求设置烟雾探测报警系统、灭火装置/设备。

（六）实验家具

实验家具可根据需要设计成固定式或可移动式（需配有固定装置）。实验室台面的材质需防火、耐腐蚀、易清洁。实验室台面下方可根据需要设置橱柜或放置台式检测仪器配套的辅助物品（如供水或废液桶），一般放置LIS电脑的台面下方留空，以便工作人员就座。实验家具与墙面、地面的连接应无缝隙。台面、柜门及抽屉与边条一般采用三种协调的冷色系颜色，如黑色台面、蓝色柜门及抽屉、灰色边条。

（七）标识

在完成实验室所有建设和装修，并进行保洁后，粘贴/安装标识。必要的标识包括：地面分区、墙面和/或地面消防逃生指示、各房间用途、对外窗口编号及简要患者告示、BSL-2实验室标识等。

第六节　仪器设备配置原则

一、检测仪器设备

医学检验中心在选择检测仪器时应根据工作量进行测算，仪器实际检测通量（实际检测通量一般为理论检测通量的70%~80%）应至少能满足每日最高峰工作量的80%，并根据医院发展情况考虑一定的增量（三级综合性医院通常年工作量增长10%~15%）。

已有越来越多的大型医学检验中心开始采用全自动流水线，目前全自动流水线的轨道与控制系统主要有2类：检测仪器厂商配套的轨道系统与全开放轨道系统。前者的优点是投入市场前制造商通常经过完善的测试与评估，故障率较低，但不能兼容其他品牌的检测仪器；后者的优点是可以连接不同品牌与型号的仪器，实现定制化服务与全实验室自动化，但成本较高，不能保证所有品牌与型号的仪器均能有效对接，适用于人力成本远高于轨道系统、实验室高度整合与楼层开面大的医学检验中心。

检测仪器选择时应综合考虑检测质量、速度、故障率、成本、售后服务等因素。不推荐同一医学检验中心内有多种不同品牌和／或检测原理的检测系统检测同一项目，系统间差异难以校准到一致的水平，对检测结果解读造成困难。

二、其他辅助仪器设备

辅助的通用仪器设备包括两大类：需要在装修期间进行安装，对供气、排风、供水、排水等有要求的设备，以及无特殊要求的设备。前者包括通风柜、生物安全柜等，排风与排水应符合《实验室生物安全通用要求》（GB 19489—2008）以及《病原微生物实验室生物安全通用准则》（WS 233—2017）等文件的要求。后者包括高压灭菌锅、离心机、孵育箱、水浴锅、震荡仪、冰箱等，根据检测工作需求进行数量与布局设置，南方沿海地区的检验中心应配备除湿装置。

第七节　特殊检测实验室要求

一、微生物实验室

微生物实验室要求位于医学检验中心的尽端，并靠近污洗间；与其他区域间应设置门禁，以限制无关人员的进出。微生物实验室通常设有标本接种、常规培养与鉴定、培养基制备、真菌鉴定、结核菌培养与鉴定等独立区域，其中培养基制备室需设置缓冲间，血清学检测一般可与免疫手工检测合并。每间实验室均应加强排风，造成一定负压，以防形成外向气流，特别是结核培养与鉴定室。

标本接种、结核培养与鉴定、真菌鉴定等实验室应配备生物安全柜，有条件的实验室可在常规培养与鉴定室内也配备生物安全柜。培养基制备室内需配备超净台与高压锅。保存菌株的冰箱应进行监控录像。

二、分子诊断实验室

国内有关于分子诊断实验室分区、气流流向控制等建设要求的法规性文件，然而国外实验室并没有如此严格的规定，原则上产物浓度最高的扩增和分析工作不与标本、试剂制备在同一区域进行即可。

根据原卫生部办公厅发布的《医疗机构临床基因扩增检验实验室工作导》（卫办医政发〔2010〕194号文件），基因扩增实验室应分为4个独立的工作区域，包括：试剂储存和制备区、标本制备区、扩增区、扩增产物分析区，每个区域均设置缓冲间（一般约3m²）。

（1）试剂储存和制备区：进行试剂的储存、分装和扩增反应混合液制备的区域。

（2）标本制备区：进行核酸抽提、储存，以及加入扩增反应管的操作区域。

（3）扩增区：进行 cDNA 合成、DNA 扩增及检测的区域。

（4）扩增产物分析区：进行扩增产物片段进一步分析的区域，包括杂交、酶切、电泳、测序等。

每个区域根据进风量与排风量的差异造成不同区域间的气压差，从而控制空气流向为：试剂储存和制备区→标本制备区→扩增区→扩增产物分析区。每个区域均应配备紫外线消毒装置。

未来随着分子诊断技术自动化程度的提高，如标本与反应体系的制备、扩增与产物的分析均在封闭系统里自动化完成，可能将不再需要严格的分区，甚至成为全实验室自动化的一个模块。

三、质谱分析实验室

根据质谱分析流程至少需要设置三个区域：标本前处理区、仪器分析区以及结果报告区，各区建设装修特殊要求如下。

（一）标本前处理区

进行标本制备、试剂配置的区域，以手工操作为主，需要足够的实验台面。质谱标本制备方法主要包括蛋白沉淀、固相萃取和液液萃取，有机溶剂为常用试剂，需要在该区域配备通风柜和化学试剂存放柜（双人双锁）。液液萃取一般需要氮气吹干，因此在通风柜中需接入氮气。

（二）仪器分析区

液相色谱串联质谱分析仪较常规实验室检测仪器有更高的噪声和产热，并且液相色谱常规使用有机溶剂，因此，实验室墙体与门应有较高的隔音和密封效果，并配备足够的制冷空调。液相色谱串联质谱分析仪具有特殊的供气、排废要求；供电要求同常规大型检测仪器，可配置工程用电源插座，以防插头意外脱落。

1. 供气

质谱分析仪根据制造商品牌及型号不同有不同的供气需求，常用气体包括氮气、压缩空气和一些惰性气体（如氩气）。根据仪器需要的供气量测算所需的供气系统，需求量大的气体需要配置专门的气体发生装置，如氮气发生器、压缩空气发生器等；需求量小的气体可由压缩气体钢瓶提供，如惰性气体。由于气体发生装置有较高的噪声，如有条件可设置专门的房间放置，通过传输管道供气。供气管道一般采用不锈钢管，在进入仪器前设置有压力监控的阀门，然后经聚四氟乙烯材质的软管将气体自阀门传输至仪器，如图 6-1-2 所示上方 1 路为氮气管路，下方 2 路为压缩空气管路。供气钢瓶可放置在仪器近旁。

图 6-1-2 质谱分析仪供气管路

2. 排废

高效液相色谱串联质谱排废包括：液相色谱流动相的废液、液相色谱流动相的挥发气体以及质谱分析仪排气。液相色谱流动相的废液需要收集在有机溶剂瓶中，统一由医院化学试剂管理部门进行回收处理，不可直接排入下水系统。可在液相色谱仪流动相试剂的上方安装万象抽吸罩排放挥发气体，或经由实验室统一排风系统排出室外。质谱分析仪排出的气体为无毒无害的气体，可通过管路直接排出室外。

（三）结果报告区

同一般实验室建设装修要求。

第二章

内镜中心（室）规划与建设

卢杰

卢　杰　四川省卫生和计划生育监督执法总队副支队长

第一节　概述

一、内镜检查机器感控

随着微创技术成为医学发展的重要手段，内镜家族也逐渐成为微创技术的主力军，在临床的应用日益广泛，大大提高了疾病的诊断和治疗水平，造福广大患者。作为一种重复使用的诊断和治疗器械，内镜的构造精细、管腔复杂、材料特殊、不易清洗，不适用于高温高压消毒。因目前多数采用化学消毒剂浸泡消毒，所以其安全性也受到越来越多的关注，虽然国内鲜有内镜清洗消毒不严而造成医院感染暴发的报道，但并不等于没有风险存在。由于内镜检查的特殊性，即便造成患者交叉感染也未必能及时发现，因为大多数的感染存在一定的潜伏期，如果患者随后再接受其他的治疗，可能无法确定是否为内镜污染所造成。从医院感染控制的角度来说，规范的清洗消毒是预防内镜相关感染的关键，关注内镜使用安全，关注患者诊疗安全，是内镜工作者必须高度重视的问题。

侵袭性诊疗操作是发生医院感染的高危因素，因而必须将每位接受内镜检查的患者视为潜在传染源，规范的内镜清洗消毒是避免交叉感染的重要手段。按照斯伯尔汀分类系统，内镜在使用过程中是与完整的黏膜和非完整的皮肤接触，属于中度危险品，至少需要高水平消毒。但由于有环氧乙烷需要较长时间的灭菌和通风，而其他低温灭菌方法并不适用于胃肠镜尤其十二指肠镜。从目前的情况来看，内镜清洗和消毒的操作环节与影响因素较多，因此对可能存在的风险必须严格加以控制。内镜不耐热，只有使用化学消毒剂高水平消毒和低温灭菌方法。

由于内镜检查是一种侵入性操作，可能导致组织损伤从而引起医源性感染。内镜尤其是软式内镜材质特殊，精密度高，结构复杂，用后的消毒灭菌难度大；而且内镜价格昂贵，医院购置数量有限，周转需求快，普遍存在一定的供需矛盾，是发生医院感染风险较大的科室。软式内镜相关病原体的传播会严重影响患者诊疗安全，因软式内镜污染而造成的医院感染在国外也多有报道。目前，所有的软式内镜都非一次性使用，而是经过清洗和高水平消毒后重复使用，但诸多研究表明：重复清洗使用的软式内镜污染情况不容乐观，生物危害很难消除，主要原因是高水平消毒后仍然有液滴残留在内镜内部，营造了一个利于细菌滋生的潮湿环境。特别是近年有关幽门螺杆菌、肝炎病毒（HBV 和 HCV）、人类免疫缺陷病毒（HIV）等可能经内镜传播已成为医学界、患者和社会媒体普遍关注的问题。1993 年，美国消化内镜学会统计：内镜相关感染的发生率是 1/180 万，这一数字也许只是冰山一角，实际的内镜相关感染率远远高于这个数字，特别是在内镜清洗消毒不严格的国家和地区。

目前普遍认为，由内镜造成的感染传播主要原因有手工清洗不到位、消毒或灭菌剂浓度不合适、清洗消毒程序错误、暴露于化学消毒剂的时间不够、自动清洗消毒机使用不正确、用未经纯化的水作终末漂洗、终末漂洗后干燥不充分、不遵循规范操作、水瓶和灌流液被污染、不合适的储存方式等。内镜镜体复杂，存在许多管腔、窦道，不易清洗消毒，再加上内镜管道表面的凸凹不平直接导致了细菌生物膜的形成，从而对内镜的清洗消毒造成非常大的困难。另外，由于十二指肠镜难以洗消的长而狭窄的孔道，尤其前端的抬钳器更是难点。总之，任何不规范的再处理都可能导致去除污染失败。手和设备进行规范化处理，往往将清洗消毒、检查治疗、办公均集中在一狭小房间进行，很容易造成感染。有调查表明，相当多的医院的软式内镜分散在全院很多科室，业务量较小的科室很难按照规定执行，人为造成交叉污染。内镜数量少与检查人数多的矛盾十分突出，以戊二醛消毒为例：一般消毒浸泡需 10min 以上，清洗不得少于 10min，一条胃镜每半天（240min）不能超过 10 人。如果检查人数超过此限，就会影响有效的清洗消毒，所以根据工作量配备足够数量的内镜，才能保证内镜消毒效果；另外，工作人员缺乏内镜消毒知识和系统的训练，消毒隔离观念不强，操作人员在操作中不更换手套，细胞刷等附件不按要求灭菌处理；再有，使用自动清洗消毒机前不手工清洗，都有可能造成交叉感染。

内镜中心（室）工作量大、镜子使用周转快、医院感染风险大，加强内镜中心的建设和管理是缓解上述矛盾的重要措施。因而，在内镜中心设计时，应以病人为中心，完善功能布置，同时充分考虑医院感染控制的要求。

二、相关规定

针对内镜检查治疗中存在的风险和问题，1997 年在南京第一次全国消化内镜消毒规范研讨会上制定了我国第一个《消化内镜清洗消毒试行方案》，2002 年 7 月原卫生部颁布了《医疗机构内镜诊疗管理暂行规定》和《内镜清洗、消毒技术规范（试行）》，使国内内镜消毒工作有了规范，2004 年在调查研究的基础上卫生部颁布了《内镜清洗、消毒技术操作规范（2004 年版）》和《内镜清洗消毒机效果检验技术规范》。后来又陆续颁布了《内镜与微创器械消毒灭菌质量评价指南（试行）》（2011）、《呼吸内镜诊疗技术管理规范（2012 年版）、《内镜诊疗技术临床应用管理规范 (2014 年)》，2016 年国家卫生计生委正式颁布了行业标准《软式内镜清洗消毒技术规范》（WS 507—2016），将内镜的清洗消毒纳入了规范化、标准化、法制管理的轨道，为患者安全提供了坚实的保障。

目前涉对内镜监管的主要法律、规章、规范性文件和相关标准还有《中华人民共和国传染病防治法》《消毒管理办法》《医院感染管理办法》《消毒技术规范》《传染病防治卫生监督工作规范》《医疗机构消毒技术规范》（WS/T 367—2012）《消毒技术规范》（2002）《消毒产品卫生监督工作规范》（2014）《医院消毒卫生标准》（GB15982—2012）《医院隔离技术规范》（WS/T 311—2009）《医务人员手卫生规范》（WS/T 313—2009）《医院感染监测规范》（WS/T 312—2009）《戊二醛类消毒剂卫生标准》（GB 26372—2010）《消毒与灭菌效果的评价方法与标准》（GB 15981—1995）等。

为了保证内镜诊疗技术安全、规范、有效开展，目前规定医疗机构开展内镜诊疗技术，应当具备以下条件：

（1）具有卫生计生行政部门核准登记的与开展相关专业内镜诊疗技术相适应的诊疗科目；

（2）具有与开展相关专业内镜诊疗技术相适应的辅助科室、设备和设施；

（3）具有相关专业内镜诊疗技术临床应用能力的执业医师；

（4）具有经过相关专业内镜诊疗知识和技能培训的、与开展内镜诊疗技术相适应的其他专业技术人员；

（5）具有内镜消毒灭菌设施和医院感染管理系统，并严格执行内镜清洗消毒技术相关操作规范和标准；

（6）经过卫生计生行政部门审核取得内镜诊疗技术临床应用资质；

（7）符合相关专业内镜诊疗技术管理规范规定的其他要求；

（8）具有与医疗机构级别相适应的制度管理和质量控制体系；

（9）符合省级以上卫生计生行政部门规定的其他条件。

对于不严格执行国家相关规定，疏于管理并且存在较大医院感染风险的医院，可以依照《医院感染管理办法》第三十条进行处理，即卫生行政部门在检查中发现医疗机构存在医院感染隐患时，应当责令限期整改或者暂时关闭相关科室或者暂停相关诊疗科目。所以，要求医疗机构必须严格按照国家相关规定科学、合理、规范地开展内镜有关的诊疗活动，以确保患者安全。

《医院消毒卫生标准》（GB 15982—2012）明确把中心（内镜室）纳入第三类环境管理，即内镜中心（室）的环境物体表面、室内空气、使用中消毒剂和医务人员手的微生物检测指标必须符合该标准中第三类环境的要求。

上述标准、规范和指南将促使我国内镜的管理步入规范化、法制化轨道。综合起来主要有以下一些规定和要求。

（1）内镜诊疗中心应按四个区域分区设置，内镜的清洗消毒应当与内镜的诊疗工作分开进行，分设单独的清洗消毒室和内镜诊疗室，清洗消毒室应当保证通风良好。

（2）不同系统的内镜，其诊疗工作应当分室进行；上消化道、下消化道内镜的诊疗工作尽可能分开。没有条件分室进行的，应当分时间段（先上消化道后下消化道）进行；不同系统内镜清洗消毒的设施、设备及用品应当分开。

（3）灭菌内镜的诊疗活动应当在达到手术标准的区域内进行，并按照手术区域的要求进行管理。

（4）内镜中心必须配备基本测漏、清洗消毒和干燥设备，包括专用流动水清洗消毒槽等。

第二节　内镜中心（室）的选址与规模要求

一、选址要求

内镜中心（室）属于医技科室的一部分，服务对象同时覆盖门诊和住院病人，在二级医疗工艺设计确定其位置时，应考虑患者的来源分布、停留时间、检查治疗的操作要求以及与其他科室之间的有效衔接。① 软式内镜以门诊病人为主，部分病人在检查前一天要作清肠准备，因此，选址一般放在门诊与住院之间，通常是靠近门诊或在门诊区域，以方便两边的病人检查。② 一般建议在医技部分的功能检查区域，靠近门诊一层的端头且安静的地方独立设置。③ 做内镜检查的患者有日益增多的趋势，楼层不宜太高，同时要与收费、药房和病理科相对靠近，以减少垂直交通的压力，并缩短患者诊查路径。④ 主张将各系统、各类型的内窥镜检查室和辅助用房集中设置在较适中的位置，而配套的辅助用房就近设置。这样既可有效减少风险点，又方便统一管理和提高效率。⑤ 尽可能设置在各科病人均比较容易到达的区域，且有明显标志。⑥ 由于部分内镜检查中可能会有造影的需求，故不宜离医学影像科太远的地方。⑦ 硬式内镜微创技术具有创口小、疼痛轻、并发症少、费用低、住院时间短等优势，也成为介入治疗的常规手段。该技术是需要进行灭菌的内镜，这种兼有手术室功能的检查室也应具备手术室的条件，其诊疗活动应当在达到手术标准的区域内进行，并按照手术区域的要求进行管理，如区域划分、环境物体表面、空气清洁消毒质量，温度、湿度、换气次数以及照明条件等，所以一般在手术室内设置；如需单独设置，则应按照手术室要求来进行规划，满足三区三通道的基本格局，病人和医务人员分别缓冲后出入。

内镜检查和治疗项目在临床应用广泛，作为一种侵入性检查，往往会使患者感到焦虑和紧张，影响患者术中与医生的配合，既增加了患者的痛苦，也增加了医生的操作难度，严重情况下甚至会给患者造成伤害，所以开展无痛内镜诊疗技术不仅符合目前国际上倡导的舒适化医疗的先进服务理念，而且充分体现了医疗机构"以患者为中心"的核心管理思想。然而，各个专科单独开展无痛内镜诊疗，需要麻醉科医师分别到相关科室病房或门诊实施麻醉和镇静，分散了麻醉科的人力，同时单人进行操作，对保障麻醉的安全和质量也有一定难度。为了有效地整合与优化医疗资源，使麻醉科人员以最小单位发挥最大作用，保证麻醉的安全性和舒适性，提高患者对内镜诊疗的满意度，可以将各专科内镜检查和治疗室、麻醉准备室、麻醉评估室、麻醉复苏室、清洗消毒室、储镜室、分诊预约服务台等用房整合在一个区域内。

二、规模确定

内镜中心（室）应根据需求量并适当预留发展余地来综合确定，并按照开展的内镜诊疗项目设置相应的诊疗室。总体应考虑病人数量、专科医生及护士数量、内镜及配套设备配置数量、房屋面积等，各要素之间要相互匹配；同时要考虑开展无痛胃镜的需求量会逐步增加，新的诊疗手段，如胶囊内镜等会不断普及，因此应尽量适当预留一定的扩展空间。内镜中心的规模还要根据医院临床科室的设置与分类、专科发展特点及人力资源状况来合理确定。总体来说，设置内镜中心，不但可节约人力资源成本和设施设备成本，也更利于各种风险，特别是医院感染风险的控制。通常情况下，国外的标准是每平方米每年按诊治 10 人次计算，国内可按每平方米每年诊治 15 人次左右测算。内镜清洗消毒区域的面积应与清洗消毒工作量相适应，应考虑多条清洗消毒操作流水线的布置与衔接，做到由污到洁，洁污分开，室内要有水处理设备放置的空间、空压机放置的空间、防护用品放置的空间、手卫生设施安置的空间和内镜运输推车存放的空间。如某大型三甲教学医院消化内镜中心占地面积为 840m²，设胃镜检查室 13 间；配胃镜 40 条、肠镜 22 条、十二指肠镜 6 条；消化科医生 10 名，消化专科护士 10 名，工人 8 名；麻醉医生 10 名，麻醉护士 4 名；胃肠镜检查病人量：200 ～ 240 人次 / 天（无痛检查占据一半以上）；设纤维支气管镜检查室 6 间，配纤维支气管内镜 9 支，呼吸科医生 4 人，呼吸专科护士 3 人，工人 3 名。

第三节 内镜中心（室）的流线分析与组织

一、人流、物流、信息流特点分析

为了避免无痛内镜中心建设的盲目性、随意性和非专业性给日后的诊疗及管理带来不便，设计时须充分考虑对建筑布局、空气净化方案、装饰材料的选择、内镜器械的统一管理模式，既要保证中心功能分区明确、医务人员、患者以及医疗废物动线清晰、感控相关配套设施完备，也要确保中心工作的医护人员在有毒气体下的暴露最小化，即室内通风良好，并且采用环保、易于清洁消毒、耐腐蚀的装饰材料。

水处理机房须单独设置，远离诊疗区，减少噪音和震动的影响，同时机房须做好双路水源和供电的保障，地面做好防水，有条件的可做好中水回收利用。

在软式内镜中心就诊的有上消化道病人、下消化道病人和呼吸道病人，部分医院还会涉及耳鼻喉科科病人。病人经过预约登记、等候，然后进入不同的区域接受检查，大部分病人需要作检前准备、麻醉后接受检查或治疗，经过复苏、观察无异常后退出，最后到预约报告发放处领取检查报告后离开。

医务人员上班则先到工作人员更衣室更衣后再到诊疗室诊疗病人，结束后到办公室出报告，交到报告发放处。其他工作人员也是先到更衣室更衣后到各自区域工作。各种医疗用品、清洁物品、物资或耗材可通过公用通道运送到库房备用。用后的内镜需用专用推车送到清洗消毒间进行清洗消毒，干燥后再用洁车送到各诊疗室备用或者到储镜室储存。各室产生的医疗废物和生活垃圾先运送到污洗间暂存，最后经污梯运走。

由于内镜的清洗消毒用水量较大，需要充分考虑上下水的位点和相应的管路敷设。在清洗消毒过程中会产生大量的气溶胶和消毒剂等挥发气体，因而需要较好的自然通风条件或机械排风系统。

随着信息技术的发展和广泛应用，内镜中心的预约、叫号、图像传输、检查报告自主打印等都可以采用信息系统。

二、医疗流线组织

按《软式内镜清洗消毒技术规范》《综合医院建筑设计规范》《医院洁净手术部建筑技术规范》等相关规范要求，组织医疗流线设计。

(1)内镜的清洗消毒应当与内镜的诊疗工作分开进行,分设单独的清洗消毒室和内镜诊疗室。不同系统内镜的诊疗工作应当分室进行。

(2)若上消化道、下消化道内镜的诊疗工作无条件分室进行,应当分时间段进行。

(3)不同系统内镜的清洗消毒使用的设备和清洗槽应当分开。灭菌内镜的诊疗应当在达到手术标准的区域内进行,并按照手术区域的要求进行管理。硬式内镜与软式内镜的区域一般应分开设置。

(4)工作人员工作前先更衣,洗手后进入各自工作区域。

(5)患者先等候,按预约的顺序安排先作准备,再接受诊疗,复苏留观无异常后离开。

(6)内镜使用前由储镜柜取出,在诊疗室使用,作预处理后经污染通道或专用线路送清洗消毒室测漏、清洗消毒、干燥,从相对清洁通道运回诊疗室使用,再回清洗消毒室处理,下班前运送到储镜室存放。参见图6-2-1。

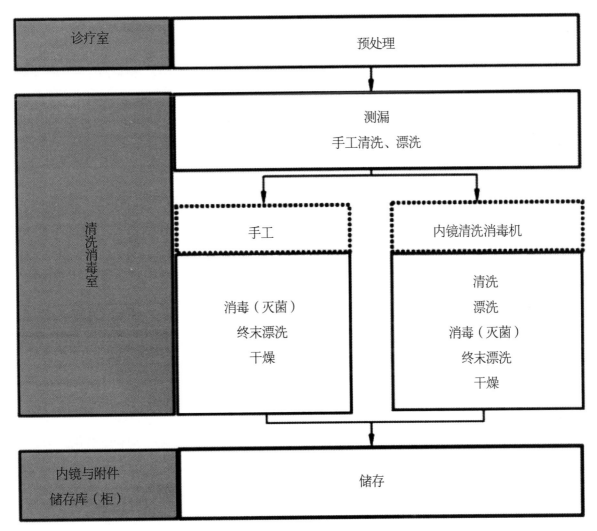

图6-2-1 软式内镜清洗消毒流程示意图

(7)内镜转运分污染与清洁通道(线路),污染内镜由污染通道(线路)转运至清洗消毒室,清洗消毒后内镜由清洁通道(线路)转运至内镜诊疗室,应避免在转运过程中对环境及内镜产生二次污染。

第四节　内镜中心（室）的功能分区与平面布局

一、功能区域划分

内镜中心（室）大的区域可分为检查准备区、检查区和污物处置区，具体应设立办公生活区（面积占 12%~15%）、患者候诊区（面积占 10%~12%）、麻醉复苏区（面积占 6%~8%）、诊疗区（面积占 50%~55%）、清洗消毒储存区（面积占 10%~12%）、污物处置区（面积占 6%~8%）等，其面积大小应与工作需要相匹配，面积分配应合理。

（一）候诊区

用于患者的陪伴休息与候诊，包括预约登记、等候休息和报告发放。

（二）办公区

用于医务人员办公、学习、分析病情、休息、开会，包括办公室、学习室、会诊室、休息室、会议室、更衣室、卫浴室。

（三）诊疗区（室）

用于准备、麻醉、内镜检查治疗、复苏或留观，包括检前准备、麻醉室、检查治疗室、复苏室、留观室等。

（四）清洗消毒区（室）

用于内镜及其附件的检查、清洗、消毒、干燥及保养。清洗消毒室应独立设置，与内镜诊疗操作区分开，面积与清洗消毒工作量相适应。根据工作流程对清洗消毒室进行相对分区：清洗区、消毒区、干燥区等，路线由污到洁，避免交叉、逆行。

（五）储存区

用于药品、耗材、布类和内镜的存放。

二、主要功能用房

主要功能用房包括检前准备室、检查治疗室、麻醉室、复苏室（观察室）、内镜清洗消毒间、储镜室。

三、配套功能用房

配套功能用房包括工作人员更衣室、办公室、休息室、值班室、库房、污洗间、洁具间、卫生间。

四、常用尺寸与面积

内镜中心的建筑面积应与内镜诊疗工作量相匹配。清洗消毒间应独立设置，面积应与清洗消毒工作量相适应。设在内镜诊疗中心的各内镜诊疗室最小使用面积不得少于 20m²（不含候诊区、消毒区），通常尺寸是 4.2m×5.0m；内镜清洗消毒室的面积建议在 25m² 左右，如消化道内镜的清洗消毒室，通常采用的尺寸为 4.1m×5.5m。对于独立的内镜诊疗室，其单独的内镜诊疗室总面积不得少于 50m²（含候诊区、消毒区）。

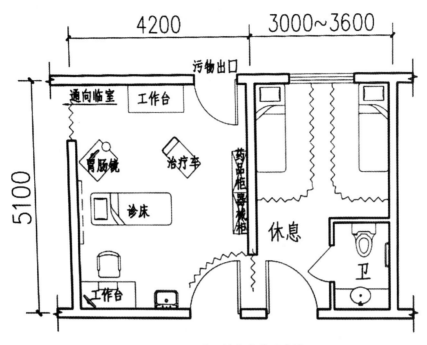

图 6-2-2 胃肠镜室布局示意图

五、平面布局

办公区和患者候诊室（区）一般设置在最外面，然后依次为检前准备室、麻醉室、复苏留观室；诊疗区、储存区放在中间位置；清洗消毒区和污洗区放在后端，并尽量靠外墙设置，便于通风，减少汽溶胶的污染，降低室内空气中弥散的消毒剂浓度。

不同系统的内镜检查室应分开设置，同一系统的内镜的清洗消毒可以放在同一房间内分槽进行，而不同系统内镜的清洗消毒槽必须分开。呼吸道内镜最好单独设置，如果要同消化道内镜相临设置，最好放在端头，与消化道部分相对分开，并保持一定距离，减少微生物气溶胶传播的概率。建议每两间内镜检查室之间配一间内镜清洗消毒室，检查室与清洗消毒室之间设传递窗。清洗消毒室内部的流程布置应是由污到洁，做到洁污分流，避免清洗消毒后的内镜受到二次污染。

内镜中心平面布局示意参见图 6-2-3。

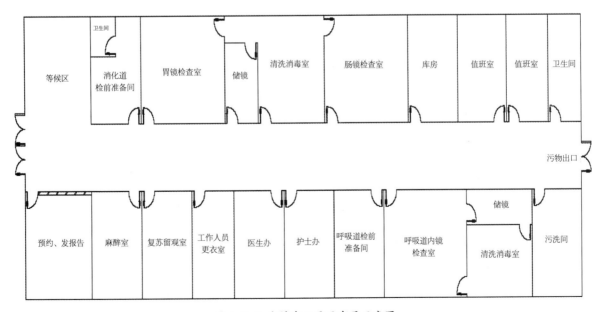

图 6-2-3 内镜中心平面布局示意图

第五节 内镜中心（室）的基础建设与配套设施

一、基础建设

内镜中心应有完善的生命支持系统，中心供氧、中心负压吸引的敷设必须到位；内镜的清洗消毒需要大量的用水，所以必须保证有足够的上下水点位和严格的防水（漏）处理措施；清洗消毒过程中会产生大量的废气，需要机械排风系统；另外还需要空调系统。

（1）生命支持系统：设氧气、压缩空气和负压吸引三种气体源和装置，检查室墙上配置符合要求的设备带。

（2）给排水系统：设置充足的自来水供水管路，管径大小与水压应能满足实际需要。地漏与排水管的设置应与业务量匹配。

（3）排气系统：应保持通风良好。如自然通风条件较差，应采用机械通风，可采取"上送下排"方式，换气次数宜 ≥ 10 次 / 小时，最小新风量宜达到 2 次 / 小时。

（4）空调系统：检查室应采取必要的技术手段，来转移、置换、稀释、冲淡来自方方面面对房间空气的干扰，以保证房间内一定温湿度要求的空气环境。

二、配套设施

内镜清洗过程中需要高压水冲洗，终末漂洗时需要使用纯净水，所以需要配置高压水和纯净水供应系统。内镜干燥时需要有高压空气吹干，需要配置清洁的压缩空气系统；在内镜检查治疗室和清洗消毒室都应配置手卫生设施。

（1）纯水供应设施：应配置纯化水、无菌水供应设备，生产的纯化水应符合《生活用水卫生标准》的规定，并应保证细菌总数 ≤ 10CFU/100mL；生产纯化水所使用的滤膜孔径应 ≤ 0.2μm，并定期更换。无菌水为经过灭菌工艺处理的水。

（2）压缩空气供应设施：应配置符合要求的压缩空气供应设施，并能保证提供清洁压缩空气。

（3）酸化水供应设施：可配置酸化水供应设施及其配套的供应管路系统，酸化水可用于内镜的消毒、手消毒等。

（4）手卫生设施：在内镜检查室和清洗消毒室都应该配置手卫生设施，包括流动水洗手水槽、非手动式开关、洗手液和干手设施。

三、装修要求

（1）候诊区（室）应温度适宜，通风良好，光线柔和。

（2）检前准备间要注意保护病人隐私，顶上应安装帘轨。

（3）检查区（室）内应保持恒温，有内置排风道，以加强空气流通。建议采用石膏板吊顶，乳胶漆墙面，防滑地板砖地面。

（4）复苏留观室应尽量安静，避免强光。尽量开放设置，便于医务人员观察。

（5）清洗消毒室要有上下水设施和地漏，地面有适当坡度便于排水。墙面和地面应作防渗处理。要有自然通风窗保证清洗消毒室的空气流通。建议采用铝材质吊顶，墙面使用墙砖，地面采用防滑地板砖。

四、安装配套及设施（用具）配置要求

（1）候诊区（室）内应温度适宜，通风良好。

（2）检前准备间应安置麻醉设备、更衣和专用卫生间（下消化道检查治疗前通常要作肠道准备）。

（3）检查区（室）应设诊疗床 1 张、内镜系统、工作站（含电脑主机、显示屏、打印机）、吸引器、治疗车（抢救车）、洗手设备（含非手触式水龙头、干手设施）等；室内保持恒温，有内置排风道，以加强空气流通，最好能机械排风（特别是呼吸道镜检查室）。应配备防水围裙或防水隔离衣、医用外科口罩、护目镜或防护面罩、帽子、手套、专用鞋等防护用品。

（4）清洗消毒室以自然通风为主，可有效地减少室内空气中微生物、有害化学物质等。如每日开始工作前先通风 30min，以降低夜间消毒液挥发出的有害气体。

不同系统内镜的清洗槽宜分开设置和使用。如果配置了内镜清洗消毒机处理内镜，按要求还应先人工清洗后再放入清洗消毒剂内处理，所以清洗消毒机应摆放在清洗槽与干燥台之间。同时要配套清洗操作人员的手卫生设施、防水板、镜子。基本清洗消毒设备与物品主要包括以下类别。

① 专用流动水清洗槽、消毒槽、全管道灌流装置（宜采用自动灌流器）、一次性注射器。

② 各种内镜专用毛刷、压力水枪、压力气枪、负压吸引器、超声清洗器、计时器、内镜及附件运送装置。

③ 干燥台及其干燥用品。宜采用不掉屑且质地柔软的擦拭布；清洗用纱布应一次性使用；复用的干燥用品应每次使用后清洗、消毒，干燥后备用；配备 90% 乙醇或异丙醇；配备垫巾等。

④ 清洗用水：《软式内镜清洗消毒技术规范》（WS 507—2016）规定应有自来水、纯化水、无菌水。自来水水质应符合《生活饮用水卫生标准》（GB 5749）的规定。纯化水应符合《生活饮用水卫生标准》的规定，并保证细菌总数 ≤ 10 CFU/100 mL；生产纯化水所使用的滤膜孔径应 ≤ 0.2 μm，并定期更换。无菌水为经过灭菌工艺处理的水。清洗、漂洗用水可采用自来水，终末漂洗用水应使用纯化水或无菌水。

⑤ 防护用品：口罩、帽子、手套、护目镜或防护面罩等。

镜柜或镜库内表面应光滑、无缝隙，便于清洁和消毒。镜库应通风良好，保持干燥。

第六节　内镜中心（室）的主要设备配置

一、软式内镜及附件

内镜及附件数量应与诊疗工作量相适应。

二、基本消毒灭菌设备

消毒灭菌设备主要包括专用测漏装置、全管道灌流器、动力泵（与全管道灌流器配合使用）、负压吸引器、超声清洗器、压力水枪、压力气枪、干燥设备、计时器、内镜自动清洗消毒机、内镜及附件运送容器、通风设施、低纤维絮且质地柔软的擦拭布、垫巾，与所采用的消毒、灭菌方法相适应的必备的消毒、灭菌器械、50mL 注射器、各种内镜专用刷、纱布、棉棒等消耗品。手卫生装置，采用非手触式水龙头。

三、洗消槽

（一）材质

内镜清洗槽的材质一般选择亚克力材料。这种材料具有耐热、易清洁、抗老化、自我清洗方便、不易藏污纳垢等特点。柜身一般设计为封闭式，防水、光滑，日常可用湿布擦洗，槽面设计为转角圆润，表面光洁，颜色洁白。通常台面采用倾斜式防泛水设计，四周设计有专门防泛水边，使溅到台面的液体全部从下水流走，不污损柜门及室内地面。

（二）尺寸

清洗消毒槽一般建议采取方槽，更利于内镜的浸泡清洗消毒，也有利于内镜的螺旋放置，还可以在内槽壁上做液体容量的刻度标记。下面列举一些常用的清洗消毒槽的尺寸。

表 6-2-1 常用清洗消毒槽尺寸表

660 单方槽	660 单方槽外尺寸：660mm（长）×780mm（宽）
	槽体内尺寸：上面 550mm（长）×430mm（宽），上对角线长 660mm，槽内底部 510mm（长）×400mm（宽），下对角线长 630mm，深 180mm
双方槽	双方槽尺寸：1320mm（长）×780mm（宽）
	槽体内尺寸：每方槽内上面 550mm（长）×430mm（宽），上对角线长 660mm，槽内底部 510mm（长）×400mm（宽），下对角线长 630mm，深 180mm
斜转角方槽	斜转角方槽：外尺寸 1260mm（长）×780mm（宽）
	槽体内尺寸：槽内部上面 900mm（长）×420mm（宽），槽内底部 870mm（长）×390mm（宽），深 170mm
540 单方槽	540 单方槽外尺寸：540mm（长）×780mm（宽）
	槽体内尺寸：上面 420mm（长）×430mm（宽），上对角线长 570mm，槽内底部 390mm（长）×400mm（宽），下对角线长 540mm，深 180mm
990 单方槽	990 单方槽外尺寸：990mm（长）×780mm（宽）
	槽体内尺寸：上面 870mm（长）×430mm（宽），上对角线长 930mm，槽内底部 840mm（长）×400mm（宽），下对角线长 890mm，深 180mm
380 立槽	380 立槽外尺寸：380mm（长）×780mm（宽）
	槽体内尺寸：槽内上层底部(左右)120mm（长）×（前后）440mm（宽），深 50mm；下层深 270mm。
干燥台	660 干燥台：660mm（长）×780mm（宽）
	990 干燥台：990mm（长）×780mm（宽）
	1320 干燥台：1320mm（长）×780mm（宽）
	1650 干燥台：1650mm（长）×780mm（宽）
	转角干燥台：1260mm（长）×780mm（宽）

四、转运车

转动车分 2～3 层，上层放置清洁内镜，下层放置污染内镜，各层均需加盖。参见图 6-2-4。

图 6-2-4 转运车（图片来源：《软式内镜清洗消毒实践操作指南》）

第七节　内镜中心（室）的评审验收

一、组织管理

（1）有条件的医院宜建立集中的内镜诊疗中心（室），负责内镜诊疗及清洗消毒工作。

（2）内镜的清洗消毒也可由消毒供应中心负责，遵循《软式内镜清洗消毒技术规范》开展工作。

（3）应将内镜清洗消毒工作纳入医疗质量管理，制订和完善内镜诊疗中心（室）医院感染管理和内镜清洗消毒的各项规章制度并落实，加强监测。

（4）应建立健全岗位职责、清洗消毒操作规程、质量管理、监测、设备管理、器械管理、职业安全防护、继续教育和培训等管理制度和突发事件的应急预案。

二、制度流程

（1）护理管理、人事管理、医院感染管理、设备及后勤管理等部门，应在各自职权范围内，对内镜诊疗中心（室）的管理履行各自职责。

（2）落实岗位培训制度。

（3）将内镜清洗消毒专业知识和相关医院感染预防与控制知识纳入内镜诊疗中心（室）人员的继续教育计划。

（4）应有相对固定的专人从事内镜清洗消毒工作，专人负责质量监测工作。

（5）工作人员进行内镜诊疗或者清洗消毒时，应遵循标准预防原则和《医院隔离技术规范》的要求做好个人防护，穿戴必要的防护用品。

三、布局流程的验收

（1）内镜诊疗中心（室）新建、改建与扩建的设计方案事前应进行卫生学审定。

（2）内镜诊疗中心（室）应设立办公区、患者候诊室（区）、诊疗室（区）、清洗消毒室（区）、内镜与附件储存库（柜）等，其面积应与工作需要相匹配。

（3）应根据开展的内镜诊疗项目设置相应的诊疗室。

（4）不同系统（如呼吸、消化系统）软式内镜的诊疗工作应分室进行。

（5）各区域划分清楚，无交叉与污染。

（6）各功能用房配置齐备。

（7）洁具间、洗手设施等卫生设施到位。

四、仪器设备的验收

仪器设备的配置应符合相关规范要求，具体配置内容如下。

（1）诊疗室内的每个诊疗单位应包括诊查床1张、主机（含显示器）、吸引器、治疗车等。

（2）软式内镜及附件数量应与诊疗工作量相匹配。

（3）应配备手卫生装置，采用非手触式水龙头。

（4）宜采用全浸泡式内镜。

（5）不同系统（如呼吸、消化系统）软式内镜的清洗槽、内镜自动清洗消毒机应分开设置和使用。

（6）宜配备动力泵（与全管道灌流器配合使用）、超声波清洗器。

（7）宜配备内镜自动清洗消毒机（应符合《内镜自动清洗消毒机卫生要求》的规定）。

（8）灭菌设备：用于内镜灭菌的低温灭菌设备应符合国家相关规定。

五、装饰装修的验收

参照《建筑装饰装修工程质量验收规范》对装饰装修部分进行验收。

六、消防安全的验收

竣工后，施工单位向当地消防管理机构提请消防验收申请，由消防管理机构进行验收，合格后方可投入使用。

第三章

医院中心实验室规划与建设

包海峰　冯灶文　马蕊　许威　任宁

包海峰 中山大学中山眼科中心基建科科长

冯灶文 广州泛美实验室系统科技股份有限公司总经理

马 蕊 西安交通大学第一附属医院基建规划办公室工程师

许 威 中日友好医院基建处技术科科长，工程师

任 宁 西安交通大学第一附属医院基建规划办公室主任

第一节　概述与相关规定

一、概述

长期以来，医院中心实验室是由检验科及其他临床专科实验室组成，这对医院的发展造成负面影响，一是医院的科研水平不高，由于缺少专业用于科研的场所，不能进行基础及前沿性研究；二是实验室低水平重复投资，每个专科都有自己的实验室，很多基础仪器必须购置，导致重复购置；三是实验室设备利用率低，由于某些特殊实验室设备归各科室所有，使用上存在局限；近年来国家迎来医疗大改革、大科学时代，国家卫生部许可"第三方医学检测服务机构"为医院提供医学检验及病理检验，医院中心实验室将瞄准医学科技发展前沿，追踪医学发展方向，进行高起点、高标准、高水平的设计和建设。

中心实验室是科研人员从事科学研究的重要场所，是科学研究的重要支撑，也是开展科学攻关、学术交流和人才培养的重要基地。承担临床检验及科研、教学工作，是一个多科室多功能的机构，其人员配置，平台建设、设备配置应具有一定的合理性。合理的组织机构，完善的管理系统和高水平的人才队伍是保证实验室质量及科研水平的前提。明确实验室相关人员的职责，健全实验室的组织和管理，是推进实验室检测科学、准确、有序和高效的根本保证。

二、相关规定

《国家卫生计生委关于印发医学检验实验室基本标准和管理规范（试行）的通知》（以下简称《通知》）正式对外发布，《通知》决定试行医学检验实验室基本标准和管理规范，对医院中心实验室的功能布局、人员流向、物品流向、废弃物处理、建设规模、装饰等各专业配置提出具体要求及建议。

《国务院关于促进健康服务业发展的若干意见》（国发〔2013〕40号）和《国务院办公厅关于推进分级诊疗制度建设的指导意见》（国办发〔2015〕70号）等相关文件要求，进一步完善医疗服务体系，推进医疗资源共享，执行《医学检验实验室基本标准（试行）》和《医学检验实验室管理规范（试行）》。

第二节　选址与规模要求

一、建筑选址

医院中心实验室内部环境的废气，通常采用机械通风的方式排出到场地环境中，其中，轻度污染的废气通过实验室侧墙上的排风机及排风口排出；重污染的废气经过实验室内通风橱和生物安全柜吸收后，经过管道送至楼顶，通过风机稀释及废气净化处理后排出。从某种程度上可以认为，实验楼外立面、屋顶都是污染物的聚集区，尤其是屋顶周围各种污染物浓度较大。如果场地通风不佳，则容易造成实验楼排出污染物无法有效扩散，空气被污染程度加大，造成二次污染，影响整个实验室的正常运行。因此，中心实验室场地应自然通风良好、通畅，使得污染物较易于扩散，保持实验区的污染物浓度在合理适度的范围内，选址上应做到：

（1）实验用房不宜与其他功能用房混建；

（2）有条件者应优先考虑采取分散布置形式。其他项目用房在不影响使用、安全、卫生要求的前提下，可适当合理地提高建筑的集中程度；

（3）分散布置时，各类实验建筑相对集中，合理分区，易对外界造成污染的实验建筑宜处于最小风频上风向；

（4）总体布局能够满足整个实验区域内有效的通风；

（5）合理安排有效处理废水及废弃物的场所，更要防止三废污染周边环境及实验室。

总平面设计有两种形式：

A. 集中布置形式：将实验用房与其他功能用房或大多数功能用房集中设置在一个建筑物内。

B. 分散布置形式：

相对分散布置：实验用房或大多数实验用房集中在一个建筑物内，并与其他功能建筑物分开设置；

全面分散布置：各种类别的实验用房按功能归类，独立设置。如设置微生物实验楼、理化实验楼、毒理实验楼等。

二、规模

按照《全国医院工作条例》规定，医院要开展以提高临床医疗护理水平为主的科研工作。同时，也要积极创造条件开展实验医学和基础理论的研究，引起国内外诊断和治疗的新技术，从而不断提高医疗质量和发展医学科学。

根据《综合医院建设标准》（建标 110—2008）规定：承担医学科研任务的综合医院，应按副高及以上专业技术人员总数的 70% 为基数，按照每人 30m²，承担教学任务的综合医院在床均用地面积指标以外，应按每位学生 30m² 另行增加科研和教学设施的建设用地。

新建国家重点实验室申报基本条件及总体要求中的基本条件要求，面积在 3000m² 以上。

第三节　人流物流信息化建设

一、人流

中心实验室在设计时，应充分考虑实验室效率和安全。实验室应将空间有效地划分为清洁区、缓冲区和污染区。在指定的实验室区域，应控制工作人员数量。预留准许进入实验室人员和参观者的通道。

洁净区工作人员应根据洁净路线和程序进入，不得私自改变。

工作人员上班时须先进入清洁区域的更衣室更衣后再进入实验室进行实验；工作结束后逆向返回更衣室再离开实验区。实验室人员走向和物品流向必须严格分开。

二、物流

实验室应充分考虑实验的流程、样品的运转和流转。实验室设备与试剂耗材从医院外进入中心实验室的路线应尽量避免使用患者通道，应设置专门的通道，门和通道宽度一般不小于 1.5m（大型检测仪器需要 2m），门高不低于 2m；有条件的实验室试剂耗材存储的低温及常温库房可设置 2 扇门，在靠近出入通道的门侧设置接收点，接收后直接入库，供工作人员领取使用。各室产生的医疗废物和生活垃圾先运送到污洗间暂存，最后经污梯运走。

洁净实验室物品的进出必须按规定的路线和程序，物流应设计成单向性的，物料应在脱包间进行清洁处理，脱去外包装或对外包装进行清洁，经传递窗进入主实验室。半成品从传递窗进入外暂存间，转运至外包装间后送入库房。实验室废弃物离开时必须通过高压灭菌锅进入非洁净区，送至规定的废弃物收集处。

三、信息化建设

（一）信息化建设与管理的意义

互联网技术的出现实现了政府和企业的信息化管理，信息科学技术已经进入了社会的各个领域。对于实验室来说，实验室信息化建设与管理的实质就是利用先进的信息技术和大量的信息资源，建立安全可靠的信息数据库，对实验室的每个环节进行全程、全方位实时信息跟踪，从而确保有效且充分的实验室管理。是否建立科学、全面的实验室信息化管理系统，成为衡量一个实验室是否具备竞争力的标志，从而使得实验室管理工作从传统的手工管理向现代化网络远程管理成为必然。且样品众多、过程复杂、专业性强，因此，一套功能强大、涵盖面广和信息化程度高的实验室管理系统必将提升实验室在维护国家经济利益、保证人民身体健康、保护国内生态环境、促进对外贸易发展等方面的技术保障水平。

（二）信息化建设与管理的目标

传统的管理模式已经落后于实验室现代化科学管理的要求，实验室在探索体制改革和加强制度建设的同时，也应思考如何利用高科技的手段来为实验室建设发展服务。应该认识到，加强实验室设施设备手段的现代化建设，用信息化、数字化的设施设备装备实验室，是提高实验室管理水平和质量水平，推进实验室建设迈上新台阶的必要举措。

借鉴发达国家的成功经验，结合我国相关医学实验室业务系统建设的实际情况，实验室信息化建设应达到以下目标：

（1）对现有的实验室业务模式和实验室检测流程进行梳理和规范整合；

（2）根据科学、规范、操作性强以及符合质量管理体系（CNAS）要求的原则，优化实验室的业务流程；

（3）创新工作模式，填补实验室管理上的缺失，减少实验室自由裁量权；

（4）以信息技术为保证，实现实验室检得出、检得快、检得准的目标，提升医学实验室综合竞争力。

（三）信息化系统建设规范

1. 信息化系统的运行规范

实验室信息化系统运行要求要有高性能的硬件服务器、合适的操作系统平台、强大的数据库，安全、稳定、可靠的网络系统，同时开发单位要提供必要的技术培训、技术支持和服务。

（1）系统可设置初始化及各级管理权限；

（2）系统可根据需要调整各种单据、报表等的打印输出格式；

（3）系统能保证 7×24h 安全运行，并能进行冗余备份；

（4）系统具有友好的用户界面，操作简单方便，易学易用；

（5）系统数据处理要求准确无误。

2. 信息化系统的数据规范

实验室信息系统是为采集、加工、存储、检索、传递检测样品信息及相关的管理信息而建立的计算机信息化系统。数据的管理是实验室信息系统成功的基础，因此任何节点录入的系统数据必须准确、完整、实用、规范、可审计跟踪并安全可靠。

3. 信息网络安全

实验室信息化系统与其相关实验室信息化系统一样，也必须满足以下网络安全条件：

（1）登录验证。只有合法的授权用户才能在实验室的内部网络上登录系统。严格用户权限管理。为方便用户，此设置也应相对灵活；

（2）数据操作留痕。系统应具备保证数据安全的功能，重要数据，系统能保存数据修改痕迹，确保数据的修改具备可跟踪的功能；

（3）重要数据资料要遵守国家有关保密制度的规定。数据输入、处理、存储、输出要严格审查和管理，禁止通过信息化系统非法扩散造成泄密；

（4）系统运行的网络必须建立专用的内网，确保与因特网的物理隔离，保证系统运转网络的安全、可靠。

（四）信息化系统建设

随着信息技术的发展以及实验室自身发展的需要，建立一套涵盖实验室检测业务流程管理、资源管理、业务动态监控、数据高效处理以及共享等功能的综合信息化检测平台已是大势所趋。

1. 检测流程管理

检测业务流程管理是整个实验室信息化系统的核心，包括实验室内部的样品管理、检测管理、报告管理等日常检测流程管理。该流程管理可细分为收样管理、内部样品流转、检测任务安排、检测结果管理、检测结果评价、报告证书管理、收费管理、样品处理、报告处理、流程归档等子模块。

2. 检测资源管理

检测资源管理主要功能是为实现实验室各项检测资源的信息化管理，具体包括人员管理、仪器设备管理、试剂耗材及标准物资管理、检测方法管理、检测项目管理、检测标准管理、质控文件管理、客户档案管理、内部交流管理等。

3. 流程监控管理

检测流程监控管理主要是实现实验室检测样品的流转过程监控，可以直观地查询到样品的当前检测状态，并能查询到检测样品何时到达哪个实验室、何时完成整个检测流程；系统能根据设置的检测项目周期等条件，自动判断超周期的检测项目，并能在用户首页给予提示。

4. 系统管理

系统管理包括用户权限管理、检测流程自定义管理、系统参数设置、数据库备份与还原、历史数据导入与导出、用户密码管理。

（1）用户权限管理。系统权限要细分到每个操作节点和主要的功能按钮，支持为登录人员、每个岗位详细设置每一项的应用权限，权限管理逻辑严密、控制合理。

（2）检测流程自定义。系统应支持对检测流程的自定义，支持检测业务流程的增加与删减。

（3）系统参数设置。系统应能对重要参数，如样品类别、机构名称、业务类别等进行信息化管理。

（4）数据备份与还原。系统应能支持整个数据库的定期自动备份和手工操作备份，并能进行还原操作。

（5）历史数据导入与导出。系统应能支持按照时间导出已归档的历史数据，也支持将导出的历史数据导入系统数据库。

（6）用户密码管理。系统应能支持用户密码的修改。

5. 外部接口规范管理

随着信息化的不断深入，实验室信息系统已不是一个单独存在的系统，它的建设必须考虑与其他相关系的互联和数据共享等问题。外部接口应提供实验室信息系统与检测仪器的工作站、行业的业务系统（如 CIQ2000 系统）、行业的行政执法系统（如电子监管系统）、委托检测收费系统（如各大银行系统）、客户服务系统（基于 Internet 的远程客户送检系统或检测结果网上查询及短信提醒系统）等数据接口。

（1）仪器分析数据的自动采集。系统应能支持对主要大型分析仪器设备系统或工作站系统所产生的相关数据进行自动采集与保存；

（2）与其他业务系统的互联互通。系统应能支持实验室信息系统与其他业务系统的互联互通，实现数据交换共享；

（3）系统应能支持基于互联网的远程样品信息查询与远程送样信息登记；

（4）系统应能支持与银行业务系统对接，通过刷卡方式，实现委托检测业务的收费；

（5）实验室信息系统的外部接口应该随着外部相关系统的发展而不断发展变化，功能也应该不断做出相应的调整。

（五）信息化管理系统

对实验室来说，信息化系统建成后，它的运行管理将是一个非常重要的环节。一般来讲，实验室信息化系统作为单位信息化系统的一部分，均部署运行在由单位信息中心或科技管理部门统一管理维护的机房和服务器上。因此，实验室直接参与管理维护的情况较少，但实验室也应设置专门的信息化管理员，配合单位信息中心或科技管理部门对信息化系统进行管理。

为了确保信息系统的安全，规范信息系统的管理，合理利用系统资源，推进信息化系统建设，保障实验室信息系统的正常运行，充分发挥信息系统在实验室管理中的作用，实验室必须根据《中华人民共和国计算机信息系统安全保护条例》及有关法律、法规的规定，结合实际情况，对运行的信息系统进行严格的管理。

第四节　功能区域划分与平面布局

一、概述

实验室建设是否满足要求，首先要对该实验室进行科学合理的规划设计、功能分区和平面布局，中心实验室的功能分区和平面布局要满足实验室的基本要求，实验室功能分区及规划需要充分考虑实验室的工作内容、方法、标准、需要摆放的仪器设备种类和数量、环境要求、生物安全要求等因素，同时也要考虑消防、抗震级别等要求，有些专业实验室还需要有关特定的建设标准。

二、需求分析及平面布局

对用户来说实验室的需求是刚性的，而对于基建部门来说，一个项目的建设规模及资金是有限的。在一个实验室项目的建设过程中存在诸多矛盾，如建设规模与需求面积的矛盾、建筑结构与检测流程的矛盾、工艺规范与功能要求的矛盾、资金预算与建设的矛盾等。如何协调、平衡、解决这些矛盾，是基建部门与用户的一个协调过程，需协商达成一致意见后，通过设计单位、工程监理、施工单位、设备供应商等配合予以实现。

实验室建设的首要且基础的任务是确定平面布局，需要对实验室种类及需求进行分析，方可提出平面布局方案。

三、平面布局

实验室平面布局的基本原则：科学布局，相对集中。

（一）科学布局

基本原则是布局必须满足标准和规范规定的实验流程。

如生物安全实验室、洁净实验室的人员和物品的出入流程、隔离流程等。实验室的检测流程，应尽可能地实现从样品接收分类、准备及前处理到检测、数据处理的单项流程流向，有条件的可实现人流、物流分离。

建筑平面布局应根据生物安全的要求合理设置，污染区、半污染物、清洁区三区应划分明确，有条件的应设置缓冲区。

污染区：污染源主要是临床送检的标本和属于危险品的化学试剂。主要包括HIV实验室、PCR实验室、微生物实验室、储存室、冰冻切片制片室，细胞学涂片制片室、洗消间、污染物处理区、尸检解剖室等。

半污染区主要包括病理诊断室，标本陈列室、组织切片室、采血室、仪器室、血常规等。

清洁区主要包括各办公室、学术会议室、图书资料室、更衣室、多功能大厅等。

室内污染区应每日进行紫外线消毒，空气每日紫外线照射消毒 1~2 次，每次 30min；物体表面、工作台、地面使用后的医疗器械可使用含氯消毒剂进行擦拭或浸泡消毒；工作服、手术服要定期清洗、消毒；处理标本器具每次使用后都要进行排毒。

某些实验室人员提出，减小生物安全实验室缓冲间，以尽可能地增大让实验区域，这既不符合设计规范，也不满足设备、人员、物品的进出要求，是不切实际的。

（二）相对集中

基本原则是尽可能扩大共享区域，减少单一独立区域。

有些实验室人员，只考虑本身检测需求，提出独立、封闭的区域布局要求，与全局有冲突。用户需要在实验室管理上进行协调，尽可能地将功能相近、对建筑及环境要求相同、相互干扰较小的区域集中安排，功能共享，实行大开间、车间式布局；尽可能减少功能单一、需求狭小的独立区域，可以显著减小整个系统的复杂性，降低建筑造价、节省投资，而且可以显著提高整个系统的扩充性和改造性。

合理安排样品接收处理区域、准备区域、前处理区域、检测区域、精密仪器区域、数据处理区域、样品储存区域、辅助区域等；也可将同一专业实验室集中布局。

集中安排酸性气体排放区、有机气体排放区，可有效集中设置排风竖井和管道井、减少管道长度和管道交叉，降低管道风阻，降低系统复杂性。

集中安排同类生物安全实验室，可集中安排空调机房、集中安排气流方案（进风管道和排风管道）。

集中安排精密仪器实验室，可安排集中供电、集中供气等。

根据具体情况可设周转试剂房、集中洗涤间、集中纯水间等。

第五节　基础建设与设备配套原则

一、概述

随着现代化科学技术的迅速发展，近年来，各机构纷纷建造实验室，以满足科学实验室研究的需要。要建设一个现代化的实验室，使其能更好地为检疫研究、生产和教学服务，除了先进的科学仪器外，还必须有完善的实验室家具作为实验室最重要的配套设备，实验室家具配置的优劣在实验室建设中有着极其重要的作用。

在实验室建设时必须重视实验室家具的设计和选型。实验室家具很多，但归纳起来主要有试验台、实验用柜和通风柜等几大类。

二、实验室建筑结构及各专业配套要求

（一）建筑结构

建设方需要关注的重点是，从实验室需求及功能要求的角度，建筑物的外墙形式及材料对采光、通风的限制，建筑梁柱、承重、层高等因素对实验室布局、功能、流程的限制。

建设方在确定实验室布局、功能、流程等建设方案后，设计单位需在建筑结构设计中考虑外墙、梁柱等设计要素，满足实验室对开间、通风、承重、层高的要求。

（二）电气

建设方需要关注的重点是，实验室实验设施及仪器设备（以下简称设备）的配电问题，一般由用户提出设备布置方案，以及配电容量需求，设计单位进行核算并按照规范进行配电设计。建筑设施及通风空调配电由设计单位根据规范设计。

1. 概念介绍

表 6-3-3 铜线安全载流量一览表

铜线截面积（mm², 简称平）	安全载流量（A）
2.5	28
4	35
6	48
10	65
16	91
25	120

（1）配电回路。

一个实验室房间可以设一个或多个配电箱，这里简单地把配电箱里的一组空气开关后面的线路（220V 两相电配一相 L 及一零一地三线、380V 三相电配两相 L 及一零 N 一地四线）称之为一个配电回路。一个配电箱里可接出多个回路。

（2）负载电流。

设备负载电流 I= 设备额定功率 W/ 额定电压 U，电动机类设备因反向电流的原因有一个功率系数而小于次数。

一个回路的总负载电流不等于所有设备的负载电流之和，应考虑同时使用率。

总负载电流 = 其中最大设备的额定负载电流 + 同时使用系数 × 其余设备的额定负载电流之后。同时使用系数为 0.6 ~ 0.9，设备越多，系数取值越小。

（3）插座的额定电流。

插座的额定电流应根据负载的电流来选择，一般应按 2 倍负载电流的大小来选择。例如：一台设备额定功率 2kW，负载电流 = 功率 / 电压，约为 9A，插座选择 16A。实验室 1kW 及以下小功率设备一般使用 10A 插座，使用三相 380V 电源或负载电流大于 16A 的设备需使用专用插座或者使用开关箱。

（4）配电总负荷。

实验室房间或区域的总负荷，为全部回路负荷之和。它决定了每个实验室配电箱的规格大小，加上照明、空调及其他建筑设备等负荷，进而决定了楼层配电箱的规格大小，也决定了配电房至楼层电缆的规格大小，影响到配电房高压柜、变压器、低压柜的规格大小，最终影响了工程造价。

2. 设备布局及配电容量测算

从实际情况出发，在此提出以下原则供实验室设备布局时考虑配电需求。

（1）重点考虑大功率耗电设备，尽量做到固定位置，每台设备配备固定插座或开关箱，如马弗炉、烘箱、大功率电炉、电热水器、空压机、高速离心机、大型冰箱等；根据需求合理配备三相 380V 电源。

（2）重点考虑大型精密设备，每台设备配备专用插座或开关箱。

（3）10A 插座根据需求合理配合，小功率设备可以不要求固定插座，不能贪多贪全。

在用户实验设备布置的基础上，设计单位按照规范，根据设备功率参数，同时使用系数等因素进行配电设计。

3. 集中不间断（UPS）供电

原则上只应对大型精密仪器设备进行集中不间断 UPS 供电，容量根据现有设备保有量的总额定功率并考虑同时使用系数计算。

UPS 供电可独立于室内配电单独建设，包括 UPS 输入配电箱及线路、不间断电源 UPS 供电设备（包括蓄电池）、UPS 输出配电箱及线路、至试验台插座之全部电气工程内容。

UPS 供电插座颜色可以与普通配电加以区别。

（三）通风工程

建设方需关注的重点是，实验室通风设备（包括通风柜、生物安全柜、仪器排风罩、万向抽风臂、房间排风口等，以下简称通风设备）的配置，排风容量问题以及由此而引起的空调配置问题。一般由用户提出通风设备布置方案，并提出容量需求。设计单位进行核算并按照规范进行通风系统设计（包括风道、风井、风机、废弃处理、控制系统等设计），并按照《通风与空调工程施工质量验收规范》（GB 50243—2016）《工业建筑供暖通风与空气调节设计规范》（GB 50019—2015）进行相应的新风、空调等设计。以下提出一种通风设备布置、排风容量测算的粗略方法，供用户参考。

1. 问题的提出

由于实验室的特殊性，大多数实验过程中可能会使用到一些对健康有危害性或具有危险性的化学、生物、放射性材料，各类实验室在实验过程中可能会产生废弃、废水、废气排放，发生噪声、电磁辐射、放射性辐射、生物危害等污染。特别是化学实验室，室内空气污染物的种类很多，废气排放具有浓度较低、分散、成分复杂、排放具间歇性等特点。主要空气污染物来源于两类试剂的使用：一类是无机酸，如盐酸、硝酸、氢氟酸等；另一类是有机溶剂，如苯、甲苯、三氯甲烷等。微生物实验室还会出现病毒性微生物和毒素的传播。这些有毒有害气体和病毒如果没有得到科学合理的处理，不仅会对实验人员的人身健康造成很大伤害，还会引起交叉污染，对整体实验环境、实验结果的稳定性和可靠性造成一定影响，甚至会影响试验场所周边的大气环境。

为了保证实验结果的准确性、稳定性，维护实验人员的生命安全和健康，各类实验室必须维持良好的通风环境，控制环境温度和湿度，在此基础上，根据实验室种类的差别，进一步提高对生物危害、噪声、电磁辐射、放射性辐射等污染的防护。

因此，通风是保证各类实验室、特备是化学实验室环境需要的基本条件。通风主要解决的是工作环境对实验人员的身体健康和劳动保护问题。同时，还要注重对大气的保护，避免大气的二次污染，因而需要对排放废气进行处理。

2. 实验室通风系统的类型

通风系统按不同的划分标准可划分为不同的类型，下面列举了三类划分形式。

（1）按照通风系统作用范围可划分为全面通风和局部通风。

①全面通风是对整个房间进行通风换气，用送入室内的新鲜空气将房间的有害气体浓度稀释到卫生标准允许的范围内，同时把室内污染的空气直接或经过净化处理后排放到室外大气中，全面通风的效果不仅与全面通风量有关，还与通风房间的气流组织有关，全面通风的进排风应使室内气流从有害物质浓度较低的区域流向有害浓度较高的区域，特别是应使气流将有害物从人员停留区域带走。

②局部通风是采取局部气流使局部场所不受有害物的污染，从而营造良好的工作环境。实验室局部通风一般包含：排毒柜通风、生物安全柜通风、万向抽气罩通风、仪器设备罩通风等。

（2）按照通风系统作用动力划分为自然通风和机械通风。

①自然通风是利用室外风力造成的风压，以及由室内外温差产生的热压使空气流动的通风方式。

②机械通风是依靠风机的动力使室内外空气流动的方式。

实验室一般采用机械通风以及机械补风或自然补风相结合的形式。在通风系统设计时，先考虑局部通风，若达不到要求，再采用全面通风、局部通风可以保证在实验室合理有效地排除有害物质，全面通风用来排除散发及残存在实验室中的有害物质，以保证实验室的卫生环境。另外，还有考虑建筑设计和自然通风的配合。

另一种特殊通风形式是"事故通风"，它是为防止在发生偶然事故或故障时，可能突然散发大量有害气体或有爆炸性的气体造成更大人员或财产损失而设置的排气系统，是安全保障的一项必要措施。

（3）按照通风系统的集中程度可以划分为独立排风系统和集中排风系统。

在选择排风系统须式时应考虑功能的需要、维护的便利及安全可靠性，以及根据实验室的危害程度来确定是否需要设置独立的排风系统还是集中排风系统。

①集中排风系统不宜用于室内有高度危险物质或放射性物质的排风柜等排风设施，变风量系统也不宜用于危险性极高的实验室排风系统。集中排风系统有以下优点：风管制作费用低；需要操作维护的设备少；屋面上穿孔及排风管较少；有利于能量回收；可以将排风口集中布置；便于设置备用排风机，保证系统正常运行。

②独立排风系统可设为服务于每个排风设备，也可设为服务于每间实验室内所有排风设备。独立排风系统具有以下优点：适合对排风有特殊过滤或处理要求的系统；适用于对排风机及风管有防腐蚀要求的系统；适用于突发事故应急系统；系统平衡调节简单与集中排风系统相比，独立排风系统占用建筑空间较多，对建筑物外立面的影响较大。

集中排风系统可分为压力相关型和压力无关型。压力相关型排风系统每个排风口的排风量与风道静压有关，压力无关型排风系统每个排风口的排风量与风道静压无关。压力相关型一般是定风量系统，系统通过调节风阀达到风量平衡，风阀角度固定在使系统处于平衡状态的位置上，如果排风系统在运行中需增加一个排风柜，整个系统必须重新调整平衡。该系统虽然结构简单，但在运行中当系统压力发生变化不可能即时通过调节阀门使系统达到平衡。系统在设计时没有考虑排风柜面风速以及室内相对压差的恒定的要求。因此该系统适合使用没有危害物质产生及没有特殊安全要求的实验室。

基于上述原因，设计中较少选用压力相关型排风系统。相比之下，压力无关型排风系统适用性较强。压力无关型排风系统可以是定风量系统，也可以是变风量系统，还可以是两者混合的系统。它将每个排风设施和压力无关型风量调节器（即定风量或变风量调节阀及风量检测器）组合在一起。

压力相关型排风系统具备以下两个优点：对于系统增加排风设施的适应性较强，不需要重新调整系统的平衡；可以实现变风量控制。控制风量调节器的信号可以设定为排风柜最小风量信号、排风柜门位传感器信号、排风柜压力传感器信号等。

3. 实验室通风的误区

在以往的实验室建设中，很多人存在一些思维误区，为了将室内污染物排放出去，认定通风设施越多越好、排风速度越大越好，而实际结果适得其反。

如某实验室，基建部门与用户之间缺乏沟通，在初步设计中未考虑到实验室通风问题。工程交付使用后，用户在区域内安装了大量的通风设施，造成三个不良后果：其一，未设计排风风井，只能后加室外管道上屋顶排放，影响建筑外观；其二，通风设备工作时，将大量室内空气排出，而补新风量不足，造成室内负压。其三，室内空调基本不起作用，实验人员感到憋气、头晕。

如实验室通风设备与风机不匹配，通风柜面风速超过3m/s，形成涡流，排风效果极差且噪声很大；值得困惑的现象是，在面风速很大的情况下，室内废气也不能排放出去。

4. 粗估参数介绍

（1）换气次数。

在现代公共建筑中，特别是高层公用建筑中，可以开启的窗户比较少，一般通过强制输入室外新鲜空气（补新风），替换室内空气，进而改善室内空气质量；在一个无主动排风的房间中，以每小时补新风量（m³/h）除以房间体积，即可得到换气次数的粗估参数。补新风需将室外新鲜空气进行制冷或制热送入房间。

（2）舒适环境。

以区域内25℃的环境温度、每小时3次的换气次数，认为是所谓的舒适环境。

（3）空调容量。

以所谓舒适环境的要求，实验室空调制冷量配备粗估约0.8匹/10m²，房间换气次数越大、补新风量也大，相应增加空调容量和补新风制冷制热量。制热量也可按照不同热源进行粗估。

5. 有强制排风区域通风及空调的经验估算

（1）区域排风量。

一般实验室排风设施有以下几种：通风柜、生物安全柜、仪器设备罩、万向抽风臂、房间排风口，其排风参数大致为：单台通风柜300 ～ 1700m³/h；单台仪器设备罩200 ～ 650m³/h；单台向抽风臂150 ～ 200m³/h；单台试剂柜或药品柜100 ～ 200 m³/h；房间排风口100 ～ 300 m³/h；生物安全柜分为全排放、半排放、全内循环三种，且生物安全柜与生物安全实验室使用专用独立风井，与普通实验室排风分离。

可以根据区域内排风设施的种类和数量，考虑同时使用系数，计算区域内排风总量。

$$\text{区域排风总量 } Q_e \text{（m}^3\text{/h）} = \sum Q_i N_i SF \qquad \text{（式 6-3-1）}$$

式中：

Q_i—排风设备的排风量（m³/h）；

N_i—排风设施的数量；

S—同时使用系数，同时使用系数一般可取0.3 ～ 0.7。

（2）区域补新风量。

$$Q_n \text{（m}^3\text{/h）} = Q_e F \qquad \text{（式 6-3-2）}$$

F—自然补风系数，考虑到建筑物门窗缝隙的自然补风，系数越大，自然补风越小，一般自然补风系数取0.6-0.8.

（3）换气次数。

$$\text{换气次数 } C = Q_n \text{（m}^3\text{/h）} / \text{区域体积（m}^3\text{）} \qquad \text{（式 6-3-3）}$$

（4）经验估算。

按以上公式，可相互推算通风设备、排风量、新风量等粗估参数。

例如：使用面积100m²的房间，室内净高3.9m，室内体积390 m³，如按20次换气次数估算，自然补风系数取0.8，则补新风量为390×20×0.8=6240 m³/h；区域排风总量不大于6240/0.7=7800 m³/h；如按通风柜考虑，同时使用系数取0.5，通风柜数量可安装7800/0.5/1500=10 台，即可同时开机5台，除新风外空调制冷容量约配10 ～ 12匹，如全部开机，可能造成房间负压、空调冷量不足，但是短时间开启还是可以的。

（5）排风设备的布置。

经验表明，按照20次换气次数的上限设置也是比较适用和合理的，更大的换气次数意味着更大的补新风量，将会带来更大的能源消耗，也将显著提高风机噪音。

用户可以根据每个实验室的需求，按照 20 次换气次数上限估算排风设备数量，合理布置排风设备。

（6）室内气流方向的确定。

有了足够的换气量，并不一定能有效地排除室内有害气体，在室内还必须保证正确的气流方向，才能使新鲜空气进入，有害气体排出。室内气流方向不确定，就可能使换气气流短路，进入室内的新鲜空气排出了，而有害气体却滞留在室内，则无法达到换气的目的。一般室内气流方向的形成，取决于出风口和进风口的位置，要根据出风口的位置来确定进风口的位置。保证了室内气流是自下而上，自四周而集中流向出风口的走向。

设计单位根据每个区域的排风量，合理布置风管、风道、风机，按照规范进行设计。

6. 特殊实验室通风与空调

生物安全实验室、洁净实验室等按实验区域单独考虑，使用专用空调、专用新风及排风管道，以上排风设备不混合计算。

7. 废弃处理

可根据污染物排放类别、浓度、连续性等因素考虑废弃处理措施。

有机废气一般采用活性炭吸附处理后排放，酸性气体一般采用淋洗处理后排放，平面布局时可考虑相对集中排放类别一致的末端，分系统进行处理。

通风柜和仪器设备罩可能在某个时段排放浓度较高的污染物，可集中处理。万向抽风臂和房间排风可直接排放，也可根据实际情况结合预算灵活处理。

8. 空调选型

目前医学实验室采用的空调有 6 种类型：中央空调、变频多联空调、普通分体空调、计算机房专用空调、恒温恒湿精密空调、生物安全实验室用净化空调。前三者主要用于办公区域、公共区域、非特殊要求实验室区域，后三种为特殊要求采用，按照标准配置。

前三种空调的选型，各有优劣。中央空调技术成熟，造价适中，缺点的是必须固定开启季节和时间，限制了实验室的工作周期；变频多联机可灵活开启，但是一次性投资高，且需考虑集中安排室外机场地；普通分体空调造价低、开启灵活，但是对建筑物立面影响较大，空调选型需要根据具体情况决定。

（四）给排水及废弃处理

1. 给水

实验室可采用普通 PVC 给水管道，资金允许的情况下可采用不锈钢给水管道。南方地区容易滋长青苔、管道难以清洗，建议不采用管道集中供纯水，可设置集中纯水制造点。

2. 排水

目前尚无一种管材可以满足既耐强酸腐蚀，又耐有机溶剂的要求；不锈钢材料实际上对强酸废水耐受不强，特别是接口处容易蚀穿，而且造价较高；PVC 管材对有机废水耐受性也不好，耐受性好的聚乙烯管材造价又因太高而无法使用。

一般采用 PVC 下水管道，在实验室管理上采取措施，要求实验室人员不得往下水管道直接排放大量强酸、强碱、有机溶剂，可设专用容器收集，集中处理，可保证实验室下水道的安全使用；生物废水须灭菌后排放。

3. 废水处理

鉴于实验室废水排放浓度不高，且是非连续性排放，可根据实验室每星期排水总量，在化粪池旁设中和池，一周满后排放至化粪池；排放前，根据环境保护有关排放标准，在中和池内配置废水自动处理系统，可实现自动处理、自动排放。

4. 给排水点的布置

根据实验室的功能布局，结合实验家具、实验设备的布置，科学、合理安排给排水点；在方便的位置设置应急洗眼淋洗装置。

设计单位根据用户提出的给排水点布置，按规范进行给排水设计。

（五）弱电

1. 网络通信系统

根据业务需求，在综合布线中可根据设备需要设置外网，以便接入互联网；也可设置内网，以便于组成设备通信网络，实现实验室自动化管理；根据实际需要，设置电话通信网络。

2. 通风控制系统

根据通风系统的需要，可组成通风自动控制系统，实时采用通风设备（包括通风柜末端、管道压力、风机、废气处理等）的运行数据，实现现场控制、集中控制两种模式并行运转，形成自动运行、自动监控、自动记录的全自动通风控制系统。

3. 门禁系统

根据需要，可设置网络集中式门禁、独立式电子锁等系统。

（六）照明

医学实验室如无特殊说明，照明系统适用《建筑照明设计规范》（GB 50034—2013），在特殊检测区域适当考虑特殊照明、人工模拟光源、灯具防爆等要求。

（七）消防

医学实验室一般采用水喷淋灭火消防，也可采用干粉灭火器消防系统；如资金充足，在需要特殊防水保护的区域可采用气体灭火消防系统。

医学实验室特别是生物安全实验室的布局分隔、流程通道设置等，须满足消防分区、消防逃生、火灾报警等规范的要求。

（八）集中供气

从安全及造价考虑，一般不对实验室可燃气体、助燃气体进行集中供气，实验室集中供气主要为氮气、氩气、氦气、零空气、压缩气体等非可燃性气体。

集中供气系统造价较高，要根据实际情况提出合理配合需求，避免盲目追求超前。

三、实验室家具组成

（一）实验室家具定义和组成与分类

1. 实验室家具定义

实验室家具是指实验室内用于实验操作的一类支撑储存物品、设施设备的器具。

2. 实验室家具组成

（1）材料组成：家具是由材料、结构、外观形式和功能四种因素组成的，其中功能是先导，是推动家具发展的动力，结构是主干，是实现功能的基础。

（2）家具组成：通风柜、中央台、边台、试剂柜、仪器柜、更衣柜、实验柜、药品柜、试验台、天平台、保护罩等。

（二）实验室家具配置清单

家具名称	必要性	功能用途	存放地点
试验台	◆	实验用	试验室
天平台	◆	称量	天平柜
实验柜	◆	试剂存放	试剂室
实验椅凳	◆	实验专用	实验室
器皿车与其他	◇	运送器皿	实验室

注：◆表示必须配置的家具；◇表示推荐配置的家具

1.试验台

（1）中央台。

（2）边台。

（3）天平台。

（4）仪器台（含高级显微镜）。

2.实验用柜

（1）药品储存柜：移门药品储存柜、开门药品储存柜、拉式药品柜（便于药品分类和工作人员存取方便）。

（2）样品柜。

（3）危险品保管柜。

（4）器皿存放柜。

（5）更衣柜。

（6）气瓶柜。

（7）生物安全柜。

（8）通风柜：顶抽式通风柜；狭缝式通风柜；旁通式通风柜；补风式通风柜；自然通风式通风柜。

（9）活动式通风柜。

3.实验椅凳

（1）实验凳。

（2）实验椅。

4.实验室专用器皿及其他

（1）专用器皿车。

（2）滴水架。

（3）试剂架。

（4）三龙水龙头。

四、实验室家具配置

（一）实验室家具配置要求

实验室家具是一类比较特殊的家具，实验室家具不仅应具有优良的使用功能，还应具备整洁明朗的外观和颜色，以改善室内环境，体现现代特征。

实验室家具为适应各类不同实验的需要，在追求实验室环境舒适、安全的同时，应满足实验的功能性、坚固性、耐腐蚀性以及安装布置的灵活性等。因此，对实验室家具的构造和材质有更高的要求。

实验室整体工作环境对于实验室家具具有一定的损害性，如各种溅出物、腐蚀性试剂盒溶剂、超负荷使用以及其他不适当使用等，因此实验室家具必须坚固耐用并符合人体工程学，除此之外也要满足其他相关条件。

（二）试验台

实验台的总体要求应满足：

（1）防火、耐热、耐磨、稳定性好，防酸、碱等腐蚀性化学试剂的破坏；

（2）试剂架坚固，可上下调节高度；

（3）电源配置合理，充分加以保护，保证安全实用；

（4）试验台应具有整体性、稳定性，其整体结构可根据实验要求随意搭配；

（5）拉手应具有优良的抗腐蚀性能；

（6）可悬挂吊柜；

（7）适合人体原理的活动式空间以及方便的水、电、气、风的维修维护窗口；

（8）在中央试验台和边实验台上，应安装试管架、万向支架、反应管、抽取管等器具，另外，在实验台上要引入特殊气体配管，以及作为冷却用的给排水管；

（9）实验台、椅、柜应配合实验人员的身材，使实验人员以各种不同的姿态工作都能够舒服、自然。

1. 实验台的通用规格

（1）长度。

每个实验人员所需要的实验台长度，由于实验性质的不同，其取值的幅度差别很大，实验台长度通常宜考虑每人 1200mm（最小不应小于 1000mm），而有机化学实验台则需考虑得长一些，可取 1400 ~ 1600mm，科研人员所需的实验台长度应考虑各科研人员对其所从事的实验的具体要求。依据《实验室家具通用技术条件》（GB 24820—2009）。

（2）台面高度。

一般宜取 850mm 高，如果男性实验人员数量占较高比例也可考虑取 900mm，对某些特殊的实验工作也有做成较低的，如 750mm 左右。

（3）宽度。

实验台每面净宽一般为 750mm，最小不宜少于 600mm，台面上放置药品部分可考虑宽 200 ~ 300mm；建议双面实验台采用 1500mm，单面实验台为 650 ~ 850mm，管线服务设施应集中在管线盒上并引出台面，避免了台面管线混乱，但在设计时要注意每一管线盒的使用范围不能过大，橡皮引管过长容易发生事故。参见《实验室家具通用技术条件》（GB 24820—2009）相关要求。

2. 实验台的组成

整体式实验台不灵活且搬运困难，目前一般很少使用。通常是将整个实验台分成几个小单元在现场组合，台面必须是一个整块，避免拼接时有接缝。分单元拼成的木制实验台，可移出部分单元进行管线安装检修，如果将整个台面与下部的器皿柜脱离，可采用尽可能大的整体台面直接搁置在按单元组合的器皿柜上面。

固定式钢筋混凝土结构和混合结构的实验台，可考虑按单元分成预制小块进行现场组装，拼缝经处理后再铺贴瓷砖或其他材料，实际使用时，可在台面上覆盖一层耐腐蚀垫片，如橡胶板、聚氯乙烯卷材等，既可避免溶液流入缝内，又保护了台面。

3. 实验台基本构成

一般实验台主要由台面和台下的支座或器皿柜构成，为了方便实验操作，台上设有药品柜、管线盒或洗眼装置等。《实验室家具通用技术条件》（GB 24820—2009）。

（1）管线通道、管线架与管线盒。

实验台面上的管线服务设施系自地面以下或由管道引入实验台中部的管线通道，之后再引出台面以供使用。管线通道的宽度通常为300～400mm，靠墙实验台（边台）为200mm，如果实验台的部分单元不能整体移开以进行实验台内的管线检修，则器皿柜后壁应做成可拆卸的构造方式。管线出口和电源插座通常直接引至台面上。

（2）试剂架。

试剂架的宽度不宜过宽，以能并列二排中型试剂瓶（500mL）为宜，通常的宽度为200～300mm，边台药品架易取200mm。药品架通常为木制或钢制，分两层设置，下层留空以便设滴水盆与二面实验台间的物品传递，上层可二面设玻璃扡门，也可不设。搁板边缘设有小凸缘，以防试剂瓶被对面实验人员推落。

药品架如采用金属管材制作，搁板则可用铅丝玻璃，因有时须提供较复杂的实验装置使用，因此药品架结构须结实稳固。药品架上缘可加装日光灯，有利于实验人员看清楚玻璃仪器上的刻度。试剂架一般有中央试验台和边台两种，根据实际需要有带玻璃门和不带玻璃门两种，也有带侧箱布电源线、水管、日光灯管等，还有带排气装置的。其基本规格：长度根据试验台长度而定，一般有1200mm、1500mm、1800mm等；高度一般为1080mm；宽度中央试验台300mm、边台200mm等。

（3）试验台下器皿柜。

试验台下方一般设有器皿柜和伸膝凹口，既可放实验用品又考虑了实验人员坐在实验边台进行工作的需要。与台面相分离的器皿柜组合单元相比整体组合式实验台具有更大的灵活性。实验台下与台面分离的器皿柜组合单元比整体组合式实验台具有更大的灵活性，台下器皿柜的组合完全可根据各实验人员的需要与使用习惯进行选择。各组件安放就位后，整片台面直接搁放在各组件上，这样的台面可很少有拼缝或没有拼缝，所以此种组合方式是比较理想的。它不但有利于生产工厂化，又有利于提高设计与施工的进度，而且最能适应将来实验室布局的变更，也就是具有很大的灵活性。《实验室家具通用技术条件》（GB 24820—2009）。

每面实验台可根据需要在台下留有一两个伸膝凹口，因此宽度为600～1100mm，超过这个宽度，台面跨度过大，需在前沿加设横档或设中间支柱，伸膝凹口的高度可取800mm（850mm高实验台），以配用625mm高的实验凳。为了考虑实验人员站立时的需求，器皿柜的踢脚线部分必须往后缩进40mm左右以形成伸膝凹口。踢脚线高度可考虑100～120mm，如需考虑防止含药业的地面水可能流入器皿柜的底下，可将地面防腐卷材向上翻起贴在踢脚上，或者器皿柜组件不做踢脚而在地面上另砖砌踢脚。此外，这类组件亦可应用于混合结构的实验台。每一小组件可直接推入台下，或在小组件下设有小轮子。因此又出现将小柜能灵活地悬装在实验台钢支架下的做法，离地250mm，这样不但地面清洗方便，其外观亦较轻巧，但其贮存体积也相应地比落地式的小一点。

（4）实验台的排水设备。

实验台排水设备通常包括洗涤盆、台面滴水盆与台面排水槽。洗涤盆常采用陶瓷或不锈钢成品，设在实验台的两端，洗涤盆可安装在悬臂式或落地式支架上，其高度通常比台面低50mm或更低一些。

4. 中央台

基本要求：实验台根据不同需要配置试剂架、洗眼器、滴水架、水龙头和水槽，台面耐腐蚀（含酸碱腐蚀和有机溶剂腐蚀）、耐高温、易清洗、耐磨耐刻刮，冷却水管路安装方便美观，根据需要配漏电保护，每个台下均配置1个垃圾回收柜。

5. 边台

（1）用途：摆放小型设备、玻璃器皿、辅助设备和部分实验操作。

（2）基本要求：根据设备清单中的要求进行配置试剂架。根据需要配置水槽等，台面耐腐蚀、易清洗、耐磨耐刻刮，冷却水管和电源线路安装方便美观，配漏电保护罩。

6. 天平台

（1）用途：实验室摆放万分之一天平。

（2）基本要求：安装方便、美观，与其他家具搭配协调，抗震。

7. 仪器台（显微镜台）

（1）用途：摆放仪器或精密显微镜。

（2）基本要求：落地式及C框架加吊柜，整体具有防震功能，实验台封边板为落地式封边，保证实验台的闭合性。

（三）实验室用柜

1. 药品储存柜

（1）主要用途：摆放实验用药剂。

（2）基本要求：易清洗，安装方便、美观，与其他家具搭配协调。

（3）结构要求：落地式，上玻璃趟门，下钢制对开门，内部配有阶梯型放置架。

2. 样品柜

（1）主要用途：摆放实验用样品。

（2）基本要求：易清洗，安装方便、美观，与其他家具搭配协调。

（3）结构要求：落地式，上玻璃趟门，下钢制对开门，内部配有阶梯型放置架。

3. 危险品保管柜

（1）主要用途：摆放实验用器皿。

（2）基本要求：易清洗，安装方便、美观，与其他家具搭配协调。

（3）结构要求：落地式，玻璃对开门，底部配有阶梯型放置架。

4. 气瓶柜

（1）主要用途：存放高压气瓶。

（2）基本要求：安装方便、美观，与其他家具搭配协调，符合国际安全标准。

（3）规格：单门，柜体宽度为600mm，高度为2050mm，深度为615mm。

5. 生物安全柜

（1）主要用途：生物试剂、制剂、有毒危险药品、贵重药品及科研标本等既有严格温度要求，又有高度安全保险的物品存储和安全管理。

（2）基本要求：符合《危险化学品安全管理条例》和《生物安全管理条例》等法规的规定和要求，具有防盗报警功能、温度自动控制功能、开门自动记录档案等功能。

（3）结构要求：柜体采用厚钢板并经喷涂处理，坚固、美观、使用方便快捷，安全可靠。

6. 通风柜

通风柜基本规格：通风柜单元平面尺寸，应根据各种实验内容和要求来确定，通风柜深度一般取800～850mm，深度过浅有碍通风柜的效果。狭缝式通风柜，由于其后壁有夹层，深度不宜过小。通风柜的每单元长度，即前臂结构尺寸，不宜小于1.0m，一般为1.2～1.8m，如果单柜不能满足使用要求时，可以考虑双柜或多柜并列，柜间可根据需要设置或不设置间壁，如考虑灵活性，可设置活动间壁。如果工艺上需要更大长度者，可将多单元连续设置，中间不设间壁。通风柜台面高度一般取 850 ～ 1000mm 左右；操作口开口高度，因考虑柜内实验需要并不使开口上缘阻挡实验人员的视线，所以不宜过小，通常取 300mm 左右；通风柜柜内净高一般取 1500mm，对于狭缝式通风柜，其中缝和下缝的尺寸一般应相等，具体尺寸应按条缝出风速控制在 5m/s 以上为宜，挡板后的风道宽度应为条缝宽度的 2 倍以上。通风柜上部可设管道检修柜，直封至平顶，可避免通风柜顶部积灰，以保持实验室的整洁。

（1）顶抽式通风柜。这种通风柜的特点是结构简单、制造方便，对需要加热的实验室，或者实验过程中产生大量热量的，顶抽式通风柜具有良好的排风效果，但当实验过程中不产生热量时，则通风柜操作口出风速会很不均匀，近台面处有漩涡，因此，这种形式在没有热量产生的场合效果较差，不宜采用。

（2）狭缝式通风柜。狭缝式通风柜是在其顶部和后侧设有排风狭缝，后侧部分的狭缝，有的设置 1 条（在下部），有的设置 2 条（在下部和中部）。这种通风柜，由于上、中、下三个部位均可设有排气口，而且气流流经狭缝时，有节流效应，变静压为动压，这样造成通风柜内有一股较强的负压气流，使操作口处的风速达到均匀，针对各种不同工况都能获得良好的效果。但因此结构比较复杂，制作具有一定的难度。

（3）旁通式通风柜。普通通风柜的排风量是按设计风速和操作口全开时的截面积计算的，在实验正常运行而不需人操作时，往往将柜门关闭，此时，由于排风量没有多少变化，使操作口调节门下进气口风速达到最高值。虽然有害气体不易逸出，但对有些实验会产生不利的影响，如用煤气灯加热时风速过大使火焰晃动，影响加热。为解决这一矛盾，则出现了带旁通的通风柜，这种通风柜当操作口调节门开大时，旁通口被调节门阻挡，不起旁通作用，空气由操作口直接进入通风柜；当调节门接近关闭时，旁通口开启，一部分空气从旁通流入柜内，使操作口风度不致过大，而且基本稳定，当实验室考虑适度通风柜排除室内空气时，采用这种通风柜比较理想，因为当柜门关闭时并不影响室内的换气量。

（4）补风式通风柜。这种通风柜是把占总排风量 70% 左右的空气送到操作口，或送到通风柜内，专供排风使用其余 30% 左右的空气由室内空气补充。供给的供气可根据实验要求来决定是否需要处理（如净化、加热等）。由于补风式通风柜排除室内空气很少，因此对于有空气调节系统的实验室或洁净实验室，采用这种通风柜是比较理想的，既节省了能源，又不影响室内气流组织、通风柜内与室外空气温差、排风管高度和系统阻力。因此，这种通风柜一般都用于加热的场合，排风管比较高，而且要求由通风柜顶部直接通到室外，风管不应转弯，排风管顶部设筒型风帽。在实验过程中，不应关闭柜门，否则会有局部阻力，影响排风效果。

（5）自然通风式通风柜。优点是节电，能日夜连续换气（经实测室内换气可达 6 次），有利于室内换气，无噪声和振动，由于没有机械设备，容易保养，构造简单，造价低廉。但其使用受一定条件限制，凡毒性较高和不产生热量的实验，都不宜采用，有的房间，在夏季也不宜使用。

（6）活动式通风柜。现代化实验室建筑中，还会配置一种通风实验室（实验大厅）。实验室家具中的实验工作台，水盆、通风柜等设备都可以随时移动，不用时也可以推入临近的贮藏室。这种通风柜宜用木材、塑料或金属制作，以便移动。柜脚下设轮子，也可同时附设能升降的柜脚。通风柜柜门、后壁挡板、二端透明窗采用 6mm 厚钢化玻璃。通风柜排水，可经过柜前标准排水槽或台面上的滴水盆，再由软管排入地漏。

第六节　特殊检测实验室
（动物实验室）建设

一、概述

实验动物作为生命科学研究的基础和重要支撑条件越来越受到广泛的重视，实验动物学学科的发展水平往往被用来衡量生命科学和医学研究的水平。建设标准化动物实验室，一是有利于科学研究，二是满足动物实验管理许可证制度的要求。现实中，有的科研人员只关注实验动物的质量，将一些高等级实验动物在一般环境中做实验；也有的科研人员，在既有高质量的实验动物，也有标准化实验环境设施的情况下不按规范合理使用，既浪费了资源，又违背了科学原则，最终导致实验的失败。

目前，高等医学院校普遍投入大量人力、财力新建或扩建符合国家标准的动物实验设施。

作为教学和科研的配套设施，在此情况下，如何建设好标准化动物实验室成为需要研究和探讨的问题。

首先，实验动物是指在实验室内为了获得有关生物学、医学等方面的新知识或解决具体问题而使用动物进行的研究。动物实验必须由经过培训的、具备研究学位或专业技术能力的人员或在其指导下进行。而动物实验室是指适宜于饲养、繁育实验动物的建筑物，这类建筑应具有特定的环境要求和实验手段，以保证动物的品质和实验研究的准确可靠性。

根据对微生物控制的程度，可分为开放系统、屏障系统和隔离系统三类。开放系统饲养普通动物；屏障系统饲养无特定病原体动物（SPF动物）；隔离系统饲养无菌动物及悉生动物。动物实验室应建设在环境清洁安静，地势高燥，排水、通风良好，水、电供应有保障的地方。尽量远离工厂、繁华居民区、屠宰厂、畜禽场以及有疫源威胁和公害污染地区。

利用动物实验进行医学研究避免了在人身上进行实验带来的风险，临床上平时不易见的疾病可用动物随时复制出来，可以克服人类某些疾病潜伏期长、病程长和发病率低的缺点，可以严格控制实验条件，增强实验材料的可比性，简化实验操作和样品收集，有助于更全面地认识疾病的本质。

二、 功能分区与平面布局

各实验动物根据不同的用途、特点以及不同的污染控制思路，对布局会提出不同的要求，但无论是以实验动物饲养繁殖为目的的实验动物生产设施，还是以动物实验为目的的，在使用功能上可分为以下几个区域：

（1）动物接受区：接受引进动物进行检疫并做适当观察的区域，主要由验收室、检疫室、检查室、隔离观察室等组成。

（2）管理区：人员、物品、动物进入洁净区前管理人员和饲育人员作业的区域。主要由更衣室、淋浴室、风淋室、传递窗、渡槽、高压灭菌器等构成。

（3）洁净区：专供不同标准的实验动物繁育或动物实验的区域，由饲育室（观察室）、麻醉室、外科手术室、解剖室、饲料配合室、洁净物品贮藏室、试剂配制室、射线室、暗室等组成。

（4）清洗灭菌区：洗涤、消毒洁净区内使用过的物品和外部准备进入洁净区的物品区域。由洗涤室、消毒室、自动洗涤器、干燥器、烘干仪器、消毒槽等组成。

（5）废弃物处理区：实验动物设施中不可缺少的区域，是专门处理洁净区内产生并传递的污浊物品及动物尸体的区域。

（6）公共设施区：为洁净区提供全年空气调节，送电、配电及供水等区域。

三、建设要求

（一）主体建设

1. 选址与主体建设构造

（1）动物实验室的选址、设计和建设应考虑对周围环境的影响以及周围环境不安全因素对其可能造成的影响。

（2）饲养间内墙表面应光滑平整,阴阳角均为圆弧形,易于清洗、消毒。墙面应采用不易脱落、耐腐蚀、无反光、耐冲击的材料。地面应防滑、耐磨、无渗漏。

（3）动物实验室应设缓冲间,缓冲间需设单向开启的双门,实验室可根据具体用途配置饲养间,但每个饲养区至少要求有物理隔离,如可用玻璃门、彩钢板或木质结构等隔离。

（4）有条件的情况下,缓冲间建议设置风淋设施。

（5）必要时,在清洁区和工作区之间,准备间和饲养间之间设置传递窗。

（6）建筑物门、窗应有良好的密封性,饲养间上应设观察窗。

2. 墙体、地面与天花

（1）围护结构的外围墙体符合国家要求的抗震和防火能力,所有围护结构材料均无毒、无放射性。

（2）围护结构的内部应防震、防火,表面光滑、耐腐蚀、防水、易清洁、消毒,所有缝隙应密封。如采用EPS彩钢板,坚固耐用,保温效果好,按照净化间标准设计并安装,易于清洗,无死角。

（3）天花板、地板、墙间的交角均为圆弧形且密封。

（4）天花板距地面高度不超过2.3m。

（5）地面使用PVC卷材或自留坪地面,应为一体,光洁、耐磨、防渗漏、防滑、不反光、不积尘、不漏水,地暖防护层应连续到立面15cm处。

（6）各种管道通过的孔洞必须密封。

（7）工作台面不渗水,耐中等热、有机溶剂、酸、碱和常用的消毒剂的损害和腐蚀。

（二）系统建设

1. 空调系统

空调系统的划分和空调方式选择应经济、合理,并有利于实验动物设施的消毒、自动控制、节能运行,同时应避免交叉污染。

空调系统的设计应满足人员、动物、动物饲养设备、生物安全柜、高压灭菌器等的污染负荷及热湿负荷的要求。实验动物设施的房间或区域需单独消毒,其送回（排）风支管应安装气密阀门。

2. 通排气系统

动物中心实验室的净化通风系统采用全新风系统,屏障环境实验室设三级过滤装置,送风方式为上送下排。屏障环境实验采用分单元设计,在使用过程中可根据科研实验动物量和需要启用或关闭单元区域,以达到节能的目的。新鲜空气接入空气处理机组经处理后,通过风量调节控制接至高效过滤送风口送入室内,污浊空气通过排风口和排风管道排向室外。

使用开放式笼架具的屏障环境设施,动物生产区（动物实验区）的送风系统宜采用全新风系统。采用回风系统时,对可能产生交叉污染的不同区域,回风经处理后可在本区域内自循环,但不应与其他动物区域的回风混合。

使用独立通风笼具的实验动物设施,室内可以采用回风,其空调系统通风量应满足以下两点要求:

①补充室内排风与保持室内压力梯度;

②实验动物和工作人员所需的新风量。

屏障环境设施生产区（实验区）的送风系统应设置粗效、中效、高效三级空气过滤器。中效空气过滤器宜设在空调机组的正压段。空调机组的安装位置应满足日常检查、维修及过滤器更换等要求。

有正压要求的实验动物设施，排风系统的风机应与送风机连锁，送风机应先于排风机开启，后于排风机关闭。有负压要求实验动物设施的排风机应与送风机连锁，排风机应先于送风机开启，后于送风机关闭。有洁净度要求的相邻实验动物房间不应使用同一夹墙作为回（排）风道。

实验动物设施的排风不应影响周围环境的空气质量。当不能满足要求时，排风系统应设置消除污染的装置，且该装置应设在排风机的负压段。

屏障环境设施净化区的回（排）风口应有过滤功能，且宜有调节风量的措施。

饲养间应合理组织气流和布置送、排风口的位置，应避免死角、断流、短路。

3. 冷热源系统

动物实验室一旦启用即每日24h不间断运行，故对空调系统要求很高。

4. 给排水系统

（1）实验动物的饮用水定额应满足实验动物的饮用水需要。普通动物饮水应符合现行国家标准《生活饮用水卫生标准》（GB 5749—2016）的要求。屏障环境设施的净化区和隔离环境设施的用水应达到无菌要求。屏障环境设施净化区内的给水管道和管件，应选用不生锈、耐腐蚀和连接方便可靠的管材和管件。

（2）在工作区内的实验室间靠近出口处设置非手动洗手设施；如果饲养间不具备供水条件，则应设非手动消毒装置。

（3）大型实验动物设施的生产区和实验区的排水宜单独设置化粪池。实验动物生产设施和实验动物实验设施的排水宜与其他生活排水分开设置。饲养间的供水管道安装防回流装置，内外供水管道安装截止阀。如有下水管道，水池或地漏应设置消毒装置，下水管道下方应安装截止阀，并始终充盈消毒剂，污染的下水只能排放至消毒装置内，消毒后再排至公共下水道。如没有废水排放，或不外排的所有废水均应收集并处理。清洁区域的废水可直接排入公共下水道。

（4）排水管道应采用不易生锈、耐腐蚀的管材。

5. 配电系统

（1）屏障环境设施的动物生产区（动物实验区）的用电负荷不宜低于2级，当供电负荷达不到要求时，宜设置备用电源。屏障环境设施的生产区（实验区）宜设置专用配电柜，配电柜宜设置在辅助区。

（2）实验室的配电应满足设备用电和工作要求，如热水器需装三相380V电源，室内应设有可靠的接地系统和漏电保护级监测报警装置。

（3）屏障环境设施净化区域的电气管线宜暗敷，设施内电气管线的管口，应采取可靠的密封措施。且动物实验设施的配电管线宜采用金属管，穿过墙和楼板的电线管应加套管，套管内应采用不收缩、不燃烧的材料密封。

（4）实验室应配有备用电源，在停电时，至少能够保证空调系统、照明、监视和报警系统、进出控制和生物安全设备的正常工作。

（5）照明应适应室内的一切活动，不影响视线，部件应装在吊顶内，或采取减少积尘措施。

（6）根据场地大小，配置相应数量的可调控温、控湿空调和温湿度记录装置，饲养间温度应保持在26～28℃，湿度应保持在60%～90%；南方潮湿地区可配置抽湿机，北方寒冷地区可增设加热设施和管道。

6. 网络设施

动物实验室应设置适合内外联系的通信设备，如对讲装置、电话或网络计算机等。

7. 门禁系统

实验室配置门锁或智能门禁系统。

实验室应有完善的安全监控措施，可对环境状态全面监控，如门应设置透明玻璃以便内外观察，有条件情况下可设置监控摄像装置。

8. 消防系统

新建实验动物设施的周边宜设置环形消防车道，或应沿建筑物的两个长边设置消防车道。

屏障环境设施生产区（实验区）吊顶空间较大区域，其顶棚装修材料应为不燃材料且吊顶的耐火极限不低于 0.5h。实验动物设施生产区（实验区）吊顶内可不设消防设施。

屏障环境设施应设置火灾事故照明。屏障环境设施的疏散走道和疏散门，应设置灯光疏散指示标志。当火灾事故照明和疏散指示标志采用蓄电池作备用电源时，蓄电池的连续供电时间不应少于 20min。

屏障环境设施净化区内不应设施自动喷水灭火系统，应根据需要采取其他灭火措施。实验动物设施内应设施消火栓系统，且保证 2 个水枪的充实水柱同时到达任何部位。

四、 设施设备管理

动物实验室要保持恒定的温度和湿度要求，空调应长期保持开启状态，并根据不同季节调整室内湿度，各类设施应定期清洁、消毒，防止交叉污染，仪器设备应安全使用，定期检查、维护，有温湿度精度要求的仪器需定期校准；清洁区和工作区有传递窗，传递窗双门不能同时处于开启状态。

仪器设备使用、维护和维修，废弃物处理，实验室内环境温度，生物安全和消防安全检查都要有记录。

第四章

医院手术部（室）规划与建设

李立荣　白浩强　朱文华　冯靖祎　吕品

作者简介

李立荣 北京大学国际医院副院长

白浩强 西安四腾环境科技有限公司总经理

朱文华 铭铉（江西）医疗净化科技有限公司董事长

冯靖祎 浙江大学医学院附属第一医院医工科主任

吕　品 北京大学国际医院基建部副主任

技术支持单位

西安四腾环境科技有限公司

西安四腾环境科技有限公司是专业的净化公司，主要从医院洁净手术部、ICU、CCU病房、血液病房、隔离病房、中心供应、配药中心出发，为客户提供个性化设计、重点项目研发、配套生产、完善施工和满意化服务，打造专业净化工程。集安全、节能、高效、数字化信息采集于一体的专业的医院整体建设及净化方案解决商。四腾为客户创建BT、PPP、BOT、BOO等多种医院整体建设模式、提供不懈追求完美的设计，去精心铺设每一条必"净"之路。

第一节　概述

大型综合医院在手术室空间的需求上要求能容纳较多的医护人员同时作业，同时配置各种应急设备、仪器。手术室既要有普遍性，能应对各种类型的手术，提高手术室的利用效率；同时又要考虑各种特殊手术的需求，包括洁净空调系统的安全、电气系统的安全、医疗气体和放射线安全等。

手术室的建设必须满足手术设备的功能要求。手术室的多样性是现代手术部的特点，也是医院现代手术室发展的方向。为了概括当今的所有手术室，采取多种分类方式。

一、手术室按医疗专科分类

（1）普外手术室。

（2）骨科手术室。

（3）妇产科手术室。

（4）神经外科手术室。

（5）心胸外科手术室。

（6）泌尿外科手术室。

（7）烧伤科手术室。

（8）乳腺科手术室。

（9）血管外科手术室。

（10）肛肠科手术室。

（11）眼科手术室。

（12）口腔科手术室。

（13）耳鼻喉科手术室。

（14）肿瘤科手术室。

由于各专科的手术往往需要配置专门的设备及器械，洁净等级要求不同，因此，专科手术间宜相对固定。例如，骨科、心血管科的手术，需要铅防护的设计，在规划布局时，需要统筹考虑，尽量布置在一个区域。

二、手术室按手术环境空气洁净度分类

（1）I级洁净手术室：适合假体植入、某些大型器官移植、手术部位感染可直接危及生命及生命质量等手术。

（2）II级洁净手术室：适合涉及深部组织及生命重要器官的大型手术。

（3）III级洁净手术室：适合用于胸外科、耳鼻喉科、泌尿外科和普外科中除一类伤口的手术；胃、胆囊、肝、阑尾、肾、肺等手术。

（4）IV级洁净手术室：适合感染和重度污染手术。

（5）负压手术室：主要用于医院中疑有空气传播感染或未知原因感染的手术。

三、手术室按配置的医学装备分类

（1）一体化手术室。

（2）复合型手术室。

（3）MRI 导航手术室。

（4）机器人手术室。

（5）数字减影（杂交）手术室。

（6）数字化手术室。

（7）常规手术室。

一体化手术室、复合型手术室、MRI 导航手术室、机器人手术室、数字减影（杂交）手术室各自配置专用的高新医疗设备，这些手术室均属于现代新型手术室。

数字化手术室是一种概括性总称，表示这类手术室的净化技术、手术装备、医疗管理均已实现数字化。它实现 HIS/PACS/RIS/LIS/EMR 同手术室的集成，让信息更加畅通，手术医生的工作更加便捷准确。

常规手术室也是一种概括性总称，表示这类手术室配置的是通用型的常规医疗设备，无影灯、手术台、吊塔、呼吸机、心电监护仪、自动血压监测仪、中心吸引装置、中心吸氧装置、体外除颤器、麻醉机，以及外科设备，如腹腔镜、关节镜、手外科显微镜、眼科显微镜等。

日间手术室是指病人入院、手术和出院在 1 个工作日中完成手术的场所。日间手术的开展须具备一定资质和设备条件的日间手术中心，要求有专门的手术间，具备必要的麻醉监护设施，具备术后恢复病床。

第二节　医院手术部（室）规划

一、手术部（室）的选址与布局

手术室宜设在安静、清洁、便于和相关科室联络的位置。手术室和其他科室、部门的位置配置原则是保证紧急救治通道的畅通和相互之间的便捷联系，使患者可以最短的路径到达手术室，为生命安全提供第一保障，因而手术室在设计中需考虑有专用电梯或水平通道连接急诊急救、重症监护室、分娩和住院部。

手术室和相关辅助服务科室之间应该建立物流通道，以保证手术室的正常和高效运营。手术室需和以下科室建立直接联系：供应中心、血库、实验室、病理、影像诊断科等，通过物流梯，垂直或水平交通联系。

根据我国目前手术室的相关净化要求，手术室上方一般设有设备层，为下方的手术室提供洁净空调，因而手术室一般设置在裙楼的最高层，上面是病房单元，便于患者做完手术后可通过医护电梯直接到达病房。重症监护室、分娩室通常和手术中心设置在相同或相邻的楼层，便于输送手术后确定为需要特殊监护的病人。

（1）以低平建筑为主的医院，应选择在侧翼；以高层建筑为主体的医院，宜选择主楼的中间层。

（2）手术室不宜设在建筑物的首层和顶层。（设在一层，易受污染，受干扰，不利于建筑各出入口的设置；设在高层建筑的顶层，不利于节能防漏，垂直交通压力大，不利于手术部的平面布局。）

（3）手术室和其他科室、部门的位置配置原则是，靠近手术室的各科室尽可能缩小距离，便于相互之间的工作联系，宜远离锅炉房、厨房、垃圾房、污水污物处理站等，以避免污染，减少噪声。

（4）手术间应尽量避免阳光直接照射，尽量利用人工照明。手术室的朝向应避开风口，以减少室内尘埃密度和空气污染。通常是集中布置，构成一个相对独立的医疗区，包括手术部分和供应部分。

洁净手术部功能布局应合理，符合手术无菌技术的原则，并做到联系便捷、洁污分明。洁净手术部与相关科室之间的关联见图 6-4-1。

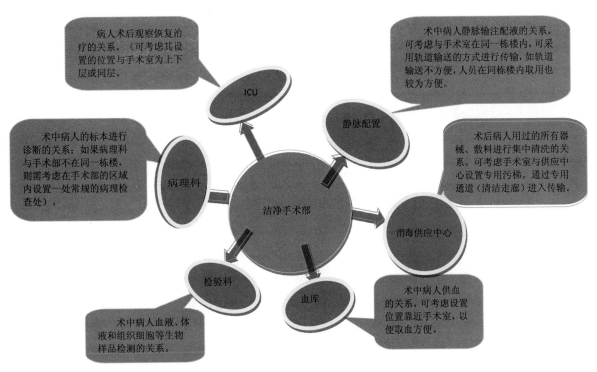

图 6-4-1 洁净手术部与相关科室关联图

二、手术部（室）的规模

（1）手术室间数按外科系统床位数确定时，按 1:20 ~ 1:25 的比例计算，即每 20 ~ 25 张床设 1 间手术室。也可按公式计算：

$$A=B \times 365/（T \times W \times N）$$（式 6-4-1）

式中：A——手术室数量；

B——需要手术病人的总床位数；

T——平均住院天数；

W——手术室全年工作日；

N——平均每个手术室每日手术台数。

按《医院洁净手术部建设标准》，综合医院的 I 级手术室数量"不应超过洁净手术室总间数的 15%"，低级别的综合医院可根据本医院的自身要求进行配置。

（2）洁净手术室应规定和控制室内医护人员的设定人数，设计负荷以设定人数为基础。当不能提出设定人数时，设计负荷可按以下人数计算：I 级 12~14 人，II 级 10~12 人，III、IV 级 6~10 人。

（3）以上所设定人数不包括教学医院，但是教学医院也需要限制入室人数，因为增加人数就会加大室内污染和洁净的控制难度。

（4）手术室人员组成大致包括：主刀医生及其助手、麻醉医生、器械护士、巡回护士、特殊仪器操作、实习医生等，所以手术室最少设计人数为 6 人，高级别手术室可根据功能需求进行人数的设定。

（5）手术室护士和手术室床的比例一般按 3:1 的比例配置，包括器械护士、巡回护士以及外勤等。

（6）洁净手术室的净高为 2.7 ~ 3.0m。

（7）手术室面积参考表 6-4-1。手术室单间面积取决于各类手术的复杂性及使用的治疗仪器数量。

表 6-4-1 手术室参考面积

序号	名称	参考规格（长 × 宽）m
1	I 级手术室	8.0×6.0
2	II 级手术室	7.0×6.0
3	III 级手术室	7.0×5.0
4	IV 级手术室	6.5×5.0
眼科专用手术室周边区洁净度级别比手术区的可低 2 级。		

三、手术部（室）的功能用房及平面布局

洁净手术部功能布局是基础，洁净手术部由净化手术室和为手术室服务的辅助功能用房组成。

（一）区域划分

非限制区（非洁净区、非无菌区）：包括办公室、会议室、实验室、标本室、污物室、资料室、电视教学室、值班室、更衣室、更鞋室、医护人员休息室和手术病人家属等候室。

半限制区（准洁净区、相对无菌区）：包括通向限制区的走廊、手术间外走廊、器械室、敷料室、洗涤室、麻醉恢复室和石膏室等，设在中间位置，为过渡性区域。

限制区（洁净区、无菌区）：包括手术间、洗（刷）手间、手术间内走廊、无菌物品间、药品室和麻醉准备室等，洁净要求最为严格，非手术人员或非在岗人员禁止入内。

（二）工作流程

手术室出入路线的布局设计需符合功能流程与洁污分区要求，应设三条出入路线：一是工作人员出入路线，二是病人出入路线，三是器械敷料等循环供应路线。尽量做到隔离，避免交叉感染。患者家属的等候空间最好和医护人员，以及病人出入路线分开。为患者家属提供宽敞明亮的休息等候空间以及谈话间，是现代化医院人性化设计的体现。

住院手术和门诊手术以及恢复区域之间关系密切融合，允许无缝的病人护理服务。当门诊病人恢复需要更长的时间，对病人和家庭来说，移动和登记病人的过程中允许出现无缝的衔接。复杂或专门的门诊程序可以在住院手术部完成，同时可以让患者作为门诊病人恢复和出院。

病人的流程是有组织的，术前患者与术后患者应该没有视觉接触，需协调手术前 / 后位置的灵活性。术前定义为手术当天发生的功能。患者来到手术室，登记，准备手术。在手术之前，患者可能在普通外科诊所进行手术前检查：可能包括实验室标本、心电图或 X 线、关于手术的信息、为手术当天的指令，以及麻醉咨询和患者教育。

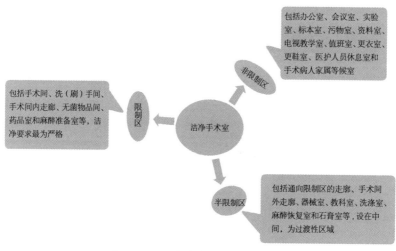

图 6-4-2 洁净手术部各区域关联图

（三）洁净辅助用房

（1）洁净手术部辅助用房的分级见表 6-4-2。

表 6-4-2 洁净手术部辅助用房分级表

	用房名称	洁净用房等级
在洁净区内的洁净辅助用房	需要无菌操作的特殊用房	I ~ II
	体外循环室	II ~ III
	手术室前室	III ~ IV
	刷手间	IV
	术前准备室	无
	无菌物品存放室、预麻室	
	精密仪器室	
	护士站	
	洁净区走廊或任何洁净通道	
	恢复（麻醉苏醒）室	
	手术室的邻室	无
在非洁净区内的非洁净辅助用房	用餐室	无
	卫生间、淋浴间、换鞋处、更衣室	
	医护休息室	
	值班室	
	示教室	
	紧急维修间	
	储物间	
	污物暂存处	

（2）洁净区与非洁净区之间必须设缓冲室，对物流应设传递窗。洁净区内在不同空气洁净级别区域之间宜设置隔断门。

（3）缓冲室要与进入的区域同级，不小于 3m²，空气洁净度最高为 6 级。缓冲室可作他用，如更衣室的换衣间。

（4）更衣室应分换鞋区和更衣区；卫生间、淋浴间应设于更衣区前半部分。

（5）医护人员更衣区合计面积按实际使用人数每人不宜小于 1m² 计算，更衣室不应小于 6m²。

（6）洁净辅助用房总体布置原则是：尽量布置在手术区的中心位置，尽量靠近手术间，最大限度地服务于手术室。洁净手术部应设置无菌室（无菌敷料、无菌器械）、一次性物品室、药品室、预麻室、恢复（麻醉苏醒）室、护士站等。根据医疗场所的实际，还可选择设置贵重仪器室、高质耗材库、麻醉移动设备库等相关辅房。

①体外循环间是一种特殊装置暂时代替人的心脏和肺脏工作，进行血液循环及气体交换的技术。此间应紧邻手术间，当体内体外共同进行手术时，设备进出方便，面积则不宜小于 15m²，用于体外循环机、膜肺、变温水箱等设备的存放。

②刷手间专供手术者洗手用，宜采用分散布置的方式，通常设在两个手术间之间，一间刷手间可负担不超过 2 ~ 4 间手术室。每间手术室不得少于 1.5 个洗手龙头，并应采用非手动开关；如刷手池设在走廊上，应凹进去并与走廊墙面保持平齐，结构应能防止水外溅到地面。手术者消毒手臂后，即可进入手术间。洗手间应安装自动出水洗手槽（感应式或膝碰式）、自动出刷架及无菌洗手刷、洗手液、擦手液（手臂消毒液）、无菌毛巾或纸巾等固定放置架，可根据医院的需求设置热风吹干机。

③无菌敷料间应设在距离各手术间较近的限制区域，为无菌敷料、器械的存放处。室内物品架应距顶 50cm，距墙 5cm，距地面 25cm。需采用空气净化系统，使用有门的储物柜，定期消毒。柜内存放在的各类物品都应有标签名，按日期顺序放置在固定位置，整齐规范。手术室是围绕一个共同的无菌工作区或核心配置，以尽量减少运输距离和员工步行距离。中心供应室提供无菌用品。无菌处每天 24 小时，每周 7 天，并提供所有无菌仪器和用品。推车系统用于在无菌处理和手术室或手术室之间输送医疗器械和无菌用品，可提供封闭式推车，如果手术无菌工作区通过专用清洁电梯直接连接供应中心也，可不提供。

④一次性物品室应紧邻无菌室设置，最好带一间脱包室（脱包区门开向非洁净区）。

⑤护士站设置于手术部的病人入口处，可考虑为非洁净区与洁净区之间的缓冲间。在护士站附近可考虑气动物流或小车物流的位置。医院采用物流系统进行传输药品、血液标本、身体标本时，便于医护人员的使用。

⑥手术室的换车间要足够大，便于分别存放污车和洁车。

⑦预麻室应设在换床间的附近，病人在通过换床之后，直接进入预麻室进行麻醉，然后，在送入各手术间；室内需考虑设置设备带；需采用净化系统。

⑧恢复（麻醉苏醒）室应设在距离手术间较近的区域。此间为术后病人暂时观察治疗的区域，待危险期渡过之后再转入重症监护区。室内需考虑设置设备带或专用吊桥，便于治疗；此间需采用净化系统。

⑨应急消毒间应在 5~6 间手术间设置 1 间，用于连台手术中一些贵重的、数量较少的手术器械（如腔镜），或不慎坠地的器械的临时灭菌消毒用。因考虑设在洁净区域，故不能设清洗池，可考虑设置需快速压力蒸汽灭菌器/等离子灭菌器。整个手术间的器械清洗均设置在清洁区的污物间，待集中打包后送入消毒供应中心集中处理。

⑩麻醉准备间应临近预麻室。此间为预麻间的医护人员在对病人进行麻醉时对一些麻醉药物、敷料物品的一个整理并准备的房间；此间需采用净化系统。

（7）由住院手术产生的棉被、固体和传染性物质，在被保洁人员送到全院范围内位于卸货平台的废物处置和脏被服存放设施之前，将会被收集和临时放在部门保洁室被批准的容器内。感染性废物按当地监管机构要求分开。

（四）洁净走廊

（1）洁净走廊（清洁走廊）采用环形走廊设置，有利于洁净与非洁净区域的划分，也有利于控制交叉污染。

（2）洁净走廊是洁净手术部的重要通道，承担着医护人员、病人、洁净物品通行的任务。洁净走廊在设计时可考虑以下几点：

①洁净走廊要足够宽，净宽不宜小于 2.4m，保证流程的顺畅；

②洁净走廊内布置的刷手池要尽量靠近手术室，有条件可以设置独立的刷手间，也可以在走廊的凹处设置；

③在设计手术室平面时，要结合消防，考虑设置疏散通道及疏散门。禁止封闭消防通道。

（五）污物走廊

污物走廊是"双通道"流程的另外一边，是术后物品、各类污染物以及手术室后勤保障的重要通道。它与所有手术室相连接，终止于污物间，最后通过专用电梯通往消毒供应中心进行处理。在设计时需考虑以下几点：

（1）宽度一般应在 1.5m 以上（如果医疗场所不符，可设置至少 1.2m 的走廊）；

（2）在走廊的适当位置应设置保洁室，便于打扫卫生人员休息和存放打扫物品用；

（3）在走廊的适当位置应设置石膏间，靠近骨科手术室；

（4）在走廊的适当位置应设置标本室，用于病理标本的暂存。

（六）办公用房

办公用房包括主任办、医生办、护士长办、护士办／交接班室、中心控制室、男女值班室；还可选择设置医生休息室、餐厅、示教室、家属谈话室、库房等。

（1）主任办尽量布置在采光较好位置，面积宜 15m² 左右；

（2）医生办面积要根据手术室数量满足需要，面积宜 15m² 以上；

（3）护士长办尽量布置在采光较好位置，面积宜 15m² 左右；

（4）医生休息室靠近手术区；

（5）中心控制室可设置在办公区，也可设在护士站，面积宜 20m² 左右；

（6）男女值班室设置于受干扰最小处，如有条件应附设卫生间；

（7）餐厅供医护人员用餐，附设带传递窗的配餐室（配餐室门开向普通区）；

（8）示教处设置于清洁区与自然区之间，方便医生从清洁区进入，学生从普通区进入；

（9）家属谈话室设置于清洁区或普通区之间，医生从清洁区或洁净区进入，家属从普通区进入。

四、手术部（室）的工艺要求

（1）在考虑手术部的整体建设时，因为设备技术夹层的管道、风管、小设备较多，又或空调机房相对较小的情况下，建议手术部的层高不低于 4.8m。

（2）洁净级别要求高的手术间应设在手术室的尽端或干扰最小的区域。

（3）手术室尽量沿洁净走廊的长轴布置（可减少病床车转弯次数）。

（4）I 级手术室尽可能设置配套设备间，如体外循环机、C 型臂等专科手术设备。

（5）负压手术室是控制呼吸道传染病，切断空气、飞沫传播途径的有效隔离设施。负压手术室前后门都要设准备室作为缓冲室，并应有独立出入口，不得与其他手术室混用通道。

（6）日间手术室可由中心手术室进行统一分配，也可以单独建立相应的日间手术中心。日间手术室人员、设备配置与标准手术室配置一致，同时还需建立专门的恢复区及辅助用房。

（7）门诊手术室可设置独立的手术室，不宜小于 5.5m×4.5m，相关的辅助用房有准备室、更衣室、术后休息室和污物室，有条件的还需设置敷料间等无菌室。

（8）产科可设置独立的手术室，在产妇分娩的特殊情况下，采用剖宫产的时候可在手术室内进行，便于洁污分明；其手术室的设计要求与洁净手术部相同；手术室不宜小于 6.0m×5.0m。

（9）铅防护手术室主要是 DSA、骨科、脊柱及复合手术室等，在此对手术室的辐射要求也很严格，每间手术室墙面或顶面不得小于 2 个铅当量的铅板防辐射；当手术室内有特殊的设备时，需根据厂家提供的参数来选择不得小于 3 个铅当量的铅板，顶面也采用硫酸钡水泥或铅板来进行防辐射，铅当量的选择与手术室的墙面一致；手术室的自动门、手动门、窗户均采用相同铅当量的铅板或铅玻璃来进行防护，铅当量的计算可参考《医用 X 射线诊断放射防护要求》。

第三节　一般手术部（室）建设

一般手术部由一般手术室和相应辅助用房组成。一般手术部（室）在医院中的应用相对洁净手术室来说较少，主要用于开展一些浅表切口类手术，如皮肤脂肪瘤和粉瘤切除手术，羊水穿刺和脐血管穿刺手术。由于当代手术技术的进步，器械的现代化，手术时间的缩短，微创技术的发展，切口创面缩小，气溶胶对术后感染率影响减少，对于微创手术、门诊手术等，可采用一般手术部。同时，一般手术部也可进行一般手术，包括污染手术和感染手术。日间手术室也可按照一般手术部（室）标准来建造。

《综合医院建筑设计规范》规定，手术部（室）应分为一般手术部（室）和洁净手术部（室）。《医院卫生消毒标准》规定，医院当中设有非洁净手术部（室），非洁净手术室属于 II 类环境医疗用房。很显然，上述《综合医院建筑设计规范》和《医院卫生消毒标准》针对归类为洁净手术部（室）以外的手术室的名称有所不同，那么这种不属于洁净手术部（室）的手术室应称为一般手术室还是非洁净手术室。其实两者只是名称不同，目的都是为了区别洁净手术室，但是非洁净手术室这个名称可以理解为不是洁净手术室的手术室，也很容易理解为不洁净或不干净的手术室，容易造成误解，所以可以将这种标准不同于洁净手术室的统称为一般手术部（室）。

一、感染控制理念

一般手术部（室）与洁净手术部（室）关于感染的控制理念不同：洁净手术部（室）遵循现代产品质量控制的"全面控制、过程控制、关键点控制"，强调区域控制；而一般手术部（室）的控制理念为单室控制，但也应进行全过程控制，也可以进行关键点控制。所谓单室控制只是针对手术间的环境进行控制，使室内各项技术指标符合相关规范要求，对于辅助用房的环境不做特殊要求，这样一来可以节省建设投资，降低运行费用，减少能源消耗。

二、一般手术部（室）工艺要求和功能布局

手术部（室）应当设在医院内便于接送手术患者的区域，宜临近重症医学科、临床手术科室、病理科、输血科（血库）、消毒供应中心等部门，周围环境安静、清洁。建筑布局应遵循医院感染预防与控制的原则，做到布局合理、分区明确、标识清楚，符合功能流程合理和洁污区域分开的基本原则；应设工作人员出入通道、患者出入通道，物流做到洁污分明、流向合理。

可以一般手术室为中心建立一般手术部，也可根据需要在一般手术部设置洁净手术室。一般手术部（室）需设置无菌物品存放间、准备室和更衣室等辅助用房，手术室平面尺寸不应小于 4.2m×4.8m。功能布局应合理、符合手术无菌技术原则，洁污分明。可以采用单通道、双通道甚至多通道式布局。手术间内的基本装备可参考《医院手术室建设标准》，根据实际需要进行配置。

三、空气净化方法

一般手术部（室）的空气净化方法需根据安全性、经济性等原则综合考虑，但要以不产生二次污染为第一原则。《医院空气净化管理规范》规定，手术室可选用安装空气净化消毒装置的集中空调通风系统、空气洁净技术、循环风紫外线空气消毒器或静电吸附式空气消毒器以及紫外线灯照射消毒等技术措施净化空气。

紫外线灭菌灯和循环风紫外线空气消毒器这两类产品在一般手术室当中有所应用，但紫外线灯照射

消毒在房间有人的状态下不能使用，只能在手术室不用时或连台手术之间开启，且使用时会产生臭氧。循环风紫外线空气消毒器使用过程中也会产生臭氧。这两类设备最大的问题是消毒后房间的臭氧浓度增加。我国《室内环境空气质量标准》对空气中臭氧的最高浓度（单位体积的空气中所含臭氧的质量）上限值为 0.16mg／m³。空气中含有的少量臭氧可以起到消毒、杀菌作用，但超量的臭氧会对人体的呼吸系统造成严重的急性效应，会刺激眼睛和呼吸道，使眼肌平衡失调，视觉敏感度和暗适应下降。《通风系统用空气净化装置》对空气净化装置臭氧浓度增加量和紫外线泄漏量进行了规定，要求臭氧浓度增加量≤ 0.01mg/m³ 和紫外线泄漏量≤ μW/cm²，并要求对空气净化装置出厂臭氧浓度增加量和紫外线泄漏量进行检测。因此，应选择技术成熟、符合标准的产品。

很多资料表明，一些采用静电吸附技术的设备虽可以吸附一些较大颗粒的尘埃，但由于设备自身工作采用的高电压，容易使空气电离，从而产生臭氧和氮氧化物，形成二次污染，而且还容易出现二次扬尘。《民用建筑供暖通风与空气调节设计规范》规定通风空调系统中所使用的空气净化装置在空气净化处理过程中不应产生新的污染。

目前也有一种新型空气净化装置：空气净化消毒屏。这种设备具备初、中效 +HEPA+ 酶杀菌 HEPA 的四级过滤，根据空气中菌尘共存的机理，对空气中的微粒物进行过滤、捕捉、收集。其高过滤材料属于阻力式集尘，效率不会随着使用时间的增加而减弱。酶杀菌 HEPA 过滤器的技术核心是将溶菌酶与过滤材料强力结合，既保证过滤器原有的过滤能力，又能杀死和防止细菌等微生物的增殖生长，不会造成二次污染，是一款环保产品。其应用范围较广泛，可以和风机盘管加新风系统、多联机系统以及全空气系统等多种空调系统结合使用。

目前基于风机盘管 + 新风系统的空气洁净技术较多应用于一般手术部（室），这种技术需结合低阻力空气过滤器使用才能符合一般手术室卫生标准要求，这种技术相较于全空气空调系统的空气洁净技术具有建设初投资低、节能和运行成本低等特点。

四、卫生要求

一般手术部（室）与洁净手术部（室）同样强调手术室细菌控制的综合措施，以减少感染风险。环境应符合卫生学管理要求，墙面和吊顶材料应确保表面光滑、无缝隙、耐擦洗以及耐消毒液腐蚀，地面应采用耐磨、耐腐蚀、不起尘、易清洗和防止产生静电的材料。上述具体材料可以参考洁净手术部（室）常用材料。

一般手术部（室）室内卫生指标应符合现行国家标准《医院卫生消毒标准》有关 Ⅱ 类环境用房的相关规定（见表6-4-3）。

表6-4-3 各类环境空气、物体表面菌落总数卫生标准

环境类别		空气平均菌落数 a		物体表面平均菌落数 CFU/m²	备注
		CFU/ 皿	CFU/m³		a.CFU/ 皿 为平板暴露法，CFU/m³ 为空气采样法。b. 为平板暴露法检测时的平板暴露时间
Ⅰ 类环境	洁净手术部	符合 GB50333 要求	≤ 150	≤ 5.0	
	其他洁净场所	≤ 4.0（30min）b			
Ⅱ 类环境		≤ 4.0（15min）	–	≤ 5.0	
Ⅲ 类环境		≤ 4.0（5min）	–	≤ 10.0	
Ⅳ 类环境		≤ 4.0（5min）	–	≤ 10.0	

五、空调系统设计要求

一般手术部（室）室内温度冬季不宜低于 20℃，夏季不宜高于 26℃；室内相对温湿度冬季不宜低于 30%，夏季不宜高于 65%；应采用末端过滤效率不宜低于高中效过滤器的空调系统或全新风通风系统。室内应保持正压，换气次数不得低于 6 次／小时。噪声不应大于 50dB（A）。空气洁净度未做规定。

确定手术间的新风量时应分别计算：

（1）按新风换气次数计算的新风量，应按照每人不低于 40m³／h 或新风量不小于 2 次／小时确定；

（2）补偿室内的排风并能保持室内正压值的新风量，由于一些手术需要使用电刀切割组织，会产生异味，是室内主要污染物，还会产生余热、余湿，所以需要设置排风，排风换气次数设计为 6 次／小时，但对于专用于开展某些特定手术，如羊水穿刺、脐血管穿刺手术不使用电刀的手术室，换气次数可以降低；

（3）室内对相邻房间保持正压所需风量，所需换气次数不得低于 6 次／小时，但不要求控制值，并取三者当中最大值。

第四节　医院洁净手术部（室）建设

一、洁净手术部（室）概述

（一）全面控制理念

全面控制是手术室规范建设的总目的，基于《医院洁净手术部建筑技术规范》（GB 50333—2013）："为规范医院洁净手术部设计、施工和验收，提高医院洁净手术部医疗环境控制能力，符合安全、卫生、经济、适用、节能、环保等方面的要求，满足医疗服务功能需要，制定本规范。"

（二）卫生学要求

现行国家标准《医院消毒卫生标准》（GB 15982—2012）中的"全部技术内容为强制性"，规定医院各类环境空气、物体表面菌落总数卫生标准，涉及洁净环境的内容见表 6-4-4。

表 6-4-4　医院各类环境空气、物体表面菌落总数卫生标准

环境类别		空气平均菌落数		物体表面平均菌落数
		CFU/皿	CFU/m³	CFU/cm²
I 类环境	洁净手术部	符合 GB 50333 要求	≤ 150	≤ 5.0
	其他洁净场所	≤ 4.0（30min）		

注：表中"物体表面平均菌落"着重对日常运行维护的要求，"规范"2002 版有此规定，考虑到这与平时维护有关，故 2013 版删去。

（三）以空气洁净技术措施为保障条件

要实现卫生学要求，必须通过空气洁净技术，才能实现全面的、全过程和关键点上的卫生学指标的控制。

对于手术全过程（包括连台手术间隔）实行外源性感染之一的空气环境的控制，是空气洁净技术最具优势的特点。

空气洁净技术是通过阻隔式过滤、气流组织和压力梯度建立洁净空气环境的技术，与空调自然结合，是洁净空调（或净化空调）。

由于通过系统送风可以在过程进行中调控其参数，因此用净化空调系统实现过程控制最具优势。

（四）适用范围

规范《医院洁净手术部建筑技术规范》1.0.2 条规定："本规范适用于医院新建、改建、扩建的洁净手术部工程的设计、施工和验收。"第一，适用新建、改建、扩建的洁净手术部工程。不是凡是手术部都要建成洁净手术部，但要建洁净手术部必须按规范进行。第二，可以在一般手术部内建洁净手术室，但应独立成区。即使是建单间的洁净手术室也要遵循规范。第三，洁净手术部内部不要求建各级洁净手术室，而是根据需要建某些级别的手术室。第四，不仅是设计，施工和验收也适用规范要求，但规范不包括日常管理维护。

（五）洁净手术部分级及技术指标

1. 洁净手术部分级指标

（1）《医院洁净手术部建筑技术规范》2.0.1 条指出："洁净手术部洁净用房应按空态或静态条件下的细菌浓度分级。"

环境静态菌浓是主要的外源性感染风险的来源。洁净手术部洁净用房根据不同程度的手术的外源性感染风险划分不同的级别。

所谓外源性感染是指患者对他人或环境等体外微生物引发的感染。由患者自身的正常菌族引发的感染为内源性感染。

（2）洁净手术部洁净用房的分级和医院洁净用房的分级相同。

（3）洁净手术室的分级。洁净手术室按手术感染风险程度的分级参见表 6-4-5。

表 6-4-5 洁净手术室分级标准

洁净用房等级	沉降法（浮游法）细菌最大平均浓度		空气洁净度级别		参考手术
	手术区	周边区	手术区	周边区	
I	0.2cfu/30min·Φ90 皿（5cfu/m³）	0.4cfu/30min·Φ90 皿（10cfu/m³）	5	6	假体植入、某些大型器官移植、手术部位感染可直接危及生命及生活质量等手术
II	0.75cfu/30min·Φ90 皿（25cfu/m³）	1.5cfu/30min·Φ90 皿（50cfu/m³）	6	7	涉及深部组织及生命主要器官的大型手术
III	2cfu/30min·Φ90 皿（75cfu/m³）	4cfu/30min·Φ90 皿（150cfu/m³）	7	8	其他外科手术
IV	6cfu/30min·Φ90 皿		8.5		感染和重度污染手术

注：①浮游法的细菌最大平均浓度采用括号内数值。细菌浓度是直接所测的结果，不是沉降法和浮游法互相换算的结果。
②眼科专用手术室周边区比手术区可低2级。

（4）洁净辅助用房的分级。洁净辅助用房的分级见表 6-4-6。

表 6-4-6 洁净辅助用房的等级标准（空态或静态）

洁净用房等级	沉降法（浮游法）细菌最大平均浓度	空气洁净度级别
I	局部集中送风区域：0.2 个 /30min Φ90 皿（5cfu/m³），其他区域：0.4 个 /30min Φ90 皿（10cfu/m³）	局部 5 级，其他区域 6 级
II	1.5cfu/30min Φ90 皿（50cfu/m³）	7 级
III	4cfu/30min Φ90 皿（150cfu/m³）	8 级
IV	6cfu/30min Φ90 皿	8.5 级

注：浮游法的细菌最大平均浓度采用括号内数值。细菌浓度是直接所测的结果，不是沉降法和浮游法互相换算的结果。

①辅助用房分为洁净辅助用房和非洁净辅助用房，后者设在手术部的非洁净区，无洁净度级别要求。"非洁净"不是"不洁净""污染"的反义词，空气含尘浓度超过原 30 万级的即是"非洁净"。修订后将更衣室从洁净辅房变为非洁净辅房。非洁净辅房采用机械通风或一般空调，应符合《综合医院建筑设计规范》中对非洁净用房的要求。洁净区与非洁净区之间应设缓冲室，如在更衣和洁净走廊间不另设缓冲，则可将更衣室后半部改送洁净风，也就是把更衣室或其一半（如可简单分隔的话）作为缓冲室。

②洁净辅房中将特殊用房由 I 级改为 I ~ II 级，体外循环室由 II 级改为 II ~ III 级，无菌敷料间统称无菌物品存放室，由 III 级改为 IV 级。洁净区走廊改为 IV 级，不再分"洁净走廊"和"清洁走廊"。取消了 ICU，将其纳入医院 ICU 统一考虑。

③宜与护士长、麻醉科主任详细讨论，设置足够的辅助用房。

④洁净手术部并不需要建所有级别的洁净手术室。

⑤认为 I 级手术室越多越好，是不符合国情的。

2. 参数指标

表 6-4-7 洁净手术部技术指标

名称	室内压力	最小换气次数（次/小时）	工作区平均风速（m/s）	温度（℃）	相对湿度（%）	最小新风量 m³/h.m² 或 次/h（仅指本栏括号中数据）	噪声 dB(A)	最低照度（lx）	最少术间自净时间（min）
I 级洁净手术室和需要无菌操作的特殊用房	正	–	0.20 ~ 0.25	21 ~ 25	30 ~ 60	15 ~ 20	≤ 51	≥ 350	10
II 级洁净手术室	正	24	–	21 ~ 25	30 ~ 60	15 ~ 20	≤ 49	≥ 350	20
III 级洁净手术室	正	18	–	21 ~ 25	30 ~ 60	15 ~ 20	≤ 49	≥ 350	20
IV 级洁净手术室	正	12	–	21 ~ 25	30 ~ 60	15 ~ 20	≤ 49	≥ 350	30
体外循环室	正	12	–	21 ~ 27	≤ 60	（2）	≤ 60	≥ 150	–
无菌敷料室	正	12	–	≤ 27	≤ 60	（2）	≤ 60	≥ 150	–
未拆封器械、无菌药品、一次性物品和精密仪器存放室	正	10	–	≤ 27	≤ 60	（2）	≤ 60	≥ 150	–

表 6-4-7 洁净手术部技术指标（续）

名称		室内压力	最小换气次数（次/小时）	工作区平均风速（m/s）	温度（℃）	相对湿度（%）	最小新风量 m³/h.m² 或次/h（仅指本栏括号中数据）	噪声 dB(A)	最低照度（lx）	最少术间自净时间（min）
护士站		正	10	—	21～27	≤60	（2）	≤55	≥150	—
预麻醉室		负	10	—	23～26	30～60	（2）	≤55	≥150	—
手术室前室		正	8	—	21～27	≤60	（2）	≤60	≥200	—
刷手间		负	8	—	21～27	—	（2）	≤55	≥150	—
洁净区走廊		正	8	—	21～27	≤60	（2）	≤52	≥150	—
恢复室		正	8	—	22～26	25～60	（2）	≤48	≥200	—
脱包间	外间脱包	负	—	—	—	—	—	—	—	—
	内间暂存	正	8	—	—	—	—	—	—	—

注意事项：

（1）负压手术室用房室内压力一栏应为"负"。

（2）平均风速是指集中送风区地面以上 1.2m 截面的平均风速。

（3）眼科手术室截面平均风速应控制在 0.15～0.2m/s。

（4）温湿度范围下限为冬季的最低值，上限为夏季的最高值。

（5）手术室新风量的取值应根据有无麻醉或电刀等在手术过程中散发有害气体而增减。

（6）相互连通的不同洁净度级别的洁净用房之间，洁净度高的用房应对洁净度低的用房保持相对正压。最小静压差应大于或等于 5Pa，最大静压差小于 20Pa，不应因压差而产生啸声或影响开门。

（7）相互连通的相同洁净度级别的洁净用房之间，宜有适当压差，保持要求的气流方向。

（8）严重污染的房间对相通的相邻房间应保持负压，最小静压差应大于或等于 5Pa。用于控制空气传播感染的手术室应是负压手术室，负压手术室对其吊顶上技术夹层应保持略低于"0"的负压差。

（9）洁净区对与其相通的非洁净区应保持正压，最小静压差应大于或等于 5Pa。

（10）对技术指标的项目、数值、精度和变化规律等有特殊要求的房间，应按实际要求设计。

二、洁净手术部（室）的内部环境有关要求

（一）洁净手术部（室）内装修要求

洁净手术部（室）的室内装修工程是净化工程的重要组成部分，不仅要给病人和医护人员提供舒适的工作环境，而且需从功能上满足净化要求。为此，选材应遵循结构合理、安全可靠，耐用、整体封闭、不产尘、不积尘、耐腐蚀、防潮、防霉、易清洁、符合防火要求等基本原则。

洁净手术部的设计本着美观、大方、抗污、经济、耐用、环保、节能，符合国家相关规范要求，基本配置合理，满足使用要求，并留有发展空间等原则进行设计。

（二）洁净手术部（室）色彩、声、光要求

1. 色彩

色彩能抚慰、抑制或兴奋人的情感，一般来说在高照度暖色光照的环境中（如黄色、橘黄色、粉

红色），人的注意力趋于外向和适度兴奋；在低照明度和冷色光照耀下（如浅蓝、绿色），人们则趋于平和内向。

手术医生长时间专注于红色的切口及与周围形成鲜明对比的白色手术单，很容易使视觉疲劳，而深绿色经常能将对比眩光降到最低值。因此，有专家特别推荐加拿大绿色。这种深绿色对真实的肉体肤色、脂肪和器官颜色的感觉干扰最小。

手术室的色彩还应考虑麻醉师对病人面部色彩的正确判断，蓝色、紫色墙面在灯光作用下反射在病人面部会出现青紫色，干扰麻醉师的正确判断。手术后的苏醒室的色彩也应注意这一现象。

2. 声响

有害的音响效果可能干扰信息和语言交流。手术人员佩戴口罩，距手术医生较远的医护人员，很难听懂医生的指令。在麻醉进行期间，报警信号提示需要安静。麻醉师、手术室必须隔离外部噪声和手术室内部的无规律噪声。

选择墙、地、顶棚的构造以及门窗位置、开闭方式时都应考虑对噪声的控制。另一方面，在长时间的寂静环境中工作会引起枯燥和疲劳，注意力随之衰减，播放适合的背景音乐，缓解不愉快的噪声干扰。

3. 光照

充足的照明是确保手术精确性的必要条件。因此，对照明提出了严格的要求。现代手术室最好是无窗建筑，除有的外科手术，如心导管、骨科手术需要在 X 光辅助暗室操作外，其他手术都是在手术聚光灯下进行，且有环境照明的辅助灯光。有了外窗，由于日光明暗方位变化莫测，难以维持手术照明的稳定性，所以洁净手术室一般不设窗户。

手术灯的光线强度应是可调节的，室内普通照明强度也应随之变化，如手术精细度较高，照明强度也应相应调高。手术医生的视觉敏锐度随年龄的增长而老化，老年医生瞳孔缩小，水晶体变黄、变暗，达到同样的视觉敏锐度则需要更高的光线强度。因此，手术室的灯光强度若按老年医生的需要设计，对中青年医生也是适宜的。

手术室普通照明中光谱照明的光谱构成与手术灯一样，但手术医生和麻醉师对光线的投射点要求却不一样，手术医生关心的是腔内的组织颜色，麻醉师关心的却是病人面部皮肤的颜色。因为皮肤和嘴唇的颜色如果发青发紫，麻醉师就必须在麻醉剂中增加氧气，如果因光色而引起的错觉并致增氧过量，可能导致病人在手术过程中苏醒。X 光手术室要间接照明，隐蔽光源，以免病人仰卧时看见光源，同时也保证把顶棚空出来安装 X 光设备及轨道。

（三）洁净手术部（室）温湿度要求

1. 温度

现代洁净手术室不仅把室温视为舒适需要，而且同时考虑有利于切口愈合、控制细菌繁殖等因素。从欧美各国的资料来看，手术室的温度多在 20~24℃，个别国家为 18~26℃。我国学者推荐的手术室室内空调设计计算温度为 21~25℃。如果手术室温度过低，除多耗能量外，病人易出现机能障碍性症状。有资料表明，当手术时间超过 1h，室温在 21.1~23.9℃范围时，有 1/3 的病人会发生低温障碍。关于手术室医务人员的适宜温度环境问题，虽因引人而异，但健康人一般都能适应病人所需要的环境温度。

2. 相对湿度

据研究，相对湿度 50% 时，细菌浮游 10min 后即死灭；相对湿度更高或更低时，即使经过 24h 大部分细菌仍可存活。在常温下，相对湿度 60% 以上时发霉，相对湿度 80% 以上则不论温度高低都要发霉。

当相对湿度超过 65%，手术部位感染率就会增加，所以成为手术室相对湿度控制的上限值。至于相对湿度下限值引起的讨论，是因为近年来研究与大量实例说明，空调系统加湿会引起室内人员感染发烧，也加大了手术部位感染风险。降低室内相对湿度控制下限值以减少系统加湿时间，是一项有效措施。低于 30% 的相对湿度会引起静电和切口干燥，因此将手术室的相对湿度控制在 30%~60%。

三、洁净手术部（室）的相关系统

（一）净化空调系统

1. 系统设置

洁净区空调系统和非洁净区空调系统应分开设置。

（1）Ⅰ～Ⅲ级洁净手术室采用集中式净化空调系统；Ⅳ级洁净手术室和Ⅲ、Ⅳ级洁净辅助用房，可采用集中式净化空调系统或者带高中效及其以上过滤效率过滤器的净化风机盘管加独立新风的净化空调系统或者净化型立柜式空调器。

（2）对于非洁净区域，如办公区，可根据规范《民用建筑供暖通风与空气调节设计规范》，按照舒适性空调进行设计。

（3）不得在Ⅰ、Ⅱ、Ⅲ级洁净手术室和Ⅰ、Ⅱ级洁净辅助用房内设置采暖散热器和地板采暖系统，但可用墙壁辐射散热板采暖。辐射板表面应平整、光滑、无任何装饰，可清洗。当Ⅳ级洁净辅助用房需设置采暖散热器时，应选用表面光洁的辐射板散热器。散热器热媒温度应符合《民用建筑供暖通风与空气调节设计规范》的有关规定。

2. 冷热源

洁净手术部净化空调系统宜尽可能采用独立冷热源。由于手术部室内冷负荷所占全年负荷比例较大，全年供冷运行时间长。在春秋过渡季节，甚至冬季，手术部，尤其是部内手术室还需供冷，仍要开启制冷设备。另外，每天的运行时间与医院其他用房也可能不同，而且存在极小负荷运行的工况，只有一间手术室在运行。

与医院整体负荷相比，通常手术部空调系统的设计冷、热负荷比较小，手术部应可以直接采用医院的集中冷热源供冷、供热。在这种情况下，手术部冷热源可从医院集中冷热源供给站接入。

洁净手术部冷热源除应满足夏、冬冷热负荷使用要求外，还应满足非满负荷使用要求。冷热源设备不宜少于 2 台。否则当设备故障时，室温无法保证。

一年中需要供冷供暖运行时间较少的洁净手术部宜采用分散式冷热源。

3. 新风净化处理

当手术部设置新风预处理机组时，机组应在供冷季节将新风处理到不大于要求的室内状态点的焓值。当有条件时，宜采用新风湿度优先控制模式。

依据温湿度独立调节空调系统原理，即由新风系统承担全部手术室夏季湿负荷，负责室内湿度调节与控制，循环处理系统只承担室内显热负荷，负责室内温度调节与控制，通过深度除湿实现节能的目的。双冷源深度除湿技术产品由压缩机、蒸发器、冷凝器、制冷回路组成，与冷水盘管两级接力。

4. 气流组织

采用手术台上方集中送风，根据送风的主流区和周边区的差异分区定级。

（1）气流组织。Ⅰ～Ⅲ级洁净手术室在手术台上方集中送风，送风速度小，很少引射周边气流，称为低紊流度的置换流。

洁净手术室应采用平行于手术台长边的双侧墙的下部回风，不宜采用四角或者四侧回风。采用双侧下回风是为了尽可能保证送风气流的二维运动，以减少中心区域的湍流，同时主要发尘的人是站在手术台两侧面的，二维回风可减少微粒在全室的弥散；同时人员主要集中在平行于房间长边的手术台两侧，回风口设在长边上能够使散发的微粒尽快得到排除。

这种气流组织，从保护手术切口关键部位出发，集中顶部送风两侧回风，可达到净化的目的。在送风装置下形成洁净度最高的主流区，周围则属于涡流区，只有在回风口附近才存在回流区。主流区内洁净度最高。如图6-4-3所示。

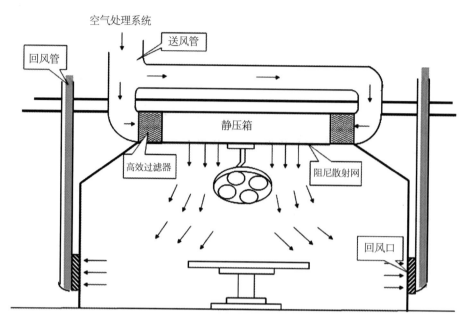

图6-4-3 手术室气流组织形式

Ⅳ级手术室，洁净辅助用房是在顶棚上分散过滤器送风口，属于乱流。

经常有人活动又需要送洁净风的房间，应采用下侧回风，当侧墙之间距离大于等于3m时，可采用双侧下部回风，不宜采用四侧或四角回风。经常无人且需送洁净风的房间以及洁净区走廊或其他洁净通道可采用上回风。

（2）风口的选择。

①送风口的选择。Ⅰ～Ⅲ级洁净手术室内集中布置非诱导型送风装置，送风面积不应低于表6-4-8所列数值。

当手术室净面积超过50m²（眼科手术室超过30m²）并且需要增大上述送风面积时，可按室面积增加比例增大送风面积（出风面积增大的比例不应超过手术室净面积增大的比例）。不宜在集中送风面外面另加分散送风口，只有当手术室面积狭长，侧墙离送风面边缘超过4m，且集中送风面积不方便增大时，可以采用增设分散送风口。

表6-4-8 洁净手术室送风口集中布置的最小面积

手术室等级	送风口面积（m²）
Ⅰ	2.4×2.6=6.24m 1.44m

表 6-4-8 洁净手术室送风口集中布置的最小面积（续）

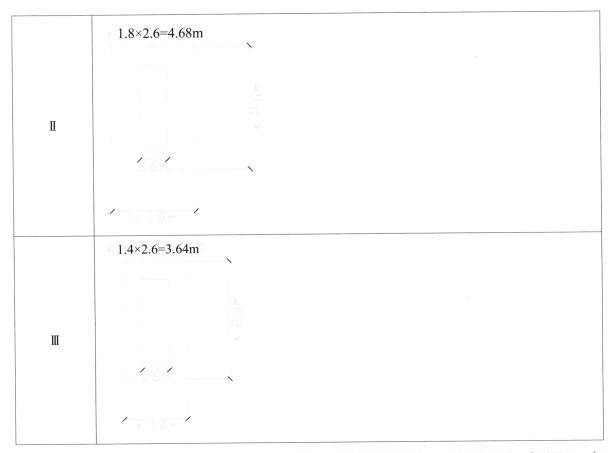

Ⅳ级手术室可在顶棚上分散布置送风口。如果按额度风量选择送风口，则可能只需一个送风口。每个过滤器风量不要超过其额度风量 70%，这是上限；下限是不要低于 0.13m/s。据此，以设 4 个风口为宜，过滤器可以减薄或减少。

洁净辅房送风口选型：Ⅰ级洁净辅助用房应在顶部设置集中送风装置，面积根据医疗要求确定。Ⅱ～Ⅳ级洁净辅房在顶棚分散布置送风口，风口规格及数量根据所负责区域的送风量确定。

如果送风口的送风速度要求降到 0.13~0.5m/s 之间，可增加风口数量。

②回风口的选择。Ⅰ级手术室要求在手术台长边两侧墙下方连续（不是一点不能间断）布置回风口，其他级别每边墙下方不应少于 2 个回风口。

为了使回风气流不在手术台、器械台等台面上经过，回风口高度应低于工作面，即洞口上边不宜超过 0.5m；为了防止卷起地面灰尘，下边离地面不宜小于 0.1m。

为防止噪声和带动地面灰尘，回风口的吸风速度宜按表 6-4-9 选用。

表 6-4-9 回风口吸风速度（m/s）

回风口位置		吸风速度
下部	经常无人房间和走廊	≤ 1.5
	经常有人房间	≤ 1
上部	走廊	≤ 2

控制下回风口吸风速度主要在于噪声控制。根据噪声控制要求：由洁净用房与走廊，有人与无人等不同状况定出不同的吸风速度。

当负压手术室采用循环风时，应在顶棚排风口入口处以及室内回风口入口处设高效过滤器，并应在排风出口处设止回阀。当负压手术室设计为正负压转换手术室时，应在部分回风口上设高效过滤器，另一部分未安装高效过滤器的回风口供正压时使用，均由密闭阀切换控制。回、排风口高效过滤器的安装必须符合现行国家标准《洁净室施工及验收规范》的要求。

当在回风口上安装无泄漏回风口装置（内装有 B 类及以上高效过滤器）时，负压洁净室可以采用循环风。

一般空气传染病患者用的负压手术室可采用循环风，但应在其顶棚排风口处及室内回风口入口处设高效过滤器。负压手术室在对烈性传染病患者进行手术时应转换为全新风工况运行。

由于正负压转换手术室是正压手术室与负压手术室的集成，所以在考虑其净化空调系统时，应综合考虑正压、负压两种工况。负压状态下为保护室外周围环境，避免污染物外泄引起院内外感染，应在室内排风入口处设高效过滤器；另外，为保护手术室内医护工作者，避免因室内空气循环引起污染物浓度升高，应在室内回风入口处设高效过滤器。

正负压转换手术室仅在空气传染患者进行手术时才需负压运行，更多时间处于正压运行状态。正压状态时，室内并无空气传染性病原微生物，无须在室内排风、回风入口处设置高效过滤器。由于正负压手术室设置一套净化空调系统，共用一套排风口、回风口，在正负压状态切换时不可能人去拆除、安装回风或排风入口处高效过滤器，故可将回风口分为两部分：一部分不装高效过滤器，在正压状态下使用，此时室内下侧高效回风口关闭；另一部分回风口可加装高效过滤器，在负压状态下使用。

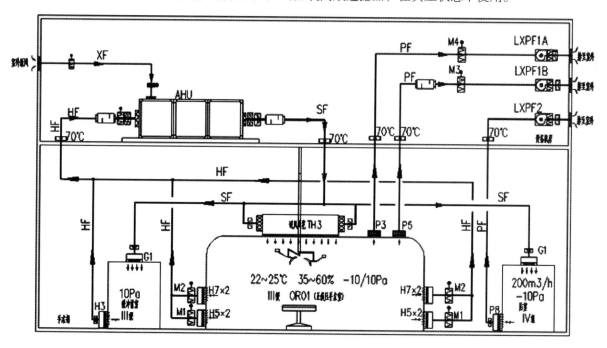

图 6-4-4 正负压手术室空调原理图

图中 H7、P5 为带 B 类高效过滤器的回、排风口，H5 为带中效过滤器的回风口，P3 为带高中效过滤器的排风口。

③排风口的选择。洁净手术室应设置上部排风口，其位置宜在病人头侧的顶部。为了排除一部分麻

醉气体和室内污浊空气，排风口应设在上部并靠近麻醉气体发生源的位置，即手术台患者头部的上方。排风口吸入速度不应大于 2m/s。

正压手术室排风管上的高中效过滤器宜设在出口处，当设在室内入口处时，应在出口处设止回阀。除为防止倒灌外，还要防止有害气溶胶排出。

排风管出口不得设在楼板上的设备层内，应直接通向室外。每间正压手术室的排风量不宜低于 250m³/h，有排气味要求的手术室（如剖腹产手术室）排风量不低于送风量的 50%。其他负压房间排风量由设计确定。

5. 末端

（1）概念。此处的"末端"，即净化空调系统送风末端装置的简称。末端包括过滤器（称末级过滤器）或过滤装置、风口装置或静压箱以及可能的一截管道。

（2）总要求。应优先选用工厂化、装配化、安装简便的成品，避免现场加工。成品可能贵于现场加工，但质量和性能更有保证。

穿过末端装置的无影灯立柱和底罩占有送风面的送风盲区不宜大于 0.25m×0.25m。在送风面中心往往看到一个直径约 0.5m 的大圆盘，这就不符合规范要求。

送风装置应方便更换或能在手术室外更换其中的末级过滤器；可采用有阻漏功能的成品装置，过滤器箱应设在附近的设备层内。

关于阻漏功能，我国提出了有自主知识产权的阻漏层理论，开发成功洁净手术室专用阻漏层。现在阻漏层理论已经转化为成熟的送风装置产品，实现标准化、模数化和装配化，为设计者、施工者和使用者带来极大的便利。

图 6-4-5 是阻漏层手术室送风装置透视。

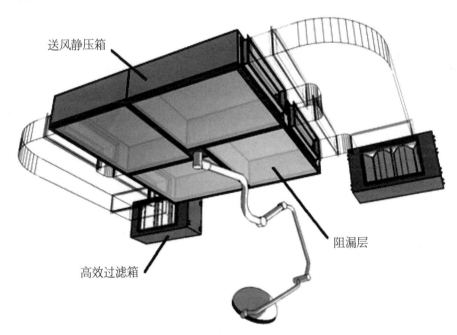

图 6-4-5 阻漏层手术室送风装置透视图

图 6-4-6 是穿越阻漏层送风天花的无影灯安装示意。有阻漏功能的送风天花，是将高效过滤器平放在框架上，与过去满布方式一样，下面再加一层过滤层。这样虽然也能阻挡、阻漏，但一旦有漏，漏点直射下面过滤层，浓度高，仍有可能穿透。再者，更换过滤器比较麻烦，且要在室内更换，不符合规范的规定。这样做静压箱要高很多，且要整体做出 6m² 以上的大小，给加工安装都带来不便。

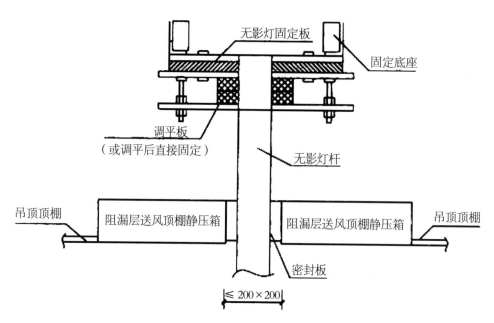

图 6-4-6 穿越阻漏层送风天花的无影灯安装示意图

集中送风装置送风洁净气流满布比应大于 0.9。

$$洁净气流满布比 = 送风面上洁净气流通过面积 / 送风面部总面积 \qquad （式 6-4-2）$$

静压箱只有 0.35m 甚至可薄到 0.25m，从而可降低层高与造价。

（3）对过滤器或过滤装置的要求。

①材制要求。非阻隔式空气净化装置不得作为末级净化设施。末级净化设施不得产生有害气体和物质，不得产生电磁干扰，不得有促使微生物变异的作用。这是强制要求。

旧规范规定静电空气净化装置不能作为送风末端。新规范又进一步设为非阻隔式空气净化装置不得作为末端，更具安全性。

②净化空调系统中使用的末级过滤器应符合以下要求：不得用木框制品；成品不得有刺激性气味，不应掉尘；使用风量不宜大于其额定风量的 70%；当阻力达到运行初阻力的 2 倍时，宜进行更换。

③级过滤器或装置效率。洁净手术室的送风末级过滤器不是一定要用高效过滤器，旧规范即规定低级别的可用亚高效过滤器。现根据实践和理论研究，在一般室内外条件均按规范要求布置了相应的新风、回风过滤器。末级过滤器或装置的最低效率或组合效率，就是用这个效率的过滤器可以满足常规要求。高于规范规定的效率虽然允许，但技术水平显然不如按规范要求的做法高，要多耗能、多花钱。

各级洁净手术室和洁净用房送风末级过滤器或装置的最低过滤效率应符合表 5-3-2 的规定。

对于采用净化风机盘管加独立新风的系统形式，新风系统的末端送风装置亦应符合表 4-4-7 的规定。

表 6-4-10 新风过滤组合

洁净手术室和洁净用房等级	对于大于等于 0.5μm 颗粒，末级过滤器或装置的最低效率
I	99.99%
II	99%
III	95%
IV	70%

6. 通风系统

（1）手术室排风系统。手术室排风系统和辅助用房排风系统应分开设置。各手术室的排风管可单独设置，也可并联，并应和新风系统联锁。

排风管出口不得设在楼板上的设备层内，应直接通向室外。

每间正压手术室的排风量不宜低于 250m³／h，需要排除气味的手术室（如剖腹产手术室）排风量不应低于送风量的 50%。其他负压房间排风量由设计确定。

手术室内污染源有麻醉余气、聚集在术者周围的医护人员的气味，术者开刀时腔体内发出的气味，加上顺势接管手术刀发生的有毒气溶胶等，手术室内应采用局部排风，而不采用普通空调系统回风管路上设排风。

当手术部设置设备层时，排风机宜设置于设备层内，便于安装维护。

（2）辅助用房排风系统。刷手间、预麻室、麻醉准备间、苏醒室、清洗打包、消毒间、灭菌间等污染较严重且产生大量水汽的房间，应设置机械排风系统。办公区卫生间、浴室等房间排风系统参照《民用建筑供暖通风与空气调节设计规范》中的规定设计。

洁净室的排风量应根据房间的新风量和保证房间压差所需的压差风量确定。

当手术部设置设备层时，排风机宜设置于设备层内，便于安装维护。

（3）配电间、UPS 间、复合手术室设备间等发热量较大的房间宜设置独立的通风系统。排风温度不宜高于 40℃。当通风无法保证室内设备工作要求时，宜设置空调降温系统。

（4）气瓶间应设置事故通风系统，事故通风机应采取防爆通风设备。对可能突然散放有害气体或有爆炸危险气体的场所，应设置事故排风系统。有时虽然很少或没有使用，但并不等于可以不设，应以预防为主。这对防止管道、设备逸出有害气体而造成人身事故至关重要。关于事故通风的通风量，要保证事故发生时，控制不同种类的放散物浓度低于国家安全及卫生标准所规定的最高容许浓度，且换气次数不低于每小时 12 次／h。

事故排风系统应根据气瓶间可能释放的放散物设置相应的检测报警及控制系统，以便及时发现事故，启动自动控制系统，减少损失。事故通风的手动控制装置应装在室内外便于操作的地点，以便一旦发生紧急事故，立即投入运行。

（5）排风系统联锁设计。送风、回风和排风系统的启闭宜联锁。正压洁净室联锁程序应先启动送风机，再启动回风机和排风机；关闭时联锁程序应相反。

负压洁净室联锁程序应与上述正压洁净室相反。

7. 节能

空调节能有许多措施，本章只就 2013 版手术部规范控制的要求予以说明。

（1）空调节能。

①规范说明"净化空调系统可为集中式或回风自循环处理方式"。当手术室间数不多，冷热负荷不大，则手术室回风可以不经过大空调机组，而是经过循环风机直接循环入静压箱的末级过滤器前端，湿热负荷可由新风承担，这样可省去一部分加热、运行能量。

②规范说明"Ⅳ级洁净手术室和Ⅲ、Ⅳ级洁净辅助用房，可采用带高中效及其以上过滤效率过滤器的净化风机盘管机组或立柜式空调器。"对于手术室问题不多或改造的工程或使用不频繁的情况，这样设机组的方式，更灵活，便于节能。

③规范允许"通过经济和技术比较，可采用全新风直流系统，或可全年变新风运行，或可在系统运行的不同时间段根据实际需要变化新风量。"当室外大气尘浓度很低，温湿度（焓值）合适，可以考虑变新风量或全新风运行。如采用性价比较高的全热回收装置时，更有节能效果，但加大了初期投资。在不同时段变化新风量，要考虑系统设施和运行管理上的可能性，不宜贸然采用。由于系统的新风量变化，

要同步实现排风量相应的变化，以防止室内压力失控，尤其要注意保持整个手术部有序梯度压差控制。变新风运行更适合分散处理新风的情况。

④为了便于节能，一般情况下把机组容量设小一些，设2台或更多些。对于需要供热供冷时间少的地方，采用分散式冷热源更方便。

⑤按照节能标准，应尽量少用电热，所以不建议空调装置中空气用电加热，而建设用余热、废热。

（2）运行节能。

①各级过滤器的阻力是运行能耗的重要来源，所以规范要求，在满足过滤效率的前提下，应优先选用低阻力的过滤器或过滤装置。

目前国内不仅有低阻的各级过滤器，还有超低阻的高中效过滤器，无终阻力的自洁型粗效过滤装置以及低阻力的过滤器组合（中效＋高中效）结构的专利产品。

②为了减少运行阻力，过滤器不宜在额度风量下运行，规范要求末级过滤器宜在其额定风量的70%条件下运行。因为末级过滤器阻力大，所以规范着重在末级过滤处提到这一点。根据理论结论，过滤器寿命和风量的关系如表6-4-11所示。

表6-4-11 过滤器寿命和风量关系表

使用风量是额定风量倍数	0.5	0.7	0.75	0.8	1.0	1.25
实际寿命是额定风量寿命倍数	2.5	2.15	1.91	1.7	1	0.59

从表中可知，如果原来用2个过滤器，改用3个，虽然多花1个过滤器的费用，但使用期限延长1倍，一段时间下来，过滤器用量反而少了，费用也就少了，且省了运行能耗。

③过去习惯按终阻力达到额定初阻力2倍时要更换过滤器，这时终阻力很大，运行能耗随之增大。现在规范建议终阻力达到"运行初阻力"2倍时更换，由于使用风量小了，所以使用期限并未受到影响，但运行能耗小了。

如果过滤器使用风量比70%额定风量还小得多，更换时阻力会很低，可适当提高更换阻力倍数。

④为了掌握过滤器运行的真实初、终阻力，规范要求实测过滤器前后压差："新风机组和空调机组内各级空气过滤器前后应设置压差计。室内安装过滤器的各类风口，宜安有1个风口设置测压口，平时应密封。"

在运行之初记下各级过滤器初阻力，然后当阻力上升到运行初阻力2倍或设计的某个值时，即可更换过滤器。

⑤加强新风净化处理，对节能具有重要意义。如果表冷器翅片上每一面积0.1mm厚的灰，其阻力将上升19%，增加耗能。所以新风按规范要求设置几级，对于节能也是十分必要的。

⑥如果空调装置和系统漏风率很大，则要加强送风，增加耗能。购买空调装置时必须由厂家和施工方出具检测证明，符合前面提到的漏风率要求。

⑦为了减少运行能耗，从设计开始就要注意风机的单位风量耗功率。

$$W_s = P/3600 - \eta_t \qquad \text{（式6-4-3）}$$

式中：P—风机全压，Pa；

η_t—风机的全效率，包含风机、电机和传动效率；

（二）医用气体系统规范限制 W-S 的取值

1. 医用气体的类别

医用气体是指医疗方面使用的单一或混合成分气体，一般上用于病人的治疗、诊断、预防或驱动外科手术工具；有的还用于医学试验或细菌、胚胎培养等。手术部常用的医用气体有氧气、真空吸引、压缩空气、氧化亚氮（笑气）、二氧化碳、氮气、氩气和氦气，另外还包含手术过程中产生的麻醉废气。

2. 气体终端设备配置

一般每个手术室都装有两套医用气体终端，一套装在吊塔上，一套装在嵌壁终端箱内，一用一备。预麻室、苏醒室、ICU病房等房间的医用气体终端一般装在设备带或吊桥上。

吊塔和嵌壁终端箱应安装在手术床上病人的头部右侧；设备带安装在病床顶部的墙上，其底边离地高度一般为1.4m，比病床稍高。设备带上一般装有各种气体终端、电源插座、微光灯、呼叫按钮等装置。

所有气体终端必须选用统一标准（如国标、德标或美标等），不同房间同一种介质的气体终端规格型号必须一致。

3. 医用气体管道及附件

医用气体管道材质可参照现行规范《医用气体工程技术规范》和《医院洁净手术部建筑技术规范》中管道附件的要求设计。建议管道材质同大楼医用气体材质统一，同时要求严格按照规范要求作相应的颜色标识。

4. 医用供气源配置原则与选址要求

（1）手术部气体供应常规三气（氧气、压缩空气和负压吸引）由大楼气体专业单独引立管设置在管道井，预留在手术部区域范围内。

（2）医用二氧化碳、医用氧化亚氮等气体汇流排供应源，不得出现供应气体结冰现象，汇流排间选址与主要布置原则包括：

①汇流排站房不应设置在地下空间或半地下空间，汇流排间应防止阳光直射；

②汇流排间、空瓶间、实瓶间的地坪应平整、耐磨、防滑；

③各种医用气体汇流排在电力中断或控制电路故障时，应能持续供气；

④汇流排间建议布置在靠近电梯或楼梯位置处，方便更换气瓶。

5. 手术部医用气体管路设计

洁净手术部的医用气体应通过专用管路从气站单独引入，从气站来的输气管路进入大楼后，与布置在气体管井中的供气干管相连接，供气干管在各用气楼层都设有气体预留口。

用气楼层供气干管在管道井与大楼供气立管预留阀门连接，气体干管上装有二级稳压箱和气体报警装置的表阀箱，阀箱内装有气体总管的切断阀，同时应在管井处安装氧气流量计。

气体总干管和支管一般都敷设在走廊吊顶上，便于安装和维修，且维修时不会影响手术室，吊顶上水平干管的布置要求布局合理。

分支管是直接进入手术室和其他用气单元的管道，它的一端连接吊塔、嵌壁终端箱或设备带上的气体终端，另一端连接气体支管或干管；同时分支管上装有各手术室的检修阀和气体调节阀。

（三）给排水系统

1. 工程特点

洁净手术部内的给排水管道均应暗装，应敷设在设备层或技术夹层内，不得穿越洁净室、强弱电机房及重要医疗设备用房，必须通过时应采取防漏措施。

管道穿越洁净用房的墙壁、楼板时应加设套管，管道和套管之间采取密封措施；当管道外表面存在结露风险时，应采取防护措施，防结露表面应光滑、易于清洗，且不得对洁净室等造成污染。

2. 工程设计要点

（1）给水系统：洁净手术部内的盥洗设备应同时设置冷热水系统，当采用储存设备供热水时，水温不应低于 60℃；当设置循环系统时，循环水温应大于等于 50℃；热水系统任何用水点在打开用水开关后宜在 5s~10S 内出热水。

手术部刷手池用水，考虑到洁净度的影响，建议采用恒温阀 + 紫外线消毒模式，冷热水共同汇流至恒温阀内，恒温阀控制供水温度宜为 30~35℃，混合温水再经过管式紫外线灭菌器后供给水龙头。

针对净化工程空调系统冷热源，大楼给排水设计应预留冷热源补水和加湿用水量，预留管径和用水量建议跟净化空调专业人员沟通确定。

（2）排水系统：要求设计排水系统时严格执行现行国家标准《建筑给水排水设计规范》和《综合医院建筑设计规范》。

（3）直饮水系统：洁净手术部直饮水系统供应方式可同大楼饮水供应系统一致。当采用医院集中供应系统时，用水量和管径选择等水力计算参数执行现行国家标准《建筑给水排水设计规范》和《综合医院建筑设计规范》。直饮水用水点位配置应根据医院洁净区域范围功能间饮水需求预留。

3. 给水排水工程材料、附件的选择

洁净手术部洁净走廊上的刷手池不应设计地漏，仅在卫生间、清洗间及淋浴等地面可能形成积水的功能间设置。洁净工程的地漏应采用高水封洁净地漏，水封高度 ≥ 50mm，有效防止水封干枯和污浊气体窜入室内。

4. 卫生器具的要求和选择

卫生器具和配件应符合现行行业标准《节水型生活用水器具》的有关规定。洁净工程设计卫生器具的选择应执行现行国家规范《综合医院建筑设计规范》内容，洁净区域用水点应采用非手动开关，并采取防止污水外溅的措施，满足洁净度的要求。

洁净手术部卫生器具应选用不易积存污物又易于清扫的，自带存水弯，水封高度 ≥ 50mm；卫生器具污水透气系统应独立设置，保证排水通畅。

手术部刷手池建议每间手术室按照两个龙头配置。

针对蹲便器的选择，建议采用后排式，选择感应式或脚踏式自闭冲洗阀。

（四）电气系统

1. 电源

（1）"规范"要求洁净手术部为一级负荷，应由两个电源供电。电源应为两个独立电源，而且不能同时断电。若属于一级负荷中特别重要负荷，除应满足"规范"要求的两个电源供电外，还必须增设应急电源。

（2）由于发电机投入使用需要一定的准备时间，所以有生命支持电气设备的洁净手术室必须设置应急电源。自动恢复供电时间应符合下列要求：

① 生命支持电气设备应能实现在线切换；

② 非治疗场所和设备应少于或等于 15s；

③ 应急电源工作时间不应少于 30min。

（3）洁净手术部的总配电柜应设于非洁净区内。每个手术室应设置独立的专用配电箱（柜），箱门不应开向手术室内。

（4）在洁净手术室内，用于维持生命和其他位于"患者区域"内的医疗电气设备和系统的供电回路应使用医疗 IT 系统。心脏外科手术室用电系统必须设置隔离变压器。

由于隔离变压器保护着患者的生命安全，所以"规范"要求隔离变压器应符合以下要求：

① 医用 IT 系统宜采用单相变压器，额定容量不应低于 0.5kVA，且不宜超过 8kVA；

② 隔离变压器应靠近使用场所，并应采取防护措施；

③ 隔离变压器二次侧的额定电压不应超过 250V；

④ 当隔离变压器处于额定电压和额定频率下空载运行时，流向外壳或大地的漏电流不应超过 0.5mA。

医用 IT 系统应配置一个交流内阻抗不小于 100kΩ 的绝缘监测器；当只有一台设备由医疗 IT 变压器供电时，该变压器可不装设绝缘监测器。医疗 IT 变压器应监测过负荷和过热。对于每个医疗 IT 系统应在医务人员可以经常监测的地方，装设配备声光报警系统。

（5）由于新仪器新设备的不断出现和使用，手术室用电量也在逐渐增加，所以手术室配电总负荷除要仔细考量外，单间手术室非治疗用电总负荷不应小于 3kVA，治疗用电总负荷不应小于 6kVA。大型放射医疗设备电源，应由变电所单独供电。

（6）洁净手术室进线电源的电压总谐波畸变率不应大于 2.6%，电流总谐波畸变率不应大于 15%。

（7）电源应加装电涌保护器。

2. 配电及照明

（1）手术室内布线不应采用环形布置。大型洁净手术部内配电应按功能分区控制。

（2）为保证洁净手术室用电安全，其用电应与辅助用房用电分开。

（3）每间洁净手术室内至少应设置不少于 3 个治疗设备用电插座箱，至少 1 个非治疗设备用电插座箱。每箱不宜少于 3 个插座，非治疗设备用电插座箱内至少有 1 个三相插座，并与普通插座有明显区别。治疗设备用电插座箱内还应设置接地端子。

（4）手术室灯具应采用嵌入式安装，洁净手术室照度标准值为 750lx，照度均匀度不应低于 0.7。

（5）在手术台两头应均匀布置不少于 3 套包含应急照明的灯具。在手术台两侧宜布置不少于 50% 的包含应急照明的灯具。

（6）在包含放射医疗设备的洁净手术室应设置红色安全警示标志灯，与医用放射设备控制连锁。

3. 网络及控制

（1）为满足现代信息化建设，每间洁净手术室应设置 2 ~ 8 个内网数据点，分别安装在墙面及吊塔上。

（2）手术室控制屏是洁净手术室的核心部件。其功能应包含以下几项。

① 显示功能：显示当前时间、手术时间、麻醉时间；显示手术室内的温度、湿度等空调参数；显示风速、室内静压等空气净化参数。

② 预置功能：预置手术室内的温度、湿度，预置净化空调机组的送风量，手术和麻醉时间预置，发出时间提醒信号。

③ 控制功能：控制净化空调机组启 / 停和风机转速，控制手术室排风机、无影灯、看片灯、照明灯以及摄像机、对讲机、背景音乐等，将手术室内的所有设备都集中在屏上进行管理。

④ 报警功能：对手术室内各类监视参数都具有超差报警功能，如医用气体压力、过滤器压差、空调净化机组故障、供电故障等。

⑤ 查询功能：对手术室内的温度、湿度、洁净度，医用气体压力、过滤器压差、室内余压、机组故障、电源故障等运行状态进行记录，以指导维修。

（3）洁净手术室净化机组自动控制系统应设置专业的自动控制配电箱，安装 DDC/PLC 控制器进行严格控制，还应设置网络接口，实现远程控制。

四、洁净手术部（室）的信息化系统

随着医疗信息技术和医疗设备技术的发展与进步，手术室设备的不断增加，给手术室的管理使用带来了一定的难度，这就需要通过数字化、智能化的设备来提高手术室的管理和使用效率。数字化手术室是现代化数字医院发展的必然趋势。

（一）系统概述

系统可采集手术室内各类型医疗仪器，如 DSA、内窥镜、X 光机等手术进程中重要的视频信号，并同步采集主刀医师的语音和整个手术室内的语音信号。除手术室的音视频信号外，系统可支持医院 HIS/PACS/LIS 系统数据的接入，与手术室信号融合后，经过网络实时传输到各示教中心、办公室、集控室等系统节点，实现同步直播，支持各点之间的语音交互，满足教学要求。同时系统服务器也在接收手术音视频信号，完成手术录制和手术转播工作。

在数字化手术室中，除了必须要装在吊臂上的摄像和显示器外，需要的其他显示设备、信号采集编码设备、护士工作站、音频采集和音箱等均集成于一个柜体中。一体式柜体设计节约了手术室的空间，视觉上更加美观。

相关设备在出厂前应完成安装测试，现场只需做接线和布线安装工作，有效节约现场实施周期和难度，同时也减少了故障概率。

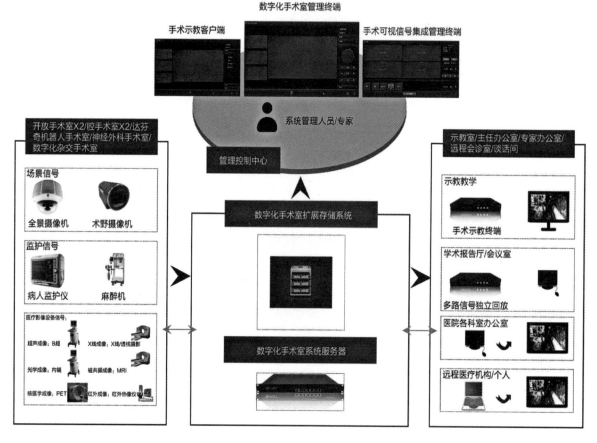

图 6-4-7 整体系统结构图

1. 中心机房（控制室）

中心机房（控制室）作为系统中心节点，部署数字化手术室系统核心部分——多媒体医学影像平台服务器、存储/点播服务器。系统负责接收手术室全高清手术一体化集成控制终端发送的数字化视音频码流，将其按需转发给远程示教用户或存储在指定存储设备中。

除基本录播直播模块外，系统根据医院数字化手术室的实际需求还提供用户权限认证、手术资源管理、状态监控、节点参数配置、录像编辑等扩展功能。

同时中心机房（控制室）在部署数字化手术室集中管理控制系统，系统可实现学术转播功能。

无论是手术切换、画面调节、召开讨论、私密对讲、手术录制等功能均可一键完成，大大简化了转播的操控难度，降低人员误操作带来的事故，一举解决了医院在学术会议转播领域的实际困难，帮助各级医院和卫生系统承担各类会议转播任务。

2. 远程客户端

除院内的各示教端、集控室外，数字化手术室系统还可承担远程会诊、远程教学等业务应用。对于这部分用户，可利用PC、手机、Ipad等网络直播平台通过访问录播系统来获得手术直播服务和手术点播服务。

（二）数字化手术室实施方案

1. 架构介绍

数字化手术室和传统手术室相比，手术室内外布局发生了变化（见图6-4-8和图6-4-9）。数字化手术室外部布局包括手术室、示教室、会议室和办公室；内部布局包括视频系统相关的全景摄像、术野摄像、交互用显示屏、医用路由显示屏、中控系统及相关的服务器、移动控制终端等。图6-4-10是数字化手术室的拓扑架构图，显示了手术室内外交互及人、物间的关系。

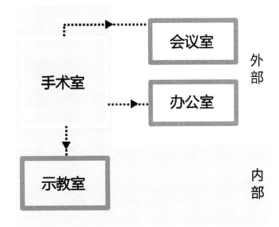

图 6-4-8　数字化手术室外部布局示意图

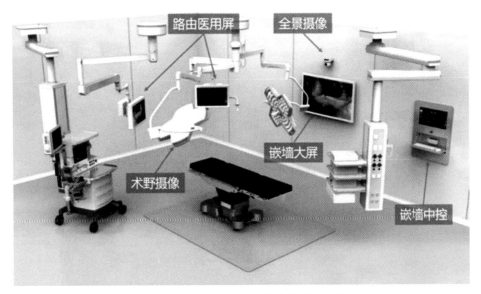

图 6-4-9　数字化手术室内部布局示意图

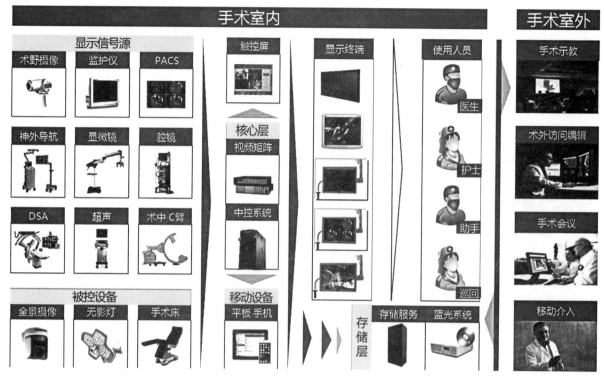

图 6-4-10 数字化手术室拓扑架构图

通常，手术室内配置嵌墙式中控触摸屏，以实现手术室内的视频路由、高清录播、设备控制、流媒体采集、直播和点播、视频会议等功能。具体实现：对高清 /3D 腔镜信号、监护仪信号、术野摄像信号、手术室全景摄像机信号、超声信号、DSA 和显微镜信号等进行采集；通过路由设备实现各类视频图像在医用显示屏和高清大屏的路由切换；对接入的任何视频信号完成视频录制和拍摄，并对视频和图片文件完成编辑管理；通过设备控制模块对手术摄像、全景摄像、手术无影灯、手术床、腔镜、电刀等手术器械和设备进行控制；通过视频会议模式完成手术室和示教室、会议室、办公室间的视音频通话。

示教室通常配置高清大显示屏，实现对手术室内传输来的视频信号的路由切换，观看手术视频，以及流媒体采集、直播和点播、视频会议等功能。

流媒体服务器主要实现流媒体转发、点播和存储功能，医院根据实际需要选择服务器容量。流媒体服务器一般安装在中心机房，也可安装在手术室或示教室的机柜内，根据医院实际而定。

数字化手术室整体架构通常采用模块化布局，通过模块重组满足医务人员的个性化需求。此外，在完成整体布局的同时应留有充分的扩张预定，包括数据结构的升级和数据传输接口的拓展和衔接，满足用户对手术室远期规划的考量。

与常规数字化手术室仅采用手术室内外触摸终端不同，高端的数字化手术室采用多系统支持终端平台架构模式，包括移动平板、移动手机、个人 PC 和 Web 端接入形态，在兼容当前主流的各种操作系统接入的同时保证用户体验的一致性，从而使医务人员能够更加便捷、人性化地操作各个系统。

2. 常规配置

表 6-4-12 常规数字化手术室配置清单列表

序号		说明
1	中控系统	数字一体化手术室系统主机内含：中控主机、存储服务器、流媒体编码器、一键启动模块、数字化软件；软件模块：视频路由、视频录制、视音频会议、设备控制、文档管理；主机操作系统：Win Server 2012 标准版，64 位
2	视频处理模块	视频路由 16×16
3	音频处理模块	音频处理、音频功放、音频功放支架
4	集中触控模块（嵌墙）	触摸控制终端（嵌墙式） 含：医用触摸一体机（21.5"）、医用防水键盘、鼠标
5	视频外设	24 寸医用显示器、55 寸高清显示器、全景摄像机、视频格式转换器
6	音频外设	吸顶音响、领夹无线麦克风
7	网络交换机	

表 6-4-12 是一家主流医疗设备供应商提供的数字化手术室常规配置清单，实现了路由显示、设备控制、术外传输和信息的保存管理等功能。该配置主要包含音视频系统和中控系统。音视频系统整合了许多音视频控制器件。中控系统是整个配置清单中最重要的组成部分，能够将分散的一个个单元整合统一成为一个一体化系统。中控系统作为核心对跨行业技术整合有着很高的技术要求。

3. 终端及其功能

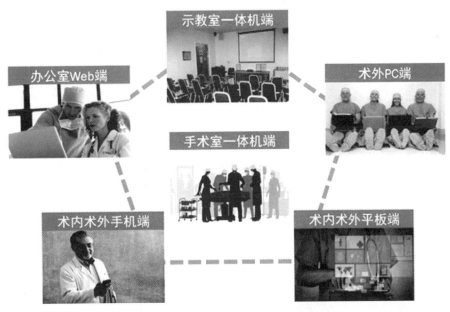

图 6-4-11 数字化手术室使用终端类型

数字化手术室使用的终端包括手术室一体机端、示教室一体机端、办公室 Web 端、手术室外 PC 端、手机端和平板端（图 6-4-11），多终端设置能满足不同场景下对系统操控的特定需求，同时保证系统控制简便性和安全有效性，多终端模式贴合行业及时代的发展。

数字化手术室系统主要功能包含视频路由、视频存储、视频会议、设备控制、文档管理等。系统操作页面要简约明了，使用流畅、人性化，设计搭配和手术室系列保持一致，使得手术室整体环境更为协调。

（1）路由界面可以支持将视频源信号快速准确地路由至目标显示屏，让医护人员随时在需要的位置读取信息。为满足不同手术类型的要求，常规路由设置还需具有保存个性化设置功能，即医护人员可以将自己偏好的设置保存在自己的账户下，实现一键调取。

（2）录制界面可支持对路由内的任意视音频信号进行高清同步录制，并实现边录制边对感兴趣的视频片段拍照保存，以及屏蔽某些音频信号的录入。此外，系统还能对剩余录制空间进行提示，帮助用户把握录制节点。

（3）会议界面可支持医护人员便捷地创建或加入会议，以及在会议中邀请和请出会议方。会议中，会议参加者可便捷地通过会议界面和参加会议者共享手术信息资源，并就手术相关议题展开及时有效的、直观的沟通交流。

（4）设备控制界面需支持医护人员对手术摄像、全景摄像、手术无影灯、手术床等进行集中、直观地控制，以提高医护人员的工作效率。统一的控制界面不仅能有效避免设备操作烦琐带来的安全隐患，还能提高医护人员对新设备的学习效率。

（5）文档管理界面可支持医护人员用病人 ID、病人姓名、用户名和文件日期、文件大小、文件类型等关键字对服务器存储的文档进行快速检索和排序，提高信息查询的效率。同时，可通过等级权限管理，限定人员在手术中和手术完成后对已存储文件浏览、编辑和删除。

（6）移动平板界面和移动手机等界面可支持登录终端与手术室一体机终端的数据保持同步，并在界面设置和操作习惯上也保持一致，便于医护人员在非手术环境下快捷地加入手术进程，实现手术会议或手术远程诊断。

（三）建设方案

1. 安装准备

数字化手术室建设相关方包括医院有关科室、供应商、安装商、净化供应商，各方责任人应明确责任分工，保障项目实施（安装流程如图 6-4-12 所示）。一般情况下，医院领导负责项目责任委任和项目启动确认；医院临床科室负责提出涵盖手术室的功能和布局等的需求分析，完成产品前期试用、产品培训，参与产品验收等；医院医学工程部门需要提出三方产品采购建议，组织院内各部门的协调沟通，接收确认医疗设备，参与产品验收；医院信息部门需要做好网络接入、线槽走位、信息存储等工作；产品供应商需要协调推进各角色有序协作，完成项目施工和产品的调式、培训、验收及维护升级保养；三方供应商需要按要求提供产品，协助安装走线，配合产品的调试；净化供应商需要配合手术室的施工包括洞槽、线管等；基建方需要确认强弱电施工图纸，配合用电需求和设备进场摆放等。在各方充分有效沟通后，确定数字化手术室建设方案。

正式安装前，医院需要协调组织院内有关科室、安装公司、净化供应商和产品供应商召开数字化手术室项目动员会议，以充分了解项目各相关人员及项目总体进程和各里程碑节点，明确各方在项目中的责任和义务，深入了解产品，统一产品认识和预期，并使各方充分沟通交流，相互答疑解惑。

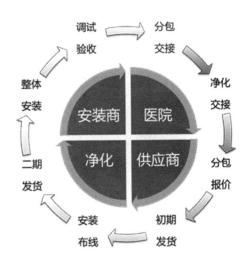

图 6-4-12 数字化手术室安装流程示意图

作为供应商，需要在正式施工前与医院沟通清楚基建布局图、实施手术室数量和面积、手术室实施的手术类型、实施示教室的数量、示教室与手术室的距离、医院大致的网管设备等。在整个项目进行过程中，项目经理需要协调各方人员，把控施工环节各个层面的进度，做好提前规划，制定项目实施进度表。

2. 安装实施

图 6-4-13 给出了数字化心外、DSA 手术室的施工布局示例。在安装施工环节，除了净化和强弱电的施工外，还需要关注整体的安装调试是否符合要求，以下是一些涉及数字化手术室施工的技术要点。

（1）电源线的铺设：

① 使用符合国内标准的交流 220V、50/60Hz 的可控制电源，供电线应使用线径不小于 $4mm^2$ 的三芯电源线（火线、零线、接地线）；

② 供电线需穿管防护，并铺设至基础架安装板中心点 10cm 的范围内，预留的电缆线长度不小于 1m，以便于设备的安装连接；

③ 强弱电需要分开铺设，弱电走线槽，强电走镀锌管。

（2）弱电的铺设：

① 网线铺设到基座 10cm 范围内，每根均需做好标识，并做好与吊塔网线水晶头对接的母模块；

② 相应网线线缆到对应位置需预留不少于 6m 线缆长度，便于挪移检修；

③ 强弱电需要分开铺设，弱电走线槽，强电走镀锌管。

（3）线槽的铺设：按照整体图纸走线排布。

（4）手术室嵌墙开孔工艺要求：手术室内触摸控制机柜在手术室净化墙面嵌入安装的开孔要求。

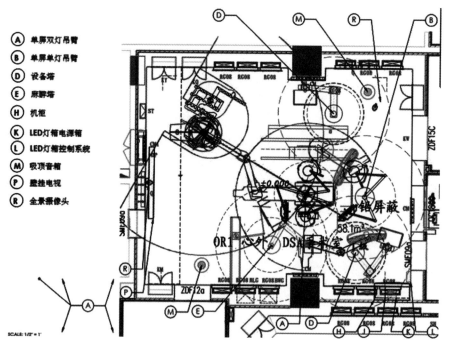

图例：

(A) 单屏双灯吊臂
(B) 单屏单灯吊臂
(D) 设备塔
(E) 麻醉塔
(H) 机柜
(K) LED灯箱电源箱
(L) LED灯箱控制系统
(M) 吸顶音箱
(P) 壁挂电视
(R) 全景摄像头

图 6-4-13 数字化手术室施工布局示例图

（四）展望

1. 虚拟现实（VR）和增强现实（AR）在数字化手术室中的应用展望

虚拟现实技术利用特定的交互工具模拟真实操作中的软硬件环境，可广泛应用于手术培训、手术预演、临床诊断、远程干预、医学教学等环节。手术预演方面，主要以患者自身的 CT、核磁共振等医学影像数据为依据，利用三维立体模型，建立虚拟现实空间，操作者在系统内按手术步骤多次模拟，从而获得最佳手术方案。增强现实技术在手术机器人中的应用，手术过程中的 3D 解剖图像使医生能看见手术器械进入人体的位置。

美国高盛公司在 2016 年的报告中预测，2020 年 VR/AR 在医疗保健领域的市场将达到 51 亿美元，覆盖 340 万用户。市场研究机构 RnR Market Research 发布的一份《虚拟现实医疗服务市场研究报告》称：2014 年至 2019 年，全球 VR 医疗服务市场的复合增长率将达 19.37%。

用虚拟现实技术直播手术流程是该技术在医疗培训领域的广泛应用之一，该技术不仅能减少传统培训对动物造成的伤害，还能模拟更逼真的实验环境。在中国台湾地区，已经有医疗机构利用计算机和专业软件构造，提供 VR 医疗培训；在美国，加州健康科学西部大学的虚拟现实中心拥有四种 VR 技术——zSpace 显示屏、Anatomage 虚拟解剖台、Oculus Rift 和 iPad 上的斯坦福大学解剖模型，用来辅助学生学习牙科、骨科、兽医、物理治疗和护理等知识。近期，在征得患者同意后，英国伦敦皇家医院手术室通过虚拟现实技术对肿瘤切除手术进行 360 度视觉全程直播。

VR 技术能够使外科教育和培训发生革命，尤其是对那些不具备医疗保健优质资源和设备的发展中国家，利用该技术建立一个可作医学教材的手术图书馆，能让学生通过 360 度的视觉观看。可以预见在不远的将来，VR 技术应该会在数字化手术室领域有更为广泛和成熟的应用。

2. 手术室三方信息系统的整合

手术室信息化平台建设是数字化手术室建设的核心之一。在临床手术过程中，如何将 HIS、PACS、LIS、麻醉信息等信息系统数据有序管理、互不干扰，且高度集成、有效耦合，是一个繁杂而又系统的难题。目前，国内的该类信息系统在各个地区的规范标准多有不同，一些大型医院还有一套独立的信息系统数据规范，由不同供应商为其提供这些信息系统。虽然国际上有较为成熟的标准交互接口进行信息互联，如 HL7，DICOM3.0 等，但该标准对目前国内的信息系统的适应性较差，真正执行上述标准接口的供应商寥寥无几，一般都会按照客户的需求进行独立配置。综上所述，系统间数据的统一交互管理成了一大难题，这是数字化手术室亟待解决的问题之一。

数字一体化手术室，基于数字化医疗影像技术，手术室内各种医疗仪器，如内镜、X 光机、超声诊断仪、DSA（血管造影）、监护仪、术野 / 全景摄像机等设备的视频信号均可实现 H.264 数字化转换，从而实现手术实况的传播、记录和调用。同时将手术实况完成数字化转换后具备与 HIS、PACS、LIS、OA 以及 E-Learning 等为代表的医疗行业其他信息化系统融合对接的条件，手术室业务可无缝衔接到医院信息化建设中，实现数字化医疗的目标。

3. 数字化手术室系统功能

数字化手术室系统建设完成后应可满足医院日常手术室管理、手术教学、医疗学术交流等业务的实际需求，基于 IP 网络高速传输实现实时观摩手术进程、多向语音互动、手术远程转播、手术记录、录像编辑等功能。

系统功能上需要实现手术音视频采集、手术录制、语音互动、本地回显等功能。

（1）功能。

①有数字一体化手术室软件；

②手术信息：从 HIS 系统导入计划进行手术的病人列表，从中选择当前正在进行手术的病人，选定后，后续操作都与此例手术关联。

③视频路由：将手术室里的视频、影像以及其他信息选择在任意显示设备上显示，每块显示设备在软件上有对应的图标表示，所见即所得。

④录播控制：可以对感兴趣的信息进行选择录制。

⑤视频回看：在已录制的手术列表里选择一个进行回看。

⑥视频设定：对视频参数进行设定。

⑦背景音乐：选择播放音乐。

（2）技术要求。

①直接采集手术室各类医疗设备的可视化信号，并转换成数字化信号。

②手术室可视化信号路由转发管理，可控制手术室显示器显示内容，及时提供主刀医师所需的可视化信息。

③手术室信号数字化后可通过 IP 网络传输，实现手术的转播、录制、点播和编辑应用。

④通过网络可实时观摩手术实况，网络条件正常时，画面清晰无卡顿、无丢帧。

⑤支持手术室、示教端、办公室等区域间的多方语音交流，同时支持私密语音交流。

⑥手术过程及资料的录制及存储、手术资料的后期编辑整理存档、手术录制资料的点播调用（所有视频信号都可录制，支持同时录制多路视频信号）。

⑦手术视频资料与 HIS/PACS/LIS 或其他信息系统连接，可根据登陆者权限和患者基本信息随时调取大量与手术相关的病历档案、检查诊断、视频资料等数据，帮助手术室医护人员提高手术的质量和效率。

五、洁净手术部（室）的基本装备

对于洁净手术室的不断发展及要求的不断更新，选配洁净手术室基本装备时宜选择单个模块化安装产品，对产品的维护及升级更新、更换起到有利效果，不宜选择整体焊接安装方式的产品。根据洁净手术室的特点及特殊要求，装备宜选择嵌入式安装方式，各安装缝隙均需做密封处理。

（1）每间洁净手术室配备的与平面布置和建筑安装有关的基本装备，宜符合下表6-4-13的规定。

表6-4-13 洁净手术室基本装备列表

装备名称	每间最低配置数量
无影灯	1套
手术床	1台
医用吊塔、吊桥、显示器支架	根据需要配置
医用气源装置	2套
医用废气排放装置	1套
观片灯（嵌入式）或终端显示屏	根据需要配置
麻醉柜（嵌入式）	1个
器械柜（嵌入式）	1个
药品柜（嵌入式）	1个
腔镜柜（嵌入式）	根据需要配置
收纳柜（嵌入式）	根据需要配置
中央情报面板	1套
微压计（最小分辨率1Pa）	1个
保温柜	根据需要配置
保冷柜	根据需要配置
记录板	1个
输液吊杆	2个

注：可按医疗要求调整所需装备，此配置为一般配置方法，具体依各手术室类型，各体位放置各装备。

（2）无影灯应根据手术要求和手术室尺寸进行配置，宜采用多头型无影灯，安装于手术室中央位置处，无影灯架调平板的位置应设在送风面之上，距离送风面不应小于5cm；对设置有送风层流静压箱的手术室，无影灯架调平板的位置应设在送风层流静压箱之上，吊臂连接架宜选择长圆筒型式；送风口下面不应安装无影灯底座护罩。

（3）手术床应按手术室类型配置，手术床设置于手术室中央头部，宜在手术室入门处，手术床地面处应设置有供手术床用电的电源接口。

（4）医用吊塔、吊架应按手术室大小类型配置，医用吊塔、吊架按用途一般分为：麻醉吊塔、外科吊塔、腔镜吊塔；按大小一般有：单、双臂及单层与多层类型。麻醉吊塔设置于病人头部上方吊顶处，外科吊塔及腔镜吊塔设置于病人脚部下方吊顶处。

（5）医用气源装置应分别设置在手术台病人头部右侧麻醉吊塔上和靠近麻醉机的墙上，距地高度为1.0～1.2m，麻醉气体排放装置宜设在麻醉吊塔（或壁式气体终端）上。气体接口标准应选择与本医院各科室所使用气体接口标准一致的产品。

（6）观片灯联数可按手术室大小类型配置，观片灯或终端显示屏宜设置在主刀医生对面墙上；Ⅱ、Ⅲ级别及以下级别手术室宜选2~4联类型观片灯，Ⅰ级手术室宜选4~6联观片灯；对一些特殊用途手术室（如骨科手术室）可选带遮幅式观片灯。

（7）麻醉柜宜嵌入手术台病人头部墙上麻醉师方便操作的位置，器械柜、药品柜、腔镜柜、收纳柜等宜嵌入手术台脚端墙内方便取用的位置。应选择易清洁、耐腐蚀、不产尘材料的产品。

（8）中央控制面板宜设于手术车入口门侧墙上，功能模块应设置有计时器、时钟、空调控制、开关控制板、医气报警、电话对讲。手术室计时器宜兼具麻醉计时，具有正计时及倒计时功能，应有时、分、秒的清楚标识，并配置计时控制器；停电时能自动接通自备电池，自备电池供电时间不应低于10h。空调控制具有手术室内或远程中央控制系统机组启停机、温湿度显示及调节、系统故障报警功能。医气报警应具有高、欠压报警显示及声、光报警功能。电话对讲应具有基本远程对话功能，根据手术室功能要求可选配多功能模块（如手术部内群呼、背景音乐控制等功能）。面板主要选用按键式及触摸式平墙面安装形式。

（9）微压计宜设于手术车入口门外墙上的可视高度处，可选用指针型或数字型。

（10）保温柜、保冷柜应按手术需求和手术室大小类型选择配置，宜嵌入手术台病人头部或脚部空间宽敞、方便操作的位置。

（11）能放置电脑工作站的记录板应为暗装，收折起来应与墙面齐平。

（12）输液吊杆应设置于手术台左右两侧吊顶上方，吊杆应选择可伸缩型。

（13）对于多功能复合手术室等新型手术室可按实际医疗需要，对医疗、影像等装备进行调整，所选配安装于墙上的产品宜选择嵌入式，安装缝隙处应做密封处理以达到不影响手术室内微压变化的要求。

六、洁净手术部（室）的建筑材料和机电设备选择

（一）建筑材料

图 6-4-14 装修材料特性

洁净手术室装饰装修的几种常用材料：

（1）手术室地面装饰用材常用的有 PVC 卷材、橡胶卷材；

（2）手术室墙、顶面装饰用材常用的有电解钢板 + 抗菌涂料、加芯彩钢板及新型材料钢化玻璃等；

（3）手术室辅助区域地面装饰用材选择较多，常用的有瓷砖、环氧树脂、自流平、PVC 卷材等；

（4）手术室辅助区域墙、顶面装饰用材选择较多，常用的有彩钢板、无机预涂板、树脂板、抗菌涂料等。

（二）机电设备

1. 四管制多功能热泵机组

四管制多功能冷热水热泵机组的工作原理是冷热量的回收和综合利用，与普通热回收热泵的差别在于：是由压缩机、冷凝器、蒸发器、可变功能换热器等组成，采用了两个独立回路的四管制水系统，并在一年四季可实现五种运行模式（区别于热泵热回收机组）：单制冷；单制热；制冷＋制热（设备自动平衡冷热量）；空调制热加热回收器制热水（部分或分时）；热回收器单独制热水。

在洁净手术部冷热源四管制设计中，机组壳管式蒸发器生产冷冻水，作为系统的冷源。壳管式冷凝器生产热水，作为系统的热源。可变功能的翅片换热器既可作蒸发器，也可作冷凝器，并根据系统需要可实现蒸发器功能和冷凝器功能的切换，以维持冷热量的平衡调节。四管制冷热水热泵机组可代替锅炉（或电加热）＋冷水机组模式，实现一机多功能使用，同时满足洁净空调箱冷冻除湿、再加热的要求，达到洁净手术室温湿度的控制要求，实现节能的目的。

2. 空调装置

（1）空调机（带制冷机，冷量在 16.3kW 以上）、空调器（带制冷机，冷量在 16.3kW 以下）、空调机组（不带制冷机）是净化空调系统最常用的重要部件，医用净化空调机组应能有效避免产生微生物二次污染、抑制机组附着微生物的滋生，且能满足医疗特定要求。制作及选材应满足日常维护，如清洗、消毒、防锈、防腐、排水等均应有与普通常用空调设备不同的要求。

（2）《医院洁净手术部建筑技术规范》第 8.3.1 条罗列了对净化空调机组的要求。

3. 净化风机盘管

（1）对于Ⅳ级洁净手术室和Ⅲ、Ⅳ级洁净辅助用房，可采用半集中式空调系统，但采用此系统时，应采用带高中效及以上过滤效率过滤器的净化风机盘管。

（2）特点：超低阻，高效率，高节能，使用寿命长，安装维护方便。

七、洁净手术部（室）的施工工艺

（一）主要材料施工工艺

1. 洁净手术部整体工程安装工序

洁净手术部整体工程安装工序见图 6-4-15。

2. 电解钢板施工工艺

（1）工艺流程：方管龙骨墙放线──→安装门洞口框──→安装沿顶龙骨和沿地龙骨──→竖向龙骨分档──→安装竖向龙骨──→安装横向龙骨卡档──→安装石膏罩面板──→电解钢板施工──→电解钢板批腻子──→打磨──→墙面喷涂。

（2）施工工艺。

①放线：根据设计施工图，在已做好的地面或地枕带上，放出隔墙位置线、门窗洞口边框线，并放好顶龙骨位置边线。

②安装门洞口框：放线后按设计先将隔墙的门洞口框安装完毕。

③安装沿顶龙骨和沿地龙骨：按已放好的隔墙位置线，按线安装顶龙骨和地龙骨，用射钉固定于主体上，其射钉钉距为 600mm。

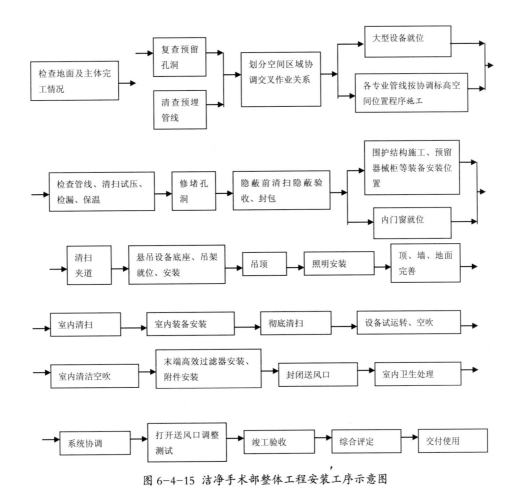

图 6-4-15 洁净手术部整体工程安装工序示意图

④竖龙骨分档：根据隔墙放线门洞口位置，在安装顶地龙骨后，按罩面板的规格 900mm 或 1200mm 板宽，分档规格尺寸为 450mm，不足模数的分档应避开门洞框边第一块罩面板位置，使破边石膏罩面板不在靠洞框处。

⑤安装竖向龙骨：按分档位置安装竖龙骨，竖龙骨上下两端插入沿顶龙骨及沿地龙骨，调整垂直及定位准确后，用抽心铆钉固定；靠墙、柱边龙骨用射钉或木螺丝与墙、柱固定，钉距为 1000mm。

⑥安装横向卡档龙骨：根据设计要求，隔墙高度大于 3m 时应加横向卡档龙骨，采用抽心铆钉或螺栓固定。

⑦安装石膏罩面板。

⑧接缝做法：纸面石膏板接缝做法有三种形式，即平缝、凹缝和压条缝。

⑨墙面装饰、纸面石膏板墙面，根据设计要求，做各种厚度的电解钢板。

3. PVC 地板施工工艺

（1）工艺流程：地坪检测→地坪预处理→自流平施工→弹线、放样→地板预铺→上胶、粘贴→地板铺装、排气、滚压→地板清洁、保养。

（2）施工工艺。

①地坪检测：使用温度湿度计检测温湿度，室内温度以及地表温度以 15℃为宜，不应在 5℃以下及 30℃以上施工。宜于施工的相对空气湿度应介于 20% ~ 75% 之间；使用含水率测试仪检测基层的含水率，基层的含水率应小于 3%；基层的强度不应低于混凝土强度 C_{20} 的要求，否则应采用适合的自流平来加强强度；用硬度测试仪检测，结果应是基层的表面硬度不低于 1.2MPa；对于卷材的施工，基层的不平整度应在 2m 直尺范围内高低落差小于 2mm，否则应采用自流平找平。

②地坪预处理：首先除去油漆、胶水等残留物，凸起和疏松的地块，有空鼓的地块也必须去除。

用不小于 2000 瓦的工业吸尘器对地坪进行吸尘清洁；对于地坪上的裂缝，可采用不锈钢加强筋以及 R710 聚氨酯防水型黏合剂表面石英砂进行修补。

③卷材铺设：卷材铺设前地面清理，扫净，包括上墙踢脚部位；铺设时，应将卷材现场放置 24 小时以上，使材料记忆性还原，温度与施工现场一致；卷材裁剪、干铺，注意不同尺寸套裁、干铺要求提按 ≥ 15mm；卷材按箭头方向铺设，毛边在上要二次裁剪；使用切边刀将卷材的毛边进行切割清理。两块材料的搭接处应采用重叠切割，一般要求重叠 3cm，注意保持一刀割断；将卷材隔块卷起，用吸尘器清洁地面和地板背面后，用适当的刮胶板刮胶。同一部位（大面积）分两次（按二等分线）刮胶，刮胶后等待 10~20min；门洞铺贴注意门洞作为收刹边，圆弧角处铺贴注意分段收刹，均保证接缝顺直；地板粘贴后，先用软木块推压平整并剂出空气，然后用钢压辊滚压表面；走边及上墙同一连续作业面卷材要求无接头，一次铺设到位；地板表面多余的胶水应及时擦去；采用专用工具在卷材提按部分开出塑料焊接预留焊缝口，焊缝必须在地板铺设 24 小时以后进行；焊接时注意焊条凸出部分刨平，采用铁皮压板及专用铲刀刨平凸出部分，必须随焊随刨，细小部位可单独处理，二次修补。上墙卷材一般分凹进及平接两种，凹进做法可后补硅胶。

④施工要求：单色铺设损耗率一般控制在 6%，拼色（走边不同颜色）铺设损耗率一般控制在 10%。

卷材上墙部分 R 角应符合设计及规范要求（R 角 ≥ 40mm）；全部上墙卷材凹进墙面 5 ~ 8mm；保证卷材接缝平直，焊条铲刮平整，无毛刺；卷材铺设无气泡，保证铺贴密实。

4. 铅板施工工艺

按手术室墙面的实际高度尺寸裁取整平，胶合到基板上整体采用 M4 沉头螺丝以 200mm 等距固定在龙骨上。

（1）铅板与铅板交接重叠 10mm。手术室的电动门采用铅防护型，观察窗口也为铅防护型。

（2）施工器械：手电钻、割刀、螺丝刀、卷尺。

5. 防滑地砖施工工艺

（1）用清水浸湿瓷砖 2 ~ 3h，取出阴干（地砖应按颜色和花纹分类放置，有裂纹、掉角和表面有缺陷的不能用本工程）。

（2）清理好基层，地面扫水泥浆。

（3）铺放 1:3 的水泥及砂，加入 5% ~ 8% 的防水剂，约 20mm 厚。

（4）铺放前在瓷砖底层涂上稀浆。

（5）将瓷砖夯实于底层内（地砖应相互结合紧密，不得用砂浆填补代替面砖）。

（6）在铺放面砖 1~2h 后，用 1:1 的水泥砂浆填缝，面砖接缝小于 2mm。

（7）24h 后浇水养护。

（8）在接缝处灌浆，并将过多的薄浆自瓷砖面清除。

6. 门窗安装施工工艺

（1）工艺流程：复核预留安装洞口→确定安装基准线→进行试装→安装固定→调试→成品保护。

（2）施工保证措施：

①对每件准备安装的产品进行仔细检查，杜绝不合格品进入安装程序；

②严格按照施工技术要求进行施工及自检；

③严格按照施工控制程序进行施工；

④加强成品保护力度。

7. 手术室内嵌入式设施施工工艺

手术室内设备器材主要包括：器械柜、药品柜、麻醉柜、观片灯、控制面板、书写台、保温柜、保冷柜、气体面板等。

（1）手术室龙骨安装预留设备安装位置；

（2）柜体或面板加固框架固定安装；

（3）完成手术室龙骨安装，在墙板安装前进行柜体或面板的安装、接线测试工作；

（4）安装完成后做好成品保护；

（5）手术室墙板安装完成后进行整个墙面的调整，保证设备与墙面平齐，柜体正直；

（6）柜体与墙面结合紧密，缝隙均匀，与墙体缝隙宽度一致。

（二）主要设备施工工艺

1. 基本程序

净化空调工程施工管理的基本程序和舒适性空调系统是一致的，不同点在于净化空调系统的特殊性，要求各工序的技术措施及管理制度要严格细致执行。

净化空调系统施工的基本程序由 10 个主要工序构成：即施工准备、风管与部配件制作、风管与部件安装、通风空调设备安装、空调水系统安装、防腐保温、单机试运转、系统联合试运转、系统试验与调整、竣工验收。

2. 施工检查要点

（1）严格检查进场通风工程的材料及部件是否符合设计及投标文件所要求的质量标准。

（2）风管加工必须采用脱脂镀锌钢板，必须在干净的室内环境中进行加工，完成一段立即清洁内壁，风管与角钢法兰连接时采用无菌胶将风管四个角进行密封，并用薄膜封闭两端。在风管安装时，风管之间连接处要采用防火密封性良好的闭孔胶条进行封闭。

（3）风管与墙面的间隙按照防火要求必须用耐火材料进行封堵，封闭密实，再用密封胶封闭。所有的洞口与管道之间的接口都必须做密封处理。

（4）系统风管的严密性检验符合漏光法检测和漏风量测试的规定。

①低压系统的严密性检验宜采用抽检，抽检率为 5%，且抽检不得少于一个系统。

②中压系统的严密性检验，需在严格的漏光检测合格的条件下，对系统风管漏风量测试衽抽检，抽检率为 20%，且抽检不得少于一个系统。

3. 通风空调设备安装检查要点

（1）高效过滤器安装。高效过滤器在洁净空调系统中是核心部件，过滤器本身不合格、搬运及安装过程损坏、安装密封不严均会导致渗漏，使净化失效。

（2）消声器安装。净化空调系统的消声器采用微穿孔型的消声器，消声器的型号、尺寸须符合设计要求，并标明气流方向。消声器的穿孔板应平整，孔眼排列均匀，穿孔率应符合设计要求。框架牢固，共振腔隔板尺寸应正确，外壳严密不渗漏。

在运输和安装过程中不得损坏，安装方向正确，应设单独的支架，不得由风管来承担其重量，安装前、后应严格擦拭干净。

（3）通风机安装。通风机的型号及规格应符合设计规定，其出口方向应正确。叶轮旋转平稳，停转后不应每次停留在同一位置上。固定通风机的螺栓应拧紧，并有防松动装置。

（4）净化空调机组的安装。①安装前的准备工作：认真核对厂家发货清单或明细表，分系统、分机房将设备运送至各指定位置；检查各功能段是否齐全、管道接口方向是否正确，制冷或加热段的换热器排数等是否与设备资料相符；核查风机段的风机与电动机的技术参数，并检查风机的形式与系统气流方向是否相符；检查箱体表面是否受损，设备检查门、门框是否平整、密封条应符合规定要求，拼接缝是否严密，内部配件有无损坏，损坏的应修复或更换；对机组的基础进行检查。净化空调机组的基础可采用混凝土或钢平台基础，基础的长度及宽度应按照机组的外形尺寸向外各加100mm，基础的高度应考虑到凝结水排水管的水封与排水的坡度，基础平面须水平，对角线水平误差应不大于5mm；检查机组各零部件的完好性，对有损伤的部件应修复，对破损严重的要予以更换。

②净化空调机组的安装：净化空调机组各功能段的组装，应符合设计规定的顺序和要求。对各功能段组装找平找正，连接处要严密、牢固可靠；现场组装的净化空调机组，应对其漏风量进行检测；净化空调机组（循环机组及新风机组）安装大样图见图6-4-16和图6-4-17。

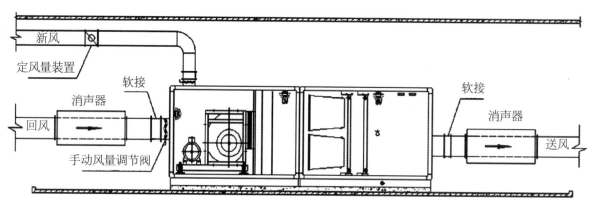

图 6-4-16 净化空调循环机组安装大样图

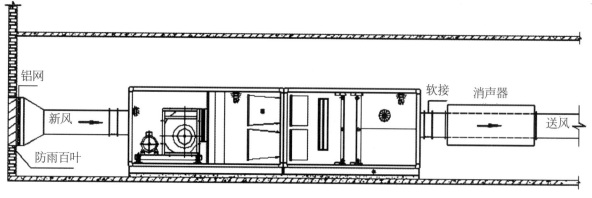

图 6-4-17 净化空调新风机组安装大样图

4. 强电部分应注意事项

（1）洁净部分配电箱施工前必须做好施工技术交底，尤其是配电箱的安装高度、安装位置、安装方式、位号、型号等。

（2）配电箱应安装在安全、干燥、易操作的清洁区及以外场所，如设计无特殊要求，配电箱底边距地高度为1.5m，照明配电箱底边距地高度不小于1.8m。双电源切换总配电柜落地安装。

（3）每个手术室应设置独立的专用配电箱（柜），箱门不应开向手术室内。空调机组及冷热源总配电箱应深入负荷中心设置间。

（4）特别重要负荷设置的在线应急电源UPS，应根据需求功能确定容量大小，根据配电范围确定安装位置。在生命支持的电气设备应能实现在线切换，特别是心外手术室在手术过程中要使用体外循环机，绝对不允许断电现象，所以必须采用在线式的UPS作为应急电源，保证其安全，而不能使用EPS作为应急电源。EPS因有不同的切换时间，会导致在工作的抢救电气复位。设置的UPS应满足切换时间和电源后备时间的相关要求。

（5）IT 系统应安装在专用的配电箱、柜内，不应外置裸露在技术夹层或夹道。隔离变压器应满足 GB 19212.16-2005、IEC 61588-2-15：《电力变压器、电源装置和类似产品的安全第 16 部分：医疗场所供电用隔离变压器的特殊要求》中的医疗系统各项电气技术参数的要求。

（6）洁净区应考虑谐波的影响，因为电力系统的谐波会严重干扰手术室内医疗器械的正常使用，严重影响洁净室内医疗检测装置的工作精度和可靠性。谐波注入电网后会使无功功率加大，功率因数降低，甚至有可能引发并联或串联谐振，损坏电气设备以及干扰通信线路的正常工作，使测量和计量仪器的指示和计量不准确。通常在末端总配电箱 / 柜设置抑制谐波装置。

（7）实施和检查主要设计和施工说明，检查设备名录，以国家、行业及地方标准、设计说明和设备名录、现场检查为依据。

5. 弱电部分应注意事项

（1）当背景音乐系统和消防广播兼并时，应设置消防强切装置及电源监控装置，验收调试时候配合大楼系统整体调试验收。

（2）门禁系统应区分哪些需要可视，哪些不需要，还需监控门禁系统工作状态，并和消防联动。

（3）闭路电视监控系统及门禁系统电源应统一取自楼层安防配电箱，控制器电源应可靠工作 24h，保证数据不丢失。

（4）综合布线系统检查盘内接线是否符合要求；网络系统、电话系统是否畅通；检查上位机与每间手术室中央控制面板信号连接是否正确，控制是否正确。

（5）自控系统重点检查自动控制系统运行的可靠性；检查各个执行器及控制模块工作状况。

八、洁净手术部（室）的检测和验收

洁净手术部工程的验收除常规项目的验收以外，重点需要检查、测试以下内容。

1. 条件

（1）按照设计文件和双方合同约定各项施工内容。

（2）有完整并经核定的工程竣工资料。

（3）有设计、施工、监理等单位签署确认的工程合格文件。

（4）有施工单位签署的工程质量保修书。

（5）有公安消防部门出具的认可文件。

（6）对于铅防护要求的洁净手术部应有卫生检查检疫部门出具的铅防护等级认可文件。

（7）建设行政主管部门或其委托的质量监督部门责令整改的问题整改完毕。

2. 人员组成

洁净手术部的工程验收，应由建设单位组织，设计单位、监理单位、施工单位（含总包和分包单位）组成工程验收组，负责执行和确认工程验收。

3. 验收内容

工程资料验收和工程实体验收。

验收程序如下：

①参加项目竣工验收的各方已对竣工的工程目测检查，逐一核对工程资料所列内容是否齐备和完整；

②举行各方参加的现场验收会议；

③办理竣工验收签证书，各方签字盖章，验收合格后施工单位将工程移交给建设单位；

④如果洁净手术部为单项工程，经验收合格后直接交与建设方。如果洁净手术部为单位工程中的一个单项工程，须先进行单项验收，经单项验收合格后，并不能作为最终验收，必须随该单位工程一起进行整体工程验收，单位工程验收合格签署竣工验收鉴定书后，方能投入使用。

第五节　医院复合手术室建设

复合手术室（Hybrid Operating Room）也称联合手术室，是指将介入、影像和外科治疗的优点有机结合起来，由多学科融合交叉而产生的特殊手术室。随着医学和医疗设备的不断发展，现代的手术呈现出多学科融合和整合的特点，在复合手术室中可以进行精准、微创治疗以及复合手术。目前的复合手术室已出现多个种类，包括 DSA 杂交手术室、术中 CT、术中 MRI 和术中放疗复合手术室，以及应用越来越多的机器人手术室等。

复合手术室是现代医学技术与工程技术结合的产物，工程建设方面除涉及洁净技术外，还涉及辐射防护和电磁屏蔽技术，既需要满足手术室对环境温湿度、洁净度以及基本设备等方面的要求，又要满足大型医疗设备、多种信息系统等的安装和使用条件，相较普通手术室更为复杂，是现代化医院的一个重要标志，也体现了现代化医院的设施水平、医疗水平和管理水平。

一、DSA 杂交手术室

"杂交手术室"可以同时进行外科手术、介入治疗和影像检查。杂交手术室最核心的是数字化血管造影机（DSA）。

（一）平面布局

手术室平面布局与常规手术室有所不同，平面要注意悬吊式或落地式 C 臂的回转、手术床的回转不能受阻，C 臂机在不投入使用时应能移至尽端（悬吊式 C 臂），并不妨碍医护人员走动。

一侧墙面一般要留作观察窗，观察窗可以在患者的脚侧或右侧，观察窗窗台下方除了回风口和电气插座箱外，不能再布置任何器械柜；无影灯和移动铅屏不能在手术床正上方布置，一般在患者的右侧设置；侧壁应尽可能多设各类嵌入柜；吊塔的数量、位置要与 DSA 设备商和科室专家反复沟通确定，注意避让 C 臂和显示屏的运动轨迹，并且不能遮挡观察窗视线，吊臂的回转长度要与科室仔细核对以保证使用效果（与常规手术室有较大不同）；吊顶完成面的标高、C 臂及显示屏的钢梁梁底标高要根据不同厂商提供的 DSA 设备安装指导书确定，钢梁的承重、布置形式和型材规格要绘制布局草图并交给有钢结构设计资质的设计单位二次设计，涉及土建结构需要加固的也要由专业设计单位实施；吊顶上方风管、高效出风口的位置要与 DSA 钢梁、显示屏及无影灯钢架错开，并兼顾气密灯带的布置和整体照度的规范；分散布置的高效送风口的出风面积总和不得小于同等净化级别手术整体送风天花的面积；DSA 手术室的吊顶应专设密闭型检修口或利用个别灯带安装孔，上人检修；吊顶上方有专为 DSA 设备设置的电缆桥架或线槽，电缆固定底板等也要仔细阅读设备安装说明；在控制室的墙面有明装的线槽下引，要注意封堵，防止漏风及电离辐射，如供应商对某些专用线缆有电磁屏蔽要求，也要有相应的防护措施。

（二）防护

手术室的六面铅防护要重点关注防护当量等级参数，并注意自动门、手推门、观察窗等需要提高 1 个当量的防护等级，铅防护施工人员必须有相关的施工经验；墙体的技术夹弄宜大于 550，以同时满足铅防护施工和保证器械柜深度，对于有特殊规格内嵌设备的手术室隔墙还应根据内嵌设备的深度再做调整加大；地面硫酸钡必须有足够深度的混凝土保护层，安装手术床底板或落地 C 臂机的部位局部的混凝土深度、强度必须满足厂家安装说明书的要求（一般不低于 C_{25} 的混凝土）；顶面如果做铅板，必须保证钢构排架的纵横间距≤500，如果做硫酸钡顶棚，必须分层粉刷并内衬铁丝网以防止大面积脱落；门窗的本体铅防护、门窗转角处、观察窗台下方、风管、回风口、器械柜、情报面板等所有内嵌设备、设施的开孔处均应严密采取局部的射线泄漏防护措施。

地面最好做整体或局部下沉，以满足硫酸钡施工及保护层铺摊厚度，同时也方便手术室、控制室地沟的设置，方便做全架空抗静电地板；设备房的平面要满足各类电器设备的排序、安装和维修退让空间要求。

（三）暖通空调专业

DSA手术室的冷热负荷不同于常规手术室，应根据厂家提供的数据进行计算；建议采用"一拖一"的独立新风机组和循环机组，控制室及其他辅房采用另外的系统，避免因室内发热量差异过大造成温度调节困难。

对于冬季室外空调计算温度低于−7℃的项目，建议新风采用只配3级过滤的纯新风过滤机组，一方面可以避免严寒天气冻坏冷热水盘管，另一方面又可以充分利用新风的冷量减少过渡季节或初冬季节手术室的供冷量。

控制室净化级别与手术室相同或低一个级别，但要保证压差传递方向是由手术室向控制室渗透，不能逆转；设备机房内宜单独配置3~5HP的普通吸顶空调或柜式空调，并送少量新风；建议控制室和设备机房分别设计适当风量的排风，以改善空气质量。

（四）电气专业

DSA的专用设备供电应单独设置配电箱并双路供电，配电容量和线缆规格、回路设置数量等参照DSA厂家的说明，建议配电箱设置在设备间内；手术室配电箱设置在清洁走廊（污物走廊）侧，配8~10KVA的IT隔离电源，不间断电源（UPS）可单独设置，也可集中设置；X射线警示灯必须与门开关联动，当扫描工作时门必须关闭；手术室通往控制室的单开门建议也采用电动门；患者进出的自动平移门上方最好设置一个红外感应开关，保证医护人员首次进门时提供低照度的基本照明。

医气专业必须在靠近患者头部的墙面和吊塔上设置末端气口，安装在吊塔上的气体管道应接至吊塔底座上方合适的位置，并便于维修。

二、术中磁共振复合手术室

磁共振复合手术室是指在洁净手术室中安装了磁共振设备，术中利用磁共振设备成像技术在术中及时获取患者病灶高清晰影像学资料并以此指导手术，可以避免医生对手术判断存在的误差，准确地标定病变组织、大脑功能区及传导束等。目前磁共振复合手术室在神经外科手术方面应用较多，其可以最大限度地去除病变组织，最少损伤脑组织，保障神经功能的完整。

（一）选址

磁共振复合手术室是磁共振设备与手术室的有机结合，因此选址必须满足手术部和磁共振设备两者的要求。手术部选址应避开污染源，不宜布置在建筑物的首层和高层建筑的顶层等，具体参照《医院洁净手术部建筑技术规范》有关要求执行。

磁共振设备机房的选址必须保证运行中既没有外部的干扰，影响磁场的均匀性和系统的正常运行，也要保证人员的安全和其他敏感设备的功能不受磁场的影响。外界的干扰因素分为静态干扰和动态干扰，静态干扰一般为铁磁物体，如钢筋、结构梁等的干扰；动态干扰一般为移动的铁磁物体，如汽车、电梯等的干扰；另外，电磁场（如电流流过电缆电线、电动机、变压器等）也能对磁场产生影响。

由于外部的震动会对磁体产生影响，导致成像质量下降，因此核磁共振手术室所在区域的上层不宜设置有震动的设备，如果无法避免，设备的震动必须得到有效控制。具体要求参照磁共振设备厂家提供的技术文件，选址时应尽量避开这些干扰源。如果在大楼方案阶段就确定好磁共振室的位置，其他专业管线，如雨水管、强电电缆、弱电桥架、下水管等，应在主体大楼初步设计时避开此区域。

目前，磁共振复合手术室有两种选址方案，一种是设置在放射科内，所有房间设置为洁净用房，兼顾普通患者和手术患者检查。这种方案的优点在于提高磁共振设备利用率；缺点一是需为手术室专门设置更衣室、刷手间以及库房等洁净辅助用房，不能与放射科的普通辅助用房合用；二是放射科一般设置在一层，而手术部一般设置在二层以上楼层，医护人员需要往返于手术部和放射科开展手术，动线相对较长。另一种方案是将其布置在手术部内，专用于扫描手术患者（如设置普通检查通道，也可用于普通患者检查），所需洁净辅助用房可以与手术部其他手术室共用，可以节省一些功能房间。

（二）土建专业

磁共振复合手术室基本用房包括手术室、磁体间、控制室和设备间。磁体间用于放置磁共振设备。磁共振设备的安装方式有两种，一种为磁共振设备落地且固定安装在磁体间内，当患者需要扫描时，需要连同用于生命体征监测的麻醉机、监护仪等设备推到磁体间进行扫描，显然这样大的移动会给手术患者带来潜在的安全风险；另一种是将磁共振设备安装在磁体间吊顶轨道上，可根据患者扫描需要在磁体间与手术室之间往返移动，这种方式不需要患者移动，相对来说更安全。

磁共振复合手术室所在楼层高度宜在 4.2 ～ 4.8m 之间，不应低于 4.2m。一般 I 级洁净手术室的面积大多在 45m² 左右，但这个面积不能满足磁共振复合手术室的要求。因为磁共振设备的磁场强度分为 50 高斯线和 5 高斯线（磁共振设备的磁力线呈椭圆形分布，如图 6-4-18 所示），医护人员在磁体扫描时需要将非磁兼容的医疗设备移出 50 高斯线。50 高斯线短轴距离手术床中心点 2.6m，长轴距离手术床中心点 4.5m。然而手术台的尺寸为 0.6m×2m，其周围至少需要 2m 的空间以供医护人员操作及安放器械桌、麻醉器等，所以手术室的进深要达到 9m 左右，开间也要达到 9m 左右。因此，磁共振复合手术室的面积至少应在 80m² 以上。

目前有两种平面布局方式：分别为一机单室和一机双室。一机单室是指一台磁共振设备仅供一间手术室使用；一机双室是指一台磁共振设备可以分别为两间手术室所使用。由于双室的布局比单室布局多了一间核磁手术室，其投入使用后所实现的功能和效益都必然优越于两室方案，但双室方案相对于单室方案来说，又存在着占用建筑面积大、投资费用高、施工难度大的等题。

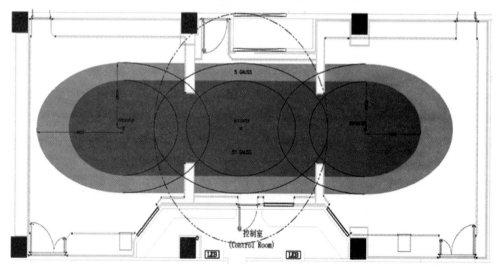

图 6-4-18 磁共振设备磁场分布平面图

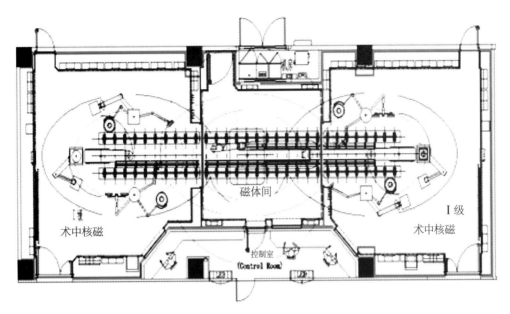

图 6-4-19 一机双室平面图

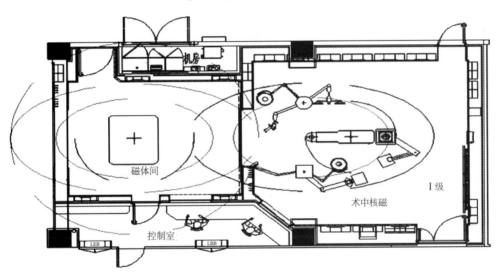

图 6-4-20 一机单室平面图

对于磁共振复合手术室的建筑结构设计，首先要考虑磁共振设备是固定式还是移动式。当选择悬吊安装磁体时，需要对滑动轨道固定钢梁进行设计，钢梁同时需满足强度、挠度及磁体设备的功能要求；同时磁共振设备虽为吊装，但地面承重必须满足核磁设备荷载和水平运输要求，楼板结构也需要降板处理，因为要满足电磁屏蔽层的施工要求。选择固定磁体时，应进行降板设计，满足磁体下地面钢筋含量不超过设备厂家规定的要求。

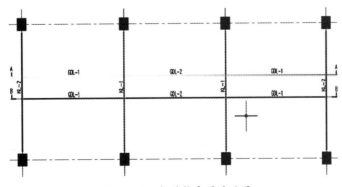

图 6-4-21 钢结构布置平面图

因为磁共振设备对房间内铁磁性材料的应用限制，墙面龙骨采用不锈钢或铝合金材质，也有一些医院采用木龙骨表面刷防火涂料的，相比较金属材质强度和防火性能好一些。墙面板和顶面板装饰材料可采用非金属板或不锈钢板。地面采用橡胶或 PVC 地板。室内基本装备与普通手术室配置标准相同。

（三）电磁屏蔽专业

由于金属板（网）对入射电磁波的吸收损耗、界面反射损耗和板肉反射损耗，使其电磁波的能量大大减弱，而使屏蔽室产生屏蔽作用。所以电磁屏蔽工程需用金属材料沿着房间的六面制成一个连续的、接触良好的六面壳体。电磁屏蔽工程主要使用的材料有金属板材和网材。磁共振一般选用铜板材。屏蔽窗一般采用玻璃窗中间夹铜网，尺寸不应小于 1.2m（宽）×0.8m（高）。屏蔽门一般采用内衬铜板的门，净宽不应小于 1.2m，高度不小于 2.1m。通风管道穿越屏蔽体处设置波导，气体、消防管线穿越屏蔽体处设置截止波导管，以最大限度保证屏蔽效能；电气及网络线缆进入屏蔽体前还应设置滤波器，以降低干扰。

（四）暖通空调专业

磁共振复合手术室多用于开颅手术，手术为一类切口，感染风险高，一般计为 I 级洁净手术室。控制室为辅助用房，设计为Ⅲ级洁净用房即可。由于手术患者进行扫描时头部切口部位并非暴露在空气当中，而是用纱布严实包裹的，所以磁体间一般设计为Ⅱ级洁净用房。也有一些磁体间设计为Ⅱ级以下用房，但空调系统采用变频设计，当手术室患者进行术中扫描时，净化空调系统变频达到Ⅱ级洁净用房相关要求。当空中导轨磁共振复合手术室的设计为：在屏蔽门关闭时，设计成一般万级洁净室的标准，保证房间的洁净度及相对于邻室辅助用房的压差；在屏蔽将要打开之前，再将磁体间的洁净级别提高至Ⅱ级手术室标准。使磁体间与手术室在屏蔽门打开连通之后，手术室内的洁净环境不会受到太大的影响，保证手术的正常进行。

空中导轨式磁共振复合手术室由于手术间吊顶上方安装有钢结构及磁共振设备轨道，整个顶面被分割成三部分，所以送风装置不能像普通 I 级洁净手术间采用整体形式，只能采用分段拼接，但须保证主流区气流在地面以上约 2m 高度以上搭接。因为磁共振设备对房间内铁磁性材料的应用限制，所以空调系统管道及阀部件可采用非金属材质风管或者不锈钢板、铝板材质风管。

磁共振复合手术室的空调热负荷比较大。因为一般的洁净手术室空调冷负荷主要由围护结构传热量、人体散热量、室内照明散热量、室内设备散热量等组成，但磁共振复合手术室不同，除了以上提到的这些散热量外，还有磁体散热量。另外，设备间由于放置配电柜和控制柜，发热量比较大，其空调负荷也比较大。

表 6-4-14 各房间设备散热量表

房间名称	散热设备	散热量（KW）
磁体间	磁体	3.0
控制室	电脑、显示器等电子设备	3.0
设备间	设备机柜、配电柜等	13

设备间内的设备包含大量精密机械电气传动、计算机控制及信息存储、图像显示等设备，如环境温度过高容易引起散热不良，可能导致控制芯片和线圈烧毁，因此，一般设置独立空调系统。另外，冷水机组是磁共振的重要配套设备。因为超导型磁共振设备采用氦气压缩机冷却，时刻保持低温使磁共振设备的线圈处于超导状态。冷水机组的主要功能是冷却氦气压缩机，不断地压缩冷头中的氦气而产生热能，保证氦气压缩机安全高效地运行。因此冷水机组及机房空调分体机应选择散热条件好，并且不影响建筑美观的位置放置。

通常，超导磁体液氦容器内会存有 1000 ~ 2000L 剩余液氦。由于设备在运行过程中可能出现磁场紊乱、绝缘体破裂、超导线圈结构变形、不纯物混入等现象，使得大量液态氦气化，气化过程中会大量吸热。若氦气挥发到空气中，如果人处于高浓度氦气的房间时间过长，可能会窒息或冻伤。因此，为避免上述现象对人员造成伤害，必须设置失超管，氦气需通过失超管从侧墙或屋顶排出室外。失超管出口距离左侧、右侧和下方的窗户距离不小于 3m，与上方窗户的竖直距离不小于 6m。需要注意的是，失超管出口应高于人行道不少于 5m 的距离，并且悬挂警告标识。失超管必须全管段采用矿物纤维保温材料保温。失超管的路由要在施工图设计阶段一并设计，并且其室外出口安装方式要尽量和外立面协调。

（五）电气专业

由于磁体工作时交流电会对成像质量造成一定影响，所以要求磁共振设备工作时尽量关闭电源，降低对成像质量的影响。但磁体扫描时需保证一定的照明，所以一般采用直流照明灯，正常手术时采用交流照明灯。对于空中导轨式磁共振复合手术室，当磁体移动到手术室内时，磁体间和手术室内的所有交流灯关闭，所有的直流灯同步打开，以满足房间照明要求。另外，磁共振复合手术室的接地系统必须确保整个磁共振设备只有一个接地参考终端。由于磁共振设备的接地系统与电磁屏蔽体的接地系统通常采用联合接地方式，即共用接地点，因此要求接地电阻 ≤ 1Ω。

三、术中 CT 复合手术室

通过术中成像技术，可以"实时"了解病变及周围组织的相关信息，使得手术更加精准或彻底。在此领域，术中磁共振和导航应用更为广泛，研究也最为活跃。然而，由于 CT 对于骨质分辨的优势，使得一些神经外科手术更加青睐术中 CT 和导航的应用。

（一）布局

分单间和两间共用 CT 两种布局，单间布局为一台 CT 设备供一间手术室使用；两间共用是将 CT 设备存放间设置居中，两侧各设一间复合手术室。

建议建筑降板处理，降板标高 -250mm；单间，即一台 CT 与一间手术室复合，面积 180~250m²，其中 CT 检查室推荐面积不小于 40m²，最小净尺寸为 5.4m×6.0m；手术室推荐面积不小于 50m²，最小净尺寸为 6m×6.7m；设备机房推荐面积不小于 16m²，最小净尺寸为 2.1m×5.1m，同时设备机房设置位置应满足专用电缆的最大长度限制要求；控制室推荐面积不小于 25m²，最小净尺寸为 2.1m×6.7m；建筑层高推荐 4.8m，最低不少于 4.5m；天轨运行设备，建筑的梁、柱、顶板应满足 CT 设备荷载要求，地轨运行设备，楼板及下层梁、柱应满足 CT 设备荷载要求，CT 复合手术室、扫描室、控制室、设备间地面均应降板处理，手术床、检查床地面混凝土的强度、板厚应满足床架安装要求。

两间手术室共用一台 CT 设备，面积 280~350m²，其余条件同上。面积及其他建筑条件与 CT 类似，但 CT 复合手术室允许使用铁质构架和装饰面板，建议建筑降板处理，降板标高 -250mm。

（二）X 射线防护

设备存放与手术室均应按照 CT 设备要求的防护等级做 X 射线防护。且如果复合手术室是 CT 与其他设备，如机器人、DSA 等设备双复合，那么所有 CT 可能经过的洁净室均应按照涉及设备综合防护等级要求高的级别做射线防护。所有的射频电缆、电源和其他平时要求进入屏蔽室的气、液输送管道设施均应按正常屏蔽要求的形式在指定位置引入。手术及诊疗环境应满足 GB 18871—2002、GBZ/T 180—2006、GBZ 130—2002 的要求，所有孔口及防护交界处应无泄漏。X 射线警示灯必须与屏蔽门开关联动，当设备扫描工作时门必须关闭；扫描室、手术室通往控制室的单开门建议采用电动门，且为确保屏蔽安全，如平面布局条件允许，优先采用电动平移门。

（三）暖通空调专业

手术室、CT 检查室采用独立的净化空调，净化级别按照风险较高的开放手术要求选定（通常建议按 I 级净化）；当 CT 设备仅用于扫描检查时，允许按较低净化级别运行；整个系统必须安装专用机房空调，选择双压缩机。设备冷却采用专用的冷却系统，冷却液应根据当地气候条件选择，充分考虑冬季设备停用时的防冻，并在未来设备升级时考虑仍能满足设备散热要求。

机房通风要求具有排风系统，排风量应按厂家要求设计。

（四）电气专业

CT 的电源要符合国家规范的三相五线制供电系统，用于复合手术室的 CT 设备电源应按照一级负荷中的"特别重要负荷"设计，配备足够的备用电源（如发电机或 UPS 电源等）。相间的差值波动要最小，要有充足的电源功率余量。

CT 扫描系统要设立独立供电，如果有条件应安装独立变压器。系统要求有绝缘良好的地线，地线不得与中性线共接。

四、术中放疗复合手术室

术中放疗是指经手术切除肿瘤病灶之后，借助手术暴露不能切除的病灶，对术后瘤床、残存灶、淋巴引流区或者原发病灶，在直视下进行大剂量照射以杀灭肿瘤组织、达到治疗效果的方法。术中放射治疗复合手术室是指可满足普通手术室的无菌要求，又可对开展术中放射治疗时产生的辐射予以适当防护的专用手术室。

（一）一般要求

术中放射治疗复合手术室的建设既要满足手术室的有关要求，又要保证开展手术和相邻区域的人员辐射安全。

术中放射治疗复合手术室的选址由于涉及辐射安全方面所以需要综合考虑，因为手术室的周围有走廊或者其他手术室，上下楼层有病房或者办公室，都有人员长时间驻留。这些工作人员应该得到特殊标准的防护。术中放射治疗手术室与控制室或专用于加速器调试、维修的储存室等辅助用房应自成一区，如手术室设置于手术部内，应设置于手术部的最内侧。最好位于所在楼层最靠边的位置，即手术室最好能满足至少有两面墙是外墙，外面是无相互接触的空间，且离其他建筑物达到 3m 以上，以降低对相邻建筑造成的影响。尽量不与其他手术室相邻，楼上和楼下的房间尽量设置居留因子小的工作房间，设置在二楼或更高楼层的专用手术室，其楼下专用用房的居留因子应小于 1/2。

术中放射治疗复合手术室室内装饰材料要满足不产尘和不吸附尘埃，耐久、耐磨以及耐擦洗的要求，目前墙面装饰材料多采用电解钢板，地面多采用橡胶地板。手术室的基本装备和环境要求等可参考《医院洁净手术部建筑技术规范》有关要求。

术中放疗复合手术室附属房间有刷手间、无菌物品存放间、器械存放间、医护人员工作及更衣更鞋间、卫生间等。手术室房间长宽均应大于 6m，面积不小于 $36m^2$，一般为 $36 \sim 40m^2$，有条件时可占 $60m^2$。层高不低于 3.5m，专用加速器在手术室内的位置应遵照放射治疗中心点距各侧墙中心点不小于 3m 的原则。基于距离防护的原理，术中放射治疗手术室面积越大、层高越高，相对来说对周边区域影响越小。

术中放疗复合手术室的平面可采用单通道或者多通道式布局。手术室的防护门必须与加速器联锁，手术室和控制室之间必须安装监视和对讲设备，手术室外醒目处必须安装辐照指示灯及辐射危险标志。控制台和手术室内必须分别安装紧急停机开关。

（二）施工和验收

术中放疗手术室的各专业施工除遵循《医院洁净手术部建筑技术规范》有关要求外，还应注意与辐射防护工程的配合。手术室外放射工作人员的周剂量参考控制水平 HC ≤ 100 μSv/ 周，其他工作人员或公众成员 HC ≤ 5 μSv/ 周。人员居留因子 T ≥ 1/2 的场所，HCMAX ≤ 10 μSv/h；T < 1/2 的场所，HCMAX ≤ 20 μSv/h。该值既能符合手术室屏蔽防护的最优化原则，尽量避免投入过多的防护建设成本，又能满足在每周术中放疗患者在不超过 10 人的条件下，相关人员的受照周剂量水平也不会超过 5 μSv/ 周的控制水平。其次，根据 NCRP 相关资料报道，对术中放疗复合手术室外场所的剂量率一般也控制在 20 μSv/h 的水平。有用线束直接投照的防护墙（包括天棚）按初级辐射屏蔽要求设计，其余墙壁按次级辐射屏蔽要求设计。

手术室辐射防护工程墙面多采用铅板，安装多采用自攻钉固定，但因铅板较重，使用过程中可能会有下坠，从而影响射线防护效果。目前比较好的做法是采用"钉贴法"工艺，先在龙骨上固定一层强度高、易粘贴的板材作为基层，将铅板粘在上面，然后用钉子固定在龙骨上，再将钉子部位出现的泄漏点用铅板封闭，见图 6-4-22。经过专业人士实际对 Mobetron 可移动式术中放疗加速器手术室周边辐射环境进行测量，结果表明漏射剂量较大的地方主要有污染走廊墙、控制门、控制室观察窗以及机器正下方的房间。污染走廊方向的墙体上有配电箱、麻醉柜、看片灯箱等设施，导致部分区域墙体稍薄，因而漏射剂量稍高；手术室术中放疗控制间的防护门下方存在空隙，空隙处的漏射剂量远大于其他各测量点，造成该区域漏射剂量最大；控制室观察窗为含铅玻璃窗，屏蔽效果低于墙体，漏射剂量较大；楼下位于机器正下方的部分房间区域，在射线照射下，尽管有联动射线阻挡装置和楼板的阻挡，其漏射剂量仍大于其他区域。因此，施工时应重点关注这些部位的防护施工。

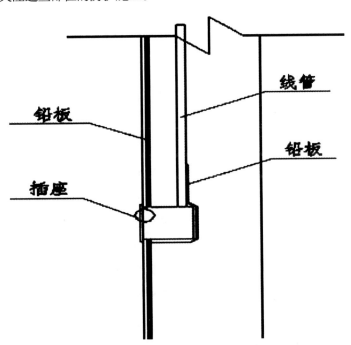

图 6-4-22 手术室内插座部位防护示意图

新建术中放疗复合手术室应按国家相关标准和法规的要求请有资质的单位进行环评、预评，严格做好辐射防护的结构设计和施工。在对手术室进行防护设计时，尤其周边墙体从地面至 200cm 高度、手术室防护门和其楼下的用房，及距离加速器中心轴半径小于 300cm 的相关区域等均作为防护重点考虑，应达到足够的防护效果。加速器安装完毕或重大维修后以及运行参数和屏蔽条件发生改变时，应具有相应检测资质的技术服务机构进行工作场所和周围区域的放射防护监测及辐射屏蔽防护剂量监测，并据此作出放射防护评价。验收阶段应进行效果评价和环评验收，以保证达到最佳效果。同时也应按照《医院洁净手术部建筑技术规范》有关要求由第三方具有相应检测资质的技术服务机构进行洁净度、压差和温湿度等项目的检测，并出具检测报告。

五、机器人复合手术室／达芬奇机器人手术室

近年来，达芬奇机器人被开发应用到手术室，带来了医学上的巨大进步。达芬奇机器人系统是目前世界上最先进的微创外科手术系统，这项微创外科新技术超越了传统手术的局限，为微创手术带来了革命性的变革。达芬奇手术机器人系统由医生操作系统、机械臂系统、高清晰三维视频成像系统三部分组成。

手术中，通过进入人体内部的特殊镜头，术者可以自行调整镜头，高清晰的立体三维视觉形成光学放大 10 倍的高清晰立体图像。灵活的仿人手操作系统可完全模仿人手腕动作，7 个自由度的活动范围远大于人手，狭窄解剖区域中比人手更灵活，突破常规手术人眼、人手的极限。

机器人手术系统同时结合了开腹手术、腹腔镜手术、显微手术的优点，突破了微创的极限，提高了手术精确度，减少了损伤和失血量，缩短病人住院时间，住院平均天数 3~5 天，高龄病人最受益。

（一）安装需求

对达芬奇机器人而言，限制是非常少的，只需满足最基本的三点：一是结构荷载，二是手术室门高，三是电源。第一是结构荷载，设备的重量基本上均能满足常规设计，不必作过多地考虑。二是手术室门的高度也完全能满足设备的要求。三是每间手术室都有充足的电源，几乎每面墙体上都有充足的插座。达芬奇机器人手术室的安装相对容易但要把这套设备完全摆放在手术室，灵活使用，也要考虑一定的场地面积，防止手术室使用起来显得局促，正常能够做到 45m² 甚至以上比较理想（这一面积是根据设备的展开面积来说的）。达芬奇机器人手术室最基本的就是三个设备的组合，这三个设备在手术室开展手术需要一定的旋转半径和人员操作距离，如果是更多设备的组合，如两个大夫同时进行手术，这样的面积不一定够用。

（二）应用

达芬奇机器人的机械臂可完全模仿人手腕动作，专利的运动模式保证了医生手部动作与机械臂运动的一致，并滤除了手部的抖动，具有人手无法比拟的稳定性和精确度；它的活动范围甚至远大于人手，在狭窄解剖区域可 360° 自由运动，比人手更灵活。

同时，达芬奇机器人让医生拥有与开放直视效果一致的手术视野，保证了手眼的协调。高分辨率的立体腔镜提供放大 20 倍的高清三维图像，降低了错误的发生率。

对于患者来说，达芬奇外科手术机器人可使手术效果明显改善，术后并发症、损伤和失血明显减少，恢复更快、住院时间缩短，手术效果及美观性明显提高，可使手术适用范围得到一定程度的扩大，如对于某些高龄患者及高危患者，通过机器人手术可规避开手术带来的创伤。

目前，达芬奇手术机器人广泛适用于普外科、泌尿外科、心血管外科、胸外科、妇科、头颈外科及小儿外科等领域。

（三）优势

1. 从患者角度

（1）手术操作更精确，与腹腔镜（二维视觉）相比，因三维视觉可放大 10~15 倍，使手术精确度大大增加，术后恢复快、愈合好。

（2）曲线较腹腔镜短。

（3）创伤更小，使微创手术指征更广；减少术后疼痛；缩短住院时间；减少失血量；减少术中的

组织创伤和炎性反应导致的术后粘连；增加美容效果；可更快投入工作。

2. 从医生角度

达芬奇手术机器人增加了视野角度；减少手部颤动，机器人"内腕"较腹腔镜更为灵活，能以不同角度在靶器官周围操作；较人手小，能够在有限狭窄空间工作；使术者在轻松的工作环境中工作，减少疲劳，集中精力；减少参加手术人员。

参考文献

［1］中华人民共和国国家质量监督检验检疫总局.医院卫生消毒标准：GB 15982—2012［S］.北京：中国标准出版社，2012.

［2］中华人民共和国住房和城乡建设部.综合医院建筑设计规范：GB 50139—2014［S］.北京：中国计划出版社，2015.

［3］中华人民共和国卫生部.医院空气净化管理规范：WST 368—2012［S］.北京：中国标准出版社，2012.

［4］吕品，李立荣.Ⅱ类环境医疗用房空调系统设计［J］.中国医院建筑与装备，2017（5）：83-86.

［5］龚伟，孙鲁春.超低阻高中效空气过滤器在医院当中的应用［D］.2009中国（上海）医院建筑设计及装备国际研讨会暨展示会论文集，2009.

［6］沈晋明.一般手术室概念与实施［J］.中国医院建筑与装备，2005（5）.

［7］宋戈.核磁共振成像手术室设计浅析［J］.中国医院建筑与装备，2010（7）：61-63.

［8］潘国忠，张卓辉.核磁共振手术室建设的几点体会［J］.中国医院建筑与装备，2014（1）：85-86.

［9］周恒瑾.手术室术中磁共振系统设计与建设浅述［J］.中国医院建筑与装备，2013（12）：82-84.

［10］陈尹，朱竑锦.术中核磁共振手术室的净化空调设计［J］.中国医院建筑与装备，2012（7）：90-94.

［11］孙苗.术中核磁手术室的空调通风设计［J］.暖通空调，2012（9）：72-76.

［12］李立荣，吕品.大型综合医院辐射防护工程建设探索——北大国际医院防护工程实施要点［J］.中国医院建筑与装备，2017（6）：72-76.

［13］NormanR.Williams，KatharineH.Pigott，MohammedR.S.Keshtgar.Intraoperativeradiotherapyinthetreatmentofbreastcancer：Areviewoftheevidence［J］.IntJBreastCancer，2011，2011：375170.

［14］中华人民共和国国家卫生和计划生育委员会.移动式电子加速器术中放射治疗的放射防护要求：GBZT 257—2014［S］.北京：中国质检出版社，2014.

［15］华宏雨.移动式术中放疗电子加速器手术室剂量场与防护研究［D］.复旦大学，2013，32（6）：652-655.

［16］徐燮渊等.现代肿瘤放射治疗学［M］.北京：人民军医出版社，2000.

［17］鞠忠建，巩汉顺，任世旺.术中放射治疗手术室周围环境辐射防护分析［J］.医疗卫生装备，2011（6）：107-109.

［18］朱若华，李包罗.医学信息行业共享和互操作效益分析——美国研究的思路、方法与成果［J］.中国医院，2006，10（8）：9-11.

［19］陈金雄.数字化医院建设现状与展望［J］.中国医疗器械信息，2008，14（2）：4-6.

［20］冯靖祎，陈华，刘济全.设备互联和信息集成技术在数字化手术室建设中的设计和实现［J］.生物医学工程杂志，2011，28（5）：876-880.

［21］刘宏，肖飞，洪求兵.医院数字化手术室的构建研究［J］.医疗卫生装备，2017，38（3）：67-69.

［22］杨琨，蔡亚欣，樊沛澍，等.智能数字化手术室整体设计与实施［J］.健康前沿，2017，26（2）.

［23］朱春峰.数字化DSA手术室的规划与建设［J］.心理医生，2017，23（26）.

［24］吕晋栋，彭盼.MRI导航手术室的建设［J］.中国医院建筑与装备，2016（7）：44-45.

［25］陈俊.分析医院数字化手术室建设的发展趋势［J］.同行，2016（14）.

［26］翟永华，薄其玉，颜艳.数字化DSA杂交手术室的设计与应用［G］.中华护理学会全国手术室护理学术交流会议大会资料.2012.

［27］于京杰，马锡坤，杨霜英，等.论数字化手术室建设［J］.中国医院建筑与装备，2012（4）：84-87.

［28］曾建.达芬奇手术机器人复合手术室布局设计［J］.中国医疗设备，2016，31（3）：121-122.

［29］李玉梅，吴惠霞.初探数字化管理在手术室工作中的应用［J］.医学信息，2015（40）：12-12.

［30］孙秀伟，阎丽，李彦锋.虚拟现实技术（VR）在医疗中的应用展望［J］.临床医学工程，2007（5）：17-20.

［31］骆海玉.VR虚拟现实技术在医学院校教育中的运用［J］.电子技术与软件工程，2017（04）：10.

［32］朱佳伟，潘周娴，陈适，等.虚拟现实技术在医学领域的应用及展望［J］.基础医学与临床，2018（3）.

［33］侯洋，林艳萍，史建刚.基于虚拟现实技术的医学教育模式在骨科教学实践中的作用与思考［J］.中国骨与关节损伤杂志，2018（3）.

［34］赵贵阳，赵峰，陈力迅.虚拟现实技术在眼科学临床教学中的应用研究［J］.教育观察，2018（3）.

［35］马丽娜，李耘.增强现实技术在医学教学中的应用［J］.北京医学，2017（10）：1073-1074.

［36］许钟麟，沈晋明.医院洁净手术部建筑技术规范实施指南［M］.北京：中国建筑工业出版社，2014.

［37］朱弋，王振洲，徐志荣，等.现代化医院手术部的设计及质量管理［J］.中国医学装备，2010，7（9）：30-32.

［38］孙颖哲，曹小军.谈医院洁净手术室建设［J］.中国医院建筑与装备，2012（8）：91-93.

［39］许钟麟，沈晋明.医院洁净手术部建筑技术规范实施指南技术基础［M］.北京：中国建筑工业出版社，2014.

［40］程芳甸.符合心脏外科手术要求的净化空调系统建设探索［J］.中国医院建筑与装备，2015（2）：96-99.

［41］赖永贤.关于洁净手术部工程建设的几点建议［J］.中国医院建筑与装备，2012（7）：85-87.

［42］沈晋明，罗伟涛. 医院节能与冷热源新技术［J］. 中国医院建筑与装备，2007（7）：26-29.

［43］管德赛，张为. 论医院洁净手术室空调四管制的优越性［J］. 洁净空调技术，2012，73（1）：42.

［44］朱青青，沈晋明，陆文. 用于湿度优先控制的新型新风机组［J］. 制冷技术，2008（3）：36-40.

［45］许钟麟. GB 50333—2013《医院洁净手术部建筑技术规范》的特点和新思维［J］. 暖通空调，2015，45（4）：1-7.

［46］郭长勇，忻瑛. 洁净手术部空气处理方式及节能探讨［J］. 建筑工程技术与设计，2015（12）.

［47］赵陈成，沈晋明. 洁净手术室独立冷热源空调系统方案的探究［J］. 建筑热能通风空调，2013，32（2）：5-8.

［48］谭西平. 医用气体系统规划建设与运行管理指南［M］. 北京：中国质检出版社. 中国标准出版社，2016.

第五章

临床营养科及营养配膳
中心规划与建设

苏向前　尹朝晖　方玉　葛昊天　崔跃

苏向前 北京大学肿瘤医院副院长

尹朝晖 北京大学肿瘤医院基建处副处长

方　玉 北京大学肿瘤医院临床营养科科主任，副主任营养师

葛昊天 北京大学肿瘤医院工程修缮科科长，中级职称

崔　跃 北京大学肿瘤医院工程修缮科工程管理人员，工程师

第一节　临床营养科建设的重要性

临床营养科是对各种原因引起的营养代谢病（包括营养失调）的患者通过营养检测和评价进行营养诊断，并使用药品或非药品类营养治疗产品对患者进行营养治疗的业务科室。三级医院和具备条件的二级医院应设立临床营养科，其他医院可设立营养诊室。临床营养科应具备与其功能和任务相适应的场所、设施、仪器设备等。

一、治疗膳食对临床的意义

膳食营养是人类生存的基础，健康的保障。医院治疗膳食及肠内营养支持治疗是医学营养治疗的两种重要手段，在治疗疾病的过程中，营养疗法通过维持并改善患者的营养状况，不仅有利于提高患者免疫力、减少感染，还有利于降低治疗的毒副作用，从而提高患者对治疗的耐受和疗效。因此，膳食营养是疾病治疗的基础，与药物、手术、心理、康复等治疗方法一样是病人康复的重要保障，为患者调配符合治疗要求的治疗膳食和肠内营养制剂，如同医生根据病情所开具的药物一样具有治疗疾病和促进患者早日康复的作用。

二、医院膳食及分类

医院膳食包括基本膳食和治疗膳食两大类。基本膳食以改变食物性状为主（包括：普通膳食、软膳食、半流膳食、流食膳食），治疗膳食以改变食物中的营养素含量为主（包括：糖尿病膳食、低盐膳食、低脂膳食、低蛋白膳食、低嘌呤膳食、低渣膳食、低钾膳食、低碘膳食、素食及高能量、高蛋白膳食、高钾膳食、高纤维膳食、贫血膳食、特需膳食等）。因住院病人所患疾病的种类、病因、病情、病程及治疗手段不同，对营养物质的消化吸收功能有别，故须根据不同临床情况选择恰当的膳食种类，尽量做到既适合特定病情需要又符合一般的营养原则。根据《三甲综合医院考评标准》2011版，住院患者治疗膳食就餐率应≥70%（C级标准）或≥90%（A级标准）。

第二节　建设选址与工艺流程设计

新建医院或医院新建营养配膳中心，应该以医院总体规划为根本，结合医院规模及未来发展需要进行设计。由医院副院长协调组织营养科、院感、工程科、设计院做好规划设计，并联合院外的厨房设备厂商、施工单位参与建设。

若为改扩建，那么应该清楚现有各功能空间及设备设施，了解目前存在的问题：选址是否合适？流程是否顺畅？面积是否适用吗？设备是否需要更新？未来的就餐人数？做到有的放矢，建成后方能适用。

一、建设选址原则

第一，必须符合当地规划、环保、消防和食品卫生监督机构的有关要求。

第二，与有碍公共卫生产生的污染源应保持一定距离，并设置在污染源的上风口。

第三，应考虑送餐距离，尽量缩短与病房之间的距离，并无障碍通行。

第四，在总平面布局上，应防止厨房（或饮食制作间）的油烟、气味、噪声及废弃物对邻近建筑物的影响。

第五，选择通风良好，地势干燥，并具有给排水条件和电源供应的位置。

二、功能及大小界定

营养科应当设置医疗区和营养治疗制备区。医疗区应包括营养门诊、营养代谢实验室（可设在检验科）；

营养治疗制备区应包括营养配膳中心（治疗膳食配制室、肠内营养配制室）、肠外营养配制室（可设在药剂科）以及生活办公用房。有条件的医院可设置营养病房。各功能区位置应与病区相邻，有封闭的送餐专用通道。整体布局应使医疗区域、营养配膳区和生活辅助用房区域有相对的独立性，以控制医院感染。

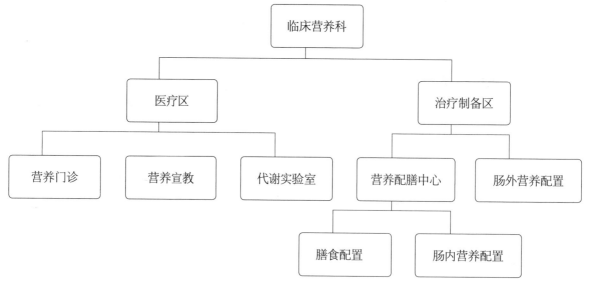

图 6-5-1 临床营养科结构图

临床营养科总建筑面积与床位的比例为：三级医院不低于 1.5m²:1，其中营养配膳中心 1m²:1，其他功能区 0.5m²:1；二级医院不低于 1m²:1，其中营养配膳中心 0.7m²:1，其他功能区 0.3m²:1。

各功能区工作面积及设备配置要符合当地《临床营养质量控制考评标准》。

三、功能区配置的要求

（一）营养门诊

营养门诊设于医院门诊区域，有专用的房间，建筑面积不少于 10m²，有条件的门诊还应有进行人体测量等检测以及放置营养治疗产品的区域。营养门诊应配备包括安装相应营养软件的计算机、身高体重计、握力器、皮褶厚度计、测量软尺、听诊器、血压计、代谢车、人体成分分析仪、代谢车等仪器设备。

（二）营养宣教室

营养宣教室面积不小于 20m²。

（三）营养代谢（实验）室

营养代谢实验室可单独设置于临床营养科内，总面积不小于 50m²，也可在医院检验科内设置。由称量室、精密仪器室、毒气室及操作室四部分组成。营养代谢实验室中称量室应配备相关的称量天平等；精密仪器室应配备荧光、紫外可见光分光光度计、原子吸收光谱仪、凯式定氮仪等；毒气室应设置排风设施及通风柜等；操作室应配备恒温箱、干燥箱、水浴箱、离心机、混合器、电冰箱、石英亚沸纯水器等常规仪器。

（四）肠外营养配制室

有静脉药物配置中心（PIVAS）的医院，肠外营养配置应当在静脉药物配置中心进行。没有静脉药物配置中心的医院，可设立肠外营养配置室。肠外营养配制室可单独设置于临床营养科内，总面积不小于 40m²，分为前处理间、更衣间、摆药准备间及配制间，其中配制间为组合式百级净化配制间；有条件的医院可按 GMP 要求建立面积在 40m² 以上的百级净化配制间。肠外营养配制室应配备百级净化工作台、操作台、药品车和药品柜、电冰箱、清洁消毒设备（紫外线灯或空气消毒器、隔离衣）、小型水处理设备（无菌净化水也可从医院肾病透析中心接入或用简易方法取得）等。有条件的医院还可配备独立的水处理系统以及天平（1/1000 感量）等精密仪器。

（五）肠内营养配制室

应与治疗膳食配置室临近，建筑面积不低于 20 m²，分为刷洗间、消毒间、配制间、制熟间及发放区，并设二次更衣和传递窗口。其中配制区为组合式三十万级净化区；有条件的医院可按 GMP 要求建立面积在 60m² 以上的十万级净化区。肠内营养配制室应配备相应工作设备，肠内营养配制室应配备匀浆机（胶体磨）、捣碎机、微波炉、电磁炉、冰箱、净化工作台、操作台、药品柜、清洗消毒设备、蒸锅、天平、量杯量筒及各种配制容器等设备。有条件的医院还可配备自动灌装设备等。

（六）膳食配置室

建筑面积应与医院床位相适应，分粗加工、切配、烹饪、主食制作及蒸制间、食品库房、餐具清洗消毒间、备餐间、膳食分发厅。同时分为食品处理区和非食品处理区。

1. 食品处理区

是指食品的粗加工、切配、烹饪和备餐场所、专间、食品库房、餐用具清洗消毒和保洁场所等区域，分为清洁操作区、准清洁操作区、一般操作区。

（1）清洁操作区：指为防止食品被环境污染，清洁要求较高的操作场所，包括专间、备餐场所。

（2）准清洁操作区：指清洁要求次于清洁操作区的操作场所，包括烹饪场所、餐用具保洁场所。

（3）一般操作区：指其他处理食品和餐用具的场所，包括粗加工场所、切配场所、餐用具清洗消毒场所和食品库房等。

2. 非食品处理区

是指办公室、更衣室、卫生间等非直接处理食品的区域。其中营养师办公室每人不少于 4m²，配膳管理办公室 10m²，统计室 10m²。

通常，切配烹饪场所面积≥食品处理区面积 50%，分餐间面积≥食品处理区面积 10%，清洗消毒面积≥食品处理区 10%。

四、膳食操作间工艺流程及设计原则

操作间工艺流程设计按照原料进入、原料加工、半成品加工、成品供应的流程合理布局，科学设置与食品供应方式和品种相适应的各功能区，包括粗加工、切配、烹饪、主食制作、备（分）餐、餐用具清洗消毒、垃圾分类处理等加工操作场所，以及食品库房、更衣室、清洁工具存放场所等。各场所均设在室内。

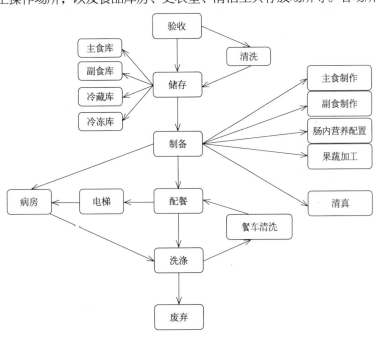

图 6-5-2 食物制备流程图

设计须遵循以下基本原则。

（1）应符合《中华人民共和国食品卫生法》《餐饮业食品卫生管理办法》《饮食建筑设计规范》《餐饮服务提供者场所布局要求》《餐饮服务食品安全操作规范》、卫生部《三级肿瘤医院评审标准实施细则》（2011版）等相关法律法规及规范要求。

（2）根据实际情况及生产的客观规律，合理划分各功能区域，各区域间即独立又能互相配合，确保人流物流的流向分明，避免交叉作业及交叉污染。

（3）明确既定菜式，设计均以此为中心。

（4）严格遵守国家卫生防疫法规，做到生熟分离、冷热分离、脏净分离。

（5）原料通道及入口、成品通道及出口、使用后的餐饮具回收通道及入口，宜分开设置。无法分设时，应在不同的时段分别运送原料、成品、使用后的餐饮具，或者将运送的成品加以无污染覆盖。

（6）主通道宽度宜为1500～1800mm，附属走道宽度应为900～1200mm。

（7）加工间的工作台边（或设备边）之间的净距：单面操作，无人通行时不应小于0.70 m，有人通行时不应小于1.20 m；双面操作，无人通行时不应小于1.20 m，有人通行时不应小于1.50 m。

（8）专间入口处应设置预进间，并配有洗手消毒水池和更衣挂钩等设施（专间指处理或短时间存放直接入口的专用操作间，包括凉菜间、裱花间、熟制品冷却、包装间、备餐专用、集体用餐分装专间等）。

（9）少数民族膳食应有专门的操作间。

（10）卫生间不得设在食品处理区。

（11）更衣间应为独立隔间且处于食品处理区入口处，并设消毒池（鞋底消毒）。

（12）电梯应生熟分开设置。

（13）加工经营场所内不得圈养、宰杀活的禽畜类动物。在加工经营场所外设立圈养、宰杀场所的，应距离加工经营场所25m以上。

膳食操作间工艺流程图需及时报送当地卫生食品监督部门进行审核批准，之后方能确定上下水点位、用电点位及排烟系统等，并着手进行施工图深化设计。

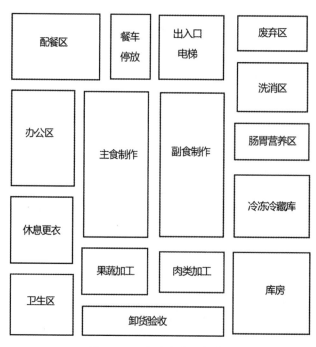

图 6-5-3 平面关系示意图

五、贮存及保温要求

不同的食材根据食材贮存条件的不同分别设置，包括：主食库、副食（调料）库、杂品库、必要时设冷冻（藏）库，并符合现行《冷库设计规范》（GBJ 72—84）。

库房和食品贮存场所要求：

（1）食品和非食品（不会导致食品污染的食品容器、包装材料、工具等物品除外）库房分开设置。

（2）除冷库外的库房要有良好的采光通风，天然采光时，窗洞口面积不宜小于地面面积的1/10，自然通风时，通风口面积不应小于地面面积的1/20。

（3）各类库房应采取防蝇、鼠（如设防鼠板或木质门下方以金属包覆）、虫、鸟及防尘、防潮等措施。

（4）贮存场所、设备应保持清洁，无霉斑、鼠迹、苍蝇、蟑螂等，不得存放有毒、有害物品及个人生活用品。

（5）食品应当分类、分架存放，距离墙壁、地面均在10cm以上，以利空气流通及物品搬运。

（6）冷藏、冷冻柜（库）数量和结构能使原料、半成品和成品分开存放，植物性食品、动物性食品和水产品分类摆放，不得将食品堆积、挤压。存放要有明显区分标识。

（7）冷藏、冷冻的温度应分别符合相应的温度范围要求，并设可正确指示库内温度的温度计，宜设外显式温度（指示）计。冷藏、冷冻柜（库）应定期除霜、清洁和维修，校验温度（指示）计。

（8）库房构造应以无毒、坚固的材料建成，且易于维持整洁，并应有防止动物侵入的装置。

六、清洗消毒要求

（一）食品餐具清洗、消毒、保洁设施要求

（1）清洗、消毒、保洁设备设施的大小和数量应能满足使用需要。

（2）用于清扫、清洗和消毒的设备、用具应放置在专用场所妥善保管。

（3）餐用具清洗消毒水池应专用，与食品原料、清洁用具及接触非直接入口食品的工具、容器清洗水池分开。水池应使用不锈钢或陶瓷等不透水材料制成，不易积垢并易于清洗。采用化学消毒的，至少设有3个专用水池。采用人工清洗热力消毒的，至少设有2个专用水池。各类水池应以明显标识标明其用途。

（4）采用自动清洗消毒设备的，设备上应有温度显示和清洗消毒剂自动添加装置。

（5）使用的洗涤剂、消毒剂应符合《食品工具、设备用洗涤卫生标准》（GB 14930.1）和《食品工具、设备用洗涤消毒剂卫生标准》（GB 14930.2）等有关食品安全标准和要求。

（6）洗涤剂、消毒剂应存放在专用的设施内。

（7）应设专供存放消毒后餐用具的保洁设施，标识明显，其结构应密闭并易于清洁。

（二）洗手消毒设施要求

（1）食品处理区内应设置足够数量的洗手设施，其位置应设置在方便员工的区域。

（2）洗手消毒设施附近应设有相应的清洗、消毒用品和干手用品或设施。员工专用洗手消毒设施附近应有洗手消毒方法标识。

（3）洗手设施的排水应具有防止逆流、有害动物侵入及臭味产生的装置。

（4）洗手池应选用不透水材料，结构应易于清洗。

（5）水龙头宜采用脚踏式、肘动式或感应式等非手触动式开关，并宜提供温水。中央厨房专间的水龙头应为非手触动式开关。

（三）酸性氧化电位水系统

如有条件，可考虑在营养配膳中心内设置酸性氧化电位水系统，通过纯水中加入微量氯化钠，再经过专业酸性氧化电位水产生设备，制取酸化水及碱性水。

1. 用途

（1）酸化水可用于蔬菜瓜果、餐饮具、食品加工机械、厨碗柜、冰箱等消毒，有效减少化学消毒剂用量，起到快速灭菌作用。

（2）酸化水可用于手消毒以及后厨各类用品及环境消毒。

（3）碱性水是绿色洗涤剂，可用于餐饮具、食品加工机械、厨碗柜、冰箱等设备以及地面或日常物品表面污垢清洗，分解去除果蔬中有机磷等残留农药，减少甚至替代洗涤剂的使用。

（4）制备酸碱水所使用的纯水生产中产生的废水，可用于清洗地面以及卫生洁具保洁。

2. 优点

（1）杀菌谱广：可杀灭各种细菌繁殖体、病毒等多种病原微生物。

（2）杀菌迅速：作用10s即可杀灭细菌、病毒等病原微生物。

（3）使用方便：现场制取方式，可大量供应，随时生成，随时使用。

（4）无毒副作用：无毒、无刺激、残留性极低，对皮肤有适度的护理作用。

（5）对环境无污染：使用后可还原成普通水，对环境无污染。

（6）腐蚀性小：对不锈钢基本没有腐蚀性（对铝铜等金属有轻微腐蚀）。

（7）价格低廉：原料仅为自来水和氯化钠，使用成本比其他常规消毒剂低。

3. 基础条件要求

（1）应设置专用机房，系统布置见图6-5-4。

（2）酸碱水制备需纯水作为水源，因此酸性氧化电位水设备前端需增加纯水制取设备，对于酸碱水用量较大且集中的项目，还应考虑设置纯水水箱以保障酸碱水的连续制取。

（3）由于制取的酸碱水具有一定腐蚀性，因此供水管路及出水终端应采用特殊防腐蚀材质，例如超纯PVC等，用水区域水池及下水管路应避免使用金属材质。

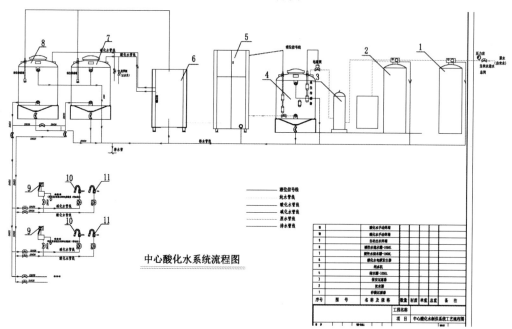

图 6-5-4 中心酸化水系统流程图

七、辅助用房定位

（一）卫生间要求

（1）卫生间不得设在食品处理区。

（2）卫生间应采用水冲式，地面、墙壁、便槽等应采用不透水、易清洗、不易积垢的材料。

（3）卫生间内的洗手设施宜设置在出口附近。

（4）卫生间应设有效排气装置，并有适当照明，与外界相通的门窗应设有易于拆洗不生锈的防蝇纱网。外门应能自动关闭。

（5）卫生间排污管道应与食品处理区的排水管道分设，且应有有效的防臭气水封。

（二）更衣场所要求

（1）更衣场所与加工经营场所应处于同一建筑物内，宜为独立隔间且处于食品处理区入口处。

（2）更衣场所应有足够大的空间、足够数量的更衣设施和适当的照明设施，在门口处宜设有洗手设施。

第三节　主要设备配置

餐厨设备应在保证就餐人数与厨房生产能力匹配的前提下，从方便实用、节省人工、便于清洗、降低能耗、提高效率、售后维修、产品兼容性以及预算等因素科学合理的配置。

一、设备、工具和容器一般要求

第一，接触食品的设备、工具、容器、包装材料等应符合食品安全标准或要求。

第二，接触食品的设备、工具和容器应易于清洗消毒、便于检查，避免因润滑油、金属碎屑、污水或其他可能引起污染。

第三，接触食品的设备、工具和容器与食品的接触面应平滑、无凹陷或裂缝，内部角落部位应避免有尖角，以避免食品碎屑、污垢等的聚积。

第四，设备的摆放位置应便于操作、清洁、维护和减少交叉污染。

第五，所有食品设备、工具和容器，不宜使用木质材料，必须使用木质材料时应保证不会对食品产生污染。

第六，送饭车应为专用封闭式，车辆内部结构应平整、便于清洁，设有温度控制设备。

第七，厨房设备大多为不锈钢材质，选购时应考虑不锈钢型号及厚度，推荐使用304不锈钢，而冷库门宜选用430不锈钢，橱柜门板以及工作台台面厚度应为1.0~1.2mm。工作台高度要符合人体工程学原理，一般高度为800mm。

二、各功能间常用设备设施基本配置

表6-5-1 各功能间常用设备设施基本配置

序号	功能间	内容	基本配置
1	粗加工间	粗加工：包括肉类的清洗、去皮、剔骨和分块；鱼虾等的刮鳞、剪须、破腹、洗净；禽类的拔毛、开膛、洗净；海珍品的发、泡、择、洗；蔬菜的择拣、洗等的加工处	肉类粗加工、开生间：杀鱼台、收残台、三星水池、双星带沥水板水池、货架、双层工作台、四门冰柜、绞肉机、切肉机、灭蝇灯、洗地龙头等，宜分设肉禽、水产的工作台和清洗池 菜类粗加工间：四门冰柜、土豆去皮机、刹菜机、单星水池、三星水池、双层工作台、货架、臭氧洗菜机、洗地龙头、灭蝇灯等

表 6-5-1 各功能间常用设备设施基本配置（续）

序号	功能间	内容	基本配置
2	切配及副食加工间	切配一般和热加工同放在一个功能间 切配是指经过粗加工的副食品分别按照菜肴要求洗、切、称量、拼配为菜肴半成品的加工处 热加工是指对经过细加工的半成品菜肴，加以调料进行煎、炒、烹、炸、蒸、焖、煮等的热加工处	配菜架、货架、单开工作柜、储物柜、平台雪柜、双开调理柜、四门冰柜、六门冰箱、保鲜工作台、双层工作台、双开打荷台、双开调理车 热加工包括：大锅灶、三眼鼓风灶、双头低汤灶、四头煲仔炉、多功能海鲜蒸柜炉、双门蒸柜、排烟罩
3	主食制作及热加工间	主食制作间：指米、面、豆类及杂粮等半成品加工处 热加工间：指对主食半成品进行蒸、煮、烤、烙、煎、炸等的加工处	主食制作：双星水池、和面机、压面机、面案工作台、单开工作柜、四门冰柜、醒发箱 热加工：大锅灶、电饼铛、电烤箱、电炸锅、双门蒸柜、豆浆机、煮锅、煮面炉、保温汤炉、不锈钢排气罩
4	备餐间及留样间	主、副食成品的整理、分发及暂时置放处 集体配餐单位，每餐次食品成品应留样，在冷藏条件下存放 48 小时以上	保温分餐台、保温售饭车、单星水池、双星水池、洗手池、灭蝇灯、工作台、碗柜、开水器、留样冰柜
5	洗消间	主要用于对餐具的清洗，含消毒和存放	收碗残食台、三星水池（一冲二洗三消毒，卫生部门要求必须三星）、双层工作台、洗碗机（有条件加）、洁碟台（配合洗碗机使用）、污碟台（配合洗碗机使用）、高压花洒（配合洗碗机用）排气罩（配合洗碗机使用）、消毒柜、碗柜、货架
6	户外设备	厨房系统还应该包括排烟系统的户外设备	排烟风机：高负压离心风机、油烟净化器（环保要求）、风机消音房（环保要求）、送风机

三、机器人标准化膳食制作

无论餐厅还是食堂，特别是为住院病人提供服务的营养膳食中心，吃得放心、吃得安全、吃的健康，这是营养师和患者共同的健康追求，而保证食品安全、保障公众的健康权益，就要以科学为手段。烹饪机器人的诞生，使得中餐标准化成为可能。将炒菜机器人运用到营养膳食中心中具有以下优点。

（1）机器人自动炒菜机实现了炒菜过程的自动化，它能顺溜地晃锅、颠勺、划散、倾倒，还能娴熟地炒、爆、煸、烧、熘等，而且安全、节能、无油烟。

（2）机器人控制程序中，还可融入营养师的配方与经验。

（3）最大化地降低人工运行成本，保证食品卫生安全。

（4）自动化切配和程序化烹饪，不受厨师人为因素影响，实现菜品质量的稳定和一致。

（5）机器人温控在 160~180℃，降低能耗，产生的油烟也大大降低。据第三方检测报告显示，与传统烹饪相比，综合能耗降低 35%，油烟排放量降低 90%，这将为改善日益严重的雾霾天气做出贡献。

（6）传统的中餐经营模式，因毛菜出成率不同，成本难以控制。中餐标准化管理，毛菜集中于一个车间或中心厨房加工，半成品按菜单配送到各食堂进行烹饪，各食堂不再切配，成本透明、可控。大型供餐，特别是多个食堂供餐时，更显出管理优势。

（7）自动翻炒和出菜，大大降低烹饪的劳动强度。油烟排放的减少，同时也大大改善后厨的工作环境。机器操作简单，不需要特殊技能，经培训即可上岗。一名熟练的操作工可以同时操作两台机器。

表 6-5-2 机器人炒菜场地安装条件

现场要求	检查项目	要求		
温湿度等环境要求	室内温度	5~40℃		
	湿度	30%~90%		
厨房通风环境	送、排风机或油烟排放管道	烹饪机上都必须有油烟排放设施且送、排风或油烟排放管道须要求	KQ4/KD4	推荐风量 5000m³/h
			KQ10	推荐风量 10000m³/h
			KQ30	推荐风量 20000m³/h
厨房电源系统	用户配电柜输出电压	用户配电柜输出电压 1. 燃气型：交流 220V（单项 3 线制），有地线的 3 脚电源插座，必须确保"左零右火"的连接方式 2. 电磁型：交流 380V（三项 5 线制），接至墙壁配电开关控制盒；空开控制盒离墙高度 1500mm 左右（电源需单独供电给烹饪机器人设备）		
	电源质量	设备所接电源回路上无超大感性负载（如功率超过 20kW 的电机、风机等）		
	电源功率	配电柜额定共功率：不小于机器铭牌标识的额定功率		
	接地系统	1. 用户提供的电源应有接地端子，且接地端子与电源系统的接地电阻可靠连接（整栋楼层必须配有接地点） 2. 将机器电源线中的接地线（黄/绿线）与用户电源的接地端子可靠连接 3. 严禁配电系统出现：零线和地线（黄/绿）连接在一起，作为零线使用		
厨房燃气管路系统	燃气类型及压力	机器进气口端的燃气压力要求：天然气：2000~3500Pa；液化石油气：2000~3500Pa		
	管道接口	燃气管路接口为 DN20，G3/4 英寸外螺纹，机器自带 1.2m 不锈钢波纹管		
	燃气流量	机器进气口端的燃气流量需符合	KQ4/KD4	3.7m³/h
			KQ10	5.0m³/h
			KQ30	9.7m³/h
厨房供水管理系统	供水压力要求：0.1~0.6MPa			
	供水流量要求：不小于 8 L/min			
	管路通径：DN15			
	管路接口标准：G1/2 英制外螺纹接头，机器自带 1.5m 软管			
	供水接口端必须配有能够独立开关向设备供水的角阀			
排水设施要求	排污地漏接口标准	内径不小于 35mm		
	排水管路	有排水管路且每平方米建筑面积每天的排水量可按 0.04~0.12m³ 计算		

第四节　建筑设计及施工要点

功能规划确定后，流程方案草图随之敲定。接下来需要设计师依据医院的建设预算进行装修以及配电、给排水、通风、空调、消防等系统的深化设计。

一、装修与选材

（一）地面与排水要求

（1）营养代谢（实验）室、肠外营养配置间，肠内营养配置间的地面应耐磨、防滑、抗菌、防静电。

（2）食品处理区地面应用无毒、无异味、不透水、不易积垢、耐腐蚀和防滑的材料铺设，且平整、无裂缝。推荐地面材料选用环氧树脂涂料，其一次成型无接缝，且光滑易清洗，防滑耐腐蚀，但要监督好施工质量，保证平整度。

（3）粗加工、切配、烹饪和餐用具清洗消毒等需经常冲洗的场所及易潮湿的场所，其地面应易于清洗、防滑，并应有一定的排水坡度及排水系统。

（4）地面及排水沟均应做液态防水层，并做好闭水试验，保证不渗漏。

（5）排水沟应有坡度、保持通畅、铺设瓷砖便于清洗，沟内不应设置其他管路，沟内阴角做成弧形，并有水封及防鼠装置，上口加盖可拆卸的防锈材料篦子。排水的流向应由高清洁操作区流向低清洁操作区，并有防止污水逆流的设计。排水沟出口应有防止有害动物侵入的设施。

（6）清洁操作区内不得设置明沟，地漏应能防止废弃物流入及浊气逸出。

（7）废水应排至废水处理系统或经其他适当方式处理。

（二）墙壁与门窗要求

（1）肠外营养配置间及肠内营养配置间为层流净化间，要求室内墙壁为防菌涂层或预成型材料（如铝塑板）。

（2）食品处理区墙壁应采用无毒、无异味、不透水、不易积垢、平滑的浅色材料。

（3）粗加工、切配、烹饪和餐用具清洗消毒等需经常冲洗的场所及易潮湿的场所，应有 1.5m 以上、浅色、不吸水、易清洗和耐用的材料制成的墙裙，各类专间的墙裙应铺设到墙顶，通常使用瓷砖。

（4）食品处理区的门、窗宜选用铝合金和不锈钢材质，并应装配严密，与外界直接相通的门和可开启的窗应设有易于拆洗且不生锈的防蝇纱网或设置空气幕，与外界直接相通的门和各类专间的门应能自动关闭。

（5）室内窗台下斜 45° 或采用无窗台结构。

（三）屋顶与天花板要求

（1）屋顶与天花板的设计应易于清扫，能防止害虫隐匿和灰尘积聚，避免长霉或建筑材料脱落等情形发生。

（2）食品处理区天花板应选用无毒、无异味、不吸水、不易积垢、耐腐蚀、耐温、浅色材料涂覆或吊顶，天花板与墙壁结合处有一定弧度；水蒸气较多场所的天花板应有适当坡度，在结构上减少凝结水滴落。

（3）清洁操作区、准清洁操作区及其他半成品、成品暴露场所屋顶若为不平整的结构或有管道通过，应 加设平整易于清洁的吊顶。

（4）烹饪场所天花板离地面应不低于 3m。

二、给排水系统

（一）概述

医院营养配膳中心给排水系统设计应依据《建筑给排水设计规范》（GB 50015—2003）（2009 年版）标准，同时参照职工、学生食堂给排水系统功能需求进行设计，在设计时应根据营养配膳中心流程布局、功能设置及相关实验室检验设备配置等进行深入细化设计，以在满足功能需求的同时优化使用体验。

（二）给水系统设计要点

（1）营养配膳中心内给水系统水质应满足食品加工、清洗等工作要求，应符合现行《生活饮用水卫生标准》（GB 5749—2006）规定。

（2）营养配膳中心内部设置营养代谢（实验）室及肠外营养配置室的，涉及使用蒸馏水、纯净水应按需设置相应管路并确保原水处理至相应标准。

（3）营养配膳中心用水特点为用水量大且用水时间集中，用水点较为分散，主要集中在操作加工间、餐用具清洁间、卫生间、淋浴间等。生活用水量应按 10~20L/ 人次计算，小时变化系数按 2.5~1.5 计算。

（4）为确保供应水系统的安全可靠，室内给水管路布置宜从室外管路设 2 条或以上引入管，在室内形成环状。

（5）加工操作间内用水点因厂家工艺不同，设计中需根据具体设备需求进行调整，通常要预留主立管和足够管径的支管。

（6）营养配膳中心应设置热水系统，主要用于卫生间、淋浴间。热水用水量定额应按 7~10L/ 人次计算，小时变化系数按 2.5~1.5 计算。

（7）淋浴热水的加热设备，当采用煤气加热器时，不得设于淋浴室内，并设可靠的通风排气设备。

（8）不与食品接触的非饮用水（如冷却水、污水或废水等）的管道系统和食品加工用水的管道系统，应以不同颜色明显区分，并以完全分离的管路输送，不得有逆流或相互交接现象。

（9）餐用具清洗消毒水池应专用，与食品原料、清洁用具及接触非直接入口食品的工具、容器清洗水池分开。水池应使用不锈钢或陶瓷等不透水材料、不易积垢并易于清洗。采用化学消毒的，至少设有 3 个专用水池（过滤池、活性炭吸附池、清水池）。各类水池应以明显标识标明其用途。粗加工操作场所内应至少分别设置动物性食品和植物性食品的清洗水池，水产品的清洗水池宜独立设置，水池数量或容量应与加工食品的数量相适应。

（10）食品处理区内应设专用于拖把等清洁工具的清洗水池，其位置应不会污染食品及其加工操作过程。

（11）肠内营养配置室及营养代谢（实验）室应依据需求独立设置清洗加工及实验用水池。

（12）淋浴宜按炊事及服务人员最大班人数设置，每 25 人设 1 个淋浴器，设 2 个及 2 个以上淋浴器时男女应分设，每个淋浴室均应设 1 个洗手盆。

（13）营养配膳中心内应设置供工作人员使用的洗手池，人员数量小于 50 人设 1 个，大于 50 人时每 100 人增设 1 个。

（14）配膳中心内所有龙头均宜采用非接触式出水龙头，卫生间小便斗应采用自动冲洗阀，蹲式大便器宜采用脚踏式或感应式冲洗阀，所有卫生器具和配件应采用节水型产品。

（15）厕所位置应隐蔽，其前室入口不应靠近或朝向各加工间，厕所设置位置应距离操作加工间 20m 以上。厕所应按全部工作人员最大班人数设置，30 人以下者可设 1 处，超过 30 人者男女应分设，男厕每 50 人设 1 个大便器和 1 个小便器，女厕每 25 人设 1 个大便器，男女厕所的前室各设至少 1 个洗手盆。

（三）排水系统设计要点

（1）营养配膳中心设在顶楼或其下面有地下室，应对涉及房间做防水处理。加工、切配、烹饪和餐用具清洗消毒等需经常冲洗的场所及易潮湿的场所均应设置排水系统，排水管沟四周与管沟中心有一定坡度。其中灶具管沟应设在灶具下方，洗切间应设在水池和操作台下方，蒸饭、消毒间及其他功能间应根据设备的排水特点和实际情况灵活设置。

（2）排水沟通常采用明沟垫层的方法来处理，常用方案有两种。

① 厨房的整个食品加工区域（主要是洗消间、粗细加工间、烹调间等工作区）结构专业设计时考虑做降板300mm以上处理，同时在该区域内不能存在反梁，该区域类似住宅卫生间的沉箱的结构。该方案实施中要考虑回填工程量大增加建造成本。另外面要考虑降板深度仅300mm时，沟内坡度选择1%时，每段排水沟的长度不宜太长；回填找平层材料选择轻质材料时要考虑排水沟防水和渗漏回填材料蓄水问题。

② 局部区域降板处理（无地下室的配膳中心一层无须采用这种处理方式，排水沟机管道直接敷设在地坪层即可）。既只在有出具的排水点局部区域做降板处理。医院配膳中心通常采用降板350mm，如空间高度足够，可设地沟隔油池。

（3）排水管路宜采用金属管道，应具有良好的防渗漏功能。所有排水管进入排水管沟的出口处设拦渣篮，从而达到便于排水、排污、除臭、易清洗、防堵塞和保持功能间干燥、卫生的目的，加工操作间污水在室内排水地沟应设置网筐式地漏。

（4）由于加工操作间排水油污大，排水管道内壁极易黏附油污堵塞管道，通常采取高温水和蒸汽冲洗管道的清掏方法，也采取机械工具清通方法，普通PVC-U排水管道要慎重使用；推荐使用柔性接口排水铸铁管作为厨房排水管。

（5）排水的流向应由高清洁操作区流向低清洁操作区，并有防止污水逆流的设计。清洁操作区内不得设置明沟，同时应设置地漏防止废弃物流入及浊气逸出。

（6）带有油腻的排水，应与其他排水系统分别设置，并依照《建筑给排水设计规范》（GB 50015—2003）（2009年版）标准设置隔油处理设施，宜采用成品隔油装置，并根据现场条件选择隔油装置形式。依靠人工除油的隔油设施，池内存油部分的容积，不得小于该池有效容积的25%，并应定期清掏以保障除油效率。

（7）对于可能结露的给排水管道，应采取适当的防结露措施。

三、通风、排烟、空调系统

（一）概述

为确保营养配膳中心内部，尤其是食品加工操作区域空气质量及温度满足食品卫生及职工安全操作需求，营养配膳中心内部通风、排烟系统设计尤为重要，设计时还应考虑到食品加工操作区域外其他的工作区域及公共区域的通风、空调系统设计，设计应遵循《民用建筑供暖通风与空气调节设计规范》（GB 50736—2012）。

（二）排烟系统设计要点

（1）食品加工操作区应保持良好通风，尤其是配菜、烹调区形成负压。所谓负压，即排出去的空气量要大于补充进入厨房的新风量。这样厨房才能保持空气清新。但在抽排厨房主要油烟的同时，也不可忽视烤箱、焗炉、蒸箱、蒸汽锅以及蒸汽消毒柜、洗碗机等产生的浊气、废气，要保证所有烟气都不在厨房区域弥漫和滞留，及时排除潮湿和污油的空气。为防止交叉或二次污染，热加工区域宜独立设置机械排风系统，通风的换气量宜按热平衡计算，排风量可按换气次数 25~35 次 / 小时计算，计算排风量的 65% 通过排风罩排至室外，通过其他形式换气排出 35%；该区域宜设置独立补风系统，以防止补风全部来自相邻其他区域而导致的衔接区域风速过高问题。该区域总体补风量宜为排风量的 80%~90% 左右，负压值相对于其他区域不应大于 5Pa。

（2）南方地区宜对夏季补风做冷却处理，可设置局部或全面冷却装置，北方地区应对冬季补风做加热处理。

（3）产生大量蒸汽的设备，如蒸箱等设备上方除应加设机械排风外，还宜分隔成小间，防止结露并做好凝结水的引泄。

（4）为了保证排气罩对油烟或水汽的捕集效果，排气罩应设置在产生油烟的设备上部，排气罩口吸气速度一般不应小于 0.5m/s，排风管内速度不应小于 10m/s；为防止油附在管道上，水平风管应有 2% 的坡度，坡向排气罩，另外每个排风口处设置拉链式调节阀，当部分灶眼使用时，方便工作人员关闭，另外水平主风管末端须设置一个 150℃自动关闭的防火调节阀，并与风机联锁，当火灾发生时，能有效及时地控制火灾蔓延。

（5）排气罩的平面尺寸应比炉灶边尺寸大 100mm，排气罩下沿距灶面的距离不宜大于 1.0m，排气罩的高度不宜小于 600mm。排气罩的最小排风量应按下式计算：$L=1000P \cdot H \ m^3/h$，式中 P——罩口的周边长（靠墙的边不计），H——罩口距灶面的距离。

（6）排气罩应设置油烟过滤装置，过滤器应便于清洗和更换。油烟排放应参照《饮食业油烟排放标准》（GB 18483—2001）执行，目前，油烟处理方式主要有：

① 机械式油烟净化设备；

② 过滤吸附式油烟净化设备；

③ 静电式油烟净化设备；

④ 低温等离子体法；

⑤ 液体洗涤法。考虑到厨房油烟处理的重要性及实际效果，建议排烟系统选用运水烟罩 + 油烟净化器复合式油烟治理方式。由于中餐加工设备热值高，油烟排放量大，同时在排风系统上增加油烟净化设备会加大排风系统阻力，因此为保障排风效果，建议采用双离心混合抽风机。

（7）排风管宜采用镀锌钢板或不锈钢板制作，连接时要求焊接以加强密封性。排风管内侧连接处涂防火涂料二度，防锈漆二度，外镀防锈及色漆各二度，有效防止油垢的腐蚀。

（8）一般实际加工区域通风设计往往较理论值偏大，厨具厂家为保障排烟效果将排烟罩口及罩口排风量增加，从而导致厨房实际换气次数可达 60 次 /h，这对于设置有空调系统的食品加工区域及其他可为其补风的区域来说，加大了能源消耗，同时对于长期在大排风量的排风罩下工作的厨师的健康同样不利。因此建议空调设计人员对厨具公司给出的排风量进行复核，确定合理排风量。

（三）通风空调系统设计要点

（1）考虑到优化营养配膳中心工作人员工作环境，该区域可依建筑条件及不同区域功能需求设置集中或局部空调系统，空调设计运行区域设计温度应在 24 ~ 28℃范围内，相对湿度控制在 65% 以下，同时还应考虑新风量、噪声、风速等设计因素。

（2）考虑到初期投资及日常运行成本，配膳中心内空调系统可采用空调机组及风机盘管结合形式的空调系统，如图 6-5-5 所示。

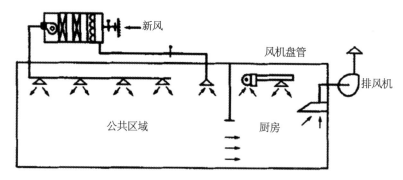

图 6-5-5 通风空调系统示意图

系统中为公共区域服务的空调机组有两个工作状态：

① 当排风机工作时，公共区补风量增大，新风电动阀全部开启，回风电动阀关小，这时空调机组的新风处理量为最大，回风量为最小，满足厨房空调补风的需要；

② 当加工操作区排风机关闭时，新风电动阀根据餐厅新风量的需要关小，回风电动阀全部开启，这时空调机组处理的新风量最小，公共区域自身空调采用一次回风方式，空调冷量消耗最低。公共区域空调机组新风管、回风管上的电动风量调节阀与炉灶排风机连锁即可实现上述功能。此方案能使公共区域的空调机组的新风量和回风量根据厨房排风的需要进行调整，具有更大的灵活性，在保障空调效果的前提下有一定的节能效果，同时前期投资及后期运行成本较低。

（3）食品加工区域空气流向应由高清洁区流向低清洁区，防止食品、餐饮具、加工设备设施污染。肠内营养配置区域内空气流向应依操流程设置，低清洁区相对高清洁区应保证相对负压。

（4）营养配膳中心内设置营养代谢（实验）室的，应依据实验设备要求配置空调及通、排风系统，实验涉及有毒有害气体排放的，应单独设置排风管路，并严格执行《大气污染物综合排放标准》（GB 16297—1996）规定进行处理及排放。

（5）肠外营养配置区（静脉配置中心）应按需设置相应净化系统，（一般配置台百级，配置区域万级，过渡区域十万级）应由专业净化设计、施工单位进行设计、施工。

（6）空调及机械送风系统应设置空气过滤装置，送风系统过滤器对大于或等于 $2\mu m$ 的大气尘计数效率不低于 50%，空调系统终极过滤器对大于或等于 $0.5\mu m$ 的大气尘计数率不低于 40%。

（7）用餐区域、公共区域的空气调节系统宜采取基于 CO_2 浓度控制的新风调节措施。

（8）区域内设置垃圾间的，垃圾间中应独立设置排气装置。

四、采暖系统

（一）概述

北方地区营养配膳中心可设置集中采暖系统，系统设计应符合《公共建筑节能设计标准》（GB 50189—2005）的相关要求。

（二）采暖系统设计要点

（1）采暖系统热源应采用热水作为热媒，系统形式可采用带跨越管和三通调节阀的单管串联顺序式系统，分不同区域控温及计量。

（2）各类房间冬季采暖室内设计温度应符合表 6-5-3 的规定。

表6-5-3 冬季采暖室内设计温度表

房间名称	设计温度（℃）
用餐区域	16 ～ 22
公共区域	16 ～ 20
厨房和饮食制作间（冷加工间）	10 ～ 16
厨房和饮食制作间（热加工间）	10 ～ 16
干菜库、饮料库	8 ～ 10
蔬菜库	5
洗涤间	16 ～ 20

（3）厨房和饮食制作间内应采用耐腐蚀和便于清扫的散热器。

五、消防系统

（一）概述

营养配膳中心因其部分食品明火加工的功能需求，是各医院内一处消防安全重点监督场所。同时因配膳中心内大量燃气设备及电气设备的配置，其配套的消防系统应严格依据规范及相关安全条例执行，其系统设计应根据配膳中心建设位置，按照《建筑设计防火规范》（GB 50016—2014）执行。

（二）消防系统设计要点

（1）加工操作间应单独划分为一个独立防火分区，排风排烟系统宜按防火单元设置，不宜穿越防火墙。厨房水平排风道通过厨房以外的房间时，在厨房的墙上应设防火阀门。

（2）消防系统设计应考虑到配膳中心操作间消防安全特殊性，如配膳中心设置在层数超过5层的公共建筑，建议设置室内消防系统水泵结合器，从而解决发生火灾后消防车灭火困难或因建筑内部消防给水管道水压低、供水不足或无法供水等问题。

（3）面积大于500m²的营养配膳中心应参照商用食堂标准执行，其烹饪操作间的排油烟罩及烹饪部位宜设置自动灭火装置，且应在燃气或燃油管道上设置紧急事故自动切断装置。设计时应注意选用能自动探测火灾与自动灭火动作且灭火前能自动切断燃料供应、具有防复燃功能且灭火效能（一般应以保护面积为参考指标）较高的产品，且应在排烟管道内设置喷头。有关装置的设计、安装可按照中国工程建设标准化协会标准《厨房设备灭火装置技术规程》进行。

（4）为了不对食品产生污染，避免造成人体危害，要求应采用无毒、无污染、无腐蚀性的专用灭火剂。灭火剂应先将油锅、烟罩或烟道的明火灭掉，再用细水雾来吸收热能，防止复燃，达到迅速灭火的目的。只用水灭火时间会很长，而且还会扩大燃烧范围，燃烧的热油遇到水后会迸溅到周围，还可能造成人身伤害。

（5）明火食品加工区域内因长期温度高、油烟大，不宜设置普通水喷淋灭火系统及烟感报警系统，水喷淋系统可由其他介质的自动灭火系统替代，同时加装温感报警系统。其他区域应按《建筑设计防火规范》（GB 50016—2014）设置水喷淋及烟感报警系统。

（6）营养配置中心内应按《建筑设计防火规范》（GB 50016—2014）规定配置手提式干粉灭火器、二氧化碳灭火器等。

（7）营养配置中心内应依《建筑设计防火规范》（GB 50016—2014）设置独立消防排烟系统，排烟系统不可与灶具排烟系统混用。

六、燃气及泄漏报警系统

（一）概述

燃气系统为满足营养配置中心功能的重要系统之一，由于其系统内介质的高度危险性，无论在设计、施工或是后期运行监督时都应给予高度重视，建设后期还应配套设置燃气泄漏报警系统，并予以定期检查维护。

（二）燃气系统设计要点

（1）燃气系统设计应符合《城镇燃气设计规范》（GB 50028—2006），根据管道压力等级考虑选用镀锌管或无缝钢管，埋地燃气管宜采用 PE 材质。

（2）室外管道壁厚的选择应综合考虑防雷要求。

（3）管道连接方式可根据压力等级选择。

（4）燃气用具或移动用具连接处宜采用软管连接，并考虑一定的伸缩量。

（5）燃气管道与电缆同向铺设时，应考虑安全间距。

（6）燃气管路的设计、施工应由燃气管理部门认可的专业设计、施工队伍进行。

（三）燃气泄漏报警系统设计要点

（1）为确保营养配膳中心用气安全，应依据《城镇燃气设计规范》（GB 50028—2006）要求，在专用的封闭式燃气调压、计量间，地下室、半地下室和地上密闭的用气房间，燃气管道竖井及有燃气管道的管道层，地下室、半地下室引入管穿墙处设置燃气浓度检测报警器。

（2）配膳中心天然气报警器选装位置的首先要考虑被检测区域（安装地点）面积的大小，根据报警探头探测范围进行安装。同时应考虑配膳中心内的具体结构，如果天然气主管路沿墙壁敷设，在每个灶台分出支路管线，通过电磁阀来控制，那么安装探头的时候需要沿墙壁天然气管道上方进行布置点位。天然气管道衔接处以及管道阀门位置为主要泄漏源，天然气管道衔接处密封做不好或是年久裂缝等会造成天然气泄漏，管道阀门的地方容易出现操作不当引起燃气泄漏，报警装置布置时应考虑上述因素。

一般报警装置宜安装在天然气管道分支及管道阀门的正上方（天然气比重较轻）1.5m 的位置。选装高度不宜过高，也不宜过低。检测报警器与燃具或阀门的水平距离不得大于 8m，安装高度应距顶棚 0.3m 以内，且不得设在燃具上方。

（3）燃气浓度检测报警器的报警浓度应按国家现行标准《家用燃气泄漏报警器》（CJ 3057）的规定确定。

（4）燃气浓度检测报警器宜与排风扇等排气设备连锁。

（5）燃气浓度检测报警器宜集中管理监视。

（6）报警器系统应有备用电源。

（7）营养配膳中心内设有地下室、半地下室和地上密闭的用气房间及有燃气管道的管道层的，宜在相应位置设置燃气紧急自动切断阀。

七、蒸汽系统

（一）概述

为满足营养配膳中心使用功能需求，中心内可设置蒸汽管路系统，设计应依据《压力管道规范》（GB/T 20801.3—2006）及《工业金属管道设计规范》（GB 50316—2008）执行。

（二）蒸汽系统设计要点

（1）配膳中心内蒸箱以及采用蒸汽的洗涤消毒设施应敷设蒸汽系统，供汽管表压力宜为 0.2MPa。

（2）配膳中心设有饭菜外送工作，可考虑使用蒸汽保温装置的送餐车，在配膳中心餐车停放或出口设置独立区域，布设蒸汽管路系统，以蒸汽充注方式提供餐车饭菜保温热能。需注意的是蒸汽系统的使用应注意操作安全，同时该区域应设置排水沟或地漏等排水设施。

八、供配电系统

（一）概述

如果把营养厨房比作一个成年人的话，钢筋水泥就好像他的肌肉骨骼，给排水及燃气系统是他的各条血管，电气系统就是他的神经网络了。随着国民经济的飞速发展，人民生活水平的提高，人们对食物的要求越来越高。营养膳食中心作为整个医院的病人提供科学营养的膳食，更是对建筑设计提出了更高的要求，在建筑设计中，电气设计又占有相当重要的位置，一个优秀的营养膳食中心必须有与其功能流程相适应的电气设计，这样才能表达建筑设计者的完整构思。

一个成功的营养科操作间电气设计除了要符合《低压配电设计规范》《民用建筑设计规范》（电气部分）、《火灾自动报警系统设计规范》《建筑物防雷设计规范》《通用用电设备配电设计规范》《电力工程电缆设计规范》《爆炸和火灾危险环境电力装置设计规范》《建筑照明设计规范》《民用建筑照明设计规范》等基本的电气设计规范，还要满足《食品卫生法》《医疗机构管理条例》等特殊法规的要求。并且在目前资源紧张的大环境下，节能设计也非常重要。

（二）配电系统设计要点

1. 配套用电设备

照明设备、排送风设备、油烟净化设备、隔油池配套设备、食品机械等，其中，蒸饭车、电烤箱、电饼铛、切菜机、压面机、和面机、土豆去皮机、开水器、锯骨机等设备，需要设置交流三相 380V 供电；冰柜、醒发箱、绞肉机、冷藏工作台、消毒柜、保温车等设备多为 220V 额定电压，需要设置交流单相 220V 供电。

在设计时，需要预留足够的点位，380V 用电设备需要单独安装配电箱，可以灵活控制，更安全。也可以与厨房设备合用配电箱，合用配电箱可以节省成本，但是操作稍有不便。

为了保证各设备使用时都有足够的供电，设备无论用电量多少，都最好采用独立支路供电，不要在同一支路串联。大功率用电设备最好使用阻燃耐火型线缆，确保安全。

所有用电设备电路都需要设置漏电保护，可以在短路时阻断设备的运转，保护设备和操作人员的安全。

2. 操作间的配电系统宜留有备用发展回路

医院应结合自己短期及长期发展规划，尽可能多地在配电系统中留有备用发展回路。且备用回路的负荷开关大小不小于现有设备负荷开关的大小。

3. 冷冻设备建议采用双路电源供电

操作间内的冷冻设备在条件允许的情况下，建议采用双路电源供电来提高设备的供电等级。立式冰柜类设备建议采用非漏电保护开关，避免电源侧误动作，冰柜断电导致冰柜内食物变质。

4. 配电线路走线避开炉灶等热源

配电线路在设计时，应考虑施工中的走线，尽量采取暗线穿管敷设，如改造项目无法采用暗线穿管敷设，那配电线管应尽量避开燃气灶等热源，避免配电线路老化。

（三）照明、插座及弱电系统设计要点

根据营养配膳中心的特点最好使用防水防尘的油烟型灯具,灯具要采用明亮、不刺眼的日光灯。其中,

冷库和烟罩下面要采用防爆灯，满足特殊环境中灯具对低温或者高温的耐受力。

照明分为基本照明和补充照明，基本照明是指整个厨房都要保持在每个区域的屋顶中心处布置照明，补充照明就是在重点部位补充照明，需要补充照明的有洗涤区、打荷区、切配台、热厨区等，补充照明主要以炊具设备自带的照明系统（如防爆灯）为主，电源由炊具设备统一提供，也可以另外添加灯具，满足照明要求。

1. 采光照度要求

营养配膳中心尽量采用自然采光，如自然采光不能达到使用要求，人工照明应保证工作面不应低于 220lx，其他场所不应低于 110lx。

光源色温应保证不改变食品的天然颜色。

2. 照明线路导线的选择

照明线路导线选择和电缆要有足够强的机械强度，避免因刮风、结冰或施工等原因被拉断；当长期流过电流时不会因为过热而被烧坏；线路末端的电压损失不超过允许值；同时，还要考虑到保护装置与照明线路的配合问题。导线一般可采用铜芯线，照明配电干线和分支线应采用铜芯绝缘导线或电缆，分支线截面不应小于 2.5 mm²。当选择的导线和电缆具有几种规格的截面时，应选择其中较大的一种。

3. 开关的设置

开关作用是接通或断开照明灯具电源。根据安装形式为明装式和暗装式两种。明装式有拉线开关，扳把开关等。暗装式多采用扳把开关。食堂的灯具开关布置应考虑到控制方便，所以一般将其安装在门口顺手侧，采用暗装形式，距地 1.3m。

4. 应急电源的设置

应急电源分两种：一种是自带镍铬电池的灯具，需要单独设置回路；另一种是针对特定设备的预留电源。如可以对冰箱、冷库等设备设置专用的应急电源，要设置足够的预留电量，如果不确定是否外厨用电，可在变电所预留足够的出线回路以备需要。

5. 照明设施卫生要求

安装在食品暴露正上方的明显设施宜使用防护罩并具备防水防尘功能，以防止破裂时玻璃碎片污染食品。

6. 工作台插座要求

工作台面上方根据设备摆放位置，设置足够数量的多功能插座，特殊设备应考虑设置 16A 插座，为保证潮湿环境下安全使用，建议采用防水防淋溅型插座或防护等级为 IP65 的插座箱。

7. 紫外线灯设置要求

紫外线灯（波长 200 ~ 275nm）应按功率不小于 1.5W／m³ 设置，强度大于 70μW/cm²。并且要求分布均匀、吊装高度距离地面 1.8~2.2m，使得人的呼吸带处于有效的照射范围。如操作间高度过高，建议采用移动式紫外线消毒装置。

8. 消防系统设计

为了保证在任意电路发生短路、断路时，都不影响火灾自动报警系统，每个用电系统回路上都要设置短路隔离器；还有感烟探测器，需要在餐厅、走道和楼梯间设置，感温探测器和可燃气体探测器需要设置在厨房操作间内。

9. 综合布线系统设计

办公区域按医院一般办公室预留网络面板，面板上插口数不少于 3 个，通常为医院局域网、因特网及备用，如有条件建议覆盖无线网络系统，方便手持点餐设备数据接入。

10. 重要部位设置视频监控及门禁系统

营养膳食中心的重要部位，如操作间、食品储藏间、餐车存放间等处应设置视频监控系统，且应做到视频监控无死角来保证操作安全，视频系统建议接入医院安保中心。重要部位的出入口应设置门禁系统，避免无关人员进入，造成食品安全隐患。

第五节　运行与维护

设备设施的运行管理必须坚持"安全第一、维修保养相结合"的原则，能及时有效地消除设备运行过程中存在的问题以及不安全因素，确保医院财产和人身安全。

一、餐厨设备维护管理

（1）设备设施使用前需做好员工培训，内容包括设备原理、操作方法、安全注意事项、维护保养知识等，经考验合格后，方可上岗。属特种设备类（国家规定范围）须经专业部门考核，合格后持证上岗。

（2）设备运行与维护坚持实行"专人负责，专人管理"的原则，做好设备的运行、维护、养护记录，保持设备设施清洁。

（3）维修技术人员须每日对所使用机器做好日常保养工作，保持设备的运行状态。对于可能会在生产过程中发生的故障应及时给予排除或暂停使用，保证设备运行安全。如：冷藏、冷冻柜（库）应定期除霜、清洁和维修，校验温度（指示）计。

（4）操作人员要自觉爱护设备，严格遵守操作规程，不得违规操作。

判断厨房设备的运行好坏，在使用过程中操作人员还可简单地凭五官感觉来"看、闻、嗅"。比如，厨房内排烟效果是否良好；有无燃气（油）烟味；燃气、水管路有无跑、冒、漏、滴现象；炉灶设备运行时，是否有红火、回火、离火等现象；机械加工设备运转是否平稳；有无异常声响；制冷效果如何；洗涤设备加热是否正常，盘碟清洗后是否干净无水痕等等。通过以上方法基本能判断出设备运行是否完好、有效，存在问题及时报告技术人员维修。

（5）设备已过正常使用年限或经正常磨损后达不到要求，要及时更新，需要淘汰的设备办理报废手续。

二、燃气表间及泄漏报警装置检修

（1）燃气表间应保持通风良好，表间内应依据面积大小至少设置2处燃气泄漏报警检测探头。

（2）燃气表间应由燃气公司专业人员定期进行检查，一般为一季度或半年1次，检查时应对燃气表进行校准，同时检查阀门、法兰等重点部位是否有气体泄漏。

（3）燃气泄漏报警系统应定期进行巡检，巡检时应注意报警检测探头运转情况，一般探头寿命为3年（依环境不同有所差别），到期应及时更换。报警中控机组应由厂家定期进行核准，系统异常时应及时由专业人员进行修复。

三、排烟管道清洗规定

第一，参照《北京市餐饮经营单位安全生产规定》针对厨房油烟管道清洗的相关规定，营养配膳中心操作间的集烟罩和烟道入口处1m范围内，应当每日进行清洗。中餐操作间的排油烟管道清洗应当每60日至少清洗1次，清洗应当做好记录。

第二，定期的油烟管道清洗内容应包括：烟罩表面、烟罩内的灯罩、排风口、排烟口以及电机、灶台表面。油烟管道清洗清洗的重点是排烟口与烟罩相连处并和烟罩同步平行的排油烟管道清洗。重点对平行油烟管道内部进行彻底清洁。

第三，油烟管道清洗应由专业公司专业人员进行，一般采用的主要方法是专业人员进入油烟管道清洗内部进行清洁。对于排烟口窄小，人工无法进入油烟管道或由于油烟管道本身狭窄、人工触及不到的油烟管道，应利用特殊设备（机器人）进行清洁，并要求清洗公司提供清洁前后管道内的对比照片。

第四，烟罩烟道清洗后应保证 90% 以上可以见到烟道原有的内壁铁皮色，不残留块状顽固油污；排烟风机叶轮应达到表面 90% 以上能够见到底漆，电机底部无沉淀的油污。

四、灭火设施配置

第一，根据《建筑灭火器配置设计规范》（GB 50140—2005）第 3.1.2 条的规定，营养配置中心明火加工操作间的火灾危险级别应为严重危险级，其他操作区域为轻危险级。火灾种类为 A、C 类火灾：固体物质火灾、气体火灾。考虑到在同一灭火器配置场所，宜选用相同类型和操作方法的灭火器。因此宜配置磷酸铵盐干粉灭火器、二氧化碳灭火器或卤代烷灭火器。

第二，灭火器应按防火分区或单元配置。每一单元或每个设置点不少于 2 支，不大于 5 支。具体配置要求应依据《建筑灭火器配置设计规范》设计执行。

第三，根据营养配膳中心建筑工艺及环境设置，手提式灭火器宜设置在灭火器箱内或挂钩、托架上，以防止灭火被水浸渍、受潮、生锈，以及被随意挪动或碰翻。

第四，灭火器位置应在消防平面图中明确标示，应按照《建筑灭火器配置验收及检查规范》（GB 50444—2008）规定编制建筑灭火器配置定位编码表。

第五，营养配置中心内灭火器维修、报废期限应依据《建筑灭火器配置验收及检查规范》要求执行。

第六，明火加工间宜配置灭火毯，灭火毯应设置在显眼且易快速取得的墙壁上或抽屉内，每个操作区宜至少设置 1 块。

五、厨余垃圾处置

厨余垃圾处置分为内部处置及外部处置两部分。

（一）内部处置要求

第一，食品处理区内可能产生废弃物或垃圾的场所均应设有废弃物容器。废弃物容器应与加工用容器有明显的区分标识。

第二，废弃物容器应配有盖子，以坚固及不透水的材料制造，能防止污染食品、食品接触面、水源及地面，防止有害动物的侵入，防止不良气味或污水的溢出，内壁应光滑以便于清洗。专间内的废弃物容器盖子应为非手动开启式。

第三，废弃物应及时清除，清除后的容器应及时清洗，必要时进行消毒。

第四，在加工经营场所外适当地点宜设置结构密闭的废弃物临时集中存放设施，并安装油水隔离池、油水分离器等设施。

（二）外部处置要求

第一，餐饮服务提供者应建立餐厨废弃物处置管理制度，将餐厨废弃物分类放置，做到日产日清。

第二，餐厨废弃物应由经相关部门许可或备案的餐厨废弃物收运、处置单位或个人处理。餐饮服务提供者应与处置单位或个人签订合同，并索取其经营资质证明文件复印件。

第三，餐饮服务提供者应建立餐厨废弃物处置台账，详细记录餐厨废弃物的种类、数量、去向、用途等情况，定期向监管部门报告。

目前，厨余垃圾处理常用方式为集中存放后，外运处置。长远考虑环保、节约，应将厨余垃圾粉碎后，

进行发酵或压缩，发酵后添加不同菌类可成为有机肥料，而压缩后的垃圾体积缩小，再进行废弃物处置
可节省处理费用（按体积收费）。

第六节　工程实例

案例一

台湾某医院设置 1500 张床位，营养配膳中心建筑面积约 1500m²，图 6-5-6 所示为营养配膳中心平
面流程布置，按照功能及清洁要求设置为四个区域：非食品处理区，即办公、生活区；一般作业区，即
贮存、粗加工、洗消；消毒区，即配餐区；标准清洁区，即主、副食加工区。整个布局合理，人流物
流清晰，按照原料进入、原料贮存、粗加工、半成品加工制作、成品配餐供应、餐具洗消的流程，保证
了食品加工处理流程为生进熟出的单一流向。同时满足了原料通道及入口、成品通道及入口、使用后的
餐具回收通道及入口分开设置的规范要求。

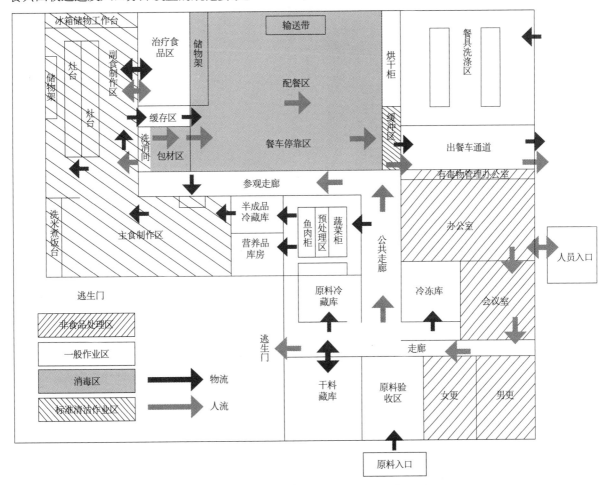

图 6-5-6　某医院营养配膳中心平面流程布置图

案例二

北京某专科医院设置 700 张床位，其营养配膳中心与职工食堂饮食制作区共享使用。膳食制作区位
于住院楼地下一层，建筑面积 750m²，符合建筑面积与床位 1：1 的比例要求。

图 6-5-8 所示为膳食制作区平面布置图，工艺流程设计相对合理，各功能区面积配比及设备配置符
合北京市相关标准，受场地条件限制，冷藏库、冷冻库设在地下二层。

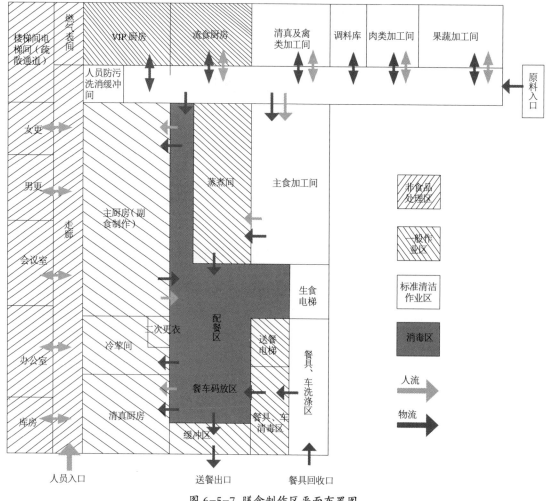

图 6-5-7 膳食制作区平面布置图

参考文献

［1］中华人民共和国住房和城乡建设部 . JGJ 64—89. 饮食建筑设计规范 ［S］. 北京：中国建筑工业出版社，1990.

［2］三级肿瘤医院评审标准实施细则（2011 年版）［M］. 北京：人民卫生出版社，2012.

［3］陆耀庆 . 实用供热空调设计手册（第二版）［M］. 北京：中国建筑工业出版社，2008.

［4］黄仕元，黄强，何少华 . 某高校食堂综合楼给排水工程设计的思考［J］. 给水排水，2011.

［5］杨昭，郁文红，赵海波 . 职工食堂厨房通风空调设计方案比较［J］. 暖通空调，2003.

［6］罗新宇 . 职工食堂火灾原因分析及消防系统设计探讨［J］. 给水排水，2009.

［7］徐国利，宋昊，张卫宏等 . 避免医院营养食堂设计建设失误应注意的四个问题［J］. 医学信息，2005.

第六章

医院消毒供应中心规划与建设

张强　肖伟智　张力攀

张　强　华中科技大学同济医学院附属协和医院副院长

肖伟智　华中科技大学同济医学院附属协和医院基建办公室副主任

张力攀　华中科技大学同济医学院附属协和医院基建办公室科员

第一节　消毒供应中心的现状和发展

一、消毒供应中心现状及发展

（一）消毒供应中心的基本工作内容

消毒供应中心是医院内各种无菌物品的供应单位，它担负着医疗器材的清洗、包装、消毒和供应工作。现代医院供应品种繁多，涉及科室广，使用周转快，每项工作均关系到医疗、教学、科研的质量。如果消毒不彻底会引起全院性的感染，供应物品不完善可影响诊断与治疗，因此做好供应室工作是十分重要的，也是医院工作不可缺少的组成部分。

（二）消毒供应中心在医疗行业的重要性

近年来，随着社会对医院发生院内感染事件的关注，以及病患自我保护意识增强等诸多因素的推动使国家相关管理部门、各相关学术团体以及从事院内感染控制的医务人员面临着严峻的挑战。如何建立一个科学的、适用的，并且有保证的现代化消毒供应中心，已成为摆在各级医疗机构管理者面前的重大课题。随着消毒供应室中心的发展，原国家卫生与计划生育委员会对医院消毒供应中心的三个强制性行业标准也进行了重新修订，该标准于 2016 年 12 月 27 日发布并于 2017 年 6 月 1 日正式实施。"新规范"明确提出对于医院消毒供应中心建设的标准，给各级医疗机构的消毒供应中心的建设和设备的选择做出了规定，它的发布与实施推动了全国所有医疗机构对于消毒供应中心建设的进程。

（三）消毒供应中心的发展

目前，国内医院发展的速度很快，改建和扩建项目很多，而且有大型化、超大型化的发展趋势。消毒供应中心又属于医院的基础功能设施，如果在初期设计与建设的时候，没有充分考虑到以后的发展，将有可能会阻碍医院整体发展进度。而后期的如重复建设、改造和扩建又会大大地提高建设成本，造成不必要的浪费。所以，发展和预留应紧随医院的战略发展方向，避免短期内的重复建设和扩大建设带来的巨大浪费。

二、消毒供应中心的选址与规模

（一）选址

新版《医院消毒供应中心管理规范》明确指出：消毒供应中心应采取集中管理的方式，对所有需要消毒或灭菌后重复使用的诊疗器械、器具和物品由消毒供应中心回收，集中清洗、消毒、灭菌和供应。

目前对此项规定有两种理解，一是医院内只能有一个消毒供应中心，即集中式消毒供应中心，其负担全院所有的消毒供应工作。这种方式多出现在 1500 张床位数以下，日平均手术量不超过 100 台的大中型医院。它的优势一是管理统一、质量易控制、投资集中合理，劣势是时效性不强、对从业人员综合技能要求较高、管理项目繁重；二是医院可有一个以上的消毒供应室，即分散式消毒供应室。这种形式多出现于超大型医院，其优势是质量控制准确、时效性强、操作专业、成本核算准确，弊端是对管理模式及水平要求较高、投资分散、占用更多的科室面积。特别是一个科学合理的位置选择，将会使消毒供应中心的工作变得更合理、更顺畅、更安全和更具有时效性。

无论采用哪种建设模式，医院消毒供应中心的位置选择与建设应遵循以下原则。

1. 临近主要或最重要的使用科室

如中心手术室、手术室、产房和主要临床科室，也就是消毒供应中心临近最大工作量或最主要供应的相关科室。从实际工作中可以得知，消毒供应中心 60% 以上工作的服务对象是手术室，所以在采用集中式供应的医院，将消毒供应中心建设在临近手术室的位置，如同层或上、下层最为合理。如果不能相邻设置，也可以采用专用通道，如直通货梯。设置直达通道时应严格区分污染通道和清洁通道，并尽量在各通道连接处设置前室缓冲间，以形成区域屏障，使区域保持相对隔离。这里需要强调和关注的是，在前期的选址规划时，一定要充分考虑到医院今后整体的发展，以及周边环境与科室的变更。避免造成只符合目前或近期需求的情况。医院消毒供应中心建成后，至少在一个相当长的时期内不做变动。任何的改动和搬迁都会影响到整个医院的医疗工作，造成不必要的巨大浪费。

主要目的：使用专用通道或减少运输距离，最大限度地降低相互污染发生的可能。

2. 不宜建在地下室或半地下室

我国地域广阔，各地的气候水文情况差异很大，地下室与半地下室都很难做到控制好消毒供应中心的内环境，使其符合对所处理和生产物品的环境要求。另外，消毒供应中心使用的清洗介质都是水，这对给排水提出了很高的要求。地下室与半地下室在这两个方面都很难做到尽善尽美。特别是排水，一旦出现问题将会给整个消毒供应中心带来很大的危害，甚至使其无法工作。

主要目的：确保内环境质量，达到相应的工作条件。

3. 所在位置周围环境

医院消毒供应中心所在位置的周围应环境清洁，无污染源、水源等。医疗废弃物的处理应遵守相应的法律法规，废水应通过独立排放管道进入医院的污水处理系统。所属区域应做到与外界环境相对隔绝或独立。长期以来，大多数医院对消毒供应中心的重要性认识不够，认为其不能为医院带来任何经济效益，是个投入多无产出的边缘科室。所以，在位置的选择上也采取边缘化的做法，甚至是随便找个废弃边缘建筑随意设置。这样的周边环境，根本无法达到与消毒供应中心相适应的要求，更无法保证工作质量。所以，医院消毒供应中心建设初期的选址极其重要，它关系到今后是否能够保质保量地完成其担负的功能职责，保障医疗诊治工作的安全。

主要目的：确保内环境的安全，减少交叉污染发生的可能，确保工作人员及所处理、供给的物品安全。

（二）建设规模面积

消毒供应中心所需建造的实际面积，首先应符合本医疗机构的自身特点，并综合考虑地域发展及医院具体情况，如医院性质、科室设置、实际收治人数、手术量、门诊量等因素。应做到既能确保医院正常工作的有序进行，并能最大限度地满足所用设备及所属人员的基本使用需求。

目前通常的计算方法是：医院总收治住院人数乘以一个预定的系数（目前多采用 0.6~1.0）。

但此方法也存在一些弊端，那就是当医院总收治人数少于 200 人时，其计算得出的面积是无法满足实际工作使用面积的。参照实际建造的情况与设计的案例，推荐最小面积不得小于 $200m^2$。

各区域所占面积的比例也是设计初期应周全考虑的重点因素，因其会直接影响后期消毒供应中心日常工作的流畅性与适用性。依实际应用与建造实例来看，推荐较为合理的各区所占总面积的比例为：

工作区域为 60%~65%，辅助区域为 25%~30%，仓储为 10%，去污区占工作区域面积的比例为 25%~30%，视其清洗操作的自动化程度来具体实施。

检查包装及灭菌区占工作区域面积的比例为 40%~45%。因为消毒供应中心大部分工作内容是在这个区域内完成的，又基本上是手工操作，所需人员较多，工作设备与器具较多。因此，拥有足够的摆放与活动面积，是保障工作流程和质量的前提。

无菌物品存放区占工作区域面积的比例为 25%~35%。考虑所占面积比例跨度比较大的原因是，很多手术部都有自己的无菌物品缓冲二级库，意在便于及时快速地为其提供相应的服务。在这种情况下，消毒供应中心的无菌物品存储任务就会变得比较小，所以不需要很大的使用面积。

主要目的：实用、适用。避免建设过大，造成不必要的浪费；也不会因为面积的不足，无法满足医院日常工作的需求。

第二节 消毒供应中心的相关规范

一、温度、湿度、换气次数的要求

消毒供应中心工作区域的环境将直接影响到所生产物品的安全及工作人员的安全、健康，因此在新的《医院消毒供应中心管理规范》中，对三个区域的温度、湿度、换气次数以及气流压差做了明确的规定，详见表6-6-1。

表6-6-1 工作区域温度、相对温度及机械通风换气次数要求

工作区域	温度（℃）	湿度（%）	换气次数（次/小时）
去污区	16~21	30~60	≥ 10
检查、包装及灭菌区	20~23	30~60	≥ 10
无菌物品存放区	< 24	< 70	4~10

二、各区域气流组织的要求

（一）去污区

去污区属于污染区，因此需保证该区域整体处于相对负压的状态。内部总的气流方向应是上送下回，因为在去污区内部对空气、气流的控制，主要是为防范水蒸气及气溶胶在空气中的上升与悬浮，在去污区内部制造自上而下的空气流向，可以有效地防止因水蒸气和气溶胶的上升与悬浮，对内部工作人员造成的吸入性伤害。特别是应在危险物品处理区和手工清洗区上部加设出风口，使新鲜洁净的空气由上向下输送，并将有害的水蒸气和气溶胶随气流带走，使其达不到与附近的操作人员接触的高度。在有条件的情况下，建议可以在接近于操作面的水平方向，采用正压水平风幕或负压水平风幕，用以实现双向对有害气体的气流导向控制，达到保护操作人员的目的。

（二）检查、包装及灭菌区

在检查、包装及灭菌区，也应该有不同的气压和空气流向的考虑。总的内部空气流向也应遵循自上而下的原则。就目前的医院建设现状来看，几乎所有建筑物的进风和排风通道都在房屋内部的顶部，即上送上回。其弊端主要体现在两个方面。

第一，因空气回流会带起地面或下部空间的大量尘埃和有害气体，使其达到能与人体接触到的高度，从而致使环境内部的人员暴露于危害之中。

第二，当进风风量不足时，使洁净的空气无法到达所在空间的底部环境，而使空间底部的环境达不到净化的目的。所以，在有洁净度要求和存在空气污染的环境中，采用自上而下的空气流向方式是非常必要的，意在最大限度地减少因空气回流带起的飞絮与尘埃对清洁物品造成的二次污染。

特别是在相对独立的敷料制作间，应制造相对检查包装及灭菌区内环境的相对负压，用以防止飞絮飞入工作区域内对器械的污染。如有独立的低温灭菌间，也应该考虑将该区域调整为相对检查包装及灭菌区内环境的相对负压，用来防止因要害气体残留或操作不当对外界工作环境的污染和对工作人员的伤害。

（三）无菌物品存放区

无菌物品存放区相对比较简单，除做到规范中所要求的规定之外，建议也采用自上而下的空气流向方式，并保持相对微正压，使外界不洁净的空气无法进入该区域，从而达到提供良好、稳定的无菌物品存放环境的目的。

（四）辅助区及仓储区

辅助区域及仓储区域整体采用常压空气即可。

三、照明要求

（一）照明系统选用的基本原则

尽量采用自然光源。优点是不但能保护工作人员的正常视力，还能提高各区域内工作人员心理愉悦的指数。

（二）照明补偿

新版规范中对工作区域的照明补偿有非常详细的规定。限制最低照度是为了能够保障正常的工作进行。限制最高照度，是为了减少或消除各区域内工作人员的疲劳感，降低或杜绝人为错误，详见表6-6-2。

表6-6-2 工作区域照度要求

工作面	最低照度（lx）	平均照度（lx）	最高照度（lx）
普通检查	500	750	1000
精细检查	1000	1500	2000
清洗池	500	750	1000
普通工作区	200	300	500
无菌物品存放区	200	300	500

首先，建议整个工作区域选用无闪烁的冷光源，不但节省能源，而且不会因设置过多照明点而造成局部的温度变化和光污染。特别是照明补偿部分，如手工清洗区照明补偿光源、检查打包台上增设的照明补偿光源，敷料检查制作台的背光补偿光源，检查放大镜上的照明补偿光源等。由于这几处都是工作人员长时间工作的小环境，处在这种光照环境下，如果光源选用不当，很容易造成眼疲劳，甚至产生眩晕感。这不仅会降低工作效率，甚至会出现工作失误，造成严重后果。

其次，顶部照明补偿系统，也可以选用亮度良好并且适合的白炽灯光源。最好是带有漫反射遮光罩，减少因亮度过大给工作人员造成的视觉盲点，并可以使照度均匀分布。除此之外，还应考虑顶部照明光源带有防尘罩或集尘罩，减少落灰积尘的可能，保持内部空气质量及洁净度良好。

第三节　建筑设计

一、平面布局

（一）工作区域

在进行布局前，先需了解消毒供应中心各个区域的工作要求及关系，新的《医院消毒供应中心管理规范》（WS 310.1）明确地给出了工作区域内三个功能区域的定义。

去污区：消毒供应中心内对重复使用的诊疗器械、器具和物品进行回收、分类、清洗、消毒（包括运送器具的清洗消毒等）的区域，为污染区域。

检查包装及灭菌区：消毒供应中心内对去污后的诊疗器械、器具和物品，进行检查、装配、包装及灭菌（包括敷料制作等）的区域，为清洁区域。

无菌物品存放区：消毒供应中心内部存放、保管、发放无菌物品的区域，为清洁区域。

在明确相关定义和工作内容后，再将各区域细分。

1.去污区

回收区、危险物品处理区、手工清洗区、分拣装载区、自动机械清洗区、回收间、缓冲间、制水间、洁具间、杂物间、推车清洗间。

2.检查、包装及灭菌区

机械清洗卸载区、器械检查区、配包及包装区、低温灭菌物品包装区、灭菌器装载区、敷料制备间、低温灭菌间、缓冲间、封闭洁具间、设备间。

3.无菌物品存放间

灭菌物品卸载区、降温区、高温灭菌物品存放区、低温灭菌物品存放区、一次性物品存放区、记录区、发放区、发放间、推车存放间。

（二）辅助区域

辅助区包括办公区、生活区。

办公区包括护士长办公室、办公室、会议室、资料室、值班室。生活区包括更衣室、休息室、卫浴间、会客间。

（三）仓储区域

仓储区包括一次性物品库房、缓冲区。

一次性物品库房包括货架式存放区、堆砌式存放区、特殊物品存放。缓冲区包括拆包区、传送区。

以上内容除基本结构及国家规范中明确强调应该有的外，其他各项可根据实际情况予以实施。

（四）布局原则

良好科学的布局是保障流程和安全的基本前提。目前，消毒供应中心布局设计通常遵循的是同侧原则，即相同或者相关联的功能区域设计在相同方向。工作区域和辅助区域之间，利用空间屏障、气流屏障或实物屏障相互独立隔绝，并在流程布局上力求做到最大限度地减少传输距离，降低交叉污染发生的可能，降低工作人员劳动强度，并以此来保证流程的通畅与无断点。各区域总体布局应力求紧凑、经济、合理和适用。同层设计比较合理，可以使人员活动路线和物品传输路径科学分布。目前也有使用跃层设计的，但使用较少，因其对所在区域及建筑物的结构要求较高，并需占用更大的面积。优势是可以较方便地将工作区域和辅助区域分开，有效地保障工作区域的完整性。

（五）基本结构

完整的结构构成决定了消毒供应中心是否能够完全地完成其承担的功能职责，明确的功能区域划分即是保证。它向使用科室供应的所有物品，都能达到与之相应的使用标准。更为重要的是在明确了各功能区域及其承担的工作内容后，就可以采取与之相适合的安全防范措施，从而最大限度地保护在其工作空间工作的每个操作人员的职业安全。

二、设备配置

（一）空调配置

可以看出，消毒供应中心对内环境的控制较为严格，因此其空调系统不可与公共中央空调并用，建议选用独立的空调系统。

首先，公共中央空调系统的开放是有季节性的，一年中有两个季节停止使用（在北方一些地区，甚至只开放一季）。这样无法使消毒供应中心内环境保持常年稳定。任何一家医院也不会因为消毒供应中心的需要而全年开启整个中央空调系统，这对能源是造成极大的浪费，也违背了国家推行的绿色建筑政策。

其次，与整个建筑物使用同一中央空调系统，会导致共同使用送风和排风管道。医院消毒供应中心本身就是一个需要避免造成交叉感染的重点部门，既要能够做到去污区防止污染外部环境，还要控制检查包装及灭菌区及无菌物品存放区不被外界环境污染。从新的消毒技术规范对气流和压差的要求就可以明确地看出这一点。因此，共用排风与送风管道显然是达不到规范与院感控制要求的。即消毒供应中心在空调系统上需做到独立冷热源及独立风系统，这样才能保证消毒供应中心全年更加稳定地运行。

（二）洗消设备配置

在新的消毒技术规范中，非常明确地规定消毒供应中心应配备的各种设备，以重要性、必须性、互补性以及可替代性等相应原则，并用应、宜、可的级别明确界定出了各类设备的配置原则。应：为强制性的要求条款，无选择必须遵守的。宜：必须配置，可选择。可：推荐配置，见表6-6-3。

表6-6-3 设备配置表

区域	去污区	检查、包装灭菌区	无菌物品存放区
应配制	污物回收器具、分类台、手工清洗池、压力水枪、压力气枪、超声清洗装置、干燥设备、相应清洗用品	压力蒸汽灭菌器 带光源放大镜 器械检查台 包装器械柜 包装材料切割机 医用热封机	无菌物品存放设施 无菌物品运送器
宜配制	全自动清洗消毒器运输工具 清洗设施	灭菌蒸汽发生器 干热灭菌装置 低温灭菌装置	运输工具清洗设施
可配制	内镜清洗设备 温湿度检测装置 压差监测装置	温湿度检测装置 压差监测装置	温湿度检测装置 压差监测装置

但是随着消毒供应中心工作内容的不断增加，对设备的使用和依赖越来越大，仅仅只配置上述设备已不能满足其所负担的工作，所以，良好和具有前瞻性的设备配置，是消毒供应中心能否满足医院目前及将来发展需要的前提条件，也是消毒供应中心是否能够支撑医院对感染防控要求的重要保障。

根据经验，消毒供应中心的配置设备应满足以下几个方面的要求。

1. 符合规范中的基本要求

新的消毒技术规范非常明细地规定出了必配和可选配的设备种类，但它仅仅是只能满足开展基本工作的要求，这是最低标准。这样，显然不能满足医院的需求和发展需要。

2. 满足医院现有需求

符合医院现有需求也就是指能够满足医院正常开展日常诊治工作的需求。其主要参数指标有：医院的规模、医院的类型、日门诊量、实际收治的患者数量、日手术量、手术类型等。

3. 符合医院发展的需要

预留发展有两种形式可供医院选择，首先是空间预留，即在设计规划初期，就将今后有可能需要添置的大型设备的安装空间提前规划出来。例如，双门通道式全自动热力喷淋清洗消毒机、双门通道式压力蒸汽灭菌器等。这样做的优点是项目初期投资较低，弊端是增加了消毒供应中心的占地面积，特别是在后期添置设备安装时，会影响消毒供应中心的正常工作，甚至会使其停止工作，严重的会影响医院的日常诊疗工作。

其次是适当增加目前设备的购置数量或提高设备的技术参数指标。例如，增加清洗机和灭菌器的购买数量，或者是加大有效装载容积。这样做的优点是在后期医院发展的过程中，不必再对消毒供应中心进行大的投资和改造，也不会影响医院的日常诊疗工作；弊端是在短期内会增加购置和建设成本，同时会造成一定的资源浪费。

将这两种方法进行比较，结合实际项目方案实施情况，目前较多采用的是空间预留的方法。

4. 经济适用、实用

在挑选主要及辅助设备时，一定要结合医院的自身特点和能力，将有限的资金用在重要和优先考虑的设备上。例如，保障人员安全、保证清洗质量、保证灭菌质量等的设备。

5. 主要设备要有备份

目前，在中小型医院及民营医院较为常见的现象是主要设备配置不合理。造成这种状况的主要原因是对消毒供应中心的认识和理解还不够透彻，以及医院的投资方向不准等，但这又是能保障医院开展日常诊治工作的重要保证。如果前期忽略了这一点，特别是灭菌设备，一旦出现了设备异常情况，消毒供应中心就无法向临床科室提供合格的无菌物品，势必给医院带来经济损失，甚至会伤害到患者利益。

6. 大小搭配互补

在设备配置过程中，"大小搭配互补"也是经常被忽略的方面。"大小搭配互补"的主要目的在于经济、合理地使用现有设备，进而做到最大限度地节约有限资源，减少浪费。

在实际工作中，并不是每一次的清洗量与灭菌量都很大、很小或者是恒定。消毒供应中心配备的很多设备都对装载量有着明确的要求，例如全自动热力喷淋清洗消毒机虽然没有最小装载量的要求，但有着最大装载量的要求，如果一旦超出了允许的最大装载量，就会严重影响到清洗质量，造成重复清洗，影响到灭菌效果。对于灭菌器来说，要求更为严格，不但有最大装载量的要求，还有最小装载量的要求。所以"大小搭配互补"的原则，是设备配置初期医院或方案提供方一定要注意的问题。

7. 工作流程顺畅

这一点主要是为了保障工作流程的单向性，也就是在主要的工作流程上，不会产生交叉和折返的情况。这也体现在设备选择的合理性和先进性方面。例如，干燥柜、清洗机以及灭菌器等用以实现物理屏障的此类设备。有条件使用和购买双门通道式设备时，就不要使用和购买单门设备。

第四节 施工规范要求

一、安装部分

（一）电力系统

大型设备、有特殊要求的设备使用独立带保护的电源，且建议采用双电源回路，以保证设备在运行过程中处于不间断的状态。检修间内的维修灯采用防爆灯具。用水或有水的房间灯具采用防水灯。各功能区域内的电源插座采用防水安全型插座。

（二）给排水系统

消毒供应中心所使用水的种类较多，有些温度较高，有些具有一定的腐蚀性，所以在各个部位不同管道材质的选择很关键。

冷、热水管路由室内预留总管接出，采用不锈钢管和 PPR 管焊接。灭菌器等设备排水管，因排出的水温度很高，所以应设立单独的排放管路，建议采用耐高温的镀锌钢管。

在去污区内的手工清洗工作站，因其处理物品方式的特殊性，所以建议每个清洗槽均应配备冷水、热水、软水、酸碱水专设管道，以及压力气枪、压力水枪装置。

生活区淋浴间均应有冷热水设施；所有缓冲间均应设感应式酸碱水设施（冷、热水）及配备干手机。

（三）通风空调系统

空调水管及风管要注意在施工过程中除了保证最基本的无泄漏外，一定要做好保温处理，否则易形成冷凝水，进而影响整体环境。

（四）蒸汽系统

消毒供应中心对器械进行高温消毒主要采用的是高温高压蒸汽，蒸汽在消毒过程中形成的冷凝水的温度仍然较高，不能直接排入主体排水系统中，需经过降温池降温后方可排出。

蒸汽管道按照相关规范必须设置安全阀和压力表，安全阀和压力表的日常巡视检修工作尤为重要，因此，安全阀和压力表应安装在相关工作人员易于观察和操作的位置。

二、装修部分

（一）墙面

建议墙面采用 50 系列净化彩钢板，面层钢板厚度应达到 0.426mm，并且具有耐生锈、耐擦洗、防火、隔音保温等基本特性。原材料均应符合国家标准的原厂生产加工的成品。特别是在所有接缝处，应采用抗老化的耐火胶密封拼缝，使墙面、吊顶处于气密状态。目前工程上使用的彩钢板种类较多，大致包括：岩棉板、聚苯乙烯板、聚氨酯板和酚醛泡沫板等。

以上几种材料各有优劣，在初期选择时就应对其进行认真比较。下面就这几种材料予以简单介绍。

（1）岩棉板。内夹层采用岩棉材料，采用板与板之间插接方式连接，其特点是阻燃性好、耐高温，通常用于防火要求较高的区域。其弊端是切割时容易产生大量丝絮，对环境和施工人员会造成一定的伤害，而且吸水后易变形。因此保护其外观完整性非常重要，尽量减少开孔、开洞，如需开孔，四周应妥善进行密封。

（2）聚苯乙烯板与聚氨酯板。这两种新材料本身不防火，并且燃烧后易产生有毒气体，所以不建议使用。

（3）酚醛泡沫板。一种不燃、阻燃且低烟的新型保温材料，它由酚醛树脂加入阻燃剂、抑烟剂、发泡剂、固化剂及其他助剂制成的闭孔硬质泡沫塑料。它最突出的特点是不燃烧、低烟且抗高温歧变。这种新型材料不仅克服了原有泡沫塑料型保温材料易燃、多烟、遇热变形的缺点，而且保留了原有泡沫塑料型保温材料质轻、施工方便等特点。

通过对以上几种常见材料的比较，建议施工中使用岩棉板或酚醛泡沫板。

（二）地面

建议地面材质使用 2mm 厚 PVC 卷材地板，并要求耐磨等级为 P 级。好处是防碘酒侵蚀、血迹可擦洗、防火防静电、耐磨等特性。对于施工方面也具有接缝少、易施工、颜色选择多等优势。

PVC 地板一般分为同质透心及多层式两种，两种产品均有高阻燃性、色彩亮丽、质量保证、可翻新性等优点，用户可根据其对地板的具体要求进行选择。

（三）设备内、外装扣板

灭菌器和全自动清洗机等屏障设备的隔断材料，建议采用与设备面板一致的不锈钢板。

（四）阴、阳角的处理

在新的消毒技术规范中，对墙体阴、阳角的处理有着明确的要求，但对材料的选用没有明确要求，目前市面上较为常见的材料有陶瓷、木质、塑料和金属几大类。结合整体材料的选取，建议工作区域的各功能区内，所有 90° 阴、阳角采用彩钢板专用铝合金型材形成过渡。此材料大致分为喷塑或电泳的两种。喷塑的防静电且与板材颜色相近，较为美观；电泳的有耐酸碱、抗污染、延缓铝型材老化、光泽鲜明和不易褪色等特点。在施工选用时应区分对待，加以选择。

（五）吊顶

吊顶内部存在着很多设备和管线。考虑到日后的维修和检查，建议此部分材料应采用 50 系列彩钢板。

（六）门窗

建议门均采用与墙体同质材料，并配套电泳铝型材制作。应考虑的是各处门的尺寸问题，充分考虑工作人员、运输设备、转运推车等的使用宽度和距离，避免造成后期工作的麻烦。建议窗体采用专用铝合金窗料制作，达到统一、美观、方便使用的目的。

第五节 评审验收标准

消毒供应室是医院供应各种无菌器械、敷料、用品的重要科室。其工作质量直接影响医疗护理质量和病人安危。现国家还未对消毒供应中心验收实施一个明确的标准，在此提供一个验收标准以供参考，见表 6-6-4。

表 6-6-4 验收要求及标准

标准	标准分	评审要点	评审方法
一、建筑要求	25	1. 周围环境无垃圾集中地、公厕、煤堆等。有一个污染源扣 2 分； 2. 位置不合理扣 1 分；露天运送扣 1 分	实地察看
（一）地理位置及环境要求	5		
1. 周围环境清洁、无污染源	3		
2. 位置距临床科室的距离合理，方便下收下送，并尽量避免露天运送	2		
（二）使用面积要求	5	总面积小于要求 10% 扣 1 分；总面积小于要求 20%～30% 扣 3 分；总面积小于要求 50% 扣 5 分	实地测量
消毒供应中心（室）应有相应的面积，其使用总面积与床位之比为 0.8：1～1.0：1			
（三）内部建筑、布局及流程	15	1～3 项中一项不达标扣 2 分 4～8 项中一项不达标扣 3 分	实地察看
1. 光线充足、通风良好			
2. 墙壁及天花板光滑无裂隙，无尘，地面光滑易清洗消毒			
3. 无菌间内不得有下水道			
4. 污染区、清洁区、无菌区划分明确，并有实际的屏障，标志明显			
5. 人、物分流，工作区与生活辅助区分开			
6. 有无菌、清洁、污染物品通道或窗口			
7. 物流路径由污到洁，强制通过，不得交叉逆行			
8. 集中式供应中心（室）有与手术室相通的专用电梯或专用密闭运送工具			

表 6-6-4 验收要求及标准（续）

标准	标准分	评审要点	评审方法
二、设备配置	20		
1. 流动冷热水装置；蒸馏水或纯化水及饱和蒸汽供应装置		1~7 项为供应中心（室）基本设备；8~10 项为三级医院配置，或有相应的替代设备或途径，满足临床物品灭菌需求，缺一项扣 2 分	实地察看
2. 基本清洗装置；烘干设备			
3. 压力蒸汽灭菌、干热灭菌设备			
4. 操作台；无菌物品储存设施；封闭式下送车、回收车			
5. 工作人员防护设备			
6. 工作人员洗手设备			
7. 空气消毒设备、通风降温设备			
8. 气体灭菌设备；压缩空气供应装置			
9. 自动清洗消毒机；超声清洗机；导管清洗及车辆清洗设备			
10. 空气净化设备；温度、湿度调节及监控设备			
三、人员配备	8	1. 人员总数：三级医院达到 1.5：100 ~ 2：100；二级医院 2：100 ~ 3：100；不达标扣 3 分	查阅相关证书和记录
1. 人员与床位之比为 1.5：100 ~ 3：100，包括注册护士、消毒员、卫生员，其中注册护士数占总人数 30% ~ 50%		2. 分散式供应中心（室）：护士数量占总人数的 30% ~ 50%；集中式供应中心（室）：50%，不达标扣 2 分	
2. 护士长具有实际临床工作经历，具备大专以上学历或主管护师以上职称		各类人员在患有传染病期间，不得从事供应室工作。未做到扣 2 分；未定期体检扣 1 分	
3. 工作人员身体健康，定期进行体检			
四、综合管理	17	1. 护理管理组织运行图中体现隶属关系，并设专职护士长	
（一）管理体制	2	2. 供应室有护理部查房、召开协调会议或其他形式监督指导的记录，每季度或半年 1 次。水、电、气供应有保障，各部门能协调解决	查看资料实地察看
1. 在护理部垂直管理体系内，实行护士长负责制	0.5		
2. 护理部定期进行业务指导和工作质量监督	0.5		
3. 设备、采购、总务等后勤保障部门及时解决问题	1		

表 6-6-4 验收要求及标准（续）

标准	标准分	评审要点	评审方法
（二）管理制度	5	缺一项扣1分，扣完为止	查看资料
1. 消毒供应室工作制度			
2. 消毒供应中心（室）人员职责			
3. 医院感染管理制度			
4. 医院感染管理监测制度			
5. 工作人员自身防护制度			
6. 环氧乙烷灭菌器安全管理制度			
7. 一次性使用无菌医疗用品管理制度			
8. 库房管理制度			
9. 查对制度			
10. 清洁卫生制度			
11. 工作人员考评制度			
（三）业务技术管理	10	1. 技术操作常规具有先进性和可操作性 2. 科室业务学习每月一次 3. 三级医院护士长参加省级以上培训，二级（包括二级）以下医院参加市级以上培训 4. 护士参加业务学习及培训 5. 消毒员应必须持有压力容器操作上岗证和消毒供应室相关知识培训合格证书各类人员考核有记录	查看记录 现场考核
1. 具备各岗位技术操作规程	1		
2. 各级人员熟练掌握操作程序	1		
3. 护士长必须经过省市级以上供应室专业业务培训	2		
4. 护理人员有专业培训和继续教育	2		
5. 消毒员应经过省市级专业培训，持证上岗，并参加相关专业知识的教育	3		
6. 定期对各类人员进行业务考核	1		
五、质量管理	30	1. 洁、污不分扣1分 2. 物品去污应有分类、浸泡、清洗（酶洗）、自来水漂洗、去离子水漂洗及干燥6个步骤，非一次性使用的注射器、输液器等须有去污、去热原、去洗涤剂、精洗4个步骤，少一个步骤扣1分；一项不达标扣1分；清洗消毒不合要求扣2分 3. 消毒液、酶浓度达到要求	抽样检查 现场提问 实地察看
（一）物品回收处理质量管理	7		
1. 收、送物品时污、洁分开，回收物品有专用密闭容器，分类放置	2		
2. 清洗处理各类物品过程符合有关规定的标准步骤	3		
3. 消毒液和酶浓度比例达标，按规定及时更换	1		
4. 车辆每日或污染后用蒸汽枪冲洗或清洗后用消毒液擦拭	1		

表 6-6-4 验收要求及标准（续）

标准	标准分	评审要点	评审方法
（二）处理后质量标准	5	一项不达标扣 1 分	抽样检查 实地察看
1. 物品（器械）洗涤后光亮无锈、无污迹	1		
2. 穿刺针配套，针尖锐利无钩、针梗通畅无弯曲	1		
3. 玻璃制品清晰、透明，不挂水珠，无裂痕	1		
4. 橡胶制品不粘连、不变形	1		
5. 金属容器清洁严密，无锈无漏	1		
（三）包装质量标准	5	一项不达标扣 1 分	抽样检查 实地察看
1. 棉质包布双层、清洁平整无破损；重复使用的包装材料一用一洗；其他包装材料应证照齐全			
2. 治疗包内物品齐全、配置适用、摆放合理、标记清楚			
3. 物品包装松紧适宜、大小及重量符合规范			
4. 按消毒技术规范要求放置指示卡及指示胶带			
（四）无菌物品质量管理	6	1. 载容量或摆放不合要求扣 1 分 2. 消毒人员操作时穿戴不合要求扣 1 分；带筛孔容器未及时关启扣 2 分 3. 无菌包标识一项不符合要求扣 1 分；缺一项扣 0.5 分 4. 灭菌物品合格率不达标扣 2 分；未定期抽检扣分 5. 物架摆放不符合要求扣 1 分；无菌物品排列不合理扣 1 分 6. 无菌间不定期消毒扣 1 分；无专人管理扣 1 分；不按规定着装扣 1 分 7. 一次性无菌物品在无菌区存放不合要求扣 2 分	抽样检查 实地察看
1. 物品灭菌时装载量、摆放方法符合标准			
2. 灭菌物品取出时操作方法符合规范			
3. 灭菌标志明显、清楚			
4. 灭菌物品合格率 100%，定期抽样无菌监测			
5. 无菌物品存放符合无菌物品规范要求			
6. 无菌间定期消毒，有专人管理，按规定着装			
7. 一次性使用无菌物品管理符合有关部门规定			
（五）灭菌效能监测	5	一项不达标扣 1 分	查看记录 样本抽查
1. 每个灭菌周期需进行工艺监测			
2. 每个灭菌周期需进行化学监测			
3. 脉动真空压力灭菌器 B-D 试验需每日 1 次			
4. 生物监测至少每月 1 次			
5. 新锅或检修后生物监测合格方可进行灭菌			
（六）环境卫生学监测	2	按规定完成各项监测项目，记录保存完好，一项不达标扣 0.5 分	查看记录 样本抽查
定期进行空气培养			
定期进行物体表面培养			
定期进行工作人员手培养			
定期进行化学灭菌剂生物监测			

第七章

医院洗衣房规划与建设

邢尚民　高学勇

作者简介

邢尚民　《中外洗衣》杂志社执行主编

高学勇　《中外洗衣》杂志社编辑部主任

第一节　概述

一、医院洗衣房

对比我国医疗卫生事业的发展和医疗水平的提高，医疗后勤洗涤服务的滞后所显现的矛盾越来越突出。尤其是在经历了"非典"和"禽流感"，卫生行政主管部门和民众从公共医疗卫生体系的健全和健康保护的角度都对医疗机构提出了更高的要求。医疗布草（或称医用被服或医用织品）属于医院内流通的具有公用性质的物品，其清洁洗涤效果及安全卫生问题也越来越多地引起了各方关注和重视。

医院洗衣房主要负责医疗布草（医院及其他医疗卫生机构可重复使用的织物，包括病号服、床单、被套、手术布巾、医务人员工作服等）的洗涤、熨烫及更换工作。虽然不与病人直接接触，但洗涤质量的好与坏，却直接影响到医院的医疗安全与声誉。

洗衣房是医院的一个部门，其工作运转是否正常，离不开其他部门的大力支持。在日常的工作中，要经常与病房、各个科室及时沟通，确定布草、工作服的送洗周期及时间，不能因布草的洗涤质量和交货时间而影响医院的正常运作。

在一定阶段、一定范围和程度上，医疗布草洗涤社会化是解决医院后勤运行高成本、低效率、低质量的途径之一。因此，在过去的十年里，随着医院后勤社会化的推进，一部分医院选择了将洗涤业务外包给社会洗衣厂，但出于卫生保障等方面的考虑，很多医院仍建有洗衣房，提供医疗布草洗涤的后勤保障工作。

虽然目前采取洗涤业务外包的医院越来越多，但我们也应看到有些社会洗衣厂的洗涤质量并没有获得医院认可。这些社会洗衣厂在洗涤流程、洗涤质量、消毒灭菌等多方面都存在或多或少的问题。这也是有些医院仍保留洗衣房以及一些新建或扩建的医院仍在选择自建洗衣房的原因所在。

不管采用何种方式，医疗布草洗涤是医院后勤保障的重要环节，尤其是在社会洗衣厂激烈竞争中所导致的不规范操作，更应引起医院负责人的高度重视。

二、医院洗衣房的组成

（一）医院洗衣房主要构成

1. 洗涤车间

放置洗涤机械设备，进行洗涤、脱水、烘干、烫平、折叠、堆码、打包等操作。

2. 辅助用房

包括办公用房、生活用房（卫生间、更衣室、淋浴间等）、储藏室（纺织品、洗涤耗材仓库）、维修间、锅炉房、水处理间、配电室、医疗废物暂存处、集中供应医用压缩空气等，其中有些是与医院共用的，如淋浴间、锅炉房、水处理间等。

3. 手术室独立的净化车间

进行手术衣、手术盖单等（可阻水、阻菌、透气，可穿戴、可折叠的具有双向防护功能的符合手术器械分类目录的感染控制器械，不含普通医用纺织品）清洗、消毒、干燥、检查、折叠、包装、灭菌、储存、发放流水线，建筑面积不少于 2000m²。主要设备包括污物分类回收器具、检针器、扫码设备；机械清洗消毒设备：隔离式洗衣机［根据业务量选用单机或隧道（长龙）洗衣机］、清洁剂自动分配器、车辆及运输容器的消洗消毒设备；干燥机：洁净干衣机（带空气过滤装置）、隧道式整烫机等；检查折叠包装设备：手术衣立体光检机、带光源的敷料检查光桌、手术衣自动折叠机、打包台、追溯系统、打捆机、封口机、转运工具等；灭菌设备：压力蒸汽灭菌器、洁净蒸汽发生器等基本灭菌设备；储存、发放设施：应当配备无菌物品存放设施及洁净密闭运送车及器具等。

（二）医院洗衣房主要设备

医院洗衣房主要设备包括：洗脱机（或卫生隔离式洗脱机或洗衣龙）、烘干机、干衣龙、烫平机、折叠机、服装折叠机、空压机、软水设备等，辅助设备包括服装熨烫机、烫台、干洗机等，但后者不是常备设备。下面，着重介绍一下常用的几种设备。

1. 洗涤脱水机（洗脱机）

衣物在有一定温度并加有一定水和洗涤剂的滚筒内翻动和相互摩擦达到洗净的目的。洗后用清水漂洗，最后进行脱水。洗脱机的容量按一次洗涤物的重量计算。一次洗净时间 50 ~ 70min。从节能和节水的角度考虑，洗脱机的选型一般要优先选择高脱水力（300G 乃至 400G）和带双排水的机器。如果业务量大，还要考虑自卸料功能。洗脱机使用寿命一般为 15 ~ 20 年（以每天工作 8h 计）。

2. 卫生隔离式洗衣机

卫生隔离式洗衣机的理念是将洗衣房分成了污物区和洁净区两个独立的操作区间。衣物由位于污物区一侧的机门装入。洗涤完毕后从位于洁净区一侧的机门取出。这样可以防止衣物由于从污物区装载和出料以及污物区的浮尘进入洁净区而引起的交叉污染。这种模式是医院洗衣房的理想解决方案。选择卫生隔离式洗脱机同样也要考虑大脱水力和双排水。卫生隔离式洗衣机使用寿命一般为 15 ~ 20 年（以每天工作 8h 计）。

3. 洗衣龙

连续批量洗衣机或隧道式洗衣机组，俗称洗衣龙，广泛应用于大批量的布草洗涤。洗衣龙在节能节水和效率方面有着巨大优势。洗衣龙机组一般由称重装载机、洗涤主机组、压榨脱水机（或离心脱水机）、穿梭输送机和若干台烘干机组成，有条件的还可采用吊袋称重装载系统。是选用压榨脱水机还是离心脱水机，要根据业务需要做出选择。选择洗衣龙主要考虑衣物是上传送还是下传送（上传送不易串色且仓径大）、洗衣龙洗涤仓直径是否够大（相应机械力也大）、仓体是否漏水、衣物过仓是否顺利（堵仓）、烘干机效率与洗衣龙出"布草饼"的速度是否吻合、压榨脱水机（支柱和水囊）是否易坏等。另外还要着重考虑备件、服务是否及时，因为洗衣龙一旦出故障，将严重影响整个洗涤生产。洗衣龙使用寿命一般为 20 年，压榨脱水机使用寿命一般为 15 年（以每天工作 8h 计）。

4. 烘干机

烘干机的作用是使洗涤的布草进一步降低含水率，最终达到干燥的目的。烘干机使衣物在滚筒里通过热风的作用和滚筒使衣物不停地翻动，蒸发水分。烘干机主要用于烘干工作服、手术室用布草等。选择烘干机时主要考虑烘干的速度和节能的效果，最好带湿度传感器。烘干机使用寿命一般为 10 ~ 15 年（以每天工作 8h 计）。

5. 干衣龙

全称为隧道式服装整形干燥机。作业人员只需将脱水后的衣物，以单件立体吊挂的方式放到传输线上，衣物进入干衣龙，高温蒸汽吹打衣物，使之皱褶展平并干燥后，进入下道工序，或自动折叠，或人工送入折叠。特别针对医院白衣、护士服、病号服等涤棉纤维衣物进行干燥整形时，干衣龙更能体现较高的效率及经济效益。选择干衣龙时要考虑衣物的处理量是否充足、干燥整形速度以及是否带能源回收功能。干衣龙使用寿命一般为 15 年（以每天工作 8h 计）。

6. 烫平机

主要用于平面织物如床单、被套、枕袋的熨平烫干。烫平机一般分槽式烫平机和辊式烫平机。槽式烫平机是通过加热烫床对布草进行熨烫，烫辊和烫床之间有一定的压力，烫辊转动，带动布草向前并压烫平整，速度快、熨出的布草平整。辊式烫平机是通过压带和导带使布草沿被加热的滚筒表面运动从而使布草平整、干燥。槽式烫平机优点是烫出的布草平整度高，速度快，缺点是对压力要求高，一般需要 8kg 以上的压力，并且采购价格昂贵。辊式烫平机的优点是结构简单，价格低廉，对于蒸汽品质要求较低，一般 3 ~ 4kg 压力即可工作，缺点是平整度不高，速度慢。这也就是为什么近年来辊式烫平机的辊数越来越多，有的已达到 6 个之多。辊多无疑要耗费更多的能源。选择烫平机主要考虑所供蒸汽压力的大小、对平整度要求的高低以及业务量的多少。烫平机使用寿命一般为 15 ~ 20 年（以每天工作 8h 计）。

7. 布草折叠机

平面织物烫平后需要折叠码放，以便于运输和储存。折叠机与烫平机相连布置。选择布草折叠机主要考虑折叠速度和稳定性，同时折叠被套的折叠机还要考虑是否为全刀式折叠以及是否带电眼对未洗净和破损的布草进行扫描剔除。折叠机使用寿命一般为 7 ~ 12 年（以每天工作 8h 计）。

8. 服装折叠机

用于服装（白大衣、护士服和病号服）的折叠，一般与干衣龙相配套。服装折叠机分人工送入折叠机和全自动折叠机。人工送入折叠机相对低廉，全自动折叠则非常昂贵。两者都能大大提高劳动生产率。选择服装折叠机主要考虑折叠的速度和稳定性，同时也要考虑服装业务的多少。服装折叠机使用寿命一般为 7 ~ 12 年（以每天工作 8h 计）。

9. 烫台

用于服装整理。选择烫台时应注意选择带吸鼓风功能。烫台使用寿命一般为 6 ~ 8 年（以每天工作 8h 计）。

10. 空压机

即空气压缩机，主要为洗脱机、洗衣龙、压榨脱水机、倾斜式烘干机、展布机、服装传输线、干衣龙、夹机以及折叠机等设备的气动元件提供动能。选择空压机要考虑带冷干机，压缩空气的水分越少，其控制功能就越精确。空压机使用寿命一般为 10 ~ 12 年（以每天工作 8h 计）。

11. 软水设备

水质是保证洗涤质量的必要条件。一般水源的水质较硬，内含钙镁离子较多，降低洗涤剂的功效，从而影响洗后布草的白度和手感，所以，需对水进行软化处理，使其硬度降至 75ppm 以下。选择软水设备要根据每天所需洗涤用水量进行设备的选型，以保证软化水与洗涤用水匹配。软水设备使用寿命一般为 10 ~ 15 年（以每天工作 8h 计）。

12. 新型自动化

（1）集成洗涤系统。集成洗涤系统建立在自动化程度较高的自动装料、自动传送、自动卸料的基础之上。当人工将脏布草分拣完成后，传送设备自动称重并将布草传送至洗脱机（可以是普通的洗脱机也可以是卫生隔离式洗衣机），待布草洗好后自动将布草卸下，再由穿梭机传送至相应的烘干机。布草烘干或预烘后，烘干机自动将布草卸下，并由传送带送至相应的毛巾折叠机或相应的平面布草（床单被套等）烫平 + 折叠机。在此过程中间几乎没有人工介入，这既保证了洗涤过程中的卫生要求又在一定程度上减轻了对人工的依赖，节省了大量人工并加快了生产进度。

（2）送布展布系统。伴随着洗衣龙的普及、能源价格的攀高以及人工越来越难找，送布展布系统应运而生。洗衣龙和集成洗涤系统的应用，解决了前端布草洗涤过程洗涤慢、劳动强度高以及用人多的问题，但随之而来的就是后端烫平折叠效率低、无法与前端相匹配的瓶颈。送布展布系统可以帮助快速将布草送进高效率的烫平机从而使整个流程更顺畅，大大提高了洗涤效率。

第二节　洗衣房建设的前置基础

一、环评批复的要求及准备

医院洗衣房审批建设项目需符合以下条件：

（1）选址布局符合土地利用总体规划、城市总体规划或村镇建设规划，并符合环境功能区划要求；

（2）符合国家、省、市产业政策；

（3）符合清洁生产要求；

（4）排放污染物不超过国家和地方规定的污染物排放标准；

（5）在实施污染物排放总量控制区域内的建设项目，必须执行污染物排放总量控制要求；

（6）建设项目建设必须符合项目所在地环境功能区划确定的环境质量要求；

（7）建设项目符合法律、法规、规章、标准规定的各项环境保护和生态保护要求；

（8）环境影响评价文件编制必须符合《环境影响评价技术导则》以及相关标准、技术规范的要求。

建设单位提出立项申请后，市（县）环境保护局按基本建设程序进行环保审批。审查后项目建议书有关环保部分，确定立项初步意见；审批环境影响报告书；审查可行性研究报告或设计任务书有关环保内容；审查初步设计中的环保篇，出具初步设计审查意见；审查建设项目施工设计图，核发建设项目环境保护"三同时"审核通知单，一定确保"同时设计、同时施工、同时投入生产"。

二、选址要素

（一）选址与建筑面积

医院洗衣房的选址应独立设置，远离诊疗区域，附近应无有毒、有害物质污染源，周围环境应无裸露土壤、无积水坑洼；建筑面积应该符合医院实际需要，建议用发展的眼光来建设，因为随着医院的发展，收治病人的增加、手术量的增加，医用织物产生数量会增加，有时还要应对其他突发应急情况。

（二）建设要求

各区域及功能用房标识明确，通风、采光良好；污染区及各更衣（缓冲）间设洗手设施，宜采用非手触式水龙头；污染区应安装空气消毒设施；清洁区应清洁干燥；室内地面、墙面和工作台面应坚固平整、不起尘，便于清洁，装饰材料防水、耐腐蚀；排水设施完善，产生的废水应能够直接排入医院废水处理系统；消防安全设施配备齐全，有防蝇、防鼠等有害生物防控措施。

三、水、电、蒸汽基础设备的要求及准备

（一）洗衣房用水

洗涤用水通常需要软化处理再进行洗涤或进入锅炉。硬水中除含有钙镁离子等重金属外，同时还含有一定量的铁。处于低湿盆地和沿海平原的地下水，含铁量多数很高。用硬水进行洗涤，不仅使布草产生不良后果，而且会比软水消耗更多的洗涤剂。采用自来水厂供水时，出厂的自来水都经过一定距离的输水管道才到达洗衣房，而输水管道有很大一部分是镀锌的铁管，通常并不可以保证管道锌膜的完好程度，如果使用这样的自来水洗涤，那么布草很容易发黄。建议先将洗衣房用水进行水样检测，如果达标可以不进行处理，如果超标则一定要进行过滤软化处理。

软化水处理的工艺有很多，通常有离子交换法、膜分离法、电磁法及加药法。通常来说，要求洗涤用水总硬度不超过 50ppm，铝、铁、猛、铜、锌等离子不超过 0.1mg/L。

（二）洗衣房用电

医院洗衣房的电源进户线采用 380V/220V 进线即可。根据洗衣房用电总需求＋预留，考虑是否需要

更换已经引入电源到洗衣房的配电箱。一般洗衣房 380V/220V 进线的室外电缆可以采用穿钢管直埋引入室内配电箱，埋深参考深度为 0.7m。洗衣房的室内布线可以采用铜芯 BV500V 导线，具体还应根据使用设备确定。电线可以采用穿阻燃 PVC 管在墙内或板内暗敷设，也可以明敷设，具体可以根据具体要求确定。照明用荧光灯可以采用吊装，也可以采用天花板固定安装，具体可以根据洗衣房层高要求、装修风格特点确定。配电房照明可以采用直接从室内低压柜取电源。进线处要做接地装置。插座要选择带接地孔的三孔插座。采用漏电保护措施。插座的接地孔必须经专用接地线接地，不得虚设，并且接地电阻一般要求小于 4Ω。注意采用防水插座。

（三）洗衣房用蒸汽

很多洗涤设备都要依靠蒸汽、电、天然气直燃等方式作为能源供应，用电加热比较便利，但成本较高；用天然气直燃加热，通常对设备要求较高；因此，目前国内最为常用的仍然是蒸汽。

锅炉的选择要根据所需求的耗气量来确定，烘干、熨烫设备耗气量最大，洗涤设备耗气量较小，除了计算洗涤量还应做出管道损耗等，避免因蒸汽量不足而影响生产。

除耗气量以外，蒸汽锅炉还要达到必定的压力，如果压力不足，蒸汽温度不够，则会影响洗涤、烘干及熨烫的生产效率。另外，压力也不能过高，以避免造成设备承压不足而产生爆炸危险。

四、洗衣房设计隔离要素

遵循洁污分开，由污到洁，不交叉、不逆行的原则。

工作区域分别设有污染区和清洁区，两区之间应有完全隔离屏障，清洁区内可设置部分隔离屏障。污染区应设医用织物接收与分拣间、洗涤消毒间、污车存放处和更衣（缓冲）间等；清洁区应设烘干间、熨烫、修补、折叠间，储存与发放间、洁车存放处及更衣（缓冲）间等。

通常来说，洗衣房水、电、蒸汽管路都会根据设计图纸先行铺设，然后再进行地面处理和设备的放置。

第三节 医院洗衣房总体规划

一、概述

规划医院洗衣房的第一步就是测算医院每天需要洗涤的数量（以 kg 数计），同时也要对未来的发展留出一定的空间。尽管这种分析会有诸多变量，但基础的规划可以使我们对布草洗涤有一个基本合理的把握。需要考虑的事项还有洗衣房工作时长和天数等。通过对这些数据进行分析，就可以得出洗衣房整体规划，包括设备数量、占地面积、人工数量、能源（水电气）消耗等。

通常情况下，医疗布草洗涤的工艺流程分三个阶段。

1. 准备工作

包括脏布草清点、收集、运输、分类、暂存等洗涤前的各项相关工作。

2. 处理过程

包括洗涤、脱水、烘干、熨烫、折叠等，是洗涤的主要程序。

3. 贮存发放

包括洗涤后的检验、修补、整理、保管和发送。

在规划设计医院洗衣房时，除了测算每天纺织品的洗涤数量，从生产流程上还要注意一个重要的不可忽视的环节，也就是合理设计工作流程，提高工作效率，避免交叉感染，同时兼顾对传染类纺织品单独处理。

因此，医院洗衣房必须布局合理，受条件所限，大多数医院洗衣房一般采用 U 型结构（见图 6-7-1）；

有条件的，可以采用"一"字型流程结构（见图6-7-2）。"一"字型流程要求空气负压操作，即空气从洁净区流向污物区。U型流程不易实现空气的负压操作，所以，车间通风一定要良好。按其工作流程应设污物接收区、浸泡消毒区、洗涤区、整理区、修补区、贮存间等。应严格划分污物区与清洁区。物品洁污分开，物流由污到洁，顺行而不得逆流（见图6-7-3）。脏污衣物未经洗涤消毒不得进入清洁通道及清洁区。

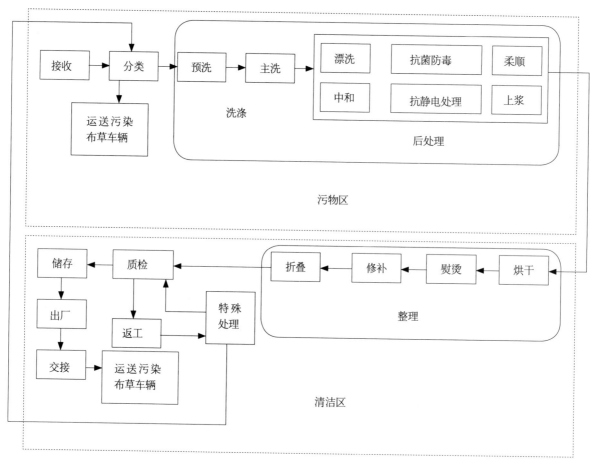

图 6-7-1 "U"型洗涤流程图

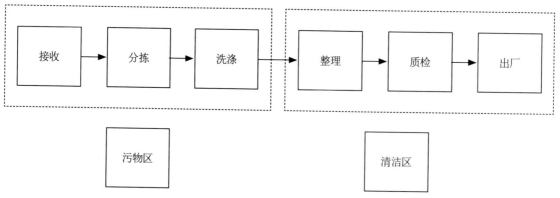

图 6-7-2 "一"字型洗涤流程图

二、总则

（1）医院洗衣房一般设在非医疗区。

（2）医院洗衣房的位置应尽量靠近纺织品收集和发送方便的地点。洗衣房消耗动力较大，因此距锅炉房、变电室、水泵房等不宜太远。

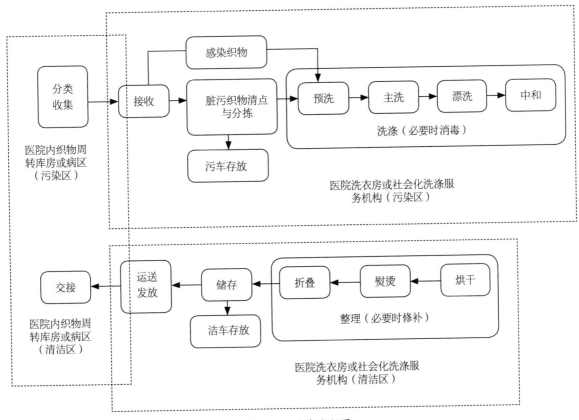

图 6-7-3 洗涤流程图

（3）医院洗衣房的机器设备较多，运转时会有振动和噪声，应远离要求安静的建筑物或房间。

（4）医院洗衣房的布局，应使洗涤流程顺畅。

（5）医院洗衣房每月工作天数一般按 30 天计算，工作时间一般为单班制，每班 8h。对于大型的医院洗衣房，为节省空间和成本，可考虑双班制，按 16h 计算。

（6）医院洗衣房的洗涤设备，按干衣重量计算选型。锅炉房、软化水等辅助设备按动力负荷或产出量计算配置。

（7）医院洗衣房用水量较大，且设备的加水和排水要求时间短。一般洗脱机每次注水按 1min 计算。洗脱机后面要布置带过滤的排水系统。

（8）洗衣房空间高度不宜低于 4.5m，在 6 ~ 9m 为宜。

第四节　医院洗衣房设计及建设要点

一、洗衣房设计步骤及主要工程

（一）设定每天的洗涤量及未来可能的发展量

每天的洗涤量按病床布草、病号服、护士服、白大褂每天更换还是两天或三天更换以及每天的手术布草量计算。

（二）计算设备的采购量

8h 内分配洗涤、烘干、烫平和折叠数量，以此配置洗脱机、烘干机、烫平机和折叠机。

（三）计算洗衣房的建设面积

设备区面积：每洗涤、烘干、熨烫、折叠 1kg 布草需要 0.033 ~ 0.039m² 的设备区面积（包含设备本身所占面积和设备维护所需面积，不含脏、净布草存放区域、生产操作区域、机械室和其他非生产区域）。

附属面积：办公室、机械室、卫生间、沐浴室、储存室等可依情况而定。

（四）计算供水需求量

鉴于医疗布草较常规的酒店布草更脏（血污和人体排泄物等），医疗布草洗涤的用水量要更大，一般每千克布草耗水 30 ~ 35L，并根据每日的布草洗涤总量测算出洗涤用水总体用量（不含锅炉供水）；此用水量只适用单机洗涤，不适用洗衣龙洗涤。

（五）计算每天的蒸汽消耗量

国内较为普遍的情况是，在不使用洗衣龙以及以蒸汽为主要供热方式的情况下，洗涤、烘干和烫平每千克布草需 2 ~ 2.5kg 蒸汽。以此为标准，根据每日处理的布草量即可得出单日所需蒸汽量。此用汽量只适用单机洗涤，不适用洗衣龙洗涤。

国际上先进的洗涤、烘干、烫平 1 磅布草所用蒸汽范围介于 1 ~ 1.5 磅。为节能降耗起见，在设计时可参考国际耗能标准，但前提是要有先进的洗涤设备和热能回收设备作为基础。

洗衣房约 1/3 的蒸汽用于水洗，2/3 的蒸汽用于烘干和熨烫。

另外需注意，锅炉产生洗涤设备所需的蒸汽的效率一般只有 65% 左右，所以，在计算洗衣房蒸汽用量时也应将此系数考虑进去。

（六）计算供电需求量

按洗脱机、烘干机、烫平机、折叠机、软水机、空压机、其他辅助设备以及照明用电计算。

国内洗涤、烘干、熨烫、折叠 1kg 布草用电量大致在 0.24 度；在这方面，国际上自动化程度高的洗涤、烘干、熨烫、折叠 1kg 布草用电量为 0.11 ~ 0.15 度电。

国际上，洗衣房照明用电一般为 3.5W/m²，照明用电约占总电量的 20%。

供电计算应有 25% 的富余容量，并且还要将电器效率一般为 80% 的系数考虑进去。

二、洗衣房建设要点

（1）流程卫生："一"字型流程或 U 型流程，确保流程卫生，避免交叉污染。

（2）路径设计：避免交叉作业，设计最短作业距离，合并或取消某些操作，减少无效劳动。

（3）合理的工作空间：设备区面积和工作区面积一般为 1∶2 ~ 1∶3，含污物分拣区、洗涤区、烘干区、整烫区、成品分类区、存储区。

（4）维护方便：留出足够的设备维修空间，每台设备之间至少留出大约 1m 的维护空间。

（5）合理配置：设备搭配合理，配置时要考虑到小批量和返洗所用小容量机型；也不易按旺季配置，避免浪费。

（6）考虑未来扩产：预留 30% 的扩产能力（设备和空间）。

（7）截止阀：为方便维修而不影响其他设备，每台用水或汽的设备前端都要安装水、汽截止阀。

（8）地面：环氧树脂，一般负荷 125PSF。

（9）屋顶：一般机械负荷 35PSF；采用单轨吊挂的负荷 100PSF。

（10）通风。车间：20 循环/小时；储藏室：6 循环/小时；动力、维护室：15 循环/小时；办公室：10 循环/小时。

（11）安装防火喷淋系统。由于洗衣房存在大量毛絮，而且布草在夏天存放和烘干过程中有起火燃烧的可能性，所以，在设计洗衣房时要考虑安装防火喷淋系统。每个喷淋口覆盖面积不超过 9m²。

（12）蒸汽系统注意事项。

蒸汽管都应装有疏水阀，并且管道要有一定的倾斜度以便冷凝水排向滴流器一端。滴流器前端要装截止阀。冷凝水进入冷凝水回水管之前都要安装疏水阀、止回阀和滤网。冷凝水管应适当向冷凝水回水箱倾斜。

除主蒸汽管道外，还需设冷凝水回收系统。冷凝水或回到锅炉，或用于洗涤。由锅炉输出的蒸汽在进入主管道前要设截流阀和止回阀。进入洗衣房的蒸汽要由两路管道送汽，一路供给后整理区（烫平机、烘干机、烫台等），一路供给水洗区（洗脱机）。冷凝水回水管用来收集蒸汽管道和烘干机和烫平机产生的冷凝水，使之回到冷凝水箱。

（13）其他注意事项：每个控制阀进口端须安装滤网；每台设备都须由活接头或法兰连接以便断开，不影响管道系统；每台设备的管道连接都要安装截止阀。

第五节　医院洗衣房未来发展趋势

一、供热方式的改变

蒸汽热源具有水介质取材方便，热力传导系数高，以及可以直接参与部分织物的定型工艺处理等优点，在洗衣行业使用非常广泛。医院洗衣房供热主要有两种方式：一是医院自备专用蒸汽锅炉，主要靠燃煤或者燃气获取；另一种则是医院外购蒸汽。

无论哪种方式，都属于蒸汽供热。但是蒸汽供热系统的热损耗较大，余热回收困难，系统中存在着大量的排放和浪费，综合使用热效率一般只有 65% 左右，资源利用率较低。

目前，国外已大多采用直燃供热设备。所谓直燃加热方式是指全套洗涤设备不需要配置中央蒸汽锅炉或者热网蒸汽管道供热，而是全部采用清洁能源介质——燃气（包括天然气、液化气、煤气等）直接加热来完成布草处理过程的一种加热方式。直燃加热方式不但热效率高，而且还避免了蒸汽系统的二次能源转换，并可按照设备的实际需要即时加热，大幅节省热能损耗。

因此，直燃式加热将会是未来发展的趋势，有条件的医院可以考虑该方式。

二、废水、废热回收利用

相对于其他服务业来说，布草洗涤服务所消耗的水和能源都是非常巨大的。因此，如何最大限度地节约水资源和能源正成为国际先进布草洗涤企业挖掘盈利能力的不二选择。

通过将后两次投水回收处理，用于预洗和主洗，可以将洗涤用水节省 1/3。

通过将高温主洗的废水中的热量加以回收，同时对蒸汽管道、烘干机和烫平机所产生的高温冷凝水进行回收利用，可以使洗衣房所用能源至少减少 1/3 以上。

三、低温中性洗涤

目前布草洗涤主要依靠高温配合碱性洗涤剂发挥去除布草污垢以及达到消毒灭菌的作用。随着全世界对节能的重视以及洗涤剂科技的不断创新，国际上已经开始倡导低温中性洗涤（40℃以下）。欧洲的布草洗涤标准（EN 14065—2014）中已对原来规定的高温洗涤给出了新的建议，即可以通过具有消毒杀菌功能的低温洗涤剂来实现对布草的洗涤和消毒灭菌。使用具有消毒杀菌功能的低温中性洗涤剂，一方面可以节省能源的使用（一般可以节省 1/3 的蒸汽），另一方面，可以减少投水次数 1～2 次，进而减少了水、电的消耗，缩短了洗涤时间，降低了布草的磨损，延长了布草的使用寿命，延长设备使用寿命，提高人工的劳动效率。

四、信息化趋势

1.RFID 无线射频识别技术

医院洗衣房面临每天要处理成百上千件工作服、布草的交接、洗涤、熨烫、整理、存储等工序，如何有效地跟踪管理每一件布草的洗涤过程、洗涤次数、库存状态和布草有效归类等是一个极大的挑战。目前的交接、计数、库存等主要存在以下问题：纸质的洗涤任务交接，手续复杂，查询难度大；因为担心交叉感染，导致某些待洗布草数量统计工作无法准确完成，洗涤好的数量与任务不匹配容易产生纠纷；洗涤、运送、交接过程的每步环节无法准确监控，布草出现漏处理环节；洗涤好的布草归类储存时容易混淆。

RFID 无线射频识别技术的引入，将使得用户的洗衣管理变得更为透明且提高了工作效率，解决了以往无法对布草进行科学管理的顽症。

在每一件布草上缝制一颗纽扣状（或标签状）的电子标签，电子标签中拥有全球唯一标识码，即每件布草将拥有唯一的管理标识，直至布草报废（标签可重复使用，一般要超过布草的使用寿命）。在整个布草使用、洗涤管理中，将通过 RFID 阅读器自动记录布草的使用状态、洗涤次数。支持洗涤交接时的标签批量读取，使得洗涤任务交接变得简单、透明，减少因送错或遗漏造成的业务纠纷。同时，通过跟踪洗涤次数，分析当前布草的使用寿命，为采购计划提供预测数据。

通过信息化管理可以实现大部分布草产品的可视化，改良供应链管理的服务时间；提高储存信息的准确性与可靠性；高效、准确的数据采集，提高作业效率；分发、回收交接数据自动采集，降低人为失误；降低用户布草洗涤管理的综合成本。

2. 自动存取衣系统

目前，医院洗衣房交接都要将洗好的工作服送到每个科室，造成了大量的人力物力时间上的浪费。为了解决交接问题，提高工作效率，医院可以引进 RFID 自动存取衣系统来实现对工作服的管理。

医院可以将该系统安装在一个独立的房间里，设自动送取衣窗口。当员工送洗服装时，员工只需刷卡，将衣服放进存衣柜即可。当员工需要领取服装时，只要在取衣窗口的仪器上刷一下员工卡，制服即可自动送出。如果两个人同时刷卡，那么会按照先后顺序排队进行，如同打印机打印任务进程，方便快捷。该系统大大节省了送取衣服的时间。与此同时，假如员工拿错制服，系统还可以根据员工卡中记录的服装样式及尺寸来自动提醒。

使用 RFID 的自动取衣系统，不仅读取精度高，速度快，操作简单高效，而且可以同时读取多件服装的信息。管理系统可快速准确地完成制服的回收，物流及验收等工作，大大提高制服管理的工作效率。通过电脑管理系统，洗衣房管理人员可随时确认每套制服的状态，洗涤过的次数等信息。系统可根据事先的设置，在制服达到一定的状态时自动提示本制服的处置信息。

五、干净卫生认证

干净卫生认证既可以保证布草洗涤的干净程度又可以保证布草洗涤的卫生要求，防止交叉污染，确保病患的健康安全。通过第三方实施干净卫生认证已在发达国家形成一种流行趋势，有越来越多的医院把干净卫生认证作为选择布草洗涤服务的洗衣厂的优先考虑因素之一。

六、新型消毒及安全产品

1. 银基离子消毒

《美国感染控制杂志》于 2016 年 9 月刊登载的一篇名为《用一种新奇的银基洗衣方法可以减少医用织物的微生物污染》的论文研究发现，用银离子抗菌剂产品进行洗涤处理可以大幅减少医用织物上的微生物污染，用银离子抗菌剂处理床单和病号衣后，两者的微生物污染分别减少了 88% 和 89%，用银离子抗菌剂处理过的患者穿用前的床单和病号衣上的金黄色酿脓葡萄球菌减少了 100%，穿用后分别减少了 74% 和 89%。银离子杀菌作用稳定持久，病人穿用后床单和病号衣的微生物数量分别减少了 30% 和 45%。

2. 微纤维产品有助于防止细菌

一项最新研究成果表明，微纤维产品有助于防止细菌特别是耐甲氧西林金黄色葡萄球菌的传播。实验显示，微纤维制品（包括手套、口布、毛巾等）上的耐甲氧西林金黄色葡萄球菌接触 2 个小时后就减少了几乎 100%。聚酯棉则减少了 72%，棉制品则减少了 27%。这也就意味着如果棉制品上有了耐甲氧西林金黄色葡萄球菌，那么就有 75% 的可能将耐甲氧西林金黄色葡萄球菌传播给与这种棉制品接触的人。而如果用微纤维制品，则这种可能性就降低到了 0.25%。

3. X 光检系统

处理被忘在布草中的尖锐锋利手术器械一直是医疗洗衣厂的一个大问题，洗衣厂分拣工人在分拣脏布草时稍有不慎就会被这些遗忘在布草中的针刀之类的器械刺伤划伤，造成不必要的伤害。异物检测 X 光扫描系统的出现可以帮助洗衣房把风险降到最低。

七、洗涤消毒一体化

2018 年 5 月 17 日，为加快推进医疗领域"放管服"改革，鼓励社会力量提供多层次多样化的医疗服务，根据《国家卫生计生委关于深化"放管服"改革激发医疗领域投资活力的通知》（国卫法制发〔2017〕43 号），国家卫生健康委员会组织制定了医疗消毒供应中心的基本标准和管理规范（试行）。

规范适用于独立设置的医疗消毒供应中心，虽然不包括医疗机构内部设置的消毒供应中心、消毒供应室和面向医疗器材生产经营企业的消毒供应机构，但势必会对未来医院洗衣房的建设带来很大的影响。

医疗消毒供应中心主要承担医疗机构可重复使用的诊疗器械、器具、洁净手术衣、手术盖单等物品清洗、消毒、灭菌以及无菌物品供应，并开展处理过程的质量控制，出具监测和检测结果，实现全程可追溯，保证质量。

该规范对科室设置、人员设置、设备配置都做了明确的规定和要求，规范将于 2019 年 6 月 1 日起正式实施。

第六节　医院洗衣房设计实例

项目名称：某综合型医院洗衣房

床位：1000 床位

员工：按 2000 人计算

工作时间：每周七天，每班工作 8 小时，设备实际运转时间为 7 小时

一、洗涤量测算

静态测算主要是根据国家原卫生部关于三级综合医院床位与人员的比例规定，结合医院的床位数量测算各类人员的标准配备数量。在《综合医院组织编制原则（试行草案）》的相关规定中，500 张床位以上的综合医院病床与工作人员之比按 1∶1.60 ~ 1∶1.70 计算，各类人员的比例为：行政管理和工勤人员占总编的 28% ~ 30%，其中行政管理人员占总编的 8% ~ 10%；卫生技术人员占总编的 70% ~ 72%，在卫生技术人员中，医师、中医师占 25%，护理人员占 50%，药剂人员占 8%，检验人员占 4.6%，放射人员占 4.4%，其他卫技人员占 8%。本文选用 1∶2 的比例计算，即 2000 人。

表 6-7-1 医院洗衣房每日布草洗涤量估算表

类别	项目名称	重量（kg）	洗涤频率
病房布草	床单	0.5	平均每三天换一次
	被套	1	
	枕套	0.2	
	病服	1	
	每个床位布草重量	2.7	
	每天病服总洗涤量	（1÷3）×1000（床位数）=333kg	
	每天病房需洗布草重量	（2.7÷3）×1000（床位数）=900kg	
员工工服（按照配比一般护理人员占医院工作人员的36%）	白大褂	0.8	平均每周换洗二次
	护士服	0.5	
	护士裤	0.5	
	帽子	0.05	
	非护理人员需洗布草重量	（0.85÷3.5）×1280=310.9kg	
	护理人员需洗布草重量	（1.05÷3.5）×720=216kg	
手术室布草（设定每天40台手术）	手术包	12.5	一用一洗
	每天需洗布草重量	40×12.5=500kg	
其他	值班被套、值班床单、值班被芯、窗帘、门帘、枕芯、被褥等	3月1洗	
	每天需洗布草重量	按照每天洗涤100kg计算	
	每天需洗布草重量	2026.9kg	

备注：

1. 表格中的数据属于较合理的数据。实际运行中，大多数医院的换洗频率要低于该数据；

2. 手术包一般包括：大包巾、中包巾、小包巾、开腹单、长洞巾、圆洞巾、手术衣、手术裤等；

3. 该医院为综合性医院，因此，设定每天40台手术；有些专科医院的手术量要远大于上述举例；

4. 其他项目中，目前很多医院窗帘、门帘病人被褥清洗频率很低，约半年一次，暂按每天100kg计算；该项目中许多物品应三月一洗，规划计算时要根据实际情况加以更正。

二、设备配备计算

1. 洗脱机

（1）洗涤量计算。

全自动洗脱机工作周期为：60min/车（包括装衣、取衣的时间），则每小时需要洗涤量为：

布草水洗：（567+500+100）÷（7×60÷60）= 166.7kg/h

服装水洗：（333+310.9+216）÷（7×60÷60）= 122.8kg/h

（2）设备配备。

装衣量为设备容量的 80% ~ 85%，考虑到未来业务的增长，需预留 30%，应留出增加设备的面积，但是此处按照生产量来计算实际使用的设备数量。因此，需要配备的洗脱机为：

倾斜式洗脱机：3 台 120kg，洗脱机 1 台 50kg。

2. 烘干机

（1）烘干量计算。

按照上述只要能烫平的就不烘干的原则，需要烘干的物品包括：病号服，白大衣，护士服，手术包、被芯、褥芯等，烘干时间一般为 40min/车（包括装衣、取衣的时间）。假定其他项目中有 80% 为可烘干。

布草烘干：$(500+100\times80\%)\div(7\times60\div40)=55.2kg/h$

服装烘干：$(333+310.9+216)\div(7\times60\div40)=81.9kg/h$

（2）设备配备。

烘干机装载量一般为设备容量的 80% ~ 85%，考虑到未来业务的增长，需预留 30%，应留出增加设备的面积，但是此处按照生产量来计算实际使用的设备数量。另外，在此还要特别注意的是，国内多数烘干机无法在有效的时间内完成标称容量的烘干数量，即标称 100kg 的烘干机无法在 40 ~ 50min 内烘干合理装载的 80 ~ 85kg 脱水后的布草，有时一机（洗脱机）活分 2 ~ 3 机烘。因此，需要配备的烘干机为：

烘干机：2 台 100kg，1 台 50kg

3. 烫平机

（1）烫平量计算。

烫平的物品包括：床单、被套、枕套。

病房烫平数量：床单、被套、枕套各 333 条。

其他项目按 20% 需烫平。

（2）设备配备。

按照目前国内的水平，使用 2 辊烫平机，一般床单的烫平速度为 400 条/h，被套的烫平速度为 250/h。考虑到未来业务的增长，需富余 30%，因此，配备 1 台烫平机即可。

4. 折叠机

根据烫平数量，配备 1 台折叠机即可，为提高效率可在烫平机前加 1 台送布机。

5. 烫台

考虑到医院白大褂和护士服较多，每天需要后整理的服装数量为 $2720\div3.5=777.1$ 件，因烫台无须生产准备，每班按实际 8h 计，每小时需要熨烫 97 件，因此，两台烫台即可满足生产需要。

三、洗衣房面积

根据前文所述，大约每洗涤 1kg 布草需要 0.033 ~ 0.039m² 的设备区域面积，算上 30% 的预留量，每天洗涤总量 2026.9kg×1.3=2635kg，因此，设备区所需面积为：87 ~ 102.8m²；按设备区面积和生产区面积之比 1:2 ~ 1:3 计算，洗衣房总面积（不包括辅助用房）为 261 ~ 308.4m²。

四、洗衣房人员配置

目前国内洗衣行业的人均小时效率为 20 ~ 30kg/人工小时，取中值 25kg/人工小时，并按实际重量来计算，则生产人数为：2026.9÷25÷8≈10 人。考虑轮休因素，建议配置 12 人。

参考文献

［1］李峥嵘，赵群，展磊. 建筑遮阳与节能［M］. 上海：中国建筑工业出版社，2009.

［2］岳鹏. 建筑遮阳技术手册［M］. 北京：化学工业出版社，2014.

［3］中华人民共和国住房和城乡建设部. 建筑遮阳工程技术规范：JGJ 237—2011［S］. 北京：中国建筑工业出版社，2011.